U0382553

中国科学院科学出版基金资助出版

基因工程原理

上册

（第二版）

吴乃虎 编著

科学出版社
北京

内 容 简 介

本书是在第一版的基础上，吸收了本学科的新进展，增加了大量的新内容，重新审订、编写而成。

全书共十二章，分上下两册，书末附有基因工程名词术语解释及索引。本书由三个有机联系的部分组成。第一部分论述基因工程赖以创立的理论及技术基础，重点介绍基因研究的发展及基因的现代概念；基因研究与基因工程的相互依赖关系；基因操作主要技术的基本原理；与基因克隆有关的一系列核酸酶的生化特性和在 DNA 重组中的应用等。第二部分由第四章至第八章组成，系本书的核心。它详细地叙述了基因工程学所涉及的主要内容，包括各类分子克隆载体的构建、特点与应用；基因文库的构建、目的基因的分离与鉴定；克隆基因的表达与调控以及真核基因在大肠杆菌中表达的原理、方法及实例等。第三部分即本书的后四章，主要论述基因工程实际应用方面的内容。它着重叙述高等植物及哺乳动物基因工程的研究目标、现状与进展，以及重组 DNA 技术在临床医学、农业生产、食品工业、化学制剂等若干重要领域的实际应用情况。

本书是一部有自己特色、体系新颖、基础理论与实际应用并重的基因工程学术专著。在内容的安排上注重科学性、先进性、系统性和条理性。它不仅对我国基因工程的教学与研究，而且对其它生物技术以及分子生物学、分子遗传学等学科的教学与研究都有很好的参考价值。本书可作为生物、农林、医学等专业的本科生、研究生及教师的教学用书，也可作为有关科研人员的参考书。

图书在版编目（CIP）数据

基因工程原理（上册）（第二版）/ 吴乃虎编著. —2 版. —北京：科学出版社，1998

ISBN 978-7-03-005931-4

Ⅰ. 基…　Ⅱ. 吴…　Ⅲ. 基因 - 遗传工程 - 理论　Ⅳ. Q78

中国版本图书馆 CIP 数据核字（97）第 29550 号

责任编辑：单冉东　陈文芳 / 封面设计：张　放
责任印制：张克忠

科学出版社 出版
北京东黄城根北街 16 号
邮政编码：100717
http://www.sciencep.com

中国科学院印刷厂 印刷
科学出版社发行　各地新华书店经销

*

1989 年 10 月第　一　版　开本：787 × 1092　1/16
1998 年 3 月第　二　版　印张：26 1/4
2021 年 4 月第二十一次印刷　字数：596 000

定价：108.00 元

（如有印装质量问题，我社负责调换）

谨以此书

献给母校北京大学百年华诞

（1898—1998）

第二版序言

本书自 1989 年出版以来，受到了广大青年读者的欢迎与厚爱，也得到了许多专家学者的赞扬与鼓励，虽经两次重印发行，仍供不应求，至今还经常有不少读者来信要求购买此书，或询问再版情况。国内不少高等院校都选择此书作为有关本科生及研究生的必读参考书。凡此种种都使作者受到了极大的鼓舞和鞭策，产生了进一步完善该书的念头。

然而自第一版问世迄今已将近 10 年，其间有关学科的发展异常迅速，先进的技术不断涌现，创新的成果层出不穷，整个基因工程的面貌已经发生了深刻的变化。考虑到这种情况，亦为了能够适时引进新的资料，反映新的动态，故决定重新撰写，作为第二版送交科学出版社出版。

近年来，美、英等国相继出版了相当数量的有关基因工程的论著及实验技术手册，国内亦有若干专著及译本问世。尽管这些著作各有特点，但不少版本往往过多地侧重于基因工程的具体方法和实验过程的描述，却相对地忽视了对基本原理的讲解。为此我们在尽可能吸收它们优点的同时，也充分地考虑到了我国的实际和有关专业人员知识结构的特点，着重加强了基本原理部分的叙述，并竭力将基因工程同分子生物学、分子遗传学及生物化学等基础学科有机地联系起来进行讨论，期望不同专业的学生都能方便地使用本书，广大读者能够获得较为系统全面的基因工程基础知识，以跟上该学科的发展进程。

本书第二版基本上保持了第一版的结构体系与写作风格，但鉴于目前学科发展的现状，因此补充了大量的新内容，不少地方完全是重新撰写的。此外，还遵照有关专家的建议，增加了 PCR 技术及基因工程在医疗卫生方面的应用等有关章节。结果本书的容量大为扩增，达百余万字。为方便读者使用起见，决定分上、下册装订。

在本书撰写过程中，作者参阅了大量的文献和著作，在积极吸收其精华的同时，还对已发现的相互矛盾的资料和数据作了认真的订正。在有关资料的编排与取舍方面，强调注重科学性、先进性、系统性和条理性，同时也努力反映国内学者的研究成果。我们的宗旨是，力求使本书能准确、全面、系统地反映本学科的历史与现状，形成一部有自己特色的、比较完整的基因工程基础学科论著。

我的夫人、北京大学生命科学学院细胞生物学系黄美娟副教授，不但全面照顾我的生活，还为本书资料的搜集、文稿的核对及索引的编排等，做了大量的实质性的工作。没有她的无私奉献，要完成如此艰巨的写作任务确实是难以想象的。任何语言都无法表达我对她的感激之情。

本书的出版得到了中国科学院科学出版基金和国家自然科学基金的资助，也得到了国家基金委生命科学部、中国生物工程开发中心及中国科学院发育生物学研究所有关领导的支持。本实验室全体人员热情关心本书的写作，特别是王丽霞和任东路小姐承担了繁重的文字录入工作；博森贝尔公司吴海东先生精心绘制了全书的插图。在此向他们表示衷心的感谢。

作者科研工作繁重，又限于知识结构和业务水平，独力编撰此书深感任务艰巨，责任重大。因此，自动笔之日起，夜以继日，不敢稍懈，唯望以勤补拙，减少谬误。然而心有余而力不足，书中的缺点与错误难以避免，衷心希望广大的读者和专家指正、赐教，本人不胜感激。

吴乃虎
于中国科学院发育生物学研究所
植物发育分子生物学实验室
1997年12月16日

第一版序言

自从本世纪70年代初期基因工程学诞生以来,在不到20年的时间内,已经取得了许多激动人心的成就,并且正以新的势头继续向前迅猛发展,成为当今生物科学研究诸领域中最具生命力、最引人注目的前沿学科之一。

科学技术从来就是生产力。如同任何一门新科学新技术一样,基因工程学的出现,也给社会发展带来了深刻的影响,迫使工业、农业、医疗卫生事业以及生物科学研究本身,都面临一场空前的变革。其影响之深远、潜力之巨大,在目前我们是无法估量的。许多国家都已经把基因工程列为优先发展的高科技项目,我国政府也已制订了相应的对策。但是教育是发展科学的基础。今天,分子生物学和基因工程的发展,不但急需大批的专业人才,也要求培养足够的后备力量。为适应客观形势的发展,国内高等院校的有关系科,许多科学研究单位,都先后开设了基因工程专业和相应的课程,报考的本科生与研究生逐年增多。与此同时,一些出版机构也组织人力,相继翻译出版了若干专著。然而由于多方面的原因,到这些书籍出版之时,往往大部分资料都已经过时,况且其编写的体例与内容也不尽符合教学要求。显然,编写一部比较符合我国实际情况的基因工程教科书是必要的,适时的。

近年来,作者曾应邀在国内若干高校讲授"基因工程基本原理"课程,并陆续编写了一部分教材,本书就是在此基础上扩充而成的。目的是为生物、农林、医学专业的学生、研究生及从事生物科学研究的工作者提供一部比较全面系统的教学用书。考虑到某些专业学生的知识结构的实际情况,在内容上加重了有关基本原理部分的叙述,以使本书有较大的适应面,内容也不至于太快过时。

在编写过程中,我们参阅了大量的专著和文献,并对已发现的某些相互矛盾的资料或数据作了认真订正。我们也努力运用新的资料,反映新的成果,但对此没有过分追求,因为本书是按教科书的要求编写的,它有别于一般性的综述。另外,鉴于篇幅有限,书末仅列出最主要的一部分参考文献。对于登载在国内刊物中的有关文章,亦有所参阅,在此特向原作译者表示谢意。

北京大学生物学系黄美娟副教授参加了第八章及附录部分的编写工作,并为本书资料的收集与整理以及索引的编排等作了大量的工作;中国科学院史瀛仙教授和申同健教授,以及北京大学生物学系吴鹤龄教授和朱圣庚教授分别审阅了本书的有关章节;研究生张银华等协助准备了少部分资料;高等教育出版社宗小梅同志为本书绘制了全部插图,在此一并表示感谢。

在本书的出版和编写过程中,得到了中国科学院发育生物学研究所有关部门的领导和同志以及人民教育出版社副社长安名勋同志的热情关心与支持。高等教育出版社朱秀丽同志担任本书的责任编辑,在编辑加工过程中对有的章节作了一些修收和补充,她为本书的出版付出了艰辛的劳动。

由于编者水平有限，加上时间仓促，书中肯定有不少的缺点与错误，欢迎各位同学及有关的专家、学者批评指正，并致诚挚的谢意。

吴乃虎

于中国科学院发育生物学研究所

1989年4月

目　　录

第一章　基因与基因工程

第一节　基因研究的发展

最近的20～30年间，是现代生物科学迅速发展的年代。随着一系列新技术、新方法的不断涌现，生物学家已经作出了许多前所未有的重大发现，开拓了不少新的研究领域，从而全面地革新了生物科学的研究现状。其中，最引人注目并被公认的是以重组DNA为中心的基因工程学。

基因工程或称基因操作，是在分子生物学和分子遗传学等学科综合发展的基础上、于本世纪70年代诞生的一门崭新的生物技术科学。它的创立与发展，直接地依赖于基因分子生物学的进步，两者之间有着密切而不可分割的内在联系。可以说，基因的研究为基因工程的创立奠定了坚实的理论基础，基因工程的诞生是基因研究发展的必然结果；而基因工程技术的发展与应用，又深刻并有力地影响着基因的研究，使我们对基因本质的认识提高到了空前的高度。因此，在讨论基因工程之前，先简单地回顾一下基因研究的发展过程，以及基因的现代概念，显然是十分必要的。

自本世纪开始以来，基因研究就一直是影响整个遗传学发展的主线。根据不同历史时期的水平和特点，基因研究大体上可分为三个不同的发展阶段：在本世纪50年代以前，主要从细胞染色体水平上进行研究，属于基因的染色体遗传学阶段；50年代之后，则主要从DNA大分子水平上进行研究，属于基因的分子生物学阶段；最近20多年，由于重组DNA技术的完善和应用，人们已经改变了从表型到基因型的传统研究基因的途径，而能够直接从克隆目的基因出发，研究基因的功能及其与表型间的关系，使基因的研究进入了反向生物学阶段。从孟德尔(G. Mendel)遗传规律提出，到Watson-Crick DNA双螺旋结构发现的有关历程，在一般的遗传学专著中都有详尽的论述，这里只作简单的介绍。本章将着重讨论Watson-Crick双螺旋结构模型提出之后，基因研究的一般发展情况。

1. 基因学说的创立

遗传因子(hereditary factor)概念，最初是由孟德尔提出的。孟德尔从1857年到1864年，坚持以豌豆为材料进行植物杂交试验。他选择了7对区别分明的性状作仔细的观察。例如，他用产生圆形种子的植株同产生皱形种子的植株杂交，得到的几百粒杂交子一代的种子全是圆形的。第二年，他种了253粒圆形杂交种子，并让它们自交，结果得到的7324粒子二代种子中，有5474粒是圆形的，1850粒是皱形的。用统计学方法计算得出，圆皱比为3∶1。据此孟德尔推导出遗传因子分离律。他还研究了具有两种彼此不同的对立性状的2个豌豆品系之间的双因子杂交试验。他选用产生黄色圆形种子的豌豆品系同产生绿色皱形种子的豌豆品系进行杂交，所产生的杂种子一代种子，全是黄色圆形的。但在自交产生的子二代556粒种子中，不但出现了两种亲代类型，而且还出现了两种新的组合类型。其中黄色圆形的315粒，黄色皱形的121粒，绿色圆形的108粒，绿色皱形的32粒。四种类型的比例接近于 9∶3∶3∶1。这就是所谓的孟德尔遗传因子的独立分配律。

如何解释这些遗传现象呢？孟德尔从生殖细胞着眼，提出了自己的见解。他根据长期的实验结果，推想生物的每一种性状都是由遗传因子控制的，这些因子从亲代到子代，代代相传；在体细胞中，遗传因子是成对存在的，其中一个来自父本，一个来自母本；在形成配子时，成对的遗传因子彼此分开，因此，在性细胞中则是成单存在的；在杂交子一代体细胞中，成对的遗传因子各自独立，彼此保持纯一的状态；在形成配子时，它们彼此分离，互不混杂，完整地传给后代；由杂种形成的不同类型的配子数目相等；雌雄配子的结合是随机的，有同等的结合机会。

令人遗憾的是，孟德尔的这些科学发现和见解，在当时并没有引起生物学界同行的注意。湮没了 35 年之后，即 1900 年才被荷兰的 H. De Vries、德国的 C. Correns 和奥地利的 E. Tschermak 等植物学家重新发现。当时正是植物科学发展史上的一个辉煌的年代，积累的科学文献已经相当丰富。有趣的是，这三位异国同行虽然互不相识，却不约而同地对以往植物学论文进行了全面检查。结果惊人地发现，自己只是在完全不知道孟德尔以往工作的情况下，各自独立地做了一些与孟德尔相似的实验，得出了与孟德尔相似的结论。因此，他们三人都认为有必要把孟德尔的名字列在自己论文的第一作者位置上，以便让世人知晓孟德尔的首创性科学贡献。而由他们三人开始的“科学论文文献核查”的做法，也被科学界接受，并一直沿用至今。

1909 年，丹麦生物学家 W. Johannsen 根据希腊文“给予生命”之义，创造了基因(gene)一词，并用这个术语来代替孟德尔的“遗传因子”。不过，他所说的基因并不代表物质实体，而是一种与细胞的任何可见形态结构毫无关系的抽象单位。因此，那时所指的基因只是遗传性状的符号，还没有具体涉及基因的物质概念。

美国著名的遗传学家摩尔根(T. H. Morgan)对基因学说的建立作出了卓越的贡献。他以果蝇为材料进行遗传学研究。1910 年，摩尔根和他的助手 C. B. Bridges、H. J. Muller 及 A. H. Sturtevant，从红眼的果蝇群体中发现了 1 只白眼的雄果蝇。因为正常的果蝇都是红眼的，叫做野生型，所以称白眼果蝇为突变型。到了 1915 年，他们一共找到了 85 种果蝇的突变型。这些突变型跟正常的野生型果蝇，在诸如翅长、体色、刚毛形状、复眼数目等性状上都有差别。有了这些突变型，就能够更广泛地进行杂交实验，也能更加深入地研究遗传的机理。摩尔根将白眼雄果蝇同红眼雌果蝇交配所产生的子一代不论是雄的还是雌的，无一例外地都是红眼果蝇。让这些子一代的果蝇互相交配，所产生的子二代有红眼的也有白眼的，但有趣的是所有的白眼果蝇都是雄性的。说明这个白眼性状与性别有联系。

为了解释这些现象，需要简单地了解一下果蝇的染色体。果蝇只有 4 对染色体。在雌果蝇中，有 1 对很小呈粒状，2 对呈 V 形，另有 1 对呈棒状的特称为 XX 染色体；在雄果蝇中，前 3 对同雌果蝇的完全一样，但没有 1 对棒状的 XX 染色体，它是由 1 个棒状的 X 染色体和 1 个 J 形的 Y 染色体取代，这一对叫做 XY 染色体。

摩尔根当时就已经知道性染色体的存在。因此他推想，白眼这一隐性性状的基因(w)是位于 X 染色体上，而在 Y 染色体上没有它的等位基因。他让子一代的红眼雌果蝇(Ww)，跟亲本的白眼雄果蝇(wY)回交，结果产生的后代果蝇中有 1/4 是红眼雌果蝇，1/4是白眼雄果蝇。这个实验说明，白眼隐性突变基因(w)确实位于 X 染色体上。我们称这种现象为遗传性状的连锁定律。

摩尔根和他的助手们的杰出工作，第一次将代表某一特定性状的基因，同某一特定的染色体联系了起来，创立了遗传的染色体理论(chromosomal theory of inheritance)。随后遗传学家们又应用当时发展的基因作图(gene mapping)技术，构建了基因的连锁图，进一步揭示了在染色体载体上基因是按线性顺序排列的，从而使得科学界普遍地接受了孟德尔的遗传原理。摩尔根指出："种质必须由某种独立的要素组成，正是这些要素我们叫做遗传因子，或者更简单地叫做基因"。

2. 基因与 DNA 分子

尽管由于摩尔根及其学派的出色工作，使基因学说得到了普遍的承认，但是直到 1953 年 Watson-Crick DNA 双螺旋模型提出之前，人们对于基因的理解仍缺乏准确的物质内容。那时的遗传学家，不但没有探明基因的结构特征，而且也不能解释位于细胞核中的基因，是怎样地控制在细胞质中发生的各种生化过程，以及在细胞繁殖过程中，为何基因可准确地产生自己的复制品。

首先用实验证明基因的化学本质就是 DNA 分子的是美国著名的微生物学家 O. T. Avery。他和他的合作者 C. M. MacLeod 及 M. McCarty，在纽约进行细菌转化的研究，并于 1944 年发表了研究报告。他们在 F. Griffith 工作的基础上，选用的实验材料肺炎链球菌(*Streptococcus pneumoniae*)有两种不同的品系：具荚膜的品系形成光滑型的菌落(简称 S 型)，是有毒的；无荚膜的品系形成粗糙型的菌落(简称 R 型)，是无毒的。他们发现，将 S 型肺炎链球菌的 DNA 加到 R 型肺炎链球菌的培养物中，能够使 R 型转变成 S 型，表现出具有毒力的荚膜的特性(图 1-1)。

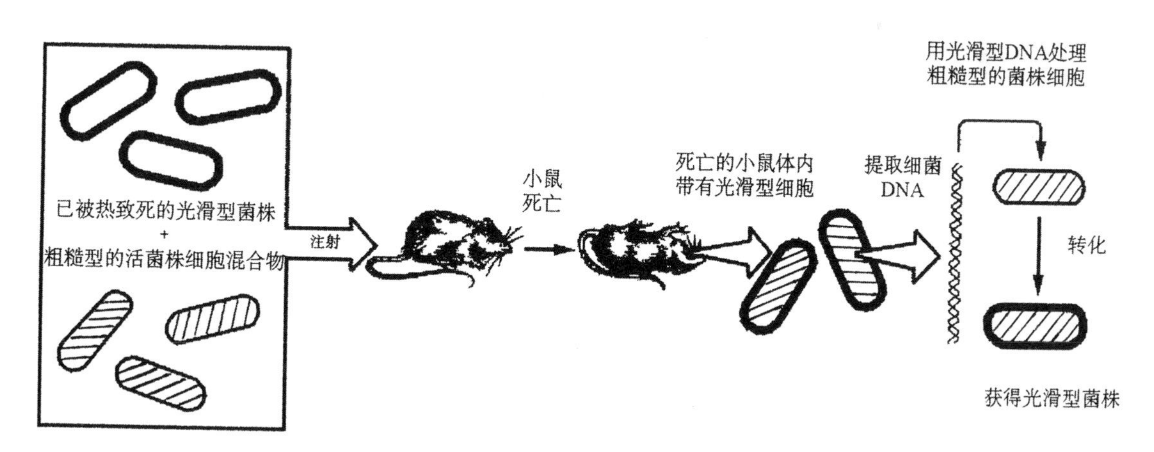

图 1-1 细菌转化的遗传本质是 DNA 分子

无论是被热致死的光滑型肺炎链球菌，还是粗糙型的活的肺炎链球菌，单独注射都不能使小鼠致死，而两者混合物注射则会使小鼠致死。从混合物注射致死的小鼠体内分离出了活的光滑型的肺炎链球菌，在体外将光滑型菌株的 DNA 提取物加到粗糙型菌株的培养物中，也可以使后者转化成为具毒性的光滑型菌株

这种细菌转化实验以无可辩驳的事实证明，使细菌性状发生转化的因子是 DNA 而

不是蛋白质或RNA分子。这一重大的发现轰动了整个生物界。因为当时许多研究者都认为,只有像蛋白质这样复杂的大分子才能决定细胞的特性和遗传。Avery等人的工作打破了这种信条,在遗传学理论上树起了全新的观点,即DNA分子是遗传信息的载体。

紧接着在1952年,美国冷泉港卡内基遗传学实验室的科学家A. D. Hershey和他的学生M. Chase共同发表报告,肯定了Avery的结论。他们用放射性同位素^{32}P和^{35}S,分别标记T2噬菌体的内部DNA和外壳蛋白质。然后再用这种双标记的噬菌体去感染大肠杆菌寄主细胞。结果发现只有^{32}P标记的DNA注入到寄主细胞内部,并且重新繁殖出子代噬菌体。这个实验进一步表明:在噬菌体中的遗传物质也是DNA分子,而不是蛋白质(图1-2)。

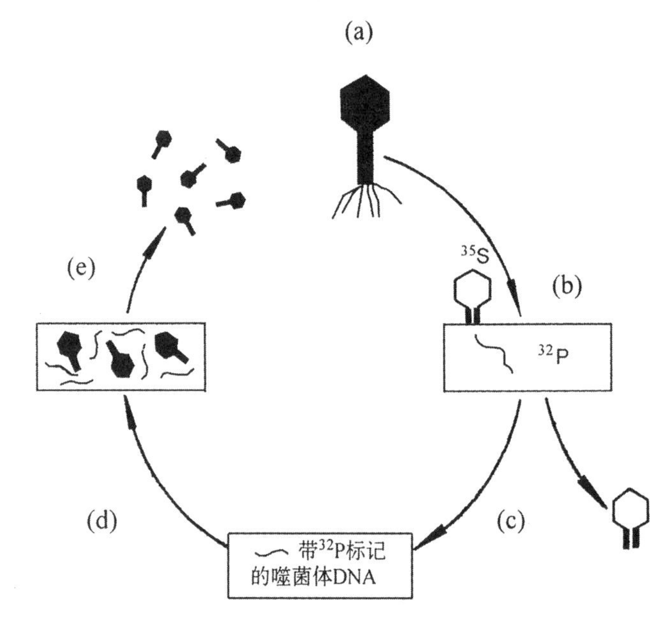

图1-2 用放射性同位素^{35}S和^{32}P双标记法证明遗传信息的载体是DNA而不是蛋白质的Hershey-Chase实验示意图

(a)噬菌体的蛋白质外壳只含有S,因此当其生长在含^{35}S的培养基中时,它的蛋白质便被特异性地标记上,而当噬菌体是在含^{32}P的培养基中增殖时,它的DNA也就会被特异性地标记上,因为在它的外壳蛋白质中没有P;(b)用这种带上双标记的噬菌体感染大肠杆菌寄主,噬菌体颗粒吸附在细胞上,并将其DNA注入细胞内;(c)将感染的细菌培养物在混合搅拌器中剧烈振荡,使吸附在细胞上的已经中空的噬菌体外壳脱落下来;(d)在感染的寄主细胞内,噬菌体DNA大量复制(其中只有亲本DNA链才带有^{32}P同位素)并装配成子代噬菌体颗粒;(e)寄主细胞破裂,释放出新的子代噬菌体颗粒,其中有少量的噬菌体DNA带有^{32}P标记,但没有一个蛋白质外壳具有^{32}P标记

证明了DNA是遗传物质和基因的载体之后,遗传学家和分子生物学家进而着手研究维系生命现象的基础——DNA分子的自我复制的过程,以揭示遗传信息是怎样从亲代准确地传递到子代的本质。这个问题是在1953年J. Watson和F. Crick创立DNA双螺旋结构模型之后才得到逐步解决的。根据这个模型,DNA分子是由2条互补的多核苷酸链相互缠绕而成,其中每条链所具有的特殊的碱基结构都可作为合成另一条互补链的模

板。也就是说，在2条DNA互补链之间，腺嘌呤(A)与胸腺嘧啶(T)配对，鸟嘌呤(G)与胞嘧啶(C)配对。1958年，M. Meselson和F. W. Stahl用实验证明在DNA复制过程中，在适宜的条件下，松开配对碱基之间的氢键，便能使2条链解开形成单链。然后以每条单链为模板，在DNA聚合酶和游离的核苷酸的参与下，按照碱基配对原理，吸引带有互补碱基的核苷酸，并在相邻的核苷酸之间形成磷酸二酯键。于是在靠近2条不配对的旧链的露出部分，都形成了一条新的互补链。由此产生的2个子代DNA分子与亲代分子的碱基顺序完全一样，并且在每个子代分子的双链中，都保留有一条亲代的DNA链。因此，人们把这种复制方式叫做DNA半保留复制(图1-3)。由于DNA半保留复制是严格地按照碱基配对原理进行的，因此新合成的子代DNA分子忠实地保存了亲代DNA分子所携带的全部遗传信息。通过这样的复制，基因便能够代代相传，准确地保留下去。于是，遗传学家长期感到困惑的基因自我复制问题也就迎刃而解了。

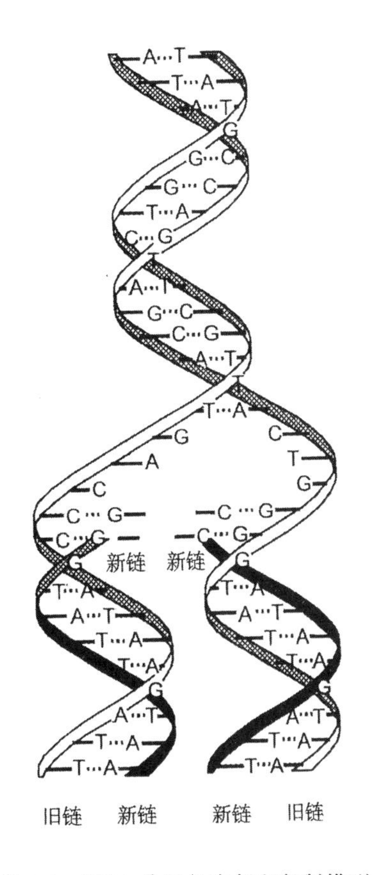

图1-3 DNA分子的半保留复制模型

至此，关于基因的化学本质是DNA而不是蛋白质的结论已经是毫无疑问的事实。但是我们还必须指出，随后的研究工作进展表明，在生物界并非所有的基因都是由DNA构成的。某些动物病毒和植物病毒以及某些噬菌体等，它们的遗传体系的基础则是RNA而不是DNA。例如，A. Gierer和G. Schramm在研究烟草花叶病毒(TMV)时，首先发现了RNA分子能够传递遗传信息，同时他们还证明TMV病毒的RNA成份在感染的植株叶片中能够诱导合成新的病毒颗粒。

双螺旋模型的建立，使遗传学家能够从分子水平分析遗传与变异的现象。基因再也不是一种只能用育种实验手段进行研究的神秘成份了，它现在是以一种真正的分子物质呈现在我们的面前。科学家们能够像研究其它大分子一样，客观地探索基因的结构及功能。这样，人们便开始从分子的层次上研究基因的遗传现象，从此进入了基因的分子生物学的新时代。

3. 基因与DNA的多核苷酸区段

上面已经说过DNA分子是基因的载体，那么是否每一段DNA都是基因呢？按照经典的基因概念，在染色体或DNA分子上，基因是成串珠似的一个挨一个地排列着，它们之间由非遗传的物质连接起来。交换只是在基因之间进行，而不是在基因内部发生。换言之，基因既是遗传的功能单位，同时也是交换单位和突变单位。但是，后来有许多研究工作，特别是以T4噬菌体为材料的研究工作表明，事实并非如此。

T4噬菌体是感染大肠杆菌的一种病毒。在它感染之后不到30分钟，寄主细胞就会裂解死亡，并释放出约100个左右的子代噬菌体颗粒。这种控制寄主细胞致死效应(即所谓的快速溶菌)的功能，是由该噬菌体的rII区编码的。S. Benzer使用一类通称为rII突变型的T4噬菌体为材料进行研究，发现rII区可分为rIIA和rIIB两个亚区，它们各产生一种特殊的物质。只有当这两种物质同时存在时，其寄主菌大肠杆菌K株的细胞才会发生溶菌裂解。因此，用rIIA突变型和rIIB突变型单独感染大肠杆菌K株细胞，都不能正常生长；而用这两种突变型混合感染K株细胞时，就能像未发生突变的野生型T4噬菌体一样正常生长和行使功能。由此可见，rIIA和rIIB显然是互补的突变型。在rIIA亚区发生了突变的T4噬菌体，能和在rIIB亚区发生了突变的T4噬菌体互补，但它们都不能跟与自己一样在同一亚区内发生突变的任何T4噬菌体互补。反之也一样。所以，rIIA和rIIB是两个不同的功能单位。1955年，Benzer正式使用"顺反子"(cistron)这个术语，将这两个亚区分别叫做rIIA顺反子和rIIB顺反子(即rIIA基因和rIIB基因)。

很显然，每一个顺反子就是一段核苷酸序列，或者说是相当于一个基因的DNA或RNA单元，它编码一种完整的多肽链。这种多肽链既可以是一种具有生物活性的蛋白质，也可以同别的多肽聚合形成多功能的蛋白质。顺反子是功能单位，它是由许多可以突变的位点组成的，而这些位点之间又可以发生交换。现在大约已经分析了2 400个rII区的突变，并已鉴定出其中有304个不同的突变位点。这些突变可以整理成直线的顺序排列。这就说明，基因本身也具有如同染色体基因线性排列一样的线性结构。根据Benzer的计算，在功能DNA中，最小交换单位约为1～3个核苷酸对，这同理论上的最低值一个核苷酸对极为接近。所以，顺反子中的最小交换单位（又称交换子）和最小突变单位(又称突变子)，都应是DNA分子中的一个核苷酸对。只有在这种情况下，交换子才等于突变子。

在现代的遗传学文献中，顺反子和基因这两个术语是相互通用的。一般说来，一个顺反子即是一个基因，大约含有1500个核苷酸对，是由一群突变单位和重组单位组成的线性结构。因此，顺反子概念表明：基因不是最小单位，它仍然是可分的；并非所有的DNA序列都是基因，而只有其中某一特定的多核苷酸区段才是基因的编码区。

一般说来，从细菌到哺乳动物的全部生命有机体，它们的基因都是由DNA构成的。由于所有生物的DNA的基本结构都是一致的，因此，来自两种生命形态的基因(DNA)可以融为一体。由此可见，基因的DNA共性，是进行基因工程的重要理论基础之一。

4. 基因与多肽链

现在人们已经认识到，基因是细胞中所有的RNA及蛋白质分子的"蓝图"。有些基因编码的最终产物是RNA分子，例如rRNA基因、tRNA基因以及其它小分子RNA基因等，而其它一些基因编码的最终产物则是多肽。这些蛋白质是通过mRNA中介合成的。

其实把基因的功能同蛋白质的作用联系起来的想法，最早可以追溯到1902年到1908年之间。当时，A. Garrod在研究人类黑尿病(alkaptonurea)时就已经指出，这种疾病是由于缺乏某种酶催代谢反应所致。但是，第一次明确提出"一种基因一种酶"假说("one gene-one enzyme hypothesis")的学者则是G. W. Beadle和E. L. Tatum。他们应用X-射线诱导处理红色面包霉(*Neurospora crassa*)，获得了大量的营养缺陷突变体(auxotrophic mutant)。进一步对营养缺陷突变体进行的遗传分析结果表明，其中的每一种突变都是由于单基因缺陷所致。1941年，他们在分析了对红色面包霉的大量研究结果之后，认为生物体内发生的每一步代谢反应，都是由一种特殊的酶负责控制的，而这种酶又是某一种特定基因的合成产物。一旦基因发生突变，那么由它指导合成的蛋白质也将随之发生变化，甚至可能导致活性的丧失。因为就基因结构而论，突变只是一种随机的事件，它极可能破坏基因的功能，而大量的突变就会产生出一种无功能的基因。

“一种基因一种酶”的假说，到了1945年已经成为一种十分流行的说法。毫无疑问，这种假说对于促进遗传学的研究曾起到相当积极的作用。不过，这里应该提醒，在那个时候人们对于基因的认识还局限于经典的、抽象的孟德尔遗传单位的范畴之内，而对基因的分子本质还毫无了解。况且，这个假说也没有说明基因究竟是怎样指导酶的合成，更没有涉及到基因指导氨基酸组装成蛋白质多肽链的概念。

直到1957年，英国剑桥的科学家V. M. Ingram，在对镰形细胞贫血症(sickle cell anemia)的血红蛋白和正常的血红蛋白的氨基酸序列作了对比研究之后，才第一次用实验证实了基因同蛋白质之间的直接联系。镰形细胞贫血症的患者，在氧分压较低的环境中，他们的红细胞便会呈现出异常的状似镰刀的构型，给血液循环带来严重的后果。研究表明，这种疾病是一种基因突变造成的分子病。Ingram应用当时刚刚发明的蛋白质氨基酸序列分析法，分析了成年人血红蛋白的α链和β链。在镰形血红蛋白α链中未发现有任何变化，但其每一条β链都同正常野生型的血红蛋白的β链之间有一个氨基酸的差别，即在β-多肽链的氨基端第六个氨基酸部位由缬氨酸取代了正常的谷氨酸。这表明基因的突变，会直接影响到它编码的蛋白质多肽链的成份的改变，从而证实了“一种基因一种酶”的假说是正确的。

蛋白质的结构研究发现，有许多种的蛋白质都是由数个亚基组成的。这类蛋白质叫做多体蛋白质(multimeric proteins)。在多体蛋白质中，如果所有的亚基都是同样的，这种蛋白质就是属于同型多体(homomultimer)蛋白质，由一种基因编码。如果这些亚基各不相同，这种多体蛋白质便属于异型多体(heteromultimer)蛋白质，由多种基因编码。例如，血红蛋白就是由多种不同的多肽链组成的一种异型多体蛋白质。再如，一个血红素基团(heme group)是由2个α亚基和2个β亚基组成的另一种异型多体蛋白质。每一种类型的亚基都是一种不同的多肽链，是不同基因编码的产物。因此，编码α亚基和β亚基的任何一个基因发生突变，都会导致血红蛋白功能的抑制。为了能够适用于任何一种异型多体蛋白质的情况，“一种基因一种酶”的表述，后来便被修正为“一种基因一种多肽链”(one gene-one polypeptide chain)，这样就更加准确地反映出事物的本质。

5. 基因的碱基顺序与蛋白质的氨基酸顺序

Ingram虽然确定了基因同蛋白质多肽链之间的对应关系，但他不可能更加深入地了解这种关系的分子本质。因为在他那个时候，分离编码各条血红蛋白多肽链的DNA的工作，简直是不可想象的。其后经过多年的努力，加上DNA分子生物学多方面的进展，基因的核苷酸碱基顺序同蛋白质多肽链氨基酸顺序之间的对应关系才得到了阐明。

1958年，F. Crick在综合地分析了50年代末期有关于遗传信息流转向的各种资料的基础上，提出了描述DNA、RNA和蛋白质三者关系的所谓中心法则(central dogma)。根据这个法则，遗传信息是从DNA流向RNA，再由RNA流向蛋白质：

DNA ⟶ RNA ⟶ 蛋白质
转录　　转译

这个图式表明，在DNA的复制过程中，它的双链解开，以单链形式作为合成自己互补链(cDNA)的模板；而在DNA到RNA转录过程中，单链的DNA则是作为指导RNA合成的模板。实验证明，在细胞内的DNA的两条链中，只有一条具有转录的活性，另一条则只能进行复制而无转录的功能。在从RNA到蛋白质的所谓转译过程中，RNA又反过来作为蛋白质氨基酸顺序的模板，指导多肽链的合成。中心法则认为，遗传信息一旦转移到蛋白质分子之后，就不再能由蛋白质传向蛋白质，或由蛋白质传向DNA或RNA。但是，这里所说的只是在细胞中发现的信息传递的一般路线，而没有涉及反转录等特殊问题。随着分子生物学研究的深入，人们发现有很多RNA病毒，例如小儿麻痹症病毒、流行性感冒病毒以及大多数单链RNA噬菌体等，在感染了寄主细胞之后，都能够进行RNA的复制。1970年，H. M. Temin和D. Baltimore发现，有一些RNA肿瘤病毒，如劳斯氏肉瘤病毒(Rous sarcoma virus, RSV)，在寄主细胞中的复制过程是，先以病毒的RNA分子为模板，在反转录酶的作用下合成DNA互补链，然后以DNA链为模板合成新的病毒RNA。也就是说，遗传信息可以从RNA反向传递到DNA。这是中心法则提出之后的一个重要的发现。1971年F. Crick根据新的进展修改了中心法则，提出了更为完整的图解模式：

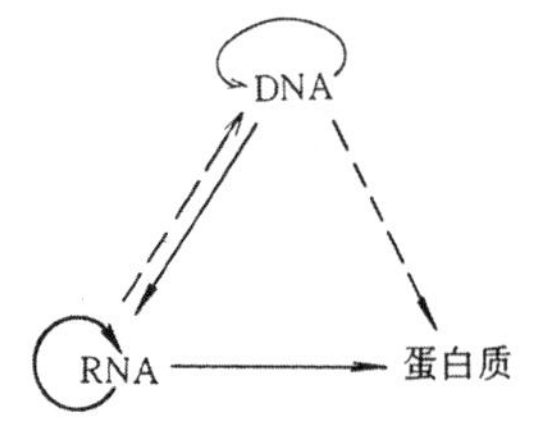

图中的实线箭头所示的是三种普遍地存在于绝大多数生物细胞中的遗传信息的传递方向。虚线箭头表示的是特殊情况下的遗传信息的传递方向，只存在于极少数的生物中。而遗传信息从DNA直接到蛋白质的传递，只是一种理论上的可能性，迄今尚未在活细胞中得到证实。

当我们思考转录和转译这两个过程时会发现，转译与转录不同，它不是简单的核苷酸顺序的抄写，而是将RNA分子上的核苷酸语言翻译成蛋白质分子上的氨基酸语言的复杂过程，是涉及到两种不同语言信号之间的更换问题。因此，在转译过程中，必定存在着一种特殊的遗传密码(genetic code)系统，才能够将RNA分子上的核苷酸顺序，同蛋白质分子上的氨基酸顺序联系起来。

在50年代末和60年代初，关于遗传密码的研究是基因分子生物学中最活跃的课题之一。经过许多人的共同努力，特别是F. Crick和S. Brenner的出色工作，到1961年底有关遗传密码的若干最主要的问题都已经得到了解决。第一个问题是密码比(coding ratio)。核酸有4种不同的碱基(DNA的是A、G、C、T；RNA的是A、G、C、U)。如果是一种碱基编码一种氨基酸，总共只能有4种不同的氨基酸；如果是2个碱基编码一种氨基酸，则可以编码出16种($4^2=16$)不同的氨基酸；如果是每3个碱基编码一种氨基酸，就会编码出 64 种($4^3=64$)不同的氨基酸。蛋白质分子是由 20 种不同的氨基酸构成的。据此推理,可以得出一个简单的结论,即由 3 个碱基甚至更多的碱基编码一种氨基酸是必要的。遗传学实验证实,是由 3 个碱基编码一种氨基酸,我们称这种碱基三联体为密码子(codon)。

第二个问题是密码(code)是否重叠。按常规推测,遗传密码的排列有重叠的和不重叠的两种可能性。在不重叠的三联密码中,每 3 个碱基组成一组,只特异地编码一种氨基酸;但在完全重叠的三联密码中,情况则不同,如 ABC 决定头一种氨基酸,接着 BCD 就决定第二种氨基酸,而 CDE 又决定第三种氨基酸,如此依序类推编码出各种各样的氨基酸。究竟哪一种情况是正确的?通过对突变体中的氨基酸顺序的分析便可得到答案。假定 C 碱基发生了突变成为C′碱基,那么在非重叠的密码中,只会有一种氨基酸发生改变,而在重叠的密码中,氨基酸 1,2,3 等都会因 C 的突变而发生变化。根据烟草花叶病毒(TMV)突变体外壳蛋白氨基酸顺序的研究表明,通常总是只有一个氨基酸发生改变。其它方面的类似的研究也得到同样的结果。因此结论是,遗传密码是不重叠的:

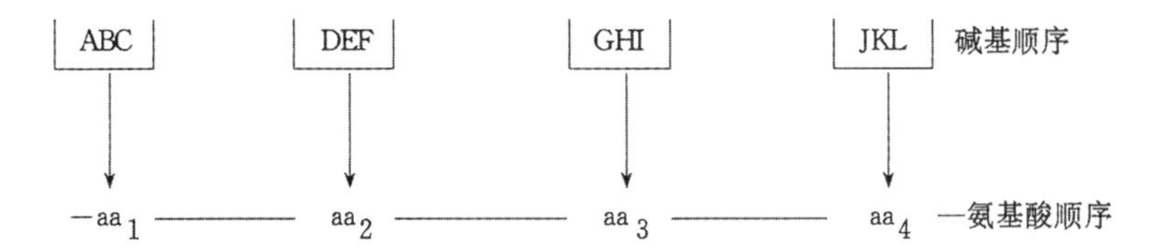

第三个问题是相邻的 2 个三联体之间是否存在着“逗号”。在一条由多核苷酸组成的 DNA 链上,由每 3 个碱基组成一组的所谓三联体究竟怎样才能被正确地阅读呢?曾经有人猜想,很可能在 4 个碱基中就有一个是作为“逗号”(以 Q 表示)标在 2 个三联体之间:

…QABCQDEFQGHIQJKLQ…

但碱基的缺失和增加突变研究证明,这种想法不符合事实。碱基的阅读是从一个固定的起点按序进行的,它并不存在有什么“逗号”的问题。

在解决了上述这些问题之后,剩下的就是要设法弄清每一种氨基酸到底是由哪一种三联密码子编码的。破译这些密码子的最有效的办法是,利用合成的已知其核苷酸顺序的 mRNA 作模板,在体外无细胞体系中进行转译反应。然后分析合成的蛋白质多肽链的氨基酸顺序,并同 mRNA 的核苷酸顺序作比较,从而测定出密码子中 3 个核苷酸的顺序,及其对应的氨基酸。1961 年,M. W. Nirenberg 和 J. H. Matthaei 以及其他学者,就是应用这种方法成功地破译了大部分密码子。例如,用合成的 poly(U)作模板,合成的氨基酸是多聚苯丙氨酸,因此可以断定苯丙氨酸的密码子是 UUU;应用在 3′-末端带有一个鸟嘌呤的 poly(U)作模板,合成的多聚苯丙氨酸具有一个羟基末端的亮氨酸,这说明亮氨酸的密码子是 UUG。1964 年 M. W. Nirenberg 及其合作者采用了一种新的体外转译体系,可用三核苷酸短链代替合成的 mRNA 来识别氨基酸。这样,只要合成出已知顺序的三核苷酸就可以测定出相应的氨基酸的密码子。如此又破译了 64 个密码子中的 31 个。到 1966 年,H. G. Khorana 发明了利用重复的共聚体(repeating copolymers),例如 GUGGUG…,AAGAAG…,和 GUUGUU…,等等破译密码子的途径,并因此发现了 3 个终止信号密码子:UAA,UAG,UGA。它们不代表任何氨基酸,而表示链的终止。据文献记载,至 1966 年所有 64 种密码子便已全部破译出来了。表 1-1 所列的为通用的遗传密码。

表 1-1 通用遗传密码表

第一位字母(5′-末端)	第二位字母				第三位字母(3′-末端)
	U	C	A	G	
U	Phe	Ser	Tyr	Cys	U
	Phe	Ser	Tyr	Cys	C
	Leu	Ser	Stop	Stop	A
	Leu	Ser	Stop	Trp	G
C	Leu	Pro	His	Arg	U
	Leu	Pro	His	Arg	C
	Leu	Pro	Gln	Arg	A
	Leu	Pro	Gln	Arg	G
A	Ile	Thr	Asn	Ser	U
	Ile	Thr	Asn	Ser	C
	Ile	Thr	Lys	Arg	A
	[Met]	Thr	Lys	Arg	G
G	Val	Ala	Asp	Gly	U
	Val	Ala	Asp	Gly	C
	Val	Ala	Glu	Gly	A
	[Val]	Ala	Glu	Gly	G

注:(1) Met 和 Val 的密码子 AUG 和 GUG 也叫起始密码子,表中用方框标明。

(2) UAA、UAG 及 UGA 三个密码子又叫做终止密码子,表中以“Stop”表示。

遗传密码的破译,是基因研究中的一项重大的进展,也是 60 年代分子生物学研究取得的最激动人心的成就之一。迄今为止,除线粒体和叶绿体存在着个别特例外,所有的生物,包括病毒、原核的和真核的,它们的密码子同氨基酸之间的关系都是同样的。因此说遗传密码是通用的。显而易见,与基因的 DNA 共性一样,遗传密码的通用性也是我们赖以开展基因工程的最重要的理论基础之一。试想,倘若不存在遗传密码的通用性,重组的 DNA 分子就不可能在不同类型的新寄主中进行繁殖和表达。这样,基因克隆工作也将化为泡影。

6. 基因的结构

基因是编码蛋白质或 RNA 分子遗传信息的基本遗传单位。从化学角度观察,基因则是一段具有特定功能和结构的连续的脱氧核糖核苷酸序列,是构成巨大遗传单位染色体的重要组成部分。没有基因就没有生命,因此要全面深入地了解任何生命过程,就必须对基因的结构及其功能作一番详尽的研究。

最早试图揭示基因内部精细结构(fine structure)的研究工作,是前面我们已经提到过的 S. Benzer 在 50 年代晚期所进行的。1955 年他发展出了一种应用 T4 噬菌体 rII 区的不同等位基因绘制基因内部图谱(intragenic maps)的方法,为探索产生等位基因的分子机理提供了新的手段,并证实了基因的最小突变单位和重组单位都是DNA的一个碱基对。1967年C. Yanofsky及其合作者通过对大肠杆菌色氨酸合成酶基因(trpA)的研究,首次将基因的精细结构遗传图(genetic map)同物理图(physical map)进行比较。结果发现,trpA基因的突变位点的顺序同突变体色氨酸合成酶多肽链上发生的氨基酸取代顺序是一致的。因此,能够大体确定trpA基因的遗传边界(genetic boundaries)。

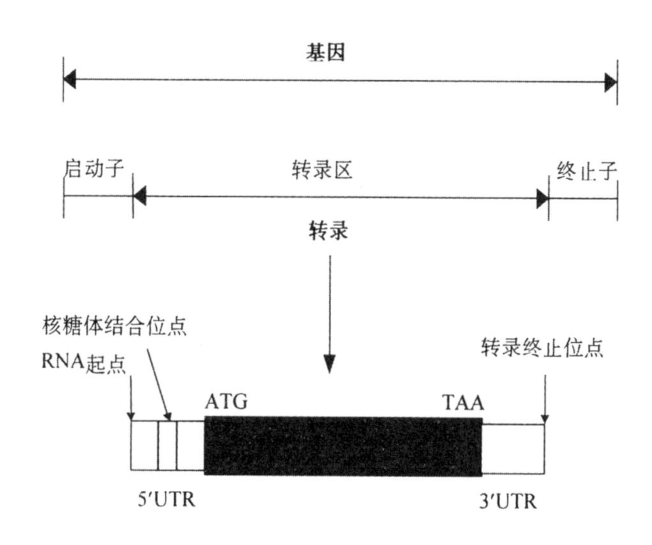

图1-4 一种典型的原核蛋白质编码基因的结构示意图

基因的编码区(即转录区)是连续不断的序列,包括一个起始密码子ATG和一个终止密码子TAA。编码区的两侧是转录而不转译的侧翼序列区,其中5′非转译区简称5′UTR,含有一个核糖体结合位点及一个转录起始信号;3′非转译区简称3′UTR含有一个转录终止信号

然而只是到了70年代中期,随着基因克隆和DNA序列分析技术的相继发展,人们才真正有可能从单碱基水平上剖析基因的分子结构。图1-4和1-5以图解的方式表述了一种典型的真核和原核基因的基本结构特征。无论是真核的基因还是原核的基因,都可划分成编码区和非编码区两个基本组成部分。编码区含有大量的可以被细胞质中转译机器阅读的遗传密码,包括起始密码子(通常是AUG)和终止密码子(UAA,UAG或UGA)。非编码区结构中的5′-末端非转译区(5′UTR)和3′-末端非转译区(3′UTR),对于基因遗传信息的表述是必要的,但它们都不会被转译成多肽序列。在许多真核基因编码区中发现的间隔子(intron)也是一类特殊的非编码序列。

基因的另一个重要组成部分是启动子(promoter),它是位于基因5′-端上游外侧紧挨转录起点的一段非编码的核苷酸序列,其功能是引导RNA聚合酶同基因的正确部位结合。一般说来原核基因的启动子比较简单,只有数十个碱基对大小,而真核基因启动子的分子量则比较大,即便是相距数千个碱基对之遥,它亦能对基因的转录效率产生深刻的影响。在基因3′-端下游外侧与终止密码子相邻的一段非编码的核苷酸短序列叫做终止子(terminator),具有转录终止信号的功能,也就是说,一旦RNA聚合酶完全通过了基因的

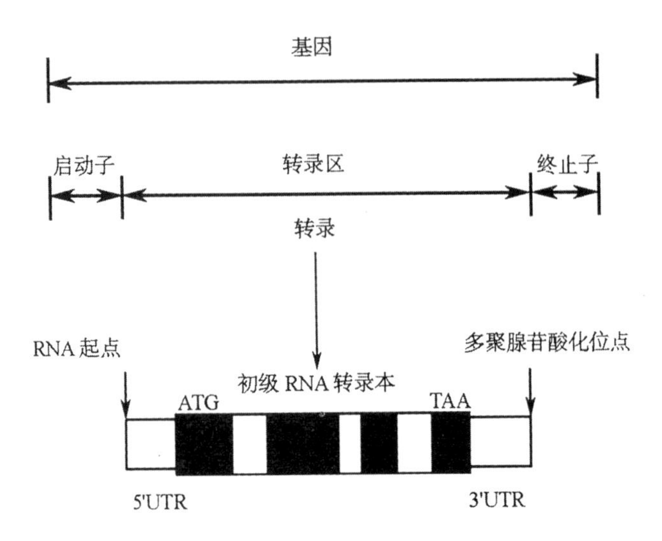

图 1-5　一种典型的真核蛋白质编码基因的结构示意图

与原核的蛋白质编码基因相比，最主要的特点是其转录区的编码序列是间断的不连续的，其中编码氨基酸的序列叫做表达子(exon)，非编码序列则叫做间隔子(intron)。转录产生的初级 RNA 转录本，经过剪辑加工(即去掉间隔子)后形成功能的 mRNA 分子

转录单位，它就会阻断酶分子使之不再继续向前移动，从而使 RNA 分子的合成活动终止下来。

事实上，真核生物的基因都是以单顺反子(monocistron)的形式存在，因此它们编码的也都是单基因产物。而像大肠杆菌这样的原核生物则不同，它们的基因往往是以多顺反子(polycistron)的形式存在。由它转录产生的是一种大分子量的 mRNA 种，可同时编码两种甚至数种的基因产物。

编码多肽的基因，通常每单倍体基因组(haploid genome)仅有 1～2 个拷贝，这样的基因叫做单拷贝基因。而编码转运 RNA、核糖体 RNA 以及组蛋白等的基因，则往往是多拷贝的，用以保证能够合成出足够数量的基因产物，满足细胞新陈代谢的需求。

某些基因可归类为特殊的多基因家族(multigene families)，其成员的编码产物具有类似的结构和功能。这类多基因家族可能是由同一祖先基因通过突变和复制作用，逐渐进化而来。属于同一个多基因家族的各个成员，可以存在于不同的染色体上，也可以是位于同一条染色体上。

7. 基因的表达与调控

在 1961 年，F. Jacob 和 J. Monod 提出操纵子模型时，将细胞中的基本看家蛋白质(housekeeping proteins)，例如代谢酶类、转运蛋白质和细胞骨架成份等的编码基因，叫做结构基因(structural gene)；编码用以控制其它基因表达的 RNA 或蛋白质产物的基因，叫做调节基因(regulatory gene)；而操纵基因(operator)则是指接受来自调节基因合成的调节蛋白的作用，使结构基因转录活性得以抑制的特定的 DNA 区段，因此有时操纵基因也叫做控制单元(control element)。生活的细胞，通过这些基因的密切协作才能表现出和谐的生命功能，使生物体能够很好地适应环境的变化，并在不同的环境条件下表现出不同的特性。

储藏在基因中的遗传信息分转录和转译两步进行表达，以特定单链 DNA 为模板在 RNA 聚合酶的催化之下合成 RNA 的过程叫转录，而在 mRNA 分子指导下通过核糖体合成蛋白质的过程叫转译。这种遗传信息从 DNA 到 RNA 再到蛋白质的流向，在所有的细胞类型中都是受到高度调节的，同时在有些情况下也是严格协同的。基因表达的此种严格调控机理，确保细胞不会浪费能量用于合成它所不需要的基因产物。因此，在生物体的发育过程中，基因的表达能够被局限在某个瞬间，或者只是在一定的细胞类型中进行，抑或是在某种外界环境因素的刺激之下被诱导发生。当然，也有一些基因在所有的细胞类型和整个生命周期中都能够进行持续的表达。关于在原核细胞中，尤其是在大肠杆菌细胞中蛋白质合成的调节与控制方面，目前已经研究得相当详细。1961 年，法国的分子生物学家 F. Jacob 和 J. Monod 提出了操纵子模型，用来解释大肠杆菌中酶合成的调控情况（图 1-6）。按照他们的定义，所谓操纵子（operon）乃是一种完整的细菌基因的表达单位，系由若干个结构基因、一个或数个调节基因及控制单元组成。控制单元包括一个操纵基因和启动区序列。例如，大肠杆菌乳糖操纵子，就是由 3 个结构基因和一个操纵基因组成的。在平时，调节基因 lacI 转录成 mRNA 后再转译成一种阻遏物（repressor）蛋白质。此种蛋白质是操纵基因的抑制物，它们一旦结合，结构基因 lacZ、lacY 和 lacA 的作用便被关闭。于是它们所编码的相应的 3 种酶，即 β-半乳糖苷酶（β-galactosidase）、透性酶（permease）和乙酰基转移酶（acetylase）的合成也就停止下来。但当细胞中代谢产物乳糖（lactose）累积增多而需求更多的酶的时候，该代谢产物便可以同阻遏物结合成复合物，使之失去了与操纵基因结合的能力。于是结构基因便恢复了转录活性，源源不断地合成出参与乳糖代谢的 3 种酶蛋白。待该代谢产物被这些酶移去之后，阻遏物便恢复了自由，进而转移到操纵基因结合位点上，促使结构基因的功能暂停表达。在这里，乳糖显然起到了一种诱导物（inducer）的作用。从乳糖操纵子的实例中可以知道，诱导物是一种小分子，它通过同调节基因蛋白质（即阻遏物）的结合或解离，来制动结构基因的转录活性。

1969 年，R. J. Britten 和 E. H. Davidson 提出一个假想的真核细胞的基因调控模型。根据这个模型，与调节基因相连的一段 DNA 叫做传感基因（sensor gene），细胞根据需要向它发出信号。这种信号可能是由细胞中的化学分子传达，当其达到传感基因后，调节基因就开始发生作用，制造出激体 RNA（activator RNA），并由它指示同结构基因相邻的受体基因（receptor gene），令其发动结构基因行使功能转录出 mRNA，进而转译成相应的蛋白质分子。

根据上述模型可以看出，在大肠杆菌乳糖利用中，执行基因表达控制的分子是蛋白质抑制物，而在真核细胞中则是由激体 RNA 传达控制信息的。在乳糖利用过程中，抑制物一旦发生作用，结构基因的功能活动便停止。我们称这种控制方式为负控制。相反的，在真核细胞中，激体 RNA 一旦和受体基因结合，结构基因的功能作用便开始发挥出来。我们称这种控制方式为正控制。

从基因研究的发展水平角度考虑，操纵子概念比顺反子概念又前进了一步。它指出基因不但在结构上是可分的，而且在功能上也是有分工的。同时，有的基因控制蛋白质产物的合成，而有的基因并没有直接的产物。于是，“一种基因一种酶”、“一种基因一种多肽链”的概念也需要加以修正。

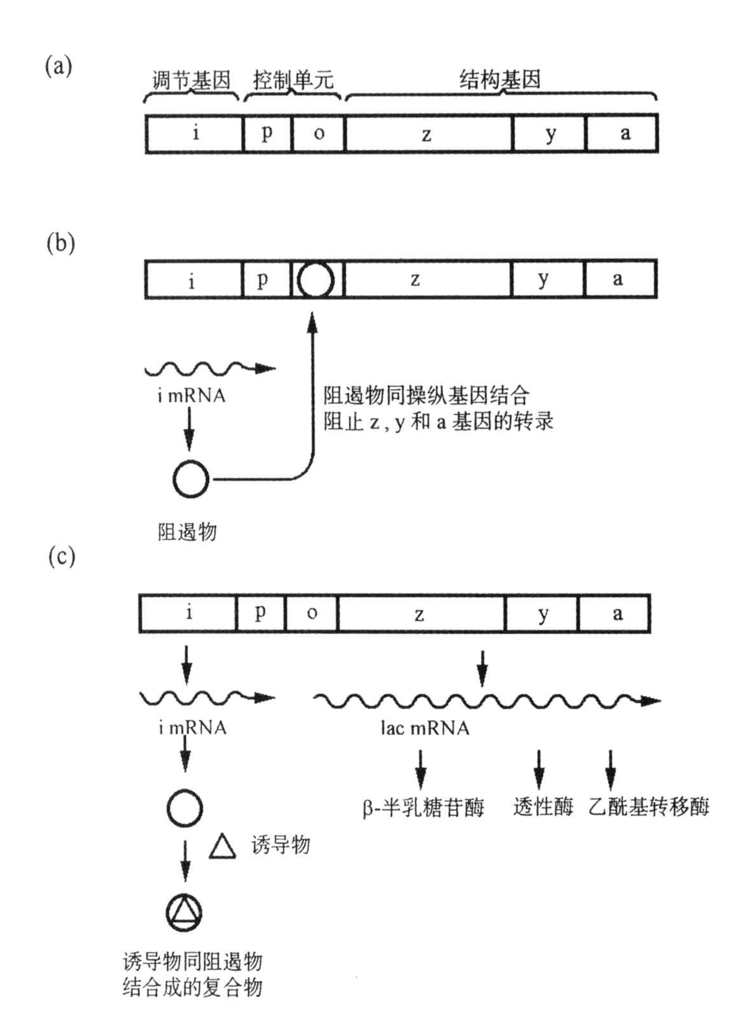

图 1-6　乳糖操纵子模型

(a)乳糖操纵子及其调节基因模型；(b)阻遏状态——lacI 基因合成出阻遏物，它的四聚体分子同操纵基因结合，阻断了结构基因的转录活性；(c)诱导状态——加入的诱导物使阻遏物转变成失活的状态，不能同操纵基因结合，于是启动基因开始转录，合成出 3 种不同的酶，即 β-半乳糖苷酶、透性酶和乙酰基转移酶[本图没有按比例绘制。事实上启动子(p)和操纵基因(o)要比其它基因小得多]

8. 基因的分离

长期以来，遗传学家都是根据生物的表现型去研究其基因型。然而随着科学的发展，我们对于基因本质的认识也就越来越深刻，于是这种间接的研究法已经不能满足科学发展的要求了。因此，客观上有必要将有关的基因分离出来，在试管中直接研究其结构、功能及调节等一系列问题。

1969 年，美国哈佛大学以 R. Beckwith 博士为首的研究小组，应用 DNA-DNA 分子杂交技术，首次成功地分离到了一种特殊的基因——大肠杆菌乳糖操纵子的 β-半乳糖苷酶基因。他们所采用的方法，实质上是利用两种特异性的转导噬菌体 λ 和 $\phi80$，以相反的取向从大肠杆菌染色体上捕获乳糖操纵子。带有乳糖操纵子基因的λ噬菌体的有意义链(即可转录成mRNA的DNA链)是H链，而ϕ80的则是L链。因此，在ϕ80噬菌体的H链上，就必定是含有λ噬菌体H链上的有意义的乳糖操纵子的互补序列。将这两种H链混合起来，由于它们是来自不同的噬菌体，唯一能够互补的核苷酸序列就是相当于乳糖操纵子的部分。因此，就在这一小区段上形成了双链DNA结构，而其余部分由于不能互补，则仍保持着单链的状态。结果出现了一种特殊的带有4条单链尾巴的双链DNA分子(图1-7)。可用专门作用于单链DNA的脱氧核糖核酸酶S1，把单链DNA水解掉，最后得到的便是纯粹的乳糖操纵子的β-半乳糖苷酶基因。

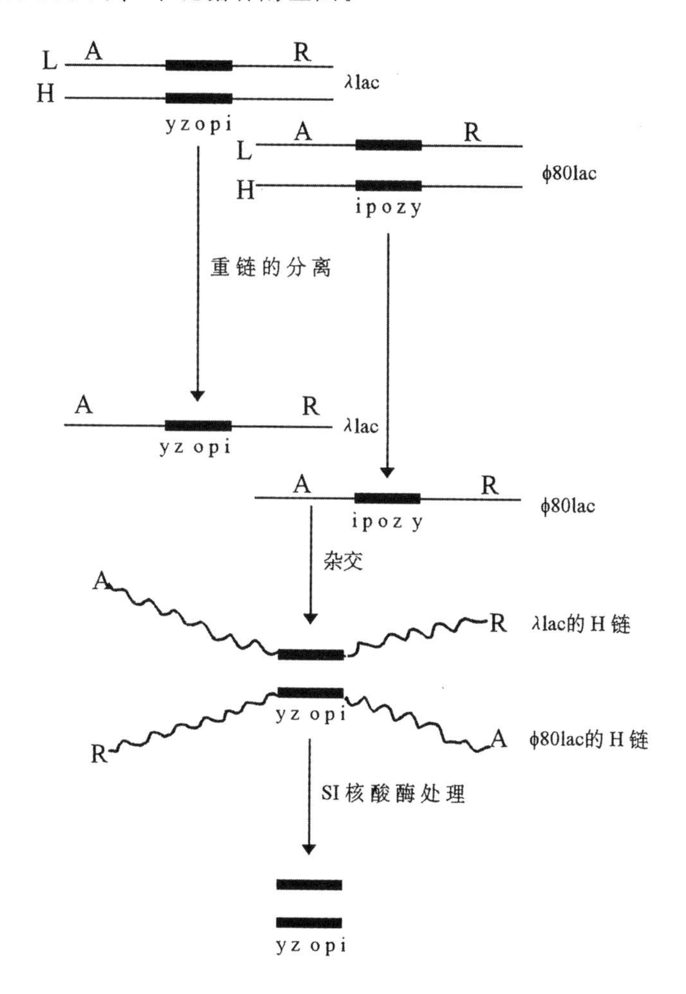

图1-7　大肠杆菌乳糖操纵子β-半乳糖苷酶基因的分离

字母y z o p i分别代表透性酶基因(lacY)、β-半乳糖苷酶基因(lacZ)、操纵基因、启动子及调节基因(lacI)；L和H分别代表DNA分子的轻链和重链

必须指出，应用上述方法分离单基因的成功例子是十分罕见的。这个实验在理论上的重要意义，远远超过了它的实践应用价值。因为它首创了单基因分离的成功先例，激发了人们从不同的角度、用不同的方法分离基因的积极性，从而加速了基因研究工作的进展。现在可以采用多种方法分离特定的基因，包括生物化学的和遗传学的方法、核酸杂交以及

核酸内切限制酶切割法等等。但一般公认的最有效的方法则是应用基因克隆的技术和PCR 技术，直接从基因组中分离个别的目的基因。

我们知道，任何一种真核基因都仅占其基因组的极小的一部分。拿典型的哺乳动物为例，它们的基因组大小约为 10^9bp。以一个真核单基因平均长度为 5 000bp计算，也仅占整个核基因组 DNA 的 0.000005 左右。希望从上百万个体组成的群体中，分离出如此低比例的目的基因，无异于大海捞针。因此，我们首先需要建立一种可以将待分离的目的基因进行无性扩增的实验体系。其次还需发展一种可以用来检测目的基因的敏感的分子探针(probe)。这种探针，可以是一种带有高比活放射性标记的并且只能同目的基因特定序列作碱基配对的 RNA 或 DNA 分子。它们同目的基因杂交之后，可通过放射自显影技术检测出来，从而达到分离基因的目的。放射性标记探针的应用，显著地提高了基因分离的敏感性，是目前基因分离中最常用也是最有效的方法之一。

在基因分离工作中，高纯度特异性探针的获得，是带有决定性意义的一个环节。它可以通过特异性 mRNA 的反转录合成 cDNA 的办法获得；也可以根据相应蛋白质氨基酸顺序，反推出目的基因编码区的核苷酸顺序，用化学合成法获得特异性探针；还可以应用蛋白质抗原抗体反应法获得特异性探针。应用以上所述办法，有可能分离任何希望克隆的基因，只要这个基因的蛋白质产物是已知的，并且可以分离得到。

在本世纪 70 年代的中期，鉴于重组 DNA 技术的发展，特别是安全的寄主菌株和克隆载体的诞生，科学家已经具备了克隆分离目的基因的初步能力。接着由于发展出了改良的安全寄主菌株和克隆载体，人们克隆基因的策略也就随之发生了变化，即首先克隆cDNA而后再分离目的基因。到了 80 年代之后，基因克隆和 DNA 测序方法已经变得更加简单和更加有效。随着寡核苷酸合成，哺乳动物细胞培养及转化，以及用于 DNA 和 RNA 的酶的进展，科学工作者克隆 cDNA 能力便得到了进一步的加强。有了这些方法，我们便可以更加容易地获得全长的 cDNA，并有可能从低丰度的 mRNA 种中克隆其 cDNA。特别是由于近年来 PCR 技术的发展，为科学工作者分离克隆基因提供了强有力的手段，可以说在今天几乎任何想克隆分离的 cDNA 都可以被克隆分离出来。即便是那些编码产物未知的基因，也可以通过诸如 mRNA 差别显示、定位克隆等技术予以分离。有关这方面的内容，我们将在第六章中详细叙述。

9. 基因的合成

分子生物学技术发展到今天，我们不仅能够分离天然的基因，而且还能应用化学的方法，在实验室内合成有关的基因。这方面研究较早的有美国麻省理工学院以 H. G. Khorana 为首的科学家小组。他们在 1970 年，首次报道了酵母丙氨酸转移核糖核酸基因(77个碱基对)全合成之后，1976 年又报道了大肠杆菌酪氨酸转移核糖核酸基因的全合成。这个基因比较小，只有 200 个核苷酸对，它们的顺序在 1967 年就已经被测定出来。Khorana等人以构成这个基因的各种核苷酸为原材料，合成较短的 10～15 个核苷酸长的寡核苷酸片段。得到了大约 40 个这种片段之后，再用连接酶将它们连接并缝合起来。这样形成的双链 DNA 分子，与天然的大肠杆菌酪氨酸转移核糖核酸基因的完全一样。在合成的这个基因中，不仅含有编码结构基因的 DNA 片段(1～126 对核苷酸)，而且还带有 2 个调节片段，即启动子片段(52 对核苷酸)和终止子片段(21 对核苷酸)。Khorana 宣称，将这个合成基因导入大肠杆菌细胞之后，实际上表现出特有的生物活性，起到了基因的作用。

化学合成的大肠杆菌酪氨酸转移核糖核酸基因，虽然在活体内表现出基因活性，但并不能够最终合成出多肽产物。1977年10月，H. W. Boyer博士的研究小组，将化学合成的人脑激素，即生长激素释放抑制因子(somatostatin)的基因，连接在乳糖操纵子上，并导入大肠杆菌细胞。这是第一个以DNA重组技术完成的基因工程。人类首次成功地将一种高等真核生物的基因移入原核生物的细胞内，并能转录和转译，产生出有生物活性的蛋白质。

从原则上讲，任何大小的基因都可以用化学方法合成。但如果基因比较大，用化学法合成则十分费事。因此对大分子量的基因而言，直接从生物体中分离天然的基因则比较合宜。一般比较倾向于用化学合成和自然分离相结合的办法进行基因的人工合成。旧金山基因公司的D. V. Goeddel等人，就是应用这种办法，第一次成功地使一种多肽，即由191个氨基酸组成的人体生长激素(human growth hormone，HGH)基因在大肠杆菌中直接表达。他们的具体做法是，编码1～24氨基酸的HGH基因核苷酸序列，采用化学方法合成；而25～191氨基酸的核苷酸序列则是由mRNA反转录获得。然后将这两种序列分别同pBR322质粒重组形成杂种质粒pHGH3和pHGH31。将这2个杂种质粒重组成可编码全部HGH基因的DNA序列之后，再与带有2个乳糖操纵子启动基因的pGH6质粒连接成一个叫做pHGH107的表达质粒，把它导入大肠杆菌细胞，结果便能合成人体生长激素。

人工合成的基因可以是生物体内已经存在的，也可以是按照人们的愿望和特殊需要重新设计的。因此，它为人类操纵遗传信息、校正遗传疾病，创造新的优良的生物新类型，提供了强有力的手段，是基因研究的一个富有成效的重大飞跃。

第二节　基因的现代概念

随着分子生物学和分子遗传学的不断进步，特别是由于发展出了诸如DNA分子克隆技术和快速准确的核苷酸序列分析法，以及核酸分子杂交技术等现代生物学实验手段，使我们能够从分子水平上研究基因的结构与功能，发现了“移动基因”、“断裂基因”、“假基因”、“重叠基因”等有关基因的新概念，从而丰富并深化了我们对基因本质的认识，充实了基因工程的理论基础。

1. 移动基因

移动基因(movable genes)又叫转位因子(transposable elements)。由于它可以从染色体基因组上的一个位置转移到另一个位置，甚至在不同的染色体之间跃迁，因此在文献上有时也形象地称之为跳跃基因(jumping genes)。

移动基因最早是由美国冷泉港实验室(Cold Spring Harbor Laboratory)的女科学家B. McClintock，于本世纪40年代晚期在玉米中首次发现的。当时叫做“控制因子”(controlling elements)，或称激活-解离因子(activator-dissociation element，即Ac/Ds因子)。根据McClintock的研究，这些控制因子可以插入到玉米染色体的靶子位点上，并抑制与之相邻的其它染色体基因的表达活性，但它们在染色体上没有固定的位置，似乎可以沿着染色体分子移动;控制因子在插入玉米染色体之后的适当时间内又可以被重新删除下来,此时原先的潜伏基因(dormant gene)的功能也往往得到恢复;由于控制因子本身不稳定,因此与之相关的基因也呈现出不稳定和高突变率的特性。

1951年,McClintock在一次学术讨论会上公开发表了自己的研究成果。可惜由于当时人们对于基因的认识还没有摆脱传统的观念,再加上基因分子生物学知识的贫乏,因此她的观点不但没有被其他学者所接受,反而遭到一些人的漠视与反对。直到1961年,Jacob和Monod的乳糖操纵子模型和控制基因理论发表之后,McClintock的"控制因子"假说才开始重新引起人们的注意。之后,在60年代末期,J. A. Shapiro在研究大肠杆菌高效突变(可影响一系列功能的突变)时发现,这是由于一种大片段DNA的插入作用造成的,并称这种DNA片段为插入序列(insertion sequence, IS)。这便是在细菌中首次发现的移动基因。至此,移动基因的概念才被大家所公认,而McClintock也因其在移动基因研究上的超时代发现和卓越贡献,荣获了1983年度的诺贝尔(Nobel)生物学医学奖。当她得知自己获奖的消息后,第一件事便是给冷泉港实验室的所长写信要求说,请不要打扰我,仍然给我做我想做的工作。一位伟大的科学家不为名利所动,潜身于科学事业的优秀品质溢于言表。

(1) 插入序列

随后的大量的研究工作发现,不仅在大肠杆菌中而且在其它的格兰氏阴性细菌和格兰氏阳性细菌当中也都广泛地存在着转位因子。这些原核生物的转位因子可以分成三种不同的类型:分子量小于2 000bp的一般叫插入序列,大于2 000bp的称为转位子(transposon,Tn),而噬菌体Mu和D108则属于第三种类型的转位因子。插入序列,现在一般叫做IS因子(IS elements),它是在细菌中首先发现的最简单的一类转位因子。其长度为数百个核苷酸对到一两千个核苷酸对之间(表1-2),相当于1~2个基因的编码量。IS因子

表1-2 若干种大肠杆菌IS因子的基本参数

IS因子名称	分子大小(bp)	反向重复序列(bp)	靶子位点的同向重复序列(bp)	靶子位点选择
IS1	768	23	9	随机
IS2	1327	41	5	热点
IS4	1428	18	11或12	$AAAN_{20}TTT$
IS5	1195	16	4	热点
IS10R	1329	22	9	NGCTNGCN
IS50R	1531	9	9	热点
IS903	1057	18	9	未知

的一个共同特征是,在它们的末端都具有一段反向的重复序列(IR序列)(图1-8),但其长度并不一定相等。例如,IS10转位因子的左边IR序列是17bp,右边的是22bp,两者相差5bp。同时,当IS因子插入到靶子位点之后,便会在其两端的外侧产生一段短小的同向重复序列(图1-9)。IS因子一般只编码一种参与转位作用的转位酶(transposase),它能够识

(a)插入序列

IS 1

IR 转位酶基因 IR

(b)复合转位子

Tn 1681

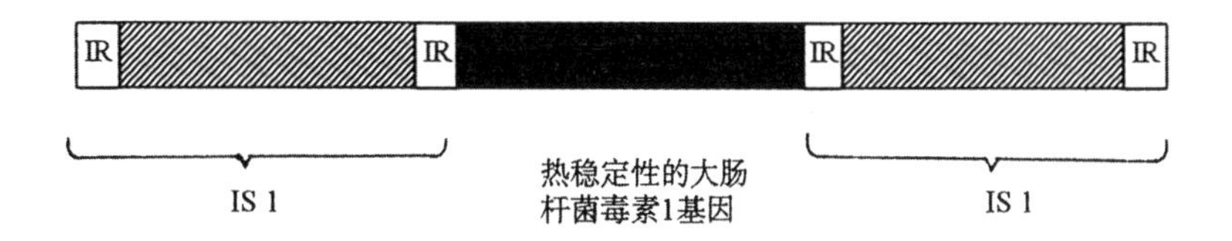

图 1-8 转位子的形体图

(a)简单的转位子,也叫做插入序列。具有一个控制转位作用的转位酶基因,它通常被反向重复序列(IR)所包围;(b)复合的转位子 Tn 1681。具有 2 个插入序列(IS1)和一个热稳定的大肠杆菌毒素 1 基因

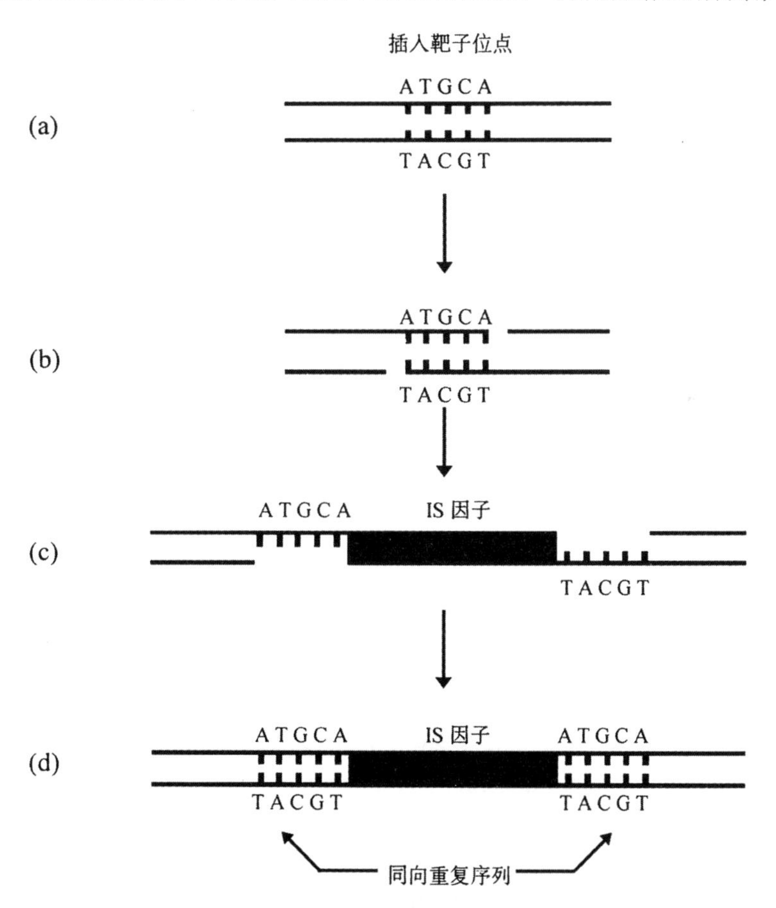

图 1-9 IS 因子转位作用形成同向重复序列的机理

(a)具有 IS 因子插入靶子位点的一段 DNA 分子;(b)在靶子位点形成交错的缺口;(c) IS 因子同缺口位置的单链末端连接;(d)在靶子位点出现的裂口被补齐并封闭,形成短小的同向重复序列 ATGCA

别反向重复序列，并催化转位因子发生删除作用，从而从染色体分子上解离出来。IS 因子能够四处活动，几乎可以插入到大肠杆菌染色体的各个位置上，也可以插入到质粒和某些噬菌体基因组上，甚至还可以插入到同一个基因内的不同位点上。而且这种插入作用可以双向进行，既可以正向整合到基因组上，也可以反向整合到基因组上。IS 因子的这种移动方式特称为转位作用(transposition)。

(2) 转位子

自从发现了 IS 因子之后，又相继在许多种细菌中发现了另一类移动基因，即转位子(transposons)。它是由几个基因组成的特定的 DNA 片段，而且往往带有抗菌素抗性基因，所以易于鉴定。例如，氨苄青霉素转位子就是其中一例。现在已经对转位子作了相当广泛的研究，在酵母、果蝇及哺乳动物等许多种真核生物中也都找到了转位子。

根据结构特征的不同，转位子可以分为复合系和 Tn3 系两种类别。复合转位子(complex transposons)，是由 2 个同样的 IS 因子连接在抗菌素抗性片段的两侧构成的。在这些复合单位中，IS 因子可以是反向重复的构型，也可以是同向重复的构型。但由于 IS 因子的两端都带有一段反向重复序列，因此，不管在复合转位子中 IS 因子是何种取向，都不会改变其末端序列，它们仍然保持着反向重复的特征(图 1-10)。复合转位子很容易携带着抗菌素抗性基因从细菌染色体转移到质粒或噬菌体基因组上。当发生这种情况时，转位子就会随着这些载体分子迅速地传播到其它细菌中去。这类转位作用是自然界中发生细菌抗药性的主要原因。

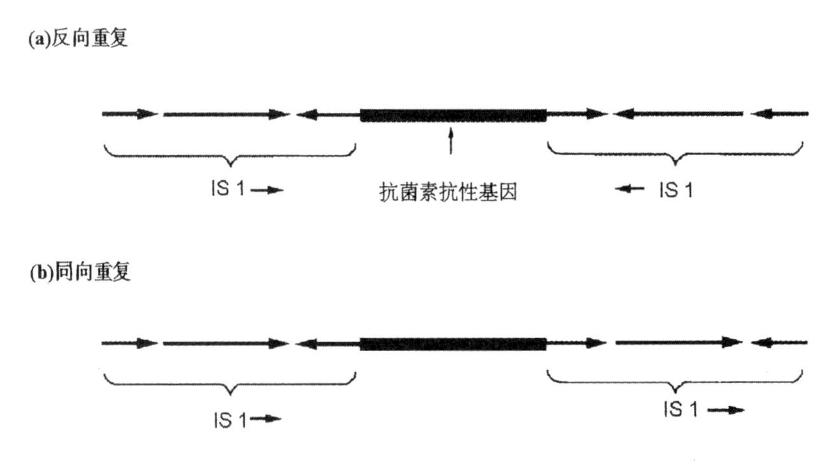

图 1-10　侧翼 IS 因子取向不同的两种复合转位子

(a)2 个 IS 因子呈反向重复排列；(b)2 个 IS 因子呈同向重复排列。但不论它们如何取向，都不会改变 IR 序列的排列方向

Tn3 系转位子结构比较复杂，长度约为 5 000bp。末端有一对 38bp 的 IR 序列，但不含有 IS 因子序列。每个转位子都带有 3 个基因：一个是编码对氨苄青霉素抗性的 β-内酰胺酶(β-lactamase)基因，另外 2 个是与转位作用有关的基因。其中一个叫做 TnpA 基因，编码一种长度为 1 015个氨基酸的转位酶；另一个叫做 TnpR 基因，它编码较小的蛋白质，只有 185 个氨基酸。此种较小的蛋白质有两种功能，一种是抑制 TnpA 基因的合成活

性;另一种是促进在中间分解区发生位点特异的切割(图 1-11)。

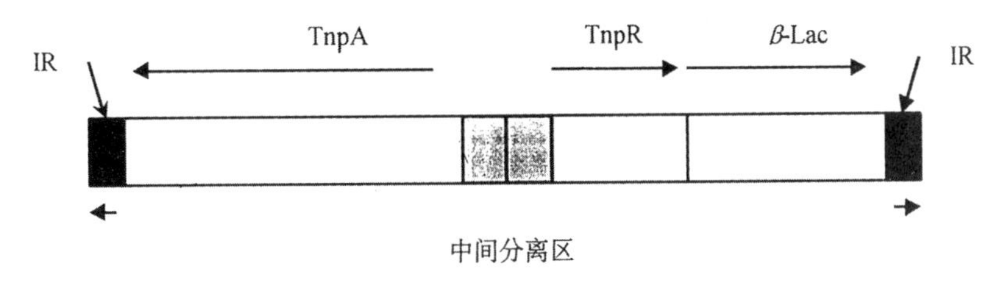

图 1-11 Tn3 系转位子的形体图

该转位子全长 4 957bp,IR 长度为 38bp。共有 3 个基因,即转位酶基因(TnpA)、阻遏物及分解蛋白基因(TnpR)、β-内酰胺酶基因(β-lac)

表 1-3 若干种大肠杆菌复合转位子的基本参数

复合转位子名称	分子大小 (bp)	遗传记号	末端组件	组件取向	组件间关系
Tn903	3 100	kan^r	IS903	反向	同样
Tn9	2 500	cam^r	IS1	同向	可能同样
Tn10	9 300	tet^r	IS10R		
			IS10L	反向	2.5%差异
Tn5	5 700	kan^r	IS50R		
			IS50L	反向	1bp 差异

(3) 转位作用

转位因子和转位子统称移动基因,究其分子本质乃是一段能够插入到寄主基因组新位点的特异的 DNA 序列。由此产生的转位作用是一种与 recA 基因无关的新的重组类型。转位因子插入位点是一段与之没有同源关系的核苷酸序列。在早期的研究工作中,人们认为出现的转位因子只可以从一个位点移动或移位到另一个位点,故将这种过程称为转位作用。但后来发现此种命名是有片面性的,因为事实上转位子的转位作用有两种不同的类型:一种是保留型转位(conservative transposition),另一种是复制型转位(replicative transposition)。

一般说来转位子的转位作用要吗是属于保留型的,要吗是属于复制型的,只有个别的情况例外。如噬菌体 Mu 和插入序列 IS1,这两种转位因子的转位作用便是两种类型兼而有之。

当发生复制型转位作用时,转位因子的一个拷贝插入到靶子位点,而另一个拷贝则仍然保留在给体原来的位置上。转位子 Tn3 的转位作用便是属于这种类型,它编码两种蛋白质,一种是启动转位作用的转位酶(transposase),另一种是促使在转位过程中产生的两个转位因子拷贝之间发生位点特异重组作用的解离酶(resolvase)。

当发生保留型转位作用时,转位因子从原来位点上删除下来之后,再转移插入到另一个位点中去。例如,复合转位子 Tn10 就是按照这种方式转位的。在它编码的转位酶的作用下,转位因子的末端产生双链切割,从而使转位因子从给体分子上删除下来,同时转位酶亦会在靶子位点作交错的单链切割,以使转移因子插入进去。

(4) 逆转位子

目前已经发现的真核生物的转位因子有两种不同的类群。一类如同细菌的转位子一样,其两端均有一段反向重复序列,同时当其插入到靶子位点时亦会形成短的同向重复序列 (direct repeats)。最著名的真核生物转位因子是玉米的控制因子和黑腹果蝇 (*Drosophila melanogaster*) 的 P 转位因子。另一类真核生物的转位因子的结构同逆转病毒的原病毒类似,而且也是通过 RNA 中间体进行转位的,我们特称这一类转位因子为逆转位子 (retrosposons 或 retrotransposons),其最大的特点是编码的多肽具有反转录酶的活性。

逆转位子亦可分为两种不同的类型:有些逆转位子就如同整合在寄主基因组上的逆转录病毒之原病毒的 DNA 一样,在其两端均有一段长的同向重复序列和一段长的末端重复序列(long terminal repeats, LTRs)。果蝇的 Copia、酿酒酵母(*Saccharomyces cerevisia*)的 *TY*、拟南芥菜(*Arabidopsis thaliana*)的 Ta1 和小鼠的 IAP 都是属于这种类型的逆转位子。这些逆转位子同原病毒的相似之处还表现在它们的编码能力方面,它们都含有与逆转录病毒的 gag 基因及 pol 基因相关的序列。这表明它们的转位作用是按照与逆转录病毒生活周期相似的机理进行的。另一类逆转位子没有末端重复序列,但它们同样也编码有与 gag 及 pol 基因蛋白质产物类似的多肽分子,而且也是以 RNA 为中间体的反转录作用进行转位的。常见的此类逆转位子有哺乳动物基因组中的 L1、果蝇的 I 以及红色面包霉(*Neurospora crassa*)的 Tad 等。

通过逆转录进行的转位作用是一种复制过程,它不需要从给体位点删除逆转位子 DNA 序列。

2. 断裂基因

过去人们一直认为,基因的遗传密码子是连续不断地并列在一起,形成一条没有间隔的完整的基因实体。但以后通过对真核蛋白质编码基因结构的分析发现,在它们的核苷酸序列中间插入有与氨基酸编码无关的 DNA 间隔区,使一个基因分隔成不连续的若干区段。我们称这种编码序列不连续的间断基因为断裂基因(split gene)。有人认为,断裂基因是近二三十年来生物学上最惊人的发现之一。

不连续的断裂基因的表达程序是:先转录成初级转录物,即核内不均一 RNA (hnRNA),又叫前体 mRNA;然后经过删除和连接,除去无关的 DNA 间隔序列的转录物,便形成了成熟的 mRNA 分子;它从细胞核中输送到细胞质,再转译成相应的多肽链。此种在 mRNA 成熟加工过程中其转录物被剪除掉的 DNA 部分,叫做间隔序列(intervening sequence)或间隔子(intron),被保留下来的 DNA 部分叫做编码序列或表达子(exon)(图 1-12)。而这种间隔子的删除和表达子的连接最后形成成熟 mRNA 的过程,则称为 RNA 剪辑(RNA splicing)。

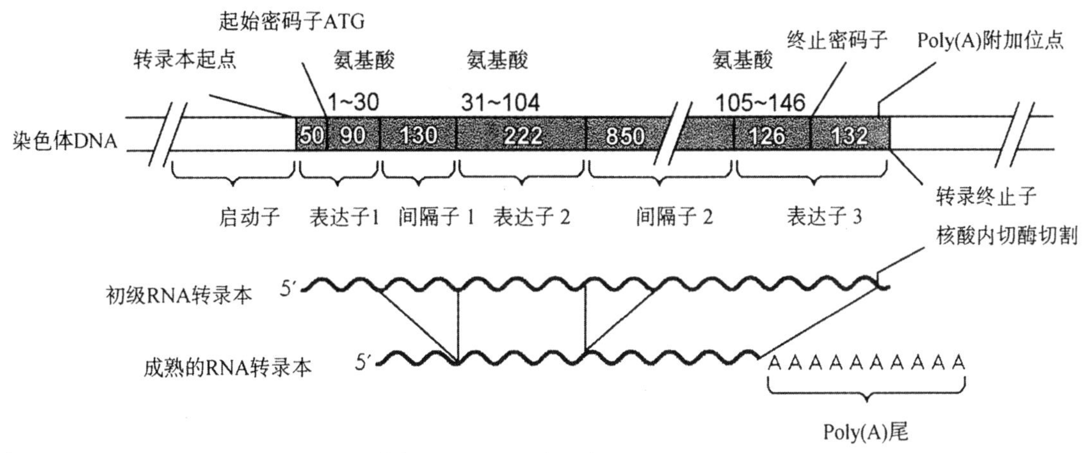

图 1-12　人 β-珠蛋白基因的结构

它编码成年形式的 β-血红蛋白的 β-多肽链。所有哺乳动物的 β-珠蛋白基因都是由被 2 个间隔子分隔开的 3 个表达子构成的。黑色方框中的数字表示每个表达子或间隔子的核苷酸数。初级转录本(pre-mRNA)含有表达子和间隔子的序列。由剪辑酶移走了间隔子之后形成了成熟的 mRNA。靠近初级转录本 3′-末端附近的 AAUAAA 序列,指导内切核酸酶将 RNA 切去 15～30 个核苷酸,并沿着 RNA 分子继续切割。由此产生的末端具有一段附加的 poly(A)位点

(1) 断裂基因的发现

断裂基因最初是在腺病毒(adenovirus)中发现的。在 1977 年度冷泉港实验室学术年会上有人报道,在腺病毒复制期间,位于感染细胞核中病毒 RNA 转录本的前体(pre-mRNA),由于移去了一至数个中间片段而缩短变成分子量较小的 mRNA 分子。这些缩短的 mRNA 分子转移到细胞质中作为合成病毒蛋白质的模板。通过电子显微镜观察发现,在腺病毒 DNA 和分离的 RNA 转录本之间形成一种构型特殊的 RNA-DNA 异源双链分子(heteroduplex),从而证实了在细胞质 mRNA 分子中的确丢失了一些基因片段,它们是在 mRNA 加工过程中从初级转录本上被“剪切出去”的。这些事实使人们确信,在腺病毒增殖期间存在着 mRNA 的剪辑加工。很快在 SV40 中也发现了同样的现象。首先在哺乳动物基因中发现间隔序列的是美国国立卫生研究院的 P. Leder 博士,他证实在小鼠 β-珠蛋白的基因中存在有不转译的间隔序列。不久,在兔 β-珠蛋白基因以及鸡的卵清蛋白基因中也都发现了间隔序列。此外,在一些比较简单的生物如海胆和果蝇的基因中也发现了间隔序列。更令人惊奇的是,在大肠杆菌 T4 噬菌体基因中也存在着间隔序列。因此,基因实体以间断的不连续的形式存在并不稀奇。事实上,根据今天的资料,所有的哺乳动物、脊椎动物和高等植物以及简单的真核生物如酵母,甚至少数原核生物中都存在着断裂基因(图 1-12)。

(2) 间隔子位置的测定

应用 S1 核酸酶作图法可以测定出在断裂基因中的间隔子的位置(图 1-13)。其具体操作步骤是,将提取的细胞总 RNA 同含有一个间隔子的克隆的基因组 DNA 片段杂交。

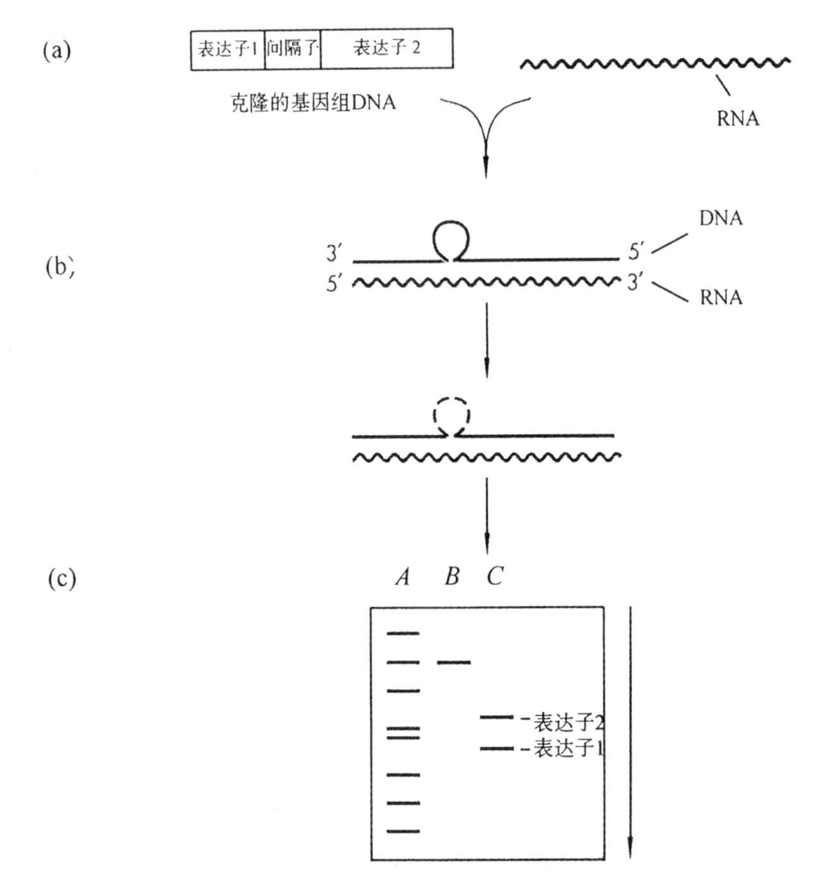

图 1-13　应用 S1 核酸酶作图法测定基因中的间隔子位置与长度

(a)变性的基因组 DNA 同 mRNA 转录本杂交,形成异源双链的 DNA-RNA 杂种分子;(b)用 S1 核酸酶处理,除去没有杂交的单链的间隔子序列;(c)加样在碱性琼脂糖凝胶中作电泳检测。其中,*A* 道为 DNA 分子量标记,*B* 道为未经 S1 核酸酶处理的样品,*C* 道为经 S1 核酸酶处理的样品

通过互补序列间的碱基配对,基因的 DNA 同相应的 mRNA 之间形成异源双链杂种分子。基因的间隔子序列由于没有相应的转录序列,而无法同 mRNA 分子杂交,因此形成单链的环状结构。用 S1 核酸酶处理这种 RNA-DNA 杂种分子,在酶的作用下单链的 DNA 便被降解成单核苷酸分子。这样一来,由于没有配对的间隔子序列的降解作用而导致基因组 DNA 被剪切成两个片段,分别相当于表达子 1 和表达子 2 的结构序列。应用琼脂糖凝胶电泳便可测定出这两个片段的分子量大小。根据这些实验数据,便可推导出基因 DNA 序列中的间隔子的位置和分子大小(参阅本书第三章有关 S1 核酸酶与 RNA 分子定位的内容)。

(3) 间隔子及表达子的一般特点

不同的断裂基因所含的间隔子数目有很大的差别。如 β-珠蛋白家族的所有基因都只有 2 个间隔子,而卵清蛋白基因则有 7 个间隔子,更有甚者 α-胶原蛋白基因的间隔子竟多达 52 个(表 1-4)。

不同来源的间隔子的分子大小相差悬殊。已知 SV40 基因中的间隔子仅有 31 个核苷酸长,而人的营养不良蛋白(dystrophin)基因的间隔子长度达210 000个核苷酸。

在一个特定的基因内,间隔子可有多种不同的位置,而且通常其长度还要超过表达子。例如,小鼠 β-珠蛋白基因含有一个 550bp 的间隔子,比其表达子还要长些;再如,免疫球蛋白基因被一个长达1 250bp的间隔子分成了两个部分。在有些基因中,间隔子的总长度也比表达子的长。已知,卵清蛋白基因总长有 7 700bp,而其 mRNA 只有 1 859bp,间隔子总长度则有 5 841bp。有趣的是,已经注意到,在进化过程中,间隔子碱基序列的变化比表达子显著。小鼠和家兔的 β-珠蛋白基因中,较小间隔子的碱基序列之间就有着相当明显的差别,不过它们的长度都是同样的,而且在基因中的位置也是一定的。

表 1-4 若干种断裂的真核基因

基因	间隔子数目
α-珠蛋白(α-globin)	2
β-珠蛋白(β-globin)	2
δ-珠蛋白(δ-globin)	2
免疫球蛋白 L 链(immunoglobulin L chain)	2
免疫球蛋白 H 链(immunoglobulin H chain)	4
酵母线粒体细胞色素 b(yeast mitochondria cytochrome b)	6
卵类粘蛋白(ovomucoid)	6
卵清蛋白(ovalbumin)	7
卵类运铁蛋白(ovotransferrin)	16
伴清蛋白(conalbumin)	17
α-胶原(α-collagen)	52

现在,也发现有少数的真核基因并不存在间隔序列。编码 α-干扰素和 β-干扰素的基因,以及编码组蛋白的基因和大多数酿酒酵母的基因就是属于这样的例子。通过重组 DNA 技术,同样也可以人为地产生出没有间隔子的哺乳动物基因,因此可以用来检测这些间隔子究竟具有什么样的功能效应。考虑到间隔子 RNA 和表达子 RNA 的相关数量,有人认为间隔子的存在完全是一种浪费。特别是有些基因,其间隔子被全部移去之后,对基因正常功能的发挥并不会造成什么影响,照样可以转录成完全有活性的 mRNA 转录本。然而也有些基因,例如 SV40 的 T 抗原基因,当它们的天然间隔子被移去之后就会阻断功能 mRNA 从细胞核进入细胞质。P. Leder 也发现,如果小鼠的 β-珠蛋白基因中的间隔序列遭到了破坏,基因的真正信息就不能从细胞核输送到细胞质。还有少数例子表明,间隔子的存在会增加基因的编码能力,这种情况在病毒中较为普遍。

(4) mRNA 初级转录本的剪辑

绝大多数真核基因的 mRNA 前体(pre-mRNA),有时也叫做核内不均一 RNA(hn-

RNA)，都含有许多间隔子，它们需要在 mRNA 分子穿过核膜进入细胞质进行转译之前，通过一种叫做两步机理(two-step mechanism)的剪辑作用而被删除掉。

mRNA 剪辑作用是在一种称为剪辑体(spliceosome)的特殊颗粒中发生的。这是一种高分子量的颗粒，它含有 pre-mRNA 和高密度的核内小核糖核蛋白(snRNP)的颗粒 u1、u2、u4/216，以及各种剪辑因子。

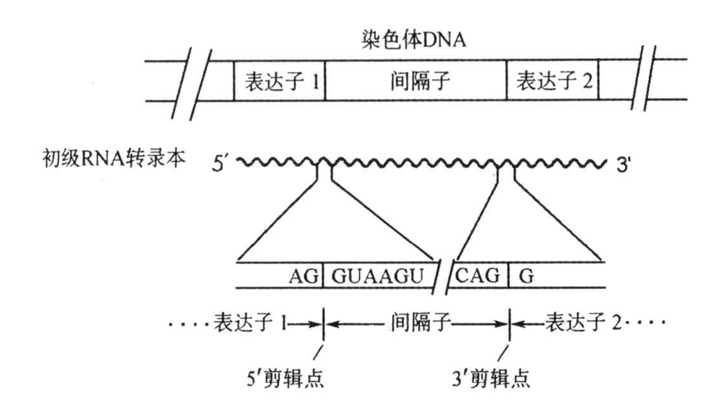

图 1-14 真核细胞 mRNA 的 5′及 3′剪辑位点的保守序列

几乎所有的间隔子序列都是以 GU 开始，用 AG 结束的。根据对许多表达子-间隔子边界序列的分析，已经得出了 5′-末端和 3′-末端优选的保守的核苷酸序列。除了 AG 之外，紧挨 3′剪辑位点的上游序列的其它核苷酸，对于进行精确的剪辑作用同样也是十分重要的

两步剪辑的第一步是在剪辑位点(splice site)发生切割反应，第二步涉及 3′剪辑位点的切割及表达子的连接。在间隔子的两端总是具有 5′GU 和 3′AG 的二核苷酸结构。这类特异性的二核苷酸连同围绕它们的 25～30 个核苷酸一起构成了表达子-间隔子的剪辑位点，有时也叫做剪辑点(splice junction)，它是起始 RNA 剪辑作用的一段特定的核苷酸序列。因剪辑作用而被释放或删除下来的间隔子形成套索 RNA(lariat RNA)，这是在真核基因 mRNA 剪辑过程中形成的一种分支状中间体。有些基因的初级转录本，在不同的细胞类型当中或是在发育的不同阶段，可以按不同的途径剪辑形成不同的 RNA 分子，编码不同的蛋白质。这种现象叫做 mRNA 的差异剪辑(differential splicing)或可变剪辑(alternative splicing)。它首先是在腺病毒、多瘤病毒及 SV40 病毒的 mRNA 分子中发现的，随后研究表明在许多种细胞基因中同样也存在着 mRNA 的可变剪辑现象。

同一种蛋白质的 mRNA 前体，经过可变剪辑之后往往会产生出不同形式的蛋白质，即蛋白质的异形体(图 1-15)，以满足生物体的不同发育阶段或不同细胞类型的特殊需求。因此，剪辑在发育过程中起到一种开关的作用。例如，IgM 类的免疫球蛋白，有位于细胞表面的膜结合蛋白和分泌到血液中的可溶蛋白两种异形体。膜结合蛋白异形体是 B 细胞发育期间首先表达的，其后随着 B 细胞分化成血浆细胞(plasma cell)，膜结合蛋白异形体便逐渐停止表达，而产生出可溶蛋白异型体。

免疫球蛋白是由四种蛋白质分子组成的复合物，有两条重链和两条轻链。根据对可溶的及膜结合的这两种抗体蛋白的直接分析证明，它们含有不同的重链。克隆的 cDNA 分

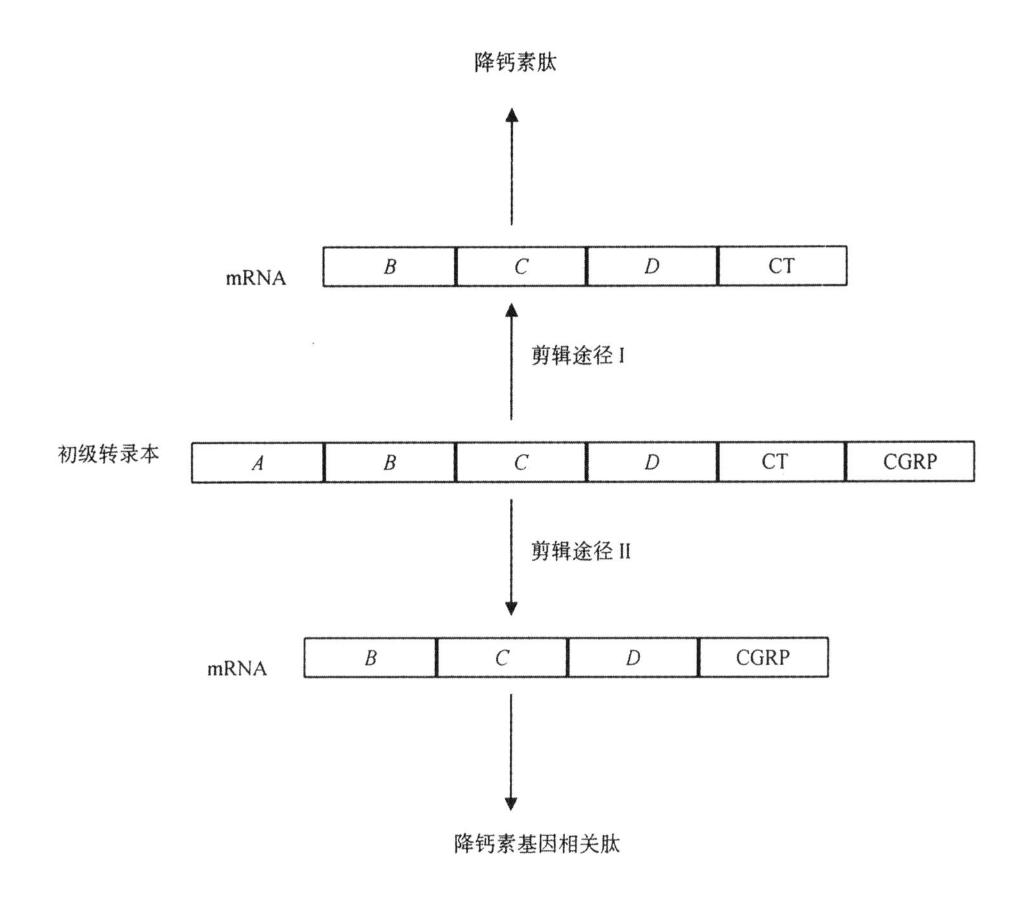

图 1-15 mRNA 前体的可变剪辑与蛋白质异形体的形成

在两种不同的器官中发生的可变剪辑途径，结果从同一种初级转录本产生出两种不同的转译产物，一种是降钙素肽，另一种是降钙素基因相关肽(CGRP)。降钙素肽和降钙素基因相关肽是两种相关的激素。CT＝降钙素(calcitonin)

析发现，这种差异是由于重链基因转录本的可变剪辑造成的，而这两种重链的 mRNA 仅仅在它们的 3′-末端有所不同。这种 B 细胞特有的 mRNA 有两个表达子，它们编码的非常疏水的氨基酸序列，可使膜结合蛋白异形体锚定在 B 细胞膜上。在血浆细胞的 IgM 重链 mRNA 分子中，已经失去了这两个表达子，代之的是另一个较短的表达子，编码着非疏水性的有助于可溶蛋白异形体分泌的氨基酸序列。

目前尚不知道这种细胞类型特异的剪辑作用究竟是按何种机理进行的。已经提出的一种模型认为，存在着特异的剪辑因子(splicing factors)来指导优先使用(优先选择使用)一组特殊的表达子组合。可变剪辑可能是十分复杂的。例如，编码 α-原肌球蛋白(α-tropomyosin)的基因有 14 个表达子。在骨架肌肉(skeletal muscle)、光滑肌肉(smooth muscle)和非肌肉细胞中，是使用不同的表达子组合形成成熟的原肌球蛋白 mRNA。这种复杂的过程，极可能涉及到形成具有特殊结构的、能满足每种细胞类型特殊需要的原肌球蛋白。虽然说每一种原肌球蛋白质的总体结构都是类似的，但其细胞类型特异的氨基酸序列则可能起到其它蛋白质结合位点的功用。

3. 假基因

1977 年，G. Jacq 等人根据对非洲爪蟾 5S rRNA 基因簇(gene cluster)的研究，首次提出了假基因的概念。他们的研究发现，这个 5S rRNA 基因，是同一个基本上相同、但又不是完全相同的 5S rRNA 基因的复本序列直接相邻。由于在体内从未检出过这段 5S rRNA 基因复本序列的 mRNA 分子，说明它是没有表达活性的。因此，C. Jacq 等人特称之为假基因(pseudogene)。现已在大多数真核生物中发现了假基因。这是一种核苷酸序列同其相应的正常功能基因基本相同、但却不能合成出功能蛋白质的失活基因。例如，在珠蛋白、免疫球蛋白、组织相容性抗原(histocompatibility antigen)以及肌动蛋白和微管蛋白等基因家族(gene family)中，都存在着这样的功能失活的假基因。已经知道小分子量的 polIII RNA 和polII RNA 基因中，假基因的数量较多，通常有数百个。比如 U1 snRNA (U1 是一种参与 RNA 剪辑作用的小分子量的核内核糖核蛋白)大约有 50～100 个功能基因，但却有 500～1 000 个假基因。再如，只有 4 个功能基因的哺乳动物的 7SL RNA 基因家族，却拥有多达数百个的假基因。然而在蛋白质的编码基因中，其假基因的数目则是比较少的，在一般的情况下不会超过 20 个拷贝。

(1) 重复的假基因

许多假基因都是同“亲本基因”(parental gene)连锁的，而且同其编码区及侧翼序列的 DNA 具有很高的同源性。可见产生此种类型的假基因拷贝的一种可能的机理是，由含有“亲本基因”的染色体区段串联重复形成，故称之为重复的假基因。珠蛋白基因家族中的假基因即属于这一种类型。

当前有关珠蛋白假基因的研究工作进行得比较深入。我们知道珠蛋白基因编码血红蛋白的珠蛋白链。人类珠蛋白基因是由分别位于不同染色体上的两个相关的基因簇(α 和 β)组成，其中 α 基因簇位于 16 号染色体，β 基因簇位于 11 号染色。α 基因簇长 28kb 以上，含有 3 个功能基因，3 个假基因和 1 个未知功能的 θ 基因，其排列顺序是 ζ，$\psi\zeta$，$\psi\alpha2$，$\psi\alpha1$，$\alpha2$，$\alpha1$，θ。β 基因簇伸展 50kb 以上，含有 5 个功能基因和 1 个假基因，其排列顺序为 ε，Gγ，Aγ，$\psi\beta_1$，δ 和 β(图 1-16)。

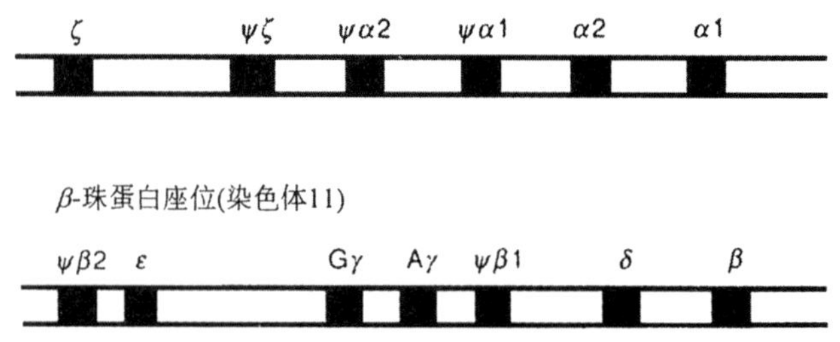

图 1-16　人 α-及 β-珠蛋白基因簇

符号 ψ 表示假基因

序列分析表明，这个存在于人 α-珠蛋白基因座位中的假基因 $\psi\alpha1$，同 3 个功能的 α-珠蛋白的基因密切相关，然而它含有许多突变不再能够编码功能的珠蛋白(图 1-17)。例如，其起始甲硫氨酸密码子 ATG 已突变为编码缬氨酸的密码子 GTG；两个间隔子 5′-末端的保守序列都有突变，从而破坏了正常的剪辑作用；在编码区内还存在着许多碱基变化和缺失。将 $\psi\alpha1$ 假基因的核苷酸序列同 $\alpha2$ 功能基因的作一比较可以看到，两者之间在上游序列、编码序列及间隔序列的同源性达 73%。据此人们推测，$\psi\alpha1$ 假基因是由 α-珠蛋白基因重复(duplication)而来的。一般认为，在起初这种重复的基因是有功能的，但在进化的某个时期出现了一种失活突变而丧失了表达活性。然而由于这种基因是重复的，具有多拷贝，因此一个拷贝的突变并不会影响到生物体的存活问题。于是在漫长的进化过程中，这个基因便逐渐地积累起其它的突变，从而最终产生出了今天这样的假基因序列。

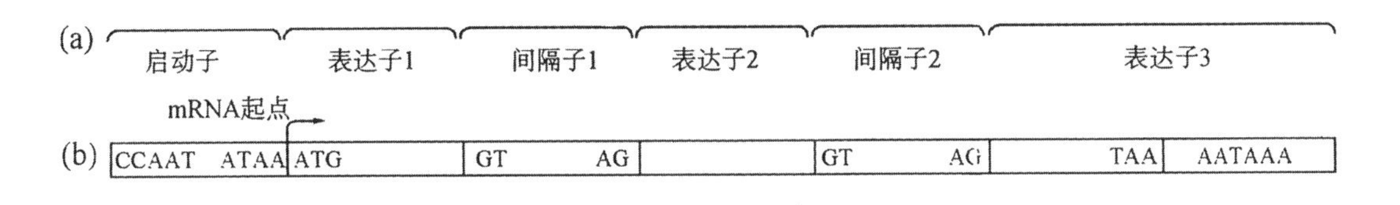

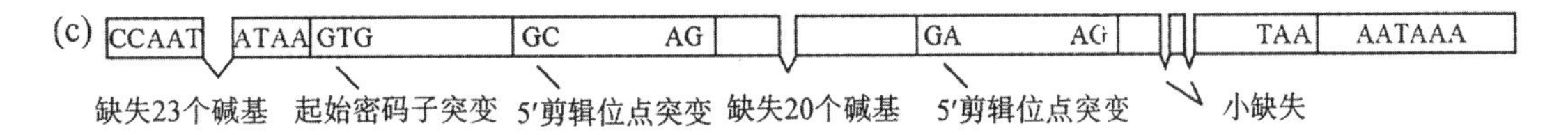

图 1-17　人 α-珠蛋白假基因的结构

人 $\psi\alpha1$ 假基因的结构同功能的珠蛋白的基因是相似的，而且它的 DNA 序列大约有 73%同 $\alpha2$ 珠蛋白基因是相同的，然而这个基因从头至尾都有许多突变，以至于不再能够编码有功能的蛋白质。(a) 珠蛋白基因的共同结构；(b)$\alpha2$ 基因；(c)$\psi\alpha1$ 假基因

(2) 加工的假基因

除了重复的假基因外，在真核生物的染色体基因组中还存在着一类加工的假基因(processed pseudogene)。这类假基因没有与“亲本基因”连锁，而且其结构是同转录本而非“亲本基因”类似。例如，它们都没有启动子和间隔子，但在基因的 3′-末端则都有一段延伸的腺嘌呤短序列，恰似 mRNA 分子 3′-末端的 poly(A)尾巴。这些特征表明，此类假基因很可能是来自加工的 RNA 之 DNA 拷贝，因此称之为加工的假基因。

图 1-18 描述了一种人金属硫蛋白(metallothionein，MT)功能基因 Mt-IIA，与无功能的加工假基因 Mt-IIB 在分子结构上的差异。从中可以看出，这个假基因显然是其功能基因 mRNA 的准确拷贝。它是从帽位点开始的，但已失去了相应的间隔子序列，并终止在 poly(A)位点。同时在 Mt-IIB 假基因的两侧还有一对短的同向重复序列。但由于失去了转录控制信号，因此加工的假基因是没有活性的，不能够转录产生出相应的转录本。假定使用 5′-端的功能启动子，具有类似结构的假基因应该有可能进行转录。但它们也可能因其它原因，例如在编码区序列出现一个终止密码子等而不具表达活性。一个典型的例子是人 β-微管蛋白(β-tubulin)假基因，在其编码区序列中由于发生了两个核苷酸取代的结果，形成了两个符合读码框架的终止密码子，因而失去了表达活性。

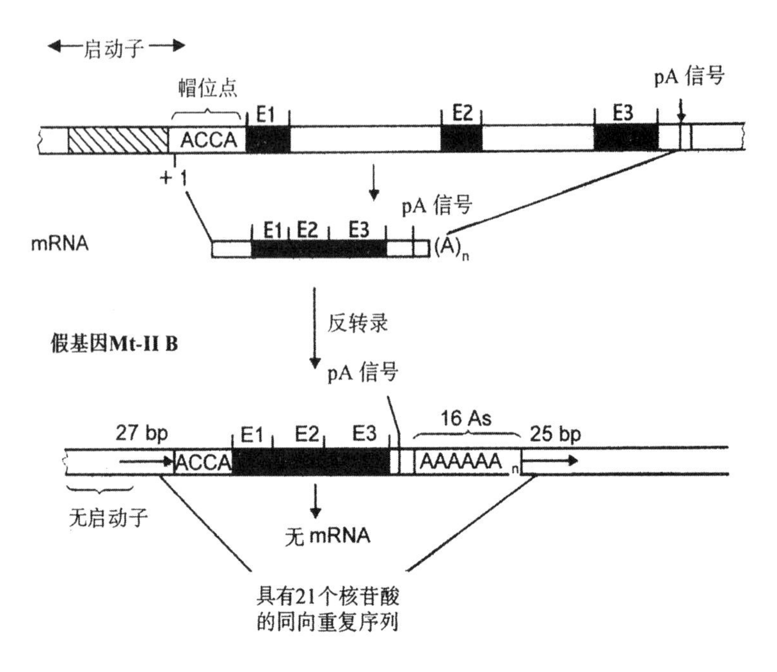

图 1-18 人金属硫蛋白功能基因 Mt-IIA 与无功能的加工的假基因 Mt-IIB 的结构比较

有趣的是,已经注意到,在所有经过鉴定的哺乳动物珠蛋白基因簇中,在其胚胎珠蛋白基因和成体珠蛋白基因之间,都找到了一个假基因。1980 年发现了一种特殊的小鼠 α-珠蛋白假基因。如同上面已经提到的假基因一样,这个假基因也具有移码突变,因而导致在多肽链成熟前便终止了转译。然而同其它假基因不同,它失去了 2 个间隔子,因此是一种“无间隔子”(intronless)的假基因。人们猜测这种无间隔子假基因的产生机理,可能是通过一种罕见的胞质 mRNA 反转录作用,形成 cDNA,然后再以某种目前尚不知道的方式随机地重新插入到它们各自的基因组中,这样便出现了无间隔子的假基因(图 1-19)。这种再插入序列要能够遗传下去,就必须是存在于生殖细胞中,或是可分裂产生生殖细胞的性母细胞中。而任何在体细胞内发生的这类反转录反应,自然都不会有遗传效力的。

在目前,珠蛋白基因的分析技术,可能要比其它任何哺乳动物基因系统的分析技术都要先进得多。因此,很有可能在其它的基因簇经过鉴定之后,也会发现有新的假基因。的确,根据珠蛋白的情况推断,4 个基因序列中就可能有一个是假基因。如果这种推断具有普遍意义的话,那么在我们的基因中,就可能有 1/4 是没有活性的。

4. 重复序列及重复基因

比较了真核和原核的基因结构之后发现,几乎所有的真核生物(除单细胞的酵母以外)的基因组 DNA 中,都具有重复序列(repeated sequence)。而且在有些例子中,重复序列的拷贝数可高达百万份以上。在人 DNA 中,重复序列(至少具有 20 份拷贝)的 DNA 占总 DNA 的 30%左右。

根据对许多种生物 DNA 所作的详细分析表明,在真核基因组中存在有四种不同类

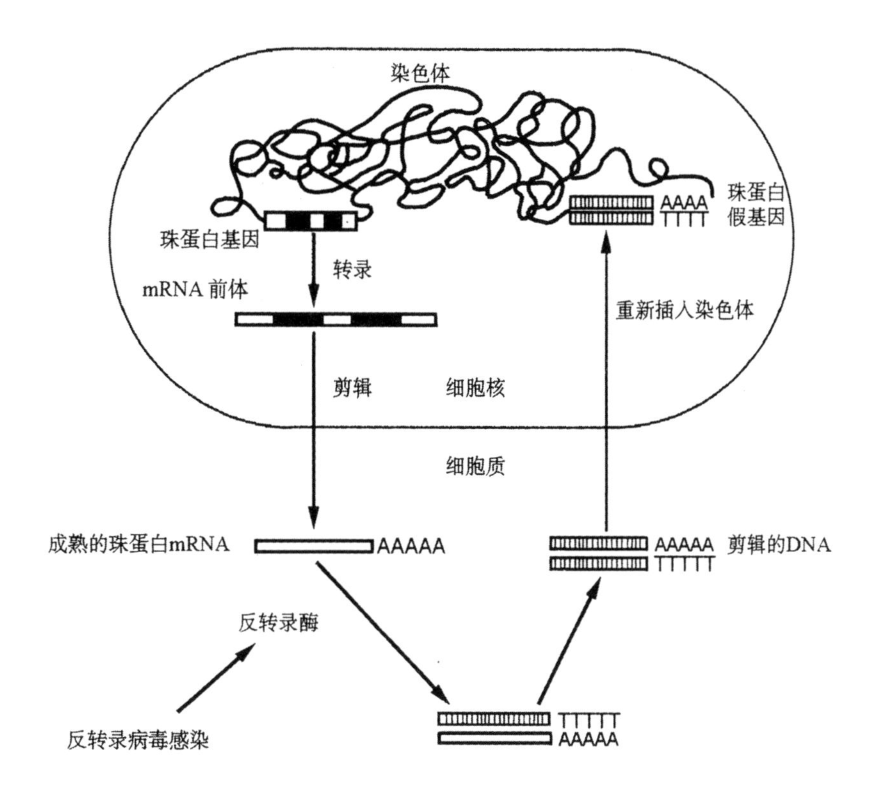

图 1-19 细胞质 mRNA 反转录作用形成无间隔子的假基因

在高等生物的染色体中存在着一系列的假基因，这个事实使人们猜想这些剪辑的 DNA (spliced DNA)拷贝可能是由胞质 mRNA 反转录产生的。而这种反转录作用大概是发生在一种流产的反转录病毒感染期间。随后，剪辑的基因通过一种目前尚不了解的机理而重新插入到染色体 DNA 上

型的 DNA 序列：

(i)不重复的唯一序列(只有一个拷贝)；

(ii)低度重复序列(<10 个拷贝)；

(iii)中度重复序列(10 到几百个拷贝)；

(iv)高度重复序列(几百个到几百万个拷贝)。

当然，这种分类的界限是人为划分的，所以在作这些类型的一般性概述时，要特别留心它的具体内容。此外，由于通常研究的都是二倍体细胞，因此一种不重复的唯一序列，实际上是存在着 2 个拷贝。

(1) 唯一序列及低度重复序列

细胞的大多数基因(在真核生物中约有 70%的基因)都是属于唯一序列的单拷贝基因。许多种重要的蛋白质，例如丝心蛋白(silk fibroin)及卵清蛋白(ovalbumin)等，都是由唯一序列的单基因编码的。这种不重复的唯一序列比较短，通常只有1 000bp左右，故所占的 DNA 的百分比也很低。具低度重复序列的基因，只有少数的拷贝数。而且已发现有的例子中，这些重复序列其实并不是百分之百地重复的。因此基因产物之间，在氨基酸的组

份上就会有一些差异。例如,血红蛋白基因是一种由低度重复序列构成的具有少数拷贝的基因,就会合成出具不同氨基酸组份的不同形式的血红蛋白。

(2) 中度重复序列

中度重复序列有两种类型:一种是成簇的重复序列(clustered repetitive sequence),另一种是分散的重复序列(dispersed repetitive sequence)。成簇的重复序列,例如组蛋白基因、rRNA 基因以及 tRNA 基因等都是代表多拷贝的基因。

就绝大多数真核生物而言,组蛋白基因家族(gene family)都是由 5 个主要基因(H1,H2A,H2B,H3,H4)组成。它们串连形成基因簇(gene cluster)。这些组蛋白基因编码的蛋白质参与维持并调节染色体的结构。在海胆和果蝇等低等真核生物中,组蛋白的 5 个基因组成长约 5 000~6 000bp 的基因簇,而且每个基因簇都要重复上百甚至近千拷贝(图 1-20)。看来这些低等的真核生物在胚胎发育的 DNA 快速复制时期,需要大量的基因才能产生出足够的组蛋白。在高等的真核生物中,组蛋白基因虽然也是以基因簇形式存在,但每个基因组中仅有 10~40 个拷贝。

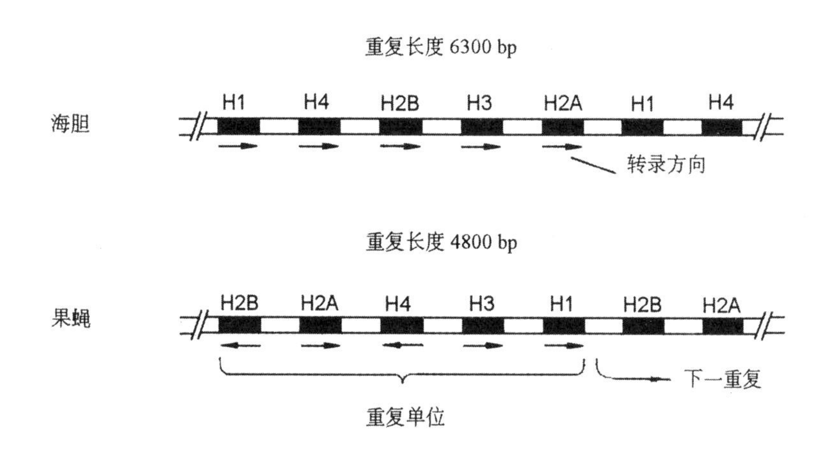

图 1-20 串连重复排列的组蛋白基因簇

本图示出了海胆(上)和果蝇(下)两种组蛋白基因家族的基因组结构。黑色方框示基因编码序列,白色方框示基因间的间隔 DNA 序列。每个基因的转录方向用其下方的箭头表示。在海胆中,以整个近 7kb 片断为单位重复达 1 000 拷贝,在果蝇中大约重复 100 拷贝

编码核糖体 RNA 的基因,同样也是一种成簇的中度重复序列。3 个分别编码 18S、5.8S 和 28S rRNA 的基因串连成一个基因簇,由 RNA 聚合酶 I 共转录成一个大分子量的 mRNA 前体,然后再切割形成 3 个独立的 rRNA 分子(图 1-21)。电镜观察表明,rRNA 基因是定位于细胞核内,并在此加工和装配成核糖体;它是以串连重复基因形式转录的,每个转录单位之间是一段非转录的 DNA 区段,叫做间隔区(spacer)。通过对许多种生物的 rRNA 基因进行了克隆和序列分析,人们已经从分子水平上弄清了 rRNA 基因重复序列的结构。例如,在非洲爪蟾(*Xenopus laevis*)中,rRNA 基因簇重复单位长约 11~17kb。转录产生的 mRNA 分子长 8.3kb,而非转录的间隔区 DNA 长度范围在 2.7~9kb 之间。在体细胞中,rRNA 基因大约有 500 个拷贝,并且串连重复排列。经对非转录的间隔区 DNA 序列作了详细的分析之后发现,每一个此类间隔区都是由许多类型的重复序列组

成，它们会影响 rRNA 基因的转录速率。

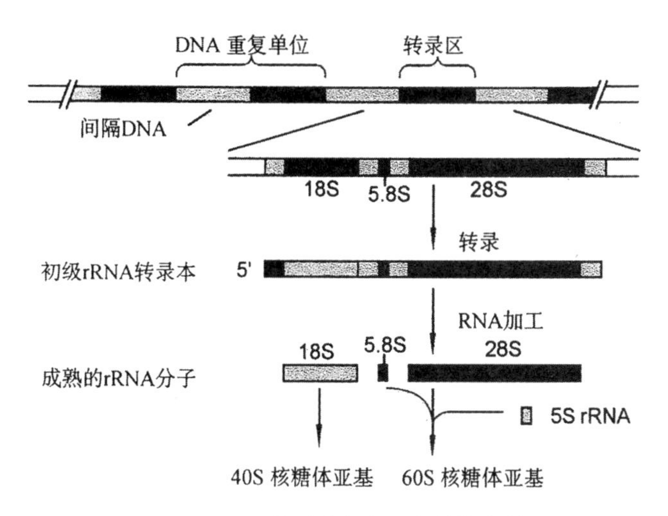

图 1-21 rRNA 基因重复序列的结构与转录

在所有的真核生物中，编码 18S，5.8S 和 28S 的 3 个 rRNA 基因都是串连重复排列的。rRNA 基因的基本重复单位是由一段非转录的间隔区和其后的转录区组成。非洲爪蟾的 rRNA 基因长约 13kb，转录时先形成 8.3kb 的初级 rRNA 转录本，而后再加工形成 18S，5.8S 和 28S 的 rRNA 分子

真核生物基因组中还存在着另外一种中度重复序列，即分散的重复序列，其长度因不同的物种而有所差异，变动范围在 130～300bp 之间。每个基因组中这种分散的重复序列拷贝数多的可达数百份之多。

(3) 高度重复序列

以单倍体基因组计算，重复的拷贝数达 10^4～10^6范围的 DNA 序列叫作高度重复序列(highly repetitive sequence)，诸如卫星 DNA 中的简单重复序列和高丰度 SINE 家族中的 Alu 序列等。

许多高度重复序列都是由长度为 6～200 个核苷酸的简单序列串联重复组成的，这种结构特称为卫星 DNA。这是由于高度重复序列常含有非典型的碱基序列组成，在氯化铯密度梯度离心过程中会形成卫星 DNA 带，因此而得名。简单序列首先是在果蝇基因组 DNA 的卫星 DNA 部分中发现的，重复单位长度仅 7bp。现已确证在所有的真核生物基因组 DNA 中都含有这种简单序列的大量重复，它们不能转录成 mRNA，而在某些生物，诸如果蝇和小鼠中，通常是定位在染色体的着丝粒区域。

在脊椎动物基因组中还存在着另一类高度重复的 DNA 序列家族，其重复单位散布在整个基因组的各个地方，中间被编码的 DNA 间断，因此称之为散在序列。其中长度小于 500bp 的叫做短散在序列(short interspersed elements，简称 SINE)；长度在 5～7kb 之间叫做长散在序列(long interspersed elements，简称 LINE)。SINE 序列与简单序列不同，它一般不是串联重复排列，而是以分散的形式重复出现在基因组的不同部位，每个基因组大约有数千甚至上万个拷贝。

大多数哺乳动物高丰度的SINE序列家族都含有Alu序列，每个基因组可高达百万个拷贝。这些重复序列之所以叫Alu序列，是因为它们常含有一个核酸内切限制酶AluI的识别位点(AGCT)。Alu序列以及其它的分散重复序列家族的功能迄今仍是个未知数。在Alu序列的3′-末端有一段poly(A)尾巴，这表明它可能是通过一种RNA中间体整合到基因组新位置而形成的。

生物体以rRNA基因和组蛋白基因这种多拷贝的形式来增加基因的剂量，提高蛋白质合成的速度和效率，可能是一种特例而非普遍的模式。已经知道，许多重要的蛋白质都是由单拷贝的基因编码的。例如，丝心蛋白单拷贝基因能够合成高达10^4个的mRNA分子。这些分子在合成出来之后的数天之内仍是稳定的。每个mRNA分子又可合成出10^5个的蛋白质分子。因此，一个单拷贝的基因，在4天内就足以合成10^9的蛋白质分子。这说明单拷贝的基因完全可以合成出大量的蛋白质分子。单拷贝基因这种高度表达能力，对于克隆的外源基因在新的寄主细胞中实现功能性表达显然是十分有用的。

表 1-5　组蛋白基因的重复频率

物　　种	拷　贝　数
海胆(*Echinoidea*)	300～1 000
黑腹果蝇(*Drosophila melanogaster*)	110
非洲爪蟾(*Xenopus laevis*)	20～50
小鼠(*Mus musculus L.*)	10～20
鸡(*Gallus domesticus*)	10
人(*Homo sapiens*)	30～40

5. 重叠基因

长期以来，在人们的观念中一直认为同一段DNA序列内，是不可能存在着重叠的读码结构的。因为，如果存在这种2个基因彼此重叠的情况，那么在头一个基因上发生的突变，就往往会使第二个基因也伴随着发生突变。而实际上却从未观察到可影响2个基因的突变。

但是，随着DNA核苷酸序列测定技术的发展，人们已经在一些噬菌体和动物病毒中发现，不同基因的核苷酸序列有时是可以共用的。也就是说，它们的核苷酸序列是彼此重叠的。我们称这样的2个基因为重叠基因(overlapping genes)，或嵌套基因(nested genes)。

表 1-6　噬菌体 ϕX174 的编码基因及其功能

基　因	功　　能
A	RF复制，病毒链合成
A*	寄主DNA合成的关闭
B	病毒外壳的形成
C	噬菌体单位大小的DNA的形成
D	病毒外壳的形成
E	溶菌作用
F	主要外壳蛋白
G	主要突起蛋白
H	主要突起蛋白；对寄主细胞的吸附
J	核心蛋白；子代DNA进入噬菌体颗粒
K	未知

已知大肠杆菌ϕX174噬菌体单链DNA共有5 387个核苷酸。如果使用单一的读码结构，那么它最多只能编码1 795个氨基酸。按每个氨基酸的平均分子量为110计算，该噬菌体所合成的全部蛋白质的总分子量最多是197 000。可实际测定发现，ϕX174噬菌体所编码的11种蛋白质(表1-6)的总分子量竟是262 000。1977年，英国分子生物学家F. Sanger领导的研究小组，在测定ϕX174噬菌体DNA的核苷酸序列时发现，它的同一部分DNA能够编码两种不同的蛋白质，从而解答了上述的矛盾现象。

根据F. Sanger等人的研究，在ϕX174噬菌体DNA中，重叠基因有两种不同的类型：

第一种类型是，一个基因的核苷酸序列完全包含在另一个基因的核苷酸序列之中。例如，B 基因是位于 A 基因之中，E 基因是位于 D 基因之中，只是它们的读码结构互不相同，因此编码着不同的蛋白质(图 1-22)。第二种类型是，2 个基因的核苷酸序列之末端密码子相互重叠。例如，A 基因终止密码子的 3 个核苷酸 TGA，与 C 基因的起始密码子 ATG 相互重叠了 2 个核苷酸；D 基因的终止密码子 TAA 与 J 基因的起始密码子 ATG 重叠了一个核苷酸等(图 1-23)。

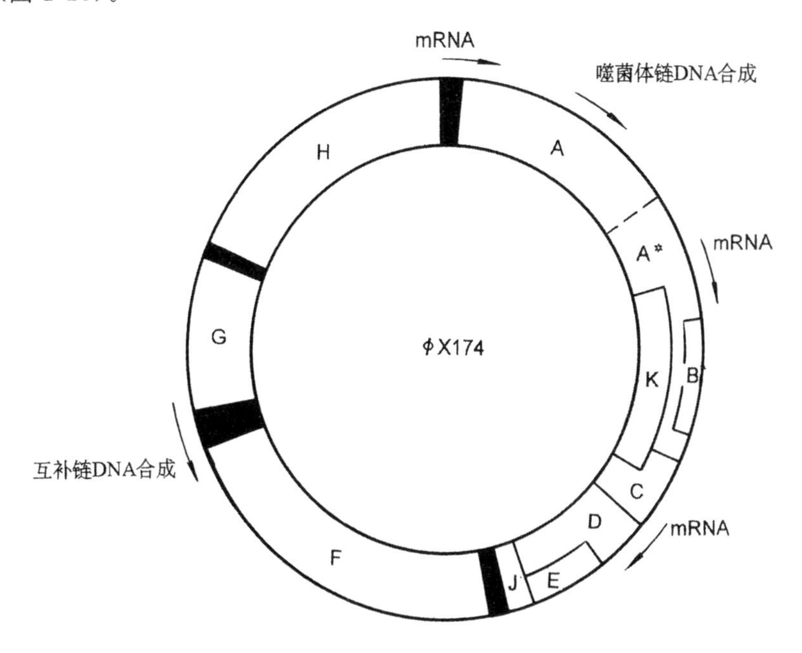

图 1-22 单链 DNA 噬菌体 ϕX174 的重叠基因图
黑色区表示基因间的间隔序列。ϕX174 共有 9 个基因，可合成出 11 种不同的蛋白质。这是因为其中 K 蛋白质的编码序列是从邻近 A 基因末端的一个密码子开始，包括 B 基因的碱基序列，终止在 C 基因内，但它的读码结构既不同于 A 基因也不同于 C 基因；另一种蛋白质 A′(又叫 A*)，是在 A 基因内再启动合成的，并使用 A 基因同样的读码结构和终止密码子，所以 A′的氨基酸顺序是 A 蛋白质的一个片段

随后，剑桥的分子生物学家 D. C. Shaw 和 J. E. Walker 等，在测定 G4 噬菌体 DNA 的核苷酸序列时，又发现了一种新的三重重叠基因。G4 噬菌体同 ϕX174 十分类似，也是一种小型的噬菌体，它的单链 DNA 共有 10 个基因。其中编码 K 蛋白的 K 基因的核苷酸序列，有 2 个位置重叠着 3 个基因。头一个位置同 A 基因和 B 基因的序列重叠，重叠部分的 5 个核苷酸是 TGATG，它们分别为 3 个基因(K，A，B)编码：

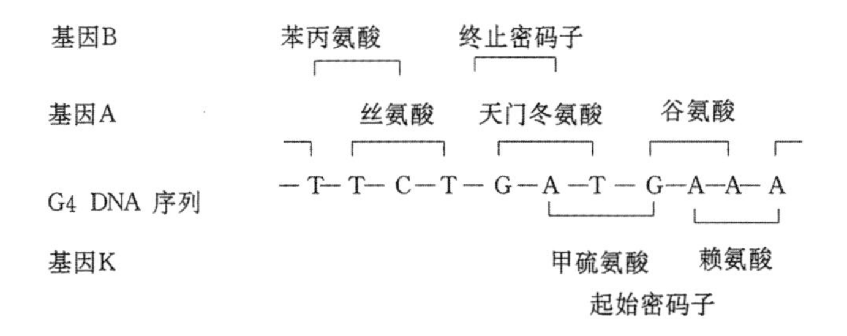

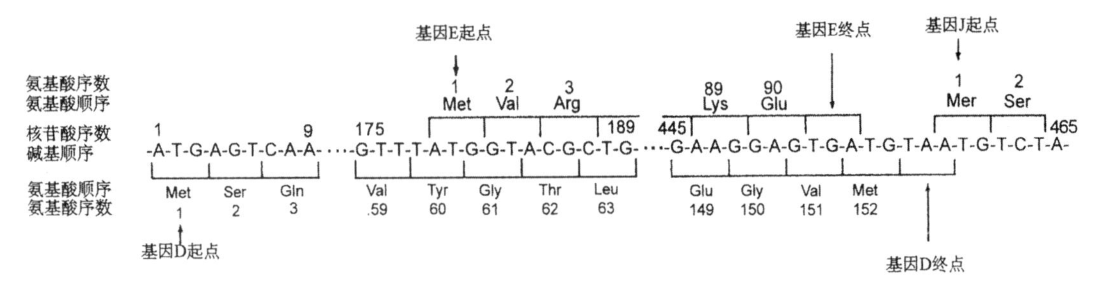

图 1-23 ϕX174 噬菌体 DNA 中基因 D 和 E(以及相应的编码蛋白质)的起点与终点

核苷酸序列的编号从基因 D 的头一个三联体开始。基因 E 的头一个核苷酸是 179,其编码序列是基因 D 的一部分,但两者读码框架不同,它编码的蛋白质的长度大小约为 D 蛋白的 60%。基因 D 终止密码子(TAA)的最后一个碱基是基因 J 起始密码(ATG)的第一个碱基

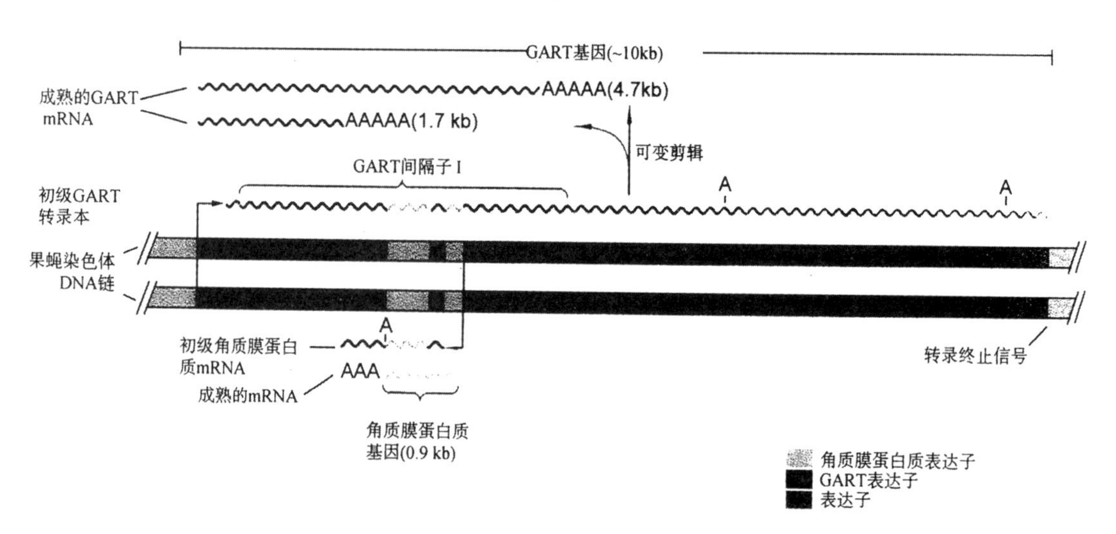

图 1-24 果蝇蛹角质膜基因是寓居在(嵌套在)GART 基因的一个间隔子序列当中

图中示出了这个 GART 基因座位的序列结构,编码 GART mRNA 的表达子及编码角质膜 mRNA 的表达子。GART mRNA 初级转录本利用可变的 poly(A)附加信号产生两种成熟的 mRNA 分子。角质膜 mRNA 是从 GART 基因的头一个间隔子中的相反链转录的

另一个重叠位置是同编码蛋白质 A 和 C 的基因重叠,重叠部分是 4 个核苷酸 ATGA (图未示出)。

就现在所知,不仅在细菌、噬菌体及病毒等低等生物基因组中存在有重叠基因,而且在一些真核生物中还发现了不同于原核生物的其它类型的重叠基因。其中有一种特殊类型的重叠基因,其重叠方式是一个基因的编码序列完全寓居于别个基因的间隔子序列当中。这种情况的头一个实例是在果蝇的 GART 基因中发现的,该基因编码一种参与嘌呤生物合成的重要酶蛋白。在分析了这个基因的核苷酸序列结构之后发现,其中的一个间隔子序列寓居着一个与之无关的编码蛹角质膜蛋白(cuticle protein)的基因,但它的转录方

向与GART基因转录本相反(图1-24)。

目前在高等真核生物的基因组中还鉴定出另外一种类型的重叠基因,即以基因相反链(opposite strand)编码的嵌套基因。从人类中克隆的一种编码819个氨基酸蛋白质的基因cDNA片段,经分析发现在它的相反链上还编码一个类固醇21-羟化酶基因(steroid 21-hydroxylase gene)。在人因子VIII基因(human factor VIII gene)的最大间隔子序列中,也编码着一个与该因子mRNA转录方向相反的重叠基因。此外,在一系列的其它基因中同样也存在着重叠基因的结构,而且我们相信随着有更多的间隔子完成了核苷酸全序列测定之后,还会发现另外的新的重叠基因。

重叠基因是近年来在基因结构与功能研究上的又一个有意义的发现。它修正了关于各个基因的多核苷酸链是彼此分立、互不重叠的传统观念。目前已在ϕX174噬菌体、G4噬菌体以及SV40病毒和少数真核基因中发现了重叠基因现象。但是,它是否具有普遍意义,特别是在真核生物中是否广泛存在,这些都有待进一步深入研究。

第三节　基因工程的诞生及其主要的研究内容

1. 基因工程的诞生

上面两节所叙述的关于基因研究的简单发展历程已经清楚地表明,近几十年来,由于受到分子生物学和分子遗传学发展的影响,基因分子生物学的研究取得了前所未有的进步。而这些学科的综合成就,又为基因工程的诞生奠定了坚实的理论基础。概括起来,这些成就主要包括三个方面:第一是,在40年代确定了遗传信息的携带者,即基因的分子载体是DNA而不是蛋白质,从而明确了遗传的物质基础问题;第二是,在50年代揭示了DNA分子的双螺旋结构模型和半保留复制机理,解决了基因的自我复制和传递的问题;第三是,在50年代末期和60年代,相继提出了“中心法则”和操纵子学说,并成功地破译了遗传密码,从而阐明了遗传信息的流向和表达问题。由于这些问题的解决,人们期待已久的,应用类似于工程技术的程序,主动地改造生物的遗传特性,创造具有优良性状的生物新类型的美好愿望,从理论上讲已有可能变为现实。

但是,由于基因工程是一门内容广泛的、综合性的生物技术学科,要在60年代科学发展水平下真正实施基因工程,还有许多问题,特别是一些技术问题有待研究解决。例如,要详细了解DNA编码蛋白质的情况,以及DNA与基因的关系等等,就必须首先弄清DNA核苷酸序列的整体结构。这无疑是一项十分艰巨的工作。众所周知,生物有机体,尤其是具有复杂基因组结构的真核生物,其DNA的含量是十分庞大的(表1-7)。粗略的估计,哺乳动物细胞基因组的染色体DNA,总长度大约有3×10^9bp,基因只是间断地分布在这些漫长的碱基序列中间。一个哺乳动物的基因组,大约是由5万到10万个基因组成的,每个基因都被认为是编码着一种特定的蛋白质分子。所以,人们一直十分重视研究单基因的功能与结构的关系。然而长期以来,由于缺乏有效的分离和富集单基因的技术,因此尽管遗传学分析证明存在着单基因,而我们就是无法对它进行直接的生化分析。这个事实本身也从一个侧面反映出基因工程的复杂性,特别是真核生物的基因工程更是如此。

怎样才能分离出单基因,以便能够在体外对它的结构与功能等一系列的有关问题作深入的研究,对于基因操作来说是十分重要的环节。起初,研究工作者期望通过对病毒基

表 1-7 若干种代表性生物基因组的大小

生物类型	代表性物种	基因组大小 (kb)	基因组中单拷贝 DNA 的 大约含量 (%)
病毒	λ-噬菌体	48.5	
	腺病毒	36	
细菌	大肠杆菌	4 000	100
	巨大芽孢杆菌	30 000	
真菌	酿酒酵母	16 500	90
细胞粘菌	盘基网柄菌	47 000	
藻类		37 500～190 000 000	
原生动物		37 500～333 000 000	
	梨形四膜虫	190 000	90
动物			
线虫纲		75 000～620 000	
	华美新杆线虫	80 000	
软体动物门		375 000～5 100 000	
	加利福尼亚海兔	1 700 000	55
甲壳纲		660 000～21 250 000	
	鲎鱼	2 650 000	70
昆虫纲		47 000～12 000 000	
	黑腹果蝇	165 000	60
	家蝇	840 000	90
棘皮动物门	紫色球海胆	845 000	75
鱼纲		2 650 000～6 950 000	
两栖纲		950 000～78 500 000	
	蟾蜍	6 600 000	20
	非洲爪蟾	2 900 000	75
爬行纲		1 600 000～5 100 000	
鸟纲	家鸡	1 125 000	80
哺乳纲		2 800 000～5 200 000	
	人	2 800 000	64
	小鼠	3 300 000	70
植物			
裸子植物		4 900 000～47 000 000	
被子植物		95 000 ～120 000 000	
	拟南芥菜	70 000	80
	西红柿	700 000	
	烟草	3 500 000	
	玉米	15 000 000	
	百合	40 000 000	
	贝母	120 000 000	

因组的研究打开这方面的困境。而且也应该说,的确是取得了相当的成绩。我们知道病毒的基因组要比真核细胞的基因组小得多。例如,一种被广泛研究过的猿猴病毒 SV40,它的基因组的总长度为5 243bp,只编码 5 个不同的基因,所以就易于对基因组中的某个基因进行个别分析,而不至于过多地受到无关的 DNA 序列的干扰。而且更重要的一个特点是,这种病毒分子能够在感染的寄主细胞中扩增成几十万份的拷贝,使 DNA 的剂量剧增,这样也就不难把它同寄主细胞的 DNA 分离开来。一旦获得了纯化的SV40 DNA,我们就可以对它进行涉及基因的结构、mRNA 的转录和加工、蛋白质的合成等多方面先前无法进行的研究。可是即使像 SV40 这样小的病毒基因组,要研究其 DNA 的碱基序列结构,在当时也还是有困难的。要想按照早期在 RNA 结构分析中所运用的方法,把 DNA 的核苷酸一个一个地拆开,那么面对 SV40 的5 000多个核苷酸碱基,简直令人望而生畏。只是到了 70 年代中期,两项关键性技术问世之后,DNA 的结构分析问题才从根本上得到解决。这两项技术是:(i)DNA 分子的体外切割与连接技术;(ii)DNA 分子的核苷酸序列分析技术。

应用核酸内切限制酶和 DNA 连接酶对 DNA 分子进行体外的切割与连接,这是在60 年代末期和 70 年代初期发展起来的一项重要的基因操作技术。有人甚至说,它是重组 DNA 的核心技术。所以有不少作者认为,重组 DNA 技术的发展史应从这个时期写起,这是不无道理的(见表 1-8)。核酸内切限制酶* 能够识别 DNA 分子上的特定碱基序列,并从这个位点将 DNA 分子切割开来。例如,1972 年在旧金山 H. W. Boyer 实验室首先发现的 EcoRI 核酸内切限制酶,具有特别重要的意义。这种酶每遇到 GAATTC 序列,就会将双链 DNA 分子切开形成具粘性末端的片段。因此,具有这种 EcoRI 粘性末端的任何不同来源的 DNA 片段,便可以通过粘性末端之间的碱基互补作用而彼此“粘合”起来。由于发现了大量的类似于 EcoRI 这样的核酸内切限制酶,而每种又各具有自己独特的识别序列,所以应用核酸内切限制酶,我们便能几乎是随意地将 DNA 分子切割成一系列不连续的片段。每种片段的长度为数百个碱基对到数千个碱基对。然后利用凝胶电泳技术,可以把这些片段按照分子量大小逐一分开,供作进一步的分析研究使用。

对 DNA 重组技术的创立具有重要意义的另一种发现是 DNA 连接酶。在 1967 年,世界上有 5 个实验室几乎同时发现了 DNA 连接酶。这种酶能够参与 DNA 裂口的修复,而在一定的条件下还能连接 DNA 分子的自由末端。连接的功能是通过合成相邻核苷酸之间的磷酸二酯键,从而修复缺口(nick)或单链的裂口(gap)。1970 年,当时在威斯康星大学(Wisconsin University)的 H. G. Khorana 实验室的一个小组,又发现 T4 DNA 连接酶具有更高的连接活性,有时甚至能催化完全分离的两段 DNA 分子进行平末端的连接。到了 1972 年底,人们已经掌握了好几种连接双链 DNA 分子的方法,使基因工程的创立又迈进了重要的一步(图 1-25)。

显然,光能在体外利用核酸内切限制酶和 DNA 连接酶进行 DNA 的切割和重组,还远不能满足基因工程的要求。因为大多数的 DNA 片段是不具备自我复制能力的,所以为了能够在寄主细胞中进行繁殖,就必须将这种 DNA 片段连接到一种在特定系统中具备

---

* 指 II 型核酸内切限制酶。详见第二章内容。

表 1-8　重组 DNA 技术发展史的某些重要事件

年　份	重　要　事　件
1869	F. Miescher 首次从莱茵河鲑鱼精子中分离到 DNA
1944	O. T. Avery 等人在肺炎链球菌转化实验中发现遗传信息的携带者是 DNA 而不是蛋白质
1952	A. D. Hershey 和 M. Chase 证明 T2 噬菌体的遗传物质是 DNA
1953	J. D. Watson 和 F. H. C. Crick 在 R. Franklin 和 M. Wilkins 的 X-射线工作的基础上提出了关于 DNA 分子结构的双螺旋模型
1956	遗传实验支持了关于 DNA 遗传信息是由其碱基对序列储藏的假说
1957	A. Kornberg 在大肠杆菌中发现 DNA 聚合酶 I。这是可在试管中合成 DNA 的头一种核酸酶。现在这种酶已被用来制备标记的 DNA 探针
1958	M. Meselson 和 F. W. Stahl 证实 DNA 的复制涉及到双螺旋分子两条互补链的分离过程，提出了 DNA 半保留复制模型
1959～1960	S. Ochoa 发现 RNA 聚合酶，它可在单链 DNA 表面合成 RNA 分子；发现信使 RNA，并证明它携带的遗传信息决定着蛋白质分子中的氨基酸顺序
	J. Marmur 和 P. Doty 发现 DNA 复性现象，确立了核酸杂交反应的特异性和可行性
1961	M. W. Nirenberg 等人应用合成的信使 RNA 分子[poly(U)]破译出了第一批遗传密码
	F. Jacob 和 J. Monod 提出了调节基因表达的操纵子模型
1962	W. Arber 等人证明存在着一种可使未甲基化的 DNA 分子断裂的限制性酶
1964	C. Yanofsky 和 S. Brenner 等人证明，多肽链上的氨基酸顺序同其编码基因中的核苷酸顺序存在着共线性(colinear)的关系
1965	实验证明细菌的抗药性通常由一类叫做“质粒”的小型额外染色体携带；S. W. Holley 完成了第一个酵母丙氨酸 tRNA 的核苷酸全序列测定
1966	M. W. Nirenberg，S. Ochoa 和 H. G. Khorana 共同破译了全部的遗传密码
1967～1968	发现了 DNA 连接酶；吴瑞博士建立了第一种 DNA 测序法，即引物-延伸测序策略
1970	H. O. Smith，K. W. Wilcox，T. J. Kelley 分离到第一种核酸内切限制酶，它可以在特定的位点将 DNA 分子切割开来；H. M. Temin 和 D. Baltimore 在 RNA 肿瘤病毒中发现反转录酶
1971	吴瑞博士根据他发明的引物-延伸策略，首次测定了 λ 噬菌体两个粘性末端的完整序列
1972～1973	以H. Boyer，P. Berg 等人为代表的一批美国科学家发展了关于重组 DNA 技术。并于 1972 年得到了第一个重组的 DNA 分子，1973 完成头一个细菌基因的克隆
1974	首次实现了异源真核生物的基因在大肠杆菌中的表达
1975～1977	F. Sanger 以及 A. Maxam 和 W. Gilbert 发明了快速的 DNA 序列测定技术。1977 年第一个全长 5 387bp 的噬菌体 ϕX174 基因组测定完成
1978	首次实现了通过大肠杆菌生产由人工合成基因表达的人脑激素和人胰岛素
1980	美国联邦最高法院裁定微生物基因工程可以获得专利
1981	R. D. Palmiter 和 R. L. Brinster 成功获得第一个转基因小鼠；A. C. Spradling 和 G. M. Rubin 培育出转基因果蝇
1982	第一个由基因工程菌生产的药物-胰岛素，在美国和英国获准使用；F. Sanger 及其合作者完成 λ 噬菌体全长 48 502bp 的基因组 DNA 全序列测定

续表

年　份	重　要　事　件
1983	头一个表达其它种植物基因(一个基因)的转基因植物培育成功
1984	斯坦福大学被授予关于重组DNA基本使用的专利(Cohen/Boyer专利)
1985	头一批转基因的家畜(兔、猪和羊)诞生
1986	基因工程生物(genetically-engineered organisms)首次在控制的情况下实验性地释放到环境中去
1988	J. D. Watson出任"人类基因组计划"首席科学家,协调举世瞩目的人类基因组测序工作的进行
1989	美国联邦专利局宣布将接受基因工程植物和基因工程动物方面的专利申请。头一个具有专利权的用于医药研究的动物-杜邦肿瘤鼠(Dupout's "Oncomouse")诞生
	美国国家卫生研究院(NIH)重组DNA咨询委员会批准进行第一个转基因植物实验
1990～1992	头一个转基因玉米及转基因小麦植株诞生。谷物基因工程开始变为现实
1992	欧洲共同体各国35个实验室首先发表第一个真核生物染色体(酵母染色体III)DNA全序列(共315 000bp)
1994	基因工程西红柿在美国上市
1995	9月英国《自然》杂志汇集发表了人基因组全物理图,以及3号、16号和22号人染色体的高密度物理图
1996	完成了酵母基因组DNA(125×10^5bp)的全序列测定工作
1997	中国科学院国家基因研究中心以洪国藩教授为首的科学家小组,采用独立制定的高效"指纹-锚标"战略,在世界上首次成功构建了高分辨率的水稻基因组物理图谱
	英国爱丁堡罗斯林研究所的有关科学家宣称应用转基因技术首次育成克隆羊,引起世界轰动

自我复制能力的DNA分子上。这种DNA分子就是所谓的基因克隆载体(vector)。根据当时(1972年前后)微生物遗传学的研究成果,我们已经知道有可能用作基因克隆载体的有病毒、噬菌体和质粒等不同的小分子量的复制子(replicon)。鉴于多年以来,分子生物学家一直把注意力集中在病毒同其寄主细菌之间的相互关系上,因此很自然地在一开始就选定噬菌体作为基因克隆的最有希望的载体。其中研究得最为深入,而且业已被改建成实用克隆载体的是大肠杆菌λ噬菌体载体。然而有趣的是,第一个将外源基因导入寄主的载体却不是λ噬菌体,而是质粒载体。质粒分子,特别是属于抗药性R因子的质粒分子,具有分子量小、易于操作和抗药性选择记号等优点,目前已被发展成为基因分子克隆中最常用的载体。如pBR322和pUC13等质粒载体就是其中突出的代表。

外源DNA片段同上述这些载体分子重组而成的杂种DNA分子,需要重新导入大肠杆菌寄主细胞后才能进行正常的增殖。这种将外源DNA分子导入细菌细胞的转化现象,虽然早在40年代就已经在肺炎链球菌中发现,但对于大肠杆菌来说,却迟到1970年才获得成功。当时M. Mandel和A. Higa发现,大肠杆菌的细胞经过氯化钙的适当处理之后,便能够吸收λ噬菌体的DNA。两年后,即1972年,斯坦福大学的S. Cohen等人报道,经氯化钙处理的大肠杆菌细胞同样也能够摄取质粒的DNA。从此,大肠杆菌便成了分子克隆的良好的转化受体。大肠杆菌转化体系的建立,对基因工程的创立具有特别重要的意义,

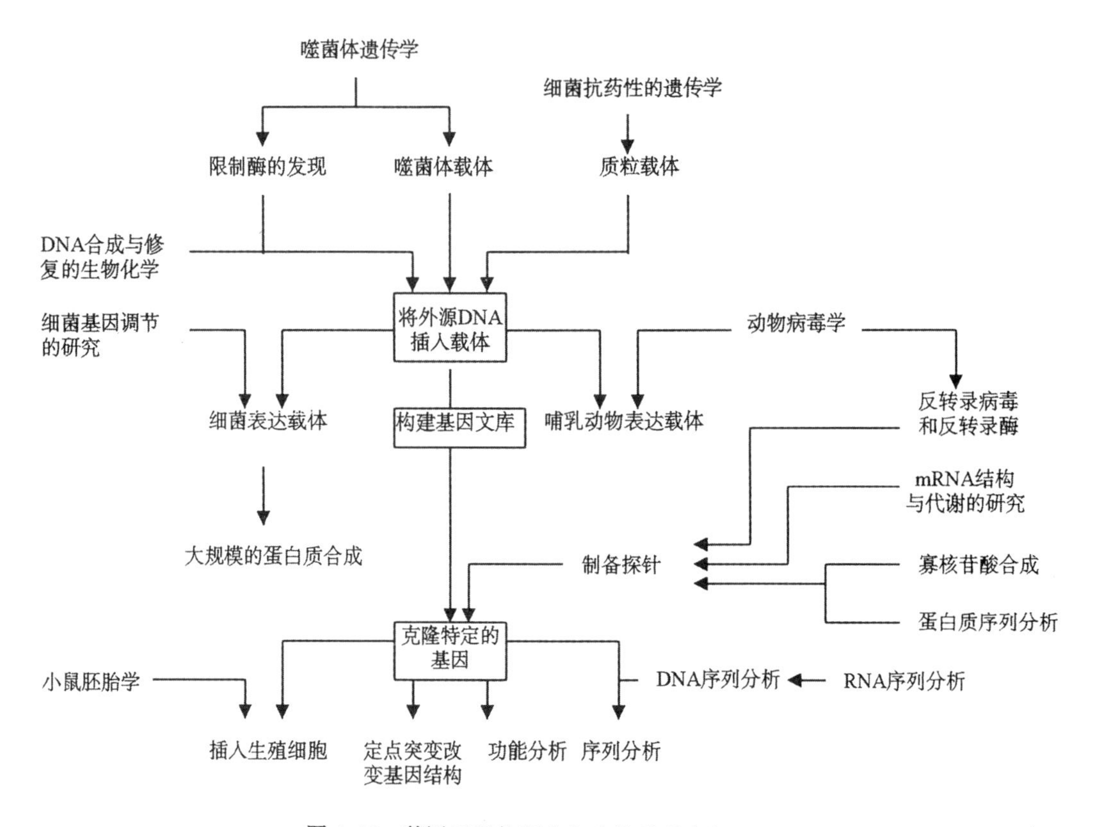

图 1-25　基因工程的诞生与有关学科之间的联系

因为早期使用的克隆载体都是在大肠杆菌细胞中增殖的复制子。

除了上述这些有关 DNA 分子的切割与连接，以及外源 DNA 对感受态的大肠杆菌细胞的转化技术之外，在 60 年代还发展出了琼脂糖凝胶电泳和 Southern 转移杂交技术，它们对于 DNA 片段的分离及检测同样也是十分有用的。有意思的是，这些技术差不多是同时得到发展，并很快地被运用于基因操作实验。于是在 70 年代初期开展 DNA 重组工作，无论在理论上还是技术上都已经具备了条件。

1972 年，美国斯坦福大学的 P. Berg 博士领导的研究小组，率先完成了世界上第一次成功的 DNA 体外重组实验，并因此与 W. Gilbert，F. Sanger 分享了 1980 年度的诺贝尔化学奖。Berg 等人使用核酸内切限制酶 EcoRI，在体外对猿猴病毒 SV40 的 DNA 和 λ 噬菌体的 DNA 分别进行酶切消化，然后再用 T4 DNA 连接酶将两种消化片段连接起来，结果获得了包括 SV40 和 λ DNA 的重组的杂种 DNA 分子。1973 年，斯坦福大学的 S. Cohen 等人也成功地进行了另一个体外 DNA 重组实验。他们将编码有卡那霉素(kanamycin)抗性基因的大肠杆菌 R6-5 质粒 DNA，和编码有四环素(tetracycline)抗性基因的另一种大肠杆菌质粒pSC101 DNA混合后，加入核酸内切限制酶 EcoRI，对 DNA 进行切割，而后再用T4 DNA连接酶将它们连接成重组的 DNA 分子。用这种连接后的 DNA 混合物转化大肠杆菌，结果发现，某些转化子菌落的确表现出了既抗卡那霉素又抗四环素的双重抗性特征。从此种双抗性的大肠杆菌转化子细胞中分离出来的重组质粒 DNA，带有完整的 pSC101 分子和一个来自 R6-5 质粒编码卡那霉素抗性基因的 DNA 片段。

pSC101 和 R6-5 都是大肠杆菌的质粒，由它们形成的重组质粒可以在原寄主细胞中增殖，这似乎比较容易理解。那么，不同物种的外源 DNA 片段是否也可以在大肠杆菌细胞中增殖呢？为了回答这个问题，S. Cohen 立即又与 H. Boyer 等人合作，应用与上述类似的方法，把非洲爪蟾（*Xenopus laevis*）的编码核糖体基因的 DNA 片段，同 pSC101 质粒重组，并导入大肠杆菌细胞。转化子细胞分析结果表明，动物的基因的确进入到大肠杆菌细胞，并转录出相应的 mRNA 产物。

Cohen 的工作，是第一次成功的基因克隆实验，其重要意义在于：它说明了像 pSC101 这样的质粒分子是可以作为基因克隆的载体，能够将外源的 DNA 导入寄主细胞；它也说明了，像非洲爪蟾这样真核动物的基因是可以被成功地转移到原核细胞中去，并实现其功能表达的；它还说明了，质粒-大肠杆菌细胞是一种成功的基因克隆体系，可以作为基因克隆的模式系统进行深入的研究。

2. 基因工程的定义及其主要的研究内容

在简单地回顾了基因工程的诞生过程之后，再回过来讨论究竟什么是基因工程这个问题，似乎就比较容易理解一些。一般说来，所谓的基因工程是指在体外将核酸分子插入病毒、质粒或其它载体分子，构成遗传物质的新组合，并使之参入到原先没有这类分子的寄主细胞内，而能持续稳定地繁殖。我们认为这个定义基本上概括了基因工程的主要内容，目前已被大多数科学家所接受。本书也采用这个定义进行讨论。

从实质上看，上述这个基因工程定义，首先强调了外源核酸分子（几乎总是 DNA）在另一种不同的寄主生物细胞中进行繁殖的问题。这种跨越天然物种屏障的能力，和把来自任何一种生物的基因放置在与其毫无亲缘关系的新的寄主生物细胞中去的能力，是基因工程的第一个重要特征。这表明，应用基因工程技术，就有可能按照人们的主观愿望，创造出自然界中原先并不存在的新的生物类型。基因工程定义的第二个特征是，它强调了一种确定的 DNA 小片段在新寄主细胞中进行扩增的事实。恰似下面将要谈到的，正是由于具备了这种特征，我们才能够制备到大量纯化的 DNA 片段，从而拓宽了分子生物学的研究领域，包括核苷酸的序列测定，位点特异的突变形成，以及以确保所编码的多肽链能够在寄主细胞中实现高水平表达为目的基因序列操作等等。除此之外，这种大量纯化的 DNA 片段，没有污染上给体生物的任何其它 DNA 序列，是绝对纯净的分子群体。因此，可作为特异性的分子探针，供核酸杂交使用。

基因工程从诞生到现在才不过 20 多年的历史，所使用的名词术语还没有很好地统一，在文献中常见的有遗传工程（genetic engineering）、基因工程（gene engineering）、基因操作（gene manipulation）、重组 DNA 技术（recombinant DNA technique）以及基因克隆（gene cloning）、分子克隆（molecular cloning）等。这些术语所代表的具体内容都是彼此相关的，在许多场合下被混同使用，很难作出严格的区分。从某种意义上讲，它们之间的差别，只不过是各自考虑的角度和强调的侧重点不同罢了。

通过基因工程技术，把来自不同生物的外源 DNA 插入到载体分子上，所形成的杂种 DNA 分子与神话传说中的那种具有狮首、羊身、蛇尾的怪物颇为相似，故在早期发表的有关文章中常常称这种重组 DNA 分子为嵌合体（chimaera）。构建这类嵌合体 DNA 分子的中心环节是，在体外将不同来源的 DNA 片段，通过核酸内切限制酶和 DNA 连接酶等的作用，重新组合成杂种的DNA分子。因而，人们有时也简明地叫基因工程为重组DNA技术。我们知道，在英语中“clone”(克隆)一词 当作名词使用时，是指从一个共同祖先无性繁殖下来的一群遗传上同一的DNA分子、细胞或个体所组成的特殊的生命群体；而当“clone”用作动词使用时，则是指从同一个祖先产生这类同一的DNA分子群体、细胞群体或个体群体的过程。所以我们要注意在不同的场合，克隆一词有不同的含义。在体外重新组合DNA分子的实验过程中，是通过能够独立自主复制的载体分子质粒或噬菌体为媒介的，将外源DNA引入到寄主细胞进行增殖，从而为遗传上同一的生物品系(它们都带有同样的重组DNA分子)成批地繁殖和生长提供了有效的途径。故此，习惯上也叫基因工程为基因克隆或DNA分子克隆。在中文资料中，早期曾将“DNA cloning”直接译为DNA纯系繁殖，实质上它是特指利用微生物制备大量纯一的特定DNA片段的一种方法。由于运用重组DNA技术，能够按照人们预先的设计创造出许多新的遗传结合体，具有新奇遗传性状的新型生物，因此有时人们又把基因工程笼统地称为遗传工程或遗传操作。其实这种将“遗传工程”和“基因工程”两个术语不加区分地使用，甚至认为两者完全等同的认识是不准确的。严格地说，遗传工程是指以改变生物有机体性状特征为目标的遗传信息量的操作(the manipulation of the information content)，它既包括常规的选择育种，也包括相对复杂的基因克隆等不同的技术层次。因此，遗传工程虽然包括了基因工程的内容，但它所涉及的却比基因工程要广泛得多，两者之间是有差别的。

概括起来，基因工程应包括如下几个主要的内容或步骤：

① 从复杂的生物有机体基因组中，经过酶切消化或PCR扩增等步骤，分离出带有目的基因的DNA片段。

② 在体外，将带有目的基因的外源DNA片段连接到能够自我复制的并具有选择记号的载体分子上，形成重组DNA分子。

③ 将重组DNA分子转移到适当的受体细胞(亦称寄主细胞)，并与之一起增殖。

④ 从大量的细胞繁殖群体中，筛选出获得了重组DNA分子的受体细胞克隆。

⑤ 从这些筛选出来的受体细胞克隆，提取出已经得到扩增的目的基因，供进一步分析研究使用。

⑥ 将目的基因克隆到表达载体上，导入寄主细胞，使之在新的遗传背景下实现功能表达，产生出人类所需要的物质。

3. 有关基因工程安全性的争论

差不多在基因工程还处于酝酿的阶段，而关于重组DNA潜在危险性问题的争论就已经开始。1971年，在美国麻省理工学院(MIT)，有人提出了将猴肾病毒SV40 DNA同λ噬菌体DNA重组，然后导入大肠杆菌细胞的研究设想。这个计划一传出，立即就遭到了许多科学家的反对。他们认为，这种带有病毒DNA的重组DNA分子有可能从实验室逸出，并随着大肠杆菌感染到人类的肠道，其后果将是十分严重的。于是，这个研究计划便被搁置下来了。

继1972年第一个重组DNA分子在美国斯坦福大学问世之后，人们对于重组DNA潜在危险性的关注，又重新高涨起来。有趣的是，首先产生这种担心的却是直接从事DNA重组研究的科学工作者。例如，重组DNA的创始人之一P. Berg博士，就是出于安全方面的考虑，主动地放弃了将SV40基因引入大肠杆菌细胞的想法。起初，人们的担心还只限于有关病毒DNA的重组实验，而随后又扩展到了其它DNA的重组实验。有人甚至认为，将小鼠的某些基因导入大肠杆菌进行表达，同样也是十分危险的。随着时间的推移，参加争论的范围便逐渐地从科学界波及到群众团体。1973年，美国的公众第一次公开表示，他们担心应用重组DNA技术可能会培养出具有潜在危险性的新型的微生物，从而给人类带来难以预料的后果。同年6月，在关于核酸研究的Gordon会议上，与会的科学家对基因操作的危险性表示了深刻的关注，并展开了争论。9月Gordon会议的两位主席M. Singer和D. Soll联合发表公开信(Science，181，1114)，敦促成立重组DNA研究小组。与此同时，在没有任何关于重组DNA危险性的直接证据的情况下，担忧和反对开展重组DNA研究的情绪就已经变得十分偏激。几乎所有的报刊杂志都在发表大量的争论文章和政府及科学团体的报告，其数量远远地超过了科学工作者应用重组DNA技术所作的科学实验的结果报道。

在这种背景下，美国国家卫生研究院(NIH)考虑到重组DNA的潜在危险性，便提请P. Berg博士组成一个重组DNA咨询委员会(Recombinant DNA Advisory Committee，RAC)，专门进行研究。1974年7月，这个由11位有关分子生物学及重组DNA方面的权威学者组成的RAC委员会联名发表公开信(Science，185，303)，要求在还没有弄清重组DNA所涉及的危险性范围和程度，以及在采取必要的防护措施之前，暂停两种类型的实验：第一类，涉及组合一种在自然界中尚未发现的、有产生病毒能力或带有抗菌素抗性基因的新型有机体；第二类，涉及将肿瘤病毒或其它动物病毒的DNA引入细菌的实验。RAC委员会的科学家之所以建议停止这两类实验，是由于他们担心这类的重组DNA可能更容易在人类及其它的生物体内传播，因而有可能造成扩大癌症及其它疾病的发生范围。

根据美国科学院的建议，1975年2月，美国国家卫生研究院在加利福尼亚州的Asilomar会议中心，举行了一次有160名来自美国和其它16个国家的有关专家学者参加的国际会议。会上，代表们对重组DNA的潜在危险性展开了针锋相对的辩论。一部分代表的主要忧虑是，他们担心携带着一种具有潜在危险的克隆基因，有可能因偶然的机会逃逸出实验室，或成功地寄生在实验工作者的肠道中，从而导致某种灾难性的后果。另一部分代表则认为，自然界中的原核生物是经常地同动植物腐烂尸体所释放出来的DNA密切接触，因而它们必定会有机会捕获这些真核生物的DNA。所以很有可能通过地球上原核生物群体的作用，我们目前在试管中所合成的那些重组体类型，都曾经在自然界中出现过，但它们并没有在自然选择中取得优势。可见，对重组DNA过分担忧是没有必要的，而且即便有某些危险，也是可以通过必要的防范措施予以避免的。

尽管在Asilomar会议上代表们意见分歧很大，但他们仍在如下三个重要问题上取得了一致的看法：第一，新发展的基因工程技术，为解决一些重要的生物学和医学问题，以及令人普遍关注的社会问题(如环境污染、食品及能源问题等)展现了乐观的前景；第二，新组成的重组DNA生物体的意外扩散，可能会出现不同程度的潜在危险。因此，开展这方面的研究工作，要采取严格的防范措施，并建议在严格控制的条件下，进行必要的DNA重组实验，来探讨这种潜在危险性的实际程度；第三，目前进行的某些实验，即便是采取最严格的控制条件，其潜在的危险性仍然极大。将来的研究和实验也许会表明，许多潜在的危险比我们现在所设想的要轻,可能性要小。

此外,会议极力主张正式制订一份统一管理重组DNA研究的实验准则,并要求尽快发展出不会逃逸出实验室的安全寄主菌株和质粒载体。

1976年6月23日,美国国家卫生研究院在Asilomar会议讨论的基础上,制订并正式公布了“重组DNA研究准则”(以下简称“安全准则”)。为了避免可能造成的危险性,“安全准则”除了规定禁止若干类型的重组DNA实验之外,还制订了许多具体的规定条文。例如,在实验安全防护方面,明确规定了物理防护和生物防护两个方面的统一标准。物理防护分为P1～P4四个不同等级,生物防护则分为EK1～EK3三个不同的等级。

P1～P4是关于基因工程实验室物理安全防护上的装备规定。P1级实验室,为一般的装备良好的普通微生物实验室;P2级实验室,在P1级实验室的基础上,还需装备负压的安全操作柜;P3级实验室,即全负压的实验室,同时还要装备安全操作柜;P4实验室,是具有最高安全防护措施的实验室。要求建设专用的实验大楼,周围与其它建筑物之间应留有一定距离的隔离带,细菌操作需带手套进行,以及使用其它必要的隔离装置,使研究者不会直接同细菌接触等等。

生物防护方面,EK1～3级是专门针对大肠杆菌菌株而规定的安全防护标准。它是依据大肠杆菌在自然环境中的存活率为前提制定的。EK1级的大肠杆菌菌株,在自然环境中一般都是要死亡的,而符合EK2～3级标准的大肠杆菌菌株,在自然环境中则是无法存活的。

尽管有了安全规定,但由于受到报刊杂志长期片面宣传的影响,美国的公众仍然担心科学工作者会自行其是,“安全准则”将可能变成一纸空文。而有影响的《纽约时代杂志》(New York Time Magazine)曾载文主张禁止给从事重组DNA研究的科学家颁发诺贝尔奖金。但幸运的是,这种情况并没有持续多久的时间,随着有关应用重组DNA技术的正面报道逐渐地增多,人们的担忧也就开始慢慢地消除了。

在NIH“安全准则”公布之后,并不能够马上开展DNA的研究工作。主要的原因是,当时还没有发展出能够符合“安全准则”规定的寄主细菌和质粒载体。出于对重组DNA实验生物安全方面的关心和对社会公众的负责,许多科学家便集中力量发展符合“安全准则”标准的、生物学上“安全”的寄主-载体系统。他们对此充满信心。在Asilomar会议上,曾有人估计这样的安全系统大约只需要几个星期就可以建成,可是后来的实践表明却花了一年多的时间。

第一个“安全”的大肠杆菌K12菌株,是在1976年由美国Alabama大学的Roy CurrissIII发展出来的。由于这个菌株是在庆祝美国独立200周年(1776～1976)期间交付使用的,所以被命名为X^{1776}菌株。能够防止X^{1776}菌株在实验室外传播的“安全”特性之一是,该菌株是一种营养缺陷突变体,它必须在有二氨基庚二酸(diaminopimelic acid, DAP)和胸腺嘧啶核苷酸的培养基中才能生长。二氨基庚二酸是赖氨酸生物合成的一种中间产物,在人类的肠道中并不存在这种物质。因此,即便X^{1776}菌株偶然被吞食至人类肠道,它也是不可能存活下去的。X^{1776}菌株“安全”特性之二是,它的细胞壁十分脆弱,在低浓度的盐离子环境中,甚至只有微量的去污剂的存在,都会造成细胞的破裂而致死。

根据NIH“安全准则”,在DNA重组实验中,除了使用“安全”的寄主细菌之外,还必须使用“安全”的质粒载体。这样的“安全”质粒的一个基本特征是,它应该失去了自我迁移的能力。于是，在肠道内不同细菌之间发生性接合作用的过程中，便不会从“安全”的细菌菌株转移到“不安全的”细菌菌株中去。值得庆幸的是，这样的生物学上安全的质粒载体还是比较容易构建的。只要设法把控制质粒迁移作用的基因全部缺失掉(见第四章)，便可以获得不能发生迁移作用的“安全”质粒。然而为争取 NIH 正式颁发“安全”质粒载体的证书，却等待了很长的时间。例如，如今已广泛使用的 pMB9 和 pBR322 这两种质粒，甚至在得到了 RAC 批准之后的数个月，直至 1977 年春天才获得 NIH 董事会颁发的正式批准证书。

可惜的是，使用过安全菌株 X^{1776}的研究者发现，该菌株很不适用于实验操作。它的生长能力比其它菌株要差得多，而且对实验操作的要求又十分苛刻，所有的玻璃器皿都要经过特别的处理，以确保无任何去污剂的污染。再者，即便得到了足够数量的 X^{1776}菌株细胞，我们也很难将重组的 DNA 导入细胞内。因此，基因工程的研究者不得不集中力量寻找其它生物学上安全的大肠杆菌 K12 的派生菌株。事实上，在今天 X^{1776}这个菌株早已被更加安全的菌株所取代。

客观地说，由于 NIH“安全准则”的公布，和安全的寄主细菌-质粒载体系统的建立，重组 DNA 研究进入到一个蓬勃发展的新阶段。1977 年，世界上第一家专门制造和生产医疗药品的基因工程公司(Genentech)，在美国旧金山市诞生，标志着基因工程即将进入实用阶段。实践是检验真理的标准，在经过一段实验之后，科学工作者发现，早期人们普遍担心的有关重组 DNA 研究工作中许多理论上的危险性，从今天观点来看，并不是当初所想象的那么严重。已经作出的许多涉及真核基因的研究表明，早期的许多恐惧，事实上是没有依据的。例如，有人发现，将小鼠的致癌病毒同载体连接构成重组 DNA 之后，它的致癌性便随之丧失掉了。此外，还有人报道，利用鸟枪法将痢疾杆菌的 DNA 连接在载体分子上，并转化到大肠杆菌细胞中，实验结果表明获得此种重组体 DNA 的大肠杆菌转化子，重新感染了小鼠之后，并没有出现痢疾杆菌感染的症状。

这样，以迄今为止尚未发生重组 DNA 危险事例为依据，“安全准则”在实际使用中便逐渐地趋于缓和。举例来说，最初规定使用人的 DNA 进行重组 DNA 实验时，若用 EK1 级的生物防护标准，须在 P4 级的实验室中进行；若是用 EK2 级的生物防护标准，则要在 P3 级的实验室中进行。而现在的规定降低了两级，可分别在 P2 和 P1 级实验室中进行。事实上自公布以来，NIH 已经对“安全准则”作了多次修改，放宽了许多限制。1979 年作了第一次修改，允许研究者使用病毒 DNA 进行重组 DNA 实验。1981 年又宣布，可以使用大肠杆菌及酵母实验室菌株作寄主，增殖重组 DNA 进行基因克隆实验。之后又多次放宽了限制。例如，在 1989 年，NIH 重组 DNA 咨询委员会批准植物基因工程学家进行第一个转基因植物的实验。就目前的情况看，只要重组 DNA 的实验规模不大，不向自然界传播，实际上已不再受任何法则的限制了。当然，这在任何意义上讲，都不是说重组 DNA 研究已不具有潜在的危险性了。相反地，作为负责的科学工作者，对此仍须保持清醒的认识。

4. 重组 DNA 技术的应用与发展

重组 DNA 技术自从本世纪 70 年代初期问世以来，经过了近 30 年的发展历程，无论是在基础理论研究领域，还是在生产实际应用方面，都已经取得了惊人的成绩。它不仅使整个生命科学的研究发生了前所未有的深刻变化，而且也给工农业生产和国民经济发展带来了巨大的社会效益。当然，就目前的总体情况来看，从中受益最多的还是生物科学本身。重组 DNA 技术为探索生命奥秘提供了强有力的手段，我们已很难说清究竟还有哪些生物科学研究领域没有受到它的直接或间接的影响。

众所周知，现代分子遗传学最重要的研究成果之一是阐明了基因是遗传信息的载体，没有基因也就没有生命。因此，要全面透彻理解生命过程的本质，就必须对基因的结构与功能作深入详尽的分析。传统的遗传学总是根据生物的表型特征来研究其基因型，而现在配合使用基因克隆、定点突变、PCR 反应以及转基因等各项分子生物学新技术，已有能力首先从基因开始研究蛋白质的结构与功能，进而根据设计的要求进行修饰与改造。于是便出现了所谓“反向生物学”这一崭新的研究途径。

今天，由于分子生物学特别是重组 DNA 技术的发展与应用，有关基因的结构与功能的研究，已获得了迅速的进展。人们不仅相继发现了断裂基因、重叠基因和假基因等多种新的基因类型，同时还相当详尽地廓清了原核和真核基因的结构特征。长期以来我们并不清楚真核基因的表达究竟是怎样控制的。尽管经过许多科学工作者的不懈努力，取得了一定的进展，但从总体水平来看，迄今我们有关这方面的知识仍然是相当的肤浅。只有通过克隆基因的遗传操作及其体内分析，才有可能深入地洞察真核基因表达调控中的一些带根本性的问题，诸如 5′-UTR 及 3′-UTR 的调控效应、转录因子的功能作用、基因表达的时空特异性、核-质基因的协同表达，以及信号传递途径的分子本质等。而伴随这些问题的解决，再结合转基因技术特别是利用某些细胞全能性这一特点，我们就不仅有可能从本质上阐明真核基因表达调控的分子机理，而且还有可能从整体水平上(例如高等植物)研究发育与分化的复杂过程。

关于基因组核苷酸全序列的测定与分析，是重组 DNA 技术促进基础生物学研究的又一出色的范例。英国分子生物学家 F. Sanger 领导的研究小组，于 1977 年首先完成的全长5 387bp的ϕX174 噬菌体基因组全序列测定工作，揭开了大规模基因组测序工作的序幕。紧接着于 80 年代末期，日本科学家先后于 1987 年完成了全长155 844bp的烟草叶绿体基因组全序列的测定，1988 年完成了全长121 024bp的地钱叶绿体基因组全序列的测定，1989 年又完成了全长134 525bp的水稻叶绿体基因组全序列的测定。然而这些细胞器的基因组无论在大小还是在复杂性方面，都是无法同人类基因组相比拟的。人类染色体基因组(在单倍体的情况下)全长 3×10^9bp，编码着近 10^5 个基因。如果考虑到经过千百万年的分化与繁衍，今天全世界已有 50 多亿人口，人类基因之正常的和异常的突变形式更是千百倍于基因的基本数目。由此可见，人类基因组的全序列测定工作是一项何等艰巨而庞大的工程。

1984 年美国科学家首先提出了研究人类基因组的设想。在经过长达四年的广泛调查和反复论证的基础上，1988 年美国国会终于批准了《人类基因组作图和测序计划》(简称《人类基因组计划》)。同年 9 月，当代最负盛名的分子生物学家、DNA 双螺旋结构发现者之一 J. D. Watson 在众望所归之下，接受了美国卫生研究院的敦请，出任《人类基因组计划》的负责人，开始了令全世界瞩目的基因研究。这一项被新闻界喻为《基因圣战》的规模空前的科研计划，总投资达 30 亿美元之巨，预计将历时 15 年才能完成。

由于《人类基因组计划》具有极端的重要意义和深远的影响，因此它一经提出，便立即引起许多国家的科技界与政府机构的高度重视和热烈的反响。特别是像西欧和日本等一些经济发达的国家，都纷纷表示要独立开展或参与国际合作研究。著名的遗传学家谈家桢教授等，也积极倡议我国政府迅速参与人类基因组的国际合作研究。事实上《人类基因组计划》自 1989 年启动以来，其进展速度比预想的要快得多。这主要是得益于一些关键性技术的发展，例如新型快速的 DNA 自动测序技术的应用，热稳定的 Taq DNA 聚合酶的发现，以及 YAC 库和 BAC 库的构建技术的发明等。现在看来到本世纪末就有可能完成人类基因组 3×10^9bp 全序列的测定工作。

这里特别值得提出的是，在《人类基因组计划》的影响下，我国自 1992 年开始执行的《水稻基因组作图和测序计划》也已经取得了良好的进展。以洪国藩教授为首的科学家小组，于 1994 年 7 月在国际上首次构建了水稻基因组 BAC 全库后，1997 年又成功地构建了高分辨率的水稻基因组物理图谱，使我国的水稻基因组研究工作继续保持世界领先的水平。

农业是国民经济的基础，尤其是像我国这样人口众多、人均可耕地面积较少的社会主义大国，更要注意农业经济的发展。农业生产中的一个关键问题是，如何培育出高产、优质、抗逆的禾谷类农作物，为解决全人类共同面临的粮食短缺问题做出贡献。当前，基因工程技术已经广泛地应用于这个研究领域，尽管中间还有许多问题有待研究解决，但其前景无疑是十分光明的。尤其是最近 10 余年以来，随着外源基因在转基因植株中首次获得成功的表达，应用重组 DNA 技术培育具有改良性状的粮食作物的工作已初见成效。这方面的工作按其发展水平可以分为三个不同的阶段：第一阶段，主要集中于有重要农业经济意义的目的基因的分离与改造；第二阶段的主要目标是培育出具有改良的重要经济性状的工程植株；第三阶段的发展方向是培育出具有生物反应器功能的工程植株。现在已经培育成功了一批分别具有抗病、抗虫和抗除草剂性状的转基因农作物。例如，应用反义 RNA 技术培育成功的具有耐贮藏的转基因西红柿已开始在美国投放市场。利用植物合成微生物甚至哺乳动物的一些特殊蛋白质，例如干扰素、人血清蛋白等也已有一些成功的报道。从理论上讲，在将来还有可能通过转基因植物生产更多的药用蛋白质。我们有理由相信，重组 DNA 技术在农业生产中的应用，是具有光辉的前景的。

由于基因克隆技术的发展，已使得生物技术学(biotechnology)在工业生产中发挥了重要的作用。其实很久以前，人们就已经懂得利用微生物来生产有用的产品。从青霉菌(*Penicillium*)中分离青霉素，从链霉菌(*Streptomyces*)中分离链霉素，便是早期生物技术学的两个典型事例。重组 DNA 技术的一个显著特点是，它往往可以使一个生物获得与之固有性状完全无关的新功能，从而引起生物技术学发生革命性的变革，使人们可以在大量扩增的细胞中生产哺乳动物的蛋白质，其意义无疑是相当重大的。因为尽管有些生物体能够天然地合成一些重要的药物以及激素等，但是要从这些生物体中分离纯化此类药物，不仅成本昂贵，而且技术上也相当困难。如今我们可以将控制这些药物合成的目的基因克隆出来，转移到大肠杆菌或其它生物体内进行有效的表达，于是就可以方便地提取到大量的有用药物。目前在这个领域中已经取得了许多成功的事例，其中最突出的要数重组胰岛素的生产。

转基因动物的一种潜在的利用是，有可能将它作为专门生产一些特殊药物的“生物工厂”(bio-factories)。在大鼠生长激素研究工作的基础上，通过将目的基因重组在乳汁蛋白基因启动子的下游，已经成功地培育出了可在乳腺中高效表达外源蛋白质的转基因小鼠。

应用此种方法目前已能合成人类组织纤溶酶原激活物(tissue plasminogen activator，tPA)和尿激酶(urokinase)。这些蛋白质在小鼠乳汁中的表达量相当高，如tPA的浓度可达50ng/ml，而且还具有良好的生物活性。但由于显而易见的原因，小鼠并不可能作为一种有效的“生物工厂”。值得庆幸的是，近年来在绵羊等大型哺乳动物的乳汁中生产药用蛋白质的研究工作，已经取得了显著的进展。90年代初期，G. Wright等人已成功地培育出一种其乳腺能分泌α1-抗胰蛋白酶(α1-antitrypsin，ATT)的转基因绵羊；K. M. Ebert等人也获得了可在乳腺中分泌一系列人tPA的转基因山羊。这些转基因动物的培育成功，为我们提供了已经作了转译后加工的易于纯化的蛋白质来源。当然，我们也可以从血清提取生长激素和抗体，但毫无疑问羊奶或牛奶无论在收集、运输及贮藏等诸多方面，都要比血清方便得多。因此，应用转基因的羊或牛的乳汁制备药用蛋白质具有十分重要的经济意义，得到了人们广泛的重视。

如同其它生命科学研究领域的情况一样，重组DNA技术的应用也有力地促进了医学科学研究的发展。它的影响所及有疾病的临床诊断、遗传病的基因治疗、新型疫苗的研制以及癌症和艾滋病的研究等诸多科学，并且均已取得了相当的成就。早在基因工程刚刚诞生的时候，它就被迅速地应用于肿瘤发生和细胞癌变理论的研究，为肿瘤诊断、药物治疗、肿瘤转移及其预防等提供了有效的新手段。这方面的重要突破是发现了致癌基因，弄清了肿瘤的起因。现在一些靠传统的接种疫苗无法预防的疾病，正在通过基因克隆技术发展有效的新型疫苗。还有一些遗传疾病如今已能在胎儿身上得到诊断，而且有希望使囊性纤维化(cystic fibrosis)、乳腺癌(breast cancer)以及其它一些严重危害人类的疾病，在不久的将来得到有效的治疗。

第二章　基因操作的主要技术原理

基因工程之所以在本世纪70年代初期诞生，这并非是一种偶然的事件，而是由科学技术的发展水平决定的。特别是现代分子生物学实验方法的进步，为基因工程的创立与发展奠定了强有力的技术基础。重组DNA研究的基本实验方法，除了较早出现的密度梯度超速离心和电子显微镜技术之外，还包括DNA分子的切割与连接、核酸分子杂交、凝胶电泳、细胞转化、DNA序列结构分析以及基因的人工合成、基因定点突变和PCR扩增等多种新技术、新方法。其中DNA分子的切割与连接，无疑是基因操作的核心部分，但由于是同核酸内切限制酶及连接酶密切相关的，因此，我们特将这方面的内容安排在第三章进行讨论。

第一节　核酸的凝胶电泳

自从琼脂糖(agarose)和聚丙烯酰胺(polyacrylamide)凝胶被引入核酸研究以来，按分子量大小分部分离DNA的凝胶电泳技术，已经发展成为一种分析鉴定重组DNA分子及蛋白质与核酸相互作用的重要实验手段。同时也是现在通用的许多分子生物学研究方法，例如DNA分型、DNA核苷酸序列分析、限制酶切分析以及限制酶切作图等的技术基础。因此受到了有关科学工作者的高度重视。

1. 基本原理

凝胶电泳的原理比较简单。我们知道当一种分子被放置在电场当中时，它们就会以一定的速度移向适当的电极。这种电泳分子在电场作用下的迁移速度，叫做电泳的迁移率，它同电场的强度和电泳分子本身所携带的净电荷数成正比。也就是说，电场强度越大，电泳分子所携带的净电荷数量越多，其迁移的速度也就越快，反之则较慢。由于在电泳中使用了一种无反应活性的稳定的支持介质，如琼脂糖凝胶和聚丙烯酰胺凝胶等，从而降低了对流运动，故电泳的迁移率又是同分子的摩擦系数成反比的。已知摩擦系数是分子的大小、极性及介质粘度的函数，因此根据分子大小的不同、构型或形状的差异，以及所带的净电荷的多寡，便可以通过电泳将蛋白质或核酸分子混合物中的各种成分彼此分离开来。

在生理条件下，核酸分子之糖-磷酸骨架中的磷酸基团，是呈离子化状态的。从这种意义上讲，DNA和RNA的多核苷酸链可叫做多聚阴离子(polyanions)。因此，当核酸分子被放置在电场当中时，它们就会向正电极的方向迁移。由于糖-磷酸骨架在结构上的重复性质，相同数量的双链DNA几乎具有等量的净电荷，因此它们能以同样的速度向正电极方向迁移。在一定的电场强度下，DNA分子的这种迁移速度，亦即电泳的迁移率，取决于核酸分子本身的大小和构型。分子量较小的DNA分子，比分子量较大的DNA分子，具有较紧密的构型，所以其电泳迁移率也就比同等分子量的松散型的开环DNA分子或线性DNA分子要快些。这就是应用凝胶电泳技术分离DNA片段的基本原理。

2. 琼脂糖凝胶电泳

琼脂糖是一种线性多糖聚合物，系从红色海藻产物琼脂中提取而来的。当琼脂糖溶液加热到沸点后冷却凝固便会形成良好的电泳介质，其密度是由琼脂糖的浓度决定的。经过化学修饰的低熔点(LMP)的琼脂糖，在结构上比较脆弱，因此在较低的温度下便会熔化，可用于DNA片段的制备电泳。

凝胶的分辨能力同凝胶的类型和浓度有关(表2-1)。琼脂糖凝胶分辨DNA片段的范围为0.2～50kb之间；而要分辨较小分子量的DNA片段，则要用聚丙烯酰胺凝胶，其分辨范围为1个碱基对到1000个碱基对之间。凝胶浓度的高低影响凝胶介质孔隙的大小，浓度越高，孔隙越小，其分辨能力也就越强；反之，浓度降低，孔隙就增大，其分辨能力也就随之减弱。例如，20%的聚丙烯酰胺凝胶的分辨力可达1～6bp DNA小片段，而要分离1000bp的DNA片段，则要用3%的聚丙烯酰胺的凝胶。再如，2%的琼脂糖凝胶可分辨小到300bp的双链DNA分子，而对于较大片段的DNA，则要用低浓度(0.3%～1.0%)的琼脂糖凝胶。

表2-1 琼脂糖及聚丙烯酰胺凝胶分辨DNA片段的能力

凝胶类型及浓度	分离DNA片段的大小范围(bp)
0.3%琼脂糖	50 000～1 000
0.7%琼脂糖	20 000～1 000
1.4%琼脂糖	6 000～300
4.0%聚丙烯酰胺	1 000～100
10.0%聚丙烯酰胺	500～25
20.0%聚丙烯酰胺	50～1

凝胶电泳的优点在于，它不单是一种分析的手段，同时也可以用来制备和纯化特定的DNA片段。在这方面，使用低熔点(LMP)的琼脂糖凝胶较为方便。实验室中通用的有两种不同类型的琼脂糖凝胶，一种是常熔点的，另一种是低熔点的，而后者的价格却相当昂贵。它们都是琼脂的衍生物，具有很高的聚合强度和很低的电内渗，因此都是良好的电泳支持介质。LMP琼脂糖是一种熔点为62～65℃的琼脂衍生物，它一旦熔解，便可在37℃下持续保持液体状态达数小时之久，而在25℃下也可持续保持液体状态约10分钟。LMP琼脂糖可以不经电洗脱或破碎凝胶，即可用来回收DNA分子。具体操作是将凝胶在65℃下加热数分钟，然后向液态琼脂糖溶液中加入过量的酚液抽提DNA，这样在离心所得的上清液中便含有除去了琼脂糖的DNA分子。另外，一旦LMP琼脂糖已经熔化，并保持在37℃下，那么就可以直接进行一定的酶催反应。据此，人们可以对业经电泳分离的DNA酶切片段进行第二种酶切消化反应。将这种混合物加到另一个凝胶槽上，待凝固之后，再进行第二次电泳。由于LMP琼脂糖凝胶具有以上这些突出的优点，因此在现代分子生物学研究及基因克隆实验中具有十分广泛的用途。

在凝胶电泳中，加入溴化乙锭(ethidium bromide，简称EtBr)染料对核酸分子染色之后，将电泳标本放置在紫外光下观察，便可以十分敏感而方便地检测出凝胶介质中DNA

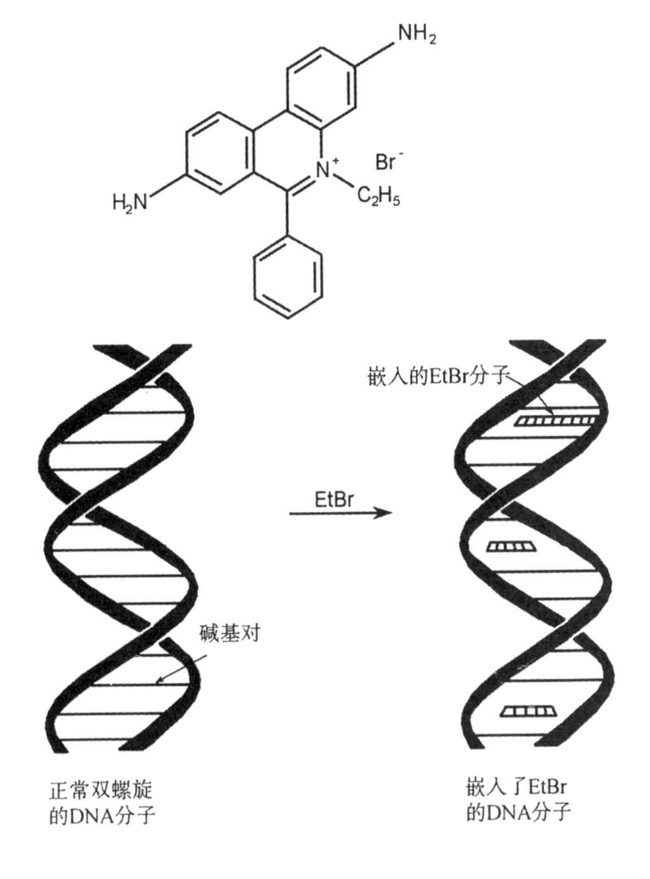

图 2-1 溴化乙锭染料分子的化学结构及其对 DNA 分子的插入作用
由于溴化乙锭分子的插入，在紫外光的照射下，琼脂糖凝胶电泳中 DNA 的条带便呈现出桔黄色的荧光，便于鉴定

的谱带部位，即使每条 DNA 带中仅含有 0.05μg 的微量 DNA，也可以被清晰地显现出来。这是因为溴化乙锭是一种具扁平分子的核酸染料，可以插入到 DNA 或 RNA 分子的碱基之间(图 2-1)，并在 300nm 波长的紫外光照射下放射出荧光，所以可用来显现琼脂糖凝胶和聚丙烯酰胺凝胶中的核酸分子。当把含有 DNA 分子的凝胶浸泡在溴化乙锭的溶液中，或是将溴化乙锭直接加到 DNA 的凝胶介质中，此种染料便会在一切可能的部位同 DNA 分子结合，然而却不能同琼脂糖凝胶或聚丙烯酰胺凝胶结合，因此在紫外光的照射下，只有 DNA 分子通过放射荧光而变成可见的谱带。而且在适当的染色条件下，荧光的强度是同 DNA 片段的大小(或数量)成正比。在包含有数种 DNA 片段的电泳谱带中，每一条带的荧光强度是随着从最大的 DNA 片段到最小的 DNA 片段方向逐渐降低的。换言之，在一定程度上，电泳谱带的荧光强度是同 DNA 片段的大小成正比的。这是溴化乙锭-凝胶电泳体系的一种重要的特性。据此，研究工作者们便能够通过同已知分子量的标准 DNA 片段之间的比较，测定出共迁移的 DNA 片段的分子量，并对经核酸内切限制酶局部消化产生的 DNA 片段作出鉴定(图 2-2)。

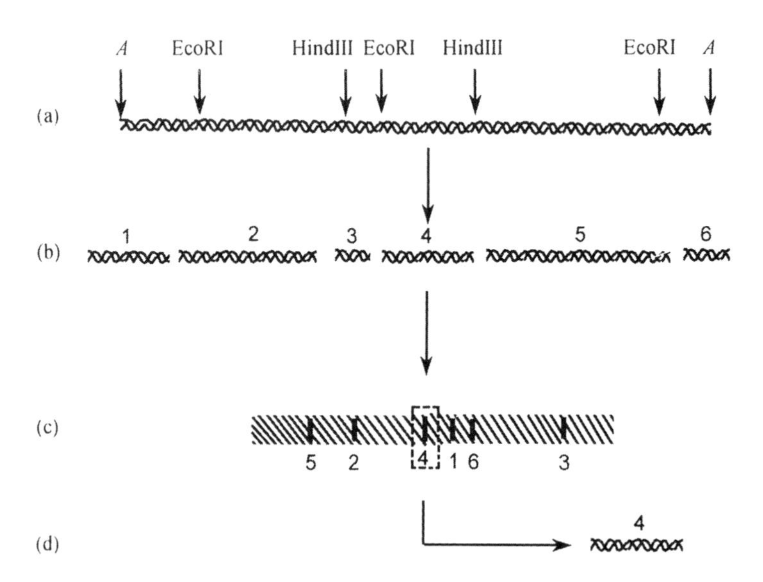

图 2-2 DNA 分子的酶切消化与琼脂糖凝胶电泳分离

(a)大分子量的 DNA 长片段,含有 2 个 HindIII 位点,3 个 EcoRI 位点,箭头 A 指示该片段的两个端点;(b)用两种不同的核酸内切限制酶 HindIII 和 EcoRI 消化 DNA,产生出 6 条 DNA 短片段(1～6);(c)将上述 DNA 酶切消化产物加在含有 EtBr 染料的 1%琼脂糖凝胶中,作电泳分离,结果 6 条 DNA 片段便按分子量大小彼此分开;(d)必要时可从凝胶中提纯所需的 DNA 带(例如在本例中是第 4 带),供进一步研究使用

3. 脉冲电场凝胶电泳

根据表 2-1 所列的数据可以看到,随着浓度的降低凝胶的孔径也就相应变大,故原则上讲可用低浓度的琼脂糖凝胶分离高分子量的 DNA 片段。但是实验表明,即便是浓度为 0.1%～0.2%的琼脂糖凝胶,亦不能分离分子量大于 750kb 的 DNA 大分子,况且处于这种情况的凝胶十分脆弱,极难操作。然而我们知道,像大肠杆菌这样的原核生物,其染色体基因组 DNA 的长度超过 4 000kb,再如哺乳动物主要组织相容性基因座(locus)所占的 DNA 长度亦达数千 kb。由此可见,运用普通的凝胶电泳技术显然是无法分离如此超大分子量的 DNA 分子的。

1984 年,D. C. Schwartz 和 C. R. Cantor 发明的脉冲电场凝胶电泳(pulsed-field gel electrophoresis,简称 PFGE)技术,可以成功地用来分离整条染色体这样的超大分子量的 DNA 分子。在常规的琼脂糖凝胶电泳中,超过一定大小范围的所有的双链 DNA 分子,都是按相同的速率迁移的。这是因为它们在单向恒定电场的作用下,仅以“一端向前”(end-on)的方式游动穿过整个胶板。而在脉冲电场中,DNA 分子的迁移方向是随着所用的电场方向的周期性变化而不断改变的。在标准的 PFGE 中,头一个脉冲的电场方向与核酸移动方向成 45°夹角,而下一个脉冲的电场方向与核酸移动方向在另一侧亦成 45°夹角(图 2-3)。由于加压在琼脂糖凝胶上的电场方向、电流大小、及作用时间都在交替地变换着,这就使得 DNA 分子能够随时地调整其游动方向,以适应凝胶孔隙的无规则变化。与分子量较小的 DNA 分子相比,分子量较大的 DNA 分子需要更多的次数来更换其构型和方位,以使其可以按新的方向游动。因此,在琼脂糖介质中的迁移速率也就显得更慢一些,从而达到了分离超大分子量 DNA 分子的目的。已报道,应用脉冲电场凝胶电泳技术,可成功地分离到分子量高达 10^7bp 的 DNA 大分子。

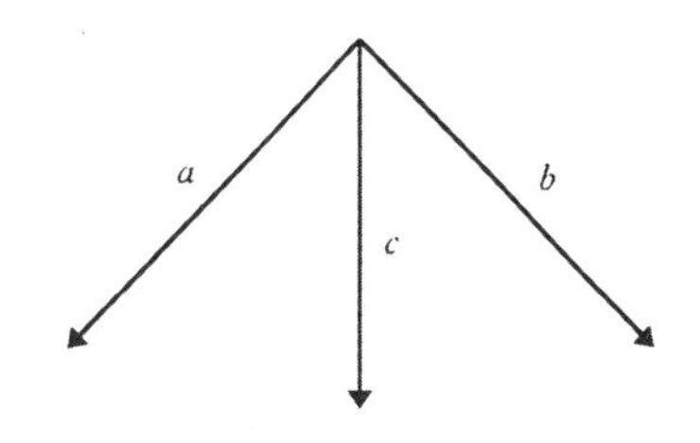

图 2-3 脉冲电场凝胶电泳
箭头 a 和 b 表示每次脉冲所用的电场的方向,箭头 c 表示 DNA 分子的最终游动方向。头一次脉冲电场方向 a 和 DNA 最终游动方向 c,在左侧形成 45°夹角;下一次脉冲电场方向 b 和 DNA 最终游动方向 c,在右侧形成 45°夹角

第二节 核酸分子杂交

核酸分子杂交技术,是在 1968 年由华盛顿卡内基学院(Cavnegie Institute of Washington)的 Roy Britten 及其同事发明的。所依据的原理是,带有互补的特定核苷酸序列的单链 DNA 或 RNA,当它们混合在一起时,其相应的同源区段将会退火形成双链的结构。如果彼此退火的核酸来自不同的生物有机体,那么如此形成的双链分子就叫做杂种核酸分子。能够杂交形成杂种分子的不同来源的 DNA 分子,其亲缘关系较为密切;反之,其亲缘关系则比较疏远。因此,DNA/DNA 的杂交作用,可以用来检测特定生物有机体之间是否存在着亲缘关系。而形成 DNA/DNA 或 DNA/RNA 杂种分子的这种能力,可以用来揭示核酸片段中某一特定基因的位置。这种核酸杂交技术,如同 DNA 快速分离法以及凝胶电泳技术一样,都是分子生物学中 DNA 分析方法的基础。

在大多数的核酸杂交反应中,经过凝胶电泳分离的 DNA 或 RNA 分子,都是在杂交之前,通过毛细管作用或电导作用被转移到滤漠上,而且是按其在凝胶中的位置原封不动地“吸印”上去的。常用的滤膜有尼龙滤膜、硝酸纤维素滤膜,叠氮苯氧甲基纤维素滤纸(DBM)和二乙氨基乙基纤维素滤膜(DEAE)等。之所以采用滤膜进行核酸杂交,是因为它们易于操作,同时比脆弱的凝胶也容易保藏。一般来说,在核酸杂交中究竟选用哪一种滤膜,这是由核酸的特殊性、分子大小和在杂交过程中所涉及的步骤的多寡、以及敏感性等参数来决定的。在早期,是比较喜欢选用硝酸纤维素滤膜,但由于它不能滞留小于 150bp 的 DNA 片段,又不能同 RNA 结合,所以在使用上受到一定的限制。1980 年 G. E. Smith 等人发现,应用 1mol/L 的醋酸铵和 0.2mol/L 的 NaOH 缓冲液代替 SSC 缓冲液,改善了硝酸纤维素滤膜对小片段 DNA 的滞留能力。随后 P. S. Thomas(1983)报道,经广泛变性之后的 RNA,也可十分容易地转移到硝酸纤维素滤膜上去。J. C. Alwine 等人

(1977、1979)应用 DBM 滤纸转移和共价结合 DNA 和 RNA。不久之后便有人发现,小片段 DNA 能够转移到这种滤纸上。其办法是在通过毛细管作用或电导作用之前,小片段的 DNA 先在低浓度(<4%)的聚丙烯酰胺凝胶上作分部分离。表 2-2 列举了若干种用于核酸转移和杂交的滤膜的主要性能。

表 2-2　若干种核酸杂交滤膜的性能比较

类　型	优　点	缺　点
硝酸纤维素滤膜	结合 ssDNA、RNA 和蛋白质的能力为 80～100μg/cm²;价廉;可用于微量制备	易碎、易皱缩;不能同 DNA 共价结合,因此再使用能力有限;在 10×SSC 缓冲液中结合能力下降;要用特殊的程序才能结合 RNA 或小片段 DNA
DBM/DPT 滤纸	结合 ssDNA、RNA 和蛋白质的能力为 20～40μg/cm²;能同核酸及蛋白质分子共价稳定地结合;可以用不同的探针进行成功的检验	杂交作用没有硝酸纤维素滤膜有效;需要化学激活;时间、温度和 pH 值等因素不稳定性;价格昂贵
DEAE 滤纸	结合 dsDNA、RNA 的能力为 15μg/cm²;可定量地回收 DNA	结合 DNA、RNA 的能力有限;易碎
Nylon(尼龙)滤膜	结合 DNA,RNA 和蛋白质;检测敏感性高;柔性好;抗热抗溶解作用;不需要预浸湿	有些类型会出现较高的本底

此种通常是在尼龙滤膜或硝酸纤维素滤膜上进行的核酸分子杂交实验,包括如下两个不同的步骤:第一,将核酸样品转移到固体支持物滤膜上,这个过程特称为核酸印迹(nucleic acid blotting)转移,主要的有电泳凝胶核酸印迹法、斑点和狭线印迹法(dot and slot blotting)、菌落和噬菌斑印迹法(colony and plaque blotting);第二是将具有核酸印迹的滤膜同带有放射性标记或其它标记的 DNA 或 RNA 探针进行杂交。所以有时也称这类核酸杂交为印迹杂交。

1. 萨瑟恩 DNA 印迹杂交

综合凝胶电泳和核酸内切限制酶分析的结果,便可以准确地绘制出 DNA 分子的限制图谱。但为了进一步构建出 DNA 分子的遗传图,或进行目的基因的序列测定以满足基因克隆的特殊要求,还必须掌握 DNA 分子中基因编码区的大小和位置。有关这类的数据资料则要应用萨瑟恩印迹杂交技术(Southern blotting)才能获得。

根据毛细管作用的原理,使在电泳凝胶中分离的 DNA 片段转移并结合在适当的滤膜上,然后通过同标记的单链 DNA 或 RNA 探针的杂交作用检测这些被转移的 DNA 片段,这种实验方法叫做 DNA 印迹杂交技术。由于它是由 E. Southern 于 1975 年首先设计出来的,故又叫做 Southern DNA 印迹转移技术。

已经观察到,如果应用硝酸纤维素滤膜进行 Southern 印迹转移,那么只要当滤膜结合上 DNA 两条互补链之一,便能够成功地发生核酸的杂交作用。具体步骤是将作了 DNA 电泳分离的琼脂糖凝胶,经过碱变性等预处理之后平铺在已用电泳缓冲液饱和了的两张滤纸上，在凝胶上部覆盖一张硝酸纤维素滤膜，接着加一叠干滤纸，最后再压上一重物。这样由于干滤纸的吸引作用，凝胶中的单链DNA便随着电泳缓冲液一起转移。这些DNA分子一旦同硝酸纤维素滤膜接触，就会牢牢地缚结在它的上面，而且是严格地按照它们在凝胶中的谱带模式，原样地被吸印到滤膜上的。在80℃下烘烤1～2小时，DNA片段就会稳定地固定在硝酸纤维素滤膜上。另一种办法是应用紫外线交联法固定DNA。其基本原理是，DNA分子上的一小部分胸腺嘧啶残基同尼龙膜表面上的带正电荷的氨基基团之间形成交联键(crosslinks)。然后将此滤膜移放在加有放射性同位素标记探针的溶液中进行核酸杂交。这些探针是同被吸印的DNA序列互补的RNA或单链DNA，一旦同滤膜上的单链DNA杂交之后，就很难再解链。因此，可以用漂洗法去掉游离的没有杂交上的探针分子。用X光底片曝光后所得的放射自显影图片(图2-4)，同溴化乙锭染色的凝胶谱带作对照比较，便可鉴定出究竟哪一条限制片段是同探针的核苷酸序列同源的。萨瑟恩印迹杂交方法十分灵敏，在理想的条件下，应用放射性同位素标记的特异性探针和放射自显影技术，即便每带电泳条带仅含有2ng的DNA也能被清晰地检测出来。它几乎可以同时用于构建出DNA分子的酶切图谱和遗传图，在分子生物学及基因克隆实验中的应用极为普遍。

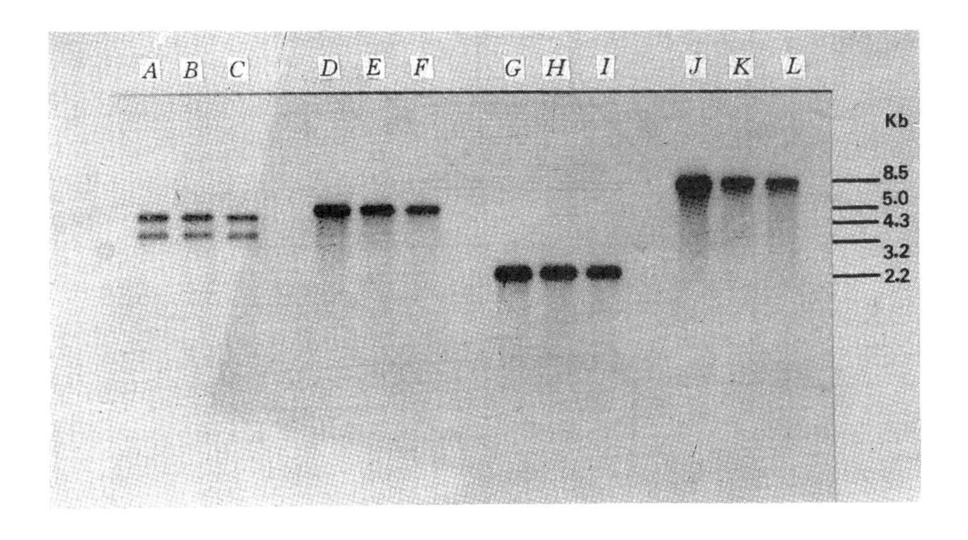

图2-4 Southern DNA印迹杂交之X光显像图片

水稻(*Oryza sativa L.*)的叶绿体DNA分别用核酸内切限制酶BglII(*A-C*)、BamHI(*D*～*F*)、EcoRI(*G*～*I*)和HindIII(*J*～*L*)消化，加样在含有EtBr染料的1%的琼脂糖凝胶中作电泳分离，然后同^{32}P标记的玉米psbA探针作Southern杂交。X光底片中显现的阳性条带，表明含有水稻的psbA基因序列，相应的分子大小以kb为单位示于图的右侧(照片由本书作者提供)

为了进行有效的Southern印迹转移，对电泳凝胶作预处理是十分必要的。我们知道，分子量超过10kb的较大的DNA片段与较短的小分子量DNA相比，需要更长的转移时间。因此，为了使不同大小的DNA片段能够同步地从电泳凝胶转移到硝酸纤维素滤膜上，通常是将电泳凝胶浸泡在0.25M HCl溶液中作短暂的脱嘌呤处理之后，再行碱变性。于是，由于在脱嘌呤位点发生了碱水解作用而使DNA分子断裂成短片段。而且在转移之

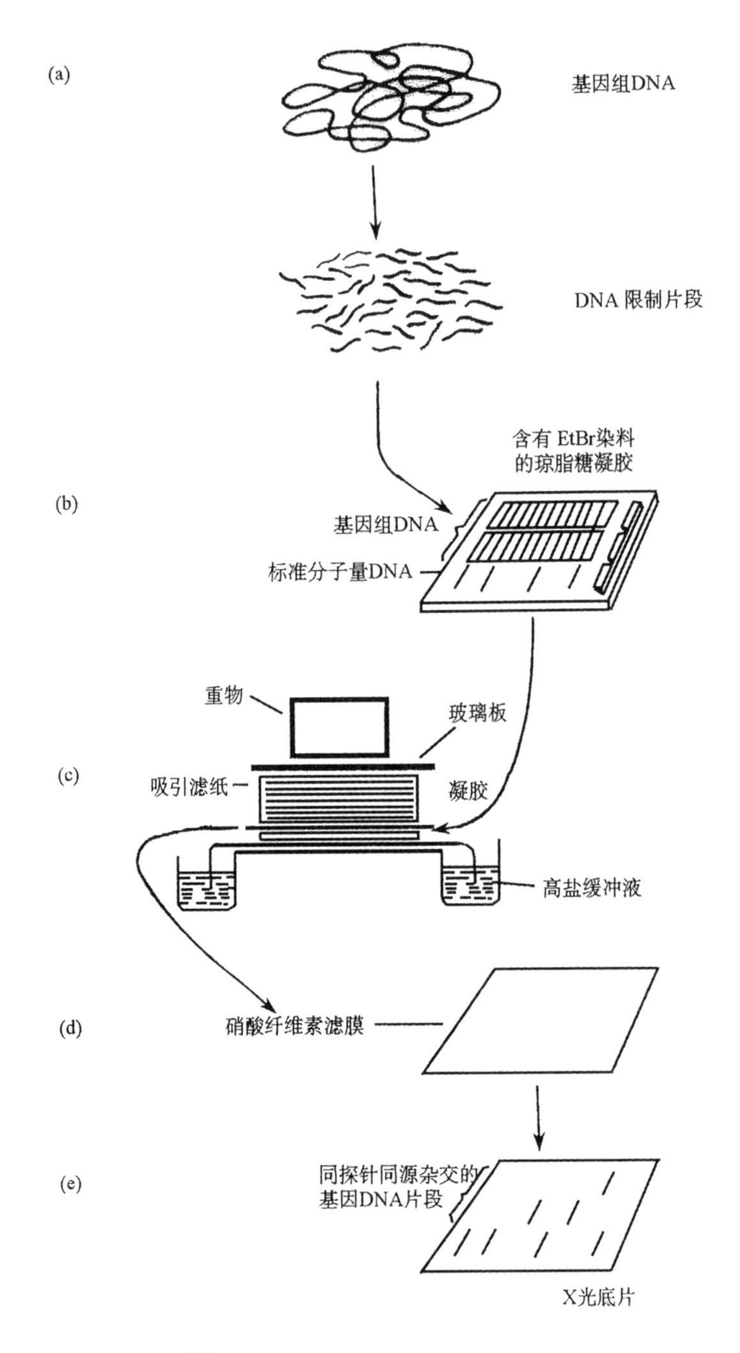

图 2-5 Southern 凝胶转移杂交技术

(a)大分子量的基因组 DNA,经一种或数种核酸内切限制酶消化作用,形成分子量较小的 DNA 片段群体;(b)DNA 酶切消化物通过琼脂糖凝胶作电泳分离;(c)电泳凝胶经碱变性,酸中和,然后进行 Southern 转移,使凝胶中的 DNA 谱带原位转移到硝酸纤维素滤膜上;(d)滤膜烤干后,同^{32}P-标记的 DNA 分子探针杂交;(e)曝光后在 X 光底片上显现的杂交的 DNA 谱带

前,DNA 片段经过碱变性作用,亦会使之保持单链状态而易于同探针分子发生杂交作用,

从而被检测出来。最后，电泳凝胶需放置在中和溶液中平衡之后再作印迹转移(图 2-5)

早期是使用硝酸纤维素滤膜进行 Southern 印迹转移，但它的主要缺点是容易碎裂，因而近年来常被尼龙滤膜所取代。后者不仅具有很强的抗张性易于操作，而且亦有更大的同核酸分子的结合能力。然而，为了消除尼龙膜所带的正电荷，需要延长电泳凝胶的预处理时间。值得指出的是，在使用尼龙膜的情况下，DNA 是以天然的形式，而不是变性的形式，从电泳凝胶中转移到膜上的。因此，DNA 是在尼龙膜上进行原位碱变性的。

2. 诺塞恩 RNA 印迹杂交

关于印迹杂交技术的应用，最初只局限于 DNA 的转移杂交，后来逐步扩展到包括 RNA 和蛋白质转移杂交在内的更加广泛的领域。由于 RNA 分子不能够同硝酸纤维素滤膜结合，所以萨瑟恩技术不能直接地应用于 RNA 的吸印转移。1979 年，J. C. Alwine 等人发展出了一种新的方法，其基本步骤是将电泳凝胶中的 RNA 转移到叠氮化的或其它化学修饰的活性滤纸上，通过共价交联作用而使它们永久地结合在一起。由此可见，这种方法同萨瑟恩的 DNA 印迹杂交技术十分类似，所以叫做诺塞恩 RNA 吸印杂交技术(Northern blotting)。而将蛋白质从电泳凝胶中转移并结合到硝酸纤维素滤膜上，然后同放射同位素^{125}I 标记的特定蛋白质之抗体进行反应，这种技术叫做韦斯顿蛋白质杂交技术(Western blotting)。

在诺塞恩 RNA 吸印杂交中，RNA 分子同活性滤纸共价结合得十分牢固。所以，在杂种核酸分子呈不稳定状态的温度条件下漂洗杂交滤纸，便可以将上次杂交反应中已同 RNA 分子同源结合的放射性探针分子洗脱掉。因此，这类吸印转移的滤纸，是可以反复使用的。应当指出，活性滤纸不光能够同 RNA 分子牢固地结合，而且也能够相当有效地结合变性的 DNA 分子。事实上，叠氮化的活性滤纸，比硝酸纤维素滤膜能够更加有效地转移并结合小片段的 DNA。

1980 年，P. S. Thomas 发现，在适当的实验条件下，硝酸纤维素滤膜也能够直接用来转移 RNA 分子。之后，人们还发展出可以用来转移 RNA 的适用的尼龙滤膜。因为这种形式的诺塞恩吸印技术，已不需要预先制备活性滤纸，显得简单省事，所以得到广泛的采用。现在关于诺塞恩吸印转移技术更全面的定义应该是：将 RNA 分子从电泳凝胶转移到硝酸纤维素滤膜或其它化学修饰的活性滤纸上，进行核酸杂交的一种实验方法。

3. 斑点印迹杂交和狭线印迹杂交

斑点印迹杂交(dot blotting)和狭线印迹杂交 (slot blotting)，是在 Southern 印迹杂交的基础上发展的两种类似的快速检测特异核酸(DNA 或 RNA)分子的核酸杂交技术。它们的基本原理和操作步骤是相同的，都是通过抽真空的方式将加在多孔过滤进样器上的核酸样品，直接转移到适当的杂交滤膜上，然后再按如同 Southern 或 Northern 印迹杂交一样的方式同核酸探针分子进行杂交。由于在实验的加样过程中，使用了特殊设计的加样装置，使众多待测的核酸样品能够一次同步转移到杂交滤膜上，并有规律地排列成点阵或线阵。因此，人们通常又称此两种核酸杂交方法分别为斑点印迹杂交和狭线印迹杂交。

无论是斑点印迹杂交还是狭线印迹杂交，都更适用于核酸样品的定量检测，而不是定性检测。例如，在实验中补加有已知其浓度的靶核酸序列作为对照样品的情况下，此类技术便可用来检测核酸混合物中某种特殊DNA(或RNA)序列的相对含量;同时使用光密度测定法亦可对核酸斑点印迹或狭线印迹的相应杂交信号作定量分析。已有许多研究者,都使用RNA斑点印迹杂交技术,测定目的基因在某种特定组织或培养细胞中的相对表达强度。实践表明,它们在核酸定量测定中有着相当广泛的用途。

4. 菌落(或噬菌斑)杂交

1975年,M. Grunstein和D. Hogness根据检测重组体DNA分子的核酸杂交技术原理,对Southern吸印技术作了一些修改,发展出了一种菌落杂交技术。之后,在1977年,W. D. Benton和R. W. Davis又发展出了与此类似的筛选含有克隆DNA的噬菌斑的杂交技术。这类技术是把菌落或噬菌斑转移到硝酸纤维素滤膜上,使溶菌变性的DNA同滤膜原位结合。这些带有DNA印迹的滤膜烤干后,再与放射性同位素标记的特异性DNA或RNA探针杂交。漂洗除去未杂交的探针,同X光底片一道曝光。根据放射自显影所揭示的同探针序列具有同源性的DNA的印迹位置,对照原来的平板,便可以从中挑选出含有插入序列的菌落或噬菌斑(图2-6)。

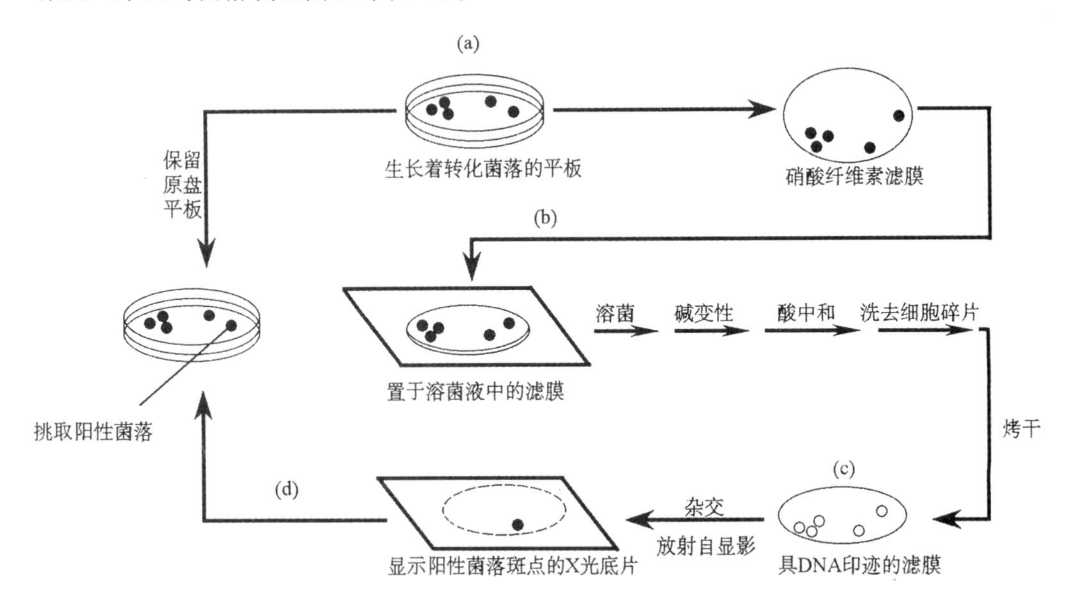

图2-6　检测重组体克隆的菌落杂交技术

(a)将硝酸纤维素滤膜铺放在生长着转化菌落的平板表面,使其中的质粒DNA转移到滤膜上;(b)取出滤膜,作溶菌、碱变性、酸中和等处理后,置80℃下烤干;(c)带有DNA印迹的滤膜同^{32}P标记的适当探针杂交,以检测带有重组质粒(含有被研究的DNA插入片段)的阳性菌落;(d)将放射自显影的X光底片同保留下来的原菌落平板对照,从中挑出阳性菌落供作进一步的分析研究

菌落杂交或噬菌斑杂交有时也叫做原位杂交(in situ hybridization),因为生长在培养基平板上的菌落或噬菌斑,是按照其原来的位置不变地转移到滤膜上,并在原位发生溶菌、DNA变性和杂交作用。要从由成千上万大量的菌落或噬菌斑组成的真核基因组克隆库中,鉴定出含有期望的重组体分子的菌落或噬菌斑,菌落原位杂交技术有着特殊的应用价值。这样的实验中往往要检测大量的菌落或噬菌斑,可以想象其工作量是相当大的。

第三节　细菌转化

在基因克隆的研究工作中，体外构建的重组DNA分子必须被转移到寄主细菌之后，才能进行扩增并研究其功能的表达，这就要求有一种能实现这种转移的实验技术。现在已有多种的方法可以将外源DNA导入寄主细胞，但其中最常用的也是最有效的方法之一是细菌转化。所谓细菌转化，是指一种细菌菌株由于捕获了来自另一种细菌菌株的DNA，而导致性状特征发生遗传性改变的生命过程。这种提供转化DNA的菌株叫做给体菌株，而接受转化DNA的寄主菌株则称做受体菌株。

1. 肺炎链球菌的转化

关于细菌转化的现象，最早是由F. Griffith于1928年在研究肺炎双球菌(*Diplococcus pneumoniae*)时发现的。但现在知道，当时他所说的这种菌实际上应是肺炎链球菌(*Streptococcus pneumoniae*)。此后又经过了15年之久，于1944年才由O. T. Avery等人证实引起这种细菌转化的因子是DNA。早期只是在实验室内观察到细菌的转化，但后来的研究认为，在实验室以外的自然界中也同样会发生细菌的转化。因为伴随着动植物有机体的死亡和细胞的裂解过程，会释放出大量的DNA片段，为在微生物生长过程中发生遗传重组提供了充分的物质基础。现在已经知道，除了肺炎链球菌以外还有许多种细菌，包括枯草芽孢杆菌(*Bacillus subtilis*)、嗜热脂肪芽孢杆菌(*Bacillus stearothermophilus*)、流感嗜血杆菌(*Haemophilus influenzae*)等，都能够发生转化作用。在这些天然发生的转化体系中，细菌一般都是在进入了一种叫做感受态(competence)的特殊生理状态时，才能够捕获外源的转化DNA。处于感受态的细胞，某种蛋白质能够同核酸结合形成可以抗御核酸酶作用的复合物形式。在嗜血杆菌和枯草芽孢杆菌中，均已找到同蛋白质相结合的DNA，它们显然在转化的起始阶段起着重要的作用。转化的DNA被寄主细胞捕获之后，在一段时间内保持着沉默状态，这期间它们依然能够抗御核酸酶的作用，不过其遗传功能却没有得到表达。推测在此时，转化的DNA正在与染色体DNA同源序列之间进行重组。完成了重组事件之后，整合到染色体上的转化DNA的遗传信息便可以得到表达，结果表现出转化细菌特有的功能特征。

应该提醒一句，上面所述的转化作用完全是一种理想化的概述，而实际的情况则要复杂和困难得多。我们假定转化的外源DNA已经被受体细胞所捕获，那么即便在这种情况下，也仍然有一些困难亟待解决。首先，判断进入到受体细胞的外源转化DNA是否真正被吸收了，这要看它所编码的基因在新寄主中的表达情况而定。如果外源转化DNA不能被吸收，这就可能是由于它所编码的基因不能进行准确的转录或转译的结果。其次，更重要的原因是，外源DNA不能够在转化的细胞中长期地保持下去。如果进入的外源DNA整合到了寄主的基因组上，那自然就不存在什么问题。但发生这种整合作用的精确机理迄今仍不清楚，而且在通常的情况下是极少发生这种整合作用的。如果外源DNA不能够整合到寄主的基因组上，那么它们就将在尔后的细胞复制过程中被逐渐地稀释或是被降解掉。这个道理很简单，为了复制，DNA分子必须有一个复制起点，而在细菌或病毒中，每个基因组通常都只有一个复制起点，这样的DNA分子特称为复制子(replicon)。DNA片段不是复制子，因此在不能进行复制的情况下，它将会被寄主细胞稀释掉。当然还必须看到，即便DNA分子含有一个复制起点，在异质的寄主细胞中也仍然有可能是没有功能的。事实表明，对于不能进行复制的DNA克隆片段来说，一种有效而简捷的解决办法是在体外将它们重组到适当的复制子上。我们将这类复制子叫做载体或克隆载体。一些小质粒和噬菌体便是最适宜的载体，因为它们本身就是复制子，无需整合到寄主的基因组上便能够保持下来，而且它们的DNA还能够十分容易地以完整的形式被分离纯化出来。还有一个问题是，要使细菌转化成为基因工程的有效手段，就必须解决格兰氏阴性菌大肠杆菌的转化问题。

2. 大肠杆菌的转化

众所周知，大肠杆菌是分子生物学家常用的实验材料，也是基因工程重要的实验菌株。人们早就试图用DNA转化大肠杆菌，但均未获得成功。因此，长期以来一直认为大肠杆菌缺乏天然的转化机理。但是随后的研究发现，在加入转化DNA之前，预先用氯化钙($CaCl_2$)处理大肠杆菌细胞，便能够人为地诱导这些细胞呈现感受态。这个方法是由夏威夷大学的M. Mandel和A. Higa(1970)首先报道的。他们发现，将正在生长的大肠杆菌在0℃下加入到低渗的氯化钙溶液中，便会造成细胞膨胀(形成原生质球)，同加入在转化混合物中的λ噬菌体DNA形成一种粘着在细胞表面上的对DNase抗性的复合物。转移到42℃下作短暂的热刺激期间，这种复合物便会被细胞所吸收。在富裕培养基中生长一段时间使转化基因实现表达之后，再涂布在选择性的培养基中分离转化子。这种基本的转化程序稍加修改之后，已被成功地应用于在正常的情况下不能吸收外源DNA的各种不同的细菌体系。1972年，S. N. Cohen等人证明，经氯化钙处理的大肠杆菌细胞，还是质粒DNA的良好的转化受体。现在已经知道，几乎所有的大肠杆菌菌株都可被质粒DNA所转化，只是转化的频率有所不同而已。这个工作为基因工程提供了一种快速简便的转化体系。例如，由质粒pBR322转化的大肠杆菌细胞，可以在含有氨苄青霉素和四环素的培养基平板上直接进行选择。随后的研究还指出，在转化过程中二价镁离子对于维持DNA的稳定性方面，可能起到重要的作用。因此，在许多目前实用的转化方法中，都采用了$MgCl_2$处理细菌的步骤。

根据噬菌体颗粒能够有效地将其DNA注入到寄主细胞这种能力，发展出了另一种把外源DNA导入细胞的方法，即重组体DNA分子的体外包装法。中空的λ噬菌体头部前体，被外源DNA充满之后，便转变成为有功能的噬菌体头部。这些颗粒，随后便能够借助细菌表面的噬菌体接受器位点，将其内部的DNA高效地注入受体细菌。按照这种方法，应用λ噬菌体作载体或是特殊的柯斯质粒作载体，便能将重组DNA导入寄主细菌。

3. 细菌转化频率

细菌转化的频率，是受许多种因素制约的。这些因素包括转化DNA的浓度、纯度和构型，转化细胞的生理状态及其在$CaCl_2$处理和贮藏之后的成活率，以及转化的环境条件，诸如温度、pH值、离子浓度等等。实验表明，同样的质粒DNA分子转化大肠杆菌的频率，环形的要比线性的高出10～100倍。环形的质粒DNA分子进入细胞之后，能够抗御细胞中固有的核酸酶的作用；而线性的质粒DNA分子，则对自由末端的降解作用是极其敏感的。用线性的 DNA 分子进行的转化作用，不仅涉及到 DNA 进入细菌的问题，而且也还涉及到线性 DNA 分子转变成能够进行复制的环形质粒分子的过程。改变 DNA 分子的末端，便可以阻止线性分子的环化作用。线性 DNA 分子成功的环化和复制过程，包含着两种酶学反应之间的竞争，即由 DNA 连接酶催化的形成环化分子的连接反应，同由核酸外切酶催化的 DNA 线性分子的降解反应之间的竞争。

许多细菌都具有限制修饰体系，严重地影响了转化的频率。寄主细胞的核酸内切限制酶，能够将未经同一菌株的修饰酶修饰过的外源 DNA 切割掉。例如用从大肠杆菌 C600 菌株纯化的质粒 DNA 转化大肠杆菌 K12 菌株(图 2-7)，那么当这种质粒 DNA 进入到受体细胞之后，K12 菌株的限制体系就会将它们切割掉，从而使转化频率显著地下降。与此相反，来源于 K12 菌株的 DNA，由于已经受到该菌株的修饰作用，因此用它来转化大肠杆菌 K12 的其它菌株，就会得到很高的转化频率。当应用来源于大肠杆菌以外的 DNA 做大肠杆菌的转化实验时，显而易见，这样的 DNA，就不具有阻止受体菌限制体系降解作用的适当的修饰模式。为了克服这方面的困难，用作转化受体的大肠杆菌菌株，一般都是选用在寄主控制的限制和修饰体系上有缺陷的突变体，即 $hsdR^-$ 和 $hsdM^-$ 突变体菌株。由于具有 $hsdR^-$ 表型的(即无限制作用的)大肠杆菌突变体，可以使进入的外源 DNA 免遭限制作用，因此可以极大地提高非同源 DNA 的转化频率。

对同样的转化 DNA 而言，大分子量的转化频率要比小分子量的低一些。以每 μg 质粒 DNA 出现的转化子菌落数表示的转化频率，对绝大多数的大肠杆菌 K12 菌株而言，其典型的转化频率都是 $10^7 \sim 10^8$ 转化子/μg DNA 这个数值。

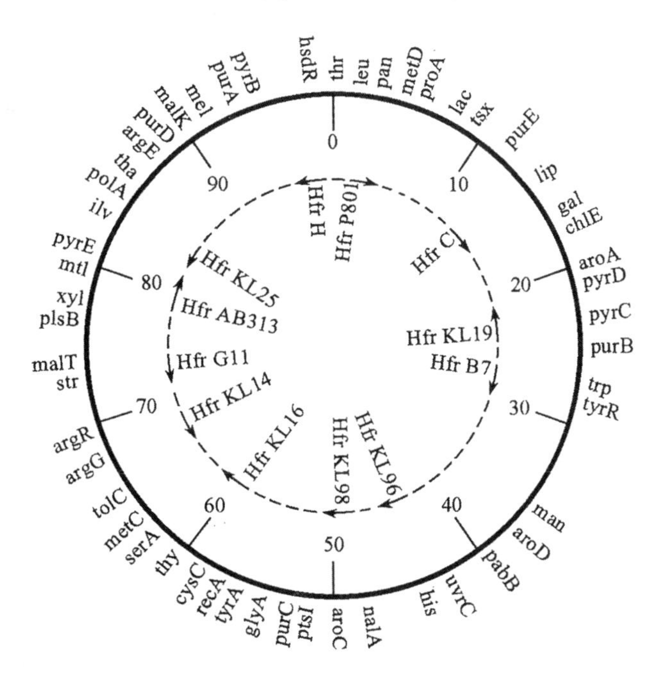

图 2-7　大肠杆菌 K12 菌株的环形连锁图

目前已确定的该菌株至少有 1027 种基因，本图仅示出其中的 52 种基因

应用与大肠杆菌转化程序相类似的方法，也可以成功地转化各种真核细胞。酿酒酵母

(*Saccharomyces cerevisiae*)经过诸如蜗牛酶(glusulase)、松解酶(lyticase)和发酵酶(zymolyase)等一类能够消化细胞壁的酶处理之后,就会变成原生质体。在具有聚乙二醇(PEG)和氯化钙的转化反应体系中,让酵母原生质体同转化DNA接触,那么由于原生质体融合的结果,DNA便会被捕获。待融合的原生质体在生理上得到恢复并再生出细胞壁之后,将其涂布在选择性培养基上便可以鉴定出转化子。恰如使用氯化钙处理来诱导大肠杆菌的感受态一样,我们也可以应用醋酸锂、氯化铯来诱导酵母的感受态。经过这些化学药剂的处理之后,酵母也就能够十分有效地被外源DNA所转化。除了酵母之外,哺乳动物的组织培养细胞,通过氯化铯和DEAE-葡聚糖处理以激发其对外源DNA的捕获能力之后,也能够被外源DNA成功地转化。有关高等植物细胞或原生质体的转化程序,现在也已经发展出来。一般是设想将DNA包裹在植物病毒中,或是应用细菌性植物病原菌作给体来实现其转化。

第四节　DNA核苷酸序列分析

DNA核苷酸序列分析法,是在核酸的酶学和生物化学的基础上创立并发展起来的一门重要的DNA技术学。这门技术,对于从分子水平上研究基因的结构与功能的关系,以及克隆DNA片段的操作方面,都有着十分广泛的实用价值。

其实从理论上讲,早在60年代末期就已经掌握了充分的知识,有可能提前发展出目前所运用的快速的DNA序列分析法。只是由于当时在某些技术能力上和研究的思路上,还存在着一些有待克服的弱点,阻碍了这种知识从理论转变为现实。第一个问题是,如何分离在序列分析反应中所产生的寡核苷酸片段,在技术上存在着困难。因为在那个时候,还没有发展出一种能够将各种不同长度的核苷酸片段,按大小顺序分开的既快速简便又具有高度重复能力的测定方法。只是在出现了凝胶电泳技术之后,才圆满地克服了这个困难。另一方面的问题是,当时有许多科学家在研究思路上都没有摆脱RNA或蛋白质序列分析法框框的束缚。1965年,美国Cornell大学以S. W. Holley为首的科学家小组,第一次完成了长度为75个核苷酸的酵母丙氨酸tRNA的全序列测定。其办法是利用各种RNA酶把tRNA降解成寡核苷酸,经分离纯化之后,再分别测定这些寡核苷酸短片段的核苷酸顺序。事实上,早期发展出来的DNA序列分析法,都是与在RNA序列分析中所用的方法有异曲同工之妙。但这些方法对于DNA的序列测定并不适用。后来在DNA序列测定技术上出现的突破,则是在创新性的研究思路指导下取得的。

为了使DNA核苷酸序列分析成可能,著名华裔生物化学及分子生物学家吴瑞博士(Dr. Ray Wu)在1968年独创性地设计了一种崭新的引物-延伸测序策略,发展出了测定DNA核苷酸序列的第一个方法,并于1971年首次成功地测定了λ噬菌体两个粘性末端的完整序列。之后,F. Sanger在他的引物-延伸策略的基础上,发展出了快速测定DNA序列的末端中止法;K. Mullis采纳他的方法,完善了聚合酶链式反应(PCR)扩增DNA的方法;M. Smith根据他的方法,发明了碱基定点突变技术。这三位科学家的工作全都得到了诺贝尔委员会的认可,都获得了诺贝尔奖。运用吴瑞教授的引物-延伸策略,科学家们测定了许多基因的DNA序列。至今,已测序的核苷酸超过10亿。这些核苷酸所包含的信息被科学家们广泛地应用于包括医药、农业和工业在内的生物学各个领域。

1. Sanger 双脱氧链终止法

(1)Sanger 双脱氧链终止 DNA 测序法的原理

利用 DNA 聚合酶和双脱氧链终止物测定 DNA 核苷酸顺序的方法，是由英国剑桥分子生物学实验室的生物化学家 F. Sanger 等人于 1977 年发明的。这是一种简单快速的 DNA 序列分析法。由于这种方法要求使用一种单链的 DNA 模板和一种适当的 DNA 合成引物，因此有时也称这种 DNA 序列分析法为引物合成法，或酶催引物合成法。它的基本原理是，利用了 DNA 聚合酶所具有的两种酶催反应的特性：第一，DNA 聚合酶能够利用单链的 DNA 作模板，合成出准确的 DNA 互补链；第二，DNA 聚合酶能够利用 2′，3′-双脱氧核苷三磷酸作底物，使之参入到寡核苷酸链的 3′-末端，从而终止 DNA 链的生长。

双脱氧核苷三磷酸对 DNA 聚合酶的抑制效应的机理，正如 M. R. Atkinson 等人(1969)所发现的，当 2′，3′-双脱氧胸腺嘧啶核苷三磷酸(ddTTP)(图 2-8)参入到寡核苷

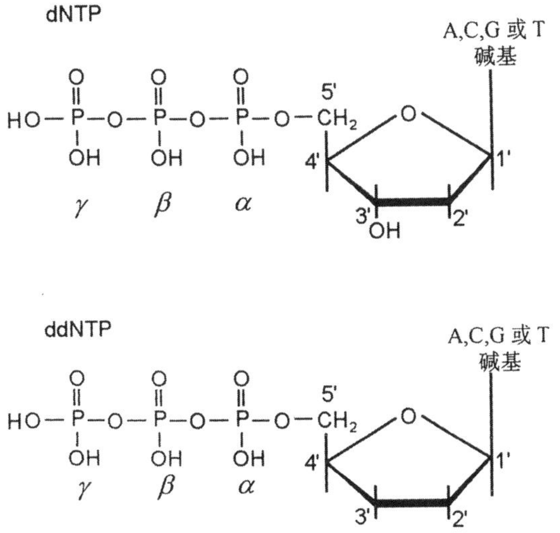

图 2-8 脱氧核苷三磷酸(dNTP)和双脱氧核苷三磷酸(ddNTP)的分子结构式

注意，在 ddNTP 中失去了一个在 dNTP 中存在的 3′-OH。DNA 链的合成过程中，正常的 5′→3′磷酸二脂键的形成是需要这个 3′-OH 的参加，因此 ddNTP 的参入会导致 DNA 链合成的终止

酸链生长末端，取代了脱氧胸腺嘧啶核苷酸(dTTP)之后，由于 ddTTP 没有 3′-OH 基团，所以寡核酸链就不再能够继续延长(终止了链的合成)，于是在本该由 dTTP 参入的位置上，便发生了特异性的链的终止效应。如果在同一个反应试管中，同时加入一种 DNA 合成的引物和模板、DNA 聚合酶 I、ddTTP、dTTP 以及其它 3 种脱氧核苷三磷酸(dATP、dGTP、dCTP)，而其中有一种是带 ^{32}P 放射性标记的，那么经过适当的温育之后，将会产生出不同长度的 DNA 片段混合物。它们都具有同样的 5′-末端，并在 3′-末端的 ddTTP 处终止。将这种混合物加到变性凝胶上进行电泳分离，就可以获得一系列全部以 3′-末端 ddTTP 为终止残基的 DNA 片段的电泳谱带模式。使用相应于其它核苷酸的抑制物，如

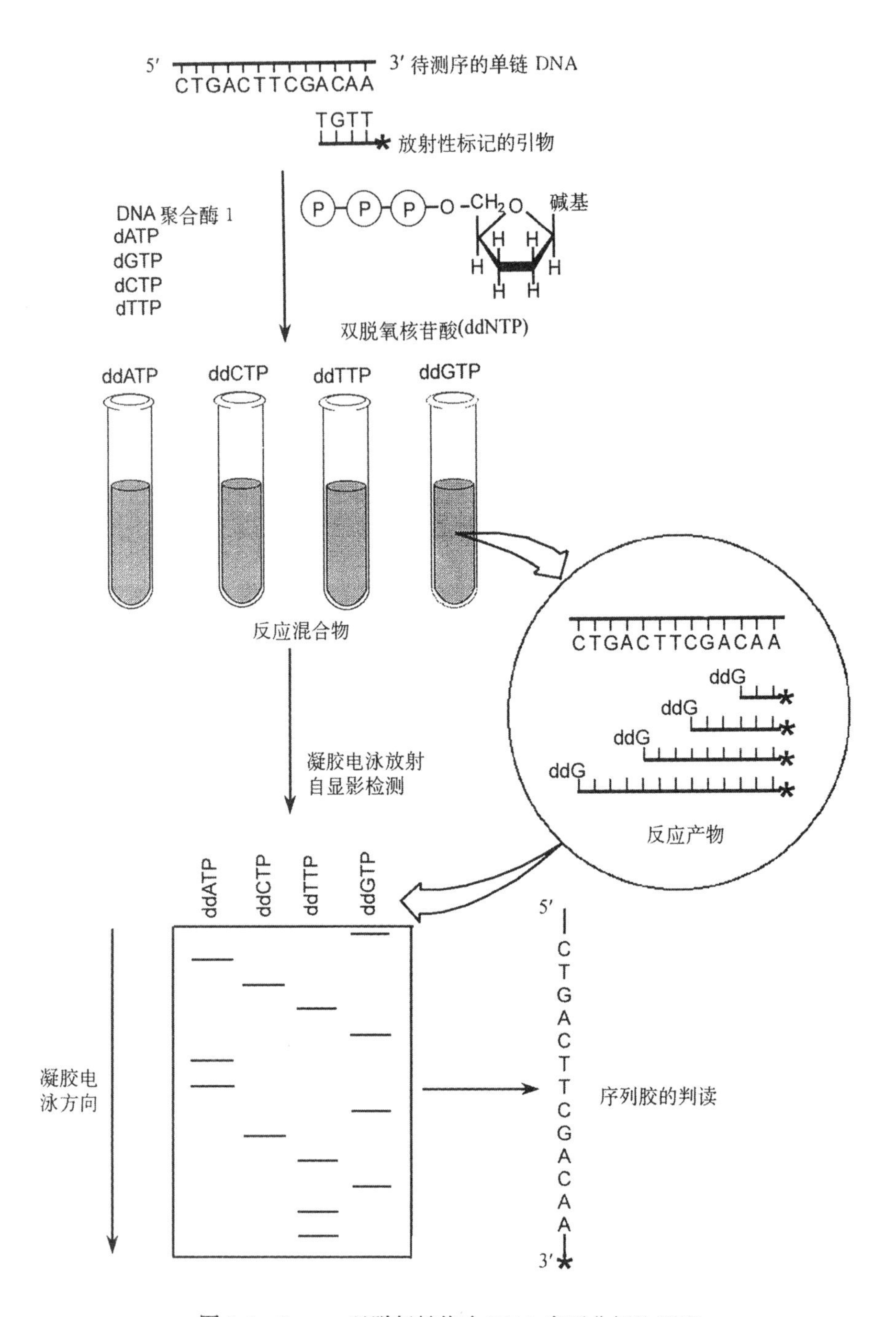

图 2-9　Sanger 双脱氧链终止 DNA 序列分析法原理

在每一个反应试管中，都加入一种互不相同的 ddNTP 和全部 4 种 dNTP，其中有一种带有^{32}P 同位素标记。反应混合物样品加在聚丙烯酰胺序列胶中，进行按片段大小的电泳分部分离。电泳凝胶用 X 光底片作放射自显影曝光，产生出可见的谱带。谱带的判读是从胶的底部开始，逐渐读向顶部。如此所得出的核苷酸碱基顺序，是同模板链 5′→3′方向的碱基顺序互补的。图中 * 号表示带有放射性同位素标记的核苷酸

ddATP、ddGTP 和 ddCTP，并分别在不同反应试管中温育，然后连同第一个 ddTTP 反应，平行加到同一变性凝胶上作电泳分离。最后再通过放射自显影术，检测单链 DNA 片段的放射性带。结果就可以从放射性 X 光底片上，直接读出 DNA 的核苷酸顺序(图 2-9)。

在实际的 DNA 合成反应中，我们使用失去了 $5'\rightarrow3'$ 核酸外切酶活性的 DNA 聚合酶 I 的 Klenow 大片段，来催化合成单链 DNA 模板序列的互补链。适当地调整双脱氧核苷三磷酸(ddNTP)和脱氧核苷三磷酸(dNTP)的比例，便能够获得良好的电泳谱带模式。经验告诉我们，当 dNTP/ddNTP＝1∶100 时，DNA 谱带的分离效果较佳，可读出多于 200 个以上的核苷酸顺序。降低 ddNTP 对 dNTP 浓度比例，就会产生出逐渐加长的片段产物，再配合使用长胶和低浓度的聚丙烯酰胺作电泳分离，那么其分辨能力便可提高到能判读出 300 个左右的核苷酸顺序。

(2)Sanger 双脱氧-M13 体系 DNA 序列分析法

迄今为止已经报道过的、用引物合成进行 DNA 序列测定的各种方法的共同特点是，需要将高分子量的 DNA 分子通过核酸内切限制酶的消化作用，降解成一组具一定长度的限制片段，然后再用琼脂糖凝胶或聚丙烯酰胺凝胶作电泳分离纯化，并最后从这些凝胶中抽取出 DNA 片段，供进一步的序列分析使用。然而，为了将这些降解的 DNA 片段，按其原来的顺序"拼排"起来，至少还需要用一种(有时往往是数种)其它的核酸内切限制酶，对同种大分子量的 DNA 作酶切消化，并进行电泳纯化和序列分析。这些供作序列测定的 DNA 片段的长度，绝大多数都仅为数百个核苷酸。因此需要用物理方法分离大量的 DNA 片段。这显然是一种十分繁重的负担。例如，在 ϕX174 DNA 序列(5 387bp)测定中，必须从 10 个不同的酶切消化反应物中，分离和纯化出各种不同的 DNA 片段，供作全序列分析的适当引物。这些工作无疑是既花费时间又需要大量的金钱，因为商品提供的核酸内切限制酶的价格是十分昂贵的。为了保证能够获得所有的限制片段，就需要制备足够数量的 DNA，而其中有许多步骤都要用不同浓度的凝胶进行电泳再纯化。在这种纯化过程中，会加剧 DNA 的丢失和损伤的可能性。

克服这些缺点的一种途径是，采用 DNA 分子克隆的方法，即将不同限制酶消化切割的 DNA 限制片段，随机地克隆到一种合适的载体分子上。使用这样的克隆程序的本身，就可以保证所有来自同一个重组体克隆的后代，都含有一种同源的插入序列。如果我们选用天然的单链 DNA 噬菌体，例如 M13 和 fd 作为载体进行克隆的话，那么不言而喻，所形成的重组体噬菌体也将含有单链形式的 DNA 插入序列。因此，这样的重组体噬菌体的 DNA 分子，便可直接用作引物合成反应中的单链模板。序列测定反应中所必须的另一种基本成分，即引物，一般是化学合成的特定的寡核苷酸，或者是从亲本单链噬菌体 RF DNA 中分离出来的一种限制片段。这种引物的特点是，它能够特异性地同载体分子上与克隆位点相连的单链 DNA 区段杂交。由引物引导的载体互补链 DNA 的合成，是从引物的 3′-端开始向克隆序列方向延伸，因此这样的序列可直接供作可靠的序列测定。此种引物称做"通用引物"(universal primer)，它可用来对所有的重组体克隆进行序列分析。当然这种随机的方法，也需要通过顺序的测定将派生的序列拼连起来，恢复成原来结构形式的总 DNA 序列。

现在一般是将待测的 DNA 片段克隆在 M13 载体上，以便获得理想的单链 DNA 模板。

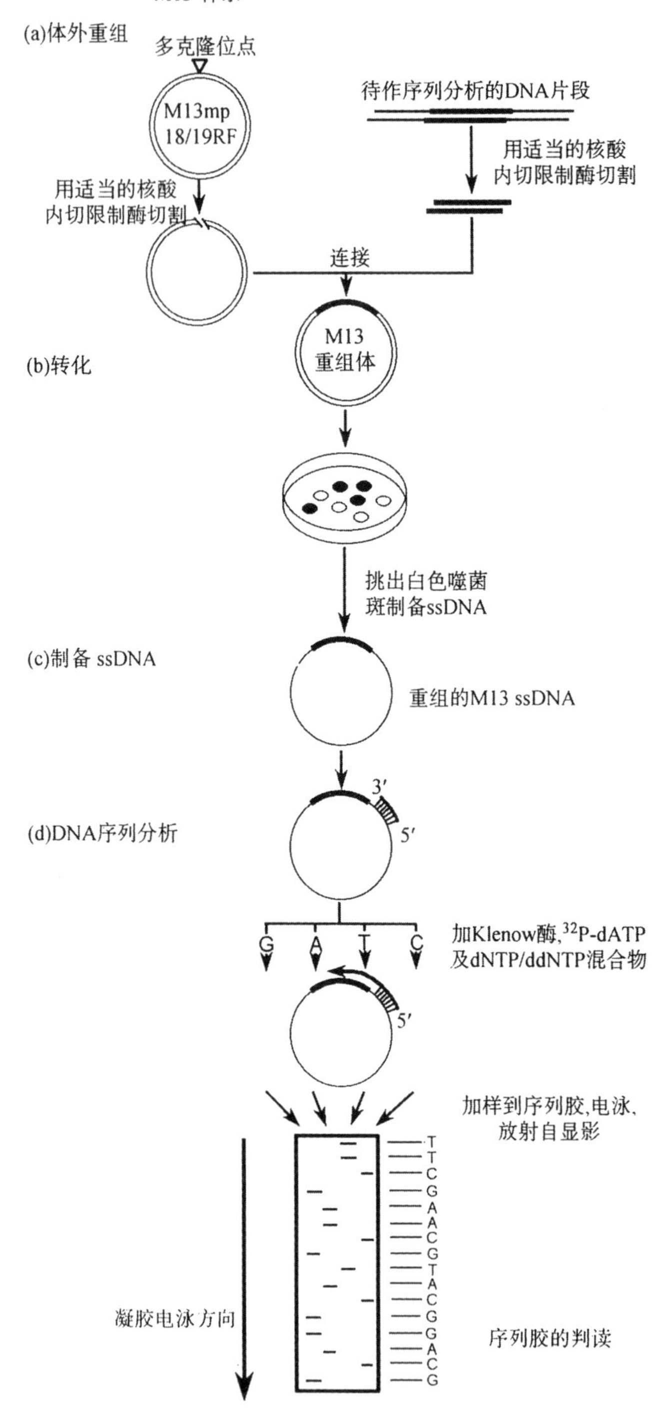

图 2-10　Sanger 双脱氧-M13 体系 DNA 序列分析法原理
(a)将待作 DNA 序列分析的 DNA 片段克隆到 M13 载体上，本例中使用的是 M13mp 18 和 M13mp 19；(b)用体外重组的反应混合物(其中包括具克隆 DNA 片段的重组的 M13 载体)转染大肠杆菌有关的菌株，并涂布在含有 Xgal-IPTG 的检测平板上；(c)挑出白色的噬菌斑，制备单链 DNA 供 DNA 序列分析之用；(d)按 Sanger 双脱氧链终止法进行 DNA 序列分析

而作为引物的 DNA 则是使用人工合成的特定的寡核苷酸片段。这种方法实际操作起来十分快速简单。首先是通过 DNA 重组,将准备进行序列测定的 DNA 片段克隆在 M13mp 载体系列的特定位点上,即位于 Lac 区段中含有多克隆位点的多聚衔接物(polylinker)内。由于外源DNA 的插入便破坏了 Lac 操纵子的功能,因此获得了 DNA 插入片段的重组体噬菌体,在含有 IPTG* 和 Xgal** 的检测培养基平板上形成白色的噬菌斑,而非重组体的噬菌体则形成蓝色的噬菌斑。根据这种表型选择特性,从白色的噬菌斑中分离重组体噬菌体,并制备出单链 DNA,就可以直接按双脱氧链终止法进行序列分析(图 2-10)。

使用 M13mp 载体系列的突出优点在于,待测定的 DNA 序列,都是被克隆在 M13mp 基因组的同一个特定区段内,所有的待测定的 DNA 片段,都可以共用一种引物。这样,就避免了合成和分离各种不同引物的许多麻烦。最初使用的引物,是克隆在 pBR322 质粒载体上的一种短的限制片段,它同直接连在 EcoRI 插入位点右侧的 lacZ 基因的一个区段互补。以后 J. Messing 等 人(1981)发展出了一种更加适用的长度为 15bp 的合成的寡核苷酸引物,它连接在多聚衔接物的右侧。但由于这段 15bp 合成引物,同 M13 的其它位点之间有低度的同源性,因此后来又合成出了改进的同 M13 其它任何位点均无同源性的 15bp 的寡核苷酸引物。现在可以说,应用 M13mp 载体系列的双脱氧链终止法,已经成为一种最普遍采用的快速的 DNA 序列分析法。

(3)Sanger 双脱氧-pUC 体系 DNA 序列分析法

自引入 M13mp 载体系列以来,Sanger 的双脱氧链终止 DNA 序列分析法,又有了一些新的改良和发展。比如,起初双脱氧法都是使用大肠杆菌 DNA 聚合酶 I 的 Klenow 片段催化 DNA 链的聚合延长,现在则可以使用反转录酶或 T7DNA 聚合酶取代之。再比如,以往双脱氧法所使用的标准程序都是把待分析的 DNA 片段克隆到 M13mp 载体系列上,得到单链的 DNA 模板后,再按双脱氧链终止法进行 DNA 序列结构的分析。现在,我们也可以将待测定的 DNA 片段克隆到质粒载体上,直接用闭合环形的双链质粒 DNA 按双脱氧链终止法作 DNA 序列分析。这种方法特称为利用双链质粒 DNA 模板的双脱氧 DNA 序列分析法(dideoxy sequencing using double-stranded plasmid DNA templates)。由于通常使用的质粒多是 pUC 载体系列,所以又称之为 Sanger 双脱氧链终止-pUC 体系 DNA 序列分析法。

这种 DNA 序列分析法是由 E. Y. Chen 和 P. H. Seeburg 于 1985 年在双脱氧链终止法的基础上发展出来的。它的基本步骤如图 2-11 所示。首先在体外将待测定的 DNA 片段与 pBR322 质粒载体或 pUC 系列的质粒载体分子重组,并转化给大肠杆菌 JM83 菌株。转化反应物涂布在补加有 Xgal-IPTG 化学试剂的选择性培养基平板上,经 37℃过夜培养,从中挑选出白色菌落,制备质粒 DNA。这种含有 DNA 克隆片段的双链质粒 DNA 分子,通过碱变性处理,再与寡核苷酸引物序列一起退火,然后按双脱氧法作序列分析。这种方法的最大优点在于,它无需将 DNA 克隆到 M13mp 载体分子上,而可直接使用碱变性的双链闭合环形的质粒 DNA 作模板进行序列分析。因此,它比 M13 法显得更为简单

---

* IPTG: isopropylthio-β-D-galactoside, 异丙基硫代-β-D-半乳糖苷。
** X-gal: 5-bromo-4-chloro-3-indolyl-β-D-galactoside, 5-溴-4-氯-3-吲哚-β-D-半乳糖苷。

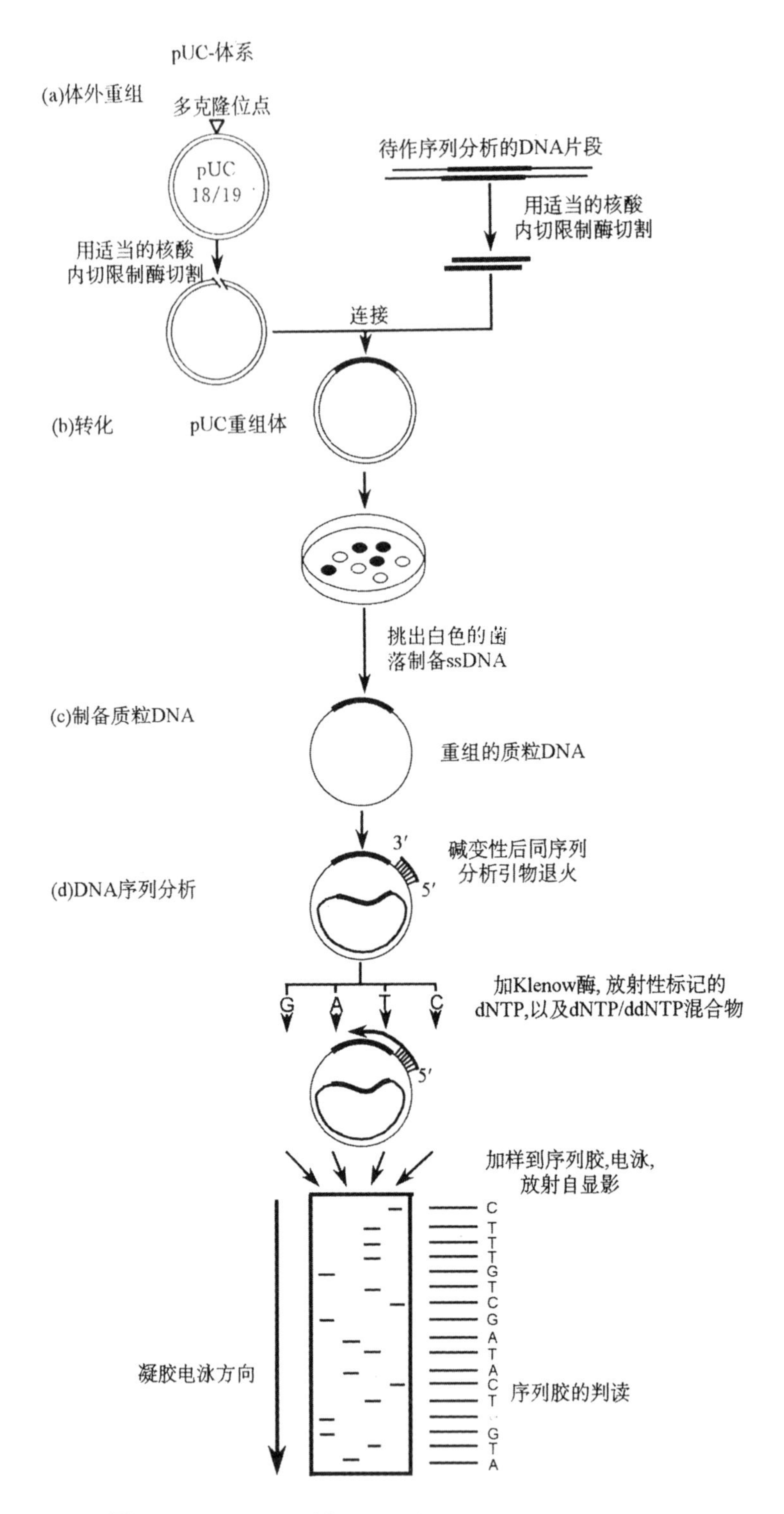

图 2-11　Sanger 双脱氧-pUC 体系 DNA 序列分析法原理

(a)将待作 DNA 序列分析的 DNA 片段克隆到 pUC 质粒载体上,本例中使用的是 pUC18 和 pUC19;(b)用重组的反应混合物(其中包括具克隆 DNA 片段的重组的 pUC 质粒载体)转化大肠杆菌 JM83 菌株,并涂布在含有 Xgal-IPTG 的检测平板上;(c)挑取出白色的菌落,制备质粒 DNA,供 DNA 序列分析之用;(d)按双脱氧链终止法进行 DNA 序列分析

快速，现已被许多研究工作者采用。

2. Maxam-Gilbert 化学修饰法

(1)Maxam-Gilbert 化学修饰法的原理

几乎与双脱氧法发展的同时，1977 年又发展出了一种以化学修饰为基础的 DNA 序列分析法。虽然说对于大分子量的 DNA 片段的序列测定而言，化学修饰法并不如双脱氧法方便有效，其发展速度也不及后者迅速，但是至今在相当多的研究工作中仍被采用。

化学修饰法，是由美国哈佛大学的 A. M. Maxam 和 W. Gilbert 发明的，所以又叫做 Maxam-Gilbert DNA 序列分析法(图 2-12)。它的基本原理是，用化学试剂处理具末端放射性标记的 DNA 片段，造成碱基的特异性切割。由此产生的一组具有各种不同长度的 DNA 链的反应混合物，经凝胶电泳按大小分离和放射自显影之后，便可根据 X 光片底板上所显现的相应谱带，直接读出待测 DNA 片段的核苷酸顺序。

Maxam-Gilbert DNA 序列测定法所应用的出发材料，通常是从经一种核酸内切限制酶局部消化的 DNA 分子群体中纯化出来的特定的 DNA 片段。这些待测序的 DNA 片段，可以是双链的也可以是单链的，但其末端(或是 3′-末端或是 5′-末端)必须带有放射性标记的 ^{32}P-磷酸基团。所以，在进行碱基特异的化学切割反应之前，需先对待测定的 DNA 片段作末端标记。当然，Maxam-Gilbert 法的关键在于，使 DNA 的 4 种核苷酸碱基中，有 1～2 种发生特异性的化学切割反应，这种化学切割反应包括碱基的修饰作用、修饰的碱基从其糖环上转移出去、以及在失去碱基的糖环部位发生 DNA 链的断裂三个主要的内容。由于化学切割反应的特异性是由碱基的修饰作用决定的，显然，随后的切割反应必定是定量的，而且同副反应无关。

(2)碱基特异的化学切割反应

专门用来对核苷酸作化学修饰，并打开核苷酸碱基环的化学试剂有硫酸二甲酯(dimethylsulphate)和肼(hydrazine)。肼又叫做联氨($NH_2 \cdot NH_2$)，在碱性的条件下，它能够从 C4 和/或 C6 原子位置作用于胸腺嘧啶和胞嘧啶两种嘧啶碱基，并同 C4-C5-C6 环化形成一种新的 5 原子环。联氨的进一步作用释放出吡唑啉酮环(pyrazolone ring)，留下的嘧啶碱基的 N1-C2-N3 片段则仍然连接在糖环上。在具有六氢吡啶(piperidine)的条件下，通过 β-消除反应(β-elimination reaction)，2 个磷酸分子便会从糖片段上释放出来，从而导致在这个核苷酸位置上发生 DNA 链的断裂。图 2-13 简要地示出了这些反应的化学过程。如果在反应体系中加入 1mol/L 浓度的盐，那么联氨同胸腺嘧啶的反应速率便会逐渐下降，以确保发生胞嘧啶特异的化学切割反应。我们就是根据这一特点，来区别 C 和 C+T这 2 种化学切割反应(见表 2-3 中 R3 和 R4 反应)之间的降解产物的。

硫酸二甲酯[$(CH_3O)_2SO_2$]是一种碱性的化学试剂，在它的作用下，DNA 碱基环中的氮原子便会发生甲基化反应。在 DNA 序列分析中所涉及到的甲基化作用位点是，鸟嘌呤的 N7 原子和腺嘌呤的 N3 原子。已知 DNA 鸟嘌呤核苷 N7 原子的甲基化速度，要比腺嘌呤核苷 N3 原子的甲基化速度快 4～10 倍，而且在中性的 pH 环境中，这两种碱基的甲基化作用的效力，都足以导致配糖键(glycosidic bond)发生水解作用。这种配糖键的破裂，

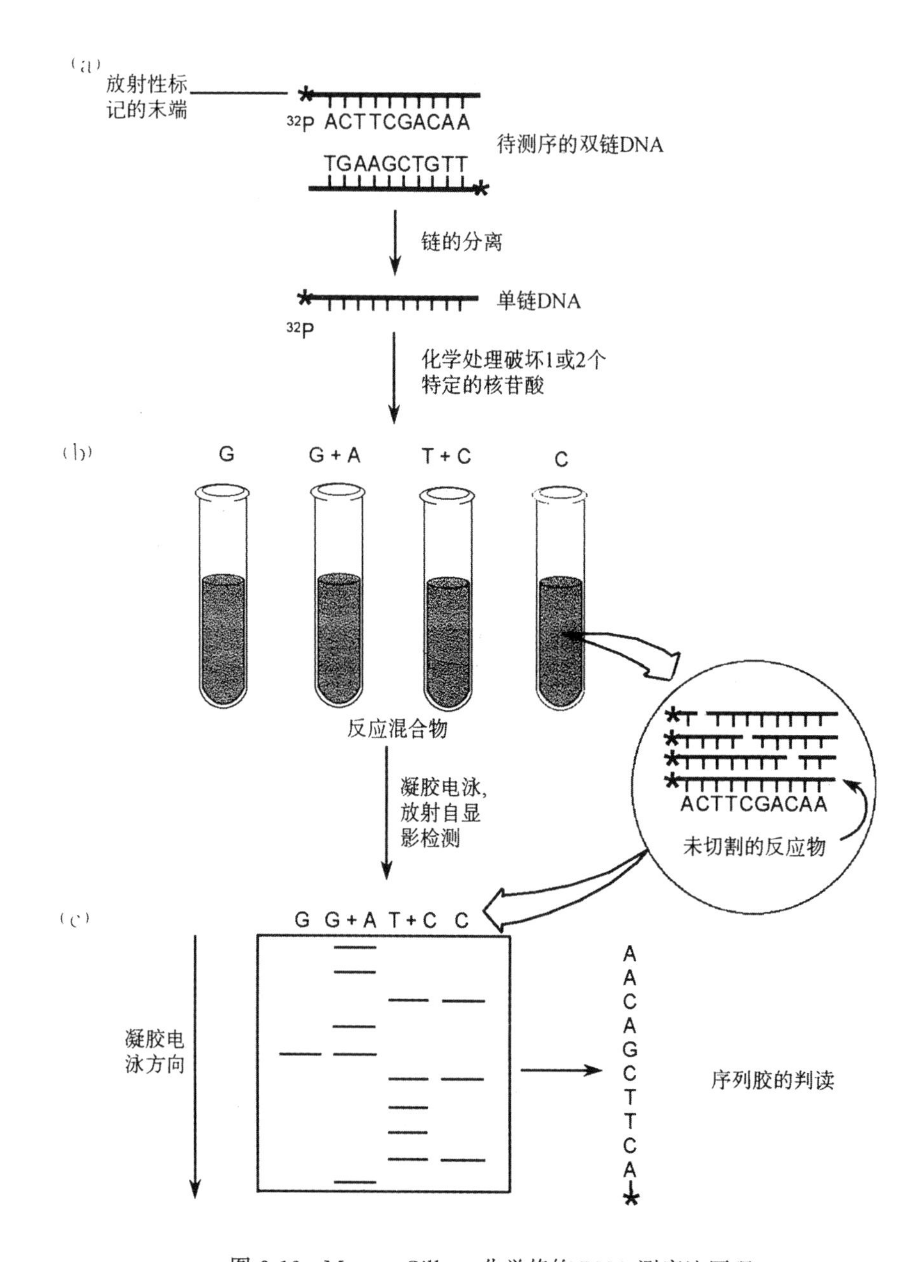

图 2-12 Maxam-Gilbert 化学修饰 DNA 测序法原理

(a)用 T4 多核苷酸激酶标记 DNA 限制片段的 5′-末端,或是用 T4 DNA 聚合酶标记其 3′-末端;(b)将^{32}P-末端标记的 DNA 片段(单链的或双链的)分成 4 个反应试管,进行化学切割反应;(c)切割反应物加在聚丙烯酰胺序列胶上,进行按片段大小的电泳分部分离,经放射自显影,在 X 光底片上显现出可判读的谱带。* 号表示带有放射性同位素^{32}P 标记的核苷酸。由于在聚丙烯酰胺凝胶中,分子量小的 DNA 片段迁移速度快,因此在本例中跑在所有带的最前面,亦即位于凝胶底部的带是单核苷酸分子 A,第二条带是二核苷酸分子 A-C,其余类推。因为硫酸二甲酯是特异性地切割 G,而甲酸则是特异性地切割 G 和 A,因此具 G-末端的 DNA 片段,在 G 反应和 G+A 反应的序列胶中,都将显现出一条 G 带。同理,由于肼在 NaCl 条件下,是专门切割 C,而无 NaCl 时则专门切割 T 和 C,所以具有 C-末端的 DNA 片段,在 C 反应和 T+C 反应的序列胶中,都将显现出一条 C 带

留下失去了碱基的糖片段作为糖-磷酸骨架上的键。可是这种键合是十分微弱的,它易于

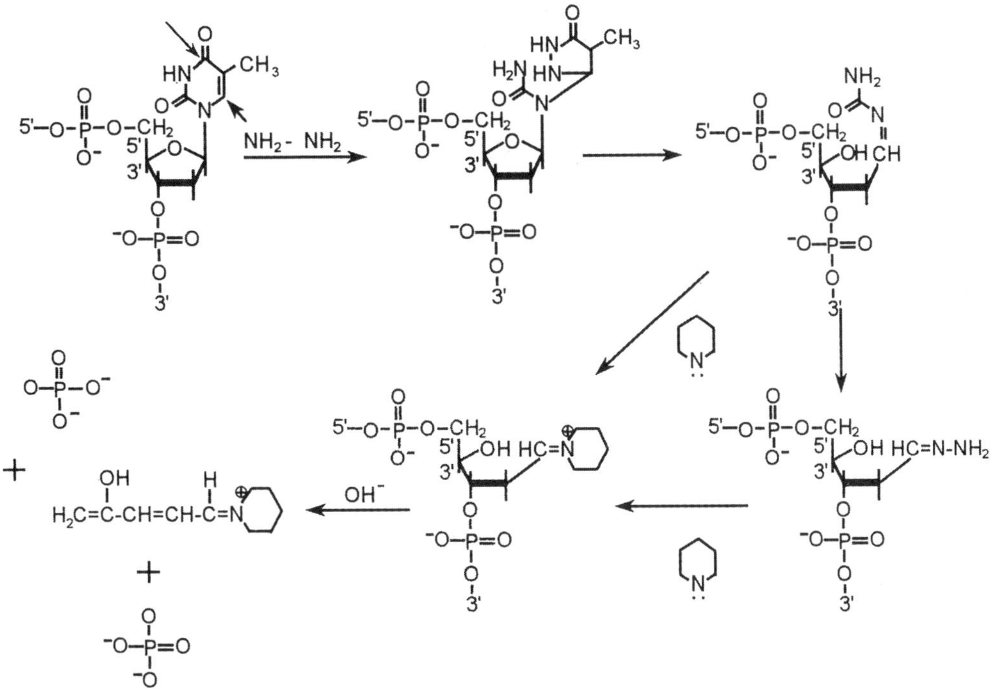

图 2-13 联氨和六氢吡啶在胸腺嘧啶残基位点切割 DNA 链的化学过程

联氨从 C4 和 C6 原子打开 DNA 胸腺嘧啶碱基的嘧啶环，并同 C4-C5-C6 片段环化形成一种新的 5 原子环。同联氨进一步反应的结果是，释放出这个吡唑啉酮环，而暂时仍附着在糖环上的 N1-C2-N3 也将被释放出来。这样，由于失去了胸腺嘧啶而使糖环打开。六氢吡啶催化的 β-消除作用从糖环上移走 2 个磷酸分子，于是在该位点造成 DNA 链的断裂。导致在胞嘧啶残基位点发生 DNA 链断裂的化学切割反应，同样也是遵循与此相同的机理。在盐存在的条件下，联氨同胸腺嘧啶的反应便被抑制，最终只发生胞嘧啶碱基特异的化学切割反应

通过碱催化的 β-消除作用使围绕在糖片段两翼的磷酸分子脱落下来，造成在这个位点上发生 DNA 链的断裂。同时还由于腺嘌呤 N3 原子的甲基化作用，比鸟嘌呤 N7 原子的甲基化作用要缓慢得多，故相应地 3-甲基腺嘌呤核苷的配糖键，也要比 7-甲基鸟嘌呤核苷的配糖键明显地脆弱。所以在中性 pH 条件下，前者的水解速率就要比后者快 4～6 倍。这两种嘌呤碱，在甲基化作用速率及甲基化嘌呤释放速率上的差别，是早期 Maxam-Gilbert DNA 序列分析法赖以辨别 DNA 中的腺嘌呤和鸟嘌呤的基本依据。最近已经采用了另外一种反应，其中甲基化的 DNA 是同六氢吡啶发生反应(图 2-14)，而这种反应对甲基化的鸟嘌呤是特异的。因此，DNA 链的断裂也唯一地只在鸟嘌呤残基位点上发生。

酸脱嘌呤作用，同样也会引起在腺嘌呤和鸟嘌呤位点发生 DNA 的切割反应，虽然它无法用来辨别 DNA 分子上的这两种嘌呤碱基之间的差异。在 pH＝2 的酸性环境中，因嘌呤碱基的质子化作用(protonation)而导致的脱嘌呤效应，会使配糖键发生水解，再经过六氢吡啶催化的 β-消除作用，从糖片段上移去磷酸分子，于是就会在这个位点上发生 DNA 链的断裂。

表 2-3 Maxam-Gilbert DNA 序列分析法之碱基特异的化学切割反应

反　应	切　割	碱基修饰	修饰碱基的转移	DNA 链的断裂
R1	G>A	硫酸二甲酯	pH7 加热	氢氧化钠
R2	A>G	硫酸二甲酯	酸	氢氧化钠
R3	C+T	肼	六氢吡啶	六氢吡啶
R4	C	肼+盐	六氢吡啶	六氢吡啶
R5	G	硫酸二甲酯	六氢吡啶	六氢吡啶
R6	G+A	酸	酸	六氢吡啶
R7	C+T	肼	六氢吡啶	六氢吡啶
R8	C	肼+盐	六氢吡啶	六氢吡啶
R9	A>C	氢氧化钠	六氢吡啶	六氢吡啶
R10	G>A	硫酸二甲酯	pH7 加热	六氢吡啶
R11	G	亚甲蓝	六氢吡啶	六氢吡啶
R12	T	四氧化锇	六氢吡啶	六氢吡啶

注:本表所摘录的碱基特异的化学切割反应,都已经成功地应用于末端标记的 DNA 分子的碱基切割。反应 R1～R4,是 Maxam-Gilbert(1977)最早推荐的 4 种碱基特异的化学切割反应,而反应 R5～R8 是他们在 1980 年介绍的 4 种碱基特异的化学切割反应。后 4 种反应较为迅速,而且可产生无盐的切割产物,因此凝胶电泳分离效果良好。

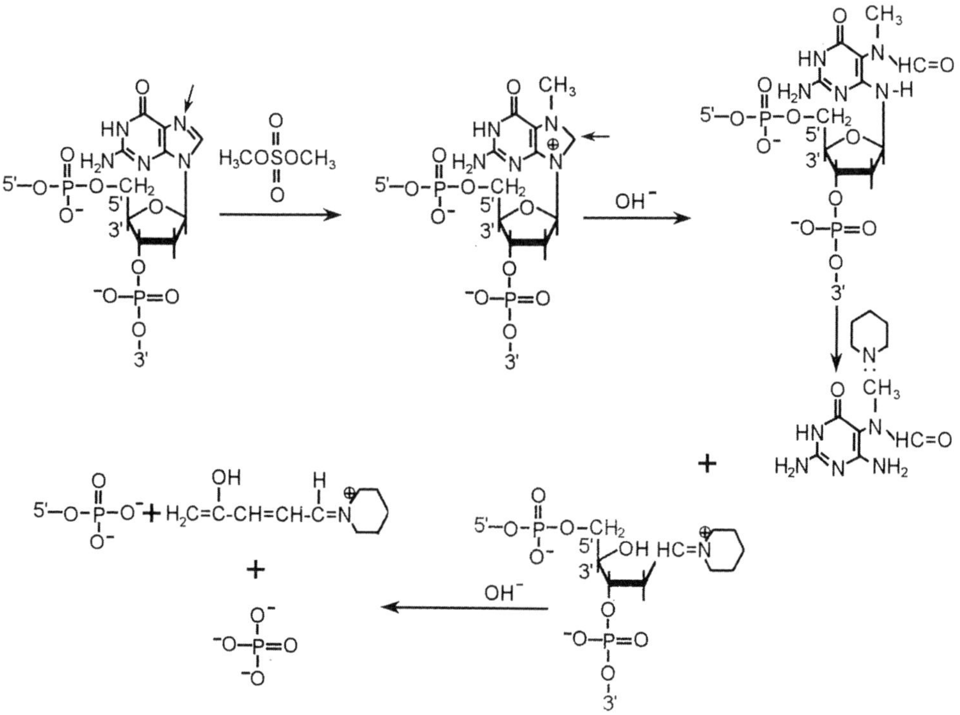

图 2-14 硫酸二甲酯和六氢吡啶在鸟嘌呤残基位点切割 DNA 链的化学过程

硫酸二甲酯使鸟嘌呤的 N7 原子甲基化,在咪唑环(imidazole ring)上固定一个正电荷,然后这个碱基的 C8 和 N9 之间的键发生断裂。六氢吡啶取代这个开环的 7-甲基鸟嘌呤,并催化 β-消除作用从这个修饰的脱氧核糖上移去 2 个磷酸分子,于是 DNA 链便在这个位点断裂

碱同样也可打开腺嘌呤和胞嘧啶的碱基环,并最后在这两个碱基位点上发生 DNA 骨架的化学切割。将 DNA 片段同 1mol/L NaOH 碱溶液一起温育,就会使某些脱氧腺嘌呤

核苷残基 C8 和 N9 之间的键，以及少部分脱氧胞嘧啶环的键(大概是 C2 和 N3 之间)发生裂解。用六氢吡啶处理这样的反应产物，就能在这些被修饰的碱基位点发生 DNA 链的切割。按此法修饰的腺嘌呤和胞嘧啶，在两者位点上发生 DNA 切割的比例为 5∶1 左右。

(3)Maxam-Gilbert 化学修饰-CS 载体系统 DNA 序列分析法

1987 年 R. Eckert 构建出一类专门适用于按 Maxam-Gilbert 化学修饰法进行 DNA 序列分析的末端标记载体(endlabeling vector)，例如 pSP64CS 和 pSP65CS(CS 是英语 Chemical Sequencing 的缩写)。这类载体最主要的特点是，在其同待测定序列的 DNA 克隆片段相邻的部位上，有一个 Tth111I 限制位点。核酸内切限制酶 Tth111I 是从 GACN↓NNGTC 序列内切割 DNA，并产生出一个突出的 5′碱基。因此，应用化学法合成出适当的 Tth111I 位点，就有可能在末端填补反应中通过 Klenow 酶的作用，使 Tth111I 片段的一

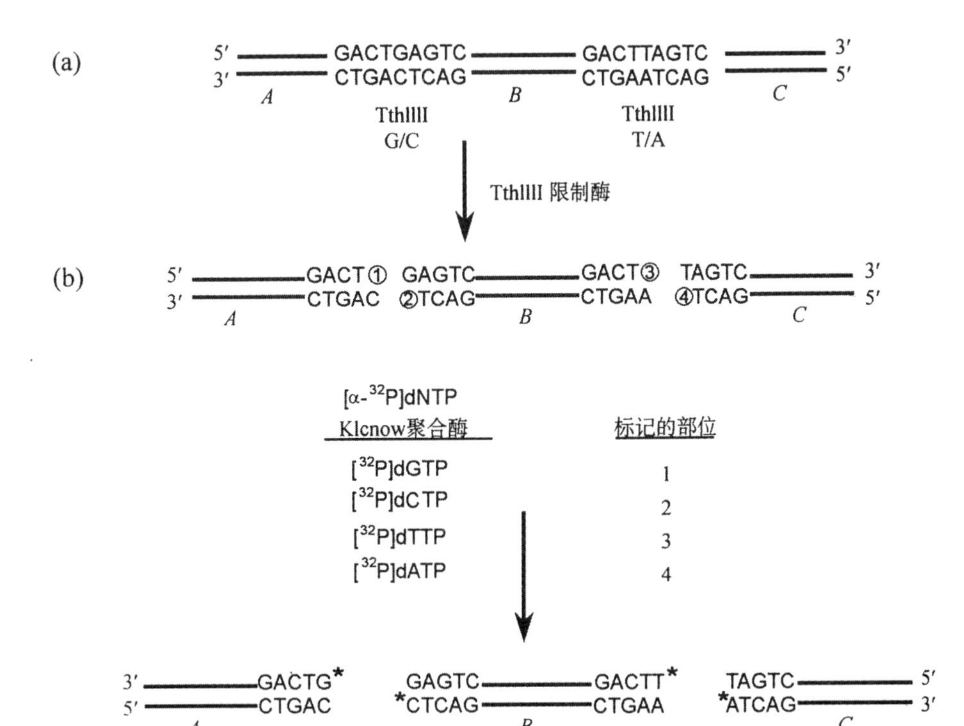

图 2-15 应用 Tth111I 核酸内切限制酶、^{32}P -dNTP 和大肠杆菌 DNA 聚合酶 I 的 Klenow 大片段酶，选择性地标记 DNA 片段的末端

(a)含有 2 个 Tth111I 限制酶识别序列的 DNA 分子，在该限制酶的消化作用下产生出 3 条各具一个 5′突出碱基的 DNA 短片段；(b)加入[α-^{32}P]dNTP 和 Klenow 大片段酶，使①②③和④的位置各填补上一个相应的带^{32}P 放射性标记的核苷酸(图中以 * 号表示)

个末端发生选择性的标记。在图 2-15所描述的这个例子中，待测定序列的 DNA 是克隆在载体分子的 *A*、*B*、*C* 三个区段上。为了方便和实用，克隆位点同标记位点之间必须十分靠近。为测定克隆在 *A* 区段的 DNA 序列，先用 Tth111I 限制酶消化重组质粒，而后再用 Klenow 酶将与此段 DNA 相连的末端，标记上[^{32}P]-dGTP 核苷酸。同样地，克隆在这两个 Tth111I 位点之间的 DNA 片段的末端，也可用[^{32}P]-dCTP 标记或[^{32}P]-dTTP 选择性

地标记上;克隆在C区段的DNA片段末端则可用[^{32}P]-dATP标记上。

对于末端标记载体来说,Tth111I的确是一种理想的位点。这是因为:

(i)它切割DNA之后,产生出一个单碱基的5′突出末端,可想而知,在尔后的填补反应中,每个末端都只能加上一个标记的碱基;

(ii)Tth111I位点十分稀少,因此不会在随后的末端标记反应中给待测序列的DNA带来麻烦;

(iii)5′突出碱基可以是G或A,也可以是T或C。因此,可以对DNA末端作选择标记;

(iv)在载体中具有2个Tth111I位点,这样就可以对克隆在它们之间的DNA片段的任何一端作选择性标记。

(4)Maxam-Gilbert化学修饰法的优点

与Sanger的双脱氧链终止法相比,Maxam-Gilbert的化学修饰法具有一些独到之处。它不需要进行体外酶催反应,而且只要是具有3′-末端标记的或5′-末端标记的DNA,无论是单链的还是双链的,均可用此法进行核苷酸序列分析。对于一种给定的DNA分子,和一种可以切割该DNA的核酸内切限制酶,我们便可以应用Maxam-Gilbert法从限制酶的切割位点开始,按2个相反的取向至少可测定出250个核苷酸的顺序。此外,采用不同的末端标记方法,例如3′-末端标记或相反的5′-末端标记,能够同时测定出彼此互补的2条DNA链的核苷酸顺序,如此便可以互作参照进行彼此核查。当然,如同双脱氧链终止法一样,Maxam-Gilbert法的主要限制因素,也是在于序列胶的分辨能力。

3. DNA序列分析的自动化

Sanger双脱氧链终止法和Maxam-Gilbert化学修饰法,无疑是目前公认的两种最通用最有效的DNA序列分析法。但在实际应用中,研究工作者们也发现,它们两者也都存在着一些共同的问题有待解决。例如,这两种方法都需要使用放射性同位素作为标记物。尽管它是一种灵敏度很高的成功的技术,但同位素对操作人员的辐射危害则是不言而喻的,而且放射性材料在保藏、处理和运输方面也是相当麻烦的。再如,这两种DNA序列分析法还存在着操作步骤繁琐、效率低、速度慢等缺点。特别是结果判断的读片过程,实在是既花时间又乏味的工作。有人做过这样的统计,如果按一个熟练的DNA序列分析人员每天测定1kb长度的DNA片段计算,那么人基因组(约3×10^9bp)的全序列分析,至少需要100名这样的人员,花上100年的时间才能完成。这样的速度显然是不能适应科学发展的要求。因此,自DNA序列分析技术问世不久,即有许多科学家开始致力于DNA分析自动化方面的研究。

DNA序列分析自动化包括两个方面的内容,一是指"分析反应"的自动化。应该说这并不是影响DNA序列分析效率的主要问题,而且也是容易解决的。另一方面则是指"读片过程"的自动化,这才是问题的关键所在。特别是随着DNA快速测序技术的不断发展和应用方面的日渐广泛深入,DNA序列放射自显影图片的判读便越来越明显地成为急待克服的限制环节。1988年,J. K. Elder等人提出了DNA序列放射自显影图片自动判读法,为解决这个问题提供了一种途径,它使我们有可能避免对碱基顺序在抄写过程中出现的人为错误，并可对复合的电泳谱带作出客观的判断。早期在DNA序列分析自动化研究方面的另一个重要进展是，建立了一种非放射性标记的DNA序列自动分析系统。那时有许多实验室都在潜心探索这种新系统。例如，1986年L. M. Smith等人就报道了一种使用荧光染料的无放射标记的DNA测序法。它是使用4种不同的荧光染料分别标记4种不同的碱基，并放置在同一个电泳管中进行共电泳，然后通过激光作用诱发荧光，达到检测碱基的目的。这个方法听起来确实很有吸引力，然而在实际应用中却发现，由于不同的染料具有不同的电泳迁移率，因此各种染料标记的碱基的吸收光谱会出现相互重叠的现象，这就增加了DNA序列分析的复杂性。

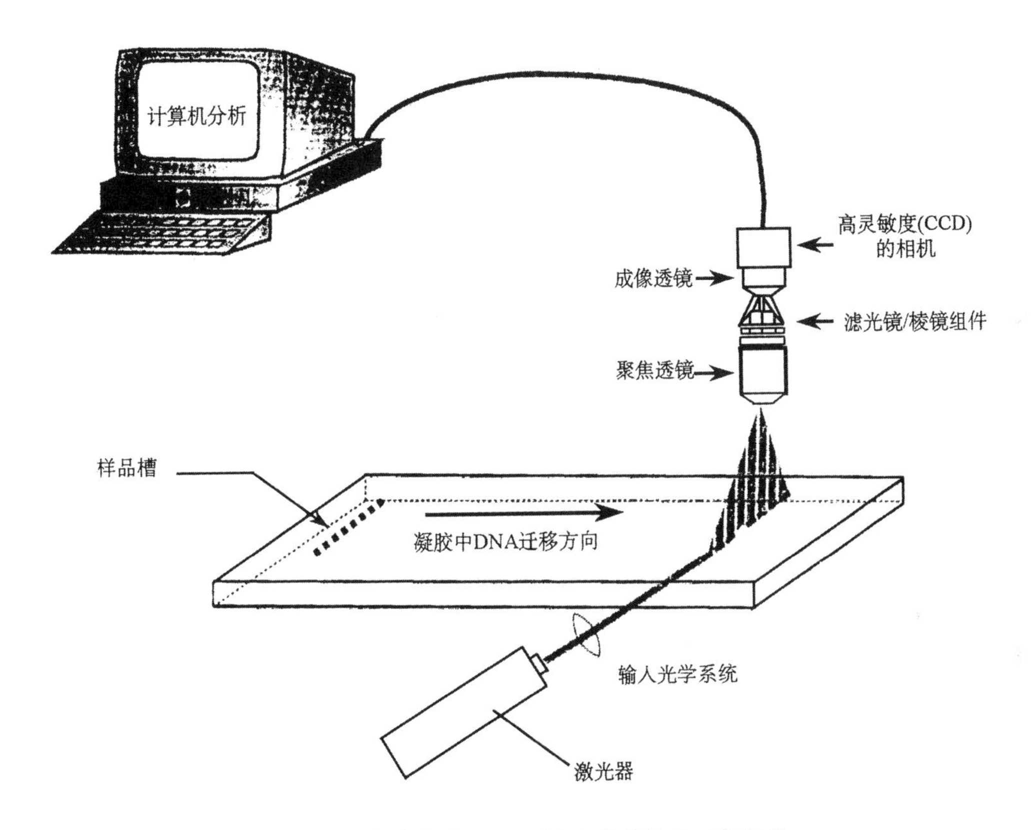

图2-16　高速自动DNA测序仪的结构及工作原理

由激光发射器产生的激光束，通过精密的光学系统后被导向凝胶表面的检测区。在此，激光束垂直射向凝胶，同经过检测孔的DNA片段发生作用，并提供能量激发荧光发色基团发射出具特异性波长的荧光。这些荧光通过聚焦透镜集中后传给滤光镜/棱镜组件，以便四种碱基产生的不同标记波长区别开来。经成像透镜最后由高灵敏度的(CCD)相机分段收集信号，传送给计算机分析处理

同年W. Ansorge等人在他人工作的基础上，设计出了一种新型的DNA序列自动分析仪，改进了无同位素标记的DNA序列自动分析体系。他们的具体做法是，只用四甲基若丹明(tetramethylrhodamine)作为唯一的荧光剂，预先标记M13引物DNA。这种作了5′-末端荧光标记的M13引物，对于杂交反应及序列测定均无影响。而荧光剂四甲基若丹明在激光的诱导下能产生出荧光，从而可以取代同位素标记。待测的DNA样品，同样也

是按照标准的双脱氧链终止法同引物进行反应，然后用聚丙烯酰胺凝胶作电泳分离。所不同的是，在电泳凝胶的侧面，固定上一个激光通道小孔，在凝胶板的上面装上一套荧光信号接收器。电泳过程中，当DNA条带在电场的作用下，经过激光通道小孔时，带有荧光剂标记的DNA在激光的激发下便产生出了荧光。荧光感受器马上就能感受到这种荧光信号，并通过信号转换器把它转换为电信号，再输入到数据处理系统，最后通过打字机把所测得的序列直接打印出来。这样，便完成了DNA序列测定(图2-16)。据报道，运用这种系统，6个小时就可以读出250～300个bp。随着技术上的不断改进，现在自动读片装置已被广泛地应用于基因的结构测定和基因组DNA的全序列分析工作。

4. DNA杂交测序

根据有关的统计资料，目前已经测定的各种DNA序列累计已超过1×10^8bp，而且随着时间的推移，这个数字还在以指数的形式不断地迅速上升。尽管如此，至今仍有极大量的各类DNA序列有待测定，例如，目前国际合作进行的人类基因组计划以及我国和日本等国开展的水稻基因组计划等，都需要进行大规模的DNA测序工作。而前面所述的Sanger和Maxam-Gilbert这两种传统的测序技术，无论在有效性、可靠性以及成本费和自动化的适用性方面，都远不能满足此类工作的要求。由此可见，当前阻碍基因组分析工作迅速开展的主要问题是DNA测序技术本身。

自从70年代末期DNA测序技术问世以来，尽管人们已经作了许多重要的改进，诸如双链DNA测序法、银染测序法、非放射性标记测序法以及PCR测序法等等，但从根本原理上创新的则只有杂交测序法(sequencing by hybridization, SBH)一种。这种方法最初是由英国、前南斯拉夫和俄罗斯的四个科学家小组于90年代初期同时提出来的，它是利用一组已知序列的寡核苷酸短序列作探针，同某一特定的较长的靶DNA分子进行杂交，从而测定其核苷酸的序列。DNA杂交测序法，不仅避免了传统测序法必不可少的操作繁琐的凝胶电泳，而且既不需要使用价格昂贵的核酸酶，也不需要进行复杂的化学反应，因此特别适用于DNA自动测序而格外引人注目，被公认为是一种有发展潜力的适于大规模DNA测序工作的新方法。

(1)DNA杂交测序原理

如果一段较短的DNA探针能够同较长的靶DNA片段杂交，并形成完全的双链体分子，那么我们便可据此推断在靶DNA上存在着相应的互补序列。这就是DNA杂交测序法赖以建立的基本原理。DNA杂交测序实质上包括两个主要的步骤。首先是将待测定的靶DNA分子同一组已知其核苷酸顺序的寡核苷酸探针进行杂交；然后对那些能够同靶DNA形成完全双链体分子的寡核苷酸探针之间的碱基重叠关系作比较分析，并据此推算出靶DNA的核苷酸序列结构。例如，将一种核苷酸顺序为5′-AGCCTAGCTGAA-3′的12-mer的靶DNA，同一组完全的8-mer的寡核苷酸探针混合杂交。那么在这一组由总数为$4^8=65\ 536$种的8-mer寡核苷酸组成的完全的探针群体中，仅有5种会同靶DNA形成完全互补的双链体分子。根据这5种发生了完全杂交作用的8-mer寡核苷酸探针之间的重叠序列的线性关系，便可推算出这段12-mer的靶DNA分子的核苷酸顺序：

3′-T-C-G-G-A-T-C-G-5′
C-G-G-A-T-C-G-A
G-G-A-T-C-G-A-C
G-A-T-C-G-A-C-T
A-T-C-G-A-C-T-T

3′-T-C-G-G-A-T-C-G-A-C-T-T-5′
5′-A-G-C-C-T-A-G-C-T-G-A-A-3′

当然,这是一种理想化的状况,而实际上此种杂交模式还是比较复杂的,因为那些没有同靶 DNA 片段完全互补的寡核苷酸探针,也仍然会与之形成不稳定的双链体分子。图 2-17 示出了两条长度均为 17-mer 的靶 DNA 片段 I 和 II 的杂交测序试验情况,两者仅在第 8 位碱基有所不同,分别为 C 和 T。靶 DNA 片段 I 可同 1~8 共 8 段彼此相互重叠的 8-mer寡核苷酸形成完全的双链体分子,但不能同第 9 段8-mer的寡核苷酸形成完全的双链体分子。根据相邻的两段8-mer寡核苷酸之间各具有的 7 个碱基的重叠情况,便可以构建出互补的 DNA 序列。靶 DNA 片段 II 的杂交结果表明:横跨其第 8 位碱基 T 的 6 段 8-mer寡核苷酸的双链体,由于含有内部的碱基错配,因此其杂交效率明显下降;但与第 1 和第 8 两段 8-mer 寡聚体形成的具有末端 G-T 错配的双链体分子,其稳定性下降得并不显著。与第 9 段 8-mer 寡核苷酸能杂交形成完全的双链体分子,则证实与片段 I 相比,它在第 8 位发生了由 C 碱基到 T 碱基的变化。

必须指出,上述的实验只是概括地表述了 SBH 试验的基本原理。而一段未知其序列的靶 DNA 分子的真正的 SBH 测定,则需要同全部可能的 65 536 种 8-mer 的寡核苷酸进行杂交。

(2)固定 DNA 或寡核苷酸的矩阵芯片

DNA 杂交测序法的具体操作有两种不同的方式。第一种方式是将不同的寡核苷酸与固定在滤膜上的靶 DNA 样品作连续按序的杂交(图 2-17)。此法已被广泛地应用于 DNA 斑点印迹杂交。

目前正在发展的另一种方式是,应用寡核苷酸矩阵芯片(oligonucleotide matrix)的 DNA 杂交测序法,简称 SHOM 法(图 2-17)。早期的研究工作发现,较短的寡核苷酸并不能有效地与滤膜牢固结合。因此现行的办法是,通过连接在寡核苷酸 3′-末端或 5′-末端的活化的接头与玻璃或凝胶之间的共价结合,而把寡核苷酸固定成二维阵列形式。这种在特殊的固体支持物表面固定着一组完全的或大量的寡核苷酸的结构,特称为测序芯片(sequencing chip)或矩阵芯片(matrix)。它可用来进行有效的 DNA 杂交测序。实践表明,使用凝胶作支持物,能比玻璃或滤膜固定更多的寡核苷酸分子。就目前的技术发展水平来看,已能把含有二维排列的固定寡核苷酸之凝胶元件压缩成 30×30μm 的小面积。按此种方法制造的测序芯片,仅需约 3×3cm 的面积,便能固定全部 65 536 种的 8-mer 的寡核苷酸分子群体。

独立地合成用于 SBH 试验的成千上万种不同的寡核苷酸,无疑是相当费钱的。最近发明的通过应用灵巧的光激活化学,在一块玻璃板表面直接地平行合成寡核苷酸的技术,

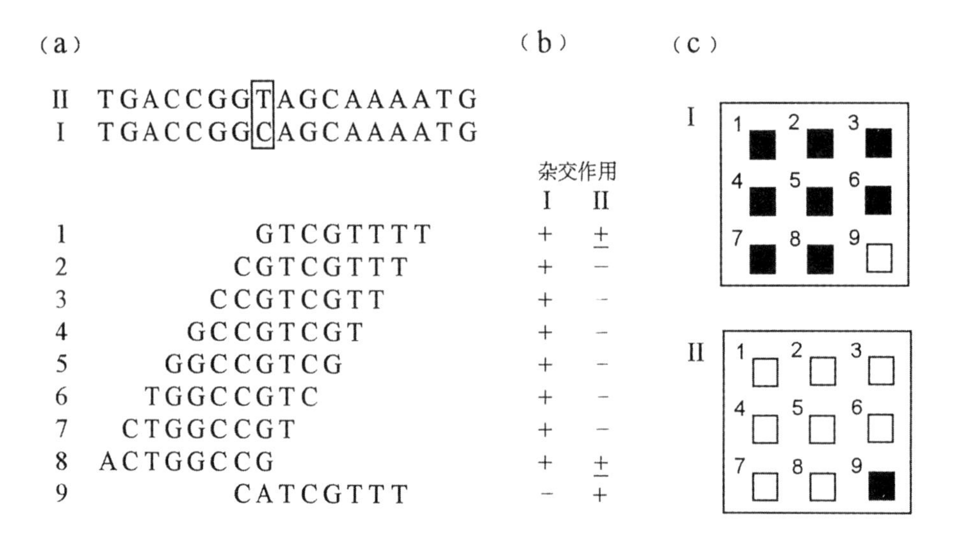

图 2-17 DNA 杂交测序

(a)两条在第 8 碱基位置发生了以 T 取代 C 的单碱基变换的 17-mer 的靶 DNA(I 和 II),同 9 个 8-mer 的寡核苷酸杂交形成完全的双链体或具有一个碱基错配的双链体;(b)标记的 8-mer 寡核苷酸同固定的 17-mer 的靶 DNA 片段在溶液中杂交;(c)8-mer 寡核苷酸被固定成二维阵列后同标记的 17-mer 的靶 DNA 片段杂交。在杂交作用(b)和(c)中,形成完全双链体的分别以"+"和"■"表示;具有中间及某些末端碱基错配的双链体分别以"−"和"□"表示;具有 G-C 末端碱基错配的中间型双链体分别以"±"和"□"表示(A. D. Mirzabekov,1994)

有可能为工业化生产高密度的寡核苷酸测序芯片提供有效的手段。这种技术的核心是用光不稳定的保护基团,取代酸不稳定的二甲氧基三苯甲基(DMT)保护基团。于是通过一种特殊的装置作光照射,便可使位于寡核苷酸选择区段内的光不稳定保护基团释放出来。现已能做到,在相当于拇指甲大小的 1.6cm^2 的芯片上,合成全部 65 536 种 8-mers 的寡核苷酸矩阵。

(3)杂交的检测

在 DNA 杂交测序中,通常都是用具放射性同位素标记或荧光标记的寡核苷酸探针。近年来由于引入了磷光成像仪(phosphor-imager)和图像分析软件,使同位素标记的杂交结果的分析工作,变得十分简单易行。而应用配有光电倍增管的共聚焦激光荧光显微镜(confocal laser fluorescence microscope),则可对荧光标记的杂交结果进行高灵敏度和高分辨率的检测(图 2-18)。

其实在 DNA 杂交测序的结果分析中,主要的问题是如何正确地辨别具有碱基错配的双链体分子,其中尤以具 G-T 或 G-A 末端碱基错配的双链体更难检测。大量的 SBH 试验结果表明,对于较短的寡核苷酸来说,由于碱基错配造成的去稳定效应,会使杂交信号强度明显下降,因此它们同靶 DNA 片段杂交产生的具内部碱基错配的双链体,是很容易同完全的双链体分子辨别开来的。尽管双链体分子越短,辨别错配碱基对的效果也就越好,但随着长度的变短其稳定性也就相应减低,于是便有可能导致杂交信号强度的下降。

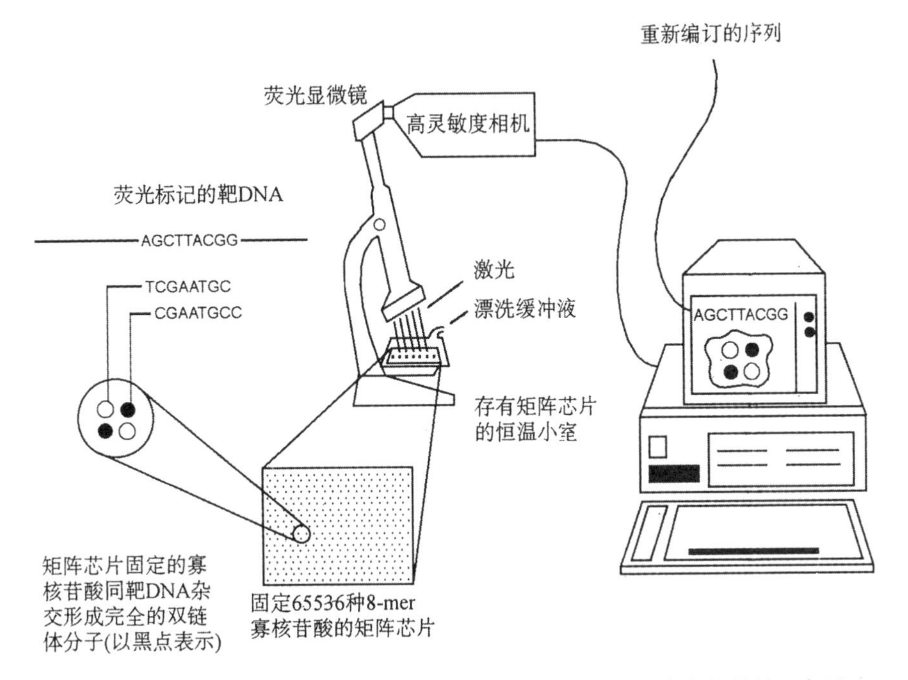

图 2-18　一种用于寡核苷酸矩阵芯片杂交测序的 DNA 测序仪的结构示意图

根据计算机模拟实验知道，6-mer、7-mer 和 8-mer 的寡核苷酸矩阵芯片，能有效测定的靶 DNA 片段的长度分别为 500bp、2 000bp 和 8 000bp。

(4)SBH 的应用

DNA 杂交测序法还存在着若干技术问题，阻碍了它在实践中的广泛应用。它不仅无法克服单链 DNA 样品自身形成的二级及三级结构对杂交作用的干扰效应，而且也不适用于简单重复序列、poly(A)尾巴以及卫星 DNA 的直接测序。要使此法能够有效地应用于大量未知序列的 DNA 片段的测序工作，还需要作一系列的技术改进，包括矩阵芯片的制作、杂交程序、杂交测定、错配碱基双链体的辨别，以及适用的有关仪器和软件等。

然而尽管如此，迄今为止应用 SBH 技术的实践表明，它还是具有如下多方面的用途：

第一，SBH 可有效地用来检测靶 DNA 序列中的单碱基的变化。而且相信在不久的将来，还会制造出能精确鉴定任何点突变的诊断芯片。

第二，SBH 可用于不同 DNA 片段之间的序列比较分析，尤其是新克隆基因与已测序的同源基因的比较分析，以及对一些特殊的 DNA 区段(诸如保守序列、启动子和增强子)之基调序列进行鉴定和同源性序列检测等等。

第三，通过一种专门设计的结合着固定的表达序列标签(expressed sequence tags)的矩阵芯片，SBH 还可用来检测在不同类型的细胞中，或是在不同生长发育状态下的细胞中，特定基因的表达状况。

第四，SBH 可用来检验由传统测序技术所得到的 DNA 的核苷酸序列数据。它能够发现出通过传统测序法的重复测定而未能检测出来的错误。从而缩短了大分子量 DNA 分子的沉长的测序过程，提高了测序的速度，并且还可以明显地提高输入 DNA 序列库的有关资料的准确性。

人们的最终目标，是希望发展出一种简单可靠，经济实用和快速自动的DNA测序新方法，以适应开展大规模的各类基因组DNA的测序工作。SBH由于具有多方面的优点，因此它有可能达到此种目标。SBH的杂交步骤在实验上是十分简单的，特别是它不需要采用复杂的凝胶电泳，使用的仪器也比较廉价，在几分钟甚至几秒钟内即可完成测序工作。现在的计算机技术能够强有力地发展出许多自动系统，包括杂交信号自动分析系统，错配双链体自动辨别系统，以及靶DNA序列自动重构系统等。因此人们有理由相信再经过若干年的努力，SBH技术将得到进一步的完善，以满足更多方面的DNA测序工作的需要。

第五节　基因的化学合成

1. 基因化学合成的概况

分子生物学和生物化学的研究成果告诉我们，所谓基因就其化学本质而言，就是一段具有特定生物学功能的核苷酸序列。按照这样的认识，显而易见只要我们掌握了基因的分子结构，便有可能在实验室内用化学的方法进行基因或DNA片段的人工合成。早在1967年，H. G. Khorana就提出了用化学方法合成基因的想法，并进行了实践。但当时有不少科学家怀疑这项工作的实际价值。分子生物学的发展进入本世纪70年代以后，有关DNA序列结构的快速测定技术已日臻完善，许多种基因的结构都已被成功地测定出来了。与此同时，重组DNA技术也取得了令人兴奋的长足进步。这些都有力地激发了有关基因化学合成的研究工作。到了1979年，Khorana在美国"Science"杂志上发表了题为《一个基因的合成》的著名论文，报道了基因化学合成的成功事例。继此以后，这方面的研究工作愈加蓬勃而富有生气。在今天，DNA的化学合成已不再是专业有机化学家们的世袭领地，分子生物学家们同样也能够应用本实验室的装备，快速简单地合成出所需要的DNA寡核苷酸片段。

在基因的化学合成中，首先要合成出有一定长度的、具有特定序列结构的寡核苷酸片段，然后再通过DNA连接酶的作用，使它们按照一定的顺序共价地连接起来。干扰素基因就是采用这种方法合成的。目前已发展出来的有关寡核苷酸片段的化学合成方法有磷酸二酯法、磷酸三酯法、亚磷酸三酯法，以及在后二者基础上发展起来的固相合成法和自动化法。

2. 磷酸二酯法合成寡核苷酸

磷酸二酯法，是由Khorana及其同事于1979年首先创立和发展的一种DNA化学合成法。他们曾用这种方法，成功地合成了一种具有生物活性的大肠杆菌酪氨酸转移核糖核酸基因。磷酸二酯法的基本原理是，将两个在5′-或3′-末端各带有适当保护基的脱氧单核苷酸连接起来，形成一个带有磷酸二酯键的脱氧二核苷酸分子。DNA合成所用的出发原料是脱氧核苷酸或脱氧单核苷酸，它们都是多功能团的化合物。因此，为了保证合成反应能够定向地进行，以获得特定序列和形成3′-5′-磷酸二酯键，故有必要将不需要参加反应的基团，用适当的保护基选择性地保护起来。保护反应的具体做法是，将一个大的保护基团,例如芳基磺酰氯($ArSO_2Cl$)或二环已基碳二亚胺(DCC),加到脱氧核苷酸的 5′或 3′的羟基上。这样,具 5′-保护的单核苷酸,便能够通过它的 3′-OP 同另一个 3′-保护的单核苷酸的 5′-OH 之间定向地形成一个二酯键,从而使它们缩合形成两端都被保护的二核苷酸分子(图 2-19)。实验中使用的各种不同的保护基团,有些可以通过酸处理移去,有的则可用碱处理移去。所以不论是 5′-的保护基团还是 3′-的保护基团,都可以通过酸或碱的脱保护作用而被重新消除掉。这样的一个带 5′-保护的合成的二核苷酸分子,又能够同另一个带 3′-保护的单核苷酸或二核苷酸进行第二次缩合反应,形成一个三核苷酸或四核苷酸分子。这种从缩合反应开始,到保护基团的消除,进而再进行新的缩合反应的循环周期,可以反复进行许多次,直到获得所需长度的寡聚脱氧核苷酸为止。这就是说,化学合成的寡聚脱氧核苷酸链,可以通过逐步的缩合反应得以延长。最初用人工进行寡核苷酸的化学合成,最多只能得到 15bp 的寡聚体。后来由于化学方法的改良和发展出了自动化的合成程序,结果迅速地提高了寡核苷酸的合成效率。目前有各种型号的 DNA 自动合成仪供应使用,其中有些型号在 10 小时左右的时间内可合成 100bp 的寡核苷酸,而且能够合成出长达 200bp 的寡核苷酸片段。同时还发展出了合成 RNA 寡核苷酸片段的技术。

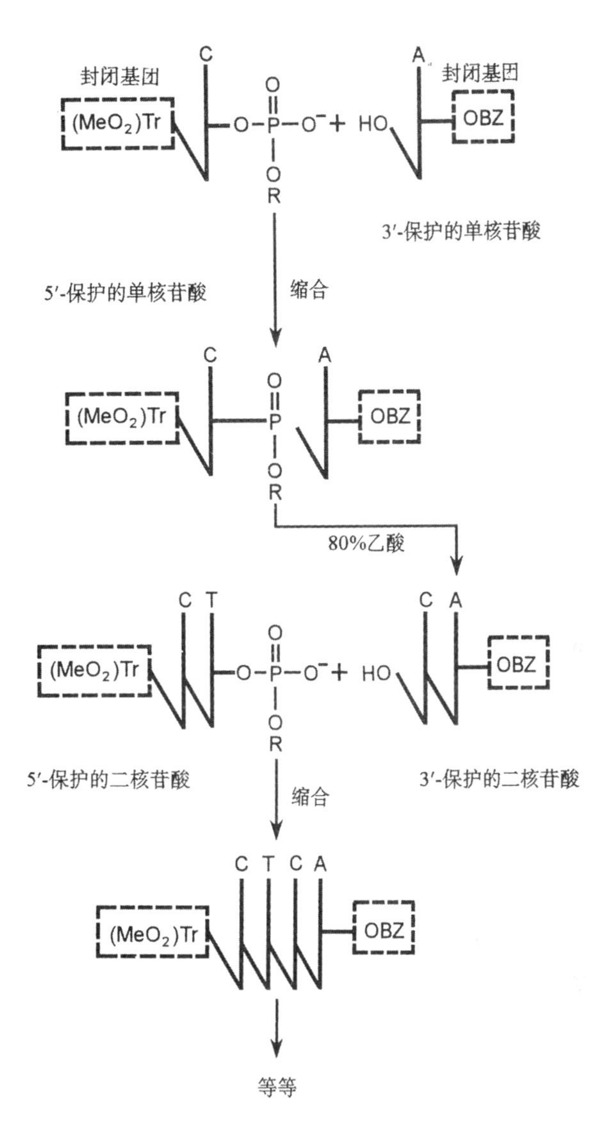

图 2-19　寡核苷酸的化学合成

3. 磷酸三酯法合成寡核苷酸

由于磷酸二酯法存在着反应时间长,而且随着合成链的延伸相应的产量也就逐渐下降,尤其是纯化步骤麻烦费时等缺点,因此不久就慢慢地被其它较先进的方法所取代,如磷酸三酯法及亚磷酸三酯法等。磷酸三酯法与磷酸二酯法一样,都使用了在单核苷酸的 5′-末端或 3′-末端加保护基团的做法,以防止在这两个末端之间形成磷酸二酯键。但在磷酸三酯法中,参加缩合反应的单核苷酸,是一种核苷 3′-单磷酸的衍生物。在它的磷酸分子上有一个羟基(P-OH)已经带上了适当的保护基团(通常是邻氯苯基和对氯苯基)。因此事实上已经是一种磷酸二酯。而余下的另一个 P-OH，则仍然具有反应活性，可以同另一个带有 3′-末端保护基团之单核苷酸的 5′-OH 缩合形成具磷酸三酯键的二核苷酸分子。化学合成的生长激素释放抑制因子基因(又叫脑激素基因)，就是磷酸三酯法实际运用的一个成功例子。这个合成基因能够在大肠杆菌细胞中表达。但早期的磷酸三酯法合成基因的程序十分复杂，而且全部反应都是在液体中进行，因此难以控制。为了克服这方面的缺点，以后又发展出了在固相载体上进行寡核苷酸化学合成的方法，即固相合成法。

在固相合成中，头一个脱氧核苷酸是通过它的 3′-OH 基团直接附着在惰性的固相载体上。这种载体同样也起到一种 3′-末端保护装置的作用。在实际合成过程中，固相载体(如硅胶)是被装填在一种烧结玻璃滤柱内。试剂只是在规定时间内才允许同末端脱氧核苷酸进行连接反应，并且每次只接长一个核苷酸或一个寡核苷酸短片段。在进行下一次的连接之前，要用适当的溶剂将载体清洗干净。这样，每连接一次就经历一次循环，合成的寡核苷酸链则始终被固定在固相载体上，而过量的未反应的试剂或分解的物质，则被过滤或洗涤除去。当整个链增长到所需的长度之后，再将此合成的寡核苷酸链从固相载体上切除

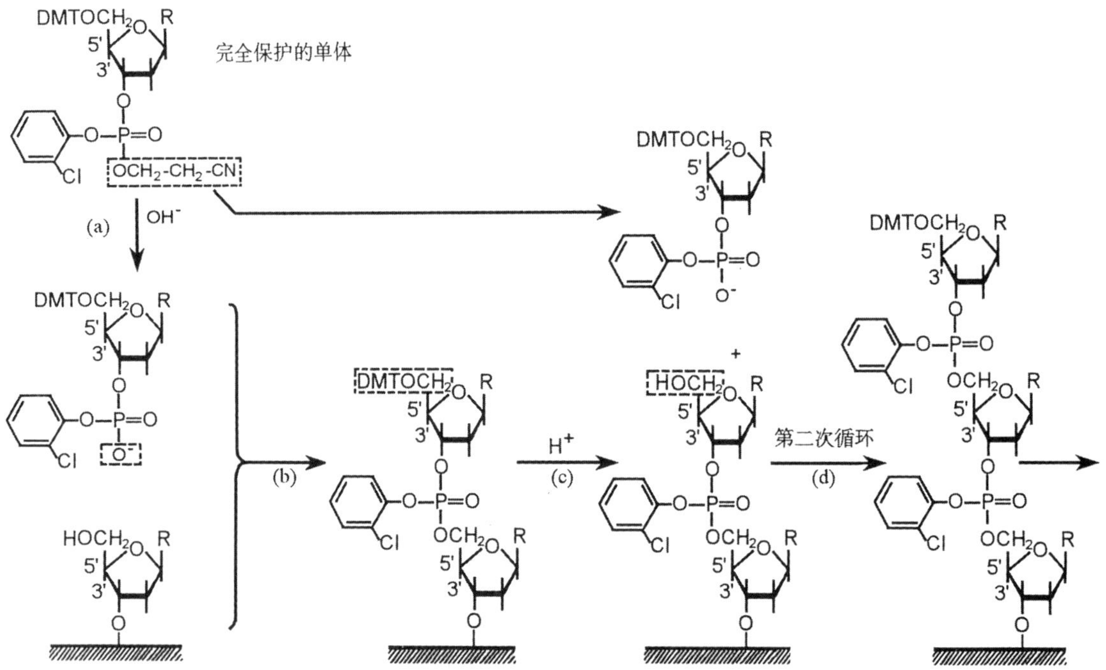

图 2-20　固相磷酸三酯法合成寡聚脱氧核苷酸片段

(a)完全保护的脱氧单核苷酸衍生物，通过三乙胺(triethylamine)的作用，使其 3′-P 位置处于未保护状态；(b)于是它便可同 3′-OH 端被固定在固相支持物上的另一个脱氧单核苷酸分子上未保护的 5′-OH 缩合，形成二核苷酸；(c)加酸处理，使其脱去 5′-OH 上的保护基团 DMT；(d)这样它又可同具 3′-活性末端的另一个脱氧单核苷酸分子缩合，形成三核苷酸分子。如此重复进行，到反应最后完成时，所有的保护基团都要被清除掉，并通过高效液相色谱法(HPLC)纯化合成产物。

图中 R 分别为苯甲酰腺嘌呤(benzoyl adenine)、苯甲酰胞嘧啶(benzoyl cytosine)、异丁基鸟嘌呤(isobutyryl guanine)或胸腺嘧啶

下来，并洗脱保护基，经纯化得到所需要的终产物(图 2-20)。

4. 固相亚磷酸三酯法合成寡核苷酸

固相亚磷酸三酯法，是目前最通用的一种合成寡核苷酸的方法。图 2-21 概述了用此种方法合成寡核苷酸的一个循环周期的情况。核苷酸 1(N1)在合成开始时就已经附着在惰性的固相载体上，同时它的脱氧核糖环的 5′-OH 基团也已用二甲氧基三苯甲基(DMT)保护起来。这种固相载体典型的情况是使用可控微孔玻璃(CPG)。合成的一个循环周期分为如下四个步骤：

第一步，脱三苯甲基作用(detritylation)。用酸处理法，脱去与核苷酸 1 的 5′-OH 基团偶联的保护基团 DMT。在这种脱 DMT 反应中，常用的酸是二氯乙酸(DCA)或三氯乙酸(TCA)。

第二步，偶联反应(coupling)。通过一种弱碱——四唑(tetrazole)的催化反应，使加进来的第二个核苷酸(N2)同已附着在固相载体上的核苷酸 1 之暴露的 5′-OH 基缩合。

第三步，封端反应(capping)。由加入的乙酸酐(acetic anhydride)激发的乙酰化作用，把所有的没有参与偶联反应的 5′-OH 基团全都封闭起来。

第四步，氧化作用(oxidation)。在核苷酸 N1 和 N2 之间新形成的 3′-5′亚磷酸三酯键十分活跃。利用碘液催化作用，使之被氧化成为相当稳定的 3′-5′磷酸三酯键。这也就是为什么我们称这种寡核苷酸合成法为亚磷酸三酯法的原因。

在下一个合成周期之前，要把附着在最后一个偶联核苷酸上的二甲氧基三苯甲基(DMT)移去，以保证它的 5′-OH 基团能够暴露出来，同下一个活化的脱氧单核苷酸溶液进行偶联反应。DMT 是一种显色指示剂，所以它的释放可以用来检测偶联反应的效率。

上述这种循环反应，可被重复地进行，直到合成出具有所需序列长度的寡核苷酸片段为止。到合成终止时，固相载体上携带着被完全保护的寡聚脱氧核苷酸，因此需要使它们有系统地去掉保护基团，并从固相载体上释放出来，成为游离的寡核苷酸。然后，用乙醇沉淀法纯化这些寡核苷酸，再用高效液相色谱法或凝胶电泳法使之进一步纯化，并同未完成的较短的片段分开，最后得到真正需要的产物。

固相亚磷酸三酯法的主要优点是，合成产率高，反应速度快，如果使用更加活跃形式的磷，那么大约在 2 分钟内就可完成一次缩合作用。目前，此法已成功地用来合成长达 150bp 以上的寡核苷酸片段。固相亚磷酸三酯法的主要限制在于，它的合成周期长，即使加入了催化剂，每进行一次缩合反应都需要 1 个小时左右的周期才能完成。此法通常用于合成长度 50bp 左右的寡核苷酸短片段。因此，一般认为固相亚磷酸三酯法是目前比较理想的一种寡核苷酸合成法。

5. 用寡核苷酸片段组装基因的方式

目前，化学合成寡核苷酸片段的能力一般局限于 150～200bp 以内。然而，绝大多数基因的大小都超过了这个范围。因此，需要一种特殊的程序，才能够把合成的寡核苷酸片段构建成完整的基因。我们将这种按设计要求用许多寡核苷酸片段装配成完整基因的过程，叫做基因的组装。Khorana 和他的合作者，在 70 年代末最早提出基因组装法，并成功地合成出了 tRNA 基因。常用的组装基因的方法有两种(图 2-22)。

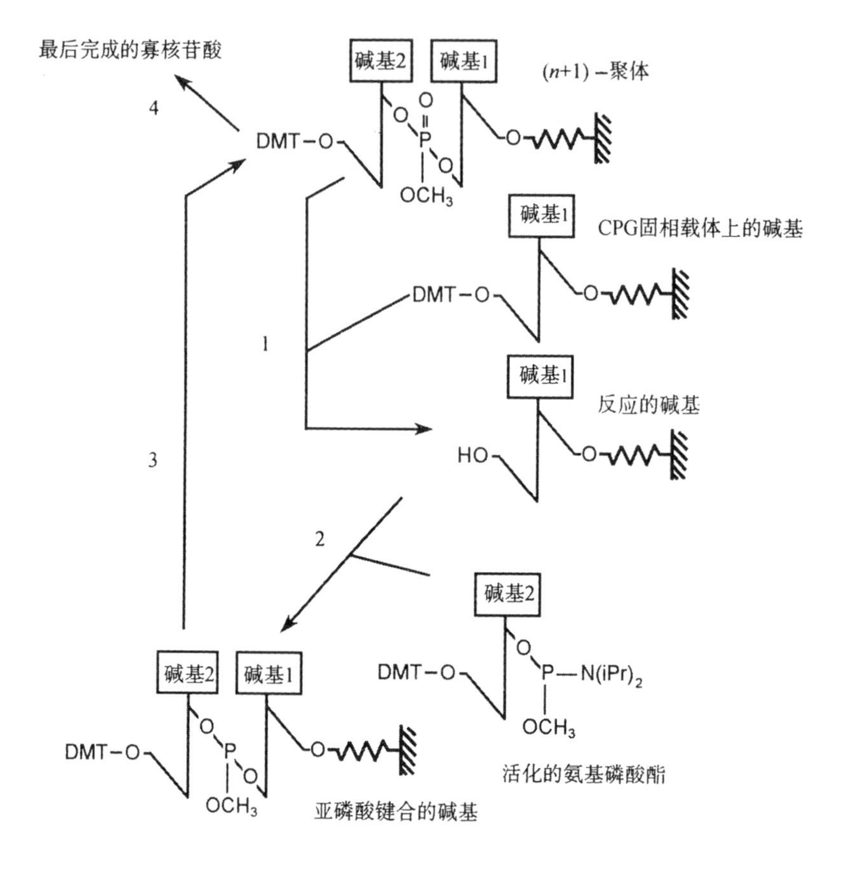

图 2-21　固相亚磷酸三酯法合成寡核苷酸片段

DMT＝二甲氧基三苯甲基(4,4′-dimethoxytrityl)

第一种方法是先将寡核苷酸激活，带上必要的 5′-磷酸基团，然后再与相应的互补的寡核苷酸片段退火，形成带有粘性末端的双链寡核苷酸片段。把这些双链寡核苷酸片段混合在一个试管中，加上 T4 DNA 连接酶，使它们彼此连接组装成一个完整的基因或基因的一个片段。这些组装的产物被插入到适当的噬菌体载体或质粒载体上，并转化到大肠杆菌寄主细胞中去。最后用 DNA 序列分析法检测所组装的基因。应用这种基因组装法，已经构建出了许多基因，其中包括分子量较大的 α-干扰素和牛视紫红质两个基因。

第二种方法的核心是，尽可能地减少合成寡核苷酸片段的用量。将两条具有互补 3′-末端的长的寡核苷酸片段彼此退火，所产生的单链区段在加入的 Klenow 酶的聚合作用下，便会迅速地合成出相应的互补链。如此形成的双链 DNA 片段，或是先用平末端直接同选择好的载体分子连接；或是用适当的核酸内切限制酶处理，使之形成粘性末端之后再插入到载体分子上。从理论上讲，应用这种方法组装基因，在一开始就加入具有重叠末端的寡核苷酸片段，是能够合成出大分子量的基因。然而，实际上由于在退火过程中难以消除那些不必要的杂交作用，同时二级结构的存在也会干扰聚合酶(Klenow 酶)的作用，因此这种基因组装法还是有相当的局限性。

利用长的寡聚体能够直接组装长度为 1 500～2 000bp 的基因。遗憾的是，用这种办法构建的基因，其突变频率相当高，平均每隔 500～800bp 就会出现一个突变。这就使一

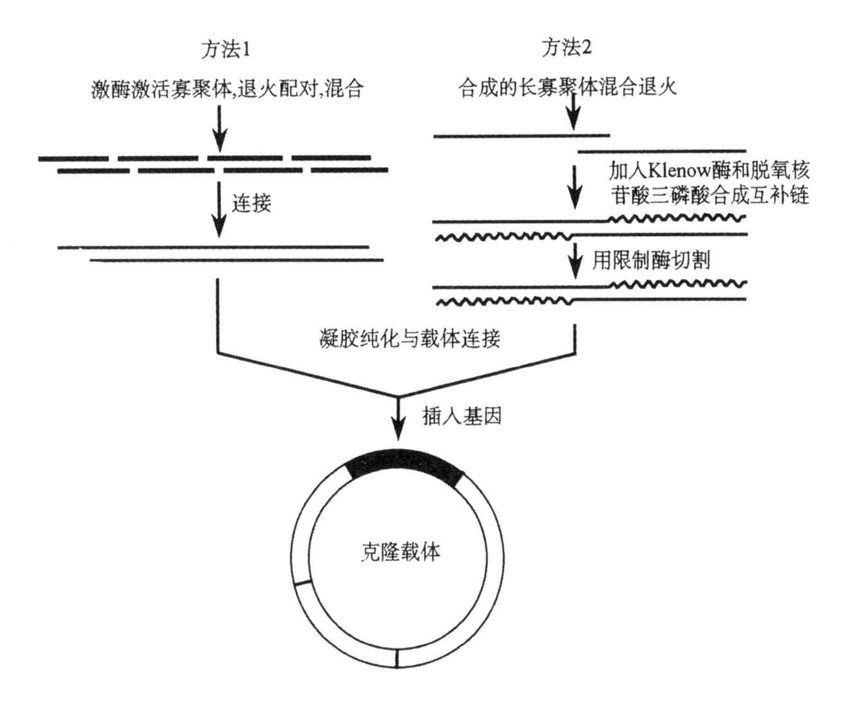

图 2-22 用合成的寡核苷酸片段组装基因的两种方式

步直接组装大基因的优越性大为逊色。在这种情况下,一种较好的替代办法是,把一个完整基因的全序列分解成少数几个片段,然后分别组装这些亚片段,并经克隆验证其序列结构为正确无误之后,再应用标准的克隆技术,将这些亚片段按基因的正确顺序连接在一起,最后得到所需的基因序列。图 2-23 概述了应用这种办法构建一个长度为 1 000bp 的假想基因的详细过程。具有 1 610bp 的组织血纤维蛋白溶酶原激活因子(t-PA)基因就是按照这种方法组装的。

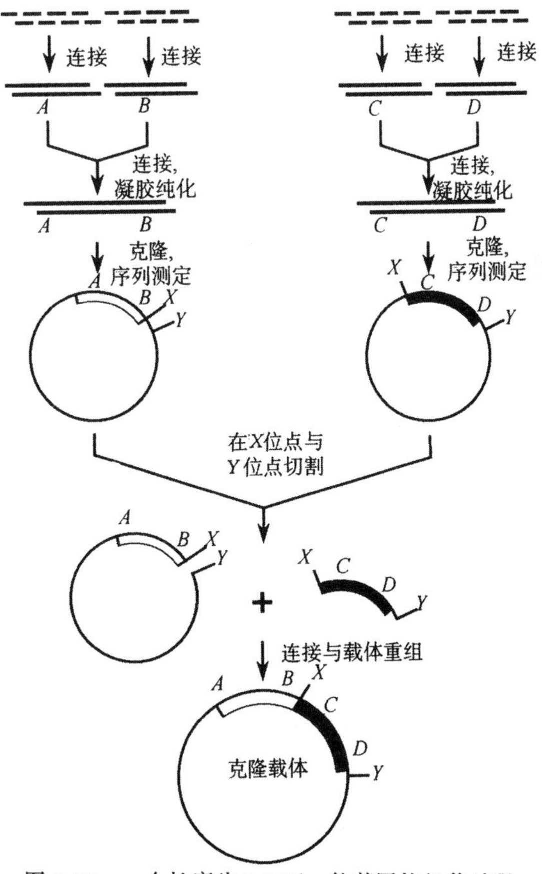

图 2-23 一个长度为 1 000bp 的基因的组装过程

6. 寡核苷酸化学合成的实际用途

寡核苷酸的化学合成,已成为现代分子生物学研究和基因克隆的一种十分有用的手段。它的主要用途包括如下几个方面:

(1)作为合成基因的元件

通过寡核苷酸的合成,现在已有

能力构建出长达 2 000bp 的基因的全序列。当然，只有在掌握了蛋白质的氨基酸序列结构之后，基因的全合成才有实现的可能。如果某些待研究的特定基因，其相应的组织特异性的 mRNA 很难提取，或是 mRNA 含量很低，在这种情况下便可考虑采用化学法合成基因的全序列。近来由于商业竞争的缘故，要想从别的实验室得到某种在文献上已经报道的基因克隆越来越困难。因此不如自己动手合成，也许会更畅快，且又省力。实践表明，在具有良好的寡核苷酸合成能力的条件下，一个熟练的操作人员可在 5～6 周之内，完成一个 500bp 基因的合成、克隆及序列分析等全部过程。

(2)作为核苷酸序列分析的引物

寡核苷酸可以同 DNA 互补链杂交，因此可作为合成 DNA 互补链的引物。例如，双脱氧终止法 DNA 序列分析中的引物，就是用化学方法合成的寡核苷酸片段。

(3)作为核酸分子杂交的探针

与克隆的 DNA 片段具有同源序列的特定的寡核苷酸片段，经过缺口转移标记上 ^{32}P 放射性同位素之后，便可作为核酸分子杂交的探针，用来选择重组的 DNA 分子。一般是根据蛋白质的氨基酸顺序，反推出基因编码区的可能的 DNA 核苷酸序列，并据此合成出寡核苷酸混合物(通常是由 8、16 或 32 种不同片段组成)作探针，用以筛选特定基因。例如，为了鉴定出水稻的细胞色素 C 基因，合成了含 8 种 14-mer 的寡核苷酸的混合探针，其序列组成是 $5'\text{-GT}\genfrac{}{}{0pt}{}{A}{G}\text{TT}\genfrac{}{}{0pt}{}{T}{C}\text{TC}\genfrac{}{}{0pt}{}{T}{C}\text{TCCCA-}3'$，它代表如下 8 种的 14-mer 的寡核苷酸成分：

5′GTA TTT TCT TCC CA 3′
5′GTG TTT TCT TCC CA 3′
5′GTA TTC TCT TCC CA 3′
5′GTG TTC TCT TCC CA 3′
5′GTA TTT TCC TCC CA 3′
5′GTG TTT TCC TCC CA 3′
5′GTA TTC TCC TCC CA 3′
5′GTG TTC TCC TCC CA 3′

(4)用于基因定点诱变研究

诱发 DNA 序列发生定点突变的方法之一是，在体外用化学法合成一段带有预定突变序列的寡核苷酸片段。这种片段同野生型的基因序列退火时就会形成部分异源双链的结构，于是通过 DNA 复制更可诱发出少量的完整的突变基因，然后再经由体内增殖便可最终获得大量的突变基因(详见本章第六节)。

(5)作为 PCR 扩增反应的引物

聚合酶链式反应(polymerase chain reaction)，简称 PCR，是在体外快速扩增目的基因或特定DNA片段的一种十分有效的技术。它赖以创立与发展的两个先决条件是,Taq酶的开发与寡核苷酸的化学合成。在PCR扩增反应中应用的一对寡核苷酸引物,其长度一般为20个核苷酸左右,分别与待扩增的DNA区段两端序列彼此互补。引物对的正确设计与合成是实现PCR有效扩增的关键因素。

(6)作为重组DNA连接构件

重组DNA过程中常用到的两种连接构件是衔接物(linker)和接头(adaptor),也是应用寡核苷酸化学合成法制备的。两者在基因克隆工作中都有重要的实际应用价值。

第六节　基因定点诱变

对于任何一种遗传学研究,尤其是有关基因的结构与功能的分析,突变都是最基本的手段。经典的方法是,应用能够修饰DNA分子的化学诱变剂或物理诱变剂处理生物体。此类诱变方法虽然已得到了广泛的应用,获得了大量的突变体,但亦存在着诸多的不便之处。

第一,经受诱变剂处理的生物体,它的任何基因都有可能发生突变,而目的基因的突变频率又可能相当低,因此给突变体的筛选工作造成了很大的麻烦。

第二,即便分离到了具有期望表型的突变体,人们也无法保证所出现的突变确实就是发生在目的基因上。

第三,在基因克隆和核苷酸测序技术发展之前,我们既无法知道究竟是在基因的什么部位发生了突变,也无法弄清这种突变到底是因单碱基取代抑或是由于DNA片段的插入和缺失所致。

随着分子生物学方法的进步,特别是基因克隆技术的应用,分离并研究单基因的结构与功能已成为一种常规的工作。与此相适应,基因的诱变技术也有了极大的发展。现在,人们不仅能够对多细胞或是有机体作诱变处理,并从成千上万的突变群体中筛选出期望的突变体,而且还能够取代、插入或缺失克隆基因或DNA序列中的任何一个特定的碱基,这种体外特异性改变某个碱基的技术,叫做定点诱变(site-directed mutagenesis)。由于它具有简单易行、重复性高等优点,现已发展成为基因操作的一种基本技术。这种技术的重要性除了能够用于研究基因的结构与功能的关系之外,还能够通过使非常特异的氨基酸发生改变来获得突变体蛋白质,即所谓的蛋白质工程。而此类蛋白质突变体的产生则有助于开展催化机理、底物特异性和稳定性等方面的研究。目前已发展的定点诱变方法主要有盒式诱变、寡核苷酸引物诱变及PCR诱变等,下面将逐一予以讨论。

1. 盒式诱变

我们知道,核酸内切限制酶的限制位点可以用来克隆外源的DNA片段。只要有两个限制位点比较靠近,那么两者之间的DNA序列就可以被移去,并由一段新合成的双链DNA区段所取代。所谓盒式诱变(cassette mutagenesis),就是利用一段人工合成的具有突变序列的寡核苷酸片段,即所谓的寡核苷酸盒(oligonucleotide cassette),取代野生型基因中的相应序列。这种诱变的寡核苷酸盒是由两条合成的寡核苷酸组成的,当它们退火

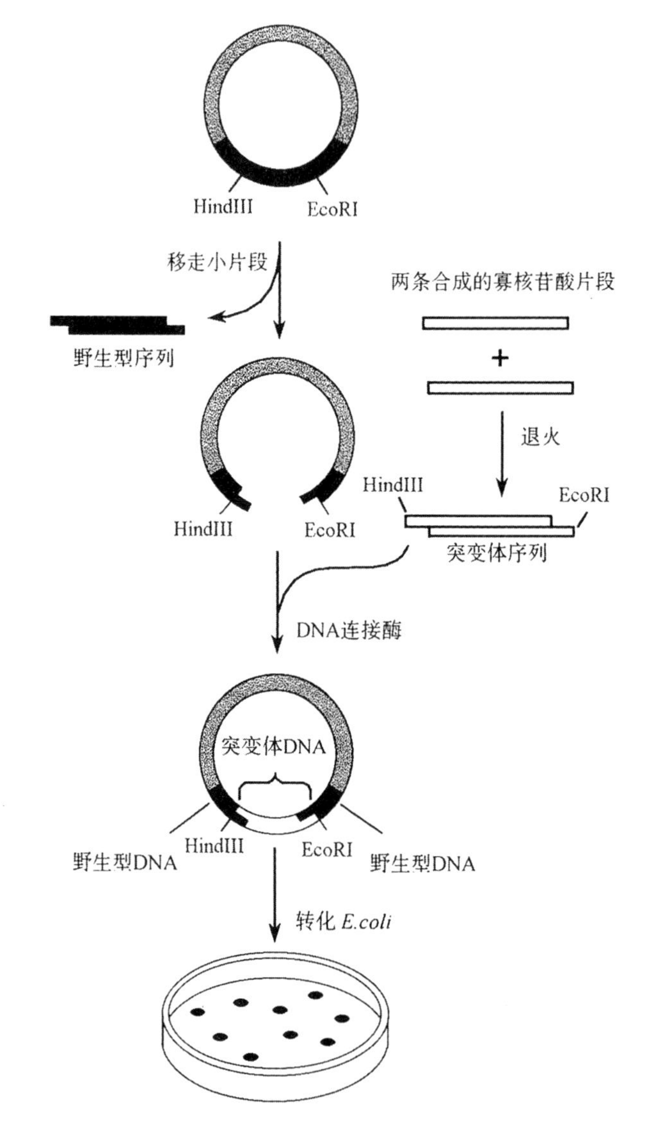

图 2-24　盒式取代诱变

用核酸内切限制酶 EcoRI 和 HindIII 消化质粒 DNA，这两种限制酶的切割位点是位于待诱变序列的两侧。将这一小段切割产生的含有部分野生型序列的 DNA 片段移走，并用一段具有期望突变序列的 DNA 片段(即盒子)取而代之，连接到质粒载体上。这段突变体 DNA 片段由两条互补的合成的寡核苷酸组成，当它们退火时会产生出 EcoRI 和 HindIII 两个粘性末端。由于不存在异源双链的中间体，突变体盒子只是简单地取代野生型片段，因此重组质粒全部是突变体。使用由简并的寡核苷酸组成的突变体盒子，取代结果是形成一种含有不同序列的突变体质粒文库

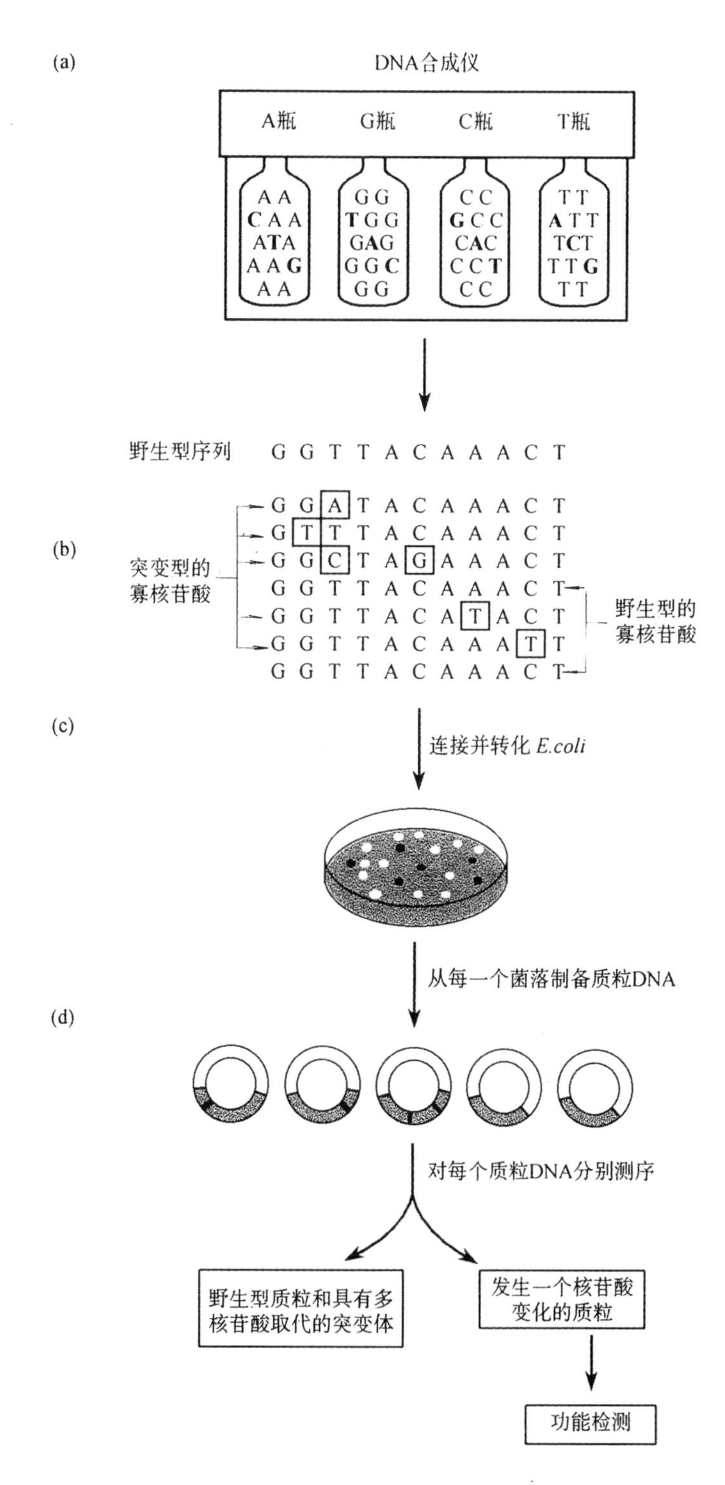

图 2-25 利用掺假的寡核苷酸进行的盒式诱变

(a)DNA 合成仪根据指令合成野生型序列(GGTTACAAACT);(b)由于碱基错误掺入合成出一群掺假的寡核苷酸群体;(c)由互补的掺假的寡核苷酸退火形成的盒子连接到质粒载体上,并转化给大肠杆菌细胞;(d)从转化子中分别纯化质粒 DNA 并测序,从中鉴定出单碱基置换的突变体作功能测试

时，会按设计要求产生出克隆需要的粘性末端。盒式诱变法具有简单易行、突变效率高等优点，不便之处是在靶 DNA 区段的两侧需存在一对限制酶单切点。然而在一般情况下，靶 DNA 的序列结构往往难以满足此种要求，幸运的是我们可以简便地通过寡核苷酸介导的诱变程序来产生出适用的限制位点。一旦具备了这样的条件，那么将合成的诱变的寡核苷酸盒插入到质粒载体分子上，便可以获得数量众多的突变体(图 2-24)。这就恰如把各种不同的盒式磁带插入收录机一样，故称此类诱变为盒式诱变或寡苷酸诱变。

应用简并的寡核苷酸作盒式诱变，在一次的实验中就能够产生出一群随机突变体。这一方法已被用来研究糖皮质激素效应元件(glucocorticoid response element, GRE)的结构。GRE 元件是一种增强子序列，它能够激活一种基因家族，使其对某些类固醇激素的作用作出反应。缺失诱变表明，这个元件是定位在糖皮质激素基因的一个 30bp 的区段内。为了精确地测定控制 GRE 功能的序列，已诱变收集了这个区段的全部的单碱基突变体，并检测了相应细胞的糖皮质激素的诱导性。在不正确的核苷酸能够发生低频率参入的条件下，合成了两条具 30bp GRE 的互补的寡核苷酸序列。这些“掺假”的寡核苷酸(亦即由于核苷酸掺假而产生的寡核苷酸)，以盒子形式退火并参入到无 GRE 的启动区。应用这种方法已经获得了许多在 30bp 部位发生单碱基取代的突变体。这种情况在寡核苷酸诱变技术发展之前是不可想象的。

如图 2-25 所示，编码糖皮质激素效应元件(GRE)的寡核苷酸盒系由 DNA 合成仪合成的。合成的条件是，在每一瓶中都含有一种特殊的核苷酸前体和三种少量的其它核苷酸前体。在本例中，DNA 合成仪被指令合成 GGTTACAAACT 序列。因此，比如当从 *C* 瓶给合成仪加入一份溶液，大多数寡核苷酸链的末端将是同 C 碱基偶联的。但由于 *C* 瓶中也含有少量的 A、G 和 T，因此有时也会替代加入不正确的碱基。但鉴于 C 的浓度大约是 A、G 和 T 的 30 倍，因此在合成的 30 个分子中大约会有一个是加入了错误的碱基。结果合成出一群掺假的寡核苷酸群体，它实际上是由许多不同的序列组成的，包括某些野生型的和某些具有碱基取代的寡核苷酸序列。掺假核苷酸前体的含量比例被调整到有利于只发生一个碱基取代的寡核苷酸的合成，但由于取代作用是随机发生的，因此群体中有的寡核苷酸分子仍是野生型的没有发生碱基取代，有的则发生了一个或数个碱基取代。由互补的掺假的寡核苷酸退火形成的盒子连接到质粒载体上，并转化给寄主细胞。然后从 546 个独立的大肠杆菌转化子分别分离质粒 DNA 并作序列测定，其中有 224 个是野生型的，218 个有单碱基取代，仅有少数的是有 2 个或数个碱基取代。至于 30bp 的靶序列，从应有 90 个可能的单碱基取代突变中得到了 74 个。

2. 寡核苷酸引物诱变

(1) 寡核苷酸引物诱变原理

由于寡聚脱氧核糖核苷酸固相化学合成法的进展，应用合成的寡核苷酸短片段作为诱变剂，诱发基因或 DNA 片段中特定核苷酸发生取代的定点诱变技术，已成为研究基因结构与功能关系的最精确、最有用的手段。它能够高频率地诱发某一特定的核苷酸部位发生突变，而且所要求的突变是严格地取决于作为诱变剂的寡核苷酸的序列结构。这种定点诱变技术所依据的原理是，使用化学合成的含有突变碱基的寡核苷酸短片段作引物，启动单链 DNA 分子进行复制，随后这段寡核苷酸引物便成为了新合成的 DNA 子链的一个组成部分。因此所产生出来的新链便具有已发生突变的碱基序列。为了使目的基因的特定位点发生突变，所设计的寡核苷酸引物的序列除了所需的突变碱基之外，其余的则与目的基因编码链的特定区段完全互补。

作为诱变剂的寡核苷酸序列，同待诱变的目的基因的互补序列之间，能够形成一种稳定的唯一的双链结构。决定这种双链区稳定性的主要结构因素是碱基的组份、核苷酸的错配，以及寡核苷酸引物的长度等等。用作定点诱变之诱变剂的寡核苷酸片段的长度范围一般为 8～18 个核苷酸。这样长度的寡核苷酸分子，既可以用酶催方法产生，也可以用化学方法合成。但用酶催方法产生的寡核苷酸，其终产率比较低。现在，固相化学法合成寡核苷酸的程序已得到普遍的应用，而且商品供应的寡核苷酸制剂的价格也已大幅度地下降。同时，应用 DNA 自动合成仪，能够合成出满足生物学研究需要的各种类型的寡核苷酸片段。因此在大多数情况下，都是采用化学法合成寡核苷酸片段，作为定点诱变的诱变剂。

要成功地诱发一种定点突变，主要取决于选用的寡核苷酸诱变剂。因此，这种寡核苷酸引物中的错配碱基必须得到保护，避免遭受大肠杆菌 DNA 聚合酶 I 的 5′-和 3′-外切核酸酶活性的删除作用。使用大肠杆菌 DNA 聚合酶 I 的 Klenow 大片段酶，可以消除 5′-外切核酸酶的活性。但大肠杆菌聚合酶 I 的 3′-外切酶活性同样也会把诱变剂寡核苷酸中的错配碱基删除掉。不过，只要所用的诱变剂寡核苷酸，在其错配碱基的 3′-端外边还存在有一个以上的其它碱基，就可以抵制这种 3′-外切核酸酶活性的删除作用。如果诱变剂寡核苷酸是作为筛选这种组成型突变体的分子探针使用，那么错配碱基的位置就应该设计在接近诱变剂寡核苷酸分子的中央部位，以便在完全配对的双链分子同具错配碱基的双链分子之间造成最大的结合差别。

(2)寡核苷酸引物诱变过程

起初，寡核苷酸引物诱发的定点突变是使用噬菌体 φX174 作为待诱发突变的目的基因的载体，之后又发展出了一种更加简单高效的程序，是将目的基因（或 DNA 片段）插入到 M13 派生载体上。应用单链噬菌体 DNA 作为目的基因的载体，它的优越性在于可简单快速地分离到单链模板 DNA，并且使用放射性同位素标记的诱变剂寡核苷酸作探针，可以容易地筛选出突变体克隆。

图 2-26 概括地叙述了这种诱变形成过程的主要步骤：

(i)正链 DNA 的合成　按照体外 DNA 重组技术，将待突变的目的基因（或 DNA 片段）插入到 M13 噬菌体上。然后制备此种含有目的基因的 M13 单链 DNA，即“正链” DNA。

(ii)突变引物的合成　应用化学法合成带错配碱基的诱变剂寡核苷酸片段，它在以单链 M13 DNA 作模板的体外 DNA 合成中是作为引物使用的，所以又叫做突变引物序列，或“负链”DNA。

(iii)异源双链 DNA 分子的制备　将突变引物 DNA 5′-末端磷酸化之后，与含目的基因的 M13 单链 DNA 混合退火。结果便会在待诱变的核苷酸部位及其附近形成一小段具碱基错配的异源双链的 DNA。在大肠杆菌 Klenow 大片段酶的催化下，引物链便以 M13 单链 DNA 为模板继续延长，直至合成出全长的互补链，而后再由 T4 DNA 连接酶封闭缺

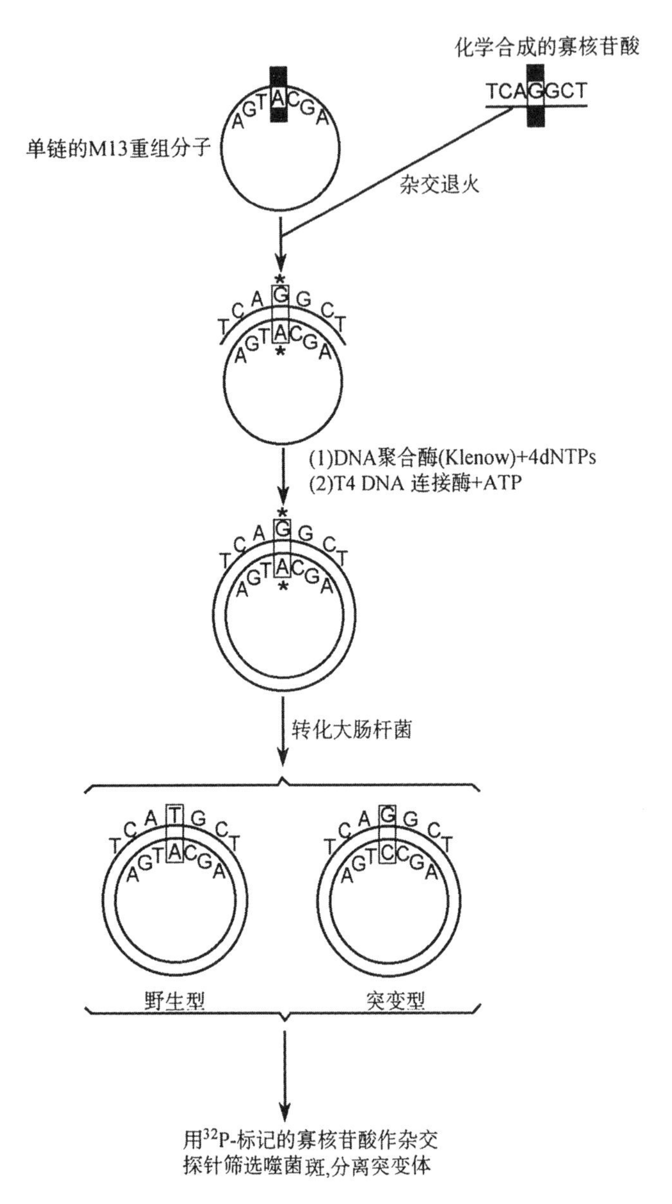

图 2-26 用合成的寡核苷酸诱发定点突变的基本过程

* 号表示错配的碱基

口，最终在体外合成出闭环的异源双链的 M13 DNA 分子。合成的寡核苷酸引物退火到 M13 单链 DNA 模板上，必须在低温下进行，这是由于它所形成的双链片段比较小，热稳定性低，而错配区又进一步破坏了这种双链结构的稳定性。一般说来，退火的温度取决于引物的长度，及错配碱基相对于双链片段末端的位置。

(iv)闭环异源双链 DNA 分子的富集　单链的 M13 噬菌体 DNA 和具裂口的双链的 M13 噬菌体 DNA，它们会转化大肠杆菌寄主细胞，产生出很高的转化本底。应用 SI 核酸酶处理法，或碱性蔗糖梯度离心法，便可以减少这些本底，使上述反应混合物中的闭环的异源双链的 M13 DNA 分子得到富集。

(v)转化　这些体外合成的闭环的异源双链 DNA 分子转化给大肠杆菌细胞后，产生出同源双链 DNA 分子。其中有的是原来的野生型 DNA 序列，有的是含突变碱基的序列，因此，转化子细胞便会产生出两种类型的噬菌体，一种是野生型的，另一种是突变型的。

(vi)突变体的筛选　根据不同的具体情况，可以用如下四种方法之一，即链终止序列分析法(chain termination sequencing)、限制位点筛选法(restriction site screening)、杂交筛选法(hybridization screening)和生物学筛选法(biological screening)，来筛选突变体克隆。这四种方法当中，杂交筛选法最简单也最有用。它是用 T4 多核苷酸激酶使诱变剂寡核苷酸序列带上 ^{32}P 同位素标记作为探针，在不同的温度下进行噬菌斑杂交，选择突变体克隆。由于探针同野生型 DNA 之间存在着碱基错配，而同突变型则完全互补，于是便可以根据两者杂交稳定性的差异，筛选出突变型的噬菌斑。在杂交温度最高的情况下出现的阳性杂交噬菌斑，就有可能含有所需要的突变基因。

如果寡核苷酸诱发的定点突变，能够产生出明显的生物学表型特征，就可以使用生物学筛选法。例如 ϕX174 噬菌体基因 E 的结合核糖体位点的突变体，就是使用此种方法分离的。因为基因 E 突变体（无义突变体或结合核糖体位点突变体），只有在培养基中补加有胆汁盐和溶菌酶作为人工溶菌剂的条件下，才会在大肠杆菌菌株上形成噬斑。

(vii)突变基因的鉴定　为了检测在诱变过程中并没有引入其它的偶然错配，慎重的做法是对突变体 DNA 作序列分析，直接检测突变体的序列结构特征，如与设计的一致则表明是所需要的突变基因。

(3)寡核苷酸引物诱变法的局限性

应用寡核苷酸引物诱变法产生突变体的比例，亦即突变效率，是受多种因素制约的。首先，本法所产生的异源双链分子(heteroduplex molecular)中，有可能混杂着一些仍然没有配对的非突变的单链模板 DNA，及局部双链的 DNA 分子。由于这些污染物的干扰，使突变体子代的比例明显下降。应用蔗糖梯度离心或是琼脂糖凝胶电泳虽可清除掉这些污染的 DNA 分子，然而其操作程序却是十分费时而麻烦的。

经转化和体内 DNA 合成之后，异源双链的 DNA 分子的两条链便会发生分离，产生出由突变体和非突变体子代组成的混合群体。其中突变体子代，通过细胞碱基错配修复体系的作用，会从亲代分子中清除出去。从理论上讲，这种碱基错配修 复体系应能产生出等量的突变体子代和非突变体子代，但在实际上突变体是被反选择的(counterselection)，即筛除掉野生型的非突变体，而选出突变体或重组体。可见，此种碱基错配修复体系并不能看作是造成突变体低产率的原因。事实上造成突变体子代低产率的主要原因是，大肠杆菌中甲基介导的碱基错配修复体系，是有助于非甲基化 DNA 的修 复作用。因此，在细胞中那些尚未被甲基化的新合成的 DNA 链中错配的碱基，便被优先修复了，从而阻止了突变的产生。同样的道理，在体外产生的非甲基化的突变体链也被细胞优先修复了，所以子代的主要部分便是属于野生型的了。

(4)提高寡核苷酸引物突变效率的办法

异源双链 DNA 分子是由一条突变体链和一条非突变体链组成的，当其在细胞内复制之后必定会产生出突变体和非突变体两种类型的子代分子。所以提高突变体比例的最有效的办法便是抑制非突变体的生长。早期使用的两种方法——裂口双链体法(gapped duplex method)和引物选择法(primer selection method)，现在均已过时。下面介绍两种更有效的新方法：

(i)Kunkel 定点诱变法　这是一种通过筛除含尿嘧啶的 DNA 模板链进行的寡核苷酸引物定点诱变法。因为它是由 T. A. Kunkel 于 1985 年发明的，故称之为 Kunkel 法。它的基本原理是，在诱变之前先将复制型的 M13 噬菌体 DNA 转化到脱氧尿苷三磷酸(dut)和尿嘧啶脱糖苷酶(ung)双缺陷的大肠杆菌(dut^-，ung^-)菌株中生长。dut 突变导致胞内 dUTP 水平上升，而 ung 突变则会使尿嘧啶取代 DNA 链中的胸腺嘧啶。虽然尿嘧啶通常并不会参入到 DNA 链上，亦不是事实上的诱变碱基，但能够同腺嘌呤形成碱基配对，所以它的参入并不会影响 DNA 链的复制。因此，从生长于 dut^- ung^-的大肠杆菌寄主中制备的 M13 单链 DNA 模板含有许多尿嘧啶残基(平均每基因组有 20～30 个)(图 2-27)。将诱变的寡核苷酸引物退火到这种模板 DNA 链上，并在具有四种标准的 dNTPs 的反应

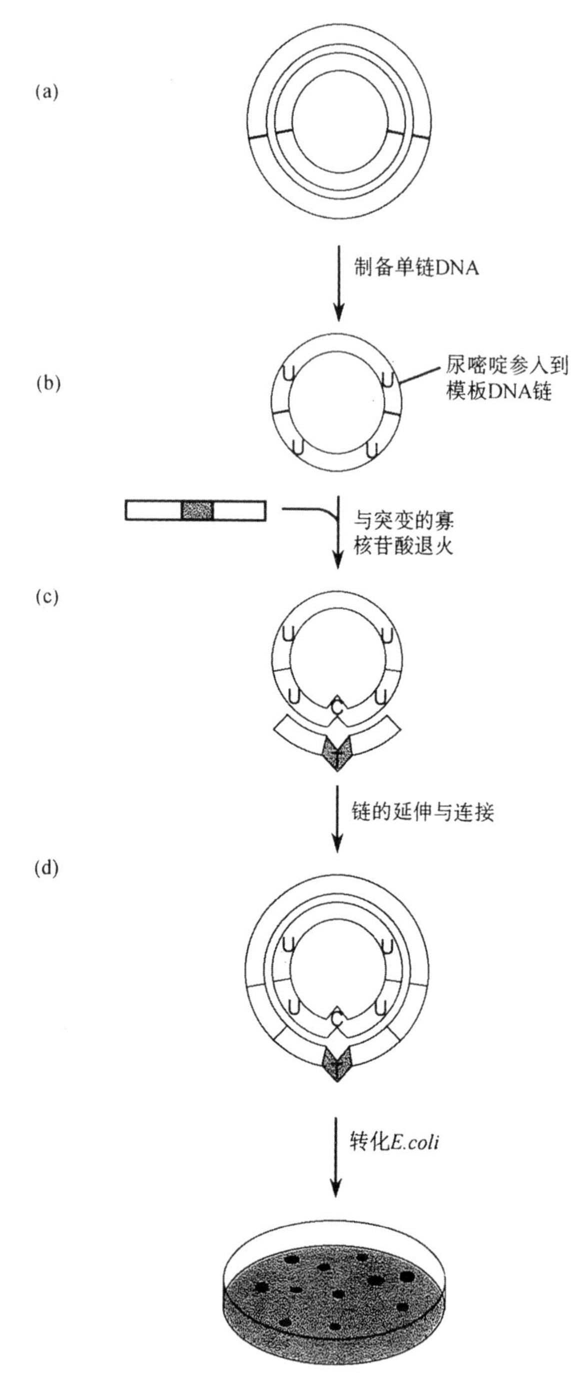

图 2-27　应用含尿嘧啶的单链 DNA 模板提高寡核苷酸引物突变效率的 Kunkel 法

(a)将复制型的 M13 DNA 转化到 dut^- ung^-的大肠杆菌寄主菌株；(b)从 dut^- ung^-寄主菌株中制备单链模板 DNA，其上参入了许多尿嘧啶残基；(c)在体外试管中使诱变的寡核苷酸引物退火到含 U 的模板 DNA 上，合成互补链；(d)连接后的异源双链 DNA 分子导入 *E. coli* ung^+菌株，并筛选 Amp^r 菌落。其中 50%以上含突变体的质粒

混合物中，指导新链合成。由此产生的异源双链 DNA 分子连接到质粒载体后导入大肠杆菌 ung^+菌株，此时含尿嘧啶的野生型模板链在尿嘧啶脱糖苷酶的作用下发生链的断裂，在发生复制之前就被降解掉了；而诱变剂寡核苷酸引物启动合成的 DNA 链，由于不含尿嘧啶，故不会被尿嘧啶脱糖苷酶降解，而能正常复制，从而产生出大量的突变体子代，提高了突变的效率。一般说来，应用此种诱变程序，大约 50%以上的菌落含有突变的质粒。

(ii)硫代磷酸诱变法　已经知道有一些核酸内切限制酶，例如 AvaI、AvaII、BanII、HindII、NciI、PstI 及 PvuI 等，是无法切割硫代磷酸 DNA 分子的。根据这一原理建立的寡核苷酸引物定点诱变法，特称之为硫代磷酸诱变法。首先按常规的办法将突变的寡核苷酸引物同 M13 重组体单链模板 DNA 退火，然后在具有硫代核苷酸(thionucleotide)(图 2-28)的反应条件下，加入 DNA 聚合酶催化新链的合成。如此产生的异源双链 DNA 分子中，突变体链是硫代磷酸化的 DNA。经 DNA 连接酶封闭缺口之后，再用 NciI 核酸内切限制酶消化此异源双链 DNA 分子，那么被切割的将只是非硫代磷酸化的亲本链。这些具切口的亲本链由外切核酸酶局部消化之后，再重新进行聚合反应，使*G 与 C 正常配对，从而产生出具有定点突变(A→C)的突变体的双链 DNA 分子(图 2-29)。硫代磷酸诱变法可以在体外进行链的选择，获得非常高的突变效率，不仅对点突变是如此，而且对于缺失突变和插入突变亦是如此。

在硫代磷酸诱变法发明的早期，是用硝酸纤维素滤膜清除单链模板 DNA，而现在则是用 T5 噬菌体外切核酸酶消化法取

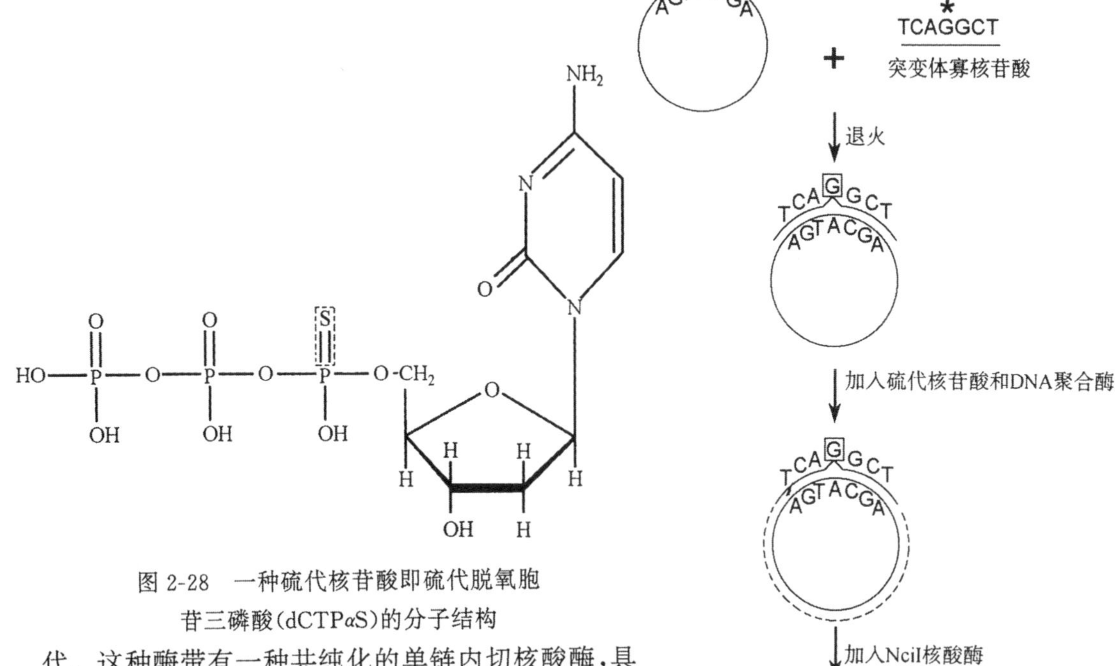

图 2-28　一种硫代核苷酸即硫代脱氧胞苷三磷酸(dCTPαS)的分子结构

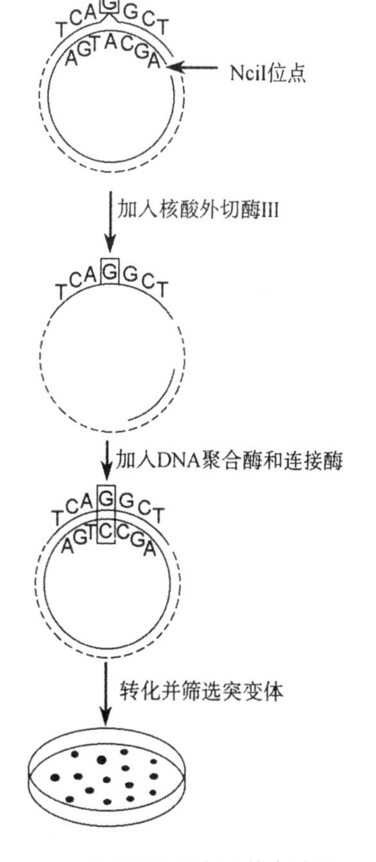

图 2-29　硫代磷酸诱变法基本过程
含有硫代核苷酸的 DNA 用虚线表示，
* 号表明突变的碱基

代。这种酶带有一种共纯化的单链内切核酸酶，具有单链及双链 DNA 的外切核酸酶活性。它能将反应物中不需要的单链模板 DNA 切割并消化掉，否则这些单链模板 DNA 就会形成非突变体本底。具切口的双链 DNA 同样也是 T5 外切核酸酶的作用底物，而闭合环形的异源双链突变体 DNA 对此种酶的消化作用则具有抗性，因此在整个反应过程中都不会受损。与硝酸纤维素滤膜过滤法相比，使用 T5 外切核酸酶能更容易更有效地除去单链 DNA。

3. PCR 诱变

(1)重组 PCR 定点诱变法

根据对上一节所叙述的关于寡核苷引物诱变问题的分析，我们可以看到该法的一个明显的缺点是，其诱变能力仅限于靶 DNA 区段的 5′-末端。而我们有时也希望对靶 DNA 的中心部分进行诱变，这就需要应用 PCR 定点诱变法。

其实早在 DNA 扩增的 PCR 方法刚刚问世的时候，科学工作者就已经意识到它同样具备着应用于基因诱变的潜力。因为从原则上讲，PCR 扩增引物与模板 DNA 之间错配的单碱基，经过扩增之后会参入到模板序列中去，最终产生出突变体的双链

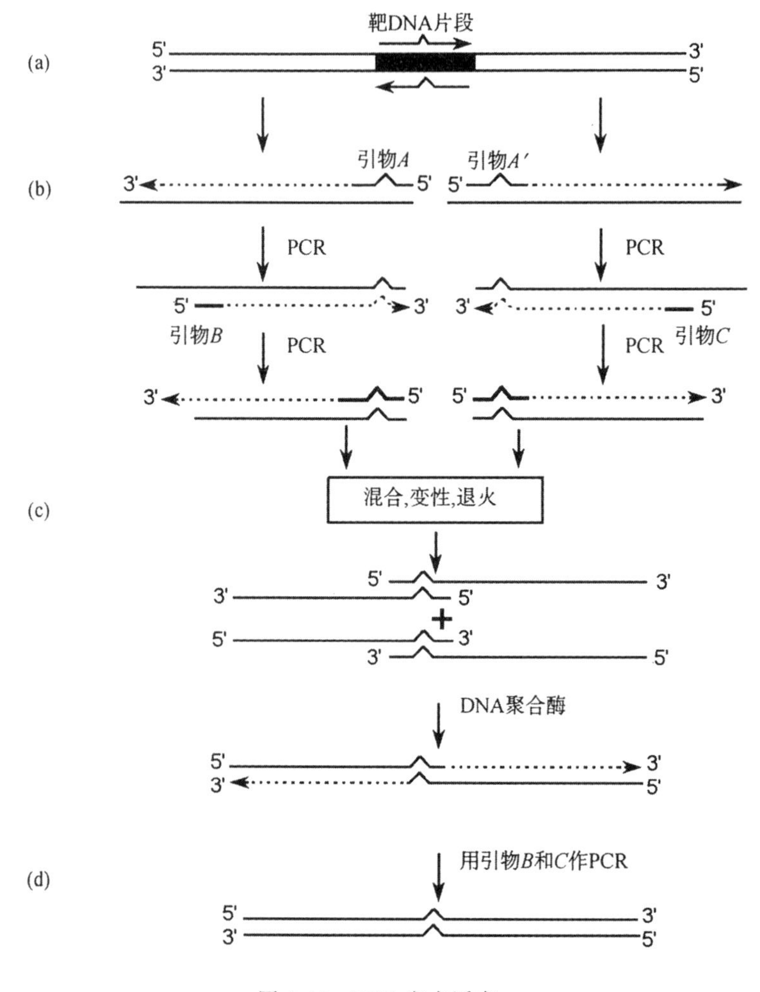

图 2-30　PCR 定点诱变

(a)根据靶 DNA 序列设计一对互补的内侧引物 A 和 A'，它们在相同的位点具有同样的碱基突变。(b)分别以左侧引物 A 和右侧引物 A'进行两轮 PCR 扩增。(c)除去未参入的多余引物，由于具有重叠序列，故经变性和退火形成异源双链分子。(d)其中只有具 3′凹陷末端的双链分子可通过 Taq DNA 聚合酶及外侧引物 B 和 C 的作用下，形成其突变位点是位于靶 DNA 序列中但远离两端的突变体

DNA 分子。起初应用 PCR 定点诱变技术时，只是在引物的 5′-端引入突变。后来于 1988 年，R. Higuchi 等人提出了一种称为重组 PCR (recombinant PCR)的定点诱变法，可以在 DNA 区段的任何部位产生定点突变。它在头两轮 PCR 反应中，应用两个互补的并在相同部位具有相同碱基突变的内侧引物，扩增形成两条有一端可彼此重叠的双链 DNA 片段，两者在其重叠区段具有同样的突变。由于具有重叠的序列，所以在除去了未参入的多余引物之后，这两条双链 DNA 片段经变性和退火处理，便可能形成两种不同形式的异源双链分子。其中一种具 5′凹陷末端的双链分子，不可能作为 Taq DNA 聚合酶的底物，

会有效地从反应混合物中消除掉;另一种具 3′凹末端的双链分子,可通过 Taq DNA 聚合酶的延伸作用,产生出具两重叠序列的双链 DNA 分子。这种 DNA 分子用两个外侧寡核苷酸引物进行第三轮 PCR 扩增,便可产生出一种突变位点远离片段末端的突变体 DNA(图 2-30)。

(2)大引物诱变法

Higuchi 等人使用的这种重组 PCR 定点诱变法,需要四种扩增引物,共进行三轮 PCR 反应。其中,头两轮分别扩增两条彼此重叠的 DNA 片段,第三轮 PCR 使这两条片段融合起来。显然,此法步骤相当烦琐。为此,后来有人提出了一种比较简单的 PCR 定点诱变法,称为大引物诱变法(megaprimer method of mutagenesis),其核心是以第一轮 PCR 扩增产物作为第二轮 PCR 扩增的大引物。因此步骤有所简化,只需三种扩增引物进行两轮 PCR 反应,即可获得突变体 DNA(图 2-31)。

PCR 定点诱变法的长处是,获得目的突变体的效率可达 100%。但它亦有两个不足之处:其一是,PCR 扩增产物通常需要连接到载体分子上,然后才能对突变的基因进行转录、转译等方面的研究;其二是,Taq DNA 聚合酶拷贝 DNA 的保真性偏低。因此,PCR 方法产生的 DNA 片段必须经过核苷酸序列测定,方可确证有无发生延伸突变。

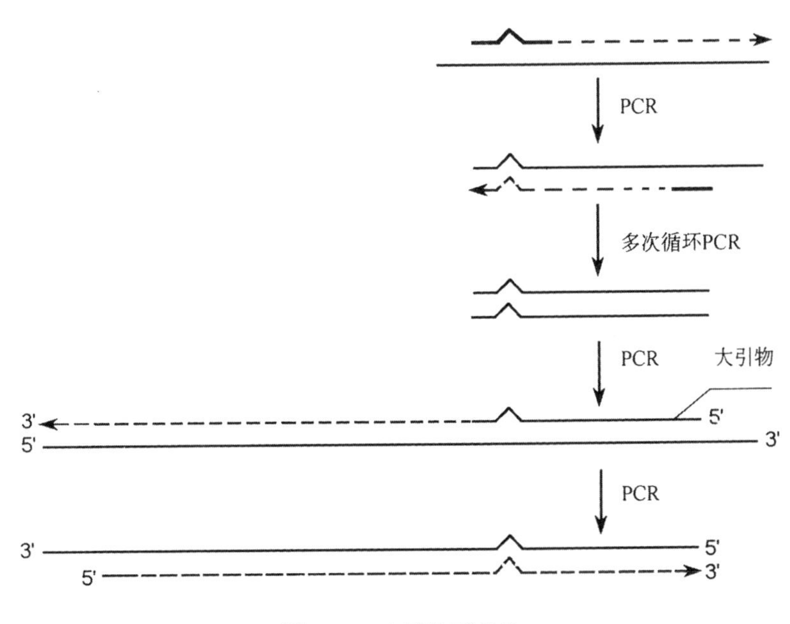

图 2-31 大引物诱变法

用第一轮 PCR 扩增产生的突变体分子作为下一轮 PCR 扩增的引物(大引物)

第七节 基因扩增

在现代分子遗传学或基因工程中使用的基因扩增(gene amplification)这一概念,在不同的场合有不同的含义,概括起来有如下五个方面的内容:

第一，在体外应用聚合酶链式反应(polymerase chain reaction)技术和合成的寡核苷酸引物，导致特定基因的拷贝数发生快速大量的扩增。

第二，通过体外DNA重组，将目的基因插入到高拷贝数的质粒载体分子上并转化到适当的寄主细胞，于是在体内随着载体分子的大量复制，目的基因的拷贝数也得到了有效的扩增。

第三，在有些外界环境因子的胁迫下，真核生物的有关细胞被诱发产生适应性反应，从而导致相应的保卫基因(protective gene)产生明显的扩增。这种情况既可发生在染色体分子上，也可发生在染色体分子外。例如，使用高剂量的药物氨甲蝶呤，便可导致二氢叶酸还原酶(DHFR)基因得到明显的扩增，因为这些基因的编码产物是氨甲蝶呤的作用靶子。

第四，程序基因扩增(programmed gene amplification)[例如，在非洲爪蟾(*Xenopus laevis*)卵子形成过程中的rRNA基因的扩增情况]，有时也会被真核生物细胞用来作为在特定的发育阶段合成高水平基因产物的一种手段。

第五，在生物的进化过程中发生的基因加倍与扩增，结果使相关的基因在基因组上聚集成簇(clusters)。

以上所列的五种不同类型的基因扩增，除了第一种之外，其余的四种都是在天然状态下于细胞内发生的生理生化变化，唯有PCR技术才是人类自己发明的在试管中模拟发生于细胞内的DNA复制过程。在本节，我们只准备扼要地讨论与本书主题有关的PCR技术的主要内容，包括反应原理、Taq聚合酶特性、引物设计及其在现代生物学研究中的主要应用等。至于PCR技术在临床医学及法医学等诸多方面的实际用途，近年来已出版了许多专著可供参阅，有限于本书篇幅，故不再赘述。

聚合酶链式反应，即PCR技术，是美国Cetus公司人类遗传研究室的科学家K. B. Mullis于1983年发明的一种在体外快速扩增特定基因或DNA序列的方法，故又称为基因的体外扩增法。它可以在试管中建立反应，经数小时之后，就能将极微量的目的基因或某一特定的DNA片段扩增数十万倍，乃至千百万倍，而无需通过烦琐费时的基因克隆程序，便可获得足够数量的精确的DNA拷贝，所以有人亦称之为无细胞分子克隆法。这种技术操作简单，容易掌握，结果也较为可靠，为基因的分析与研究提供了一种强有力的手段，是现代分子生物学研究中的一项富有革新性的创举，对整个生命科学的研究与发展，都有着深远的影响。现在，PCR技术不仅可以用来扩增与分离目的基因，而且在临床医疗诊断、胎儿性别鉴定、癌症治疗的监控、基因突变与检测、分子进化研究，以及法医学等诸多领域都有着重要的用途。因此，在该技术问世不久，即被在科技界享有盛誉的美国“Science”杂志评为1989年度十大科技新闻之一，成为全世界引用频率最高的文献。

1. PCR技术的基本原理及特点

PCR技术快速敏感，简单易行，其原理并不复杂，与细胞内发生的DNA复制过程十分类似。首先是双链DNA分子在临近沸点的温度下加热时便会分离成两条单链的DNA分子，然后DNA聚合酶以单链DNA为模板并利用反应混合物中的四种脱氧核苷三磷酸(dNTPs)合成新生的DNA互补链。此外，DNA聚合酶同样需要有一小段双链DNA来启动(“引导”)新链的合成。因此，新合成的DNA链的起点，事实上是由加入在反应混合物中的一对寡核苷酸引物在模板DNA链两端的退火位点决定的。这是PCR的第一个特点，即它能够指导特定 DNA 序列的合成。

在为每一条链均提供一段寡核苷酸引物的情况下，两条单链 DNA 都可作为合成新生互补链的模板。由于在 PCR 反应中所选用的一对引物，是按照与扩增区段两端序列彼此互补的原则设计的，因此每一条新生链的合成都是从引物的退火结合位点开始，并沿着相反链延伸。这样，在每一条新合成的 DNA 链上都具有新的引物结合位点。然后反应混合物经再次加热使新、旧两条链分开，并加入下轮的反应循环，即引物杂交、DNA 合成和链的分离。PCR 反应的最后结果是，经几次循环之后，反应混合物中所含有的双链 DNA 分子数，即两条引物结合位点之间的 DNA 区段的拷贝数，理论上的最高值应是 2^n。这就是 PCR 技术的第二个特点，即使特定的 DNA 区段得到了迅速大量的扩增(见表 2-4)。

表 2-4 靶 DNA 片段的 PCR 扩增

循环数	双链靶 DNA 分子数	循环数	双链靶 DNA 分子数
1	0	17	32 768
2	0	18	65 536
3	2	19	131 072
4	4	20	262 144
5	8	21	524 288
6	16	22	1 048 576
7	32	23	2 097 152
8	64	24	4 194 304
9	128	25	8 388 608
10	256	26	16 777 216
11	512	27	33 544 432
12	1024	28	67 108 864
13	2048	29	134 217 728
14	4096	30	268 435 456
15	8192	31	536 870 912
16	16 384	32	1 073 741 824

注：由于每个循环周期所产生的 DNA 的两条单链均能成为下一循环的模板，所以 PCR 产物是以指数方式增加的。表中的数字是指随着循环周期数的增加，靶 DNA 片段的理论扩增数。请注意，只有到了第三循环才开始产生出两条与靶 DNA 区段完全相同的双链 DNA 分子(见图 2-32)。进一步循环使靶 DNA 区段成指数加倍。到最后形成的扩增产物中，原来的 DNA 链及不同延伸长度的 DNA 链的比例已是微不足道，可以忽略不计。

PCR 反应涉及多次重复进行的温度循环周期，而每一个温度循环周期均是由高温变性、低温退火及适温延伸等三个步骤组成(图 2-33)。鉴于目前 PCR 技术已经获得了极其广泛的用途、测试的 DNA 样品来源多种多样、所用的寡核苷酸引物长短不一等诸多因素，因此要给出一个“标准”的温度循环参数其实是十分困难的。研究者要根据自己的实验材料和研究目的，通过具体操作才能得出符合要求的、比较理想的温度循环参数。在一般的情况下，首先是将含有待扩增 DNA 样品的反应混合物放置在高温(>91℃)环境下加热 1 分钟，使双链 DNA 发生变性作用，分离出单链的模板 DNA；然后降低反应温度(约 50℃)，致冷 1 分钟，使专门设计的一对寡核苷酸引物与两条单链模板 DNA 发生退火作用，结合在靶 DNA 区段两端的互补序列位置上；最后，将反应混合物的温度上升到 72℃

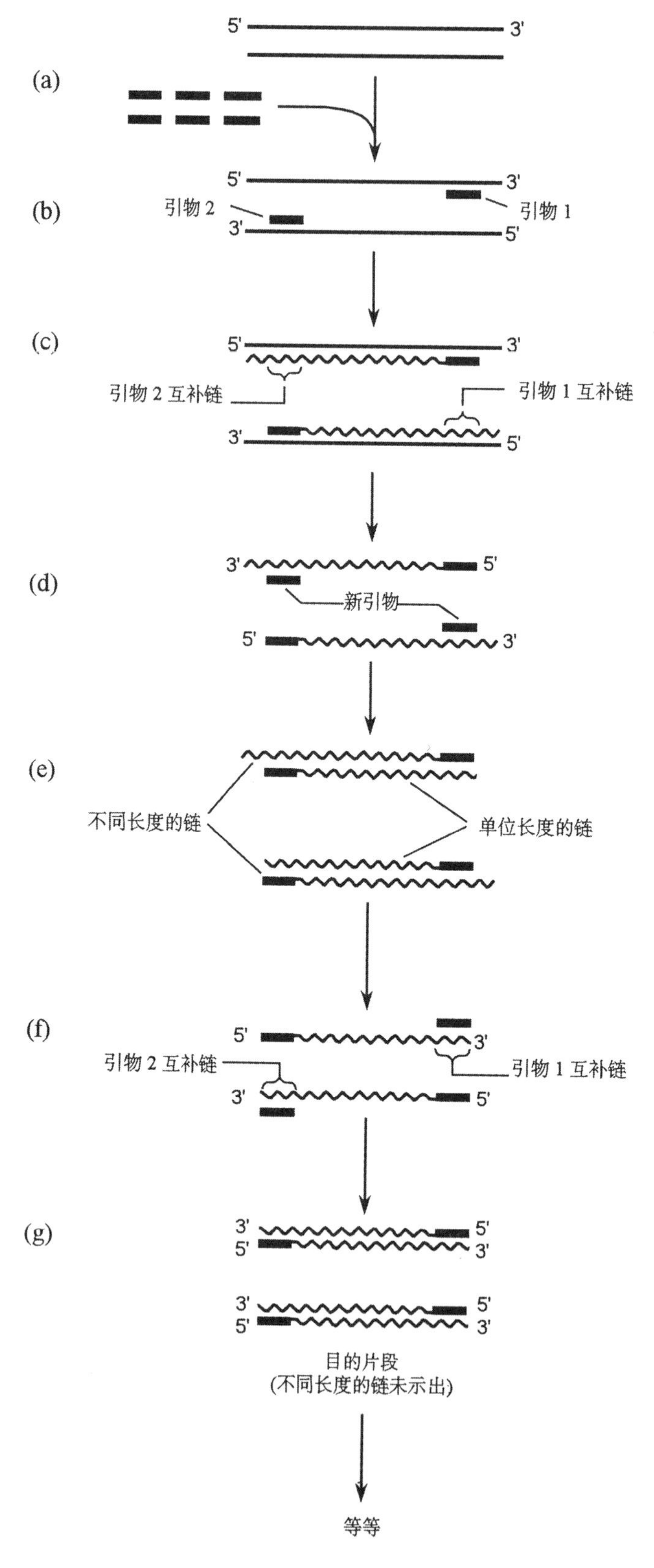

图 2-32　聚合酶链式反应示意图
(a)起始材料是双链 DNA 分子；(b)反应混合物加热后发生链的分离，然后致冷使引物结合到位于待扩增的靶 DNA 区段两端的退火位点上；(c)Taq 聚合酶以单链 DNA 为模板在引物的引导下利用反应混合物中的 dNTPs 合成互补的新链 DNA；(d)将反应混合物再次加热，使旧链和新链分离开来；这样便有 4 个退火位点可供引物结合，其中两个在旧链上，两个在新链上(为了使图示简化，在以下略去了起始链的情况)；(e) Taq 聚合酶合成新的互补链 DNA，但这些链的延伸是精确地局限于靶 DNA 序列区。因此这两条新合成的 DNA 链的跨度是严格地定位在两条引物界定的区段内；(f)重复过程，引物结合到新合成的 DNA 单链的退火位点(同样也可形成不同长度的链，但为简洁起见，图中略去了这些链)；(g)Taq 聚合酶合成互补链，产生出两条与靶 DNA 区段完全相同的双链 DNA 片段

左右保温 1.5 分钟，此时在 DNA 聚合酶的作用下，脱氧核苷三磷酸分子便从引物的 3′-端开始参入，并沿着模板分子按 5′→3′的方向延伸，合成出新生的 DNA 互补链。

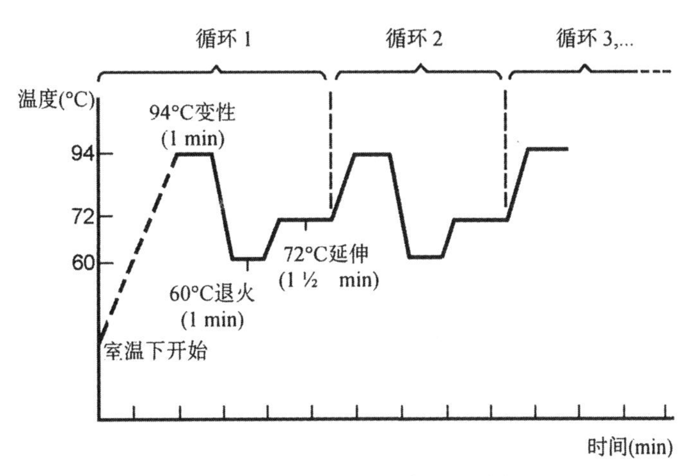

图 2-33 PCR 反应的温度循环周期

PCR 反应的每一个温度循环周期都是由 DNA 变性、引物退火和反应延伸三个步骤组成的。图中设定的反应参数是 94℃变性 1 分钟，60℃退火 1 分钟，72℃延伸 1.5 分钟。如此周而复始，重复进行，直至扩增产物的数量满足实验需求为止

PCR 扩增能力是十分惊人的，理论上讲经过 30 次的循环反应，便可使靶 DNA 得到 10^9 倍的扩增，但实际上大约是 10^6～10^7倍的扩增。例如，当我们按常规的 PCR 程序扩增一种人类基因时，其标准的反应是加入 1μg 的人类基因组 DNA(一般从 1ml 血样中可以获得 50μg DNA)。它应含有平均长度为 10kb 的各种单拷贝序列分子 3×10^5，相当于 0.1pg(或 10^{-13}g)的 300 个核苷酸长的靶 DNA 序列。经过 30 次循环扩增之后，便可产生出约 1μg 的靶 DNA 片段，足以满足任何一种分子生物学研究，包括直接的 DNA 序列测定的需要。实验表明，从 100μl PCR 扩增反应混合物中，取 10μl 的少量样品，经 EtBr 琼脂糖凝胶电泳之后，在紫外光下便可观察到清晰的靶 DNA 条带。有人报道即便反应混合物中只含有一个拷贝的靶 DNA 分子，亦能被有效地扩增。正因为 PCR 技术具有如此高的扩增敏感性，所以任何 DNA 样品或实验试剂均应仔细避免发生被污染的可能性，同时也意味着分子生物学分析现在已可应用于只含有痕量 DNA 的样品，包括一根头发、血迹等。这对于法医学具有特别的应用价值。

2. Taq DNA 聚合酶

在早期进行的 PCR 反应中，使用的是大肠杆菌 DNA 聚合酶 I 的 Klenow 大片段，但这种酶是热敏感的，在双链 DNA 解链所需的高温条件下，会被破坏掉。因此在每一个循环反应中，都需通过人工操作不断补充新鲜的聚合酶。这样的实验过程不仅费时乏味而且浪费金钱。此外，Klenow 大片段酶的最佳聚合反应温度是 37℃，在这样偏低的温度条件下，容易促使 DNA 引物与模板序列之间形成非专一的碱基错配，或易受某些 DNA 二级结构的影响，结果使扩增反应混合物中产生出非特异的 DNA 条带，降低了 PCR 产物的特异性(图 2-34)。

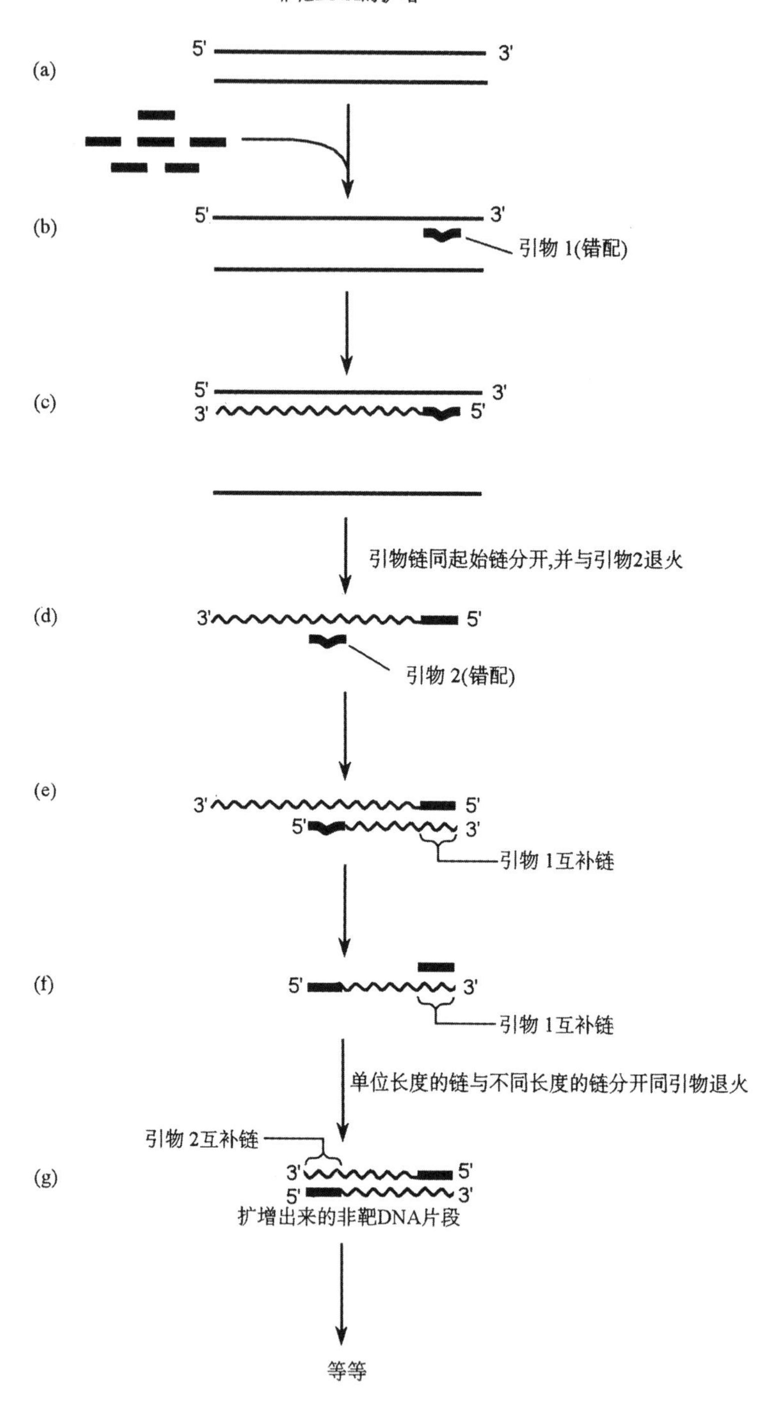

图 2-34　因引物错配导致的非靶序列的有效扩增

(a)起始的双链 DNA 分子;(b)寡核苷酸引物退火到同靶序列略有差异的错误序列位置;(c)DNA 聚合酶利用错配的引物合成互补链;(d)第一次错配产生的 DNA 链的 5′-端参入了第一引物;(e)第二引物同此种非期望的 DNA 链错配形成双链的 DNA 分子。其中的一条链的 5′-端参入了第二引物,3′-端则具有同第一引物互补的序列;(f)这条链现在便成为了随后扩增循环的精确的模板;结果导致非靶序列的有效扩增,降低了 PCR 的特异性;(g)扩增出来的非靶 DNA 片段

1988年，R. K. Saiki 等人成功地将热稳定的 Taq DNA 聚合酶应用于 PCR 扩增，提高了反应的特异性和敏感性，是 PCR 技术走向实用化的一次突破性的进展。Taq DNA 聚合酶最初是由 H. A. Erlich 于 1986 年从一种生活在温度高达 75℃的热泉中的细菌，即栖热水生菌（*Thermus aquaticus*）中分离纯化出来的。在补加有四种脱氧核苷三磷酸（dATP，dGTP，dCTP，dTTP）的反应体系中，Taq 酶能以高温变性的靶 DNA 分离出来的单链 DNA 为模板，从分别结合在扩增区段两端的引物为起点，按 5′→3′的方向合成新生互补链 DNA。这种 DNA 聚合酶具有耐高温的特性，其最适的活性温度是 72℃，连续保温 30 分钟仍具有相当的活性，而且在比较宽的温度范围内都保持着催化 DNA 合成的能力，一次加酶即可满足 PCR 反应全过程的需求。因此，Taq 酶的开发利用有力地促进了 PCR 操作过程自动化的实现。

与大肠杆菌 DNA 聚合酶相比，Taq 酶的应用的确使 PCR 的特异性和敏感性都有了明显的提高。然而就像所有其它生化过程一样，DNA 复制也不可能是一种绝对精确的过程。在偶然的情况下，DNA 聚合酶也会将错误的核苷酸加入到 DNA 的生长链。在天然复制的 DNA 分子中，这种错误参入的机率大约是每 10^9 个核苷酸中有一个。在细胞内 DNA 复制之所以能达到如此精确的地步，是因为它存在着一种校正机理，能从 DNA 链上移去错配的碱基对。在体外使用的 Taq DNA 聚合酶已经失去了这种 3′→5′方向的校正活性，因此在典型的一次 PCR 反应中 Taq 酶造成的核苷酸错误参入的机率大约是每 2×10^4 个核苷酸中有一个。这对于大批量的 PCR 产物分析而言，并不会构成什么严重的问题，因为具同样错误参入核苷酸的 DNA 分子，仅占全部合成的 DNA 分子群体的极小部分。然而，如果 PCR 扩增的 DNA 片段是用于分子克隆，那么核苷酸的错误参入则是值得重视的事件。每一个克隆都是来自单一的扩增分子，如果此种分子含有一个或数个错误参入的核苷酸，那么在该克隆中的所有克隆 DNA 都将带有同样的“突变”。所以对于扩增用于克隆的 DNA，十分重要的是要检测克隆产物的 DNA 序列，以便弄清在 PCR 反应过程中可能发生的任何突变。当然，通过克隆测序以及同一系列独立扩增的 DNA 分子进行比较，便能够评估 PCR 扩增产物的精确性。现在已经发现另一种扩增反应精确性有所提高的热稳定的 DNA 聚合酶，这将有助于克服核苷酸错误参入的问题。

3. 寡核苷酸引物

(1)引物的长度

所谓 PCR 扩增引物，是指与待扩增的靶 DNA 区段两端序列互补的人工合成的寡核苷酸短片段，其长度通常在 15～30 个核苷酸之间。它包括引物 1 和引物 2 两种。引物 1 又称 Watson 引物，是 5′-端与正义链互补的寡核苷酸，用于扩增编码链或 mRNA 链；引物 2 又称为 Crick 引物，是 3′-端与反义链互补的寡核苷酸，用于扩增 DNA 模板链或反密码链。两引物在模板 DNA 上的结合位点之间的距离决定了扩增区段的长度。实验表明，1kb 之内是理想的扩增跨度，2kb 左右是有效的扩增跨度，而超过 3kb 就无法得到有效的扩增，而且也难以获得一致的结果，尽管也有扩增跨度长达 12kb 的报道。

经验告诉我们，引物设计的正确与否是关系到 PCR 扩增成败的关键因素。引物太短，就可能同非靶序列杂交，得出非预期的扩增产物。为了说明这一点，下面来考察一下以一对 8 个核苷酸长的引物扩增人类总 DNA 的情况，结果产生出许多种不同的 DNA 扩增片段(图 2-35)。这是因为对 8 个核苷酸长的引物来说，平均每隔 $4^8=65\ 536$bp 就会有一个结合位点，所以在全长 3×10^9bp 的人类基因组 DNA 中，大约应有 43 000 个可能的结合位点。也就是说，使用 8 个核苷酸的引物，是无法从人类基因组 DNA 中得到单一的特异性扩增产物。

如果使用长度为 17 个核苷酸的引物情况又会怎样呢？它的预期频率是平均每隔 $4^{17}=17\ 179\ 869\ 184$bp才会有一个结合位点，其长度超过了人类基因组 DNA 总长度的 5 倍以上，可见它在人类基因组上只可能有一个结合位点。所以使用 17 个核苷酸的引物对人类基因组 DNA 作 PCR 扩增，就有可能获得单一的特异性扩增条带(图 2-35)。当然，这也不是说引物越长效果就越好。因为过长的引物同模板 DNA 的杂交速率反而下降了，结果在反应循环周期内无法完成同模板 DNA 的完全杂交，从而减低了 PCR 反应的效率。

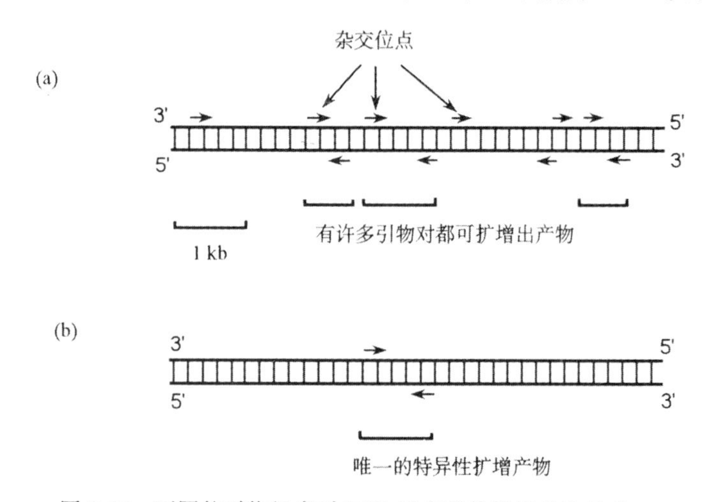

图 2-35 不同的引物长度对 PCR 反应产物特异性的效应

(a)用 8 个核苷酸的引物扩增人类基因组 DNA，出现大量的非特异的扩增产物；(b)用 17 个核苷酸的引物扩增人类基因组 DNA，得到单一的特异性扩增产物

(2)简并引物

在许多场合都要使用的简并引物，实际上是一类由多种寡核苷酸组成的混合物，彼此之间仅有一个或数个核苷酸的差异。如若 PCR 扩增引物的核苷酸组成顺序是根据氨基酸顺序推演而来，就需合成简并引物。简并引物同样也可以用来检测一个已知的基因家族中的新成员，或是用来检测种间的同源基因。

使用简并引物的 PCR 反应，其最适条件往往是凭经验确定的，尤其是要注意所选定的变性温度，以避免引物与模板之间发生错配。有的学者建议，使用“热起始”法(“hot-start” method)能够有效地克服错配现象。热起始法要求将反应混合物先加热到 72℃，然后才加入 Taq DNA 聚合酶。经过这样的处理，增加了 PCR 扩增产物的特异性，所得到的靶 DNA 片段在 EtBr 琼脂糖凝胶电泳中可以容易地观察到，而且背景中的非靶序列的条带全都消失了。

(3)嵌套引物

为了尽可能减少非靶序列(假产物)的扩增,最近已经发展出一种嵌套引物(nested primers)的策略。其具体的操作程序是,利用第一轮PCR扩增产物作为第二轮PCR扩增的起始材料(DNA),同时除使用第一轮的一对特异引物之外,另加一至两个同模板DNA结合位点是处在头两个引物之间的新引物。在第二轮扩增产物中,含有能够同这一组多引物杂交的错误扩增产物的可能性是极低的,所以应用嵌套引物技术能够使靶DNA序列得到有效的选择性扩增。

4. PCR技术的研究应用

(1)基因组克隆

在PCR技术发明之前,有关核酸研究所涉及的许多制备及分析过程,都是既费力又费时的工作。例如,为了将一种突变基因同其已经作了详细研究鉴定的野生型基因进行比较,我们首先就必须构建突变体的基因组文库,然后应用有关探针进行杂交筛选等一系列烦琐的步骤,才有可能分离到所需的克隆。只有在这种情况下,才能够对突变基因作核苷酸序列的结构测定并同野生型的进行比较分析。然而应用PCR技术我们便能够在体外快速地分离到突变基因。其主要步骤是根据预先测定的野生型基因的核苷酸序列资料,设计并合成出一对适用的寡核苷酸引物,用来从基因组DNA中直接扩增出大量的突变基因DNA产物,并提供作核苷酸序列测定使用。

另一方面我们也可以根据需要在引物的5′-端加上一段特殊的额外序列。按设计要求,在第一次杂交时,引物中的这段额外序列因无互补性是不能参与杂交作用的,而只是其3′-端的部分序列退火到了模板DNA的相应部位,在随后的反应过程中,此5′-端的额外序列才参入到了扩增的DNA片段上。由于这种加在引物5′-端的额外序列可以根据实验者的特定需求而精心设计,因此在实际的研究工作中具有很大的应用价值,提供了许多的灵活性。例如,图2-36所示,就是通过在引物的5′-端增加额外序列的办法,在扩增DNA片段的两端分别引入了HindIII位点和EcoRI位点。同时为了确保这两个位点能成为核酸内切限制酶的良好作用底物,在设计引物时又特意在6核苷酸的识别序列的5′-端另加上了4个保护性的核苷酸(GCGC和GGCC)。由于这两个限制位点的参入,经PCR扩增的靶DNA片段便可方便地克隆到所选用的载体分子上,供作进一步的扩增与研究使用。因此,它是基因克隆的一种有效的方法。

有人按照同样的道理将T7噬菌体的启动区参入到扩增DNA片段的末端,从而使DNA片段在体外就可利用噬菌体的RNA聚合酶进行转录,而无需通过复杂的克隆过程。此外,应用这一原理还可用来构建编码嵌合蛋白质的重组基因。

(2)反向PCR与染色体步移

常规PCR的一个局限性是,它需要设计一对界定在靶DNA区段两端的扩增引物,因此它只能扩增两引物之间的DNA区段。然而有时我们也希望扩增位于靶DNA区段之外的两侧未知的DNA序列。这就需要应用反向PCR(reverse PCR)技术,它能够有效地

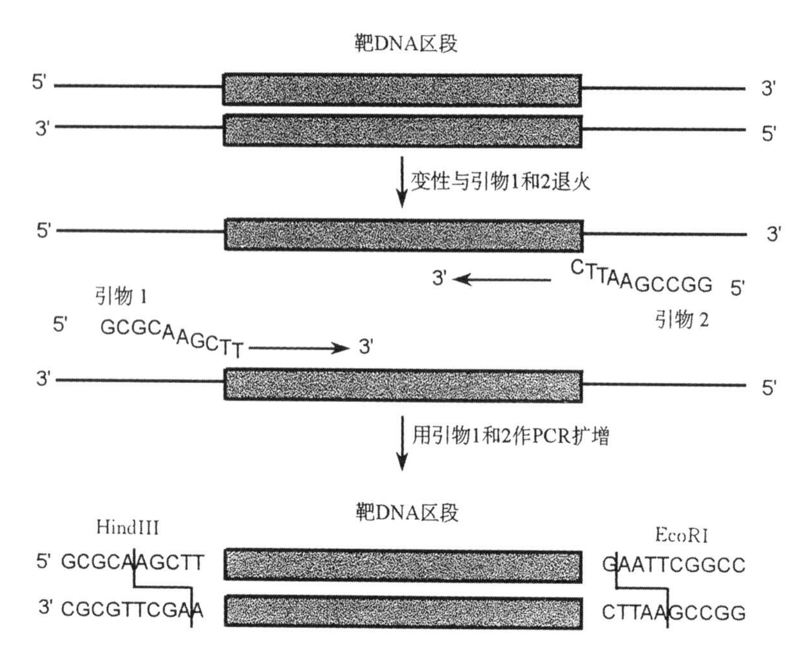

图 2-36　在引物的 5′-端参入额外的 DNA 序列

所设计的两条引物中都有一段可同靶 DNA 区段末端杂交的序列。引物 1 的 5′-端附近有一段含 HindIII 位点(AAGCTT)的额外序列,引物 2 的 5′-端附近有一段含 EcoRI 位点(GAATTC)的额外序列。每一条引物都有一段由 4 个保护核苷酸组成的附加的 5′-末端序列,于是这两种 6 个核苷酸的限制位点便被放置到了扩增 DNA 的极末端之中,成为核酸内切限制酶切割作用的良好底物

满足此种需要,而且对于染色体步移(chromosome walking)也有实际的用途。

反向 PCR 的基本操作程序如图 2-37 所示。先用一种在靶 DNA 区段上没有识别位点的核酸内切限制酶,从距靶 DNA 区段有一定距离的两侧位置切割 DNA 分子。最好使所产生的带有靶 DNA 区段的 DNA 片段不大于 2～3kb。然后将这些片段作分子内连接形成环形的 DNA 分子。根据已知的靶 DNA 序列按向外延伸的要求设计一对向外引物(outwardly-facing primers),它是通过同靶 DNA 序列 5′-端的互补作用而结合上去的。结果被扩增的便是位于靶 DNA 区段两侧的未知的 DNA 序列,其长度取决于切割位点与靶 DNA 区段之间的距离。

重复进行反向 PCR 便可用来作染色体步移。但是能被反向 PCR 扩增的 DNA 长度是有限的,因此它只能沿着染色体分子作较短的步移。

(3)不对称 PCR 与 DNA 序列测定

就像任何 DNA 一样,PCR 的双链 DNA 产物也可以供序列测定使用。然而,按照 Sanger 双脱氧末端链终止法测定 DNA 的核苷酸序列,最好是使用单链模板 DNA。现已发展出一种专门用于制备单链 DNA 的不对称 PCR 技术(asymmetric PCR)。这种方法除了使用的两种引物浓度相差 100 倍以外,其它的方面与标准的 PCR 并没有什么本质的区别。这两种引物当中,低浓度的叫限制引物,一般为 0.5～1.0 pmol。在限制引物被用完之

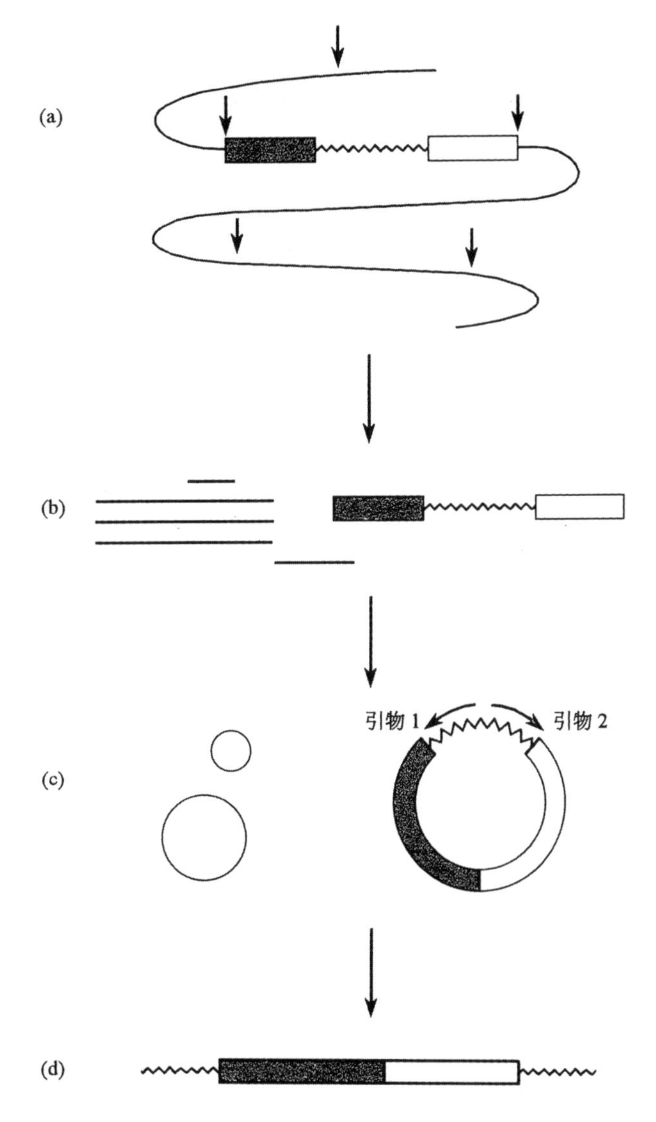

图 2-37　反向 PCR 的基本操作程序

波纹线表示靶 DNA 区段,箭头表示限制位点,包围靶 DNA 区段的左侧序列和右侧序列分别用满方框和空方框表示。(a)用一种在靶序列上没有切点的核酸内切限制酶消化大分子量的 DNA;(b)产生的大小不同的线性 DNA 片段群体,其中具靶 DNA 区段的 DNA 分子长度不超过 2～3kb,经连接后重新环化成环状分子;(c)按靶序列设计的一对向外引物同靶序列 5′-端的互补序列退火结合,其延伸方向如箭头所指;(d)经 PCR 扩增产生的主要是线性双链 DNA 分子,它是由左侧序列和右侧序列首尾连接而成,其接点是(a)中所用的限制酶的识别位点

前,PCR 扩增的产物当中主要的是双链的 DNA,而且以指数方式上升。大约经过 25 个循环之后,反应混合物中剩下的高浓度的引物,继续退火引导合成新链 DNA(图 2-38)。此时的 PCR 扩增产物则只有双链 DNA 中的某一条链,以线性而非指数方式增加。尽管如此,但经过 10 次左右的循环扩增,仍可产生出足以满足测序需求的单链模板 DNA。不对称 PCR 技术简化了细菌培养及 DNA 分离纯化等步骤,可直接用单菌落或噬菌斑扩增单

链模板 DNA，因而比双链 DNA 更适用于 Sanger 法测序。

通过固相支持物作 DNA 链特异的洗脱，同样也能制备到供序列测定用的单链 DNA 模板。其基本原理是，PCR 扩增用的两条引物之一的 5′-末端，是生物素化的(biotinylated)，经对称扩增之后，通过生物素基团与链霉素包裹的磁珠间的特异性结合，而使 PCR 产物固定。用碱处理除去非生物素化的 DNA 链之后，被固定的 DNA 单链便可直接用于序列测定。

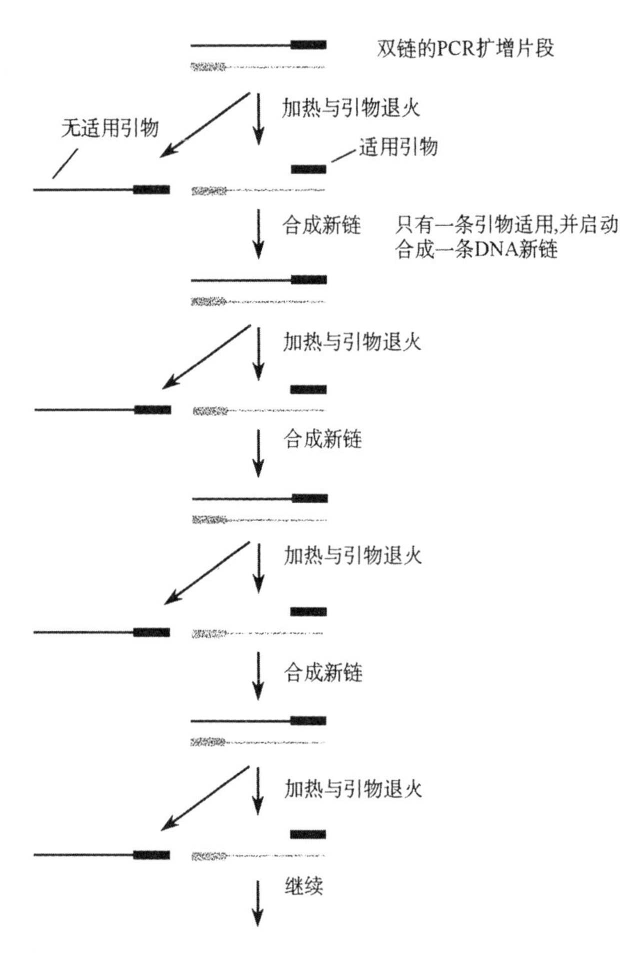

图 2-38 用不对称 PCR 技术合成供序列测定用的单链 DNA

PCR 扩增所用的两条引物中，浓度受限制的只及高浓度的 1%(或 2%)。经过 PCR 循环直到限制引物耗尽之前，扩增的产物是双链靶 DNA 序列(双链 PCR 片段)。而后，反应混合物中的另一种高浓度的引物，则利用限制引物所合成的 DNA 链作模板，继续引导 DNA 合成。这些模板链继续再循环，结果到反应终结时，由高浓度的引物合成的 DNA 要比限制引物的多得多，而且仍保持单链状态

(4)RT-PCR 与 RNA 分析

PCR 技术不仅可以用来扩增 DNA 模板，而且同样也可用来扩增被反转录成 cDNA 形式的特定的 RNA 序列。此种在 mRNA 反转录之后进行的 PCR 扩增，特称为 RT-

PCR。它既是一种检测 RNA 分子的良好方法，也是获取测序用模板 DNA 的有效手段，同时还是克隆 mRNA 之 cDNA 拷贝的重要步骤。

RT-PCR 具有很高的敏感性，可以用来分析不同的组织、或是相同组织不同发育阶段中 mRNA 表达状况的相关性。一般说来，细胞中某种 mRNA 的数量，是其编码基因活性的直接反映。所以某种 mRNA 的定量是随着在不同的时、空状态下编码基因表达活性的变化而有不同的。过去，这种 mRNA 的定量测定，是应用 RNA 提取物的 Northern 杂交进行的。但这种方法只能检测含量丰富的 mRNA 种，而对于那些含量稀少的 mRNA 种则无能为力。由于 RT-PCR 的敏感性，使得它可用来研究低表达活性基因的 mRNA 生理

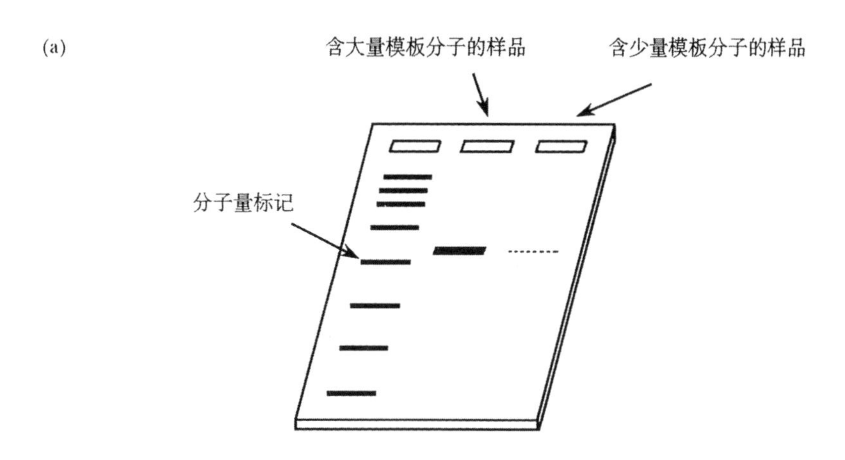

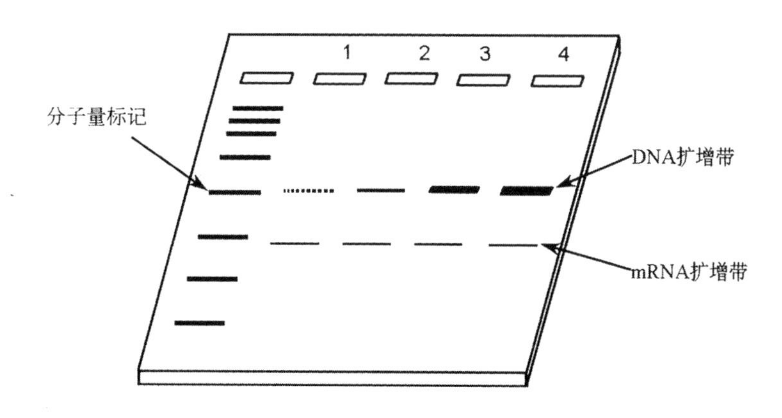

图 2-39 RT-PCR 产物的定量测定

(a)琼脂糖凝胶电泳条带的强度，表示在 PCR 起始反应混合物中的模板分子的数量；(b)含有等量 mRNA 和数量递增的 DNA 之样品的 PCR 扩增反应。DNA 片段中所含有的基因转录成相应的 mRNA，供扩增的全长的基因片段中有一个间隔子序列。因此，此 DNA 片段的 PCR 产物要比 mRNA 的长些。在电泳道 2 中，RNA 和 DNA 的条带强度相同，这表明此 PCR 产物含有基本上等量的靶序列之 DNA 和 mRNA 的 cDNA 拷贝

变化动态。而这类基因往往又是人们感兴趣的重要基因。

PCR 定量法所依据的原理是，假定其反应产物的数量是同反应混合物中起始的模板 mRNA 或 DNA 成正比的。因此，根据琼脂糖凝胶电泳中样品条带的强度比较，便能够确定两种 PCR 反应产物之间的数量关系(图 2-39)。而通过同一系列已知数量的 DNA 之 PCR 扩增条带强度的比较分析，亦可估算出在起始样品中 mRNA 的实际数量。如果是在同样试管中应用同样的引物进行 RT-PCR 扩增，那么这种估算的结果则是十分精确的。当然，这种 mRNA 定量测定法的一个重要前提是，所测定的 mRNA 分子必须来自一种具有一个或数个间隔子的基因。这样，所扩增的 DNA 样品的片段才会比 mRNA 扩增产物片段长，因此经过琼脂糖凝胶电泳后，两者才会分离在不同的位置上。

(5)基因的体外诱变与突变的检测

基因的体外诱变是 PCR 技术的又一个重要的研究应用领域。它主要是利用寡核苷酸引物在碱基不完全互补配对的情况下亦能同模板 DNA 退火结合的能力，在设计引物时人为地造成碱基取代、缺失或插入，从而通过 PCR 反应将所需的突变引入靶 DNA 区段。然后将突变基因与野生型基因之间作功能比较分析，就可以确定所引入的突变的功能效应。这种 PCR 体外诱变技术，在检测蛋白质与核酸的相互作用方面具有特别的价值。有关 PCR 诱变技术在第六节中已有较详细的讨论，这里不再重复。

PCR 技术不仅可以有效地在体外诱发基因突变，而且也是检测基因突变的灵敏手段。已经知道人类的癌症及其它一些遗传疾病是与基因突变有关的。显然，弄清突变的性质对于疾病诊断及治疗都有着十分重要的意义。例如，许多种人类癌症都与癌基因 ras 的突变有关，目前已应用 PCR 技术分析了该基因的突变模型及频率。应用 PCR 扩增可迅速地筛选大量的患者样品。其具体的实验程序是，使用人工合成的与待分析位点两侧序列互补的寡核苷酸引物，对患者样品作 PCR 扩增，然后将所得的扩增 DNA 片段转移到硝酸纤维素滤膜(或尼龙滤膜)上，并分别同 ras 基因全部有用的碱基突变寡核苷酸探针进行杂交。研究结果表明，不同类型的淋巴恶性肿瘤具有不同的 ras 突变。

(6)基因组的比较研究

正如我们在前面有关引物长度问题所提及的，在 PCR 反应中如果所用的寡核苷酸引物太短，那么所得的扩增产物将是一群长短不一的 DNA 片段混合物。这种情况虽说对 PCR 扩增的特异性是不利的，然而在此基础上发展的应用短片段的寡核苷酸引物所作的随机扩增，对于系统发育的研究却是十分有用的技术。重要的一点是，用随机引物扩增出来的 PCR 产物，经琼脂糖凝胶电泳之后所呈现的带型，反映着用作扩增模板的 DNA 分子的总体结构特征。如果起始材料用的是细胞的总 DNA，那么扩增的带型便代表着细胞基因组的结构特征。因此，应用随机引物的 PCR 扩增便能够测定出两个生物体(不论是两个不同的物种还是同一物种的两个不同个体)基因组之间的差异。两个物种的个体之间，亲缘关系越接近，其相应的 PCR 扩增带型也就越相似，反之则差异也就越悬殊。这种技术称为随机扩增多态 DNA 分析(random amplified polymorphic DNA)，简称 RAPD。

尽管对 RAPD 分析的解析是相当复杂的，而且迄今有关其数据的处理还没有统一的意见，然而已经进行了许多有趣的实验，比如有一个研究小组试图通过 RAPD 分析检测

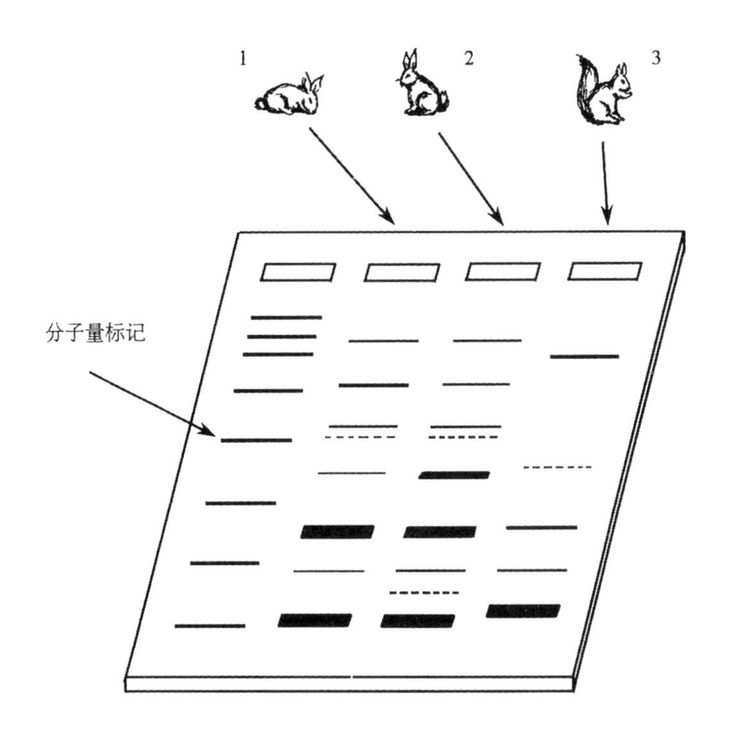

图 2-40 应用 RAPD 分析法检测兔子与松鼠的亲缘关系
以两只兔子和一只松鼠的总 DNA 为材料，作随机引物的 PCR 扩增。结果表明两只兔子的带型(1 道和 2 道)十分类似，但松鼠的带型(3 道)则截然不同。这说明兔子和松鼠的亲缘关系很远，松鼠并不是具有大尾巴的兔子(引自 T. A. Brown，1995)

松鼠是具有异常尾巴的一种兔子的假说(图 2-40)，结果表明，松鼠和兔子的 RAPD 带型差异显著，从而否认了这个的假说。

第八节 研究 DNA 与蛋白质相互作用的方法

在细胞的生命活动过程中，诸如 DNA 的复制与重组、mRNA 的转录与修饰，以及病毒的感染与增殖等，都涉及到了特定的 DNA 区段与特殊蛋白质结合因子之间的相互作用。因此，长期以来人们就一直对 DNA 结合蛋白质的研究给予了极大的关注。尤其是在重组 DNA 技术发展以来，已相继分离到了大量的具有重要生物学意义的基因。在这种情况下，科学工作者便开始把自己的研究兴趣逐步地转向揭示环境因子及发育信号是如何控制基因的转录活性这一根本课题上来。现在不仅研究并分析了参与基因表达调控的 DNA 元件，而且还分离和鉴定了同这些调控元件结合的特异的蛋白质因子。与此相适应的是，近年来已相继发展出了诸如凝胶阻滞试验、DNaseI 足迹试验、甲基化干扰试验以及体内足迹试验等一系列专门用于研究 DNA 与蛋白质相互作用的实验技术。本节，我们将逐一扼要地介绍这些方法的基本原理及应用，至于具体的实验操作，则需参阅有关的专门著述。

1. 凝胶阻滞试验

凝胶阻滞试验(gel retardation assay),又叫做DNA迁移率变动试验(DNA mobility shift assay),是在80年代初期出现的用于在体外研究DNA与蛋白质相互作用的一种特殊的凝胶电泳技术。它具有简单、快捷等优点,也是当前被选作分离纯化特定DNA结合蛋白质的一种典型的实验方法。

凝胶阻滞试验的原理比较简单。我们知道在凝胶电泳中,由于电场的作用,裸露的DNA朝正电极移动的距离是同其分子量的对数成反比,如果DNA分子结合上一种蛋白质,那么由于分子量加大在凝胶中的迁移作用便会受到阻滞,朝正电极移动的距离也就相应缩短了。所以当特定的DNA片段同细胞提取物混合之后,若其在凝胶电泳中的移动距离变小了,这就说明它已同提取物中的某种特殊蛋白质分子发生了结合作用(图2-41)。

在凝胶阻滞试验中,首先是用放射性同位素标记待检测的DNA片段(亦称探针DNA),然后同细胞蛋白质提取物一道温育,于是便有可能形成DNA-蛋白质复合物。将它加样到非变性的聚丙烯酰胺凝胶中,在控制使蛋白质仍与DNA保持结合状态的条件下进行电泳分离,并应用放射自显影技术显现具放射性标记的DNA条带位置。如果细胞蛋白质提取物中不存在可同放射性标记的探针DNA结合的蛋白质,那么所有放射性标记都将集中出现在凝胶的底部;反之,将会形成DNA-蛋白质复合物,由于凝胶阻滞的缘故,其特有的放射性标记的探针DNA条带就将滞后出现在较靠近凝胶顶部的位置。所以在有的文献中也称这种试验为条带阻滞试验(band retardation assay)。凝胶阻滞试验不仅可以用来鉴定在特殊类型细胞的提取物中,是否存在着能够同某一特定DNA片段结合的蛋白质分子(比如特异的转录因子等),而且还可以用来研究发生此种结合作用之精确的DNA序列的特异性。其办法是在DNA-蛋白质结合反应体系中,加入超量的非标记的竞争DNA(competitor DNA)。如果它与同位素标记的探针DNA结合的是同一种蛋白质,那么由于竞争DNA与探针DNA相比是极大超量的,这样绝大部分蛋白质都会被其竞争结合掉而使探针DNA仍处于自由的状态,所以在电泳凝胶的放射自显影图片上就不会出现阻滞的条带(图2-42-b)。相反地,如果反应中加入的竞争DNA并不能够同探针DNA竞争结合同一种蛋白质,于是探针DNA便仍然与特定蛋白质结合形成复合物,结果在电泳凝胶的放射自显影图片上就会呈现阻滞的条带(2-42-c)。

在凝胶阻滞试验中使用竞争DNA,可以间接地阐明在体内发生的DNA与蛋白质之间的相互作用。例如,使用一种具有已知转录因子结合位点的竞争DNA,我们就可以判断通过特定的凝胶阻滞试验所检测到的蛋白质,是否就是属于此类转录因子,抑或是与之相关的其它因子。同样地,假如我们在竞争DNA上已知的转录因子结合位点处,事先引入一个或少数几个碱基突变,通过凝胶阻滞试验亦可有效地评估出这些突变对竞争DNA的性能及其与转录因子结合作用的影响。

2. DNaseI 足迹试验

根据上一节的叙述我们可以看到,尽管凝胶阻滞试验能够揭示出在体内发生的DNA与蛋白质之间相互作用的有关信息,然而它却无法确定两者结合的准确部位。要解答这个问题,则需要应用DNaseI足迹试验(footprinting assay)。它是一类用于检测与特定蛋白质结合的 DNA 序列的部位及特性的专门的实验技术。

在 DNaseI 足迹试验过程中，首先是将待检测的双链 DNA 分子用^{32}P作末端标记，并用限制酶去掉其中的一个末端，得到只一条链单末端标记的双链 DNA 分子，而后在体外同细胞蛋白质提取物混合。待二者结合之后，再加入少量的 DNaseI(它可沿着靶 DNA 作随机单链切割)消化 DNA 分子，并控制酶的用量使之达到平均每条 DNA 链只发生一次磷酸二酯键断裂。如果蛋白质提取物中不存在与 DNA 结合的特异蛋白质，经 DNaseI 消化之后便会产生出距放射性标记末端 1 个核苷酸、2 个核苷酸、3 个核苷酸等等一系列前后长度均仅相差一个核苷酸的、不间断的、连续的 DNA 片段梯度群体。从此混合物中除去蛋白质之后，将 DNA 片段群体加样在变性的 DNA 测序凝胶中进行电泳分离，经放射自显影，便可显现出相应于 DNaseI 切割产生的不同长度 DNA 片段组成的序列梯度条带。但是，如果有一种蛋白质已经结合到 DNA 分子的某一特定区段上，那么它就将保护这一区段的 DNA 免受 DNaseI 的消化作用，因而也就不可能产生出相应长度的切割条带。所以在电泳凝胶的放射自显影图片上，相应于蛋白质结合的部位是没有放射标记条带的，出现了一个空白的区域，人们形象地称之为“足迹”(图 2-43)。

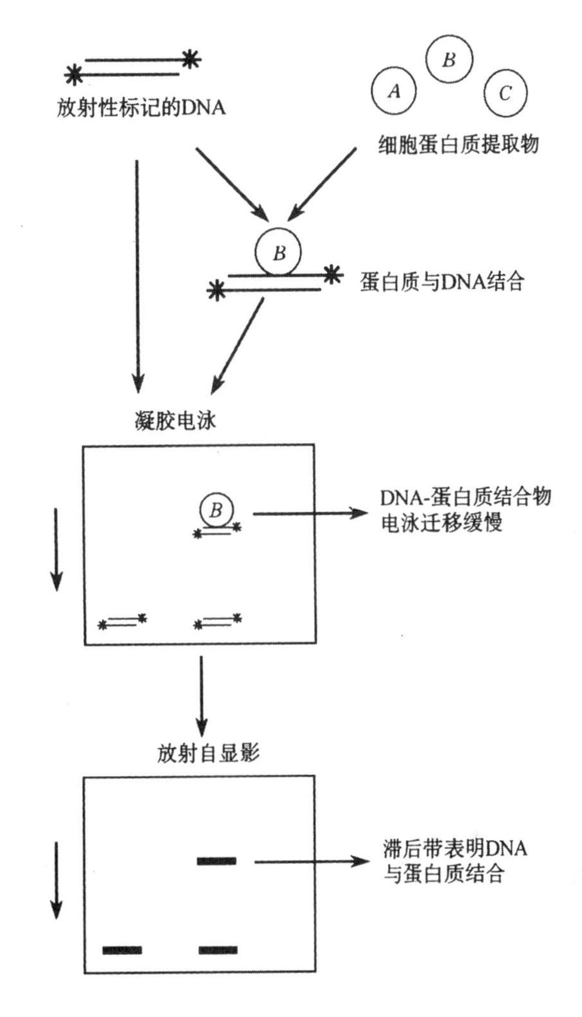

图 2-41　凝胶阻滞试验的基本原理示意图

放射性标记的 DNA 由于同一种细胞蛋白质 B 结合，于是在凝胶电泳中移动速度变慢，在放射自显影中呈现滞后的条带

足迹试验的一个明显的优点是，可以形象地展示出一种特殊的蛋白质因子同特定 DNA 片段之间的结合区域。如果使用较大的 DNA 片段，通过足迹试验便可确定其中不同的核苷酸序列与不同蛋白质因子之间的结合位点的分布状况。如同凝胶阻滞试验一样，我们也可以加入非标记的竞争 DNA 序列，来消除特定的“足迹”，并据此测定其核苷酸序列的特异性。

除了常用的 DNaseI 足迹试验之外，目前还发展出了若干种其它类型的足迹试验。例如，自由羟基足迹试验及菲咯啉铜足迹试验等。其中最有趣的是硫酸二甲酯(DMS)足迹试验。它所依据的原理是，DMS 能够促使 DNA 分子中裸露的鸟嘌呤(G)残基甲基化，而

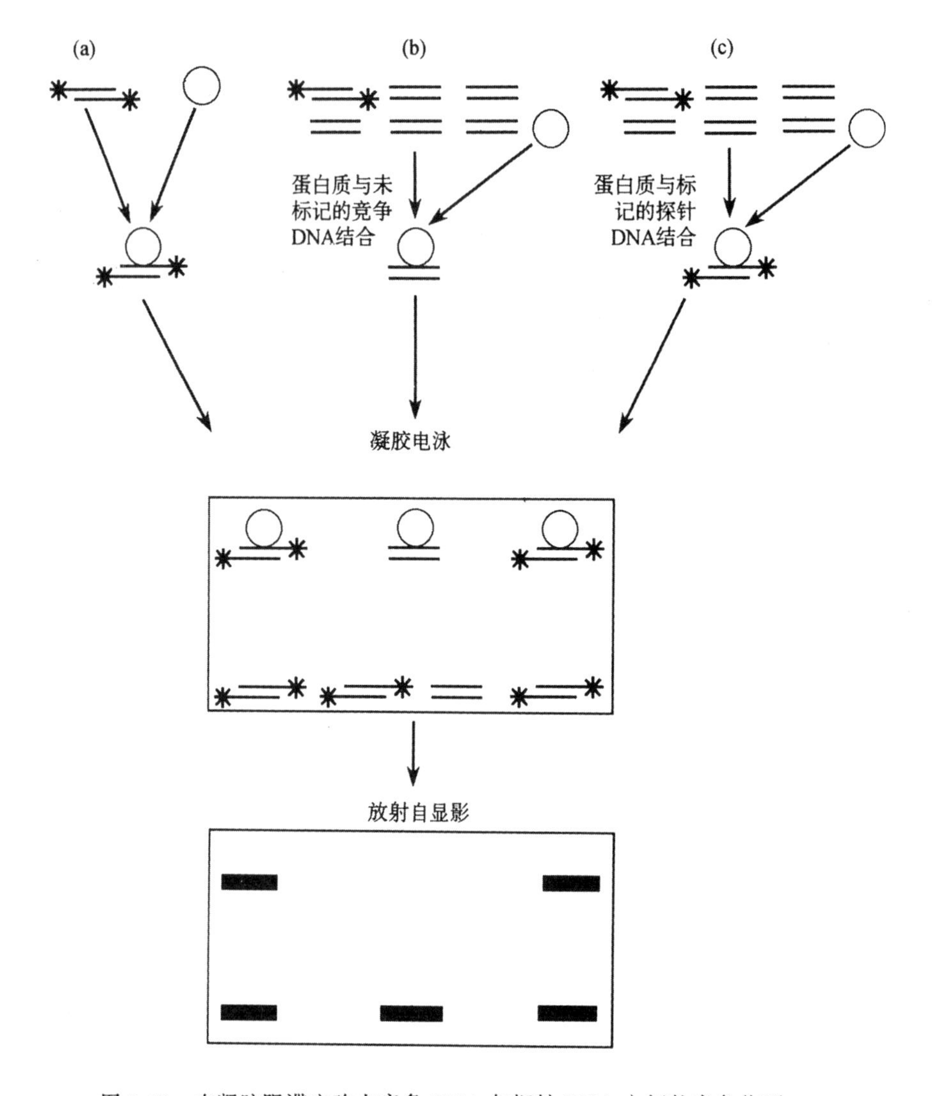

图 2-42　在凝胶阻滞实验中竞争 DNA 与探针 DNA 之间的竞争作用

(a)没有加入竞争 DNA 的正常的凝胶阻滞实验,探针 DNA 与特异蛋白质结合,出现阻滞条带;(b)加入的超量竞争 DNA 与探针 DNA 竞争结合同一种蛋白质,阻滞条带消失;(c)竞争 DNA 与探针 DNA 分别结合不同的蛋白质,出现同(a)一样的阻滞条带

六氢吡啶又会对甲基化的 G 残基作特异的化学切割。假如有一种蛋白质同 DNA 分子中的某一区段结合,在它的保护下,这段 DNA 中的 G 残基就避开了 DMS 的甲基化作用,从而免受六氢吡啶的切割,于是在 DNA 片段的序列梯中,便不存在具这些 G 残基末端的 DNA 片段,故出现个空白区域,此即通常所说的足迹。

与其它足迹试验不同,由于 DMS 足迹试验中被切割的是 G 残基,因此可用来鉴定同转录因子蛋白质结合的 DNA 区段中的特异碱基。

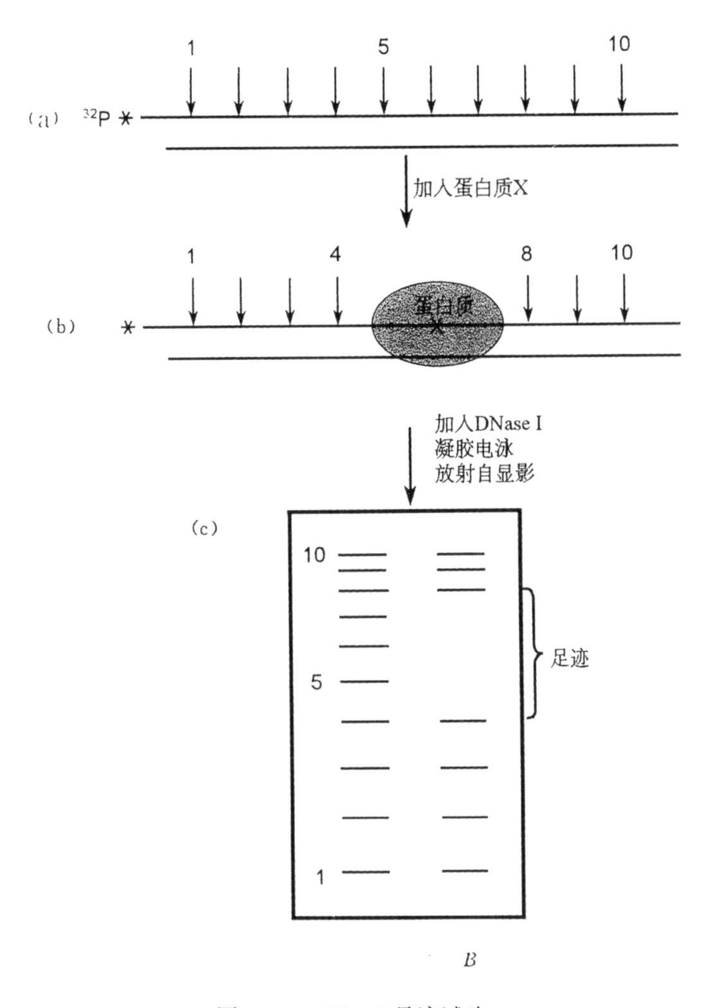

图 2-43　DNaseI 足迹试验

(a)双链 DNA 片段中只有一条链的 5′-端被 ^{32}P 标记，其上有 10 个 DNaseI 潜在切割位点；(b)位点 5、6、7 因受特异结合蛋白质 X 的保护，可免受 DNaseI 的切割作用；(c)在上述两个样品中加入少量的 DNaseI，除去蛋白质后加样在变性的 DNA 测序凝胶中作电泳分离和放射自显影。结果 *B* 样品 DNA 片段的 5～7 部位呈现空白的"足迹"，对照 *A* 样品的结果便可得出该区段的核苷酸序列结构

3. 甲基化干扰试验

根据 DMS 能够使 G 残基甲基化，而六氢吡啶又能够特异切割甲基化的 G 残基这一原理，还设计出了另一种研究 DNA 与蛋白质相互作用的实验方法，即甲基化干扰试验(methylation interference assay)。应用这种技术，可以检测靶 DNA 中特异 G 残基的优先甲基化对尔后的蛋白质结合作用究竟会有什么效应，从而更加详细地揭示 DNA 与蛋白质之间相互作用的模式。

甲基化干扰试验的具体操作是，先用 DMS 处理靶 DNA，并控制反应条件，使之达到平均每条 DNA 分子只有一个 G 残基被甲基化；而后将这些局部甲基化的 DNA 群体同含有 DNA 结合蛋白的适当的细胞提取物一道温育，并作凝胶阻滞试验。经电泳分离之后，从凝胶中切取出具有结合蛋白质的 DNA 条带和没有结合蛋白质的 DNA 条带，并用六氢吡啶处理之，于是具甲基化G残基的被切割，不具甲基化G残基的则不被切割。显而易见，如果因一个G残基的甲基化作用而阻止了蛋白质同DNA的结合，那么六氢吡啶对这个甲基化G残基的切割作用，就只能在没有同蛋白质结合的DNA分子中观察到。相反

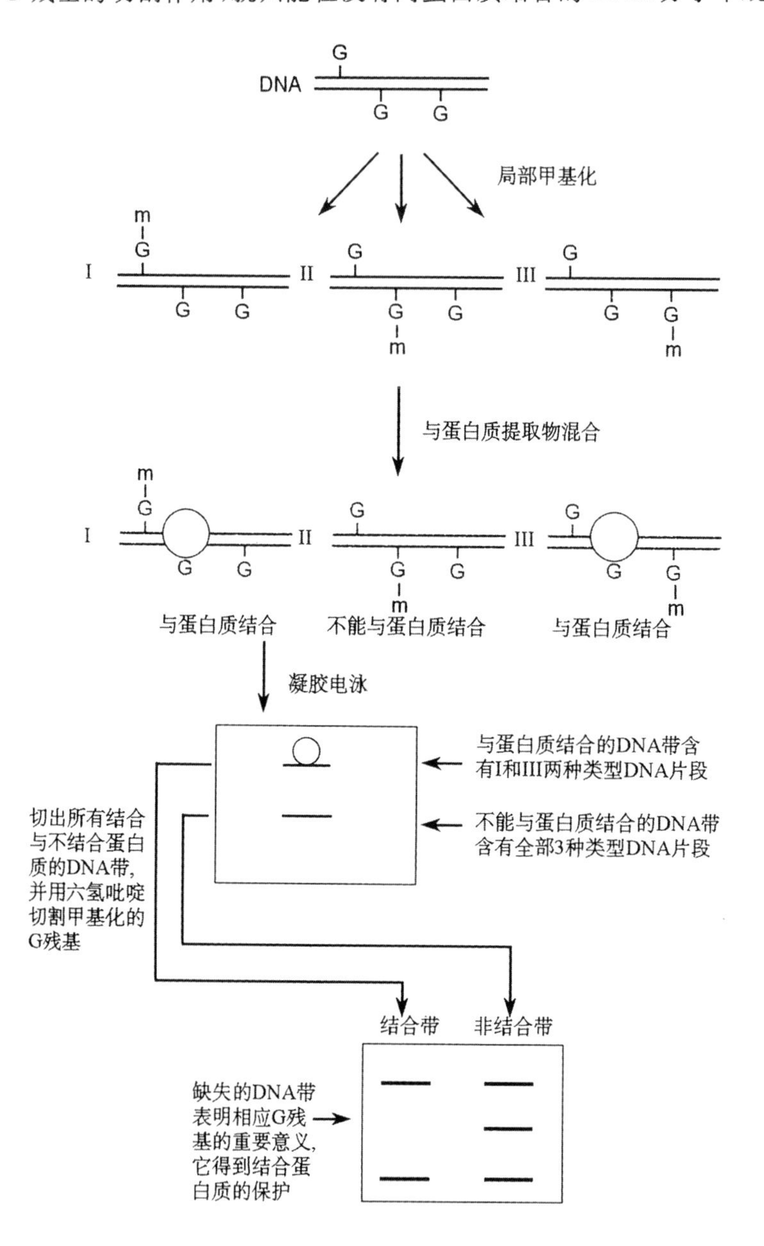

图 2-44 甲基化干扰试验

用局部甲基化的DNA作凝胶阻滞试验。不能同蛋白质结合的DNA，以及可以同蛋白质结合形成阻滞条带的DNA，两者都从凝胶中切取出来，并用六氢吡啶切割其甲基化的G残基。如果一个特异的G残基被甲基化后并不影响蛋白质的结合作用(I和III)，则表明结合蛋白质的DNA和不结合蛋白质的DNA在这个部位含有III等量的甲基化的G残基。相反地，如果一个特殊的G残基的甲基化作用阻止了DNA与蛋白质的结合(II)，则只有不结合蛋白质的DNA在这个部位含有甲基化的G残基

地，如果一个特殊的G残基在DNA与蛋白质的结合中不起作用，那么六氢吡啶对这个G残基的切割作用，则在同蛋白质结合的DNA分子及不同蛋白质结合的DNA分子中均可观察到(图2-44)。

甲基化干扰试验不仅可以用来研究蛋白质与G残基之间的联系，而且同样也可以用来研究DNA结合蛋白质与结合位点中的腺嘌呤(A)残基之间的联系作用。头一个办法是使所有的嘌呤残基甲基化，以便同时研究甲基化的G和A残基对蛋白质与DNA结合的干扰效应。第二种办法是使用焦碳酸二乙酯(DEPC)特异性修饰A残基，而使之易受六氢吡啶的切割作用。对于研究诸如像具有相对少数G残基的八聚体基序(例如Oct-1，Oct-2等，它们可与八聚体结合蛋白质结合)这样的序列而言，这些甲基化干扰试验技术具有特别的价值，因为只要研究G残基的甲基化干扰，就可获得有用的信息。

DMS化学干扰的主要局限性是，它只能使G和A残基甲基化，而不能使T和C残基甲基化。尽管如此，它仍不愧为足迹试验的一种有效的补充手段，可以鉴定足迹区段中DNA与蛋白质相互作用的精确位置。

4. 体内足迹试验

上面所讨论的这三种方法有一个共同的不足之处，即它们都是在体外进行的试验。因此人们自然会问，这些结果能够确切地反映活细胞内发生的DNA-蛋白质相互作用的真实情况吗？为了解答这个问题，科学工作者又设计出了一种体内足迹试验体系。然而究其实质而言，这种技术无非是体外DMS足迹试验的一个变种而已。

在体内足迹试验中，是用有限数量的化学试剂DMS处理完整的游离细胞，并使其渗透到细胞内的浓度恰好导致天然染色质DNA中的G残基发生甲基化。而后从这些细胞中提取DNA，并加入六氢吡啶作体外消化。结果情况就如同体外足迹试验一样，能同某种特殊蛋白质因子结合的DNA区段，其上的G残基就不会被DMS甲基化，因而也就不会被六氢吡啶所切割。因此，同对照的体外裸露DNA所形成的序列梯比较，就会发现由完整的活细胞染色质DNA形成的序列梯中，缺少了G残基没有被切割的相应条带(图2-45)。

显而易见，与应用克隆DNA片段所作的体外足迹试验的结果相比，经体内足迹试验从染色质总DNA中所获得的任何一种特异DNA的数量，都是微不足道的。因此，有必要通过PCR技术从染色质总DNA中扩增特异的靶DNA，以获得足够数量的DNA样品，供体内足迹试验使用。经过如此改良之后，如今体内足迹试验已发展成为研究在完整的活细胞内，DNA-蛋白质结合位点及检测结合位点中碱基突变效应的一种极有效的手段。

在本节，我们比较详细地讨论了凝胶阻滞试验、DNaseI足迹试验、甲基化干扰试验，以及体内足迹试验等多种用于研究DNA与蛋白质相互作用的基本实验手段。应用这些技术，将有助于深入地探讨基因启动子元件的结构与功能，及其与蛋白质转录因子之间相互作用的有关细节；揭示mRNA转录起始和终止的分子本质与主要步骤；阐明在发育过程中基因表达调节的时空特异性；以及外源基因在转基因植株中表达的分子机理，等等。这些研究结果，将为我们提供大量重要的信息，以最终弄清基因表达调节的真实内容。

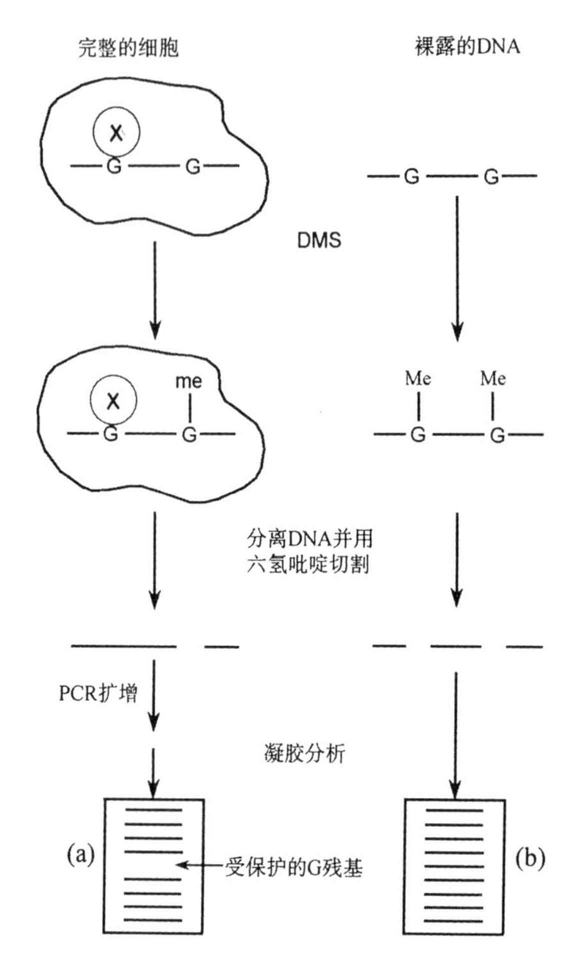

图 2-45　应用甲基化保护作用进行的体内足迹试验

用化学试剂 DMS 处理完整的细胞，其中受结合蛋白质(X)保护的特异的 G 残基，避免了 DMS 的甲基化作用。由此分离的细胞 DNA 经六氢吡啶切割甲基化的 G 残基之后，进行 PCR 扩增。结果在电泳凝胶分析中就会发现缺少了受保护而不被切割的特异的 G 残基的相应条带(a)。而在对照的裸露 DNA 组中，特异的 G 残基无结合蛋白质保护而被甲基化，并切割形成相应的条带(b)

第三章 基因克隆的酶学基础

通过切割相邻的两个核苷酸残基之间的磷酸二酯键，从而导致核酸分子多核苷酸链发生水解断裂的蛋白酶叫做核酸酶。其中专门水解断裂 RNA 分子的叫做核糖核酸酶(RNase)，而特异水解断裂 DNA 分子的则叫做脱氧核糖核酸酶(DNase)。核酸酶按其水解断裂核酸分子的不同方式，可分为两种类型：一类是从核酸分子的末端开始，一个核苷酸一个核苷酸地消化降解多核苷酸链，叫做核酸外切酶(exonuclease，希文 *exo* 系外部之意)；另一类是从核酸分子内部切割磷酸二酯键使之断裂形成小片段，叫做核酸内切酶(endonuclease，希文 *endo* 系内部之意)。

基因的重组与分离，涉及到一系列相互关连的酶催反应。已经知道有许多种重要的核酸酶，例如核酸内切酶、核酸外切酶，以及用信使 RNA 模板合成互补链 DNA 的反转录酶(reverse transcriptase)等，在基因克隆的实验中都有着广泛的用途(表 3-1)。特别是核酸内切限制酶(restriction endonucleases) 和 DNA 连接酶(ligase)的发现与应用，才真正使 DNA 分子的体外切割与连接成为可能。无疑，核酸内切限制酶和 DNA 连接酶，是重组 DNA 技术赖以创立的重要的酶学基础。因此，为了比较深入地理解基因操作的基本原理，有选择性地讨论在基因克隆中通用的若干种核酸酶，显然是十分必要的。本章着重讨论核酸内切限制酶及 DNA 连接酶在 DNA 分子的切割与连接中的应用，同时也要简要地讨论与基因克隆有关的其它的一些重要的核酸酶。

表 3-1 重组 DNA 实验中常用的若干种核酸酶

核酸酶名称	主要的功能
II 型核酸内切限制酶	在特异性的碱基序列部位切割 DNA 分子
DNA 连接酶	将两条 DNA 分子或片段连接成一个整体
大肠杆菌 DNA 聚合酶 I	通过向 3′-端逐一增加核苷酸的方式填补双链 DNA 分子上的单链裂口
反转录酶	以 RNA 分子为模板合成互补的 cDNA 链
多核苷酸激酶	把一个磷酸分子加到多核苷酸链的 5′-OH 末端
末端转移酶	将同聚物尾巴加到线性双链 DNA 分子或单链 DNA 分子的 3′-OH 末端
核酸外切酶 III	从一条 DNA 链的 3′-端移去核苷酸残基
λ 核酸外切酶	催化自双链 DNA 分子的 5′-端移走单核苷酸，从而暴露出延伸的单链 3′-端
碱性磷酸酶	催化从 DNA 分子的 5′-或 3′-端或同时从 5′-和 3′-端移去末端磷酸
S1 核酸酶	催化 RNA 和单链DNA 分子降解成 5′-单核苷酸，同时也可切割双链核酸分子的单链区
Bal31 核酸酶	具有单链特异的核酸内切酶活性，也具有双链特异的核酸外切酶活性
Taq DNA 聚合酶	能在高温(72℃)下以单链 DNA 为模板按 5′→3′方向合成新生互补链

第一节　核酸内切限制酶与DNA分子的体外切割

核酸内切限制酶，是一类能够识别双链DNA分子中的某种特定核苷酸序列，并由此切割DNA双链结构的核酸内切酶。它们主要是从原核生物中分离纯化出来的。根据1994年美国出版的《分子生物学百科全书》的统计数字，仅II型核酸内切限制酶一项迄今就已从各种不同的微生物当中，分离出了2 300种以上，可识别230种不同的DNA序列。在限制酶的核酸内切酶活性的作用下，侵入细菌的“外源”DNA分子便会被切割成不同大小的片段，而细菌自己固有的DNA由于修饰酶（通常是一种甲基化酶）的保护作用，则可免受限制酶的降解。由于限制酶的发现与应用而导致体外重组DNA技术的发展，使我们有可能对真核染色体基因的结构、组织、表达及进化等问题进行深入的研究。因此，无怪乎有人赞叹核酸内切限制酶是大自然赐给基因工程学家的一件了不起的礼物。

1. 寄主控制的限制与修饰现象

大多数的细菌对于噬菌体的感染都存在着一些功能性障碍，例如到目前为止尚未发

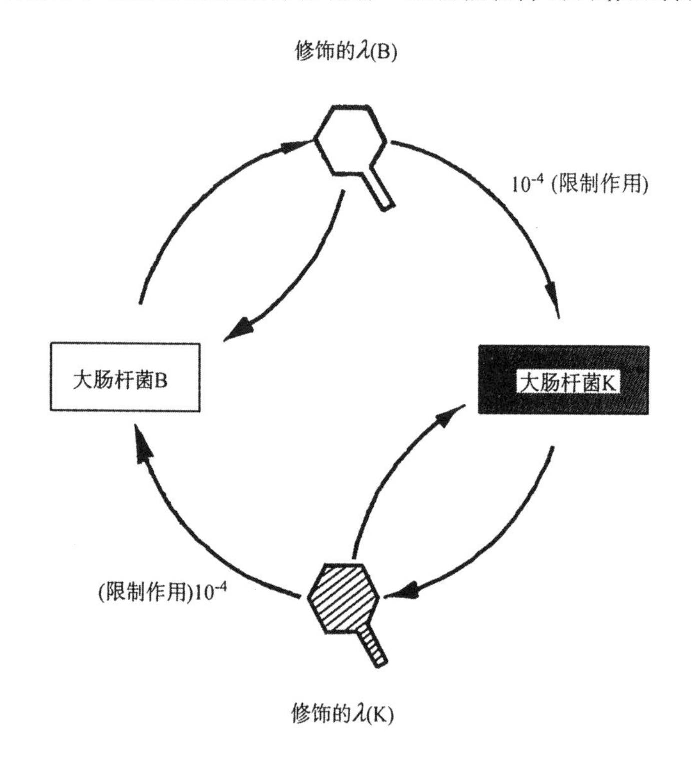

图3-1　大肠杆菌寄主控制的限制与修饰体系

图中的数字是生长在不同寄主中的λ噬菌体的成斑率(EOP)，表示限制程度。在K株或B株上生长繁殖的噬菌体λ(K)或λ(B)，再次感染原寄主菌株的成斑率均为1，而感染新的寄主菌株的成斑率则分别为10^{-4}和4×10^{-4}，所以说受到了限制

现有任何一种既可感染假单胞杆菌(*Pseudomonas*)又可感染大肠杆菌的噬菌体，而且非寄主细菌的RNA聚合酶不能够识别“外源”噬菌体的启动子序列。即使噬菌体的吸附和

转录能够顺利地进行，也仍然存在着另一种功能障碍，即所谓的寄主控制的限制（restriction）和修饰（modification）现象，简称R/M体系。细菌的R/M体系同免疫体系类似，它能够辨别自己的DNA和外来的DNA，并使后者降解掉。关于这个问题，早在50年代初期就已经有人开始进行广泛而深入的研究，发现X型菌株能够辨别在该菌株上生长的和在别的Y型菌株上生长的噬菌体，而且还能够阻止在Y型菌株上生长的噬菌体对它的成功感染。为了便于讨论这种现象，我们将在X菌株上生长的噬菌体P，用P(X)表示。按此原则类推，在大肠杆菌K菌株上生长的λ噬菌体则表示为λ(K)。实验表明，用这种λ(K)噬菌体感染大肠杆菌B菌株，形成噬菌斑的效率就很低，其效价比在K菌株上生长的λ(K)的要低几个数量级，因此我们说λ(K)噬菌体受到了B菌株的限制。但在这些稀有的由λ(B)形成的噬菌斑中的噬菌体群体，则已经发生了某些变化。用这些变化了的λ(B)噬菌体再感染B菌株，它们就可以在B菌株上有效地生长。如此由第二个寄主菌株（大肠杆菌B株）赋予λ噬菌体的这种非遗传变化，使得它再感染时能够有效地生长，而没有再次受到限制的现象，称之为修饰。无论是限制还是修饰，都是由寄主控制的，我们统称之为寄主控制的限制与修饰现象（图3-1）。

表3-2　大肠杆菌λ噬菌体的限制与修饰模式

细菌菌株	噬菌体		
	λ(K)	λ(B)	λ(C)
K	1	10^{-4}	10^{-4}
B	10^{-4}	1	10^{-4}
C	1	1	1

注：表中数字表示相应的成斑率。

有关寄主控制的限制与修饰现象的分子生物学研究发现，它是由两种酶活性配合完成的，一种叫修饰的甲基转移酶，另一种叫核酸内切限制酶。在大肠杆菌B菌株中含有一种核酸内切限制酶，特称为EcoB核酸酶。这是一种作用位点特异的核酸酶，它只能在一种特定的碱基序列内切割DNA分子的2条链。噬菌体λ(K)含有这种序列，当它的DNA注入*E. coli*B菌株时，便在这种酶的作用下降解掉。*E. coli*B菌株同样也含有这种序列，因此未被修饰的它自己的DNA也将被破坏。但还有一种位点特异的甲基化酶（EcoB甲基化酶），它能催化甲基（$-CH_3$，或以Me表示）从其给体分子S-腺苷甲硫氨酸（S-adenosylmethionine，SAM），转移给限制酶识别序列的特定碱基，使之甲基化。由于核酸内切限制酶是无法识别甲基化的序列，这样便使得DNA序列可以抗御EcoB核酸酶的破坏。当λ(K)感染B菌株时，在庞大的被感染的细胞群体中，会有少量的亲本噬菌体DNA分子在其被限制之前，就已发生了甲基化作用。由这种DNA而来的所有的子代DNA分子中，都有一条链是甲基化的，因此新合成的链也将迅速地甲基化，从而限制作用也就被阻止了。这样就产生出少量的具有B菌株修饰的噬菌体λ(B)群体。大肠杆菌K株同样也含有一种位点特异的核酸酶，叫做EcoK核酸酶。此酶作用的碱基序列同EcoB核酸酶识别的碱基序列不同。EcoK甲基化酶同样也是通过使大肠杆菌K株DNA发生了甲基化作用，使之免受EcoK核酸酶的降解作用，从而保护该菌株。在K菌株上生长过的λ噬菌体叫做λ(K)，它已经在EcoK特异序列上发生了甲基化作用，故能够抗御EcoK酶的作用。然而λ(B)的EcoK序列却没有甲基化，所以用来感染K株细胞时，它的DNA通常就会被破坏，但偶然也会有少量的λ(B)DNA分子避开了这种限制作用而得以复制。这样复制出来的DNA链，它的EcoK特异序列已经是甲基化的了。因此，这样产生的可以成功地感染大肠杆菌K株的少量的子代噬菌体便是λ(K)噬菌体，它们现在已失去了B饰变，再用来感染B株时便会受到限制。表3-2是大肠杆菌λ噬菌体的限制与修饰模式。

上表所示的生长在C菌株的λ噬菌体λ(C)，在B株和K株上均不能很好地生长，而无论λ(B)还是λ(K)都不会受到C菌株的限制。失去限制作用的原因是C株对于λDNA上的任何碱基序列，都不再具有核酸内切限制酶的活性。当然，λ(C)噬菌体受到B和K菌株的限制作用是因为C菌株不具有B和K的甲基化酶。

寄主控制的限制与修饰是一种广泛的过程，它的存在有两方面的作用，一是保护自身的DNA不受限制；二是破坏外源DNA使之迅速降解。根据限制-修饰现象发现的核酸内切限制酶，现在已成为重组DNA技术学的重要工具酶。

2. 核酸内切限制酶的类型

目前已经鉴定出有三种不同类型的核酸内切限制酶，即I型酶、II型酶和III型酶。这三种不同类型的限制酶具有不同的特性(表3-3)。其中II型酶，由于其核酸内切酶活性和甲基化作用活性是分开的，而且核酸内切作用又具有序列特异性，故在基因克隆中有特别广泛的用途。

表3-3　核酸内切限制酶的类型及其主要特性

特性	I型	II型	III型
(1) 限制和修饰活性	单一多功能的酶	分开的核酸内切酶和甲基化酶	具有一种共同亚基的双功能的酶
(2) 核酸内切限制酶的蛋白质结构	3种不同的亚基	单一的成份	2种不同的亚基
(3) 限制作用所需的辅助因子	ATP、Mg^{2+}、S-腺苷甲硫氨酸	Mg^{2+}	ATP、Mg^{2+}、(S-腺苷甲硫氨酸)
(4) 寄主特异性位点序列	EcoB：TGA$(N)_8$TGCT EcoK：AAC$(N)_6$GTGC	旋转对称(IIs型例外)	EcoP1：AGACC EcoP15：CAGCAG
(5) 切割位点	在距寄主特异性位点至少1000bp的地方可能随机地切割	位于寄主特异性位点或其附近	距寄主特异性位点3′-端24～26bp处
(6) 酶催转换	不能	能	能
(7) DNA易位作用	能	不能	不能
(8) 甲基化作用的位点	寄主特异性的位点	寄主特异性的位点	寄主特异性的位点
(9) 识别未甲基化的序列进行核酸内切酶切割	能	能	能
(10) 序列特异的切割	不是	是	是
(11) 在DNA克隆中的用处	无用	十分有用	用处不大

注：N＝任何一种核苷酸。

M. Meselson和R. Yuan(1968)领导的研究小组，最早报道了关于从大肠杆菌B株和K株中分离核酸内切限制酶的工作。他们设计的试验十分巧妙，把放射性同位素^{3}H标记的未修饰的λ噬菌体DNA与^{32}P标记的修饰的λ噬菌体DNA的混合物，同分部的细胞提取物一起温育。经过恰当的时间之后，应用蔗糖梯度沉降法分析DNA的混合物，结果出现了未修饰的DNA被降解了，而修饰的DNA则没有被降解的情况。这表明在该混合物中存在着核酸内切限制酶的活性。这种酶后来被命名为I型核酸内切限制酶。I型酶的2个代表EcoK和EcoB是分别从大肠杆菌K株和B株中分离到的，它们的分子量约为300 000 dal。遗憾的是，虽然这种酶能够识别DNA分子中特定的核苷酸序列，但它的切割作用却是随机地进行的，这在基因克隆中显然是没有什么实用价值的。

首先发现II型核酸内切限制酶的科学家是H. O. Smith和K. W. Wilcox (1970)以及T. J. Kelly和H. O. Smith(1970)。他们从流感嗜血菌Rd株中分离出来的限制酶，是迄今公认的II型核酸内切限制酶的一种典型。II型酶没有I型酶的那些异常特性，因而对于DNA操作是极为重要的。II型酶识别双链DNA分子上的一种特殊的靶子序列，并破坏这种靶子序列内的多核苷酸链，形成一定长度和顺序的分离的DNA片段。事实上，通常是把核酸内切限制酶产生的DNA片段进行凝胶电泳，来分析和研究这些酶的活性。现在已经从众多的细菌中分离出了大量的II型核酸内切限制酶，而且随着今后在更多的细菌中找到这种酶，它们的数量还要继续增加。

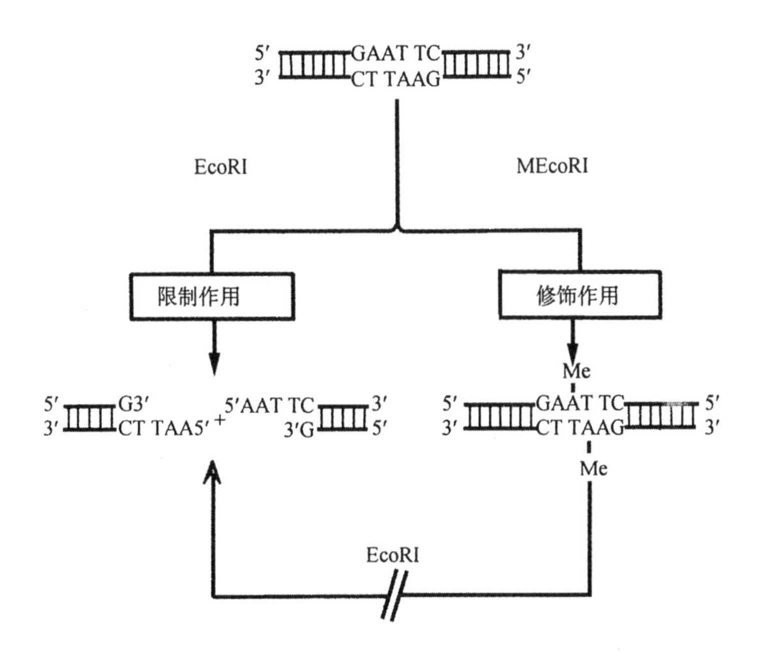

图3-2 核酸内切限制酶EcoRI及其修饰的甲基化酶MEcoRI的限制与修饰作用
EcoRI识别序列经MEcoRI甲基化之后，就再不能被EcoRI所切割

后来又鉴定出了与标准的II型酶不同的新型的IIs型核酸内切限制酶，即移动切割(shifted cleavage)的限制酶。这种酶，例如HgaI，是在离它的不对称识别序列一侧的一个精确距离处，造成DNA双链的断裂(表3-4)。除了I型酶和II型酶之外，还有一类特性界于两者之间的III型酶。III型核酸内切限制酶是在完全肯定的位点切割DNA分子的，切割反应需要ATP、Mg^{2+}离子和S-腺苷甲硫氨酸的激活作用。

表 3-4　部分核酸内切限制酶的特性

微生物名称	酶名称	识别序列	同裂酶	同尾酶	切割位点数目		
					λ	SV40	pBR322
Anabaena variabilis （变链蓝藻球菌）	AvaI	C↓PyCGPuG		SalI，XhoI， XmaI	8	0	1
Bacillus amyloliquefaciens H （解淀粉芽孢杆菌）	BamHI	G↓GATCC	BstI	BclI，BglII MboI，Sau3A XhoII	5	1	1
Bacillus caldolyticus （嗜乳芽孢杆菌）	BclI	T↓GATCA		BamHI，BglII MboI，Sau3A XhoII	7	1	0
Bacillus globigii （球芽孢杆菌）	BglII	A↓GATCT		BamHI，BclI MboI，Sau3A XhoII	6	0	0
Caryophanon latum L. （阔显核菌）	ClaI	AT↓CGAT		AccI，AcyI AsyII，HpaII TaqI	15	0	1
Escherichia coli RY13 （大肠杆菌）	EcoRI[1,4]	G↓A$\overset{*}{A}$TTC			5	1	1
Escherichia coli R245 （大肠杆菌）	EcoRII[2]	↓CC($\frac{A}{T}$)GG	AtuI，ApyI		>35	16	6
Haemophilus aegyptius （埃及嗜血菌）	HaeIII	GG↓$\overset{*}{C}$C	BspRI，BsuRI		>50	19	22
Haemophilus gallinarum （鸡嗜血菌）	HgaI[3]	GACGC(N)$_5$↓ CTGCG(N)$_{10}$↑			>50	0	11
Haemophilus haemolyticus （溶血嗜血菌）	HhaI	G$\overset{*}{C}$G↓C	FnuDIII，HinPI		>50	2	31
Haemophilus influenzae Rc （流感嗜血菌）	HincII	GTPy↓PuAC	HindII		34	7	2
Haemophilus influenzae Rd （流感嗜血菌）	HindII	GTPy↓PuAC	HincII，HinJCI		34	7	2
Haemophilus influenzae （流感嗜血菌）	HindIII	$\overset{*}{A}$↓AGCTT	HsuI		6	6	1
Haemophilus influenzae Rf （副流感嗜血菌）	HinfI	G↓ANTC	FnuAI		>50	10	10
Haemophilus parainfluenzae （副流感嗜血菌）	HpaI	GTT↓AAC			13	4	0
Haemophilus parainfluenzae （副流感嗜血菌）	HpaII	C↓$\overset{*}{C}$GG	HapII，MnoI	AccI，AcyI AsuII，ClaI TaqI	>50	1	26
Haemophilus parahaemolyticus （副溶血嗜血菌）	HphI	GGTGA(N)$_6$ ↓CCACT(N)$_7$			>50	4	12
Klebsiella pneumoniae OK8 （肺炎克雷伯氏菌）	KpnI	GGTAC↓C		BamHI，BclI BglII，XhoII	2	1	0
Moraxella bovis （牛莫拉氏菌）	MboI	↓GATC	DpnI，Sau3AI		>50	8	22
Providencia stuartii 164 （普罗威登斯菌）	PstI	CTGCA↓G	SalPI，SfII		18	2	1

续表

微生物名称	酶名称	识别序列	同裂酶	同尾酶	切割位点数目		
					λ	SV40	pBR322
Proteus vulgaris（普通变形菌）	PvuII	CAG↓CTG			15	3	1
Streptomyces achromogenes（不产色链霉菌）	SacII	CCGC↓GG	CscI,SstII		>25	0	0
Streptomyces albus subspecies pathocidicus（白色链霉菌）	SalI	G↓TCGAC	HgiCIII,HgiDII	AvaI,XhoI	1	0	0
Staphylococcus aureus 3A（金黄色葡萄球菌）	Sau3A	↓GATC	MboI	BamHI,BclI BglII,MboI XhoII	>50	8	22
Serratia marcescens（粘质沙雷氏菌）	SmaI	CCC↓GGG	XmaI		3	0	0
Streptomyces stanford（斯坦福链霉菌）	SstI	GAGCT↓C	SacI		2	0	0
Xanthomonas badrii（巴氏黄单胞菌）	XbaI	T↓CTAGA			1	0	0
Xanthomonas holcicola（绒毛草黄单胞菌）	XhoI	C↓TCGAG	BluI,PaeR7I	AvaI,SalI	1	0	0
Xanthomonas malvacearum（锦葵黄单胞菌）	XmaI	C↓CCGGG	SmaI	AvaI	3	0	0

识别序列用一条链按5′→3′方向表述，箭头所指系切点位置。Py代表嘧啶碱基C或T，Pu代表嘌呤碱基A或G。有的碱基已经知道被相应的特定的甲基化酶所修饰，则用星号（*）表示。$\overset{*}{A}$代表N^6-甲基腺嘌呤，$\overset{*}{C}$代表5′-甲基胞嘧啶。

注释：

(1)、(2)、这两个酶的名称不是按规则命名的。控制这两个酶的基因分别定位在两个抗性转移因子上。因此叫做RI和RII。

(3) HgaI是II型核酸内切限制酶，其切点位置如下：5′ GACGCNNNNN↓
3′ CTGCGNNNNNNNNNN↑

(4) 在一定条件下（低离子强度、碱性pH或50%甘油）EcoRI的特异性降低，结果它的识别与切割仅需要典型的6个核苷酸内部的4个核苷酸，这就是所谓的EcoRI*的活性。它的活性受对位氯汞基苯酸盐(parachloromercuribenzoate)的抑制，而EcoRI对此化合物则是不敏感的。

除了I～III型酶之外，在80年代又发现了其它类型的限制酶。D. M. Woodcock等人(1989)报道，在一些通用的大肠杆菌寄主菌株中，各种不同来源的细菌及真核的DNA，都只能被低效率地克隆，可见这些DNA在这类寄主菌株中是被限制的。由于它是因DNA分子中存在的甲基胞嘧啶引起的，故称之为修饰的胞嘧啶限制作用(modified cytosine restriction, Mcr)。研究表明，在大肠杆菌中有两种Mcr体系，其中McrA体系是由一种类似原噬菌体的因子编码的，另一种McrBC体系则是由mcrB和mcrC两种基因编码的。这两个基因的位置实际上是同编码I型限制酶的基因十分靠近。最近已经测定出了McrBC限制体系的识别序列是RmC($N_{40\sim80}$)RmC，(其中R＝A或G)，并从甲基胞嘧啶之间的两条链上多位点切割DNA分子。现已知道，McrBC限制体系就是早期发现的限制性缺葡萄糖噬菌体(restrict glucoseless phage)中的RglB体系，可以限制含有5-羟甲基胞嘧啶、5-甲基胞嘧啶或4-甲基胞嘧啶的DNA分子。

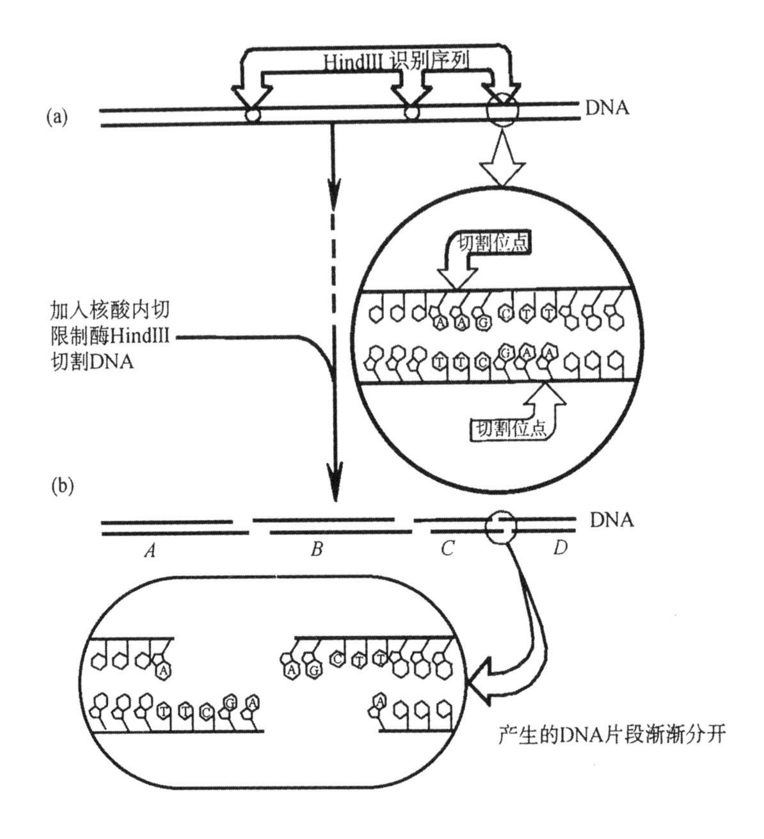

图 3-3　核酸内切限制酶 HindIII 对双链 DNA 分子的切割作用

(a)在一条长的双链 DNA 分子上，可能具有好几个 HindIII 的识别序列；(b)当加入核酸内切限制酶 HindIII 之后，便会迅速地同 DNA 分子结合，并从其识别序列处切割 DNA。在本例中，DNA 分子被 HindIII 切割成 4 个短片段 *A*、*B*、*C*、*D*，它们各具有可进行彼此碱基配对的粘性末端

3. I 型和 III 型核酸内切限制酶的基本特性

I 型和 III 型核酸内切限制酶一般都是大型的多亚基的蛋白复合物，既具有内切酶的活性，又具有甲基化酶的活性。与 II 型相比，I 型核酸内切限制酶具有一些异常的特性。它们除了需要二价金属镁离子之外，还需要 ATP 和 SAM(S-腺苷甲硫氨酸)辅助因子，才能表现出正常的限制活性。例如，EcoB 和 EcoK 这样的 I 型限制酶，都是由三种不同的亚基组成的。其中特异性亚基(即 γ 多肽链)具有特异性识别 DNA 序列的活性，修饰亚基(即 β 多肽链)具有甲基化酶的活性，限制亚基(即 α 多肽链)具有核酸内切酶活性。

在具有 SAM 辅助因子的条件下，I 型酶便会同靶 DNA 分子上的一个二重识别序列(bipartite recognition sequence)结合。已经知道 EcoK 限制酶的二重识别序列是 AAC(N)$_6$GTGC。如果这个识别序列的两条链都已经甲基化，ATP 将激活限制酶从 DNA 分子上解离下来；如果识别位点是半甲基化的，即双链中的一条链甲基化了，ATP 将激活另一条链发生甲基化作用；如果识别位点是未甲基化的，在这种情况下，限制酶才会对

DNA 分子发生切割作用。

I 型限制酶对 DNA 分子的切割方式是十分奇特的：它结合在识别位点以滚环形式沿着 DNA 分子转位，而后从距识别位点 5′一侧数千碱基处随机切割 DNA 分子。在这种转位和切割的过程中都需要 ATP 的水解作用提供能量。现在已经知道 I 型核酸内切限制酶兼具限制和修饰两种体系。虽然它们也如同所有的核酸内切限制酶一样，能够识别特异的核苷酸序列，但由于它们的切割位点基本上是随机的，因此 I 型核酸内切限制酶在 DNA 重组研究工作中并没有什么实际的用处。

现在已知的 III 型核酸内切限制酶(例如 EcoP1)数量相当少。它是由两个亚基组成的蛋白质复合物，其中 M 亚基负责位点的识别与修饰，而 R 亚基则具有核酸酶的活性。III 型核酸内切限制酶，需具有二价金属镁离子 Mg^{2+} 以及辅助因子 ATP 和 SAM 的条件，才能呈现出对 DNA 分子的切割活性。在反应过程中会沿着 DNA 分子移动，并从距识别位点一侧约 25bp 处单链切割 DNA 分子。III 型限制酶的识别序列是非对称的，它如同 I 型限制酶一样，在基因操作中也没有什么实际的用处。

4. II 型核酸内切限制酶的基本特性

与 I 型及 III 型核酸内切限制酶不同，II 型核酸内切限制酶只有一种多肽，并通常以同源二聚体形成存在。它具有三个基本的特性：(i)在 DNA 分子双链的特异性识别序列部位，切割 DNA 分子产生链的断裂；(ii)2 个单链断裂部位在 DNA 分子上的分布，通常不是彼此直接相对的；(iii)因此，断裂的结果形成的 DNA 片段，也往往具有互补的单链延伸末端。

(1) 基本特性

绝大多数的 II 型核酸内切限制酶，都能够识别由 4～8 个核苷酸组成的特定的核苷酸序列。我们称这样的序列为核酸内切限制酶的识别序列。而限制酶就是从其识别序列内切割 DNA 分子的，因此识别序列又称为核酸内切限制酶的切割位点或靶子序列。有些识别序列是连续的(如 GATC)，有些识别序列则是间断的(如 GANTC)，一个共同特点是，它们具有双重旋转对称的结构形式，换言之，这些核苷酸对的顺序是呈回文结构：

A	B	C	C′	B′	A′
A′	B′	C′	C	B	A

或

A	B	N	B′	A′
A′	B′	N′	B	A

或

A	B	B′	A′
A′	B′	B	A

其中，大写字母代表核苷酸碱基，带撇的大写字母则代表互补的核苷酸碱基，N 是代表任意一种核苷酸碱基，垂直线代表对称轴。分布在 2 条链上的 2 个切割位点，就旋转对称轴而言是位于对称的位置上。例如，从不产色链霉菌(*Streptomyces achromogenes*)分离出来的一种限制酶的识别序列是：

```
                      切割位点
                         ↓
5′C — C — G — C — G — G3′
  ⋮     ⋮     ⋮     ⋮     ⋮     ⋮
3′G — G — C — G — C — C 5′
            ↑      ↑
       切割位点  对称轴
```

链上远离对称轴的 C-G 磷酸二酯键，即切割位点处，在这种限制酶的作用下便会发生水解效应，从而导致链的断裂。这就是所谓的核酸内切限制酶对 DNA 链的切割作用。

检验了非常大量的实验事例之后发现，由核酸内切限制酶的作用所造成的 DNA 分子的断裂类型，通常是属于下述两种独特的排列方式之一：(i)两条链上的断裂位置是交错地、但又是对称地围绕着一个对称轴排列，这种形式的断裂结果形成具有粘性末端的 DNA 片段；(ii)两条链上的断裂位置是处在一个对称结构的中心，这样形式的断裂是形成具有平末端的 DNA 片段。我们所说的粘性末端，是指 DNA 分子在限制酶的作用之下形成的具有互补碱基的单链延伸末端结构，它们能够通过互补碱基间的配对而重新环化起来。具平末端的 DNA 片段则不易于重新环化。已知有两种不同类型的限制酶都可以产生粘性末端，但一种是形成具有 3′-OH 单链延伸的粘性末端，例如 PstI 酶就是属于这种类型[图 3-4(a)]；另一种则是形成具有 5′-P 单链延伸的粘性末端，例如 EcoRI 酶便是此种类型的一个代表[图 3-4(b)]。

5′-CTGCA G-3′
3′-G ACGTC-5′
(a) PstI 切割位点

5′-G AATTC-3′
3′-CTTAA G-5′
(b) EcoRI 切割位点

图 3-4　不同的核酸内切限制酶切割 DNA 分子产生的两种不同的粘性末端

(a)PstI 的识别序列，切割后形成 3′-OH 的单链粘性末端；(b)EcoRI 的识别序列，切割后形成 5′-P 的单链粘性末端。图中箭头表示切割位点

从表 3-4 可以看到，II 型限制酶的靶子位点是多种多样的，除了刚刚提到的 EcoRI 和 PstI 酶这两种情况外，还有另外一些酶(例如 HacIII 酶)，切割 DNA 分子形成的是具平末端的片段。有的限制酶识别的是 4 个核苷酸组成的靶子序列，有的限制酶识别的则是较长的由 6 个核苷酸组成的靶子序列，还有的限制酶例如 Not1，识别的是由 8 个核苷酸组成的靶子序列(GC↓GGCCGC)。在一条随机排列的长 DNA 序列中，假定所有的 4 种核苷酸都具有同等频率的话，那么我们就可期望任何一种类型的四核苷酸靶子，在平均 4^4(＝256)个核苷酸对中，都有出现一次的机会；而任何一种类型的 6 核苷酸靶子，在平均 4^6(＝4096)个核苷酸对中，也都有出现一次的机会。因此靶子序列长度不一样的限制酶，对 DNA 分子的随机切割频率也不相同。DNA 碱基成份是影响限制酶切割频率的重要因素之一。例如，NotI 限制酶的识别序列由 8 个碱基组成，其中包括 CpG 双碱基，这在哺乳动物中是极其罕见的。因此，该酶切割 DNA 产生的片段大小可达$(1\sim1.5)\times10^6$bp，特别适用于哺乳动物 DNA 大尺度物理图谱的构建。有些限制酶(例如 Sau3AI)识别的一种 4 核苷酸序列，是包含在另一种限制酶(例如 BamHI)识别的 6 核苷酸序列之内。还有一类限制酶能识别多种核苷酸序列，头一个发现的 II 型酶 HindII 就是属于这种酶的一个例子，它识别 4 种核苷酸序列：

5′-CTPyPuAC-3′

其中，Py 表示嘧啶碱基 C 或 T，Pu 表示嘌呤碱基 A 或 G。

(2) 同裂酶

有一些来源不同的限制酶识别的是同样的核苷酸靶子序列，这类酶特称为同裂酶(isoschizomers)。同裂酶产生同样的切割，形成同样的末端。有一些同裂酶对于切割位点

上的甲基化碱基的敏感性有所差别，故可用来研究 DNA 甲基化作用。例如，限制酶HpaII 和 MspI 是一对同裂酶，共同的靶子序列是 CCGG。当其靶子序列中含有一个 5-甲基胞嘧啶(C*CGG，* 号表示甲基化的碱基)，HpaII 就不能够切割它，而 MspI 对于这个核苷酸的甲基化作用的反应则是中性的，它不管 C 残基甲基化与否都能够切割之。现已发现许多动物，包括脊椎动物和棘皮动物基因组 DNA 中的 90%以上的甲基，都是在序列 CG 处以 5-甲基胞嘧啶的形式出现。这些甲基化的胞嘧啶有许多是发生在 MspI 酶的靶子序列内，所以通过比较 HpaI 和 MspI 的 DNA 消化产物就可以检测出它们的存在。

(3) 同尾酶

与同裂酶对应的一类限制酶，它们虽然来源各异，识别的靶子序列也各不相同，但都产生出相同的粘性末端，特称之为同尾酶(isocaudamer)。常用的限制酶 BamHI、BclI、BglII、Sau3AI 和 XhoII 就是一组同尾酶，它们切割 DNA 之后都形成由 GATC 4 个核苷酸组成的粘性末端。显而易见，由同尾酶所产生的 DNA 片段，是能够通过其粘性末端之间的互补作用而彼此连接起来的，因此在基因克隆实验中很有用处。由一对同尾酶分别产生的粘性末端共价结合形成的位点，特称之为"杂种位点"(hybrid site)。但必须指出，这类杂种位点的结构，一般是不能够再被原来的任何一种同尾酶所识别的。不过亦有例外情况，例如由 Sau3AI 和 BamHI 同尾酶形成的杂种位点，对 Sau3AI 则仍然是敏感的，但已再不是 BamHI 的靶子位点(表 3-5)。

表 3-5　产生 GATC 单链末端的一组同尾酶及其限制片段组合形成的杂种位点

限制酶	识别位点(1)	同尾酶的组合	杂种识别位点(2)	杂种位点的敏感性(3)
BamHI	G↓GATCC	(1)BamHI,BclI	GGATCA,TGATCC	Sau3AI
BclI	T↓GATCA	(2)BamHI,BglII	GGATCT,AGATCC	Sau3AI,XhoII
BglII	A↓GATCT	(3)BamHI,Sau3AI	GGATCN,NGATCC	Sau3AI,XhoII(5%),BamHI(25%)
Sau3AI	↓GATC	(4)BamHI,XhoII	GGATCY,UGATCC	Sau3AI,XhoII, BamHI(50%)
XhoII	U↓GATCY	(5)BclI,BglII	TGATCT,AGATCA	Sau3AI
		(6)BclI,Sau3AI	TGATCN,NGATCA	Sau3AI,BclI(25%)
		(7)BclI,XhoII	TGATCY,UGATCA	Sau3AI
		(8)BglII,Sau3AI	AGATCN,NGATCT	Sau3AI,XhoII(50%),BglII(25%)
		(9)BglII,XhoII	AGATCY,UGATCT	Sau3AI,XhoII,BglII(50%)
		(10)Sau3AI,XhoII	NGATCY,UGATCN	Sau3AI,XhoII(50%),BamHI (12.5%)BglII(12.5%)

(1)U 和 Y 分别代表嘌呤和嘧啶。由这样的限制酶切割形成的片段具有 5′-P 和 3′-OH 基团。
(2)N 代表任何一种核苷酸。
(3)百分比表示 2 种杂种位点被切割的几率。

(4) 限制片段末端的连接作用

在核酸内切限制酶的研究中，最激动人心的事件莫过于通过电子显微镜的观察发现，许多种限制酶切割 DNA 分子形成的短片段又能够自发地重新环化起来；而且这些环形分子经过加热之后又会重新线性化；但如果环化之后，马上用大肠杆菌 DNA 连接酶处理，使它们的 3′-OH 基团和 5′-P 基团之间封闭起来，那么这样形成的环形 DNA 分子就将是永久性的。已知这种由限制酶产生的具粘性末端的 DNA 片段间的连接作用有两种不同的类型：一种是不同的 DNA 片段通过互补的粘性末端之间的碱基配对而彼此连接起来，我们称这种连接为分子间的连接[图 3-5(a)]；另一种是由同一片段的 2 个互补末端之间的碱基配对而形成的环形分子，我们称这种连接为分子内的连接[图 3-5(b)]。

限制酶识别的靶子序列同 DNA 的来源无关，也就是说不带有种的特异性，是对各种 DNA 普遍适用的。因此，甲种生物的 DNA 与乙种生物的 DNA，经同一种限制酶作用之后所形成的限制片段，便带有同样的粘性末端，它们能够通过碱基的互补配对而结合起来。从原则上讲，任何不同来源的 DNA，经过适当限制酶的处理之后，都可以通过它们的粘性末端或平末端连接起来的。这一特性是重组 DNA 技术学的重要基础之一。根据这一特性，我们才能够将不同来源的 DNA 片段，重组成一种新的重组体分子或是新的基因。

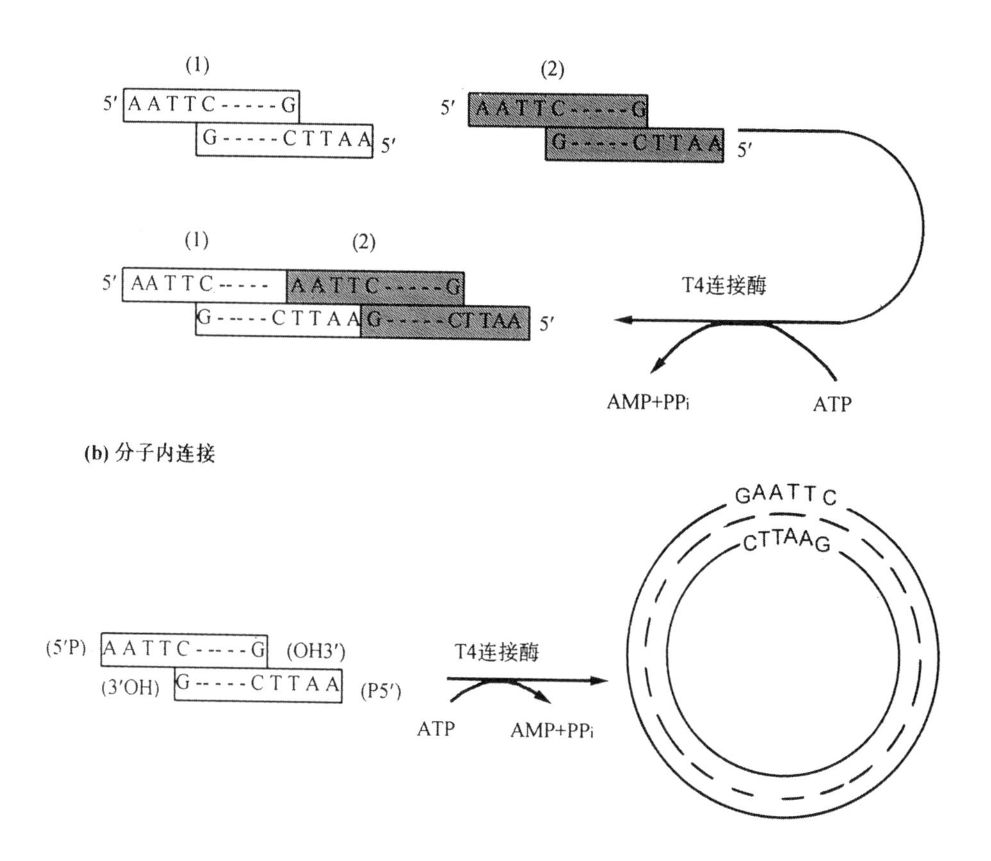

图 3-5　具粘性末端的 DNA 片段结合方式

(a)具有 EcoRI 粘性末端的 2 条 DNA 片段之间的连接，即分子间的连接；(b)具有粘性末端的同一条片段的自我连接，即分子内的连接

因为大多数限制酶都只识别唯一的序列，因此由一种特定的限制酶切割某种 DNA 分子，其切点数目是有一定限度的。细菌染色体 DNA 长度约为 3×10^6bp，可被切割成数百至数千个片段，而哺乳动物的核 DNA 则可切割成上百万个的片段。这的确是个很大的数字，但与有机体中糖-磷酸键数目相比则又显得很小。特别有趣的是，一些小分子量的 DNA 分子，例如质粒或噬菌体等的 DNA 分子，它们一般仅有 1～10 个限制位点，而对有

些特定的限制酶甚至不存在任何限制位点。对于某种特定限制酶只具一个限制位点的质粒，在基因克隆中是特别有用的。

5. 核酸内切限制酶的命名法

由于发现了大量的限制酶，所以需要有一个统一的命名法。H. O. Smith 和 D. Nathans（1973）提议的命名系统，已被广大学者所接受。他们建议的命名原则包括如下几点：

① 用属名的头一个字母和种名的头两个字母，组成 3 个字母的略语表示寄主菌的物种名称。例如，大肠杆菌（*Escherichia coli*）用 Eco 表示，流感嗜血菌（*Haemophilus influenzae*）用 Hin 表示。

② 用一个写在右下方的标注字母代表菌株或型，例如 Eco_{k}。如果限制与修饰体系在遗传上是由病毒或质粒引起的，则在缩写的寄主菌的种名右下方附加一个标注字母，表示此染色体外成份。例如 Eco_{P1}，Eco_{R1}。

③ 如果一种特殊的寄主菌株，具有几个不同的限制与修饰体系，则以罗马数字表示。因此，流感嗜血菌 Rd 菌株的几个限制与修饰体系分别表示为 $Hin_{d}I$、$Hin_{d}II$、$Hin_{d}III$ 等等。

④ 所有的限制酶，除了总的名称核酸内切酶 R 外，还带有系统的名称，例如核酸内切酶 R. $Hin_{d}III$。同样地，修饰酶则在它的系统名称之前加上甲基化酶 M 的名称。相应于核酸内切酶 R. $Hin_{d}III$ 的流感嗜血菌 Rd 菌株的修饰酶，命名为甲基化酶 M. $Hin_{d}III$。

在实际应用上，这个命名体系已经作了进一步的简化：

① 由于附有标注字母在印刷上很不方便，所以现在通行的是把全部略语字母写成一行。

② 在上下文已经交待得十分清楚只涉及限制酶的地方，核酸内切酶的名称 R 便被省去。表 3-5 中收录的一些普遍应用的核酸内切限制酶，采用的就是这样的系统。

表 3-6　产生同样粘性末端的同尾酶

组　别	同　尾　酶	识别序列
I	Sau3AI	↓GATC
	BamHI	G↓GATCC
	BclI	T↓GATCA
	BglII	A↓GATCT
	XhoII	U↓GATCY
II	BssHII	G↓CGCGC
	MluI	A↓CGCGT
III	TaqI	T↓CGA
	HpaII	C↓CGG
	SciNI	G↓CGC
	AccI	GT↓CGAC(*)
	AcyI	GU↓CGYC
	AsuII	TT↓CGAA
	ClaI	AT↓CGAT
	NarI	GG↓CGCC
IV	SalI	G↓TCGAC

续表

组　别	同 尾 酶	识别序列
	XhoI	C↓TCGAG
V	NspI	UCATG↓Y
	SphI	GCATG↓C
VI	HgiAI	GTGCA↓C(*)
	PstI	CTGCA↓G
VII	BdeI	GGCGC↓C
	HaeII	UGCGC↓Y
VIII	CfrI	Y↓GGCYU
	XmaIII	C↓GGCCG

注：(1)限制酶识别序列是 5′→3′方向；(2)箭头表示确切的切割位点；(3)U 表示嘌呤(A 或 G)，Y 表示嘧啶(C 或 T)；(4) * 号表示此酶可以在别的位点切割形成不同序列的粘性末端。

6. 影响核酸内切限制酶活性的因素

(1) DNA 的纯度

核酸内切限制酶消化 DNA 底物的反应效率，在很大程度上是取决于所使用的 DNA 本身的纯度。污染在 DNA 制剂中的某些物质，例如蛋白质、酚、氯仿、酒精、乙二胺四乙酸(EDTA)、SDS(十二烷基硫酸钠)、以及高浓度的盐离子等，都有可能抑制核酸内切限制酶的活性。应用微量碱法制备的 DNA 制剂，常常都含有这类杂质。为了提高核酸内切限制酶对低纯度 DNA 制剂的反应效率，一般采用的有如下三种方法：

① 增加核酸内切限制酶的用量，平均每微克底物 DNA 可高达 10 单位甚至更多些。

② 扩大酶催化反应的体积，以使潜在的抑制因素被相应地稀释。

③ 延长酶催化反应的保温时间。

在有些 DNA 制剂中，尤其是按微量碱法制备的，会含有少量的 DNase 的污染。由于 DNase 的活性需要有 Mg^{2+}的存在，而在 DNA 的贮存缓冲液中含有二价金属离子螯合剂 EDTA，因此在这种制剂中的 DNA 仍然是稳定的。然而在加入了核酸内切限制酶缓冲液之后，DNA 则会被 DNase 迅速地降解掉。要避免发生这种情况，唯一的办法就是使用高纯度的 DNA。

在反应混合物中加入适量的聚阳离子亚精胺(polycation spermidine)(一般终浓度为 1～2.5mmol/L)，有利于核酸内切限制酶对基因组 DNA 的消化作用。但鉴于在 4℃ 下亚精胺会促使 DNA 沉淀，所以务必在反应混合物于适当的温度下保温数分钟之后方可加入。

(2) DNA 的甲基化程度

核酸内切限制酶是原核生物限制-修饰体系的组成部分，因此识别序列中特定核苷酸的甲基化作用，便会强烈地影响酶的活性。我们知道，通常从大肠杆菌寄主细胞中分离而来的质粒 DNA，都混有两种作用于特定核苷酸序列的甲基化酶：一种是 dam 甲基化酶，催化 GATC 序列中的腺嘌呤残基甲基化；另一种是 dcm 甲基化酶，催化 CCA/TGG 序列中内部的胞嘧啶残基甲基化。因此，从正常的大肠杆菌菌株中分离出来的质粒 DNA，只能被核酸内切限制酶局部消化，甚至完全不被消化，是属于对甲基化作用敏感的一类。为了避免产生这样的问题，在基因克隆中是使用失去了甲基化酶的大肠杆菌菌株制备质粒

DNA。

哺乳动物的DNA有时也会带有5-甲基胞嘧啶残基，而且通常是在鸟嘌呤核苷残基的5′一侧。因此不同位点之间的甲基化程度是互不相同的，而且还与DNA来源的细胞类型有密切的关系。真核基因组DNA的甲基化作用模式，可以根据各种同裂酶所具有的不同的甲基化敏感性进行研究。例如，当CCGG序列中内部胞嘧啶残基被甲基化之后，MspI核酸内切限制酶仍会将它切割，而HpaII(同样也能切割CCGG序列)对此类的甲基化作用则十分敏感。

核酸内切限制酶不能够切割甲基化的核苷酸序列，这种特性在有些情况下是很有用的。例如，当甲基化酶的识别序列同某些限制酶的识别序列相邻时，就会抑制在这些位点发生切割作用，这样便改变了核酸内切限制酶识别序列的特异性。另一方面，若要使用合成的衔接物修饰DNA片段的末端，一个重要的处理是必须在衔接物被酶切之前，通过甲基化作用将内部的限制酶识别位点保护起来。

(3) 酶切消化反应的温度

DNA消化反应的温度，是影响核酸内切限制酶活性的另一个重要因素。不同的核酸内切限制酶，具有不同的最适反应温度，而且彼此之间有相当大的变动范围。大多数核酸内切限制酶的标准反应温度都是37℃，但也有许多例外的情况，它们要求37℃以外的其它反应温度(表3-7)。其中有些核酸内切限制酶的最适反应温度低于标准的37℃，例如SmaI是25℃、ApaI是30℃；有些核酸内切限制酶的最适反应温度则高于标准的37℃，例如MaeI是45℃、BclI是50℃、MaeIII是55℃；还有些核酸内切限制酶的最适反应温度可高达60℃以上，例如BstEII是60℃、TaqI是65℃等等。消化反应的温度低于或高于最适温度，都会影响核酸内切限制酶的活性，甚至最终导致完全失活。

表3-7　部分核酸内切限制酶的最适反应温度

酶	反应温度(℃)
ApaI	30
ApyI	30
BanI	50
BclI	50
BstEII	60
MaeI	45
MaeII	50
MaeIII	55
SmaI	25
TaqI	65

注：本表没有包括最适反应温度为37℃的核酸内切限制酶。

(4) DNA的分子结构

DNA分子的不同构型对核酸内切限制酶的活性也有很大的影响。某些核酸内切限制酶切割超盘旋的质粒DNA或病毒DNA所需要的酶量，要比消化线性DNA的高出许多倍，最高的可达20倍。此外，还有一些核酸内切限制酶，切割它们自己的处于不同部位的限制位点，其效率亦有明显的差别。据推测，这很可能是由于侧翼序列的核苷酸成份的差异造成的。大体说来，一种核酸内切限制酶对其不同识别位点切割速率的差别最多不会超过10倍。尽管这样的范围在通常的标准下是无关紧要的，然而当涉及到局部酶切消化时，则是必须考虑的重要参数。DNA分子中有些特定的限制位点，只有当其它的限制位点也同时被广泛切割的条件下，才能被有关的核酸内切限制酶所消化。少数的一些核酸内切限制酶，例如NarI、NaeI、SacII以及XmaIII等，对不同部位的限制位点的切割活性会有很大的差异，其中有些位点是很难被切割的。

(5) 核酸内切限制酶的缓冲液

核酸内切限制酶的标准缓冲液的组份包括氯化镁、氯化钠或氯化钾、Tris-HCl、β-巯基乙醇或二硫苏糖醇(DTT)以及牛血清白蛋白(BSA)等。酶活性的正常发挥，是绝对地需要二价的阳离子，通常是Mg^{2+}。不正确的NaCl或Mg^{2+}浓度，不仅会降低限制酶的活性，而且还可能导致识别序列特异性的改变。缓冲液Tris-HCl的作用在于，使反应混合物的pH恒定在酶活性所要求的最佳数值的范围之内。对绝大多数限制酶来说，在pH=7.4的条件下，其功能最佳。巯基试剂对于保持某些核酸内切限制酶的稳定性是有用的，而且还可保护其免于失活。但它同样也可能有利于潜在污染杂质的稳定性。有一部分核酸内切限制酶对于钠离子或钾离子浓度变化反应十分敏感，而另一部分核酸内切限制酶则可适应较广的离子强度的变化幅度。

在“非最适的”反应条件下(包括高浓度的核酸内切限制酶、高浓度的甘油、低离子强度、用Mn^{2+}取代Mg^{2+}以及高pH值等等)，有些核酸内切限制酶识别序列的特异性便会发生“松动”，从其“正确”识别序列以外的其它位点切割DNA分子。

有些核酸内切限制酶的切割特异性，受所用的缓冲液成份的影响比较明显。例如，最常用的EcoRI限制酶，在正常的情况下，是在GAATTC识别序列处发生切割作用的，但如果缓冲液中的甘油浓度超过5%(V/V)，那么其识别序列的特异性就会发生松动，可在AATT或PuPuATPyPy序列处发生切割作用。EcoRI限制酶的这种特殊的识别能力，通常叫做星号活性(star activity)，以EcoRI*表示。

7. 核酸内切限制酶对DNA的消化作用

(1) 核酸内切限制酶与靶DNA识别序列的结合模式

J. A. McClarin等人，在1986年发表了应用X-射线晶体学技术，测定限制酶-DNA复合物的分子结构的研究结果。指出II型核酸内切限制酶，是以同型二聚体形式与靶DNA序列发生作用的。在这种研究的基础上，目前已经弄清了许多种核酸内切限制酶同其识别序列之间相互作用的精巧的分子细节。以EcoRI核酸内切限制酶为例，它是以同型二聚体上的6个氨基酸(其中每个亚基各占1个Glu残基和2个Arg残基)，同识别序列上的嘌呤残基之间形成12个氢键的形式，而结合到靶DNA识别序列上并从此发生链的切割反应。

(2) 核酸内切限制酶对DNA分子的局部消化问题

从理论上讲，如果一条DNA分子上的4种核苷酸的含量是相等的，而且其排列顺序也完全是随机的，那么识别序列为 6 个核苷酸碱基的核酸内切限制酶(如 BamHI)，将平均每隔 4^6=4 096bp 切割一次 DNA 分子；而识别序列为 4 个核苷酸碱基的核酸内切限制酶(如 Sau3AI)，将平均每隔 4^4=256bp 切割一次 DNA 分子。如果一种核酸内切限制酶对 DNA 分子的切割反应达到了这样的片段化水平，我们特称之为完全的酶切消化作用(complete digestion)。

然而，由于 DNA 分子上的 4 种核苷酸碱基的组成并不是等量的，而且其排列顺序也不是随机的，因此实际上核酸内切限制酶对 DNA 分子的消化作用的频率要低于完全消化的频率。例如，λ 噬菌体 DNA 的分子量约为 49 kb，按理对识别序列为 6 个核苷酸碱基的核酸内切限制酶均应具有 12 个的切割位点。可事实上BglII只有 6 个切割位点，BamHI 有 5 个切割位点，SalI 有 2 个切割位点，其 GC 含量也小于 50%。

根据上述的分析和实际经验，我们只要不让核酸内切限制酶对大量 DNA 的消化反应进行到完全，就可以获得平均分子量大小有所增加的限制片段产物。此类不完全的限制酶消化反应，通常叫做局部酶切消化(partial digestion)。在进行局部消化的反应条件下，任何 DNA 分子中都只有有限数量的一部分限制位点被限制酶所切割。在实验工作中，通过缩短酶切消化反应的保温时间，或是降低反应的温度(如从 37℃ 改为 4℃)以约束酶的活性，都可以达到局部消化的目的。

(3) 核酸内切限制酶对真核基因组 DNA 的消化作用

一旦一种靶 DNA 分子被某种核酸内切限制酶消化之后，如其分子量比较小，研究者就有可能通过琼脂糖凝胶电泳或是高效液相层析(high-performance liquid chromatography, HPLC)将目的基因片段分离出来，作进一步的克隆扩增和其它研究。但真核生物的基因组，特别是哺乳动物或高等植物的基因组，一般大小都可达 10^9bp 左右，经核酸内切限制酶消化之后，常要产生出数量高达 10^5～10^6 种不同大小的 DNA 限制片段。因此，要应用琼脂糖凝胶电泳或 HPLC 分离其中某一特定 DNA 片段，实际上往往是行不通的，它需要通过建立相应的基因文库的办法才能达到分离的目的。

第二节　DNA 连接酶与 DNA 分子的体外连接

同核酸内切限制酶一样，DNA 连接酶的发现与应用，对于重组 DNA 技术学的创立与发展也具有头等重要的意义。它们都是在体外构建重组 DNA 分子所必不可少的基本工具酶。核酸内切限制酶可以将 DNA 分子切割成不同大小的片段，然而要将不同来源的 DNA 片段组成新的杂种 DNA 分子，还必须将它们彼此连接并封闭起来。目前已知有三种方法可以用来在体外连接 DNA 片段：第一种方法是，用 DNA 连接酶连接具有互补粘性末端的 DNA 片段；第二种方法是，用 T4 DNA 连接酶直接将平末端的 DNA 片段连接起来，或是用末端脱氧核苷酸转移酶给具平末端的 DNA 片段加上 poly(dA)-poly(dT)尾巴之后，再用 DNA 连接酶将它们连接起来；第三种方法是，先在 DNA 片段末端加上化学合成的衔接物或接头，使之形成粘性末端之后，再用 DNA 连接酶将它们连接起来。这三种方法虽然互有差异，但共同的一点都是利用 DNA 连接酶所具有的连接和封闭单链 DNA 的功能。

1. DNA 连接酶

我们知道,DNA 聚合酶 I 能够将脱氧核糖核苷酸加到引物链上,但不能够催化两条 DNA 链的接合或单链 DNA 的封闭。因此,DNA 环化现象的发现,就使人们相信必定还存在有一种具备这种特殊功能的核酸酶。1967 年,世界上有数个实验室几乎同时发现了一种能够催化在 2 条 DNA 链之间形成磷酸二酯键的酶,即 DNA 连接酶(ligase)。这种酶需要在一条 DNA 链的 3′-末端具有一个游离的羟基(-OH),和在另一条 DNA 链的 5′-末端具有一个磷酸基团(-P),只有在这种情况下,才能发挥其连接 DNA 分子的功能作用(图 3-6)。同时,由于在羟基和磷酸基团之间形成磷酸二酯键是一种吸能的反应,因此还需要有一种能源分子的存在才能实现这种连接反应。在大肠杆菌及其它细菌中,DNA 连接酶催化的连接反应,是利用 NAD^+[烟酰胺腺嘌呤二核苷酸(氧化型) nicotinamide adenine dinucleotide (oxidized form)]作能源的;而在动物细胞及噬菌体中,则是利用 ATP [腺苷三磷酸(adenosine triphosphate)]作能源。

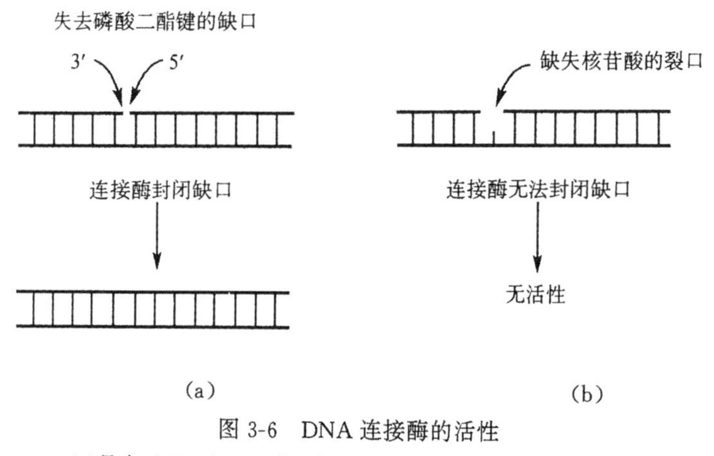

图 3-6 DNA 连接酶的活性

(a)具有 3′-OH 和 5′-P 基团的一个缺口被 DNA 连接酶封闭起来;
(b)如果是缺失一个或数个核苷酸的裂口,DNA 连接酶则不能将它封闭

值得注意的一点是,DNA 连接酶并不能够连接两条单链的 DNA 分子或环化的单链 DNA 分子,被连接的 DNA 链必须是双螺旋 DNA 分子的一部分。实际上,DNA 连接酶是封闭双螺旋 DNA 骨架上的缺口(nick),即在双链 DNA 的某一条链上两个相邻核苷酸之间失去一个磷酸二酯键所出现的单链断裂;而不能封闭裂口(gap),即在双链 DNA 的某一条链上失去一个或数个核苷酸所形成的单链断裂。换言之,就是只要当 3′-OH 和 5′-P 是彼此相邻的,并且是各自位于与互补链上之互补碱基配对的两个脱氧核苷酸的末端时,大肠杆菌的 DNA 连接酶才能将它们连接成磷酸二酯键。这种形式的连接过程,对于正常的 DNA 合成、损伤 DNA 的修复,以及遗传重组中 DNA 链的拼接等都是十分必要的。由 T4 噬菌体编码的 DNA 连接酶,则能够连接两条平末端的双螺旋的 DNA 片段。

下面让我们简单地讨论一下这种接连作用的分子机理。在反应中,ATP(在有些连接酶是 NAD^+)提供了激活的 AMP,同 DNA 连接酶生成一种共价结合的酶-AMP 复合物,同时伴随着释放出焦磷酸(PPi)或烟酰胺单核苷酸(NMN)。其中,AMP(腺苷一磷酸)是通过一种磷酸酰胺键同 DNA 连接酶的赖氨酸之 ε-氨基相连(图 3-7)。激活的 AMP 随后从赖氨酸残基转移到 DNA 一条链的 5′-末端磷酸基团上,形成 DNA-腺苷酸复合物。最后一步是 3′-OH 对活跃的磷原子作亲核攻击,结果形成磷酸二酯键,同时释放出 AMP。这个反应序列,是由在 DNA 连接酶-腺苷酸复合物形成过程中,释放出来的焦磷酸的水解作用所激发的。因此,如果是以 ATP 作能源的话,在 DNA 骨架上形成一个磷酸二酯键就要花费 2 个高能磷酸键。而如果是应用 NAD^+ 作为腺苷酸的给体,那么每形成一个磷酸二酯键同样也需要花费 2 个高能磷酸键。

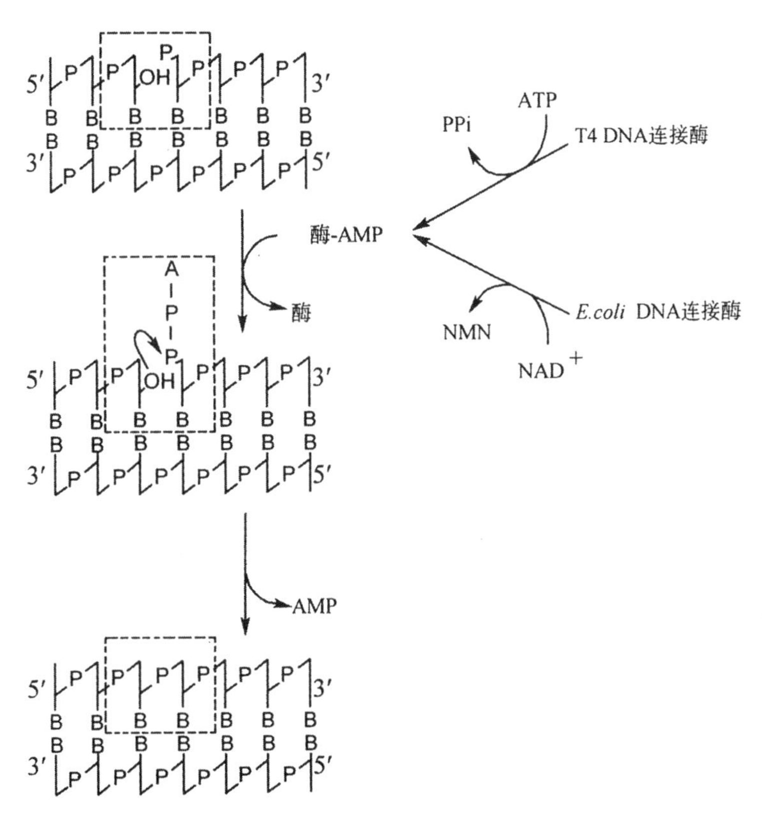

图 3-7 DNA 连接酶连接作用的分子机理

酶-AMP 复合物同具有 3′-OH 和 5′-P 基团的缺口结合,AMP 同磷酸基团反应,并使其同 3′-OH 基团接触,产生出一个新的磷酸二酯键,从而使缺口封闭

用于共价连接 DNA 限制片段的连接酶有两种不同的来源:一种是由大肠杆菌染色体编码的叫做 DNA 连接酶,另一种是由大肠杆菌 T4 噬菌体 DNA 编码的叫做 T4 DNA 连接酶。这两种 DNA 连接酶,除了前者用 NAD^+ 作能源辅助因子,后者用 ATP 作能源辅助因子外,其它的作用机理并没有什么差别。T4 DNA 连接酶是从 T4 噬菌体感染的大肠杆菌中纯化的,比较容易制备,而且还能够将由限制酶切割产生的完全碱基配对的平末端 DNA 片段连接起来,因此在分子生物学研究及基因克隆中都有广泛的用途。

连接酶连接缺口 DNA 的最佳反应温度是 37℃。但是在这个温度下,粘性末端之间的氢键结合是不稳定的。由限制酶 EcoRI 产生的粘性末端,连接之后所形成的结合部,总共只有 4 个 A-T 碱基对，在如此高温下，显然是不足以抗御热的破坏作用。因此，连接粘性末端的最佳温度，应该是界于酶作用速率和末端结合速率之间，一般认为是 4～15℃ 比较合适。但以往是用凝胶电泳法检测连接反应的效率，而后来发现这种测定法并不十分可靠。1986 年 V. King 和 W. Blakeskey 提出，根据连接反应物转化感受态细胞的能力，作为判断连接效率的标准。他们详细地研究了 5 种主要的参数，包括 ATP 浓度、连接酶浓度、反应时间、反应温度及插入片段与载体分子的摩尔比值等，对于连接产物转化效率的影响。结果表明，连接反应的温度是影响转化效率的最重要的参数之一。事实上，在 26℃ 下连接 4 小时的产物所得到的转化子数量，大约是在 4℃ 下连接 23 小时的 90%，而且几乎比在 4℃ 下连接 4 小时的多 25 倍以上。

T4 DNA 连接酶的用量也会影响转化子的数目。在平末端 DNA 分子的连接反应中，最适的反应酶量大约是 1～2 单位；而对于具粘性末端(如 EcoRI 末端)DNA 片段间的连接，在同样的条件下，酶浓度仅为 0.1 单位时，便能得到最佳的转化效率。至于 ATP，它的反应浓度变动范围保持在 10μmol～1mmol/L 之间时，无论对平末端片段的连接效率，还是对粘性末端片段的连接效率，都没有什么影响。但有趣的是，无插入片段的平末端载体 DNA 的环化作用则受 ATP 的明显影响，浓度接近 0.1mmol/L 时，环化作用便达到最高值。

2. 粘性末端 DNA 片段的连接

DNA 连接酶最突出的特点是，它能够催化外源 DNA 和载体分子之间发生连接作用，形成重组的 DNA 分子。应用 DNA 连接酶这种特性，可在体外将具有粘性末端的 DNA 限制片段，插入到适当的载体分子上，从而可以按照人们的意图构建出新的 DNA 杂种分子。具粘性末端的 DNA 片段的连接比较容易，也比较常用。重组 DNA 实验的一般程序是，选用一种对载体 DNA 只具唯一限制位点的限制酶作位点特异的切割。例如，EcoRI 限制酶对小质粒 pSC101 DNA 就只具有一个限制位点，因此经此酶消化之后就会形成全长的具粘性末端的线性 DNA 分子。再将外源 DNA 大片段也用 EcoRI 限制酶作同样的消化，就可以形成能插入到 pSC101 载体上去的 DNA 限制片段。随后，把这两种经过酶切消化的外源 DNA 和载体 DNA 混合起来，并加入 DNA 连接酶，由于它们具有同样的 EcoRI 粘性末端，因此便能够退火形成双链结合体。其中，单链缺口经 DNA 连接酶封闭之后，便产生出稳定的杂种 DNA 分子(图 3-8)。筛选和扩增重组体 DNA 分子的方法是，将完成了连接反应的 DNA 混合物转化感受态的大肠杆菌细胞，并根据载体质粒 pSC101 所提供的对四环素抗性这种表型特征，挑选出转化子克隆，然后再从中鉴定出含有杂种质粒(即带有外源目的基因插入的重组体质粒)的克隆。这样的克隆再经过培养增殖之后，便可以从中分离出大量纯化的重组体 DNA 分子，供进一步分析研究使用。

当然，按上述这种方法构建重组体 DNA 分子，也有一些不便之处需要克服。其中最主要的缺点是，由限制酶产生的具有粘性末端的载体 DNA 分子，在连接反应混合物中会发生自我环化作用，并在连接酶的作用下重新变成稳定的共价闭合的环形结构。这样就会使只含有载体分子的转化子克隆的“本底”比例大幅度地上升，最终给重组体 DNA 分子的筛选工作带来了麻烦。为了克服这一缺点，一般是用细菌的或小牛肠的碱性磷酸酶(BAP 或 CIP)，预先处理线性的载体 DNA 分子，以移去其末端的 5′磷酸基团。于是在连

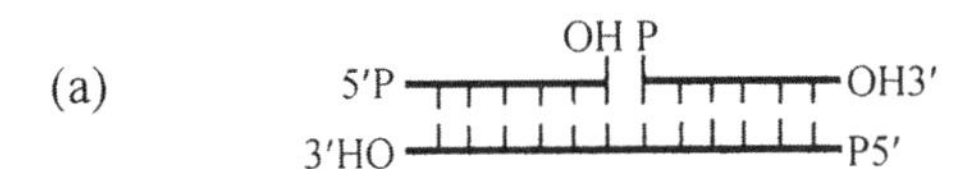
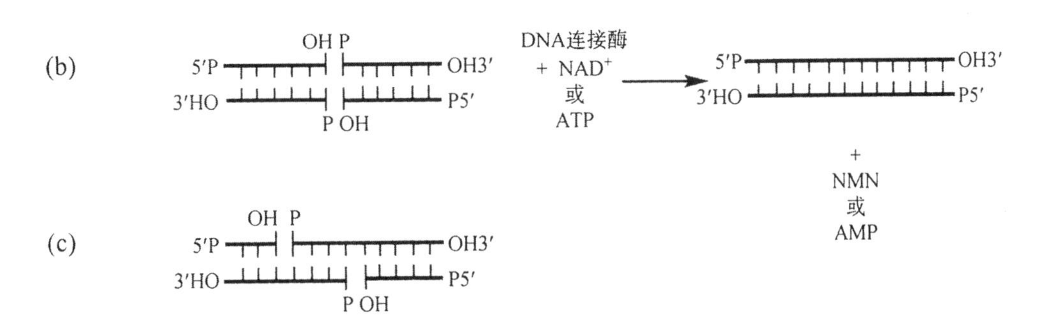

图 3-8 DNA 连接酶对缺口 DNA(a)、平末端 DNA(b)和粘性末端 DNA 分子(c)的连接作用

NAD^+＝烟酰胺腺嘌呤二核苷酸；ATP＝腺苷三磷酸；NMN＝烟酰胺单核苷酸；AMP＝腺苷一磷酸

接反应中，它自己的 2 个末端之间就再也不能被连接酶共价连接起来了。当然，作为给体的外源 DNA 限制片段是不能用碱性磷酸酶处理的，以保证它的 5′-P 基团同载体质粒的 3′-OH 基团进行共价连接。这样形成的杂种 DNA 分子的每一个连接位点中，载体 DNA 都只有一条链同外源 DNA 连接上的，而另外一条链由于失去了 5′-P 基团不能作此连接，故留下一个具有 3′-OH 和 5′-OH 的缺口(图 3-9)。尽管如此，这样的 DNA 分子仍然可以导入细菌细胞，并在寄主细胞内完成缺口的修复工作。

3. 平末端 DNA 片段的连接

一般说来，大肠杆菌 DNA 连接酶是不具备催化连接平末端 DNA 片段的能力，除非是在大分子 DNA 十分稠密饱和的特殊反应条件下，才会发生例外的情况。通常，连接平末端 DNA 分子的方法除了直接利用 T4 DNA 连接酶连接之外，还可以先用末端核苷酸转移酶给平末端 DNA 分子加上同聚物尾巴之后，再用 DNA 连接酶进行连接。T4 DNA 连接酶同一般的大肠杆菌 DNA 连接酶不同，它除了能够封闭具有 3′-OH 和 5′-P 末端基团的双链 DNA 的缺口之外，在存在 ATP 和加入高浓度酶的条件下，还能够连接具有完全碱基配对的平末端的 DNA 分子[图 3-8(b)]。这种反应的原因目前尚不清楚。现在基因克隆实验中，常用的平末端 DNA 片段连接法，主要有同聚物加尾法、衔接物连接法及接头连接法。

(1) 同聚物加尾法

在 1972 年，重组 DNA 研究工作刚刚开始的时候，美国斯坦福大学的 P. Labban 和 D. Kaiser 就联合发展出了一种可以连接任何两段 DNA 分子的普遍性方法。这种方法的核心部分是，利用末端脱氧核苷酸转移酶转移核苷酸的特殊功能。末端脱氧核苷酸转移酶是从动物组织中分离出来的一种异常的 DNA 聚合酶，它能够将核苷酸(通过脱氧核苷三磷酸前体)加到 DNA 分子单链延伸末端的 3′-OH 基团上。这个过程的一个十分有用的特

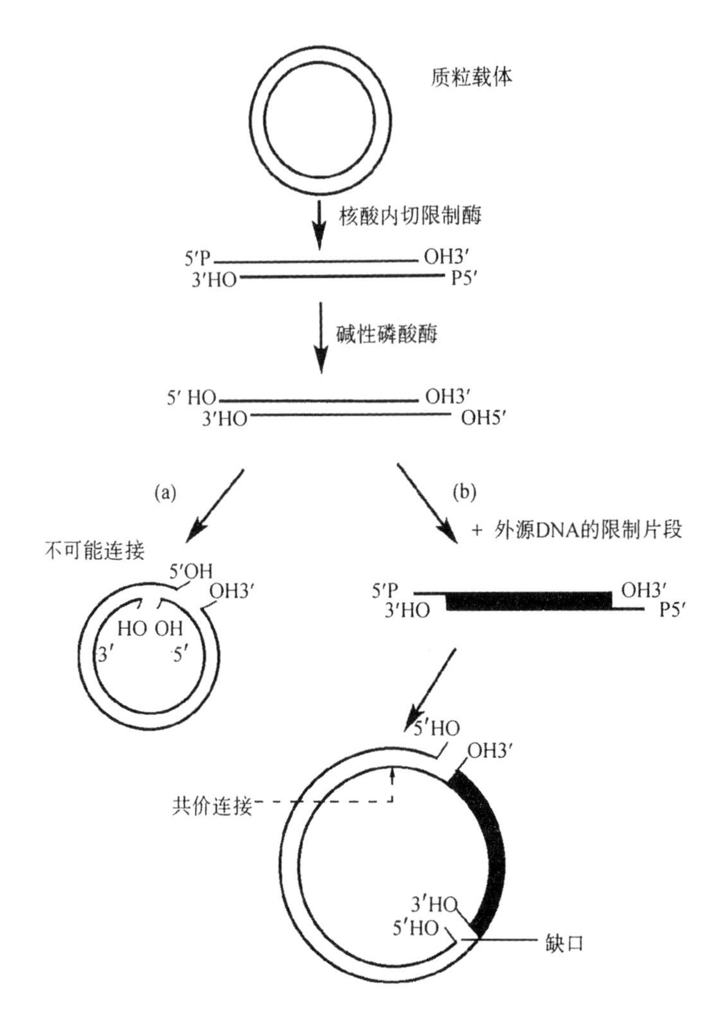

图 3-9 碱性磷酸酶的脱磷酸作用阻止线性的质粒 DNA 分子再环化

(a)在没有加入外源 DNA 片段时，5′-末端已脱去磷酸的线性质粒 DNA 分子，不能够重新再环化成环形的分子；(b)加入了外源的 DNA 片段，由于其 5′-末端仍保留着磷酸基团，因此能够同 5′-末端已脱去磷酸的线性质粒 DNA 分子连接成环形的重组质粒分子

点是，它并不需要有模板链的存在。所以当反应物中只存在一种脱氧核苷酸的条件下，便能够构成由同一种类型的核苷酸组成的尾巴，典型的情况下长度可达 100 个核苷酸。但为了在平末端的 DNA 分子上产生出带 3′-OH 的单链延伸末端，我们需要用 5′-特异的核酸外切酶或是像 PstI 一类的核酸内切限制酶处理 DNA 分子，以便移去少数几个末端核苷酸。在由核酸外切酶处理过的 DNA，以及 dATP 和末端脱氧核苷酸转移酶组成的反应混合物中，DNA 分子的 3′-OH 末端将会出现单纯由腺嘌呤核苷酸组成的 DNA 单链延伸。这样的延伸片段，称之为 poly(dA)尾巴（图 3-10）。反过来，如果在反应混合物中加入的是 dTTP 而不是 dATP，那么这种 DNA 分子的 3′-OH 末端将会形成 poly(dT)尾巴。poly(dA)尾巴同 poly(dT)尾巴是互补的，因此任何两条 DNA 分子，只要分别获得 poly(dA)和 poly(dT)尾巴，就会彼此连接起来。所加的同聚物尾巴的长度并没有严格的限制，但一般只要 10～40 个残基就已足够。上述这种连接 DNA 分子的方法叫做同聚物尾巴连接法(homopolymertail-joining)，简称同聚物加尾法。

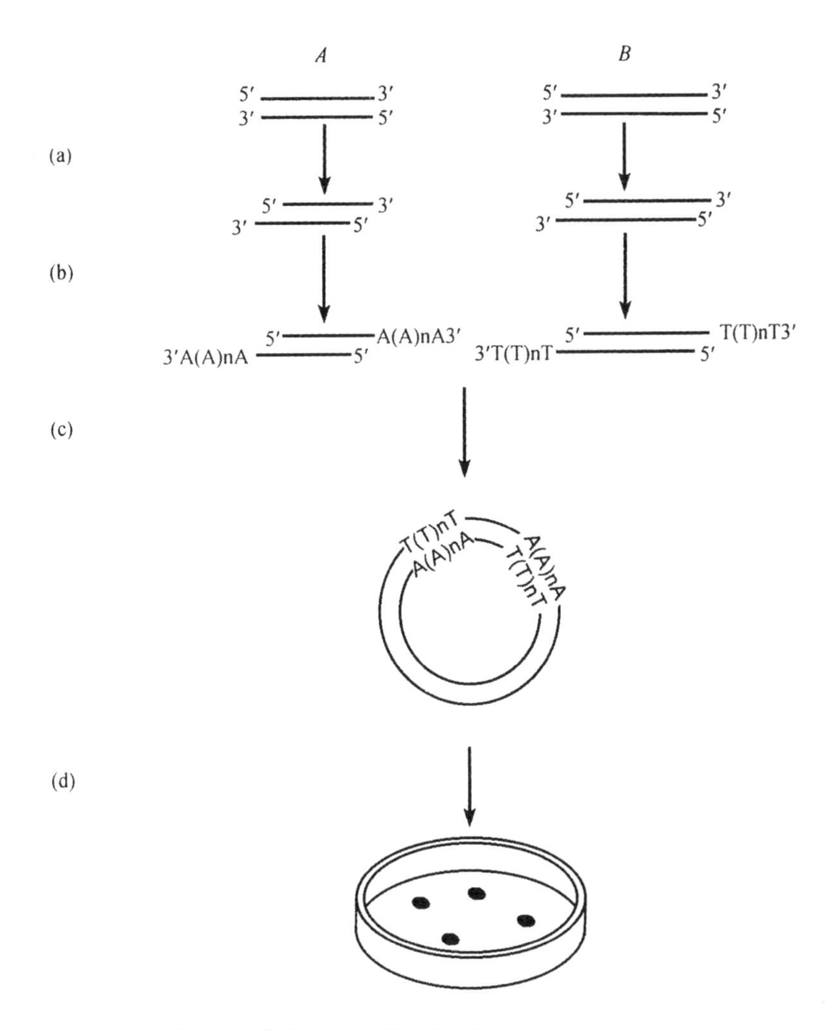

图 3-10 应用互补的同聚物加尾法连接 DNA 片段

(a)用 5′-末端特异的核酸外切酶处理 DNA 片段 *A* 和 *B*,形成了延伸末端;(b)对片段 *A* 和片段 *B* 分别加入 dATP 和 dTTP,以及共同的末端脱氧核苷酸转移酶,各自形成 poly(dA)和 poly(dT)尾巴;(c)混合退火,通过 poly(dA)和 poly(dT)之间的互补配对,形成重组体分子;(d)转化大肠杆菌挑选重组体克隆

按照同样的道理,我们也可以用给一种 DNA 分子 3′-末端加上 poly(dG)尾巴,给另一种 DNA 分子 3′-末端加上 poly(dC)尾巴的办法,使 2 个不同的 DNA 分子连接起来。

实际上,poly(dG)和 poly(dC)或 poly(dA)同 poly(dT)往往是不会严格等长的,这样形成的重组体 DNA 分子上便会留有缺口或裂口。因此,需要用大肠杆菌 DNA 聚合酶 I 或 Klenow 大片段酶去填补,然后再用 DNA 连接酶合成最后的磷酸二酯键并封闭裂口。这种修复反应并不一定要在体外试管中进行。如果互补的一对同聚物尾巴长度超过 20 个核苷酸,那么它们结合形成的碱基对结构则是相当稳定的。这样的重组体分子虽然未经完全连接,但其稳定性程度已足以忍受导入受体细胞的转化过程的实验操作。而一旦进入寄主,细胞内部的 DNA 聚合酶和 DNA 连接酶就会对重组体 DNA 分子进行修复。

同聚物加尾是一种十分有用的 DNA 分子连接法。不但由特定限制酶消化会形成具平末端的 DNA 片段,就是用机械切割法破裂大分子量 DNA 也经常会产生出平末端的

DNA 片段。此外，在重组 DNA 技术学中占重要位置的，由 RNA 模板制备的 cDNA 同样也具有平末端的结构。这些 DNA 分子的连接，往往都要采用同聚物尾巴连接法。

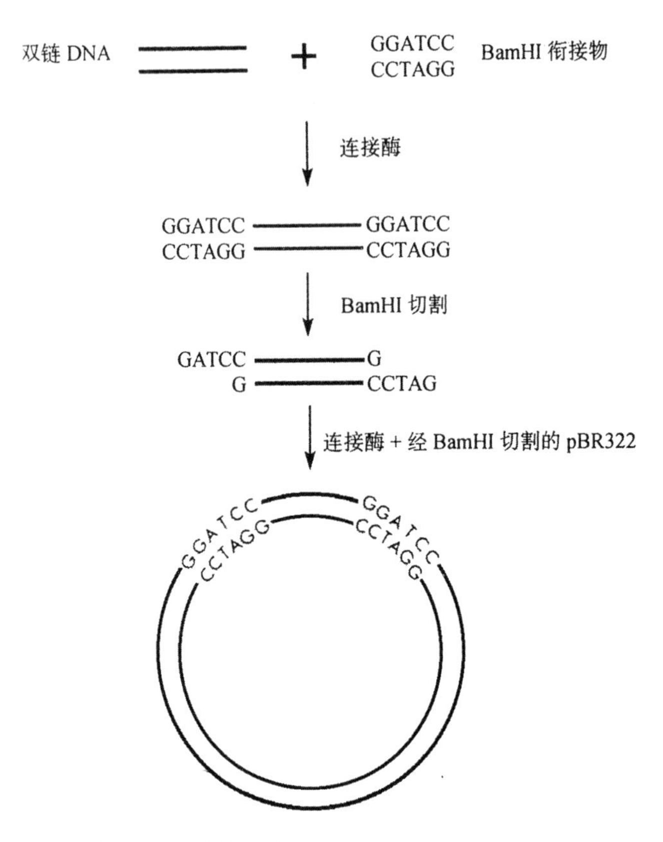

图 3-11 用衔接物分子连接平末端的 DNA 片段

将含有 BamHI 限制位点的一段化学合成的六聚体衔接物，
用 T4 DNA 连接酶连接到平末端的外源 DNA 片段的两端。经 BamHI 限制酶消化之后
就会产生出粘性末端。这样的 DNA 片段，随后便可以插入到由同样限制酶消化过的载体分子上

(2) 衔接物连接法

在重组 DNA 的研究工作中，当完成了外源 DNA 片段同载体分子的重组、转化和扩增等一系列的实验之后，为了进一步的研究，例如特异性探针的制备、DNA 序列结构分析等，都还需要从重组体分子上分离出克隆的 DNA 片段。如果重组的 DNA 分子是按粘性末端法构建的，那么只要用同样的限制酶在插入位点切割重组体分子，便可以获得原来的 DNA 插入片段。而如果重组体 DNA 是用 T4 DNA 连接酶的平末端连接法，或是同聚物尾巴连接法构建的，那么就无法用原来的限制酶作特异性的切割，因此就不能够获得插入的 DNA 片段。为了克服这种缺陷，在后面这两种情况下，可以采用加衔接物的方法提供必要的序列，进行 DNA 分子的连接(常用的衔接物见表 3-8)。

所谓衔接物(linker)，是指用化学方法合成的一段由 10～12 个核苷酸组成、具有一个或数个限制酶识别位点的平末端的双链寡核苷酸短片段。衔接物的 5′-末端和待克隆的

DNA 片段的 5′-末端，用多核苷酸激酶处理使之磷酸化，然后再通过 T4 DNA 连接酶的作用使两者连接起来。接着用适当的限制酶消化具衔接物的 DNA 分子和克隆载体分子，这样的结果使二者都产生出了彼此互补的粘性末端。于是我们便可以按照常规的粘性末端连接法，将待克隆的 DNA 片段同载体分子连接起来(图 3-11)。

这种经由化学合成的衔接物分子连接平末端 DNA 片段的方法，兼具有同聚物加尾法和粘性末端法的各自的优点，因此可以说是一种综合的方法。而且它可以根据实验工作的不同要求，设计具有不同限制酶识别位点的衔接物，并大量制备，以增加其在体外连接反应混合物中的相应浓度，从而极大地提高了平末端 DNA 片段之间的连接效率。此外，采用双衔接物(double-linkers)技术，还可实现外源 DNA 片段的定向克隆。总而言之，衔接物连接法，是进行 DNA 重组的一种既有效又实用的手段。

对于一些具多克隆位点的克隆载体来说，双衔接物连接法是特别适用的。它的基本操作过程如图 3-12 所示。首先是以 mRNA 为模板经反转录酶作用合成出 cDNA 链，再通过 DNA 聚合酶合成第二条链。同时在此双链 DNA 的一端加上头一种 SalI 衔接物；接着用 S1 核酸酶除去自我形成的用于引导第二条 DNA 链合成的发夹环结构，所遗留下来的末端单链突出的短序列，由 Klenow 大片段酶补齐，并在如此形成的双链 DNA 的另一端加上第二种 EcoRI 衔接物；最后，将两端分别连接着 SalI 和 EcoRI 衔接物的 DNA 分子用 SalI 和 EcoRI 限制酶切割消化，并插入到已用同一对限制酶作了切割消化的 pUC8 克隆载体上，从而实现了外源 DNA 片段的定向克隆。

用双衔接物连接法进行目的基因的克隆，除了定向插入之外，还具有其它方面的优点。由于它使用的是一对非同尾酶切割消化克隆载体，这样就避免了无外源 DNA 片段插入的线性载体分子自身再连接的问题。正是由于这一方面的部分原因，双衔接物连接法是相当有用的，即使是起始样品中含量稀少的 mRNA 之 cDNA，也可得到有效的克隆。而且使用双衔接物比同聚物加尾法在操作上更加理想适用，尤其是方便于克隆片段的再删除及随后的有关研究与操作。

表 3-8 常用的衔接物一览表

衔接物	序列结构	切割单体(M)或二体(D)衔接物序列的限制酶
ApaI	d(GGGGCCCC) 8-mer	M:ApaI BanII Bsp1286 DraII HaeIII NlaIV PssI Sau96 D:ApaI AvaI BanII Bsp1296 DraII HaeIII HpaII MspI NciI NlaIV PssI Sau96 ScroFI SecI SmaI XmaI
BalI	d(GTGGCCAC) 8-mer	M:BalI EaeI HaeI HaeIII D:BalI EaeI HaeI HaeIII PmaCI
BamHI	d(GGGATCCC) 8-mer	M:BamHI DpnI NlaIV Sau3A XhoII D:AvaI BamHI DpnI HpaII MspI NciI NlaIV Sau3A ScrFI SecI SmaI XhoII XmaI
	d(CGGGATCCCG) 10-mer	M:BamHI DpnI NlaIV Sau3A XhoII D:BamHI DpnI FnuDII NlaIV NspBII SacII Sau3A SecI XhoII
	d(CGCGGATCCGCG) 12-mer	M:BamHI DpnI FnuDII NlaIV Sau3A XhoII D:BamHI BssHII CfoI DpnI FnuDII NlaIV Sau3A XhoII
BglII	d(CAGATCTG) 8-mer	M:BglII DpnI Sau3A XhoII D:BglII DpnI PstI Sau3A XhoII
ClaI	d(CATCGATG) 8-mer	M:ClaI TaqI D:ClaI NsiI SfaNI TaqI

续表

衔接物	序列结构	切割单体(M)或二体(D)衔接物序列的限制酶 A
EcoRI	d(GGAATTCC) 8-mer	M:EcoRI D:BspMI EcoRI HpaII MspI
	d(CGGAATTCCG) 10-mer	M:EcoRI D:EcoRI FnuDII NspBII SacII SecI
	d(CCGGAATTCCG) 12-mer	M:EcoRI HpaII MspI D:EaeI EcoRI GdiII HaeIII HpaII MspI XmaIII
EcoRV	d(GGATATCC) 8-mer	M:EcoRV D:BspMII EcoRV HpaII MspI
HindIII	d(GAAGCTTC) 8-mer	M:AluI HindIII D:AluI AsuI HindIII TaqI
	d(CGAAGCTTCG) 10-mer	M:AluI HindIII D:AluI FnuDII HindIII NruI
	d(CGCAAGCTTGCG) 12-mer	M:AluI HindIII D:AluI BssHII CfoI FnuDII HindIII
KpnI Asp718	d(CGGTACCG) 8-mer	M:Asp718 BanI KpnI NlaIV RsaI D:Asp718 BanI FnuDII KpnI NlaIV NspBII RsaI SacII SecI
MaeI SpeI	d(CACTAGTG) 8-mer	M:MaeI SpeI D:ApaLI Bsp1286 HgiAI MaeI SpeI
NcoI	d(GCCATGGC) 8-mer	M:NcoI NlaIII SecI StyI D:AhaII BanI BbeI CfoI HaeII NarI NcoI NlaIII NlaIV SecI StyI
PstI	d(CCTGCAGG) 8-mer	M:PstI D:HaeI HaeIII PstI StuI
PvuI	d(GCGATCGC) 8-mer	M:DpnI PvuI Sau3A D:CfoI DpnI FnuDII PvuI Sau3A
PvuII	d(GCAGCTGC) 8-mer	M:AluI BbvSI Fnu4HI NspBII PvuII D:AluI BbvI BbvSI CfoI Fnu4HI FspI NspBII PvuII
SacI	d(CGAGCTCG) 8-mer	M:AluI BanII Bsp1286 HgiAI SacI D:AluI BanII Bsp1286 FnuDII HgiAI NruI SacI
SalI	d(CGTCGACG) 8-mer	M:AccI HindII SalI TaqI D:AccI FnuDII HgaI HindII MluI SalI TaqI
SmaI	d(GCCCGGGC) 8-mer	M:AvaI HpaII MspI NciI ScrFI SecI SmaI XmaI D:AhaII AvaI BanI BbeI CfoI HaeII HpaII MspI NarI NciI NlaIV ScrFI SecI SmaI XmaI
SphI	d(GGCATGCC) 8-mer	M:NlaIII NspI SphI D:Cfr101 HpaII MspI NaeI NlaIII NspI SpnI

(3) DNA 接头连接法

DNA 衔接物连接法尽管有诸多方面的优越性,但也有一个明显的缺点,那就是如果待克隆的 DNA 片段或基因的内部,也含有与所加的衔接物相同的限制位点,这样在酶切消化衔接物产生粘性末端的同时,也就会把克隆基因切成不同的片段,从而为后继的亚克隆及其它操作造成麻烦。当然,在遇到这种情况时,可改用其它类型的衔接物,然而若要克隆的外源基因具有较大的分子量时,则往往难以得到恰当的选择。或者是用甲基化酶对 DNA 进行修饰,但这个步骤十分难掌握,因为它涉及到数种酶催反应。因此,一种公认的较好的替代办法是改用 DNA 接头(adapter)连接法。

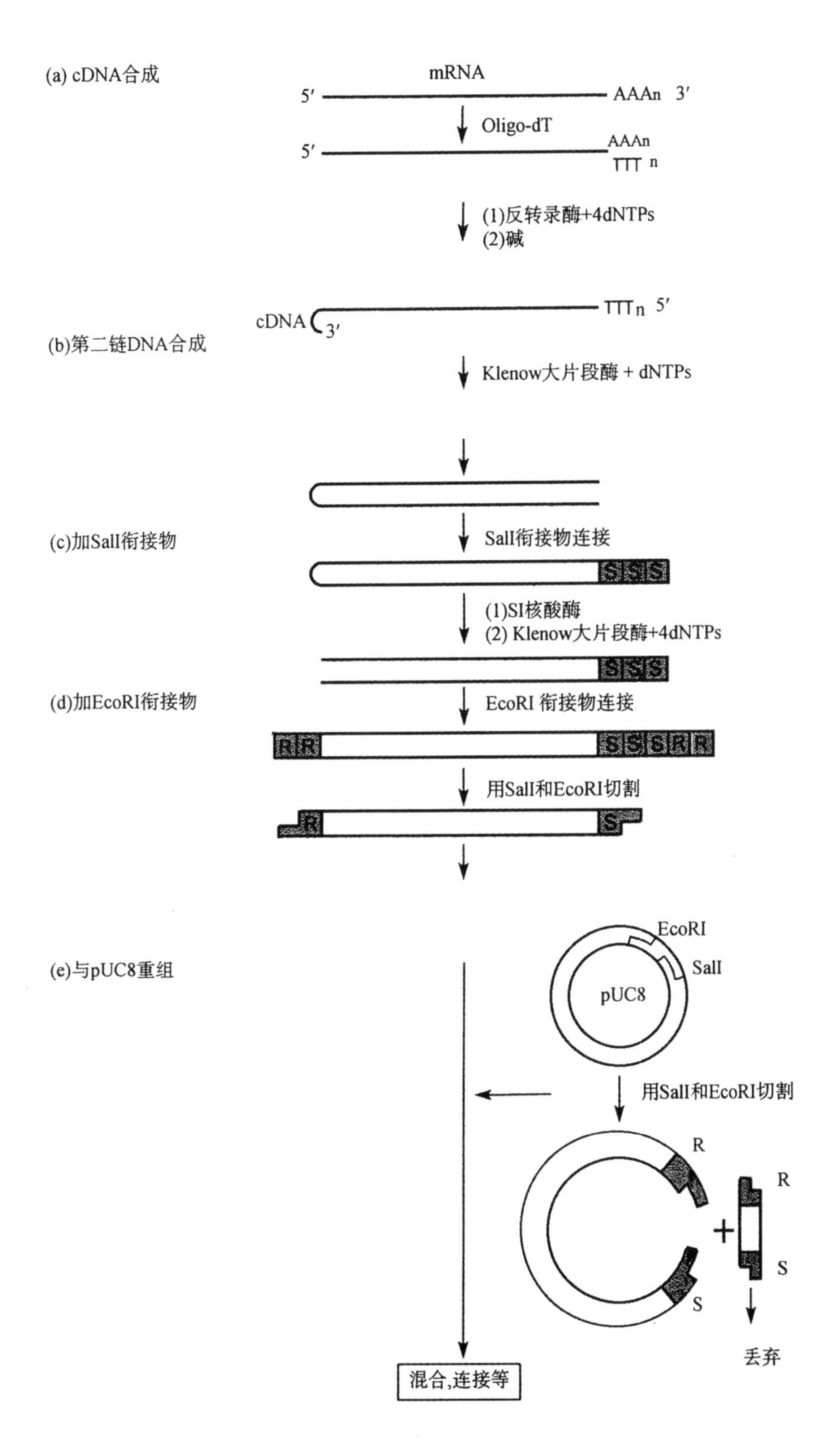

图 3-12　双衔接物连接法的基本程序

DNA 接头,与 DNA 衔接物一样都是美国康奈尔大学生化分子生物学系教授吴瑞博士

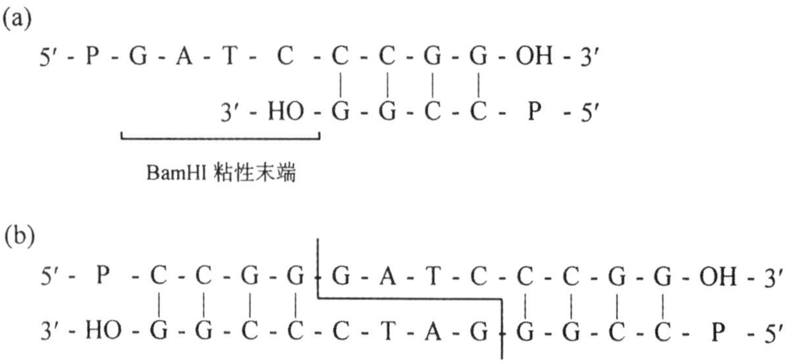

(a)
5′-P-G-A-T-C-C-C-G-G-OH-3′
3′-HO-G-G-C-C-P-5′
BamHI 粘性末端
(b)
5′-P-C-C-G-G-G-A-T-C-C-C-G-G-OH-3′
3′-HO-G-G-C-C-C-T-A-G-G-G-C-C-P-5′

图 3-13 一种典型的 DNA 接头分子的结构及其彼此相连的效应

(a)BamHI 接头分子的结构；(b)两个 BamHI 接头分子连接形成的衔接物

5′
一个核苷酸
碱基
碱基
碱基
OH
3′

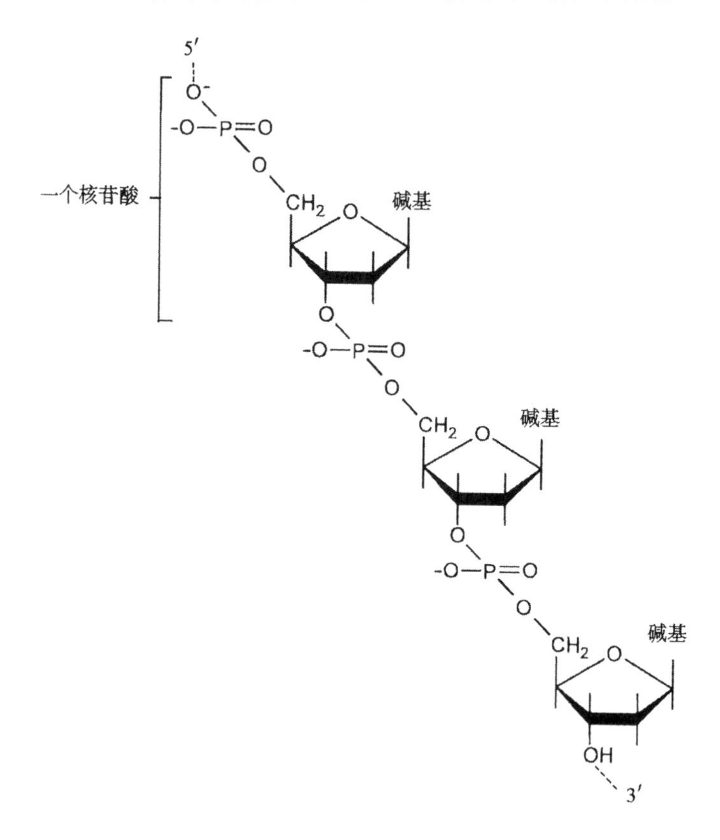

图 3-14 多核苷酸分子之 5′-末端与 3′-末端间的结构差别

于 1978 年发明的。它是一类人工合成的一头具某种限制酶粘性末端另一头为平末端的特殊的双链寡核苷酸短片段。图 3-13 所显示的是一种具 BamHI 粘性末端的典型的 DNA 接头分子。当它的平末端与平末端的外源 DNA 片段连接之后，便会使后者成为具粘性末端的新的 DNA 分子，而易于连接重组。这种连接法看起来的确是相当简单的，但在实际使用时也遇到了一个新的麻烦。因为处在同一反应体系中的各个 DNA 接头分子的粘性末端之间，会通过互补碱基间的配对作用，形成如同 DNA 衔接物一样的二聚体分子，尤其是在高浓度 DNA 接头的环境中情况更盛。此时，尽管可加入限制酶进行消化切割使其重新产生出粘性末端，然而这样做无疑是有悖于我们使用 DNA 接头的初衷，失去了它的本来意义。

目前用于克服这个问题的办法是，对 DNA 接头末端的化学结构进行必要的修饰与改造，使之无法发生彼此间的配对连接。天然的双链 DNA 分子的两端都具有正常的 5′-P 和 3′-OH 末端结构(图 3-14)。修饰后的 DNA 接头分子的平末端，仍与天然双链 DNA 分子一样，具有正常的末端结构，而其粘性末端的 5′-P 则被修饰移走，结果为暴露出的 5′-OH所取代。这样以来，虽然两个接头分子粘性末端之间仍具互补碱基配对的能力，但终因 DNA 连接酶无法在 5′-OH 和 3′-OH 之间形成磷酸二酯键，而不会产生出稳定的二聚体分子。

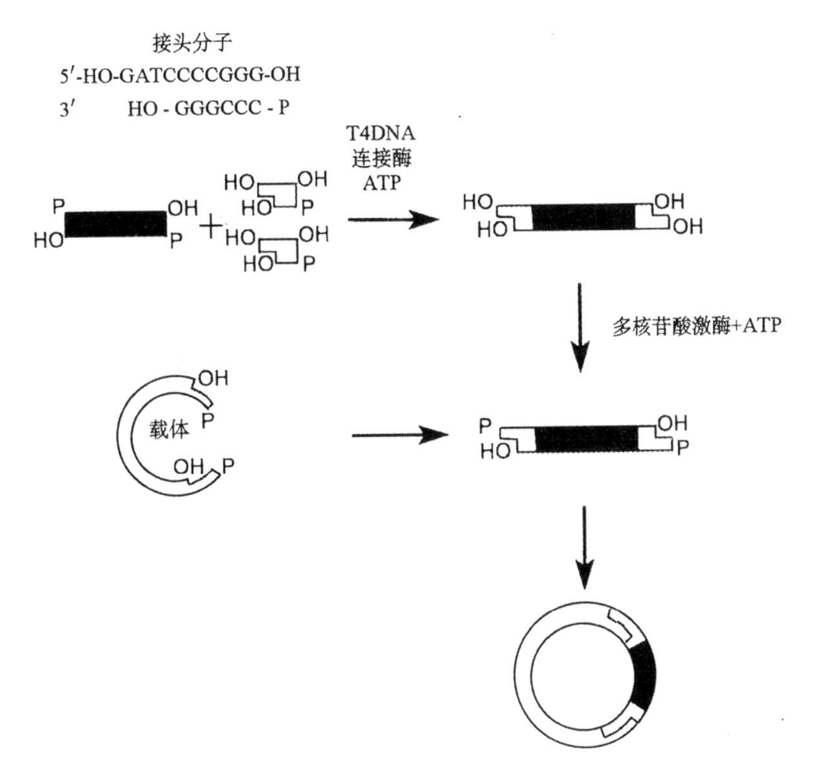

图 3-15 具异常的 5′-OH 粘性末端结构的 BamHI 接头的连接机理

合成的 BamHI 接头分子同外源 DNA 片段连接。这个接头的粘性末端具异常的 5′-OH 基团，因此不会自我多聚化。用多核苷酸激酶及 ATP 等处理，使连接在外源 DNA 片段上的接头分子的 5′-末端磷酸化，然后插入到事先已用 BamHI 切割的载体分子上

这种粘性末端被修饰的 DNA 接头分子，虽然丧失了彼此连接的能力，但它们的平末端照样可以与平末端的外源 DNA 片段正常连接。只是在连接之后，需用多核苷酸激酶处理，使异常的 5′-OH 末端恢复成正常的 5′-P 末端，让其可以插入到适当的克隆载体分子上(图 3-15)。

4. 热稳定的DNA连接酶

热稳定的DNA连接酶(thermostable DNA ligase),是从嗜热高温放线菌(*Thermoactinomyces thermophilus*)菌株中分离纯化的,一种能够在高温下催化两条寡核苷酸探针发生连接作用的一种核酸酶。使用此种DNA连接酶进行体外连接,便可明显降低形成非特异性连接产物的机率。现在已经能够从克隆的大肠杆菌中大量制备此种核酸酶,满足市场需求。但无论是从原来的嗜热高温放线菌寄主菌株,还是从克隆的大肠杆菌寄主菌株纯化而来的热稳定的DNA连接酶,在85℃高温下都具有连接酶的活性,而且在重复多次升温到94℃之后也仍然保持着连接酶的活性。

(1) 寡核苷酸连接测定法

寡核苷酸连接测定(oligonucleotide ligation assay, OLA),是根据DNA连接酶能够连接两条并排的DNA或寡核苷酸的能力,而建立的一种体外检测方法。它涉及到两条寡核苷酸探针分子,同一种与之互补的变性的靶DNA之间的杂交作用。这两条寡核苷酸探针在靶DNA分子的位置是彼此相邻的,因此当它们同靶DNA链是完全碱基配对时,便可被连接酶连接起来;如果在其接合点或靠近接合点处存在着与靶DNA错配的碱基,那么它们之间就不可能形成磷酸二酯键。由于一般情况下寡核苷酸探针的标准长度是20~25个核苷酸,因此它们只能同基因组中的一个确定的部位作特异性杂交。

连接产物的检测可按如下方法进行:5′-端具生物素标记的寡核苷酸探针的3′-端,会同3′-端具报道分子(或基团)的寡核苷酸探针的5′-端彼此连接。由于生物素同抗生物素具有高度的亲和能力,故由此形成的双链连接产物,便会与已经固定在固体支持物上的链霉抗生物素蛋白(streptavidin)结合。如果两条寡核苷酸探针已成功地连接起来,那么新形成的长度约为40~50核苷酸的具有生物素和报道基团的寡核苷酸分子,便会被固体支持物所捕获;而如果连接失败,经洗涤除去超量的反应试剂之后,就不会再有报道基团被保留下来(图3-16)。

OLA测定法,可十分有效地用来检测因单碱基取代、插入及缺失等引起的双等位基因多态性(biallelic polymorphism)。在检测一个双等位基因系统时,需要三种寡核苷酸探针,其中两种是各自相应于一个等位基因多态形式的5′-端具生物素标记的寡核苷酸探针,另一种是为两个等位基因共用的3′-端具报道基团的寡核苷酸探针。为每一个等位基因进行的单独检测反应,都包括相应的生物素标记探针、报道基团探针和模板DNA。

近年来由于采用了指数扩增特异性靶DNA或RNA的技术,而使OLA测定法有了很大的改进。通过聚合酶链式反应、连接酶扩增反应或其它方法,可以扩增得到大量的高纯度的特异性DNA产物,这样便为OLA测定带来了许多方便,它不仅可以使用非同位标记的报道基团,而且也能够对诸如毛囊、精子、骨骼以及血液等各种不同来源的DNA样品进行分析。

(2) 连接酶链式反应(LCR)

连接酶链式反应(ligase chain reaction, LCR),也叫做连接扩增反应(ligation amplification reaction),是一种应用寡核苷酸探针通过DNA连接酶的作用扩增已知序列的靶

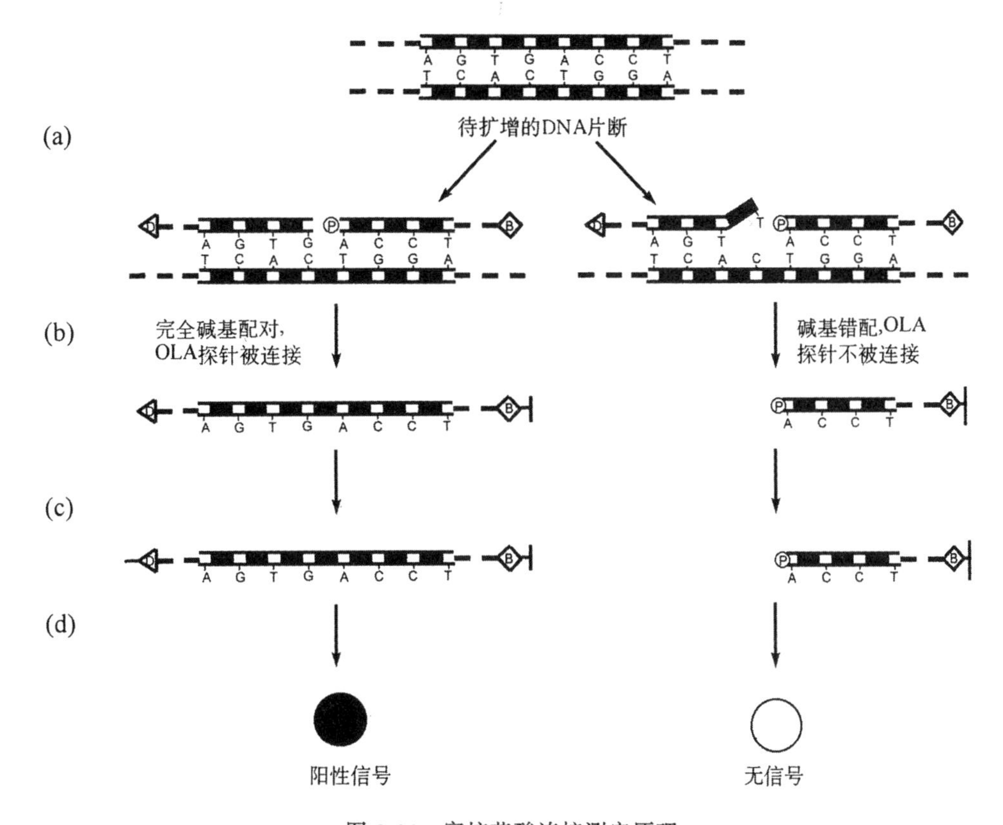

图 3-16　寡核苷酸连接测定原理

(a)使扩增的靶 DNA 片段变性,同时加入 OLA 探针;(b)加入 DNA 连接酶,生物素标记的 OLA 探针被捕获;(c)洗涤后加入同地高辛配基抗体偶联的碱性磷酸酶;(d)洗涤后加入碱性磷酸酶底物。图中略语 B=生物素;D=地高辛配基;P=磷酸;AP=碱性磷酸酶

DNA 的方法。LCR 反应需要 4 种寡核苷酸探针和热稳定的 DNA 连接酶。如图 3-17 所示,LCR 反应的第一步是,将含有特定靶序列的样品 DNA、烟酰胺腺嘌呤二核苷酸(NAD)和极大超量的 4 种寡核苷酸探针混合在 pH7.8 的缓冲液中;第二步,将反应温度上升至 94℃,以确保靶 DNA 和两个互补的寡核苷酸探针对,都能发生充分的单链解离;第三步,使反应混合物的温度致冷到约 55℃,以使探针 1 和 3 退火到靶 DNA 一条链的相邻位置,探针 2 和 4 退火到靶 DNA 另一条链的相邻位点上;第四步,热稳定的 DNA 连接酶把探针 1 的 3′-OH 与探针 3 的 5′-P 共价地连接起来,同时与互补链结合的探针 2 和 4 也会按同样的方式被连接起来。如此继续重复进行热变性和退火的循环周期(或称热循环),便会使靶 DNA 成指数地迅速扩增。

(i) 裂口连接酶链式反应

在热循环的退火过程中,未连接的 LCR 探针除了同靶 DNA 退火结合之外,也有可能同与它们互补的 DNA 链退火结合(如果存在这样的 DNA 短片段的话)。如此产生的平末端的 LCR 探针双链体分子(probe duplexes),能够低频率地连接起来形成互补的 LCR 扩增子(amplicons),它在下一步的 LCR 循环中便会得到进一步的扩增。我们称这种现象为独立于(或不依赖于)靶 DNA 的连接作用。它使 LCR 的敏感性受到局限,约需 200～

300 个拷贝的靶 DNA 分子方能被有效地检测出来。

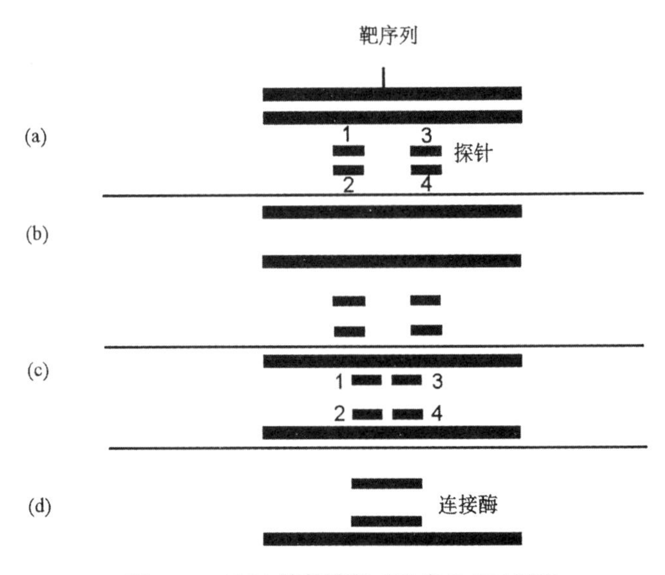

图 3-17　DNA 连接酶链式反应(LCR)原理

(a)加入含有靶序列的样品 DNA;(b)把反应混合物加热到 94℃，使 DNA 解离成单链;(c)将反应混合物致冷到 50～55℃，促使探针同靶 DNA 结合;(d)DNA 连接酶把相邻的两段探针连接起来。每经过如此一次热循环都会使靶 DNA 的数量增加一倍

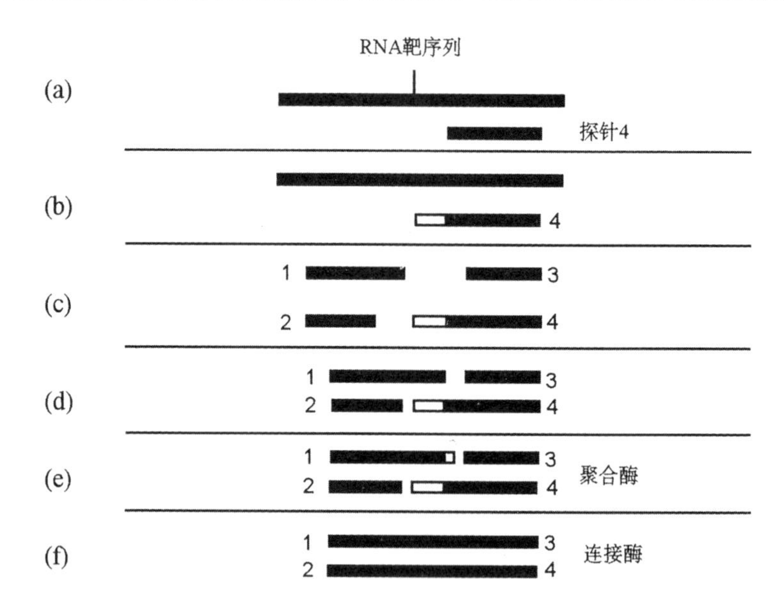

图 3-18　不对称裂口 DNA 连接酶链式反应(AG-LCR)的分子机理

(a)寡核苷酸探针 4 退火到靶 RNA 分子上;(b)在反转录酶的作用下探针 4 得到延伸;(c)把反应混合物加热到 94℃，而后加入 LCR 反应组分;(d)致冷至 50～55℃，使发生依赖于杂交作用的链的延伸;(e)在 DNA 聚合酶的作用下寡核苷酸探针 1 末端发生了延伸;(f)DNA 连接酶把相邻的两个寡核苷酸探针之 3′-OH 和 5′-P 末端连接起来。每经过一次循环均使靶 DNA 数量增加一倍

应用裂口 LCR(G-LCR)便可以避免发生不依赖于靶 DNA 的连接作用现象，从而使该法的敏感性大为提高，少于 5 个拷贝的靶 DNA 分子亦能被检测出来。G-LCR 反应之所

以会比 LCR 反应更加敏感,是因为它们的寡核苷酸探针已经被修饰过,故由它们与互补链退火形成的探针双链体分子,是具有交错的末端而不是平末端,于是这些探针双链体分子便不能被连接起来,从而便有效地抑制了不依赖于靶 DNA 的连接作用。

但是,如果这些修饰的寡核苷酸探针同它们各自的靶 DNA 链退火结合,那么在相邻的两探针之 3′-OH 和 5′-P 末端之间,便会留下一至数个碱基的裂口。所以在 G-LCR 反应中需要补加热稳定的 DNA 聚合酶、氯化镁、4 种脱氧核苷三磷酶及其它的 LCR 反应所需要的组份。在这样的条件下,通过末端延伸作用便可将裂口填补上。当没有了补充的 dNTPs 时,末端的延伸作用也就停止了。随后热稳定的 DNA 连接酶就会把直接相邻的两个延伸探针的末端连接起来。重复进行上述这些反应过程,G-LCR 同样可以使靶 DNA 序列得到指数扩增。

(ii) 不对称裂口连接酶链式反应(AG-LCR)

由于 DNA 连接酶不具备将退火在 RNA 模板上的两段相邻的寡核苷酸探针连接起来的能力,所以无论是 LCR 反应还是 G-LCR 反应均无法用来检测 RNA 分子。后来发展出一种叫做不对称裂口连接酶链式反应(AG-LCR)技术,解决了这个疑难的问题,其敏感度相当高,扩增样品中仅含有 20 个左右的靶 DNA 分子即可被检测出来。

图 3-18 示出了 AG-LCR 反应的基本过程。先建立一个反应混合物体系,它含有靶 RNA 分子、寡核苷酸探针 4 、热敏感的反转录酶以及三种脱氧核苷三磷酸。在反转录酶的催化下,退火到靶 RNA 分子上的探针 4 发生了末端延伸反应,到混合物中没有补充所需的 dNTP 时这种反应便终止了,也就是说只延伸了约 9～15 个碱基。接着经过热变性之后,再向反应混合物中加入热稳定的 DNA 连接酶、热稳定的 DNA 聚合酶以及探针 1、2 和 3。这样,在加热并致冷之后,探针 1 和 3 便会退火到已经延伸的探针 4 上,从而使探针 2 同探针 1 杂交。探针 1 在热稳定的 DNA 聚合酶的催化下,也会利用如同探针 4 延伸所需的脱氧核苷三磷酸进行链的延伸。DNA 连接酶能够有效地将探针 1 与 3 以及 2 与 4 连接起来,因为此时这种连接作用是发生在 DNA 模板而不同 RNA 模板上。进一步的热循环便可使互补的 DNA 扩增子得到指数扩增。

第三节　DNA 聚合酶

分子生物学研究工作中经常使用的 DNA 聚合酶,有大肠杆菌 DNA 聚合酶、大肠杆菌 DNA 聚合酶 I 的 Klenow 大片段酶(Klenow 酶)、T4 DNA 聚合酶、T7 DNA 聚合酶、修饰的 T7 DNA 聚合酶以及反转录酶等(表 3-9)。这些 DNA 聚合酶的共同特点在于,它们都能够把脱氧核糖核苷酸连续地加到双链 DNA 分子引物链的 3′-OH 末端,催化核苷酸的聚合作用,而不发生从引物模板上解离的情况。这种聚合能力,是 DNA 聚合酶的一种重要特性。大多数的 DNA 聚合酶,例如大肠杆菌 DNA 聚合酶 I、Klenow 酶和 T4 DNA 聚合酶等,其聚合能力都比较低,参入不到 10 个核苷酸之后,就会从引物模板上解离下来。相反地,T7 DNA 聚合酶则具有很强的聚合能力,可以给引物模板参入高达数百个的核苷酸,仍不会发生解离现象。这种特性对于合成长的 DNA 互补链是很有用的。

表 3-9 DNA 聚合酶的特性

聚合酶的名称	3′→5′核酸外切酶活性	5′→3′核酸外切酶活性	聚合反应速率	持续合成能力
E. coli DNA 聚合酶	低	有	中速	低
Klenow 大片段酶	低	无	中速	低
反转录酶	无	无	低速	中
T4 DNA 聚合酶	高	无	中速	低
天然的 T7 DNA 聚合酶	高	无	快速	高
化学修饰的 T7 DNA 聚合酶	低	无	快速	高
遗传修饰的 T7 DNA 聚合酶	无	无	快速	高
Taq DNA 聚合酶	无	有	快速	高

1. DNA 聚合酶 I 与核酸杂交探针的制备

到目前为止,已经从大肠杆菌中纯化出了三种不同类型的 DNA 聚合酶,即 DNA 聚合酶 I、DNA 聚合酶 II 和 DNA 聚合酶 III,它们分别简称为 PolI、PolII 和 PolIII。PolI 和 PolII 的主要功能是参与 DNA 的修复过程,而 PolIII 的功能看来是同 DNA 的复制有关。在这三种 DNA 聚合酶中,只有 PolI 同 DNA 分子克隆的关系最为密切。

(1) DNA 聚合酶 I

1957 年,美国的生物化学家 A. Kornberg 首次证实,在大肠杆菌提取物中存在一种 DNA 聚合酶,即现在所说的 DNA 聚合酶 I。它是由大肠杆菌 polA 基因编码的一种单链多肽蛋白质,分子量为 109×10^3dal。现在已经将 polA 基因成功地克隆到 λ 噬菌体上,因此通过温度诱发溶源性菌株,就可以获得超量的 PolI 酶。PolI 酶有三种不同的酶催活性,即 5′→3′的聚合酶活性、5′→3′的核酸外切酶活性和 3′→5′的核酸外切酶活性。不过 PolI 酶的 3′→5′的核酸外切酶活性,要比 T4 或 T7 聚合酶的相应活性低得多。

只有在具备了下述三种条件的情况下,DNA 聚合酶 I 才能够催化合成 DNA 的互补链。这些条件包括:

① 全部四种脱氧核苷 5′-三磷酸 dNTPs(dATP、dGTP、dCTP、dTTP)和 Mg^{2+}离子。无论是 5′- 一磷酸和 5′-二磷酸还是 3′-一磷酸、3′-二磷酸和 3′-三磷酸都不能作为 DNA 聚合酶 I 催化的聚合作用的底物,只有 5′-三磷酸才是这种聚合作用的真正的底物。

② 带有 3′-OH 游离基团的引物链。如此 DNA 聚合酶 I 才能将脱氧核苷酸加到这段预先存在的 DNA 引物链的 3′-OH 末端。

③ DNA 模板,它可以是单链的,也可以是双链的。双链的 DNA 只有在其糖-磷酸主链上有一至数个断裂的情况下,才能是有效的模板。

DNA 聚合酶 I 催化的聚合作用,是在生长链的 3′-OH 末端基团同参入进来的核苷酸分子之间发生的。当这个核苷酸参入之后,它又提供了另一个游离的 3′-OH 末端基团。因为每一条 DNA 链都具有一个 5′-P 末端基团和一个 3′-OH 末端基团。因此说,DNA 聚合酶 I 催化的 DNA 链的合成是按 5′→3′方向生长的(图 3-19)。

除了 3′→5′的核酸外切酶活性之外,大肠杆菌 DNA 聚合酶 I,同样还具有 5′→3′的核酸外切酶活性,可以从游离的 5′-OH 末端水解 DNA 分子。这种降解作用所释放的产物中，主要是5′-磷酸核苷，但同时也还有少量较大的长达10个核苷酸的寡核苷酸片段。当然，5′→3′核酸外切酶活性，同下面所述的3′→5′的核酸外切酶活性极不相同。首先，5′→3′活性所切割的DNA链必须是位于双螺旋的区段上；其次，切割的部位可以是末端磷酸二酯键，也可以是在距5′-末端数个核苷酸远的一个键上发生；再次，伴随发生的DNA合成，可以增强5′→3′的核酸外切酶活性；最后，5′→3′核酸外切酶的活性位点，显然是同聚合作用的活性位点及3′→5′水解作用的活性位点分开的。同时，DNA聚合酶I的5′→3′的核酸外切酶对双链DNA的单链缺口也有活性，只要它存在有一个5′-P基团就行。

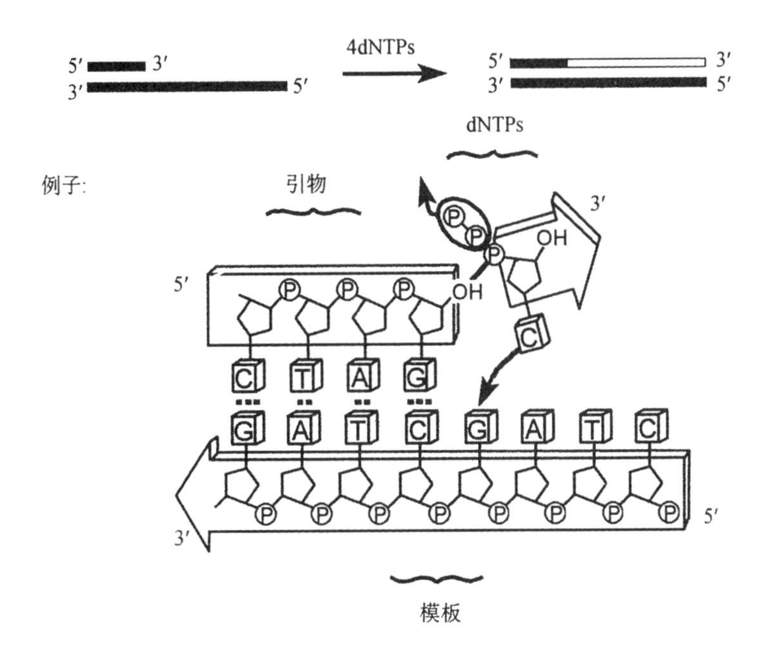

图3-19　在DNA聚合酶I催化DNA合成链按5′→3′的方向延长

在聚合作用期间，参入的每一个核苷酸，都是严格地同模板链上的对应的互补核苷酸配对(dA同dT配对，dG同dC配对)。每参入一个核苷酸就要释放出一个焦磷酸(PPi)，同时形成一个新的游离的3′-OH末端基团。这种聚合反应需要4种脱氧核苷5′-三磷酸(dNTPs)和Mg^{2+}离子

大肠杆菌DNA聚合酶I的5′→3′核酸外切酶活性(图3-20)，是定位在该酶分子的N-末端。通过蛋白酶的处理或是基因相应序列的缺失作用，就可以把这种活性去掉。结果DNA聚合酶I就只保留着3′→5′的核酸外切酶活性，此即是Klenow片段。

DNA聚合酶I可以被蛋白酶切割成两个片段，一个片段的分子量为36×10^3dal，具有全部的5′→3′方向的核酸外切酶活性；另一个片段的分子量为76×10^3dal，具有全部的聚合酶活性和3′→5′的核酸外切酶活性。可见DNA聚合酶I的多肽链至少含有两种不同的酶。

在一定条件下，DNA聚合酶I也能够催化DNA链发生水解作用，即是从DNA链的3′-OH末端开始向5′的方向水解DNA，并释放出单核苷酸分子。因此说，DNA聚合酶I又是一种3′→5′的核酸外切酶。这种外切酶活性的底物，可以是双链的DNA，也可以是单链的DNA，然而被移走的则都是具有游离的3′-OH末端基团的单核苷酸，同时释放出一个5′-磷酸核苷。当反应物中缺乏dNTPs时，大肠杆菌DNA聚合酶I的3′→5′核酸外切

酶活性，将会从游离的 3′-OH 末端逐渐地降解单链的及双链的 DNA(图 3-21)。但对于双链的 DNA，在具有 dNTPs 的条件下，这种降解活性则会被 5′→3′方向的聚合酶活性所抑制。

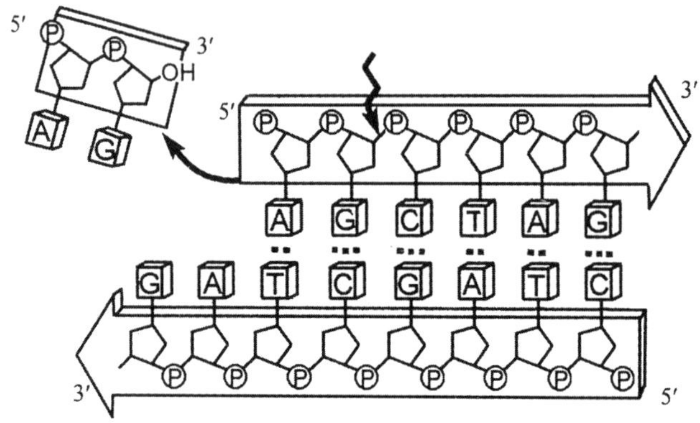

例子:

图 3-20　DNA 聚合酶 I 的 5′→3′核酸外切酶活性

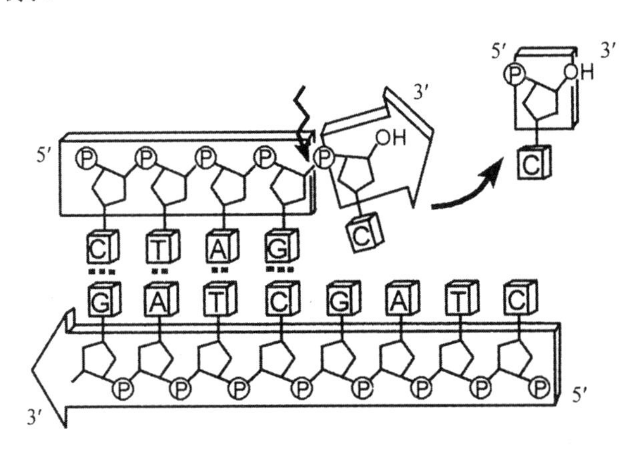

图 3-21　DNA 聚合酶 I 的 3′→5′核酸外切酶活性

(2) DNA 缺口转移

DNA 聚合酶 I 在分子克隆中的主要用途是，通过 DNA 缺口转移，制备供核酸分子杂交用的带放射性标记的 DNA 探针。在 DNA 分子的单链缺口上，DNA 聚合酶 I 的 5′→3′核酸外切酶活性和聚合作用可以同时发生。这就是说，当外切酶活性从缺口的 5′一侧移去一个 5′核苷酸之后，聚合作用就会在缺口的 3′一侧补上一个新的核苷酸。但由于 PolI 不能够在 3′-OH 和 5′-P 之间形成一个键，因此随着反应的进行，5′一侧的核苷酸不断地

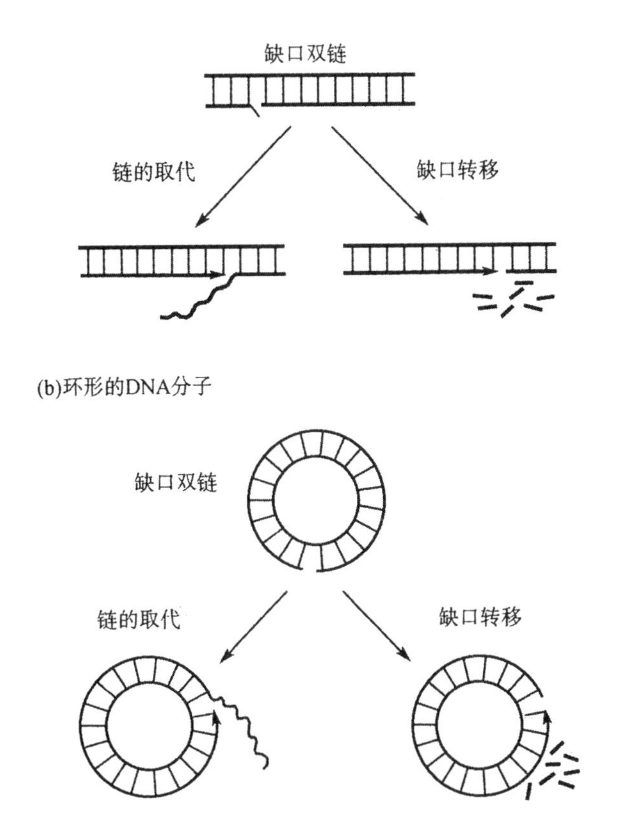

图 3-22　在线性的及环形的 DNA 分子上发生的链的取代和缺口转移

在缺口转移中，5′-末端的一个核苷酸被外切酶活性除去，

同时在 3′-末端加上一个新的核苷酸。箭头指示链生长的方向

被移去，3′一侧的核苷酸又按序地增补，于是缺口便沿着 DNA 分子按合成的方向移动。这种移动特称为缺口转移(nick translation)(图 3-22)。在严格控制的实验条件下，我们可以做到在单链缺口只发生聚合作用，而并不同时伴随着发生 3′→5′方向的核酸外切酶活性。这样以来，生长链便可以取代原来的亲本链(图 3-23)。在迄今已发现的所有大肠杆菌聚合酶中，唯有 PolI 能够进行这种独立的链的取代反应。在下面我们就可以看到，这对于重组 DNA 技术学来说的确是十分重要的。

(3) DNA 杂交探针的制备

带放射性同位素标记的 DNA 杂交探针，在基因分离和操作中都经常要用到。应用缺口转移法制备 DNA 杂交探针，其典型的反应体系是，在 25μl 总体积中含有 1μg 纯化的特定的 DNA 片段，并加入适量的 DNaseI、PolI、α-^{32}P-dNTPs 和未标记的 dNTPs。其中，DNaseI 的作用在于给 DNA 分子造成断裂或缺口，随后 PolI 则作用于这些单链缺口进行缺口转移，使反应混合物中的^{32}P 标记的核苷酸取代原有的未标记的核苷酸，并最终形成

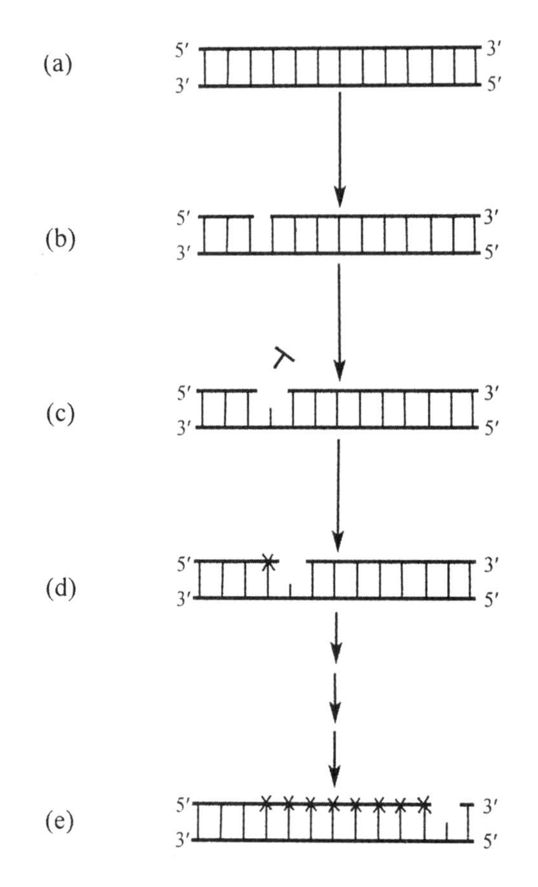

图 3-23 按缺口转移法制备^{32}P-标记的 DNA 分子杂交探针

(a)双链的 DNA 分子;(b)由 DNaseI 产生的单链缺口,带有 3′-OH 末端;(c)大肠杆菌 DNA 聚合酶 I 的 5′→3′外切酶活性从缺口的 5′-P 一侧移去一到数个核苷酸;(d)大肠杆菌 DNA 聚合酶 I 将^{32}P 标记的核苷酸参入取代原先被删除的核苷酸;(e)重复进行(c)和(d)的步骤,使缺口沿着 5′→3′方向移动,形成^{32}P-标记的合成的 DNA 链(图中以 * 号表示)

从头至尾都被标记的 DNA 分子。这就是所谓的 DNA 分子杂交探针(图 3-23)。

在低浓度的 dNTPs(2μmol/L)的条件下,PolI 也具有良好的活性,但提高了 dNTPs 浓度时,PolI 则能够更有效地合成 DNA。由于^{32}P-dNTPs 比较昂贵的缘故,因此在缺口转移反应中一般都采用低浓度的^{32}P-dNTPs(2μmol/L)和高浓度的未标记的 dNTPs(20μmol/L)。而且就大多数实验的要求而言,使用一种^{32}P-dNTP 就足够了,按这种方法制备的 DNA 探针的比活性可达 10^8cpm/μg DNA 以上。探针的比活性取决于反应体系中所用的^{32}P-dNTP 的比活性及其参入的程度两种因素。改变反应混合物中的 DNaseI 数量,便可以控制^{32}P-dNTP 的参入程度,一般希望有 30%左右的^{32}P-dNTP 参入 DNA 链。

2. 大肠杆菌 DNA 聚合酶 I 的 Klenow 片段与 DNA 末端标记

大肠杆菌 DNA 聚合酶 I 的 Klenow 片段(*E. coli* DNA PolI Klenow fragment),又叫做 Klenow 聚合酶或 Klenow 大片段酶。它是由大肠杆菌 DNA 聚合酶 I 全酶,经枯草杆菌蛋白酶(一种蛋白质分解酶)处理之后,产生出来的分子量为 76×10^3dal 的大片段分子。Klenow 聚合酶仍具有 5′→3′的聚合活性和 3′→5′的核酸外切酶活性,但失去了全酶的 5′→3′的核酸外切酶活性。

在 DNA 分子克隆中,Klenow 聚合酶的主要用途有:(i)修补经限制酶消化的 DNA 所形成的 3′隐蔽末端;(ii)标记 DNA 片段的末端;(iii)cDNA 克隆中的第二链 cDNA 的合成;(iv)DNA 序列测定。

选用具有 3′隐蔽末端的 DNA 片段作放射性末端标记最为有效。用 Klenow 聚合酶标记 DNA 片段末端的原理可简单地概括成如下的流程：

具有 3′隐蔽末端的待标记的 DNA 片段：

5′GATCT…3′
|
3′　　A…5′
↓

在反应物中加入 Klenow 聚合酶及 α-^{32}P-dGTP，一道温育后生成：

5′GATCT…3′
| |
3′ ^{32}P-GA…5′

或者是(当 α-^{32}P-dGTP 无用时)同 α-^{32}P-dATP+dGTP 一道温育生成：

5′GATCT…5′
| | |
3′ ^{32}P-AGA…5′

或加 α-^{32}P-dCTP、α-^{32}P-dTTP 等等。

在标记过程中，将待标记的 DNA 片段和一种或数种的脱氧核苷三磷酸(其中有一种是在其 α-磷酸基团具有^{32}P 标记的脱氧核苷三磷酸)，以及 Klenow 聚合酶混合之后，置 25℃ 下一道温育约 1 小时，即可完成 DNA 末端标记。因为待标记的 DNA 已经用适当的限制酶作了酶切消化，所形成的大小不等的 DNA 片段群体，它们都只是在末端被标记上，根据它们在分子量上的差别，便可以将这些片段分离出来。

一般说来，在 DNA 末端标记的反应混合物中，都只加入一种 α-^{32}P-dNTP。当然，加入的 α-^{32}P-dNTP 的种类，要依据 DNA5′突出末端的序列性质而定。例如，由 EcoRI 酶切割 DNA 所形成的 5′突出末端可用 α-^{32}P-dATP 标记[图 3-24(a)]，而用 BamHI 酶切割 DNA 所形成的末端则可用 α-^{32}P-dGTP 标记[图 3-24(b)]。

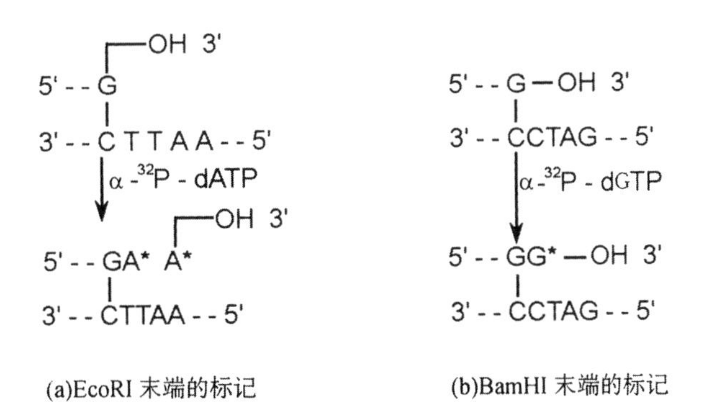

图 3-24　DNA 分子的末端标记

(a)由 EcoRI 限制酶产生的 DNA 片段末端用 α-^{32}P-dATP 标记；

(b)BamHI 限制酶产生的 DNA 片段末端用 α-^{32}P-dGTP 标记。* 号表示带^{32}P 标记的核苷酸

用 Klenow 聚合酶标记的 DNA 片段，可以作为用凝胶电泳法测定分子大小的标记样品。其根据在于被标记的 DNA 片段是同它们的摩尔浓度成比例，而同它们的分子大小无关。所以在限制酶消化过程所产生的大小 DNA 片段都得到了同等程度的标记。据此，我们便可以应用放射自显影法，来确定那些难以被溴化乙锭染色法显现的微小 DNA 片段

带的位置。这是用 Klenow 聚合酶标记 DNA 末端的一种优点。它的缺点在于,不能够有效地标记带有 3′突出的 DNA 末端。为了标记这类分子则要用 T4 DNA 聚合酶。

3. T4 DNA 聚合酶和取代合成法标记 DNA 片段

T4 DNA 聚合酶,乃是从 T4 噬菌体感染的大肠杆菌培养物中纯化出来的一种特殊的 DNA 聚合酶。它是由噬菌体基因 43 编码的,具有两种酶催活性,即 5′→3′的聚合酶活性和 3′→5′的核酸外切酶活性。如同大肠杆菌 DNA 聚合酶的 Klenow 片段一样,T4 DNA 聚合酶也可以用来标记 DNA 平末端或隐蔽的 3′-末端。在没有脱氧核苷三磷酸存在的条件下,3′外切酶活性便是 T4 DNA 聚合酶的独特功能。此时它作用于双链 DNA 片段,并按 3′→5′的方向从 3′-OH 末端开始降解 DNA。如果反应混合物中只有一种 dNTP,那么这种降解作用进行到暴露出同反应物中唯一的 dNTP 互补的核苷酸时就会停止。这种降解速率的限制,使得 DNA 核苷酸的删除受到控制,从而产生出具有一定长度的 3′-隐蔽末端的 DNA 片段。于是,当反应物中加入标记的脱氧核苷三磷酸(α-^{32}P-dNTPs)之后,这种局部消化的 DNA 片段便起到了一种引物-模板的作用。T4 DNA 聚合酶的聚合作用速率超过了外切作用的速率,因此出现了 DNA 净合成反应,重新合成了完整的具有标记末端的 DNA 分子。由于在这种反应中,通过 T4 DNA 聚合作用,反应物中的 α-^{32}P-dNTP 逐渐地取代了被外切活性删除掉的 DNA 片段上的原有的核苷酸,因此特称为取代合成。应用取代合成法可以给平末端的 DNA 片段或具有 3′-隐蔽末端的 DNA 片段作末端标记。

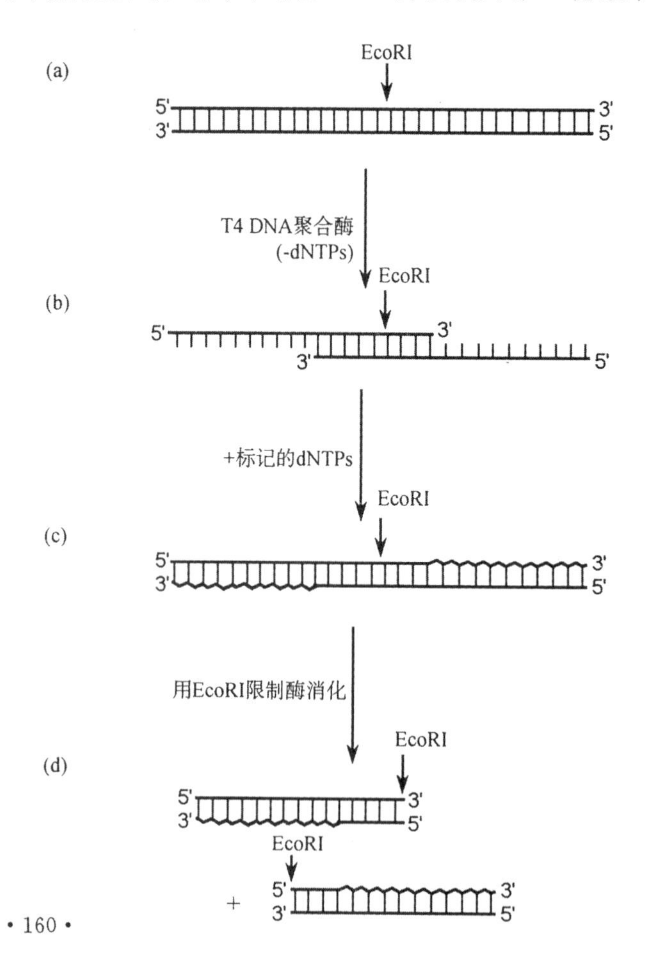

图 3-25 用 T4 DNA 聚合酶的取代合成法标记 DNA 片段末端及制备链特异的探针

(a)具有核酸内切限制酶 EcoRI 限制位点的双链线性 DNA 分子;(b)在 T4 DNA 聚合酶 3′→5′核酸外切酶活性作用下,DNA 分子的 3′-末端出现有控制的降解作用;(c)加入^{32}P 标记的核苷酸后,在 T4 DNA 聚合酶的 5′→3′方向的聚合活性作用下进行取代合成,结果在双链 DNA 的被降解的一条链上产生了选择性的标记;(d)用 EcoRI 酶消化使 2 个标记末端分开

T4 DNA 聚合酶催化的取代合成法制备的高比活性的 DNA 杂交探针，比用缺口转移法制备的探针具有两个明显的优点：第一，不会出现人为的发夹结构（用缺口转移法制备的 DNA 探针则会出现这种结构）；第二，应用适宜的核酸内切限制酶切割，它们便可很容易地转变成特定序列的（链特异的）探针（图 3-25）。

T4 DNA 聚合酶的 3′外切酶活性，或者说是校正阅读活性，可作用于所有的 3′-OH 末端基团，而不管其是平末端的还是 3′-或 5′-突出末端的，并且几乎不存在什么序列特异性的差别。因此在它的作用下，所有 DNA 片段长度减少的速度都是相等的，而且同时间成正比。在绝大多数实用的酶及 DNA 浓度的范围内，核酸外切酶反应的速度均取决于酶与 DNA 的比例。当酶/DNA 比例低于 2.5/单位/μgDNA 时（此时核酸外切酶的速率大约是每分钟 40 个核苷酸/3′-末端），两者大体上成线性关系。在酶/DNA 比为高比例时，这种线性关系就不复存在，而当酶/DNA 比高达 30 单位/μgDNA 时，核酸外切酶的速率仅约每分钟 120 个核苷酸/3′-末端。

必须指出，由于 3′核酸外切酶的活性降解单链 DNA 的速度比降解双链 DNA 的快得多，因此当降解到中点时，一条限制片段将会分离成两个半长的单链，并且它们又会迅速地被继续完全降解。这就是说，取代合成法不能够标记限制片段中心部位的核苷酸，实际的情况是越接近中心部位标记的数量也就越少，唯有末端部位才完全被标记上。因此，正确地估计在酶分子到达 DNA 片段中心部位之前，停止核酸外切酶反应是十分重要的。在这种不同大小片段的混合物中，最短限制片段的大小表示着所有的片段可以被标记的最高程度。

4. 依赖于 RNA 的 DNA 聚合酶与互补 DNA 的合成

依赖于 RNA 的 DNA 聚合酶，也叫做 RNA 指导的 DNA 聚合酶或反转录酶。目前，已经从许多种 RNA 肿瘤病毒中分离到这种酶，但最普遍使用的则是来源于鸟类骨髓母细胞瘤病毒[avian myeloblastosis virus(AMV)]的反转录酶，它是由 α 和 β 两条多肽链组成的，其分子量分别为 65×10^3dal 和 95×10^3dal。

其中 α 肽链，具有反转录酶活性和 RNaseH 活性。RNaseH 活性是由 α 多肽链经蛋白酶水解切割之后产生的一种多肽片段（分子量为 24×10^3dal）编码的，是一种核糖核酸外切酶，它以 5′→3′或 3′→5′的方向特异地降解 RNA-DNA 杂交分子中的 RNA 链。β 肽链则具有以 RNA-DNA 杂交分子为底物的 5′→3′脱氧核酸外切酶活性（图 3-26 和图 3-27）。

反转录酶是分子生物学中最重要的核酸酶之一，它的 5′→3′方向的聚合活性，取决于有一段引物和一条模板分子的存在。所以这种酶能够利用已同 oligo(dT)（寡聚脱氧胸腺嘧啶核苷）退火的、具 poly(A)的 mRNA 作模板，合成双链的 DNA。反转录酶同样还能利用单链 DNA 或 RNA 作模板合成供实验用的分子探针。在这些反应中的引物可以是 oligo(dT)，也可以用大量的随机形成的寡聚脱氧核苷酸的收集物。应用各种各样的这类寡聚脱氧核苷酸，以便确保它们当中必有一部分能够同模板核苷酸中的序列互补。在与模板退火之后，这些寡核苷酸便可供作反转录酶的引物。由于不同的寡核苷酸是同模板中的不同的序列结合，因此所形成的 DNA 以等同的频率代表着模板的各个部分（至少在理论上是如此）。而且随机的寡核苷酸，可以作为任何单链 DNA 或 RNA 模板的引物。相反的，

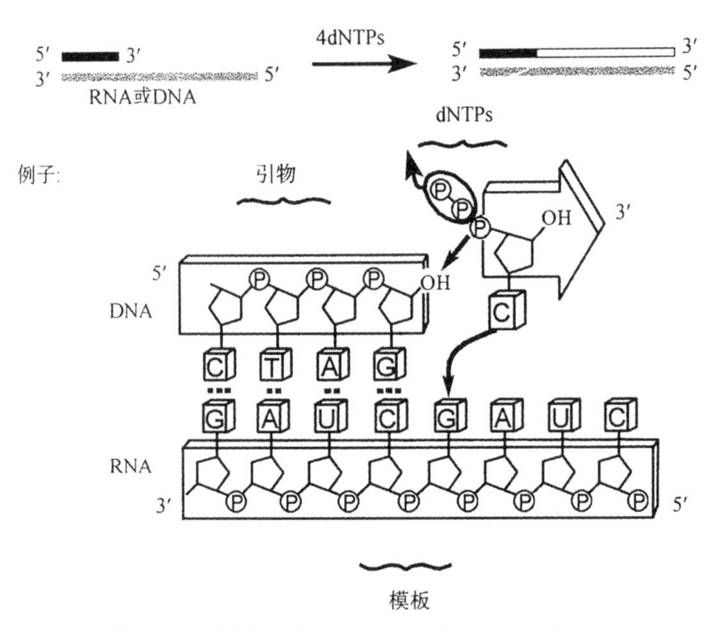

图 3-26 反转录酶的 5′→3′方向的 DNA 聚合酶活性

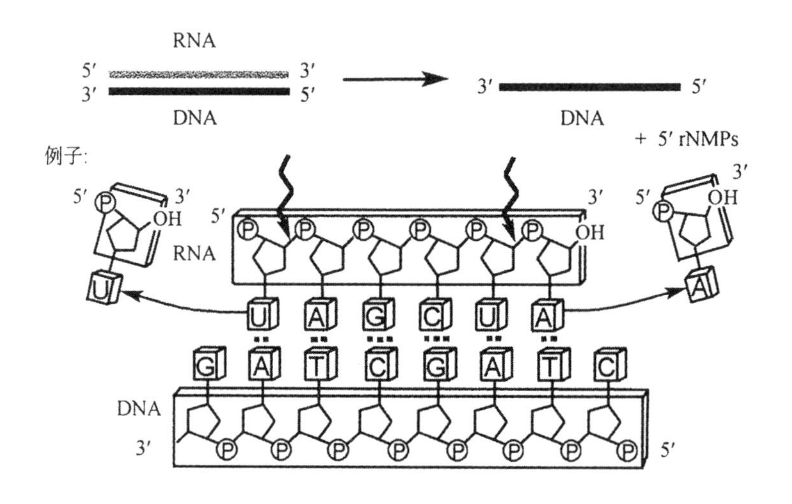

图 3-27 反转录酶的 5′→3′方向和 3′→5′方向的核糖核酸外切酶活性(RNaseH 活性)

oligo(dT)则只能同 poly(A)结合,以引导 DNA 的合成。这便是在 mRNA 模板 3′-末端合成 DNA 互补序列的主要方式。

以 mRNA 模板合成 cDNA,是反转录酶的最主要用途。此外,还可以用来对具 5′突出末端的 DNA 片段作末端标记。与原核细胞相比,真核生物的基因组是如此的复杂,以至于我们几乎无法从这些细胞中直接克隆某种特定的基因。但是,如果要克隆的双链 DNA 分子是从一种特定的 mRNA 模板合成来的,那么情况就大不相同。合成互补 DNA (cDNA)的主要步骤包括:(i)应用 poly(A)mRNA 作模板,以 12~18 个碱基长的 oligo(dT)片段作引物,加上来源于鸟类骨髓母细胞瘤病毒(AMV)的反转录酶,以合成出

mRNA的单链 cDNA 拷贝;(ii)用碱水解法除去 mRNA 模板之后,单链 cDNA 能够自我折叠形成一种发夹环结构,它可供作第二链 cDNA 合成的引物,可以用反转录酶或 Klenow 聚合酶催化这第二链 cDNA 的合成;(iii)用 SI 核酸酶消化除去单链区的发夹环结构;(iv)通过同聚物加尾或是用合成的衔接物,使 DNA 分子克隆到适当的载体分子上。在 cDNA 的克隆中,之所以选用同聚物加尾法,是因为 cDNA 与合成的衔接物两者之间具有同样限制位点的可能性比较高的缘故。

5. T7 DNA 聚合酶

S. Tabor 等人在 1978 年连续发表了数篇文章,详细地报道了有关 T7 DNA 聚合酶及修饰的 T7 DNA 聚合酶的研究成果。T7 DNA 聚合酶是从感染了 T7 噬菌体的大肠杆菌寄主细胞中纯化出来的一种核酸酶。加工形式的(processive form)T7 DNA 聚合酶系由两种不同的亚基组成:一种是 T7 噬菌体编码的基因 5 蛋白质,其分子量为 84×10^3dal;另一种是大肠杆菌编码的硫氧还蛋白(thioredoxin),其分子量为 12×10^3dal。现在,这两种亚基的编码基因都已被克隆到质粒载体上,并在大肠杆菌细胞中实现了超量的表达。

T7 DNA 聚合酶是按两种亚基形式纯化的,其中基因 5 蛋白质本身是一种非加工的(nonprocessive)DNA 聚合酶,具有单链的 $3'\rightarrow5'$ 核酸外切酶活性。硫氧还蛋白的功用是作为一种辅助蛋白(accessory protein),增加基因 5 蛋白质同引物模板的亲合性能,使 DNA 的加工合成达数千个核苷酸。基因 5 蛋白质-硫氧还蛋白复合物(T7 DNA 聚合酶),是已商品化生产的加工的 DNA 聚合酶(processive DNA polymerase)。它一旦同多核苷酸模板链结合,便会在引物的作用下,不间断地合成互补链,直到它被释放为止。除此之外,T7 DNA 聚合酶还具有很高的单链及双链的 $3'\rightarrow5'$ 核酸外切酶活性。

T7 DNA 聚合酶有如下几个方面的用途:

① 鉴于 T7 DNA 聚合酶加工能力,比其它所有的在分子生物学中应用的 DNA 聚合酶都要高得多,因此从大分子量模板(例如 M13)上引物开始的 DNA 延伸合成,就要选择使用这种聚合酶。它能够根据同样的引物模板延伸合成数千个核苷酸,中间不发生任何解离现象,同时基本上也不受 DNA 二级结构的影响。而这类二级结构则会阻碍大肠杆菌 DNA 聚合酶、T4 DNA 聚合酶或反转录酶的活性。

② 如同 T4 DNA 聚合酶一样,T7 DNA 聚合酶也可以通过单纯的延伸或取代合成的途径,标记 DNA 的 3′-末端。T7 和 T4 聚合酶具有大体相同的 $3'\rightarrow5'$ 核酸外切酶活性强度。

③ T7 DNA 聚合酶和 T4 DNA 聚合酶一样,也可以用来将双链 DNA 的 5′或 3′突出末端,转变成平末端的结构。

6. 修饰的 T7 DNA 聚合酶

应用化学方法,对天然的 T7 DNA 聚合酶进行修饰,使之完全失去 $3'\rightarrow5'$ 的核酸外切酶活性。这种化学反应是一种氧化作用,它选择性地使 T7 基因 5 蛋白质的核酸外切酶区域失活。由于失去了核酸外切酶活性,使得修饰的 T7 DNA 聚合酶的加工能力,以及在单链模板上的聚合作用的速率增加了 3 倍。这种修饰的 T7 DNA 聚合酶,在物理特性、聚合酶性质以及加工能力等方面,都同天然的 T7 DNA 聚合酶完全一样。

修饰的 T7 DNA 聚合酶有如下几个方面的用途：

① 作为一种 DNA 序列分析的工具酶，修饰的 T7 DNA 聚合酶具有一系列理想的特性：加工性能高，无 3′→5′核酸外切酶活性，催化脱氧核苷酸类似物（双脱氧核苷酸，[α-^{35}S]脱氧核苷酸及脱氧肌苷核苷酸）的聚合能力同催化正常核苷酸的聚合能力完全一样。

② 修饰的 T7 DNA 聚合酶能够有效地催化低水平的 dNTPs（<0.1μmol/L）参入，这种特性可用来制备标记的底物。

③ 由于修饰的 T7 DNA 聚合酶具有很高的比活性，而且又失去了 3′→5′方向的核酸外切酶活性，因此它可以有效地用来填补和标记具有 5′突出末端的 DNA 片段之 3′-末端。

第四节　DNA 及 RNA 的修饰酶

1. 末端脱氧核苷酸转移酶与同聚物加尾

末端脱氧核苷酸转移酶（terminal deoxynucleotidyl transferase），简称末端转移酶（terminal transferase），是从小牛胸腺中纯化出来的一种小分子量（34×10^{3}dal）的碱性蛋白质，由两种分子量分别为 26×10^{3}dal 和 8×10^{3}dal 的大小亚基组成。这两种酶在二甲胂酸缓冲液中，能够催化 5′脱氧核苷三磷酸进行 5′→3′方向的聚合作用，逐个地将脱氧核苷酸分子加到线性 DNA 分子的 3′-OH 末端（图 3-28）。与 DNA 聚合酶不同，在反应中末端转移酶不需要模板的存在就可以催化 DNA 分子发生聚合作用。而且它还是一种非特异性的酶，4 种 dNTPs 中的任何一种都可以作为它的前体物。因此，当反应混合物中只有一种 dNTP 时，就可以形成仅由一种核苷酸组成的 3′尾巴。我们特称这种尾巴为同聚物尾巴（homopolymeric tail）。

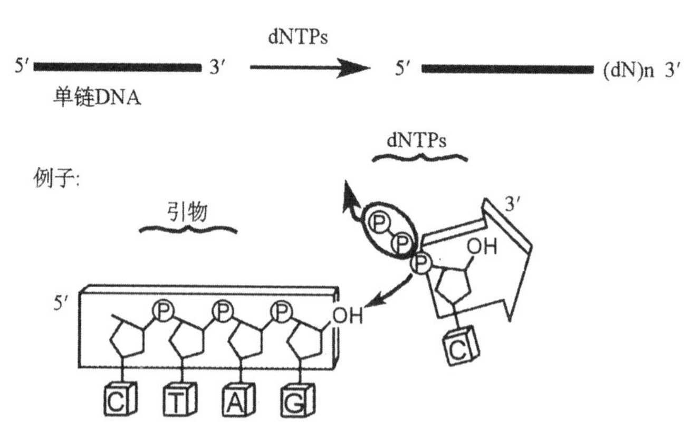

图 3-28　末端转移酶的活性

末端脱氧核苷酸转移酶催化作用的底物，即接受核苷酸聚合的受体 DNA，可以是具有 3′-OH 末端的单链 DNA，也可以是具有 3′-OH 突出末端的双链 DNA。这种酶同样还能够催化在寡聚脱氧核苷酸的 3′-末端，聚合上有限数量的核苷酸。平末端的 DNA 分子，在一般情况下不是末端转移酶的有效底物，但如果用 Co^{2+} 离子代替 Mg^{2+} 离子作为辅助因子，便也可以成为它的有效的底物。

末端脱氧核苷酸转移酶的主要用途之一是，分别给外源 DNA 片段及载体分子加上互补的同聚物尾巴，以使它们可以重组起来（见本章第二节有关部分）。例如，我们可以给用作克隆载体的线性 DNA 分子的 3′-OH 末端加上 poly(dG) 尾巴，同时给待克隆的外源 DNA 片段的 3′-OH 末端加上 poly(dC) 尾巴，于是这两条 DNA 分子便可以通过互补尾巴间的碱基配对作用而彼此连接起来，最后再用连接酶将单链缺口封闭上。D. A. Jackson 等人（1972）最早应用这种同聚物加尾技术，成功地将 λ DNA 克隆到 SV40 载体上。随后其它的一些基因，例如胰岛素原基因、免疫珠蛋白基因、人珠蛋白基因及酵母核 DNA 等，也都是采用这样的方法实现了成功的克隆。

运用下述两种方法之一，便可以将按照同聚物加尾法克隆到载体分子上的外源 DNA 片段重新删除下来。方法之一是，当外源 DNA 片段的插入位点是位于其它两个相邻的限制位点之间时，例如在 pBR322 质粒载体分子上的 ClaI 位点是位于 EcoRI 和 HindIII 两个位点之间（两者仅相隔 30bp），那么用 poly(dA-dT) 或 poly(dG-dC) 加尾法插入到 ClaI 位点的 DNA 片段，便可以通过 EcoRI 和 HindIII 双酶消化法而得以删除和回收（图未示出）。方法之二是，应用适当的 dNTP 加尾，再生出供外源 DNA 片段插入的有用的限制位点。例如，PstI 限制位点可以由 poly(dG) 加尾法再生，以及从理论上讲 HindIII 限制位点可以由 poly(dT) 加尾法再生等等，因此在上述两种情况下，用同样的酶（即 PstI 或 HindIII）消化重组 DNA 分子便可删除并回收克隆的 DNA 片段。图 3-29 说明了如何用 poly(dT) 加尾法再生出 HindIII 限制位点的情况。

末端转移酶除了用于同聚物加尾克隆 DNA 片段之外，还具有其它若干方面的重要用途：

① 催化[α-^{32}P]-3′-脱氧核苷酸标记 DNA 片段的 3′-末端：在 DNA 序列分析中，使用[α-^{32}P]-3′-脱氧核苷三磷酸，可终止单核苷酸的参入作用。这种类似物是一种链终止物，它不具有游离的 3′-OH，因此在它之后新的核苷酸就不能够再参入进去。

② 催化非放射性的标记物参入到 DNA 片段的 3′-末端：通常使用的生物素-11-dUTP，包括 8-(2,4-二硝基苯-2,6-氨基乙基)氨基腺嘌呤核苷-5′-三磷酸[8-(2,4-dinitrophenyl-2,6-aminohexyl) aminoadenosine-5′-triphosphate]，或 2′-脱氧尿嘧啶核苷-5′-三磷酸-5′-烯酰胺生物素（2′-deoxyuridine-5′-triphosphate-5′allylaminobiotin）也能接受末端转移酶作用。当这些核苷酸参入之后，便可分别作为非放射性标记物荧光染料及抗生物素蛋白接合物（avidin conjugates）的接受位点。

③ 按照模板合成多聚脱氧核苷酸的同聚物。

2. T4 多核苷酸激酶与 DNA 分子 5′-末端的标记

多核苷酸激酶（polynucleotide kinase）是由 T4 噬菌体的 pseT 基因编码的一种蛋白质，最初也是从 T4 噬菌体感染的大肠杆菌细胞中分离出来的，因此又叫做 T4 多核苷酸激酶。1985 年 C. A. Midgley 等人已成功地将 pseT 基因克隆到大肠杆菌，获得了高效的表达。而且迄今为止，在多种的哺乳动物细胞中也发现了这种激酶。

T4 多核苷酸激酶催化 γ-磷酸从 ATP 分子转移给 DNA 或 RNA 分子的 5′-OH 末

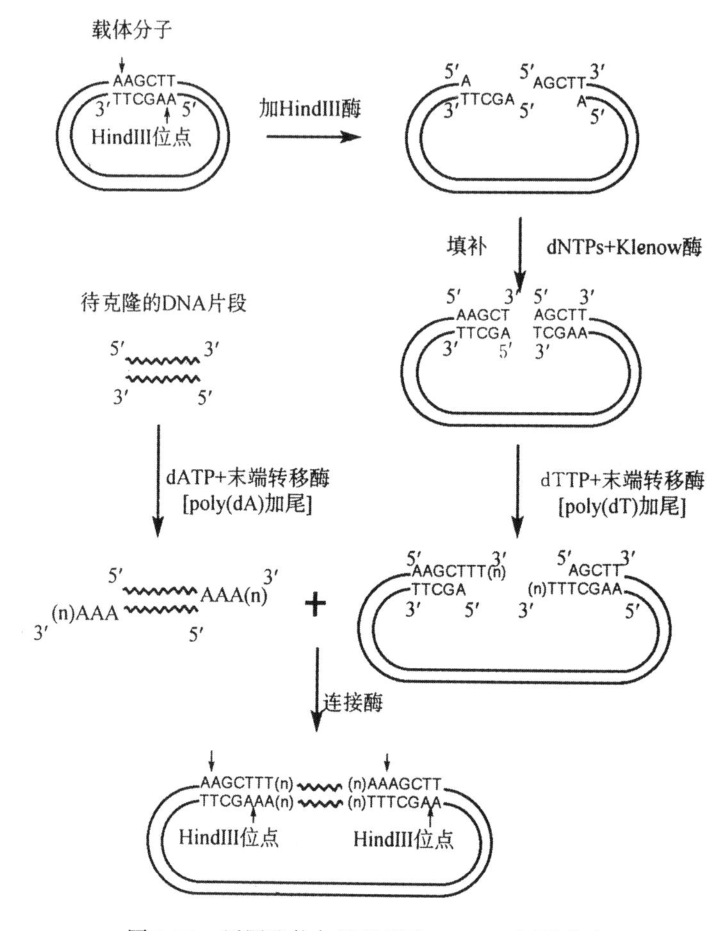

图 3-29 用同聚物加尾法再生 HindIII 识别位点

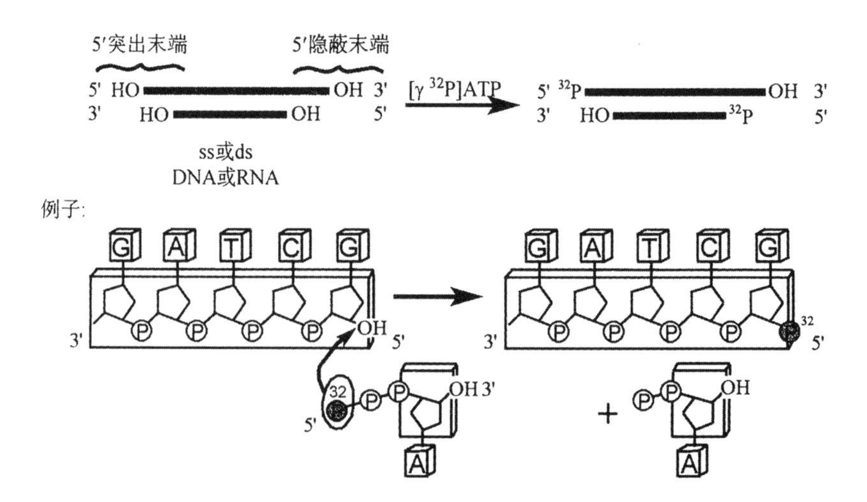

图 3-30 T4 多核苷酸激酶的活性与 DNA 分子 5′-末端的标记

端，这种作用是不受底物分子链的长短大小限制的，甚至是单核苷酸也同样适用。居于这种功能，当使用 γ-^{32}P 标记的 ATP 作前体物时，多核苷酸激酶便可以使底物核酸分子的 5′-OH 末端标记上 γ-^{32}P。实际上，由于天然产生的核酸只具有 5′-P 末端而不具有 5′-OH 末端，因此得先用碱性磷酸酶处理，使其发生脱磷酸作用而暴露出 5′-OH 基团之后，才能同多核苷酸激酶从 γ-^{32}P-ATP 分子中转移来的 γ-^{32}P 基团键合，实现末端标记(图 3-30)。这种标记又叫做正向反应(forward reaction)，是一种十分有效的过程，它常用来标记核酸分子的 5′-末端，或是使寡核苷酸磷酸化。

关于 DNA 分子 5′-末端标记法，除了正向反应之外，还有另外一种交换反应标记法。当反应混合物中存在着超量的[γ-^{32}P]ATP 和 ADP 的情况下，多核苷酸激酶能够催化[γ-^{32}P]ATP 中的 γ-^{32}P 同 DNA 分子的末端发生交换(图 3-31)。交换反应的底物是具 5′-P 末端的单链或双链 DNA，它的标记效率一般说来不如正向反应有效，因此很少使用。

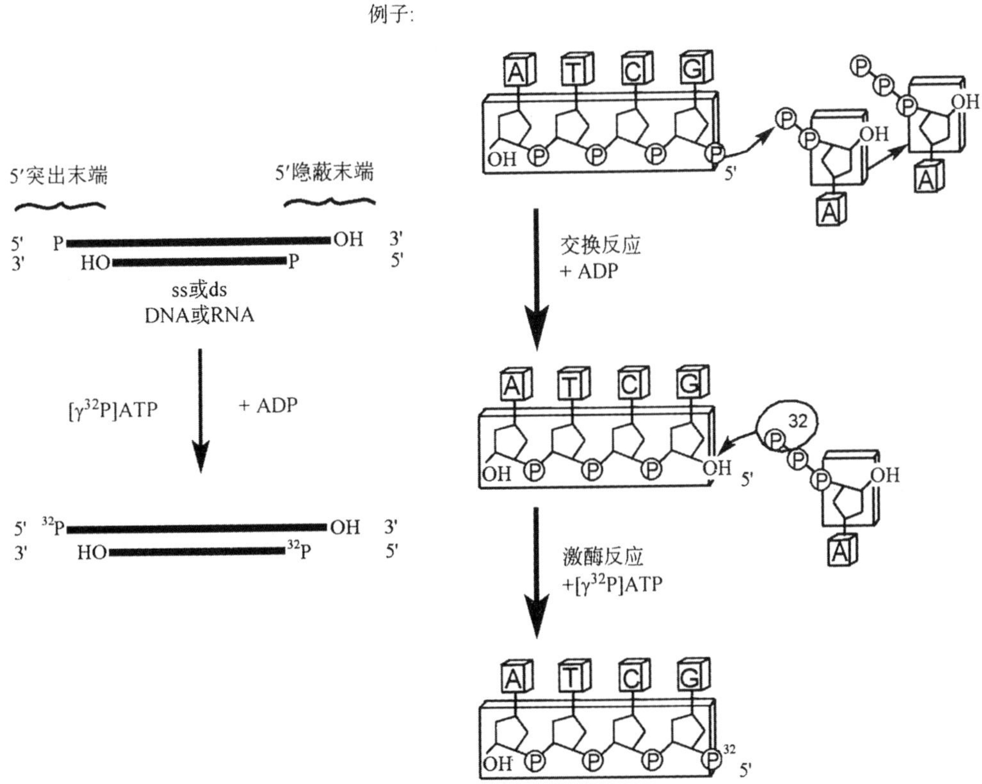

图 3-31 T4 多核苷酸激酶的交换活性

T4 多核苷酸激酶在 DNA 分子克隆中的用途不仅可标记 DNA 的 5′-末端，而且还可以使缺失 5′-P 末端的 DNA 发生磷酸化作用。

3. 碱性磷酸酶与 DNA 脱磷酸作用

有两种不同来源的碱性磷酸酶：一种是从大肠杆菌中纯化出来的，叫做细菌碱性磷酸酶(bacterial alkaline phosphatase，简称 BAP)；另一种是从小牛肠中纯化出来的，叫做小牛肠碱性磷酸酶(calf intestinal alkaline phosphatase，简称 CIP)。它们的共同特性是能够催化核酸分子脱掉5′磷酸基团，从而使DNA(或RNA)片段的5′-P末端转换成5′-OH末端，这就是所谓的核酸分子的脱磷酸作用(图3-32)。脱磷酸作用的产物具有的5′-OH末端，随后在[γ-^{32}P]ATP和T4多核苷酸激酶的作用下，仍然可以带上放射性的标记(见T4多核苷酸激酶交换活性)。

碱性磷酸酶的这种功能，对于DNA分子克隆是很有用的。例如，在Maxam-Gilbert序列分析法中，需要5′-末端标记的DNA片段，为此必须在标记之前先从DNA分子上除去5′-P基团。再如，在DNA体外重组中，为了防止线性化的载体分子发生自我连接作用，也需要从这些片段上除去5′-P基团。应用碱性磷酸酶处理载体分子就可以满足这种要求。加在反应混合物中的碱性磷酸酶从线性载体DNA片段的两端移去5′-P基团，这样的结果并不影响末端的退火功能，但却使之失去了连接作用的能力，因而势必影响到这种重新退火的分子对热的稳定性。通常，是在重组DNA分子形成之后，再用DNA连接酶处理，使单链缺口共价地封闭起来，以阻止在接合点(退火区)发生链的重新解离。我们从前面所述已经知道，DNA分子的连接反应需要一个游离的3′-OH和一个游离的5′-P。如果待结合的两条DNA片段之一，已经用碱性磷酸酶作了处理，再通过分子内接合作用使之重新环化起来，那么在这种情况下，由于该分子的5′-P基团已被脱掉，不能发生连接作用，因此这样的环形分子不稳定，容易在接合点发生重新解链现象。但是，如果是在载体分子同外源DNA片段之间发生的分子间的接合作用，那么由于插入片段未经碱性磷酸酶处理，仍保着游离的5′-P基团，因此在每一个接合点位置上都有一个5′-P，也就是说有一个单链缺口能被DNA连接酶共价封闭。如此封闭的结果，足以阻止重新发生解链作用。若在连接之后转化以前，对此种反应混合物作热处理，没有插入片段的载体分子便会解链，恢复成为线性构型，这样就不能够形成转化子克隆，而只有带有插入片段的重组体载体分子能形成转化子克隆。

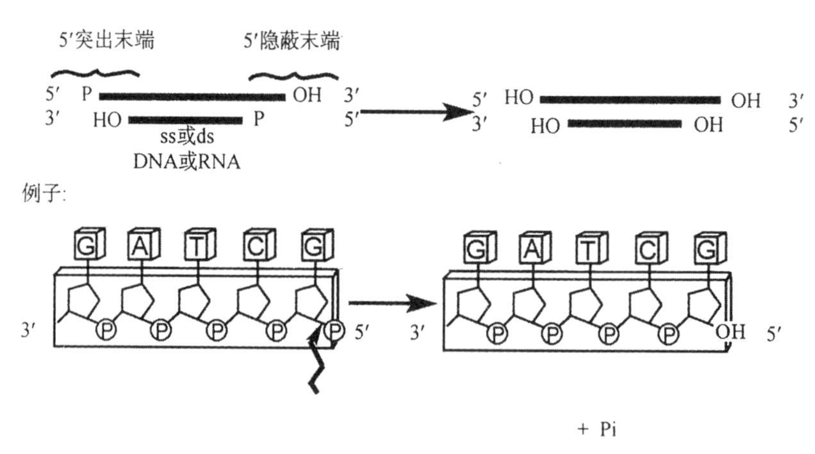

图3-32　碱性磷酸酶的活性

细菌碱性磷酸酶(BAP)和小牛肠碱性磷酸酶(CIP)，在实用上有所差别。CIP具有明显的优点，在SDS中加热到68℃就可以完全失活，而BAP却是热抗性的酶，所以要终止它的作用就很困难。为了去除极微量的BAP活性，需要用酚/氯仿反复抽提多次，远不如用加热法就可以使CIP完全失活来得方便经济。而且CIP的比活性要比BAP的高出10

～20 倍。因此，在大多数情况下都优先选用 CIP 酶。

第五节　核酸外切酶

核酸外切酶(exonucleases)是一类从多核苷酸链的一头开始按序催化降解核苷酸的酶。按作用特性的差异，可分为单链的核酸外切酶和双链的核酸外切酶。前者包括大肠杆菌核酸外切酶 I(exoI)和核酸外切酶 VII(exoVII)等，后者有大肠杆菌核酸外切酶 III(exoIII)，λ 噬菌体核酸外切酶(λ exo)，以及 T7 噬菌体基因 6 核酸外切酶等(表 3-10)。

表 3-10　若干种核酸外切酶的基本特性

核酸酶	底物	切割位点	产物
大肠杆菌核酸外切酶 I	ssDNA	5′-OH 末端	5′-单核苷酸，加末端二核苷酸
大肠杆菌核酸外切酶 III	dsDNA	3′-OH 末端	5′-单核苷酸
大肠杆菌核酸外切酶 V	DNA	3′-OH 末端	5′-单核苷酸
大肠杆菌核酸外切酶 VII	ssDNA	3′-OH 末端，5′-P 末端	2～12bp 的寡核酸短片段
λ 噬菌体 λ 核酸外切酶	dsDNA	5′-P 末端	5′-单核苷酸
T7 噬菌体基因 6 核酸外切酶	dsDNA	5′-P 末端	5′-单核苷酸

1. 核酸外切酶 VII(exoVII)

大肠杆菌核酸外切酶 VII 包括两个亚基组成单位，它们分别为 xseA 和 xseB 基因的编码产物。exoVII 是一种促加工的单链核酸外切酶，与核酸外切酶 I 及核酸外切酶 III 具有不同的特性。它能够从 5′-末端或 3′-末端降解 DNA 分子，产生出寡核苷酸短片段，而且还是本章所讨论的唯一的不需要 Mg^{2+} 离子的核酸酶，甚至在 10mmol/L EDTA 环境中仍能保持着完全的酶活性(图 3-33)。

核酸外切酶 VII 可以用来测定基因组 DNA 中的间隔子和表达子的位置，以及回收按 dA-dT 加尾法插入到质粒载体上的 cDNA 片段。

2. 核酸外切酶 III(exoIII)

核酸外切酶 III，系由大肠杆菌 xthA 基因编码的单体蛋白质，分子量为 28×10^3dal。商品出售的 exoIII，是从含有超量 pSGR-3 质粒的大肠杆菌 BE257 菌株细胞中分离而来的。这种酶具有多种催化功能，可降解双链 DNA 分子中的许多类型的磷酸二酯键。在降解作用中，释放单核苷酸的速率取决于 DNA 分子中的碱基成份，其模式为 $C\gg A\sim T\gg G$。由此可见，exoIII 酶对于不同的 DNA 末端具有不同的降解速率。所以，如果不同的实验都要使用 exoIII 酶，则每次实验都必须用各自的 DNA 制剂测定酶的活性。

核酸外切酶 III 的主要活性是，按 3′→5′的方向催化双链 DNA 自 3′-OH 末端释放5′-单核苷酸(图 3-34)。除此而外，exoIII 还具有三种其它的活性，即对无嘌呤位点及无嘧啶位点特异的核酸内切酶活性、3′-磷酸酶活性和 RNaseH 酶活性。所谓的无嘌呤位点和无嘧啶位点，是指在双链 DNA 分子中，各自的嘌呤或嘧啶碱基已经从糖-磷酸骨架上被切除了下来。而 RNaseH 酶活性，则是降解 DNA-RNA 杂种核酸分子中的 RNA 链。

在分子生物学及基因克隆的研究工作中，核酸外切酶 III 的主要应用是，通过其 3′→5′活性使双链 DNA 分子产生出单链区。经过如此修饰的 DNA，配合使用 Klenow 酶，便

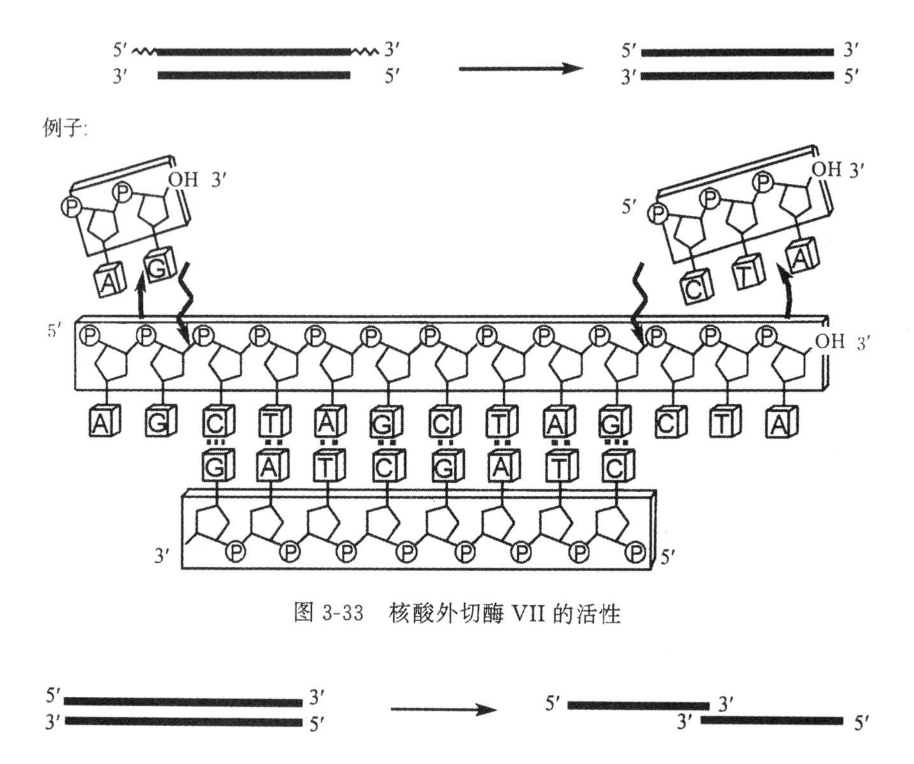

图 3-33　核酸外切酶 VII 的活性

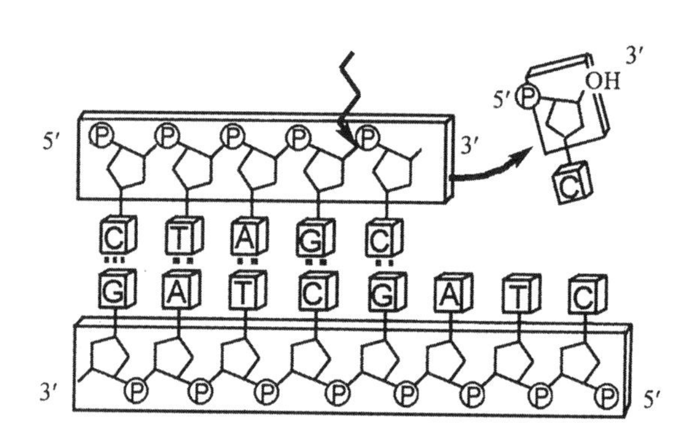

图 3-34　核酸外切酶 III 的活性

可作为标记 DNA 的底物，制备链特异的放射性探针（这个过程同用 T4 DNA 聚合酶的外切核酸酶活性及聚合酶活性进行的取代合成相类似）。同时，经过如此修饰的 DNA，还可作为双脱氧 DNA 序列分析法的反应底物，即制备单链 DNA 模板。核酸外切酶 III 的再一个用途是构建单向缺失（unidirectional delection）。因为 exoIII 是双链特异的，拿 3′-隐蔽末端同 5′-隐蔽末端相比，它优先降解具 3′-隐蔽末端的双链 DNA 分子。这种特性可用来构建一组从克隆 DNA 某一特定部位开始的单向缺失，于是不必先测定 DNA 的限制图，就可直接进行序列分析。

3. λ 核酸外切酶(λ exo)和 T7 基因 6 核酸外切酶

λ 核酸外切酶最初是从感染了 λ 噬菌体的大肠杆菌细胞中纯化出来的。这种酶催化双链 DNA 分子自 5′-P 末端进行逐步的加工和水解,释放出 5′单核苷酸,但它不能降解 5′-OH 末端(图 3-35)。

λ 核酸外切酶的用途有两个方面:第一,将双链 DNA 转变成单链的 DNA,供按双脱氧法进行 DNA 序列分析使用;第二,从双链 DNA 中移去 5′突出末端,以便用末端转移酶进行加尾。

T7 基因 6 核酸外切酶,是大肠杆菌 T7 噬菌体基因 6 编码的产物。基因 6 早已被克隆到质粒载体上,并在大肠杆菌细胞中获得了超量的表达。这种核酸外切酶同 λ exo 酶一样,也可以催化双链 DNA 自 5′-P 末端逐步降解释放出 5′-单核苷酸分子,但又与 λ exo 酶不同,它也可以从 5′-OH 和 5′-P 两个末端移去核苷酸。T7 基因 6 核酸外切酶同 λ 核酸外切酶具有同样的用途。不过由于它的加工活性要比 λ 核酸外切酶的低,因此主要用于自 5′-端开始的有控制的匀速降解。

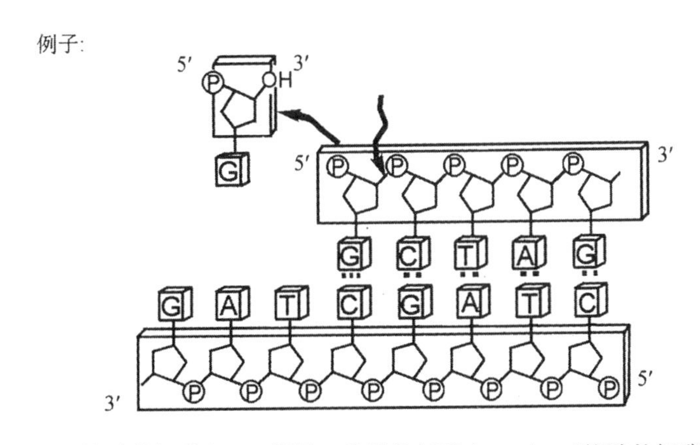

图 3-35 λ 核酸外切酶和 T7 基因 6 核酸外切酶之一 5′→3′核酸外切酶活性

第六节 单链核酸内切酶

1. S1 核酸酶与 RNA 分子定位

由稻谷曲霉(*Aspergillus oryzae*)中纯化来的 S1 核酸酶,是一种高度单链特异的核酸内切酶,在最适的酶催反应条件下,降解单链 DNA 的速率要比双链 DNA 的快 75 000 倍(图 3-36)。这种酶的活性表现需要低水平的 Zn^{2+} 离子的存在,最适 pH 值范围为 4.0～4.3,而当 pH 值上升到 4.9 时,降解速率便会下降 50%。在 NaCl 浓度为 10～300 mmol/L

范围内，它的活性基本上不受影响，但在100mmol/L时活性最佳。一些螯合剂，诸如EDTA和柠檬酸，都能强烈地抑制S1核酸酶活性，此外磷酸缓冲液和0.6%左右的SDS溶液也可以抑制它的活性，但它对尿素以及甲酰胺等试剂则是稳定的。

S1核酸酶的主要功能是，催化RNA和单链DNA分子降解成为5′单核苷酸。同时它也能作用于双链核酸分子的单链区，并从此处切断核酸分子，而且这种单链区可以小到只有一个碱基对的程度。假如两种不同来源的DNA分子之间仅有一个碱基对是非互补的，那么在它们变性-复性之后所形成的异源双链结构中，便只有一个碱基对是错配的，S1核酸酶亦能够在这个错配的碱基对位置使DNA分子断裂。不过S1核酸酶却不能使天然构型的双链DNA和RNA-DNA杂种分子发生降解。由于具备这些特性，S1核酸酶在测定杂种核酸分子(DNA-DNA或RNA-DNA)的杂交程度，给RNA分子定位，测定真核基因中间隔子序列的位置，探测双螺旋的DNA区域，从限制酶产生的粘性末端中移去单链突出序列，以及打开在双链cDNA合成期间形成的发夹环结构等实验操作中，都是十分有力的工具。有关S1核酸酶定位方法学(S1 mapping methodology)，还被成功地用来研究重新导入真核细胞的克隆基因的调节问题。

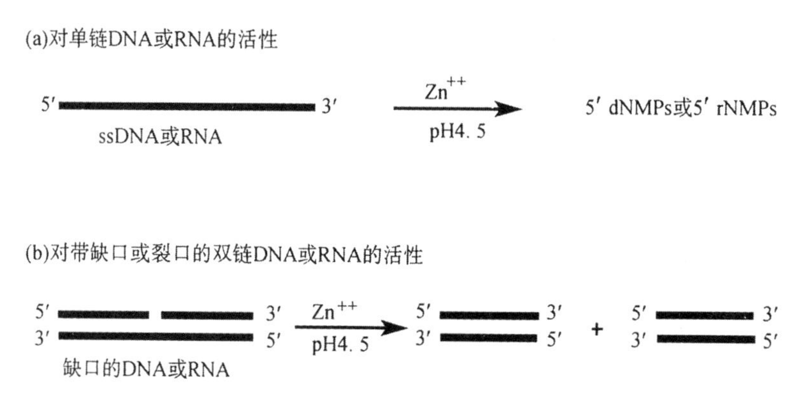

图3-36　S1核酸酶的活性

S1核酸酶在分子生物学研究中的一个最主要的功用是，给RNA分子定位。例如，一个RNA分子(或剪辑的RNA的一个表达子区段)，是由其DNA模板中的400～1400之间的核苷酸序列编码的。如果这条RNA分子同包括核苷酸400～1400的DNA编码链(图3-37中的片段*A*)杂交，然后再用S1核酸酶处理，那么RNA-DNA杂种分子中的单链尾巴便会被降解掉，形成一条长度为1000bp的平末端的RNA-DNA杂种双链分子。用酒精沉淀法从S1核酸酶消化混合物中回收这种分子，再经过碱变性作用后进行琼脂糖凝胶电泳，或是含7mol/L尿素的聚丙烯酰胺凝胶电泳，便可以测定出RNA-DNA杂种分子中这段抗S1核酸酶的DNA片段的长度。如果杂交所用的DNA分子是高比活^{32}P标记的，其长度则可用凝胶放射自显影法测定；如果是未标记的DNA，可先把它从琼脂糖凝胶上转移到硝酸纤维素滤膜之后，再按Southern杂交法测定。真核mRNA分子具有5′帽子结构和3′poly(A)末端，当这些结构同DNA分子碱基配对时，S1核酸酶是无法将它们移走的。

如果 RNA 分子是同限制片段 *B* 的编码链杂交，那么用 S1 核酸酶处理，移去杂种分子中的单链 RNA 和 DNA 尾巴后，所形成的抗 S1 核酸酶的 RNA-DNA 杂种分子的长度为 200bp。RNA 分子同限制片段 *C* 的编码链杂交，经 S1 核酸酶消化之后产生的抗 S1 核酸酶的 RNA-DNA 平末端双链杂种分子的长度是 800bp。这些结果无疑表明，这个 RNA 分子是定位在距限制位点 EndoRX 左边 200bp 和右边 800bp 之间的 DNA 序列区内(图 3-37)。

与核酸外切酶 VII 不同，S1 核酸酶可用来切割存在于 dsDNA 或 RNA-DNA 杂种分子中的单链 DNA 的环状结构。因此，用 S1 核酸酶消化由成熟的 mRNA 同[^{32}P]标记的 DNA 编码链所组成的杂种核酸分子，同样也可测定出真核基因组中的间隔子的位置。

我们知道，绝大多数真核基因的初级转录本都含有不转译的间隔序列，即间隔子。间隔子序列间断了基因编码序列的连续性，而且在初级转录本加工为成熟的 mRNA 分子过程中被删除掉。仍然保留下来的编码序列，即表达子，它们便接合在一起形成了成熟的 mRNA 分子。这种间隔子的删除和表达子接合的过程叫做 RNA 分子的剪辑或拼接。所以，成熟的 mRNA 分子，有时候也称之为剪辑的 mRNA分子，或拼接的 mRNA 分子。

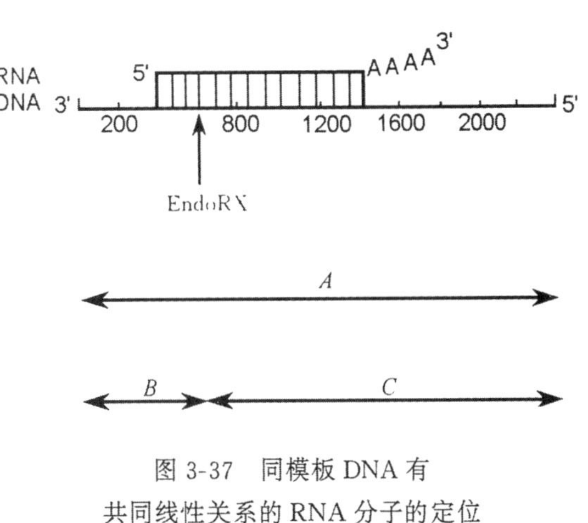

图 3-37 同模板 DNA 有共同线性关系的 RNA 分子的定位

下面我们考查一下含有一个间隔子和两个表达子(a 和 b)的基因的转录和加工的情况。首先按照上面叙述的方法，确定这两个表达子序列在它们的 DNA 模板上的位置。然后，通过模板 DNA 同成熟的 mRNA分子之间的杂交，于是在 RNA-DNA 杂种分子上，两个表达子的序列便接合在一起，而间隔序列则因无法同剪辑的 mARNA 序列配对，便形成为突出的单链 DNA 环。由于 S1 核酸酶降解单链 DNA 的速度要比降解单链 RNA 的速度快 7 倍，因此单链的 DNA 尾巴和 RNA-DNA 杂种分子中的单链 DNA 环，很快就会被 S1 核酸酶修剪掉。之后，用酒精沉淀法回收的 DNA 产物中，有一种由两个表达子序列(*a* 和 *b*)同完整的 mRNA 配对所形成的 RNA-DNA 杂种分子。这种杂种核酸分子通过中性琼脂糖凝胶的迁移率，跟长度为 $a+b$ 两片段总和的双链 DNA 分子十分接近，而且它的总长度是可以被精确地测定出来的。在 S1 核酸酶消化后产生的 RNA-DNA 杂种分子群体中，除了上面的这种含有完整的mRNA链之外，也还有一些杂种分子是由于在对应于 *a* 片段和 *b* 片段接点处的 RNA 链被切断之后形成的。这些杂种分子在变性琼脂糖凝胶上电泳后，产生出两条各自相当于表达子 *a* 和 *b* 迁移率的谱带。由于表达子区段在 DNA 模板上的位置，已经通过 S1 核酸酶消化产物的电泳分析法作了定位，因此这些表达子长度的电泳谱带就很容易被辨认。

2. Bal31 核酸酶与限制位点的确定

Bal31 核酸酶既具有单链特异的核酸内切酶活性，同时也具有双链特异的核酸外切酶活性。它是从埃氏交替单胞菌(*Alteromonas espejiana*)中分离而来的。当底物是双链环形的 DNA,Bal31 的单链特异的核酸内切酶活性,通过对单链缺口或瞬时单链区(transient single stranded regions)的降解作用,将超盘旋的 DNA 切割成开环结构,进而成为线性双链 DNA 分子。而当底物是线性双链 DNA 分子时,Bal31 的双链特异的核酸外切酶活性,又会成功地从 3′和 5′两末端移去核苷酸,并且能够有效地控制此种 DNA 片段逐渐缩短的速度。除此而外,Bal31 核酸酶还可起到核糖核酸酶的作用,催化核糖体和 tRNA 的降解,但它不具有双链特异的核酸外切酶活性(图 3-38)。

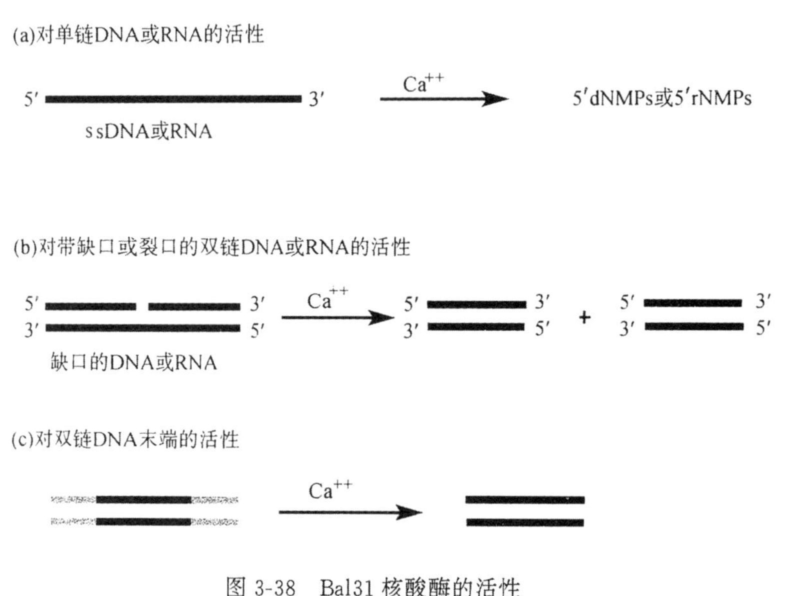

图 3-38　Bal31 核酸酶的活性

Bal31 核酸酶的活性需要 Ca^{2+}和 Mg^{2+}离子,在反应混合物中加入 EGTA* 便可终止它的活性。由于 EGTA 是专门同 Ca^{2+}离子螯合的,它不会改变溶液中 Mg^{2+}离子的浓度,因此能够在不影响尔后加入的核酸内切限制酶活性的情况下,终止 Bal31 核酸酶的作用,因为限制酶的活性是特异地需要 Mg^{2+}离子。

由于 Bal31 核酸酶具有上述这些特殊的性能,因此它在分子克隆实验中是一种十分有价值的工具酶。其主要用途包括:(i)诱发 DNA 发生缺失突变(图 3-39);(ii)定位测定 DNA 片段中限制位点的分布;(iii)研究超盘旋 DNA 分子的二级结构,并改变因诱变剂处理所出现的双链 DNA 的螺旋结构。

Bal31 核酸酶控制消化法,是测定 DNA 分子中限制酶识别位点的一种有效的技术手段。具体的步骤是先用 Bal31 核酸酶处理待测的线性的 DNA 片段,使之以渐进的速度从 5′和 3′两端同时降解 DNA,并在不同的时间间隔加入 EGTA,终止 Bal31 核酸酶的消化作用。用苯酚抽提消化样品,除去核酸酶,然后另外再加我们期望使用的核酸内切限制酶进行再消化。如此按不同时间取样的 DNA 消化样品,同只用核酸内切限制酶消化的对照组 DNA 样品,一道进行凝胶电泳分析。DNA 片段从凝胶中消失的先后次序,代表着这些

---

* EGTA=乙二醇双(β-氨基乙醚)四乙酸[ethyleneglycol - bis(β-aminoethyl ether) tetraacetic acid。

片段在DNA分子中的前后排列位置。根据这些结果,便可把这些DNA片段按正确的顺序排列出来,并确定出有关限制酶的认别位置。

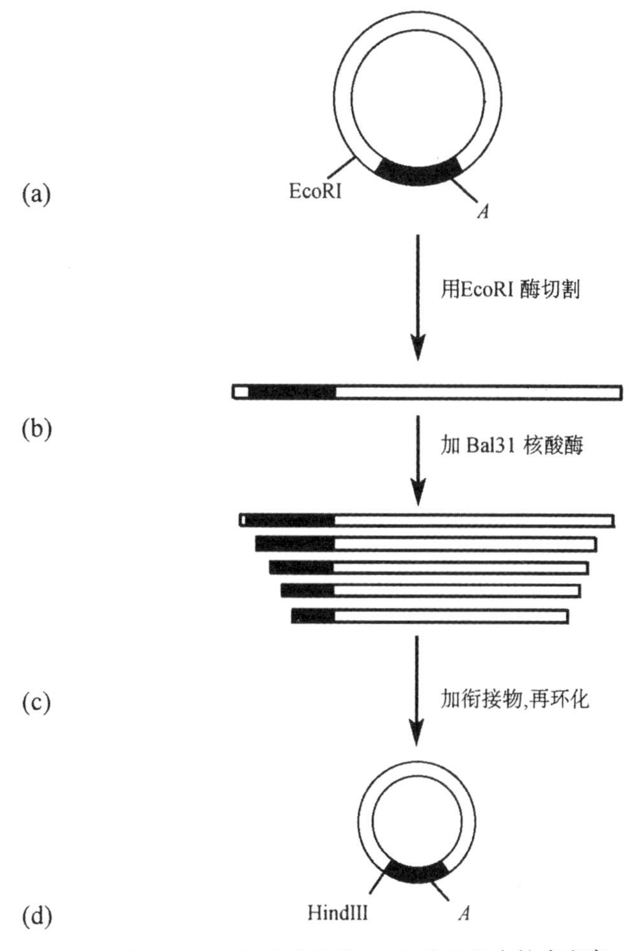

图 3-39 应用 Bal31 核酸酶诱发 DNA 分子发生缺失突变

(a)质粒 DNA 分子,A 区段是准备诱发缺失突变的序列,经核酸内切限制酶 EcoRI 切割形成线性的 DNA 分子;(b)用 Bal31 核酸酶按不同的时间长度消化线性质粒 DNA 分子,得到一组具有不同缺失程度的分子群体;(c)将带有另一种核酸内切限制酶 E2 识别序列的衔接物,加到这些缺失分子上,使之重新环化起来;(d)新形成的具有 HindIII 识别位点和 A 区缺失的质粒分子

第四章　基因克隆的质粒载体

在形形色色的生命形态中，质粒是一类特别引人注目的亚细胞有机体。它的结构比病毒还要简单些，既没有蛋白质外壳，也没有细胞外的生命周期，只能够在寄主细胞内独立地增殖，并随着寄主细胞的分裂而被遗传下去。在自然界中，不论是真核生物细胞还是原核生物细胞，也不论是格兰氏阳性细菌还是格兰氏阴性细菌，甚至是真菌的线粒体，都已经发现有质粒分子的存在。但在本章除非特别指出的以外，我们将集中讨论大肠杆菌的质粒。

迄今为止，人们已经在大肠杆菌的各种菌株中找到了许多种不同类型的质粒，其中已经作了比较详尽研究的主要有 F 质粒、R 质粒和 Col 质粒。由于这些质粒的存在，寄主细胞便获得了各自不同的性状特征，我们就是根据这些特征来鉴别这三种不同类型的质粒：

① F 质粒　又叫 F 因子或性质粒(sex plasmid)。它们能够使寄主染色体上的基因和 F 质粒一道转移到原先不存在该质粒的受体细胞中去。

② R 质粒　通称抗药性因子。它们编码有一种或数种抗菌素抗性基因，并且通常能够将此种抗性转移到缺乏该质粒的适宜的受体细胞，使后者也获得同样的抗菌素抗性能力。

③ Col 质粒　即所谓产生大肠杆菌素因子。它们编码有控制大肠杆菌素合成的基因。大肠杆菌素是一类可以使不带有 Col 质粒的亲缘关系密切的细菌菌株致死的蛋白质。

自从本世纪 70 年代开始以来，世界各地的许多实验室，都已在天然质粒的基础上，成功地发展出了大量的具有各种不同功能特性的专用质粒载体。目前，这些由人工构建的实验室质粒，已经成为重组 DNA 研究工作中最常用的，或许也可以说是最有效的基因克隆载体。有鉴于这种原因，在讨论这些问题之前，让我们先简单地回顾一下质粒的基本生物学特性。

第一节　质粒的一般生物学特性

1. 质粒 DNA

细菌质粒是存在于细胞质中的一类独立于染色体的自主复制的遗传成份，虽然已发现有线形质粒，但已知的绝大多数的质粒都是由环形双链的 DNA 组成的复制子。除了酵母的杀伤质粒(killer plasmid)是一种 RNA 质粒之外，迄今已知的所有质粒无一例外地都是属于这种类型的 DNA 分子(图 4-1)。质粒 DNA 分子可以持续稳定地处于染色体外的游离状态，但在一定的条件下又会可逆地整合到寄主染色体上，随着染色体的复制而复制，并通过细胞分裂传递到后代。

环形双链的质粒 DNA 分子具有三种不同的构型：当其两条多核苷酸链均保持着完整的环形结构时，称之为共价闭合环形 DNA(cccDNA)，这样的 DNA 通常呈现超螺旋的 SC 构型；如果两条多核苷酸链中只有一条保持着完整的环形结构，另一条链出现有一至

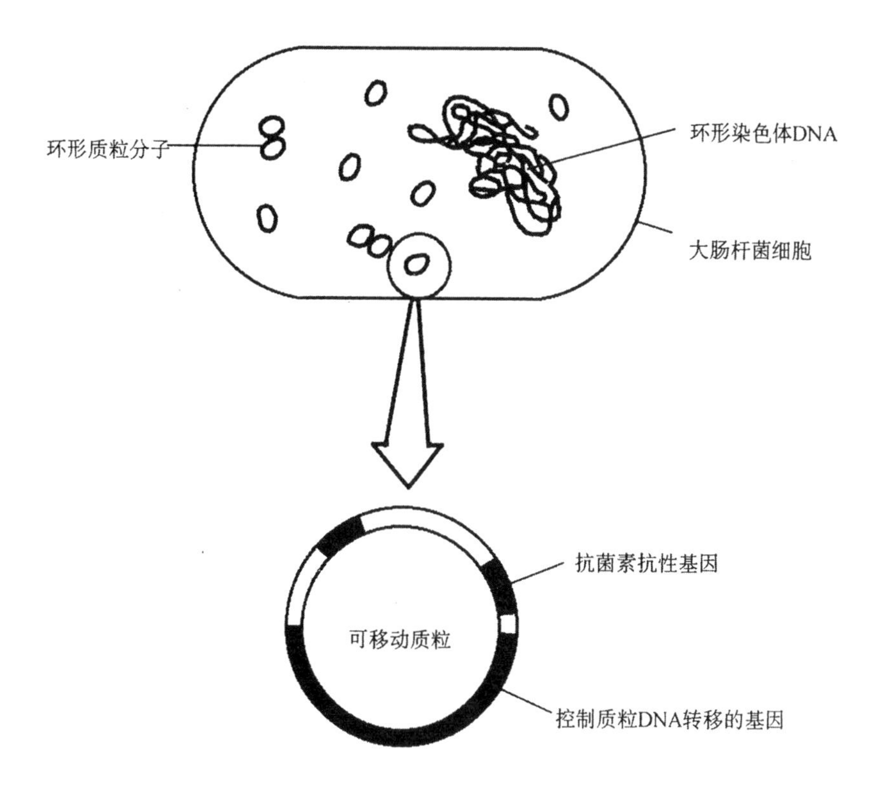

图 4-1　大肠杆菌质粒分子的结构示意图

质粒是细菌染色体外能够自我复制的环形双链的 DNA 分子。编码抗菌素抗性基因的质粒叫 R 质粒，大部分质粒是可以转移的，但也存在着不能够转移的质粒

数个缺口时，称之为开环 DNA(ocDNA)，此即 OC 构型；若质粒 DNA 经过适当的核酸内切限制酶切割之后，发生双链断裂而形成线性分子(lDNA)，通称 L 构型(见图 4-2)。在体内，质粒 DNA 是以负超螺旋构型存在的，它是由 DNA 促旋酶(gyrase)在消耗 ATP 的条件下催化形成的，而大肠杆菌的另一种酶，即拓扑异构酶 I，则会促使超螺旋的 DNA 解旋。促旋酶和拓扑异构酶 I 的这种拮抗作用(antagonistic action)，保证了大肠杆菌细胞内超螺旋的质粒 DNA 保持在恒定的水平。在体外实验中，加入嵌入型试剂如溴化乙锭(ethidium bromide，EtBr)，亦会使超螺旋的质粒 DNA 发生解旋作用。如果加入过量的 EtBr，便会使质粒 DNA 产生反向的复旋反应。这种事实已被用作分离质粒 DNA 的依据。

在琼脂糖凝胶电泳中，不同构型的同一种质粒 DNA，尽管分子量相同，仍具有不同的电泳迁移率。其中走在最前沿的是 SC DNA，其后依次是 L DNA 和 OC DNA(图 4-3)。

不同质粒 DNA 的分子量差异相当显著，最小的仅能编码 2～3 种中等大小的蛋白质，其分子量约为 10^6dal，而最大的质粒的分子量则可高达 10^8dal 以上，两者之间相差竟达上百倍。这些质粒有的适于用作基因克隆载体，有的则不适用。但不管怎样，凡经改建而适于作为基因克隆载体的所有质粒 DNA 分子，都必定包括如下三种共同的组成部分，即复制基因(replicator)、选择性记号和克隆位点。

2. 质粒 DNA 编码的表型

虽然就分子量大小比较而言，质粒 DNA 仅占细胞染色体组的一小部分，一般约为1%～3%左右，但却编码着一些重要的非染色体控制的遗传性状。正是由于质粒的存在，才赋予寄主细菌一些额外的特性，包括抗性特征、代谢特征、修饰寄主生活方式的因子，以及其它方面的特征等。其中对抗菌素的抗性是质粒的最重要的编码特性之一。除此而外，由质粒 DNA 编码的基因还包括有产生抗菌素的基因、芳香族化合物降解基因、糖酵解基因、产生肠毒素基因、重金属抗性基因、产生细菌素的基因、诱发植物肿瘤基因、产生硫化氢基因，以及寄主控制的限制与修饰系统的基因等数十余种(表 4-1)。

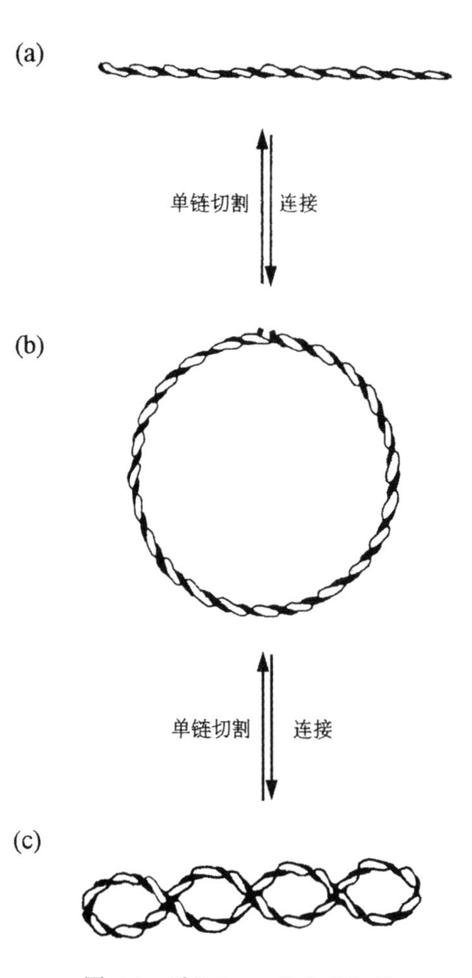

图 4-2 质粒 DNA 的分子构型
(a) 松弛线性的 L 构型；(b)松弛开环的 OC 构型；
(c) 超螺旋的 SC 构型

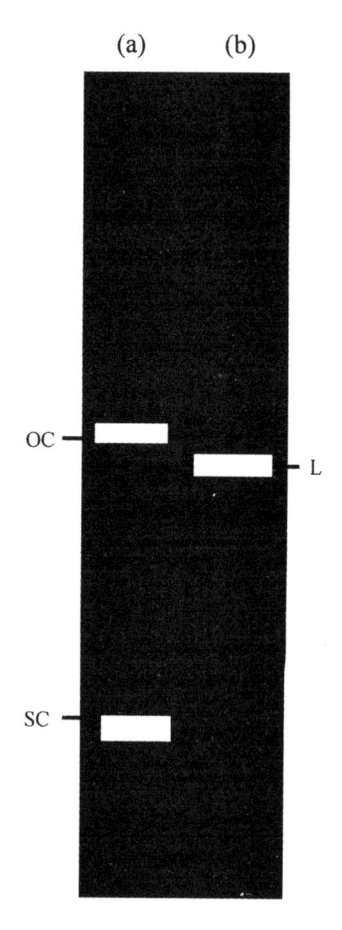

图 4-3 质粒 DNA 琼脂糖凝胶电泳模式图
由于琼脂糖中加有嵌入型染料溴化乙锭，因此，在紫外线照射下 DNA 电泳条带呈橘黄色。(a) 道中的 SC DNA 走在凝胶的最前沿，OC DNA 则位于凝胶的最后边；(b) 道中的 L DNA 是经核酸内切限制酶切割质粒之后产生的，它在凝胶中的位置介于 OC DNA 和 SC DNA 之间

表 4-1 质粒编码基因表达的某些表型特征*

(1) 抗性特征

抗菌素抗性	氨苄青霉素抗性、氯霉素抗性、四环素抗性、链霉素抗性等
重金属抗性	汞离子及有机汞化物抗性，镍、钴、铅、锑、锌等金属抗性
毒性阴离子抗性	砷酸盐抗性、亚砷酸盐抗性、亚碲酸盐抗性、硼酸盐抗性及铬酸盐抗性等
其它抗性	嵌入试剂(例如溴化乙锭、吖啶)抗性、辐射损伤(例如紫外线及 X 射线)抗性、噬菌体及细菌素抗性、质粒特异的限制/修饰体系抗性

(2) 代谢特征

抗菌素及细菌素的合成；

简单的碳水化合物(例如乳糖、蔗糖、棉子糖等)的新陈代谢；

复杂的碳水化合物(例如辛烷、甲苯、樟脑、芋碱、苯胺)及卤代化合物(例如 2,6-二氯甲苯、2,4-二氯苯氧基醋酸)的新陈代谢；

蛋白质(例如酪蛋白、明胶)的新陈代谢；

冠瘿碱的新陈代谢[Ti 土壤杆菌(*Agrobacterium*)]；

固氮作用[Nif^+根瘤菌(*Rhizobium*)]；

H_2S 的合成；

柠檬酸的利用；

产碱杆菌(*Alcaligenes*)及欧文氏菌(*Erwinia*)的硫胺素(维生素 B_1)的合成；

产碱杆菌的反硝化活性；

Ti^+土壤杆菌的脯氨酸生物合成；

欧文氏菌的色素形成

(3) 修饰寄主生活方式的因子

毒素的合成-大肠杆菌(*Escherichia coli*)肠毒素合成；

金黄色葡萄球菌(*Staphylococcus aureus*)剥脱性毒素的合成；

炭疽杆菌(*Bacillus anthracis*)外毒素的合成；

苏芸金芽孢杆菌(*Bacillus thuringiensis*)σ-内毒素的合成；

破伤风杆菌(*Clostridium tetani*)神经毒素的合成；

大肠杆菌的定居抗原(*Colonization antigens*)(例如 K88，K99 CFAI，CFAII)的合成；

大肠杆菌及链球菌(*Streptococcus*)等的溶血素的合成；

肠道细菌的血清抗性；

耶尔森菌(*Yersinia*)的毒力；

炭疽芽孢杆菌的荚膜的合成；

植物之冠瘿病和发根病(由 Ti^+和 Ri^+土壤杆菌引起)；

豆科植物的感染与结瘤(由 Sym^+根瘤菌引起)；

大肠杆菌中的铁的运转

(4) 其它特征

盐杆菌(*Halobacterium*)细胞中气泡的形成；

链霉菌(*Streptomyces*)之痘疱形成的(致死接合)；

肺炎克氏杆菌(*Klebsiella pneumoniae*)中的 Kik^+IncN 质粒的致死效应；

土壤杆菌(*Agrobacterium*)对细菌素的敏感性；

麻风杆菌(*Mycobacterium*)之半透明/不透明菌落的变异；

Nod^+Flx^+豌豆根瘤菌(*Rhizobium leguminosarum*)的根际蛋白质合成；

Caedibacter 包涵体的产生；

葡萄球菌之内肽酶活性

* 本表包括大肠杆菌以外的其它质粒的表型特征。

还有一类质粒，它们究竟赋于寄主细胞何种表型，迄今仍不清楚，因此特称这类质粒为隐蔽质粒(cryptic plasmid)。此外，近年来还在不同的细菌中发现了许多种异常的质粒。例如，在80年代末期和90年代初期，人们在疏螺旋体(*Borrelia*)和链霉菌(*Streptomyces*)中分别发现了双链线状质粒(double-stranded linear plasmid)。它们的分子结构同动物病毒的比较接近，例如都具有末端发夹环、末端反向重复序列以及共价的附着蛋白质等。最近，还在细菌及粘细菌中发现了一类其5′-末端附着有RNA的多拷贝的单链DNA(msDNA)质粒。

3. 质粒DNA的转移

(1) 质粒的类型

遗传学的研究证明，根据分子特性的差别，格兰氏阴性细菌的质粒可以分成接合型和非接合型的两种类群。接合型的质粒(conjugative plasmid)，又叫自我转移的质粒。它们除了具有自主复制所必须的遗传信息之外，还带有一套控制细菌配对和质粒接合转移的基因。非接合型的质粒(non-conjugative plasmid)，亦叫不能自我转移的质粒。它们虽然具有自主复制的遗传信息，但失去了控制细胞配对和接合转移的基因，因此是不能够从一个细胞自我转移到另一个细胞。

在非接合型的质粒中，附加有大肠杆菌素基因的，叫做大肠杆菌素Col质粒；而附加有抗菌素抗性基因的，则叫做大肠杆菌R质粒，也称R因子。接合型质粒F因子，当其带上了一段染色体DNA时，特称为F′因子；而除了前面提过的自主复制基因和接合转移基因之外，还带有大肠杆菌素基因或抗菌素抗性基因的F因子，则分别叫做Col质粒或R质粒。由此可知，在Col质粒和R质粒中，既有属于接合型的，也有属于非接合型的(表4-2)。

表4-2　几种主要的质粒类型

按接合转移功能分类	主 要 基 因	按抗性记号分类
非接合型质粒	自主复制基因，产生大肠杆菌素基因	Col质粒
	自主复制基因，抗菌素抗性基因	R质粒(R因子)
接合型质粒	自主复制基因，转移基因，细菌染色体区段	F质粒(F因子)
	自主复制基因，转移基因，大肠杆菌素基因	Col质粒
	自主复制基因，转移基因，抗菌素抗性基因	R质粒(R因子)
	自主复制基因，转移基因，大肠杆菌素基因	Ent(质粒)

(2) F质粒

又叫F因子，即致育因子(fertility factor)的简称，是在某些大肠杆菌细胞中发现的一种最有代表性的单拷贝的接合型质粒，其分子量约为94kb左右，总共编码着19个转移基因(tra)。在寄主细胞中，F质粒有三种不同的存在方式：

(i) 以染色体外环形双链质粒DNA形式存在，其上不带有任何来自寄主染色体的基因或 DNA 区段。这样的细胞叫做 F^+细胞。

(ii) 以染色体外环形双链质粒 DNA 形式存在,同时在其上还携带着细菌的染色体基因或 DNA 区段。这样的细胞叫做 F'细胞。

(iii) 以线性 DNA 形式从不同位点整合到寄主染色体上,这样的细胞叫做 Hfr 细胞(高频重组细胞)。

F 因子是雄性决定因子,所以 F^+细胞又叫雄性细胞,与此相应的 F^-细胞则叫做雌性细胞。F^+细胞的表面可以形成一种叫做性须(pilus)的结构,它促进雄性细胞同雌性细胞进行配对。在合适的条件下,将雄性细胞和雌性细胞混合培养,由于性须的作用,就会形成雌-雄细胞配对。我们称这种过程为细菌的接合作用(conjugation)。在雌雄细胞配对期间,雄性细胞中的 F 因子按滚环复制模式(rolling circle replication model),经性须作用进入到雌性细胞。F 因子 DNA 的一个拷贝,从雄性细胞完全转移到雌性细胞,大约需要 1 分钟的时间。配对之后 F^-受体细胞获得了 F 因子,也变成为 F^+细胞。

F 因子不但能够通过接合作用实现自我转移,而且还能够带动寄主染色体一道转移。由 F 因子整合到染色体而成的 Hfr 细胞,就有可能引发寄主染色体发生高频转移。但 F 因子的这种整合作用是一种可逆的过程,因此在一定的条件下,Hfr 细胞又可重新变成 F^+或 F'细胞。

从基因工程的安全角度考虑,我们感兴趣的主要是非接合型的质粒。这是因为接合型的质粒不仅能够自我地从一个细胞转移到另一细胞,而且还能够转移染色体记号。如果接合型质粒已经整合到细菌染色体的结构上,那么将会牵动染色体发生高频率的转移。此外,接合型质粒还能够促使同它没有共价结合的、包括与它共存的非接合型质粒发生迁移。因此,在实验室的研究工作中,如果使用接合型质粒作载体,在理论上存在着发生使 DNA 跨越生物种间遗传屏障的潜在危险性。质粒的主要类型见表 4-2。

(3) 质粒 DNA 的接合转移

① 细胞交配对的形成　大肠杆菌 F 质粒编码的特异性性须,是长在雄性细胞表面的长约 2～3μm 的发状结构。一个典型的大肠杆菌雄性细胞表面有 23 条性须,它在受体细胞的识别以及在确立配对细胞之间的表面接触方面,起着重要的作用。

迄今为止已发现的许多质粒接合转移体系中,唯有 F 质粒研究得最为详细。实验表明,这种经过细菌接合作用实现的细胞间 DNA 的转移,是一种相当复杂的生理生化过程,它至少需要 25 种以上的转移基因编码产物的参与。这些转移基因成簇地聚集在长约 33kb 的转移区(transfer region)(图 4-4),其编码产物具有完成 F 质粒转移所需的全部功能:(i)表面排斥,使质粒不会转移到已经具有 F 因子的细胞中去;(ii)F-性须的合成与组装;(iii)维持交配期间细胞对的稳定性;(iv)切割解旋 DNA,并促使转移链进入受体细胞。

已知有 12 个以上的 tra 基因控制着 F-性须的形成与装配。其中,traA 基因编码的性须蛋白(pilin)是构建性须的亚基单位,traQ 基因的编码蛋白质是负责性须的加工,而其它的 tra 基因,包括 L、E、K、B、V、C、W、U、F、H 和 G 等的编码产物则参与性须的装配。

一旦雄性细胞的性须顶端与受体细胞表面接触之后,便会迅速地收缩,把给体细胞与受体细胞拉在一起。因此,性须在确立配对细胞表面间的紧密接触方面,起着至关重要的

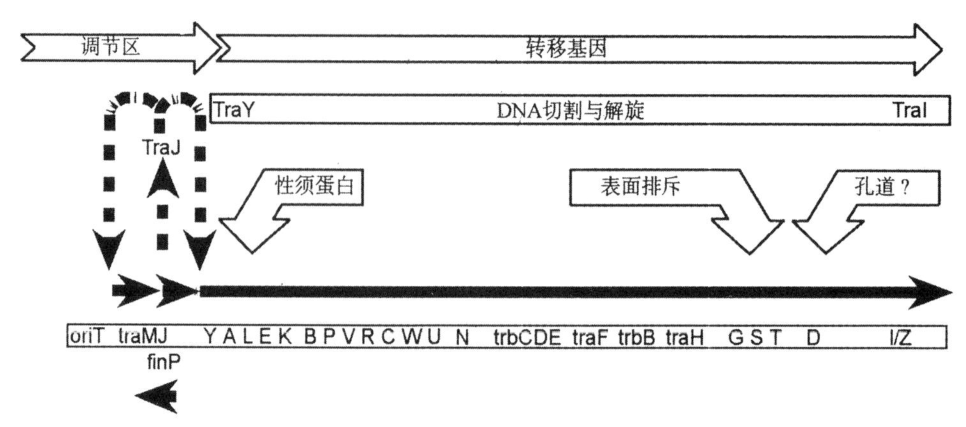

图 4-4 大肠杆菌 F 质粒转移区结构

该区编码着控制细胞接合作用的基因

作用。但是，大肠杆菌雄性细胞是不会同其它的亦带有 F 质粒的细胞发生配对作用的，因为 traS 和 traT 编码的“表面排斥”蛋白质，使此种细胞无法成为接合作用的受体。这就决定了雄性细胞只能同不具 F 因子的雌性细胞配对的特异性。

性须是由性须蛋白亚基聚合形成的直径约为 8nm 的发状结构，中间有一条直径为 2nm 的孔道，而且是给体细胞和受体细胞之间的唯一的联系桥梁。因此，一般认为它是给体质粒 DNA 进入受体细胞的转移通道。不过，亦有许多学者对此见解持否定态度，他们认为 TraD 蛋白质参与了质粒 DNA 的转移，但真正的细胞间的 DNA 转移通道尚有待鉴定。

② 质粒 DNA 的转移　F 质粒 DNA 的转移是从转移起点 oriT 开始的。当细胞交配对建立之后，TraY 和 TraI 蛋白质首先在 oriT 位点作单链切割，随后缺口链在其游离的 5′-端的引导下转移到受体细胞，并作为模板合成互补链，形成新的质粒分子。于是受体细胞便转变成为具有 F 因子的雄性细胞。

质粒转移启动之特异性，取决于有关蛋白质对转移起点 oriT 的识别与切割。研究表明，长度为 250bp 的 F 质粒 oriT 座位包含有 TraY、TraI、TraM 和 IHF 等多种蛋白质的结合位点。其中 TraY 和 TraI 两种蛋白质对 oriT 作单链切割之后，便与该处 DNA 结合成大分子量的复合物，并使之出现长约 200bp 的解链。随后在具有 5′→3′ 解旋酶活性的 TraI 蛋白质的作用下，从 5′-端开始继续沿着 DNA 分子以每秒约 1200bp 的速度解链，从而保证了缺口链向受体细胞的正常转移。一般认为，TraM 蛋白质结合到 oriT 座位之后，不仅会导致给体与受体细胞形成交配对，而且还会引发接合 DNA 启动合成。

在受体细胞中，转移过来的质粒缺口链 DNA 之互补链的合成，可能是按照滚环模型进行的。这个过程需要寄主细胞染色体 DNA 编码的 DNA 复制酶，包括 DNA 聚合酶 III 全酶的参与。受体细胞中转移进来的质粒 DNA 的重新环化，是依赖于 ori 座位的功能，而与受体细胞编码的重组体系无关。因此，在滚环复制产生的多体线性质粒 DNA 分子内，不可能涉及重组事件。

在给体细胞中，必定亦会发生质粒 DNA 互补链的合成以取代已转移走的缺口单链。

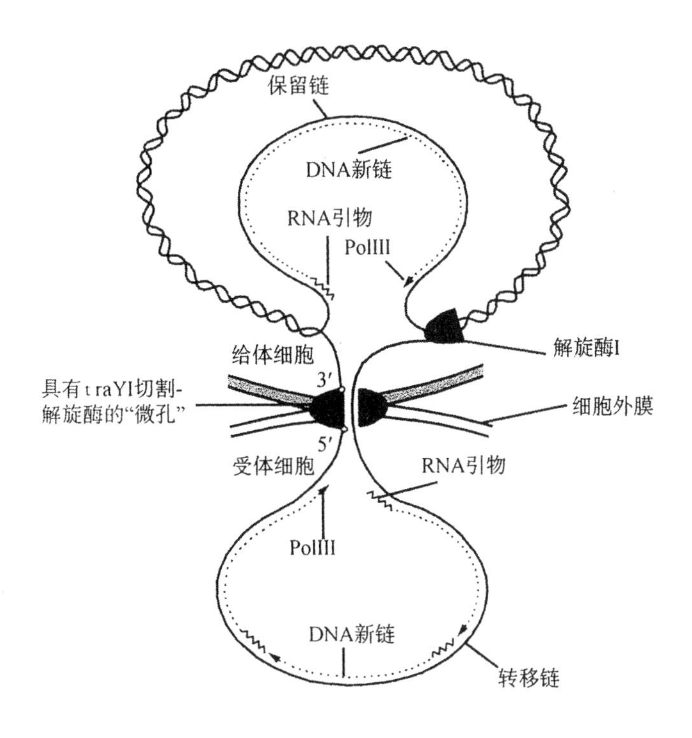

图 4-5　质粒 DNA 的接合转移及复制

给体细胞中的单链质粒 DNA 经过孔道进入受体细胞，并在给体和受体细胞中分别进行 DNA 的合成，结果实现了质粒 DNA 的转移，并增加了质粒的拷贝数（为简明起见，图中仅示出部分细胞壁结构）

如果这种事件是与缺口单链的转移过程同时发生的，那么 F 质粒无疑将会处于滚环复制状态，就不会产生出单体的 F-DNA。在 DNA 接合转移过程中，转移链的确是按照滚环复制机理取代的。然而我们至今仍不明白，这种机理如何保证只有一个单体的 F-DNA 转移到受体细胞。

4. 质粒 DNA 的迁移作用

质粒的迁移作用（mobilization）是一种十分有趣而重要的 DNA 分子转移方式，它同接合型质粒的自我转移过程是属于两种不同的概念。接合型质粒的分子比较大，一般在 30×10^6dal 以上，编码有一套控制质粒 DNA 转移的基因。因此，它们能够从一个细胞自我地转移到原来不存在这种质粒的另一个细胞中去。

非接合型的质粒，由于分子小，不足以编码全部转移体系所需要的基因，因而不能够自我转移。但如果在其寄主细胞中存在着一种接合型的质粒，那么它们通常也是可以被转移的。这种由共存的接合型质粒引发的非接合型质粒的转移过程，叫做质粒的迁移作用。

ColE1 是一种可以迁移但是属于非接合型的质粒。遗传学的研究已经揭示出，ColE1 质粒从给体细胞转移到受体细胞的生化过程，需要质粒自己编码的两种基因参与。一个是位于 ColE1 DNA 上的特异位点 bom；另一个是 ColE1 质粒特有的弥散的基因产物，即 mob 基因（mobilization gene）编码的核酸酶。大约有 1/3 左右的 ColE1 基因组（约 2kb），是同该质粒的迁移性有关。ColE1 质粒的迁移作用缺陷突变体，可分类成三个不同的互补

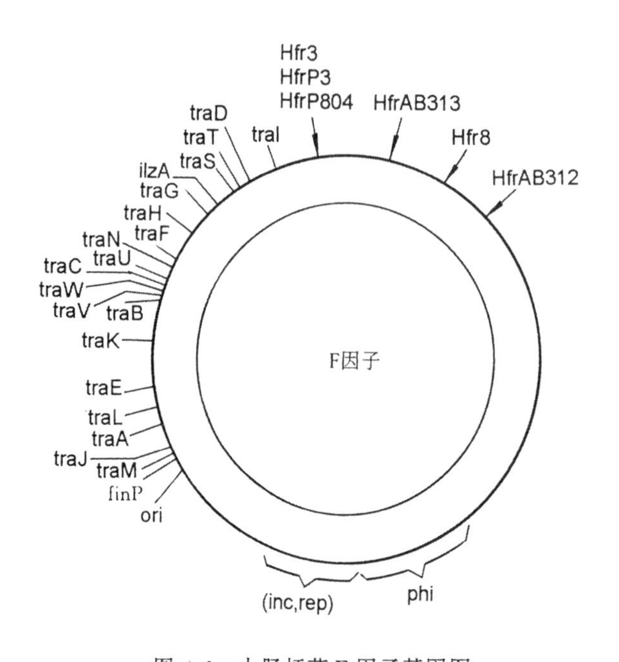

图 4-6　大肠杆菌 F 因子基因图

tra＝转移基因，F 因子编码基因中，大约有 1/3 参与了 F 因子从雄性细胞向雌性细胞的转移作用；phi＝噬菌体抑制基因；inc＝不亲和性基因；rep＝复制基因；ilz＝致死接合免疫基因；ori＝转移复制起点；Hfr＝高频重组部位

群。从 ColE1 质粒或其亲缘关系密切的 pMB1 质粒派生的绝大多数的克隆载体，都已经丧失掉了编码迁移蛋白质的 DNA 区段。但是，这种蛋白质可以由亲和性质粒，例如 ColK 的 tra 基因来补充。迁移蛋白质大概是作用于一个叫做 bom 的位点(有时也称 nic 位点)。现在，有关 ColE1 质粒 nic 位点的 DNA 序列已经分析清楚，它同 pBR322 质粒的相应序列具有很高的同源性。实验中使用的许多载体分子，在其构建过程中都已经丢掉了 nic 位点，因此它们便不能够迁移。要使这类质粒发生接合转移的唯一的可能途径是，通过重组作用形成融合的或共整合的质粒，从而使它们在形体上变成接合型质粒的一部分。应用诸如 recA 这样的重组缺陷的寄主菌株，便可排除这种可能性。因此，在 recA 寄主中的失去 nic 位点的质粒载体，在生物学上要比 nic^+质粒载体较为“稳定”。

mob 基因和 bom 基因参与 ColE1 质粒的迁移作用这个结论，是根据图 4-7 的实验结果作出的。相容性的两种质粒 F 和 ColE1 共存于同一细菌细胞中，F 质粒可以为 ColE1 质粒提供它所缺乏的结合功能，这样使得 ColE1 质粒也能够发生转移作用。图 4-7(a)表示位于 F^-细胞中的 ColE1 质粒的状态，它的 mob 基因进行了转录，其产物使 bom 位点发生单链断裂而出现缺口，于是 ColE1 DNA 便从超盘旋的结构转变成为缺口环状的构型。但 ColE1 质粒缺乏形成性须的能力，无力进行结合配对，所以它的 DNA 也就不能从一个细胞转移到另一个细胞。正是由于不能够发生转移，这种从超盘旋到缺口环状的构型转变过程，就有可能被回复，所以就出现这两种构型之间的平衡状态。图 4-7(b)中的细胞同时含有 F 和 ColE1 两种质粒。F 因子能够导致性须的合成，为其 DNA 转移提供了转移装置，因此 ColE1 可以被转移。而在 F 质粒提供的这种转移装置被分离掉的情况下，ColE1 的 mob^-突变体便不能够转移。遗传分析证明，mob^-突变是隐性的，mob 基因编码一种蛋白质。而且当这种突变体质粒被分离出来时，并不是以松弛复合物的形式存在。图 4-7(c)所示，F 质粒无力帮助 mob^-突变体进行转移，其中 F 性须和转移装置虽已形成，但 ColE1 DNA 并没有发生缺口。图 4-5(d)表示另一种具 mob^+表型并带有一个顺式显性突变的 ColE1 突变体，它缺失了 bom 位点。在这样的寄主细胞中，虽然能够合成 mob 蛋白质，但由于不能够发生缺口，因此仍然不能够转移。

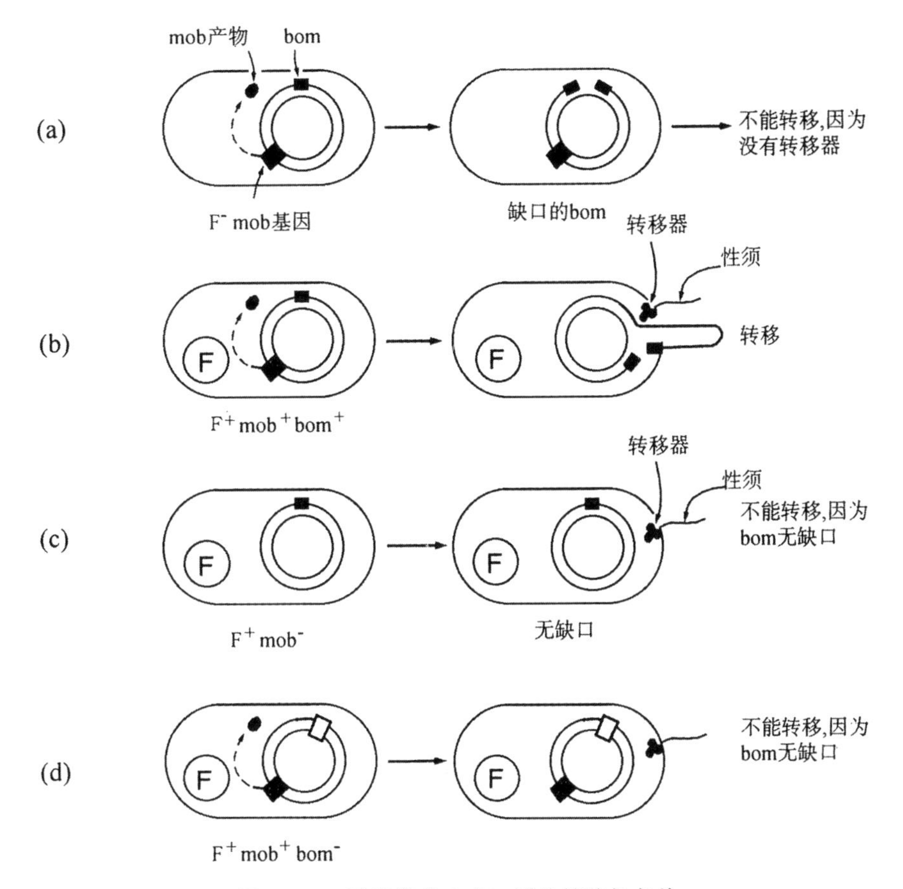

图 4-7　F 因子带动 ColE1 质粒转移的条件

DNA 中的 bom 位点,当其具有功能活性时以黑方块■表示;当其发生缺失突变而不具功能活性时,以长方盒▭表示。只有当 ColE1 质粒合成出活性的 mob 产物并作用于具功能的 bom 位点、而 F 因子又提供了转移装置的条件下,才能够发生 ColE1 质粒的转移

5. 质粒 DNA 的复制类型

根据寄主细胞所含的拷贝数的多少,可将质粒分成两种不同的复制型:一种是低拷贝数的质粒,每个寄主细胞中仅含有 1～3 份的拷贝,我们称这类质粒为"严紧型"复制控制的质粒(stringent plasmid);另一类是高拷贝数的质粒,每个寄主细胞中可高达 10～60 份拷贝,这类质粒被称为"松弛型"复制控制的质粒(relaxed plasmid)。

关于质粒拷贝数的定义,在文献中有二种不同的说法。常用的定义是指,生长在标准的培养基条件下,每个细菌细胞中所含有的质粒 DNA 分子的数目。然而我们知道,培养在富裕培养基中快速生长的细菌细胞,可拥有 3～4 条染色体 DNA,而在碳源供应不足的培养基中缓慢生长的细菌细胞,平均只有 1.1 条染色体 DNA。因此,在有的文献中所说的质粒拷贝数的定义是指,每条细菌染色体所平均具有的质粒 DNA 分子数目。

质粒的接合转移能力,同它们的分子大小及复制类型之间存在有一定的相关性。一般说来,接合型的质粒具有较高的分子量,每个细胞中仅有少数几份拷贝数,属于严紧型的;

而非接合型的质粒，则往往具有较低的分子量，每个细胞中含有较高的拷贝数，属于松弛型的。一个特殊的例外是，接合型的质粒 R6K，它的分子量仅有 2.5×10^{6}dal，是属于一种松弛型的质粒。

一种质粒究竟是属于严紧型还是松弛型并非绝对的，这往往同寄主状况有关。例如，R1 质粒在大肠杆菌寄主细胞中的复制是属于严紧型的，而它在奇异变形杆菌寄主细胞中的复制则是属于松弛型的；再如，ColE1-K30 质粒的情况与 R1 质粒恰好相反，它在大肠杆菌寄主细胞中的复制是属于松弛型的，而在奇异变形杆菌寄主细胞中的复制则是属于严紧型；至于 F 因子，不论是在大肠杆菌寄主细胞中，还是在奇异变形杆菌寄主细胞中的复制都是属于严紧型的。由此可见，质粒的复制不仅受自身的制约，而且还受到寄主的控制(详见质粒的复制一节)。表 4-3 列举了若干种通用的质粒复制基因的特性。

表 4-3 若干种通用的质粒复制基因的特性

复制基因	原型质粒	原型质粒大小(bp)	原型质粒的选择表型	拷贝数
pMB1	pBR322	4 363	Amp^r、Ter^r	高＞25
ColE1	pMK16	～4 500	Kan^r、Tet^r、$ColE1^{imm}$	高＞15
p15A	pACYC184	～4 000	Cml^r、Tet^r	高～15
pSC101	pLG338	～7 300	Kan^r、Tet^r	低～6
F	pDF41	～12 800	Trp^+	低 1～2
R6K	pRK353	～11 100	Trp^+	低＜15
R1(R1drd-17)	pBEU50	～10 000	Amp^r、Tet^r	30℃，低拷贝；35℃以上，高拷贝，(1)
RK2	pRK2 501	～11 100	Kan^r、Tet^r	低，2～4
λdv	λdvgal	(2)	Gal^+	—

注：(1) 温度敏感性；(2) 未知；Amp^r＝氨苄青霉素抗性；Cml^r＝氯霉素抗性；$ColE1^{imm}$＝大肠杆菌素 E1 免疫性；Kan^r＝卡那霉素抗性；Tet^r＝四环素抗性；Gal^+＝合成半乳糖；Trp^+＝合成色氨酸。

6. 质粒的不亲和性

(1) 质粒的不亲和性现象

实验观察表明，同一个大肠杆菌细胞，一般是不能够同时含有两种不同的 pMB1 派生质粒，或 CoE1 派生质粒(表 4-4)。这种事实是属于质粒不亲和性(plasmid incompatibility)的一个例子。所谓质粒的不亲和性，有时也称为不相容性，是指在没有选择压力的情况下，两种亲缘关系密切的不同质粒，不能够在同一个寄主细胞系中稳定地共存的现象。在细胞的增殖过程中，其中必有一种会被逐渐地排斥(稀释)掉。这样的两种质粒称为不亲和质粒(图 4-8)。

这里必须指出，“不亲和性”这个术语的使用，是有其相当严格的前提条件的。只有在确实证明第二种质粒 B 已经进入含有第一种质粒 A 的寄主细胞，而它的 DNA 并不受寄主细胞限制体系的降解作用，但这两种质粒却不能长期稳定共存，在这种情况下，我们才能够说 A 和 B 是不亲和的质粒。

pMB1 的派生质粒(或 ColE1 派生质粒)，它们彼此之间是互不相容的，这样的质粒属于同一个不亲和群(incompatibility group)。而彼此能够共存的亲和的质粒则属于不同的不亲和群。由此可见，属于同一不亲和群的质粒在亲缘关系上则比较接近。根据质粒的不亲和性，可将它们分成许多不亲和群。现在，在大肠杆菌质粒中至少已经鉴别出了 30 个以上的不亲和群，在金黄色葡萄球菌(*Staphylococcus aureus*)中，则至少鉴定出了 13 个以上的不亲和群。其中，属于 P、Q 和 W 的大肠杆菌质粒，被叫做滥交质粒(promiscuous plasmid)。因为这类质粒(不亲和群 P 和 W)能够在许多种不同格兰氏阴性细菌中自我转移，并能在这些不同的寄主细胞中稳定地存活下去。这类滥交质粒潜在着将克隆的 DNA 转移到广泛的周围环境中去的危险性。

表 4-4　若干种不同质粒的选择性特征

质 粒	分子量(10^6dal)	拷贝数/染色体	自我转移能力	表 型 特 征
Col 质粒				
ColE1	4.2	10～18	不能	大肠杆菌素 EI(膜的变化)
ColE2	5.0	10～18	不能	大肠杆菌素 EII(DNase)
ColE3	5.0	10～18	不能	大肠杆菌素 EIII(核糖体 RNase)
性质粒				
F	62	1～2	能	F 性须(F pilus)
F′lac	95	1～2	能	F 性须、Lac 操纵子
R 质粒				
R100	70	1～2	能	Cml^r、Str^r、Sul^r、Tet^r
R64	78	少数	能	Tet^r、Str^r
R6K	25	12	能	Amp^r、Str^r
pSC101	5.8	1～2	不能	Tet^r
重组体质粒				
pDM500	9.8	约 20	不能	黑腹果蝇组蛋白质基因
pBR322	2.9	约 20	不能	高拷贝数
pBR345	0.7	约 20	不能	ColE1 型复制

注：Amp^r＝氨苄青霉素抗性；Cml^r＝氯霉素抗性；Str^r＝链霉素抗性；Sul^r＝磺胺抗性；Tet^r＝四环素抗性。

由于 ColE1 质粒和 pMB1 质粒属同一个不亲和群，因此想用实验方法检测它们的基因产物之间的相互作用，实际上很困难。另外一种多拷贝的小型质粒 p15A 同 ColE1 或 pMB1 质粒都可以相容。再有 pSC101、F 和 RP4 质粒，它们归属于不同的不亲和群，所以这些质粒或其派生的质粒载体，彼此是能够在同一个细胞中稳定地共存的。

(2) 质粒不亲和性的分子基础

同一寄主细胞往往不能同时含有两个不同的由 pMB1 派生的或 ColE1 派生的质粒。pMB1 派生质粒及 ColE1 派生质粒都是彼此不相容的，属于同一个不亲和群，是质粒不亲和性的一个例子。质粒不亲和性的分子基础，主要是由于它们在复制功能之间的相互干扰造成的。因此，如果含有一种 pMB1 派生质粒的寄主细胞被另一种 pMB1 派生质粒所转化，那么选择出的含有第二种质粒的细胞，往往也就失去了第一种质粒。

大多数质粒都会产生出一种控制质粒复制的阻遏蛋白质，其浓度是与质粒的拷贝数成正比的。阻遏蛋白质通过同其靶序列间的相互作用，使双链 DNA 中的一条链断裂，从

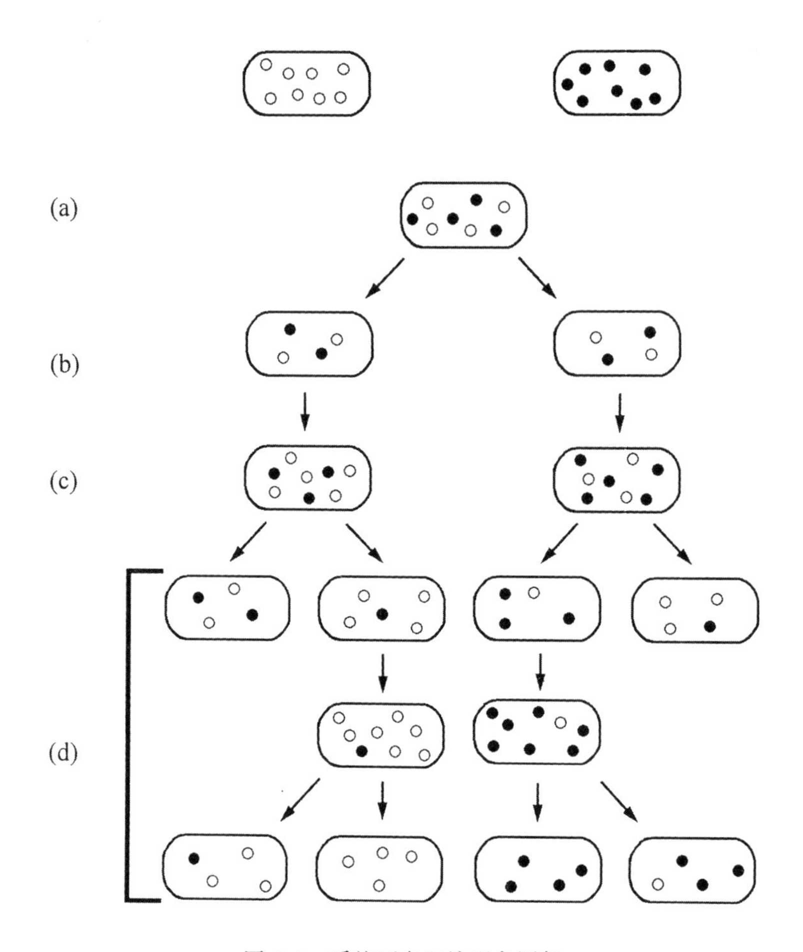

图 4-8 质粒不亲和性现象图解

在具有两种质粒的大肠杆菌菌株中，由于复制控制体系之间的相互抑制作用，而导致质粒的分离，形成只具一种质粒的细胞系。(a) 在同一个细胞中含有两种不相容的质粒；(b)随着细胞的分裂质粒分配到两个子细胞中去；(c)在下一次细胞分裂之前，质粒拷贝数加倍；(d)两种不相容质粒的拷贝数比例发生变化，最终产生出只含有一种类型质粒的子细胞

而导致质粒 DNA 复制的启动，并建立起一种调节质粒拷贝数的负反馈环(negative feedback loop)。当质粒面临高拷贝数和高浓度的阻遏蛋白质时，其复制活动便被抑制了；而当质粒处于低拷贝和低浓度阻遏蛋白质的条件下，它的复制反应便会继续进行。

根据这种道理，现在我们考虑如果同一个细胞中含有两种相容的质粒，那么每种质粒所产生的阻遏蛋白质都不会影响另一种质粒的复制。因此两种相容的质粒都保持着自己正常的拷贝数，而与另一种质粒毫不相关。相反地，如果同一个细胞含有的是两种不相容的质粒，它们各自产生的阻遏蛋白质不仅调节自身的复制，而且也会调节另一种与之共存的不相容质粒的复制(图 4-8)。这种交叉抑制的结果，使细胞中质粒拷贝数，比其单独感染状态下的正常拷贝数减少许多。其原因是在这种情况下，每一种质粒的复制速率和拷贝数控制，都是由一对不相容质粒产生的阻遏蛋白质总浓度联合调控的。

但如此还无法解释不相容质粒的分离问题。我们知道，在一个细胞中两种不相容的质粒是组成一个统一的质粒库，而拷贝数控制体系又无法辨别它们，只是随机地从中选择一种典型的进行复制。这样一来，尽管细胞中质粒的总拷贝数得到了调节，但两种质粒之间的复制数是有所偏差的。因此，经过了几个复制周期和细胞分裂世代之后，不可避免地会出现不相容质粒的分离。

如果不相容质粒的拷贝数相当，而每一种抑制剂又都能有效地抑制两种质粒的复制，此时不相容性的反应是均等的，各含其中一种质粒的细胞系将以相同的机率产生。不过，有时两种不相容质粒的拷贝数并不相等，高拷贝数的对复制抑制剂的敏感性较低拷贝数的要差一些，于是在抑制剂浓度达到可抑制低拷贝质粒复制的水平时，高拷贝的质粒仍可继续复制，从而最终使低拷贝质粒从混合细胞中消失。

第二节　质粒 DNA 的复制与拷贝数的控制

1. 质粒 DNA 复制的多样性

我们知道，质粒并不是寄主染色体的永久性组成部分，而是一种自主复制的遗传单元。目前关于大肠杆菌的质粒，尤其是小型的及抗药性的质粒的复制机理，已有十分详尽的了解。它是在一种精细的调节机理控制下进行的，所以在正常生长的细菌群体中能够维持其数量的恒定性，并在细胞的分裂过程中，确保每个子细胞都至少可遗传一个以上的拷贝。由于质粒 DNA 只能在寄主细胞内复制，因此人们往往会认为，具有相同天然寄主的各种质粒，应该是按照同样的模式进行复制的。然而实际的情况并非如此。研究工作证明，不同质粒 DNA 的复制，无论在酶学方面还是在机理方面，都存在着明显的差异。这些质粒复制的多样性，概括起来主要有如下几个方面：

(i) 对寄主酶的依赖性　有些质粒完全是利用寄主细胞所提供的核酸酶进行复制的；而另一类质粒，它们自身也编码有若干种核酸酶，直接参加 DNA 的复制。

(ii) DNA 聚合酶的利用　绝大多数大肠杆菌质粒 DNA 都是利用 polIII 聚合酶进行链的延长合成，仅在前体片段合成中才利用 polI 聚合酶；但另外一些质粒，例如 ColE1，在它的 DNA 链的延长合成中，则是利用 polI 聚合酶。

(iii) 复制的方向性　已经观察到质粒 DNA 的复制可以分为纯单向性的(如 ColE1)和纯双向性的(如 F 质粒)两种不同的形式。此外还有一类质粒，其 DNA 的复制既有单向性的也有双向性的。例如，R6K 质粒 DNA 的复制，开始是单向进行的，到了晚期则从同一复制起点开始按相反的方向进行。

(iv) 复制的终止　单向性复制的质粒，经过了一个周期的复制之后，便在起点处终止复制。双向性复制的质粒有两种不同的终止类型：一是待双向生长的复制叉同时到达同一位点时，才发生复制的终止；二是具有一个固定的复制终止位点。但有时是一个复制叉先于另一个复制叉到达复制终止位点的。

(v) 复制型　绝大多数已经研究过的质粒其复制方式都是按照所谓的蝶状模型(butterfly model)进行的。此种复制型最早是在动物病毒中发现的。在局部复制的分子中，复制部分的 DNA 区段双链是解开的，通常按“θ”字母形式进行复制；但未复制部分的 DNA，则仍然保持着超盘旋的结构。当复制周期完成时，可能是由于 DNA 促旋酶作用的结果，在超盘旋的 DNA 分子中，必定会有一个环被切开。因此，经过了一个复制循环之后，便会产生出一个缺口的分子，另一是超盘旋的分子。而且这个缺口的分子随后也会被封闭而形成超盘旋的结构。

2. ColE1 质粒 DNA 复制的启动

现在广泛使用的大肠杆菌质粒载体系统中，许多都是从 ColE1 质粒派生出来的，因此讨论该质粒 DNA 的复制特性，便有可能比较切实地反映出大肠杆菌小型多拷贝质粒复制控制的一般情况。ColE1 质粒 DNA 的复制，是从一个特定的复制起点(ori)开始，并沿着环形 DNA 分子单向性地进行。控制此种质粒 DNA 复制启动的两种关键因素RNAI 和 RNAII 两种 RNA 分子，都是由 ColE1 DNA 转录产生的。其中 RNAII 也叫做复制引物，它是由距 ColE1 复制起点上游 555bp 处的一个组成型启动子转录合成的。RNAII 分子在转录起点附近同互补的模板 DNA 形成一种杂交分子，而且也正是在这个位置被专门作用于 DNA-RNA 双链体分子的 RNaseH 酶所切割，从而释放出 3′-OH 末端，作为供 DNA 聚合酶 I 合成 DNA 的引物。控制 ColE1 质粒复制启动的至关重要的一点是，在复制起点形成 RNAII-DNA 双链体分子，而它的关键步骤却是由 ColE1 DNA 编码的另一种 RNA 分子，即 RNAI 控制的。已知编码 RNAII 分子 5′-端区段的质粒 DNA 序列，同样也编码着 RNAI 分子，两者的差别仅在于后者是由 DNA 互补链编码的。因此，RNAI 可以通过同 RNAII 结合，以阻止其与模板 DNA 发生杂交作用。ColE1 的复制同样也受一种 RNA 调节剂 Rom 的控制。Rom 是 ColE1 DNA 编码合成的一种具 63 个氨基酸的多肽，它能够提高 RNAI 的抑制作用的效力。这是因为 Rom 可以使 RNAI 和RNAII之间形成的复合物保持稳定，从而阻止了 RNAII 与模板 DNA 发生杂交作用。

因此，从本质上讲，ColE1 质粒的复制启动显然是受一种负反馈机理控制的。根据这种模型，细胞中 RNAI 分子的浓度是随着质粒拷贝数的多寡而增减的。例如，若细胞中质粒拷贝数下降到正常数值以下的水平，RNAI 的浓度也就相应降低，于是质粒的复制也就受到较少的抑制，结果导致其拷贝数的上升。

3. 质粒 DNA 拷贝数的控制

(1) 天然质粒拷贝数的控制

上面已经提过，在细胞中有些质粒是以低拷贝数存在的，而另一些质粒则是以高拷贝数存在。高拷贝的质粒倾向在松弛控制下进行复制，而低拷贝的质粒则通常是在严紧控制下复制的。高拷贝质粒 DNA 复制的启动，是由质粒编码基因合成的功能蛋白质调节的，与在寄主细胞周期开始时合成的不稳定的复制起始蛋白质(unstable replication initiation protein)无关。正因为如此，当用蛋白质合成抑制剂氯霉素或壮观霉素处理寄主细胞，使染色体 DNA 复制受阻的情况下，松弛的质粒仍可继续扩增。低拷贝质粒的情况则不同，它的复制是受寄主细胞不稳定的蛋白质控制的，并与寄主细胞染色体同步进行。

实验证明，一个细胞中每种质粒拷贝数的多寡是通过控制 DNA 合成的启动速率来调节的。很显然，如果一个转化子细胞是由低拷贝的严紧型质粒的单拷贝 DNA 转化而来，那么在细胞分裂之前，它只需要复制少数几次就可以拥有足够的拷贝数；而如果一个转化子细胞是由多拷贝的松弛型质粒的单拷贝 DNA 转化而来，那么转化的质粒 DNA 就需要重复地进行多次的复制，直至达到所需的拷贝数为止。

(2) 杂种质粒拷贝数的控制

上面说的都是关于单一复制子质粒的复制拷贝数的控制情况。那么由两个具有不同拷贝数的质粒复制子重组形成的杂种质粒(即复合复制子)，它的复制拷贝数又是怎样控制的呢？我们以杂种质粒 pSC134 为例予以说明。

pSC134 质粒是由 ColE1 和 pSC101 两种亲本质粒通过体外重组技术构建而成的，它含有 ColE1 和 pSC101 两种质粒的 DNA 全序列(图 4-9)，这两种质粒各自的拷贝数分别为 18 个和 6 个。杂种质粒 pSC134 的复制具有如下三个方面的情况：

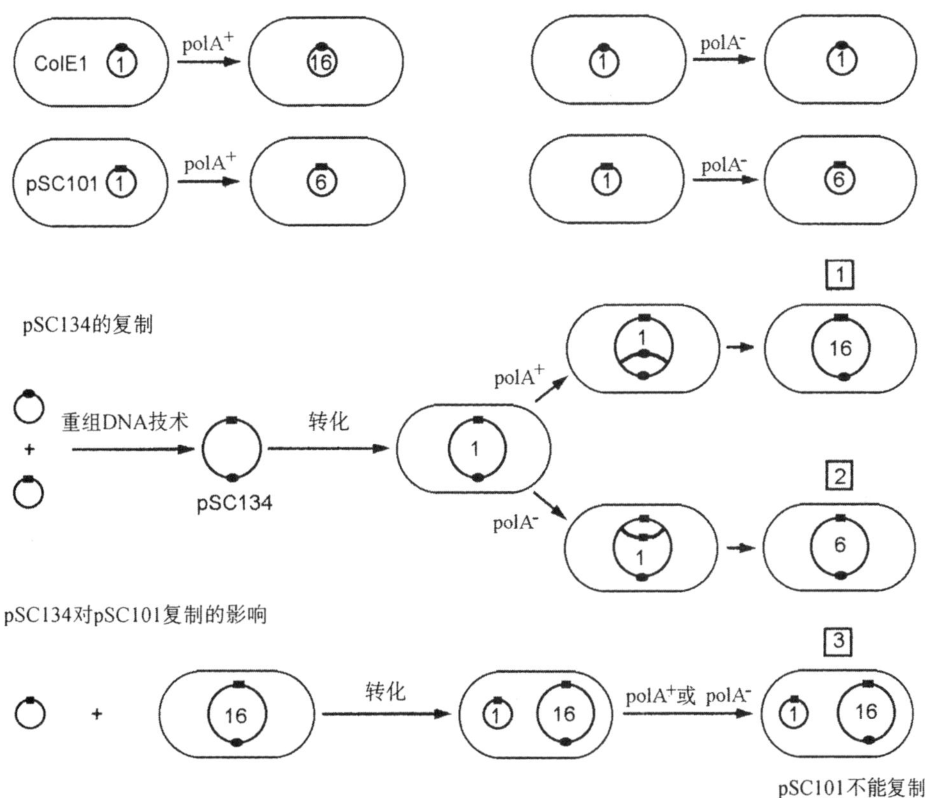

图 4-9 ColE1、pSC101 及其杂种质粒 pSC134 的 DNA 复制

复制开始时，每个细胞中都只具有一个质粒拷贝。记号●和■分别表示 ColE1 和 pSC101 的复制起点。DNA 分子中的数字(1,6 和 16)代表细胞中的质粒拷贝数。方格中的数字(1,2 和 3)相应于正文所述的 pSC134 质粒 DNA 复制的三种情况

(i) 从 ColE1 复制起点开始的 pSC134 杂种质粒 DNA 的复制，最终拷贝数可达 16 个，大体接近于 ColE1 质粒的拷贝数。

(ii) 如果 pSC134 进入 $polA^-$ 细胞，那么 ColE1 部分就不能启动复制，在这种情况下 pSC134 就利用 pSC101 的复制起点进行复制。其拷贝数只能达到 6 个，即等于 pSC101 质

粒的拷贝数。这两个结果表明，其杂种质粒的拷贝数，是由其所使用的复制起点决定的。

(iii) 如果将 pSC101 质粒的 DNA 导入已含有 16 个拷贝数的 pSC134 质粒 DNA 的寄主细胞，此时 pSC101 就不能进行复制。这表明，pSC134 的编码基因已经合成出了可抑制 pSC101 质粒复制的阻遏物。

上述结果可以这样解释：如果 pSC134 拷贝数低于 6，其组成的 pSC101 和 ColE1 两者的复制起点都有活性，因此便能从这两个起点进行复制，使拷贝数增加。如果 pSC134 拷贝数大于 6，由于此时 pSC101 复制阻遏物的浓度已高到足以发挥抑制作用的水平，pSC101 的复制起点便失去了活性。所以，pSC101 的持续合成(如果是自体调节的话)，其浓度将不会超过 6 个拷贝。在这种情况下，ColE1 的复制起点将继续保持活性，直到细胞中合成出正常的 16 个拷贝数为止。但如果其拷贝数超额一个，这种复制活性同样也会被关闭。在 $polA^-$ 细胞中，ColE1 不能够复制，故拷贝数完全是受 pSC101 阻遏物的浓度控制的，因此它不会超出它的正常拷贝数值。

4. 质粒复制控制的分子模型

目前公认的用于阐释质粒 DNA 复制控制机理的分子模型有两种：其一是自体阻遏蛋白质模型(autorepressor model)，其二是抑制蛋白质稀释模型(inhibitor dilution model)。前者的核心内容是，阻遏蛋白质的合成受负反馈(negative feedback)机理调节，而且其浓度是恒定的。后者的关键论点是，阻遏蛋白质是组成型合成，其浓度同质粒的拷贝数成正比。

(1) 抑制蛋白质稀释模型

抑制蛋白质稀释模型如图 4-10 所示。它认为质粒 DNA 的复制，是受一种由质粒 DNA 编码的抑制蛋白质 Cop 调控的。细胞中 Cop 蛋白质的浓度是同质粒分子的拷贝数成正比，它抑制质粒 DNA 复制活性的作用方式有两种途径：一种是通过同质粒 DNA 的复制起点(ori)结合，直接地抑制质粒 DNA 的复制；另一种是通过阻断起始蛋白质 Rep 的合成，间接地抑制质粒 DNA 的合成。一般认为，单体状态的 Cop 抑制蛋白质是没有活性的，只有当它处于多体状态时，才是有活性的，而这种单体抑制蛋白质与多体抑制蛋白质之间的平衡，完全取决于细胞中抑制蛋白质自身的浓度。由于细胞在生长过程中体积不断增大，抑制蛋白质的浓度也就相应地随之下降，并形成单体形式的抑制蛋白质，失去抑制活性。结果对质粒 DNA 复制的抑制作用也就被撤除了，于是质粒 DNA 的复制合成便得以启动，使其拷贝数不断地增加。但在质粒 DNA 拷贝数增加的同时，抑制蛋白质编码基因的数目也随之增多，到一定程度时，便形成具有抑制活性的多体形式的抑制蛋白质，因而又重新导致质粒 DNA 复制活性的抑制。

那么，这种抑制因子稀释模型又是如何解释不同质粒拷贝数的差异呢？最大的可能性是对于高拷贝数的质粒来说，由单体抑制蛋白质累积形成具抑制活性的多体抑制蛋白质，需要在细胞中具有高浓度的单体抑制蛋白质的条件下才有可能。因此，只有当每个细胞中的质粒拷贝数增加到了一定的水平，编码抑制蛋白质的基因剂量才足以合成出活性的抑制蛋白质，来终止质粒 DNA 的复制活动。而对于低拷贝数的质粒，情况则恰好相反。故而出现了不同质粒之间拷贝数的差异。

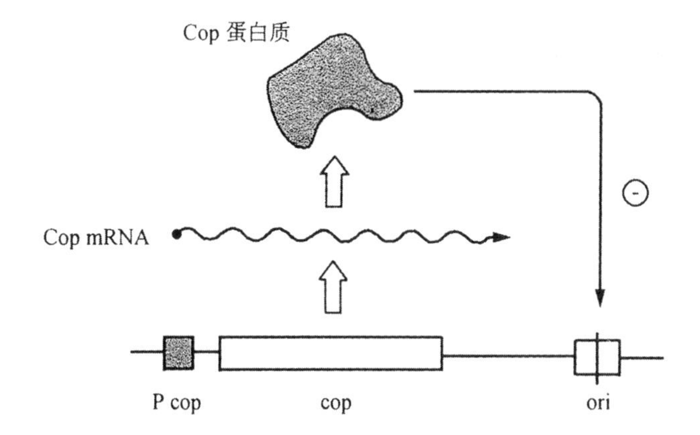

(b)

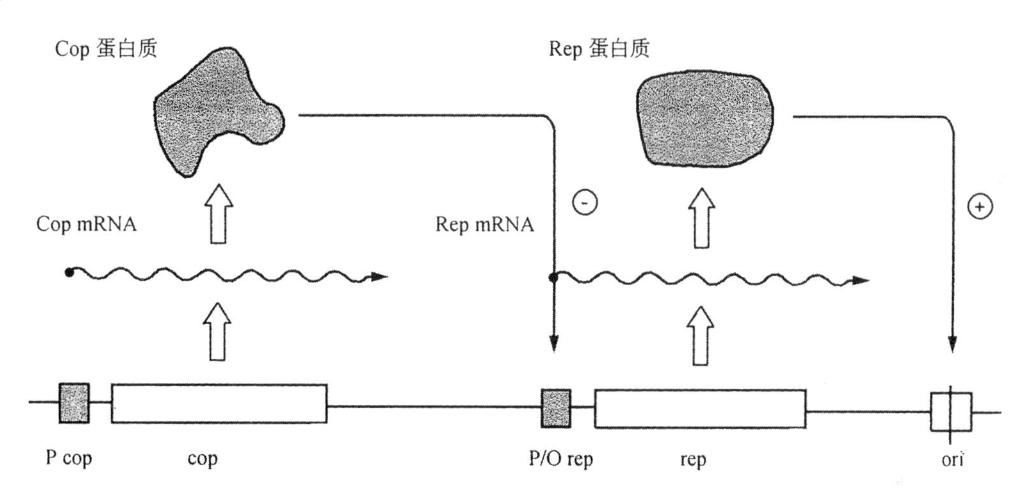

图 4-10　质粒 DNA 复制控制的抑制蛋白质稀释模型

(a) 质粒基因编码合成的抑制蛋白质(Cop)，通过对复制起点的结合作用，直接地抑制质粒分子的复制；
(b) 抑制蛋白质(Cop)通过阻止一种必须的起始蛋白质(Rep)的合成，而间接地抑制质粒分子的复制

(2) 自体阻遏蛋白质模型

在抑制蛋白质稀释模型提出若干年之后，L. Sompayrac 和 O. Maaloe 也提出了另外一种解释质粒 DNA 复制机理的自体阻遏蛋白质模型(图 4-11)。这个模型对质粒 DNA 复制控制机理的头一种解释是，质粒 DNA 的复制是由一种叫做起始蛋白质 Rep 引发的。这种蛋白质是质粒 DNA 复制启动作用的限速因子，它的浓度决定着每个细胞每个世代之质粒分子的最终复制总数。Rep 蛋白质编码基因 rep 和自体阻遏蛋白质编码基因 atr 是属于同一个操纵子，它们共转录成同一个 mRNA 分子。自体阻遏蛋白质通过同启动子-操纵基因区(P/O)的结合作用，调节质粒 DNA 的转录作用，以维持细胞中 Atr 和 Rep 蛋白质处于恒定的水平。而后，由 Atr 蛋白质调节产生的 Rep 蛋白质，则是通过同复制起点(ori)的结合，来引发质粒 DNA 的复制[图 4-11(a)]。自体阻遏蛋白质模型对质粒 DNA 复制控制机理的另一种解释是，Rep 蛋白质是一种具有双重功能的蛋白质。它既具有自体阻遏蛋

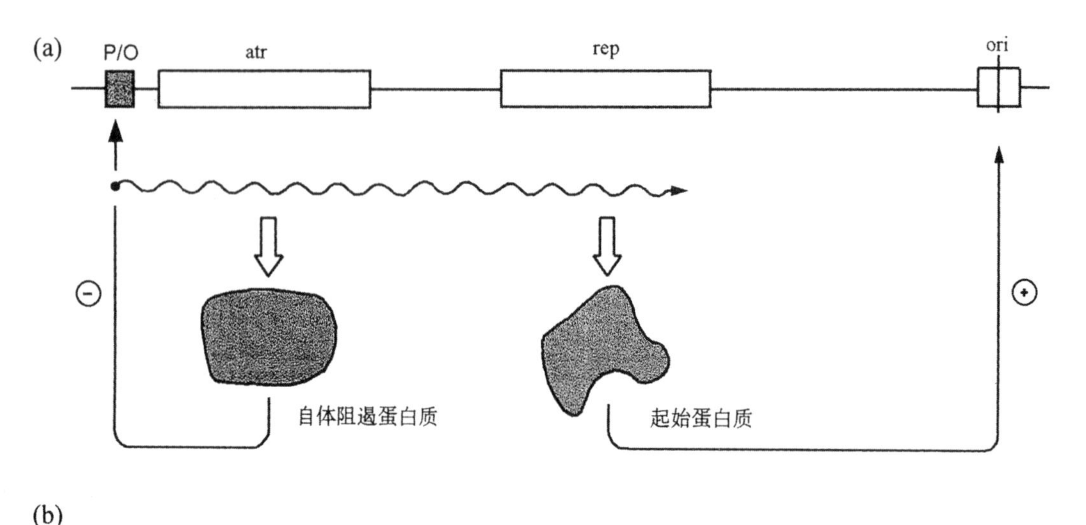

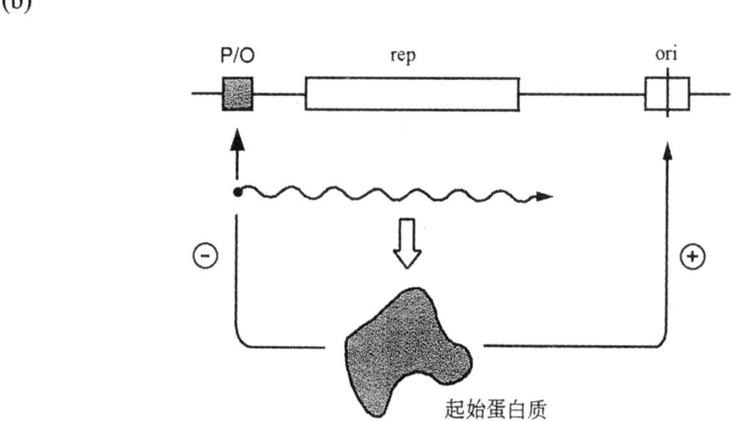

图 4-11　质粒 DNA 复制控制的自体阻遏蛋白质模型
P/O＝启动子-操纵基因区(promoter-operator region)；ori＝复制起点；
atr＝自体阻遏蛋白质基因；rep＝起始蛋白质基因

白质的功能，可同 P/O 区结合而抑制转录作用；同时又具有起始蛋白质的功能，能对复制起点(ori)发生作用，引发质粒 DNA 进行复制[图 4-11(b)]。由自体阻遏蛋白质提供的这种负反馈环(negative feedback loop)，保证了细胞中的 Rep 蛋白质的浓度(因而也就是质粒 DNA 的复制速率)是处于恒定的状态，而与细胞的体积、生长速率或质粒的拷贝数无关。

第三节　质粒 DNA 的分离与纯化

应用质粒作为基因克隆的载体分子，一个重要的条件是要获得批量的纯化的质粒 DNA 分子。毫无疑问，寄主细胞的裂解作用是分离质粒 DNA 实验操作的关键步骤。我们通常是加入溶菌酶或十二烷基硫酸钠(SDS)来促使大肠杆菌细胞裂解的。如果寄主细胞没有完全裂解，就会显著降低质粒 DNA 的回收率。理想的状况是，使每一个细胞都充分破裂到能使质粒 DNA 顺利溢出，而又没有污染过多的染色体 DNA。假如细胞裂解反应相当温和，同时实验操作又十分谨慎仔细，那么绝大部分的染色体 DNA 分子都将以高分子量的形式释放出来，这样便可以应用高速离心的方法使之与细胞碎片一起被沉淀除去，得到了比较清亮的裂解液。

尽管如此，清亮裂解液中除了质粒 DNA 之外，仍会含有相当数量的主要是片段化的染色体 DNA 分子。因此，还需要通过其它的操作程序，将污染的染色体 DNA 进一步清除掉，达到纯化质粒 DNA 的目的。目前已发展出了许多种方法，可用来从清亮裂解液中纯化质粒 DNA。本节，我们将集中讨论经典的氯化铯密度梯度离心法和微量碱法。

1. 氯化铯密度梯度离心法

质粒 DNA 的含量比例仅占细胞总 DNA 的 1%～2%左右，而且其化学结构与寄主染色体 DNA 之间并没有什么差别。所以质粒 DNA 的纯化技术，须从两者在高级结构上的差异寻找依据。实验表明，在细胞裂解及 DNA 分离的过程中，大分子量的细菌染色体 DNA 容易发生断裂形成相应的线性片段，而质粒 DNA 则由于其分子量较小、结构紧密，因此仍能保持完整的状态。这种差别对质粒 DNA 的纯化是十分有用的。

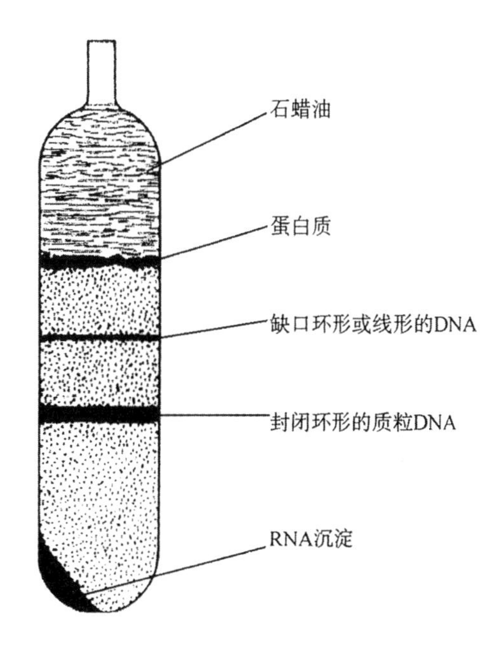

图 4-12 应用 CsCl-EtBr 密度梯度离心技术纯化 pBR322 质粒 DNA 分子

照片是在紫外光下拍摄的，染色体 DNA 带中，同样也含有一定数量的线性的质粒 DNA 分子。质粒 DNA 带则是 cccDNA，由于实验中使用了氯霉素扩增技术，因此质粒 DNA 含量显著地增加

氯化铯-EtBr 密度梯度离心法，就是根据这一差别建立的纯化质粒 DNA 的经典技术。当将含有溴化乙锭(EtBr)的氯化铯(CsCl)溶液加到清亮的大肠杆菌裂解液中时，EtBr 扁平分子便会通过在碱基对之间的嵌入作用而结合在 DNA 分子链上，并因此导致双螺旋结构发生解旋反应。线性的或开环的 DNA 分子，例如大肠杆菌染色体 DNA 片段，因其具有游离的末端而易于解旋，故可结合相当大量的 EtBr 分子。而像质粒这样的共价闭合环状的 DNA(cccDNA)分子，由于没有游离的末端，只能发生有限的解旋反应，结果便限制了 EtBr 分子的结合数量，因此染色体 DNA 片段要比质粒 cccDNA 结合更多的 EtBr 分子。我们知道，在 DNA-EtBr 复合物中，结合的 EtBr 分子数量越多，其密度也就越低。因此在 EtBr 达到饱和浓度的条件下，质粒 cccDNA 就要比线性的染色体 DNA 片段具有更高的密度。通过氯化铯密度梯度离心之后，它们就会平衡在不同的位置，从而达到纯化质粒 DNA 的目的(图 4-12)。

2. 碱变性法

氯化铯-EtBr 密度梯度离心法，虽然可以得到高纯度、高质量的质粒 DNA，但它也存在着操作复杂，需要价格昂贵的氯化铯和超速离心机设备，而且溴化乙锭又是一种极其强烈的致癌物质，如果操作稍有不慎，不仅会造成环境污染，还会危及实验工作人员的身心健康。目前，最流行的分离及纯化质粒 DNA 的方法是碱变性法。

这种方法是根据共价闭合环状质粒 DNA 与线性染色体 DNA 片段之间，在拓扑学上的差异而发展出来的。实验观察发现，通过加热，尤其是在 pH 值介于 12.0～12.5 这个狭窄的范围内，线性的 DNA 会被变性，而 cccDNA 则不会被变性。尽管在这样的条件下连接 DNA 互补链之间的氢键会被断裂，但由于 cccDNA 的双螺旋主链骨架的彼此盘绕作用，互补的两条链仍然会紧密地结合在一起。与此相反，线性 DNA 的两条链则会完全分开。如果变性处理的质粒和染色体 DNA 混合物，通过致冷或恢复中性 pH 值便会迅速地复性。然而在这种复性过程中，这两种不同构型的 DNA 分子，其双链再结合的精确性则有本质上的差别。共价闭合环状的质粒 DNA，由于它们的两条互补链在形体上仍保持在一起，因此复性迅速而准确。但由随机断裂产生的线性的染色体 DNA 分子，彼此已经分离开来的互补链之间的复性作用就不会那么迅速而准确。它们聚集形成的网状结构，通过离心分离便会与变性的蛋白质及 RNA 一道沉淀下来。仍然滞留在上清液中的质粒 cccDNA则可用酒精沉淀法收集。

3. 微量碱变性法

微量碱变性法具有简单快速、经济实惠的优点，是当前分子生物学及基因工程研究工作中最常用的一种分离纯化质粒 DNA 的方法。现将其操作程序及其原理简述如下：

第一步，取 1.5 毫升含有质粒的大肠杆菌过夜培养物加在微量离心管中，离心收集细胞沉淀，并用 100 微升冰冷的溶液 I[50mM 葡萄糖，25mM Tris-HCl (pH8.0)，10mM EDTA，4～5mg 溶菌酶/mL] 重新悬浮。将反应混合物在室温下静置 5 分钟，让溶菌酶充分发挥效力，促使大肠杆菌细胞变得脆弱而易于裂解。溶菌酶对反应液的 pH 值有很大的依赖关系，当其低于 8.0 时，细胞裂解的效果就大为逊色。因此溶液 I 不仅使用了 Tris-HCl 缓冲体系，同时还加入了适量的葡萄糖而有利于 pH 的调节。乙二胺四乙酸(EDTA)，因其是二价金属离子(如 Mg^{2+}等)的螯合剂，故少量的存在便可抑制核酸酶的活性，从而保护质粒 DNA 免被降解。

第二步，加入 200 微升冰冷的溶液 II[0.2N NaOH，1.0%SDS]，缓缓混匀后，置室温下 5 分钟。SDS 的作用在于使细胞裂解，以释放出质粒及染色体的 DNA。在高 pH 值(12.0～12.5)的反应体系中，则会使线性缺口的质粒 DNA 以及线性的染色体 DNA 片段被选择性地变性，而共价闭合环状的质粒 DNA 则不会受影响(注意如果 pH 值超过了 12.5 时，cccDNA 亦会发生不可逆的变性效应!)。但在此种条件下蛋白质同样也会发生变性，从而减轻了核酸酶对质粒 DNA 的降解作用的可能性。若把反应试管在 65℃水浴中保温一段时间，会进一步加强染色体 DNA 的变性作用，得到清亮的裂解液。

第三步，加入 150 微升冰冷的 pH4.8 的 3M 醋酸钠，缓缓震荡 10 秒钟后，放置在冰浴中 5 分钟。pH4.8 的醋酸钠溶液降低了反应混合物中的 pH 值，起到中和作用，从而使线性的质粒及染色体 DNA 复性，并聚集成不可溶的网络状聚合物。同时高浓度的醋酸钠亦会引起蛋白质-SDS 复合物和高分子量的 RNA 分子发生沉淀。由于实验中我们仔细地控制了碱变性这一步的 pH 值，因此尽管污染的大分子物质发生了共沉淀，而共价闭合环状的质粒 DNA 分子则仍然以天然的状态保存在溶液中。这样通过离心处理，便可把网络状的 DNA 聚合物同变性的蛋白质-DNA 及 RNA 等以复合物形式沉淀出来，从而使质粒 DNA 得到纯化。

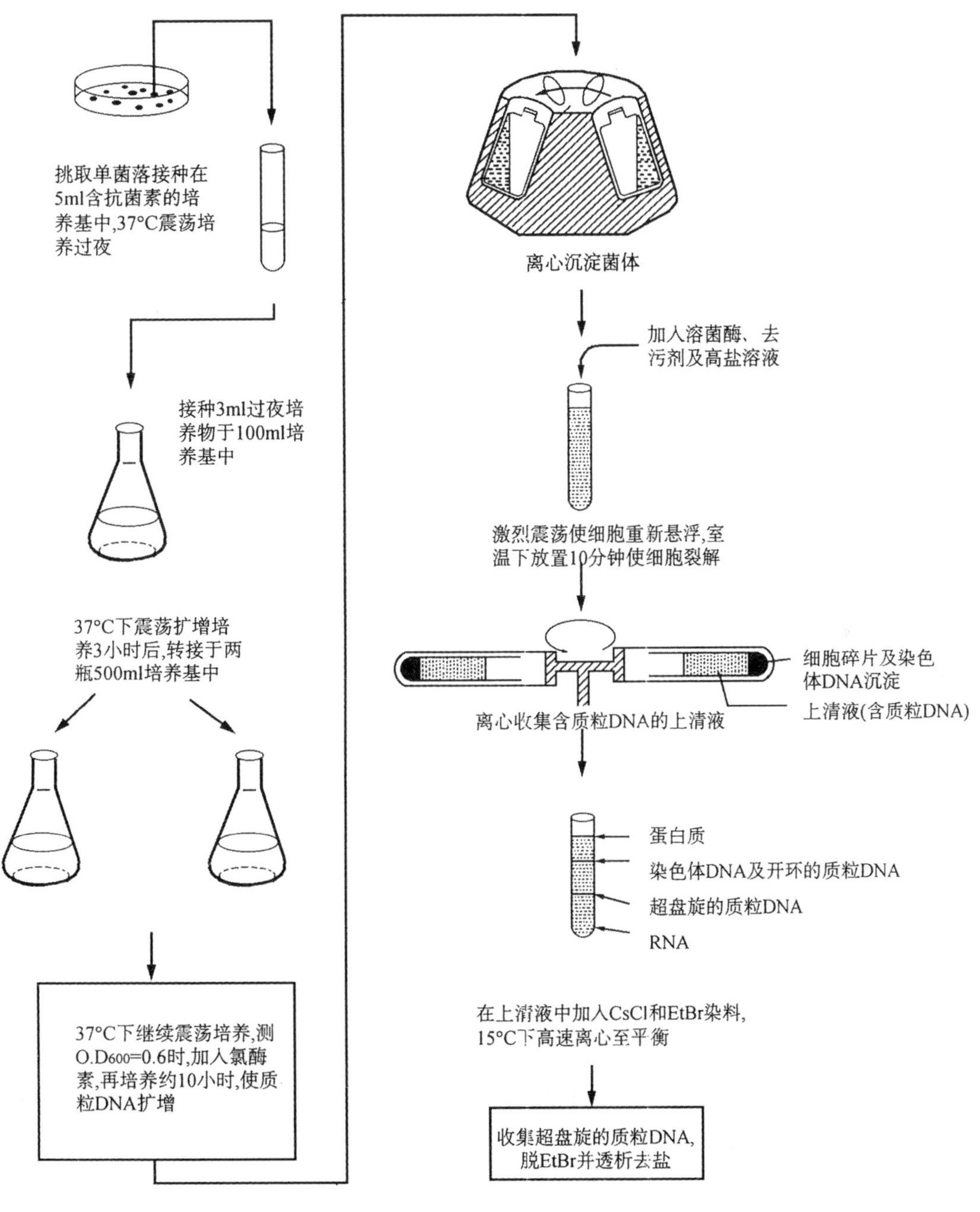

图 4-13　分离纯化质粒 DNA 的程序

第四步，将上述离心所得的主要是含有质粒cccDNA的上清液，用苯酚抽提数次除去蛋白质污染物，最后按酒精沉淀法收集质粒DNA。

按照这种方法制备的质粒DNA，其纯度完全可以满足常规的基因克隆实验要求。如有必要亦可用凝胶过滤法作进一步的纯化。

大多数常用的质粒克隆载体的分子量都比较小，但有时候也需要应用大分子量的质粒作克隆载体。对此，虽亦可使用上述的方法制备质粒DNA，然而由于大分子量的质粒DNA难以从细胞中充分释放出来，再加上操作过程中机械剪切力的破坏作用，因此其得率往往是相当低的。遇到这种情况，就要从实际出发对实验方案作相应的调整。例如，可以将细胞悬浮在Ficoll（系Pharmacia公司出产的一种水溶性聚蔗糖的商品名）和溶菌酶的混合物中，使细胞壁变得脆弱。然后把它加在琼脂糖凝胶的加样槽中，并在此受加入的去污剂的作用，导致细胞裂解。经电泳分离之后，从凝胶中抽提出质粒的DNA。

4. 影响质粒DNA产量的因素

质粒DNA的实际产量受到多方面因素的影响，其中最重要的是寄主菌株的遗传背景和质粒分子自身的拷贝数。除此之外，寄主菌株的生长条件和培养基的类型，亦是不可忽视的条件。

(1) 寄主菌株的遗传背景

大肠杆菌寄主菌株的正确选择，是获得高产量质粒DNA的重要条件之一。为此一般建议使用endA基因发生突变的(endA1)大肠杆菌寄主菌株，例如DH5α、JM109以及XL1-Blue等。endA基因突变的结果，使大肠杆菌寄主细胞失去了合成具有功能活性的核酸内切酶I的能力，从而增进了所含有的质粒DNA分子的稳定性。所以从这类寄主细胞中制备的质粒DNA不仅在质量上有所改进，同时在产量上也得到了提高。由此可知，为了制备质粒DNA，显然是不能使用那些具有野生型endA基因的大肠杆菌作寄主菌株的。

endA基因的编码产物核酸内切酶I，是一种分子量为12 kdal的周质蛋白质(periplasmic protein)，其活性取决于镁离子(Mg^{++})的存在与否。因而可被加入在反应体系中的二价金属离子螯合剂乙二胺四乙酸(EDTA)所抑制，并具有局部的热不稳定性。在核酸内切酶I的作用下，双链的DNA分子便会被消化降解成7碱基的寡核苷酸短片段。但当反应体系中存在着竞争抑制剂RNA的条件下，核酸内切酶I的作用模式便发生了变化，以切割酶(nickase)的活性按平均每条DNA分子切割一次的频率发生作用。此种核酸酶功能特异性的转换机理，迄今仍不完全清楚。

核酸内切酶I的表达水平，是与大肠杆菌细胞的生长状况密切相关的。处于对数生长期的细胞，其核酸内切酶I的产量要比静止期细胞的高出300倍以上。此外，培养基的成份，特别是一些能激活大肠杆菌细胞快速生长的物质，例如高含量水平的葡萄糖或附加的氨基酸等，都会提高核酸内切酶I的表达水平。

实验表明，从含有野生型endA基因的大肠杆菌NM544制备的质粒DNA，置37℃环境下，仅需2小时便会被完全降解掉。对此，需要采取一些特别的措施，以期获得高产优质的质粒DNA制剂。这些措施主要的有如下几点：

(i) 选择最适的培养条件，以限制在细胞生长期间，体内核酸内切酶 I 的表达；

(ii) 在纯化质粒 DNA 的过程中，用加热法使核酸内切酶 I 失活；

(iii) 采用最佳的实验流程，减少核酸内切酶 I 的污染，并在纯化了质粒 DNA 之后，迅速除去污染的核酸酶。

(2) 质粒的拷贝数及分子大小

细菌培养物中质粒 DNA 之理论产量，可以根据公布的质粒的拷贝数和分子量大小(bp)及每毫升培养物中的大肠杆菌细胞总数三者相乘得出(表 4-5)。一般认为，在 37℃培养条件下震荡 16 小时的大肠杆菌肉汤培养物，每毫升含有 2.0×10^9 细胞。质粒分子拷贝数的多寡，是直接决定其 DNA 产量的重要因素之一。如表 4-5 所示，两种 DNA 分子大小基本相当的质粒 pBR322 和 ColE1，经过同样的培养处理之后，其中拷贝数较高的 pBR322，每毫升培养物可得约 0.23μg 的 DNA，而拷贝数较低的 ColE1 则只能获得 0.15μg的 DNA，仅及前者的 70%。

表 4-5 若干常用质粒 DNA 的理论产量

质粒名称	分子大小(bp)	拷贝数	DNA 产量(μg/mL)
pGEM®	2 700bp	300～700	1.8～4.1
pUC	2 700bp	500～700	2.9～4.1
pBR322	4 400bp	>25	>0.23
ColE1	4 500bp	>15	>0.15
pACYC	4 000bp	约 10	约 0.09
pSC101	9 000bp	约 6	约 0.12

显而易见，质粒分子大小也是决定其 DNA 产量高低的又一个重要因素，而且这一点对于重组质粒载体的影响尤为明显。有一些外源 DNA 序列，当其被插入到特定的质粒载体之后，会导致质粒拷贝数的下降。此外，实验中还发现，超大分子量的 DNA 片段的插入，同样也会引起质粒拷贝数的下降。结果最终影响到质粒 DNA 的产量。

第四节 质粒载体的构建及类型

1. 天然质粒用作克隆载体的局限性

在本章我们已数次提到“天然质粒”这一术语，它一般是指那些没有经过以基因克隆为目标的体外修饰改造的质粒。在大肠杆菌中，常见的可用于基因克隆的天然质粒有 ColE1、RSF2124 和 pSC101 等。其中，ColE1 是一种可产生大肠杆菌素 E1 的小型多拷贝质粒，而 RSF2124 则是 ColE1 的派生质粒，它带有一个编码氨苄青霉素抗性基因的转位子。关于 pSC101 质粒，长期以来人们并不清楚它的真正来源，直至 1991 年才知道它原本是从巴拿马沙门氏菌(*Salmonella panama*)中分离出来的 SP-219 质粒。

第一个用于基因克隆的是天然质粒 pSC101，它对于 EcoRI 限制酶只有一个识别位点，而且在此克隆外源 DNA 既不会影响它的复制功能，也不会破坏其唯一的四环素抗性选择记号(Tet^r)。因此,经体外重组并转化到适当的大肠杆菌寄主菌株之后,便可以根据 Tet^r 表型选择转化子。然而令人遗憾的是,这个质粒的分子量较大,拷贝数较低,且又只有一个抗菌素抗性基因,故无法使用插入失活技术选择重组体分子。诸如此类的缺点明显地阻碍了该质粒在基因克隆中的实用价值。

用 ColE1 质粒作为基因克隆的载体,在其唯一的单切割位点 EcoRI 中克隆了外源 DNA 之后,可以根据对大肠杆菌素 E1 的免疫性选择转化子,其中不能合成大肠杆菌素 E1 的菌落即是具重组质粒的转化子。与 pSC101 质粒相比,ColE1 及其派生质粒用作基因克隆的载体具有高拷贝数的优点,而且还可以通过氯霉素处理得到进一步扩增。然而可惜的是,大肠杆菌素 E1 的免疫筛选,在化学上却是相当麻烦的。而在这方面,RSF2124 质粒则较为常用,因为它可以根据对氨苄青霉素的抗性表型选择转化子。尽管如此,ColE1 及其派生质粒 RSF2124 在基因克隆的实际应用方面仍是受到很大限制的。

鉴于天然质粒用作基因克隆载体存在着不同程度的局限性,科学工作者便在其基础上进行了修饰改造,首先发展出了一批低分子量、高拷贝、多选择记号的质粒载体。我们在后面将要详细讨论的 pBR322 质粒,就是其中的一种优秀的代表。这个质粒分子长度为 4.36kb,带有四环素抗性(Tet^r)和青霉素抗性(Amp^r)两种选择记号。多选择记号的质粒载体,若其中某一记号序列内有单一的克隆位点,那么在该位点插入外源 DNA 就会导致此种特定选择记号的失活,这样就能够十分容易地从众多的转化子中鉴定出带有插入序列的重组体分子。因此,具备多种选择记号的质粒载体比只具一种选择记号的质粒载体更为有用。

2. 质粒载体必须具备的基本条件

DNA 分子克隆技术的建立与发展,是同质粒分子生物学的研究密切相关的。事实上,现行通用的基因克隆载体,绝大多数就是以质粒为基础改建而成的(表 4-6)。当然,这并不意味着任何一种质粒对于基因克隆实验都是同等有用的。一般说来,一种理想的用作克隆载体的质粒必须满足如下几个方面的条件:

(i) 具有复制起点　这是质粒自我增殖所必不可少的基本条件,并可协助维持使每个细胞含有 10～20 个左右的质粒拷贝。在一般情况下,一个质粒只含有一个复制起点,构成一个独立的复制子。但在少数情况下,由融合产生的质粒也会含有两个复制子,但其中只有一个有活性。

(ii) 具有抗菌素抗性基因　一种理想的质粒克隆载体应具有两种抗菌素抗性基因,以便为寄主细胞提供易于检测的表型性状作为选择记号,而且在有关的限制酶识别位点上插入外源 DNA 片段之后所形成的重组质粒,至少仍要保留一个强选择记号。

(iii) 具有若干限制酶单一识别位点　这样的分子结构特性,可以满足基因克隆的需求,而且在其中插入适当大小的外源 DNA 片段之后,应不影响质粒 DNA 的复制功能。

(iv) 具有较小的分子量和较高的拷贝数　低分子量的质粒首先易于操作,克隆了外源 DNA 片段(一般不超过 15kb)之后仍可有效地转化给受体细胞;而且这类质粒往往含有较高的拷贝数,这不仅有利于质粒 DNA 的制备,同时还会使细胞中克隆基因的剂量增加;最后,低分子量的质粒载体,对限制酶具有多重识别位点的机率也就相应降低。

表 4-6　若干种常用的大肠杆菌质粒载体

质粒	复制子	大小(kb)	选择表型	基因插入失活克隆位点	其它克隆位点
pSC101	严紧	9.1	Tet^{r}	HindIII, BamHI, SalI	EcoRI
ColE1	松弛	6.36	$ColE1^{imm}$	EcoRI, SamI	
pCR1	ColE1	11.4	$ColE1^{imm}$, Kan^{r}	HindIII	EcoRI
pAT153	pMB1	3.7	Amp^{r}, Tet^{r}	BamHI, EcoRV, NruI, PstI, PvuI, SalI, ScaI, SphI, XmaIII, XmnI	AvaI, ClaI, EcoRI HgiEII, HindIII
pMB9	pMB1, ColE1	5.3	$ColE1^{imm}$, Tet^{r}	HindIII, BamHI, SalI	EcoRI, HpaI, SamI
pBR322	pMB1	4.4	Amp^{r}, Tet^{r}	BamHI, EcoRV, NruI, PstI PvuI, SalI, ScaI, SphI, XmaI	AatII, AvaI, BalI, ClaI, EcoRI, HindIII, NdeI PvuII, Tth111I
pBR324	pMB1	9.1	Amp^{r}, Tet^{r}, $ColE1^{imm}$	BamHI, EcoRI, SalI, SmaI	HindIII
pBR325	pMB1	6.1	Amp^{r}, Cml^{r}, Tet^{r}	BalI, BamHI, EcoRI, EcoRV NcoI, NruI, PstI, PvuI, PvuII SalI, SphI, XmaI, XmnI	AatII, AsuII, AvaI ClaI, HgiEII HindIII, Tth111I
pBR327	pMB1	3.3	Amp^{r}, Tet^{r}	BamHI, EcoRV, NruI, PstI, PvuI, SalI, ScaI, SphI, XmaIII XmnI	AvaI, ClaI, EcoRI HgiEII, HindIII
pACYC177	p15A	3.9	Amp^{r}, Kan^{r}	HindII, HindIII, NruI, PstI, SmaI, XhoI	BamHI
pACYC184	p15A	4.0	Cml^{r}, Tet^{r}	BamHI, EcoRI, SalI	HindIII
pKC7	pMB1	5.9	Amp^{r}, Kan^{r}	PstI	AvaI, BamHI, BglII, EcoRI, HindIII, PvuII SalI
pMK16	ColE1	4.5	$ColE1^{imm}$, Kan^{r}, Tet^{r}	BamHI, SalI, SamI, XhoI	EcoRI
pMK20	ColE1	4.1	$ColE1^{imm}$, Kan^{r}	HindIII, SmaI, XhoI	EcoRI, PstI
pDF41	F′lac	12.8	Trp^{+}		BamHI, EcoRI, HindIII, SalI
pDF42	F′lac ColE1	17.3	Trp^{+}, $ColE1^{imm}$, Tet^{r}, Kan^{r}		BamHI, HindIII SalI
pMK2004	pMB1	5.2	Amp^{r}, Kan^{r}, Tet^{r}	BamHI, PstI, SalI, SmaI, XhoI	EcoRI

3. 质粒载体的选择记号

在基因克隆中采用的质粒载体的选择记号，包括有新陈代谢特性、对大肠杆菌素 E1 的免疫性，以及抗菌素抗性等多种。但应该说绝大多数的质粒载体都是使用抗菌素抗性记号，而且主要集中在四环素抗性、氨苄青霉素抗性、链霉素抗性，以及卡那霉素抗性等少数几种抗菌素抗性记号上。这一方面是由于许多质粒本身就是带有抗菌素抗性基因的抗药性 R 因子；另一方面则是因为抗菌素抗性记号具有便于操作、易于选择等优点。基因克隆实验中常用的几种抗菌素的作用方式及其抗性机理列于表 4-7。

表 4-7 若干抗菌素的作用方式及其抗性机理

抗菌素名称	作用方式	抗性机理
氨苄青霉素(Amp)	这是一种青霉素的衍生物，它通过干扰细菌胞壁合成之末端反应，而杀死生长的细胞	氨苄青霉素抗性基因(bla 或 amp^r)，编码的一种周质酶，即 β-内酰胺酶，可特异地切割氨苄青霉素的 β-内酰胺环，从而使之失去杀菌的效力
氯霉素(Cml)	这是一种抑菌剂，它通过同核糖体 50S 亚基的结合作用，干扰细胞蛋白质的合成，并阻止肽键的形成	氯霉素抗性基因(cat 或 cml^r)编码的乙酰转移酶，它特异地使氯霉素乙酰化而失活
卡那霉素(Kan)	这是一种杀菌剂，它通过同 70S 核糖体的结合作用，导致 mRNA 发生错读(misreading)	卡那霉素的抗性基因(kan 或 kan^r)编码的氨基糖苷磷酸转移酶，可对卡那霉素进行修饰，从而阻止其同核糖体之间发生相互作用
链霉素(Sm)	这是一种杀菌剂，它通过同核糖体的 30S 亚基的结合作用，导致 mRNA 发生错译	链霉素抗性基因(str 或 str^r)编码的一种特异性酶，可对链霉素进行修饰，从而抑制其同核糖体 30S 亚基的结合
四环素(Tet)	这是一种抑菌剂，它通过同核糖体 30S 亚基之间的结合作用，阻止细菌蛋白质的合成	四环素抗性基因(tet 或 tet^r)编码的一种特异性的蛋白质，可对细菌的膜结构进行修饰，从而阻止四环素通过细胞膜从培养基中转运到细胞内

已经发展出了一种丧失四环素抗性记号的正选择体系。这种选择技术的依据是，四环素抗性的细胞对亲脂的螯合剂萎蔫酸(fusaric acid)是极其敏感的。因此能够在含有萎蔫酸的培养基中生长的细胞只能是四环素敏感的、而不会是四环素抗性的转化子。将 DNA 片段克隆到能使 tet^r 基因失活的某个限制位点上，并使用含萎蔫酸的培养基，这样所获得的抗药性群体全都可能含有插入的外源 DNA 片段。

位于 pMB9 及 pBR322 质粒上的 tet^r 基因，最初都是来源于 pSC101 质粒，尔后在构建这些质粒载体的体外操作过程中，这个基因已经发生了某些变化。因此，pBR322 上的 tet^r 基因已不再具有原先在 pSC101 上的那种可诱导的性能了。细菌对四环素抗性的机理是由于改变了细胞膜对四环素的通透性的结果，虽说迄今对于涉及这种机理的许多种蛋白质仍不了解，但有一点可以肯定，它同位于 tet^r 基因启动子上的 HindIII 位点有关。

上面已经讲过，在四环素抗性基因的编码序列内插入任何的外源 DNA，都会导致该基因的失活。由此形成的重组质粒所转化的大肠杆菌细胞,可用环丝氨酸富集法进行选择(图 4-14)。这是 tet^r 选择记号的一大优点。我们知道,四环素抗菌作用的机理是,通过抑制细胞蛋白质的合成,迫使细菌停止生长,但不会导致细菌死亡,可见它是一种抑菌性抗菌素。然而,氨基酸的类似物环丝氨酸,如果在细胞生长分裂过程中参入到新合成的蛋白质多肽链,则会导致细菌的死亡。因此,在含有四环素的生长培养基中,环丝氨酸只能杀死生长的 Tet^r 细胞,而对于停止生长的 Tet^s 细胞则无致死效应。由 tet^r 基因内带有插入序列的重组质粒所转化的大肠杆菌细胞,经过一次环丝氨酸处理之后,存活的细胞中 Tet^s 细胞所占的比例明显地提高,即得到了富集。经过如此若干次重复处理之后,Tet^s 细胞的富集程度则可上升数倍。这样,即能获得在 tet^r 基因带有插入 DNA 片段的重组质粒。

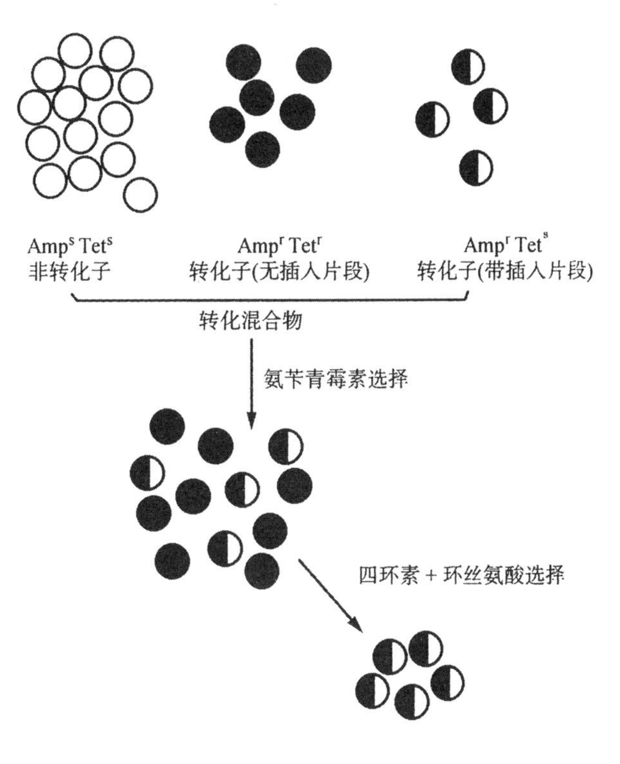

图 4-14 环丝氨酸富集法

4. 不同类型的质粒载体

(1) 高拷贝数的质粒载体

除了表达载体等一些特殊用途的克隆载体之外,用于一般性克隆实验的大肠杆菌质粒载体,按其性质的不同可分为高拷贝数的、低拷贝数的、直接选择的和温度敏感的等数种不同的类型。因此,要依据具体实验的要求,选用恰当的质粒载体。比如,在有些 DNA 重组实验中,克隆的目的仅仅是为了分离大量的高纯度的克隆基因的 DNA 片段,对于这样的实验要求,通常选用 ColE1、pMB1 或它们的派生质粒。因为它们不仅具有低分子量、高拷贝数的优点,而且与大多数其它质粒不同的是,它们在没有蛋白质合成的条件下仍能继续复制。因此,若在处于对数生长晚期的含有 ColE1 一类质粒的大肠杆菌培养物中,加入适量的蛋白质合成抑制剂诸如氯霉素或壮观霉素处理之后,由于阻断了染色体 DNA 的复制,而对质粒 DNA 的复制则没有什么影响,于是经过 10～12 小时的培养,每个细胞中的质粒拷贝数则可扩增到 1000～3000 个之多。所以,分离到的质粒 DNA 的产量,按每升细胞培养物计算可达 1mg 以上。如果加入高浓度的尿核苷,质粒 DNA 又可进一步扩增 2～3 倍。

(2) 低拷贝数的质粒载体

在自然产生的 F 因子和 pSC101 这两种低拷贝质粒的基础上，人们又相继发展了一批其它类型的低拷贝数的质粒载体。例如，pLG338、pLG339 及 pHSG415 等都是从 pSC101 质粒派生来的。这类质粒载体的一个普遍性问题是，由于它们体积小、拷贝数低，与此相应的基因剂量也就较少，因此要制备大量的克隆 DNA 就很困难。不过，对 pDF41 质粒这个问题已不复存在，因为通过 EcoRI 位点可将 pDF41 同多拷贝的 pMK16 连接成双复制子质粒 pDF42。这个质粒仍保留着 pMK16 的高拷贝数的特性，而且也可以被氯霉素扩增，所以很容易制备到大量的 pDF42 DNA。然后再用 EcoRI 限制酶消化，便可回收到大量的 pDF41 DNA。由于这个质粒带有大肠杆菌的 trpE 基因，故可以在 $TrpE^{-}$的大肠杆菌细胞中选择转化子。

低拷贝数的质粒载体在某种特定场合下有着特殊的用途。因为有些克隆的编码基因，当用高拷贝数质粒作载体时，其产物含量过高会严重地扰乱寄主细胞的正常的新陈代谢活动。这些基因包括编码表面结构蛋白质的一些基因(例如 ompA 基因)、调节细胞基础代谢活动的蛋白质编码基因(例如 polA 基因)，以及囊性纤维化跨膜传导调节蛋白质编码基因等。克隆这类基因的一种策略就是，选用低拷贝数的质粒载体，使克隆基因的表达置于严紧的控制之下，从而使其蛋白质产物对寄主细胞的毒害作用降低到最低的限度。

(3) 失控的质粒载体

在基因工程实验中，选用高拷贝数的质粒作为克隆基因的载体，其主要目的是为了提高表达效率，以便于纯化出大量的蛋白质产物，来满足研究工作或其它方面的需求。但是，正如上面已经指出的，由于超量的蛋白质产物会导致细胞死亡，因此有些基因是不能够克隆在高拷贝数的质粒载体上的。改用低拷贝数的质粒作载体，虽然可以避免寄主细胞的致死效应，但这种低拷贝数的质粒使克隆基因的表达能力明显下降，因此也可能弄巧成拙，达不到预期的目的。解决这个问题的办法是使用失控的质粒载体(runaway plasmid vectors)。

已知有一些低拷贝数的质粒，其复制控制是温度敏感型的，也就是说在不同的温度下，拷贝数会有显著的变化。例如 pOU71 质粒，在低于 37℃的培养条件下，每条染色体平均只有一个拷贝的质粒分子，但当温度上升到 42℃时，其拷贝数则随着增加到 1000 个以上。根据这一原理，B. E. Uhlin 等人(1979)首先发展了失控的质粒载体(在有的文献中也叫做复制控制失控的质粒载体)pBEU1 和 pBEU2，并成功地用来扩增克隆基因及其编码产物。这种质粒载体在 30℃下，每个寄主细胞中只含有适量的拷贝数，而当培养温度超过 35℃时，质粒的复制便失去了控制，每个细胞中的拷贝数便持续上升。在这种高温环境下，细胞的生长及蛋白质的合成可按正常的速率持续 2～3 小时。这期间编码在质粒载体上的基因产物便超过了常量。最后，细胞生长受到了抑制，并失去了存活的能力，但在这个阶段质粒 DNA 可累积到占细胞总 DNA 的 50%。

Uhlin 等人在 1979 年报道的两个失控质粒载体 pBEU1 和 pBEU2，都只具有 BamH1 单一识别位点和一个抗菌素抗性记号。之后，又相继发展出许多种改良的失控质粒载体。1983 年，S. Yasud 和 T. Takagi 叙述了一种带有 Kan^{r} 记号并对数种限制酶具单一识别位点的失控质粒载体。同年，Uhlin 等人又报道了一种编码着 amp^r 及 tet^r 基因的失控质粒载体，这后一种基因具有可进行插入失活效应的单一识别位点。此外，有人还构建了一种克隆载体，在温度低于 37℃时，每个细胞只存在一个拷贝数，当温度上升到 40℃时，其复制便失去了控制。同时，它还携带有一种分配功能(partitioning function)，当寄主细胞在缺乏选择压力的条件下生长时，在低温下这种功能可保持质粒的稳定。

(4) 插入失活型的质粒载体

如果克隆的外源 DNA 片段，编码有一种可供作选择记号的表型功能，那么对于适当的某种限制酶仅具有唯一限制位点的所有的载体，都将是十分有用的。然而这是一种十分罕见的情况，因为大多数的克隆片段并不具有选择记号，因此将这样的 DNA 片段克隆到 pBR322 上，并不会给质粒载体提供可选择的表型特征。在这样的情况下，就需用特定的 DNA 分子探针进行菌落杂交，才能够从转化的细胞群体中，筛选出获得了带有外源插入片段的重组体质粒的转化子阳性克隆。这无疑是一种有效的方法，但比较耗费时间，而且出现阳性克隆的频率又相当低，故其实用价值有限。

与此相反，选用插入失活型质粒，将外源 DNA 片段插入在会导致选择记号基因(如 tet^r、amp^r、cml^r 等)失活的位点，就有可能通过抗菌素抗性的筛选，大幅度地提高获得阳性克隆的几率。在表 4-6 所列举的质粒载体中，除了 pDF41 和 pDF42 之外，都具有基因插入失活的克隆位点，因此都属于插入失活型的质粒载体。例如，在 pBR329 质粒的 EcoRI 位点上插入外源 DNA 片段，会使氯霉素抗性基因(cml^r)失去活性。所以在所筛选出来的氯霉素敏感的转化子(cml^s)细胞群体中，含有插入片段的重组体质粒的几率便会显著地上升。

质粒选择记号基因的插入失活，确实是一种有用的选择重组体的方法，但并非是必不可少的手段。因为有许多种其它的方法也都能够达到同样的目的。例如，经限制酶切割之后，再用磷酸酶处理以除去其末端磷酸基团，这样便可以阻止线性化的载体 DNA 重新环化起来；再如，应用末端转移酶将互补的同聚物尾巴加到载体和插入的 DNA 片段上，然后经过退火使它们彼此连接起来构成重组体等等。经过这样处理后得到的转化子克隆，所含的质粒分子几乎都是带有插入片段的重组体。

(5) 正选择的质粒载体

目前通用的绝大多数的大肠杆菌质粒载体都至少含有两个选择记号。在与外源 DNA 的重组过程中，其中一个记号保持完整，用作选择转化子，然后根据另一记号的插入失活效应进一步筛选出转化子，此则表明它带有具外源 DNA 插入序列的重组质粒。显而易见，如果我们能够在转化之后直接选择出重组质粒，这将为实验工作带来诸多的方便。于是研究工作者们便按照遗传学上的正选择(direct selection)原理，即应用只有突变体或重组体分子才能正常生长的培养条件进行选择，发展了一系列正选择质粒载体(direct selection vectors)(表 4-8)。这种质粒载体具有直接选择记号并可赋予寄主细胞相应的表型。通过选择具这种表型特征的转化子，便可大大降低需要筛选的转化子的数量，从而减轻了实验的工作量，提高了选择的敏感性。

表 4-8　若干大肠杆菌的正选择质粒载体

质 粒	复制子	大小(kb)	选择的表型	遗传记号	插入失活位点
pNO1523	pMBI	5.2	Amp^r	rpsL①	HpaI, SmaI
pSCC31	pMBI	5.2	Amp^r	EcoRI	BglII, HindIII
pKN80	ColEI	17.0	Amp^r	HpaI	BamH1, HindIII,SmaI
pHE3	p15A	4.9	Cml^r, Phe^s②		PstI
pUH121	pMBI	4.4	Amp^r, Tet^r		BelI, EcoRI,HindIII, SmaI
pLV57	pMBI	6.1	Amp^r, Cml^r	EcoRI	BglII, HindIII
pAA3	pMBI	13.3	Amp^r	galK③,$galT^+$④	HindIII

① rpsL＝大肠杆菌的一种基因,它的表达可使链霉素抗性的寄主细胞($rpsL^+$)变成链霉素敏感的表型($rpsL^-$)。

② Phe＝P-氟苯丙氨酸。

③ galK＝半乳糖操纵子(gal operon)的一种基因。

④ galT＝半乳糖操纵子(gal operon)的一种基因。

质粒 pKN80(图 4-15)可用来克隆平末端的 DNA 片段,并可为重组体质粒提供正选

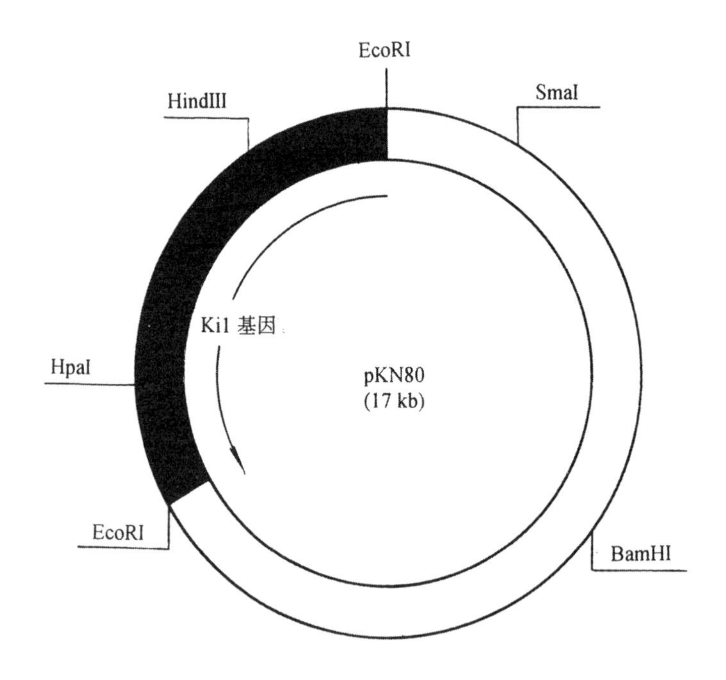

图 4-15　正选择质粒载体 pKN80 的形体图

择。这个质粒带有来自 Mu 噬菌体 DNA 的 EcoRI-C 片段,它编码一种致死功能的 kil 基因。这种具致死功能的 EcoRI-C 片段的活性是受原噬菌体的阻遏物控制的,当其转化到 Mu 敏感的细胞之后,便可得到有效的表达。pKN80 质粒可以在 Mu 噬菌体溶源菌株中正常地复制,而对非溶源菌株则是致死的。在 pKN80 质粒的 HpaI 或 HindIII 位点上插入外源 DNA,便会使这种致死功能失活,产生出具 Amp^r 表型的 Mu 噬菌体非溶源的转化子菌株。据此,我们就可以直接选择出在 HpaI 或 HindIII 位点具有插入序列的重组体质粒

之转化子克隆。

pUR2 质粒是另一种正选择质粒载体，其分子长度为 2.6kb，具有 EcoRI、BamHI 和 HindIII 等 3 个单识别位点。使用 pUR2 质粒作克隆载体，研究者便可以根据不同转化子菌落在显色反应方面的差异，直观地筛选出含有外源 DNA 插入的重组体质粒的转化子克隆。在 Xgal 培养基平板上生长的转化子菌落中，只有含 pUR2 质粒的才能显示出特有的蓝色，而那些由在 EcoRI、BamHI 或HindIII位点具外源 DNA 插入的 pUR2 DNA 转化来的转化子菌落则呈现白色。这种显色指示体系，同单链噬菌体载体 M13 的情况是完全一样的。有关细节我们将在 M13 载体一节叙述。

pTR262 质粒在插入了外源 DNA 之后，由它所转化的转化子克隆便获得了四环素抗性的表型，因此它是一种正选择的体系。pTR262 质粒是由三个部分组成：(i) 来自 pBR322 质粒含 tet^r 基因的 3.6kb 的 HindII-PstI 片段；(ii) 含 P_R 启动子和 cI 基因的 λ 噬菌体的 PstI-BglII 片段；(iii) 带有乳糖操纵子的 lac 操纵基因序列的 29bp 的 EcoRI 片段。这个来源于 pBR322 的 tet^r 基因的启动子已经缺失了，余下的 tet^r 基因的转录活动是从 λ 噬菌体 P_R 启动子开始的。而且又是受控于 cI 阻遏蛋白质(cI repressor)的抑制作用。所以，在正常的 pTR262 质粒中的 tet^r 基因不能够表达。获得 pTR322 质粒的细胞借助于 cI 阻遏蛋白质的作用，对 λ 噬菌体的感染具有免疫能力。同时，由于 pTR262 带有一个 lac 操纵基因拷贝，所以这些细胞还是乳糖组成型(即含有恒量的乳糖)，并且 lac 操纵基因还可以将细胞内的 lac 阻遏物结合掉。对 λ 噬菌体感染的免疫性以及含有组成型乳糖，这两种表型都可以作为证明存在 pTR262 质粒的选择记号。但如果在 pTR262 质粒的 HindIII 或 BclI 单一识别位点上插入外源 DNA，就会阻断 cI 基因的编码区。于是含有这种质粒的细胞就不再能够合成 cI 阻遏蛋白质，这样从 P_R 开始的转录也就能够从头到尾地进行，结果 tet^r 基因便得到了表达。因此，可将转化子涂布在含四环素的培养基平板上进行直接的选择。此外，由于 pTR262 质粒具有 lac 操纵基因序列，所以获得这种质粒 lac^+寄主细胞在 Xgal 培养基平板上呈蓝色；而由在HindIII和 BclI 位点插入了外源 DNA 的 pTR162 质粒所转化的 lac^+寄主细胞在 Xgal 培养基平板上则呈白色。据此，也可直接选择含有外源 DNA 插入的 pTR262 质粒的转化子。

从上面所述的具体例子以及实际应用的经验都说明，使用正向选择质粒载体进行基因克隆是要受到一定的条件限制的。它不仅需要特殊的寄主菌株或选择培养基，而且还存在着可使用的克隆位点少、假阳性水平高以及不能够调节插入序列表达活性等缺点。为了克服这些问题，在 1987 年有人根据野生型大肠杆菌具高水平木糖异构酶(xylose isomerase)活性(呈 Xyl 表型)这一特性，发展出了一种新的正向选择质粒载体 pLX100。在该质粒所带的木糖异构酶基因序列中，具有连续的 HindIII、PstI、BamHI 和 XhoI 的单一限制位点，而且是置于 lac 启动子的控制之下。带有 pLX100 质粒的大肠杆菌转化子无法在含木糖的基本培养基中生长，而只有当外源 DNA 片段插入到它的单一限制位点之后，其转化子才能在此种培养基中生长。

(6) 表达型的质粒载体

在基因克隆的研究工作中，人们的主要兴趣往往不是目的基因本身，而是其编码的蛋白质产物，特别是那些在商业上、医疗上以及科研工作方面具有重要意义的蛋白质。DNA

重组技术发展到今天，已使我们能够在大肠杆菌细胞中合成此类蛋白质。然而遗憾的是，绝大多真核基因并不具备可被大肠杆菌细胞遗传体系识别的转录-转译调控元件，而超量表达的外源蛋白质又会使寄主细胞致死。因此，必须将克隆的真核基因置于大肠杆菌的转录-转译信号控制之下。这种按特殊设计构建的，能使克隆在其中特定位点的外源真核基因的编码序列，在大肠杆菌细胞中正常转录并转译成相应蛋白质的克隆载体特称为表达载体(expression vectors)。它分为表达型质粒载体和表达型噬菌体载体两种不同的类型。

一种典型的大肠杆菌表达型质粒载体(图 4-16)的主要组成部分，包括大肠杆菌的启动子及操纵位点序列、多克隆位点、转录及转译信号、质粒载体的复制起点及抗菌素抗性基因。待表达的真核基因编码序列被克隆在紧挨于启动子下游的多克隆位点上，而且必须以其编码蛋白质氨基末端这一头靠近启动子的方向插入，这样才能在启动子控制下进行有效的转录。转录终止子能够增进 mRNA 的数量及稳定性，而操纵位点则是通过与阻抑蛋白质的结合作用来调节转录的反应。核糖体结合位点为克隆基因 mRNA 的有效转译提供了必要的序列信号，抗菌素抗性基因则是为含有重组体 DNA 的转化子提供了有效的选择记号。

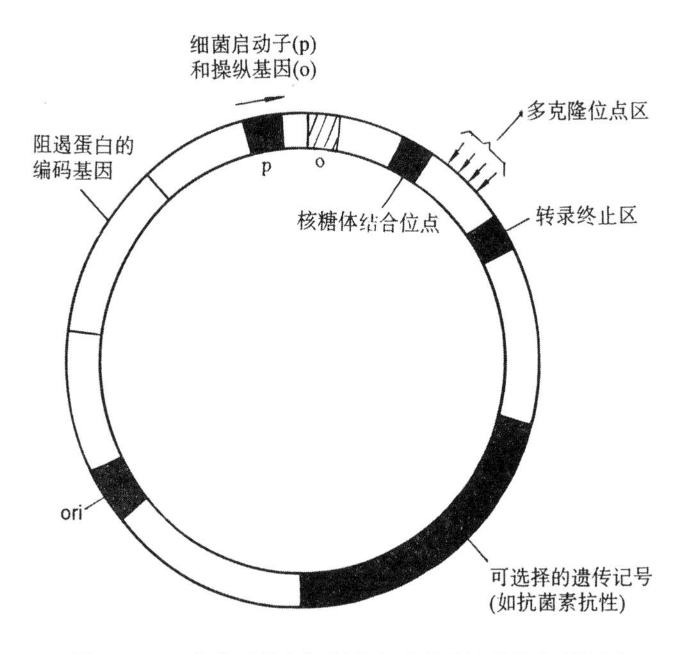

图 4-16　一种典型的大肠杆菌表达型质粒载体的形体图

第五节　重要的大肠杆菌质粒载体

1. pSC101 质粒载体

pSC101 是一种严紧型复制控制的低拷贝数的大肠杆菌质粒载体(图 4-17)，平均每个寄主细胞仅有 1～2 个拷贝。其分子大小为 9.09kb，即相当于 5.8×10^6dal，编码有一个四环素抗性基因(tet^r)。现已知道，该质粒对于 EcoRI、HindIII、BamHI、SalI、XhoI、PvuII 以及 SmaI 等 7 种核酸内切限制酶，都只具有单切割位点，其中在 HindIII、BamHI 和 SalI 等 3 个位点克隆外源 DNA，都会导致 tet^r 基因失活。

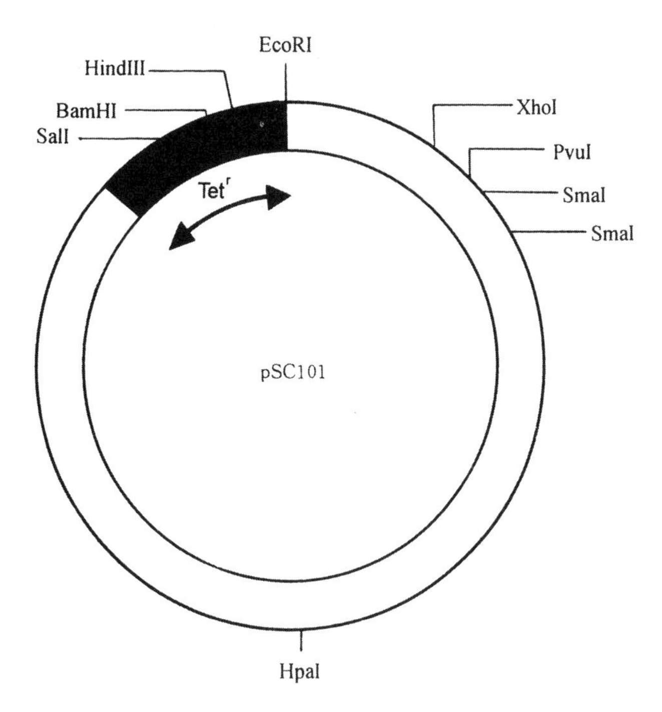

图 4-17　大肠杆菌 pSC101 质粒载体形体图

pSC101 质粒载体是第一个成功地用于克隆真核 DNA 的大肠杆菌质粒载体。在 1973 年进行的这类克隆实验，是将带有非洲爪蟾核糖体基因的EcoRI DNA片段，连接到 pSC101 复制子上。其实在此之前有关在质粒上克隆DNA 的思路就已酝酿了两年左右。人们已经提出了利用从缺陷性转导噬菌体派生来的 λdvgal 噬菌体载体构建重组体 DNA 的设想。但这个工作没有继续推行下去，因为当时还没有把握肯定把重组体 λdvgal/SV40 分子导入大肠杆菌是否存在着某种遗传上的危险性。我们知道，在 70 年代初期，基因克隆技术还处于刚刚起步阶段，例如 DNA 片段的琼脂糖凝胶电泳技术尚不完善，可供使用的核酸内切限制酶也仅是有限的少数几种，EcoRI 虽然可以使用，但它是在 O、P 区段内切割 λdvgal，结果破坏了它的复制能力。因此在这样的技术水平下，λdvgal 噬菌体载体显然是无法在实际中得到应用的。

而与此相反，pSC101 质粒不仅具有可插入外源 DNA 的 EcoRI 单克隆位点的优越性，而且还具有四环素抗性的强选择记号。更令人满意的是，在 EcoRI 位点插入外源 DNA 并不影响这两方面的功能。因此它就被选用为第一个真核基因的克隆载体。但是这个质粒载体也有其明显的缺点，它是一种严紧型复制控制的低拷贝质粒，从带有该质粒的寄主细胞中提取 pSC101 DNA，其产量就要比通常使用的其它质粒载体低得多。

(1) 应用 pSC101 质粒作基因克隆载体的实例一——葡萄球菌质粒基因在大肠杆菌中的表达

由于金黄色葡萄球菌(*Staphylococcus aureus*)的质粒 p1258，编码有若干种可以在大肠杆菌中检测的不同的结构基因，而且琼脂糖凝胶电泳表明，核酸内切限制酶 EcoRI 可将

p1258 质粒 DNA 切割为 4 个容易鉴别的片段。据此，S. Chang 和 S. N. Cohen(1974)认为，该质粒特别适用于构建种间基因重组体的实验。其具体实验操作是这样进行的：先用核酸内切限制酶 EcoRI 分别切割大肠杆菌质粒 pSC101 DNA 和金黄色葡萄球菌质粒 p1258 DNA，随后将这两种 DNA 混合起来作体外连接反应，以构建带有这两种质粒 DNA 片段的重组体分子；再用这种重组 DNA 分子，转化已经失去抑制功能的大肠杆菌缺陷性突变体菌株细胞，并涂布在含有氨苄青霉素的平板上，从中挑选出含有由金黄色葡萄球菌质粒 p1258 所携带的氨苄青霉素抗性基因的大肠杆菌转化子；最后将这些呈氨苄青霉素抗性的转化子培养在含四环素的平板上，检测它们的四环素抗性(图 4-18)。

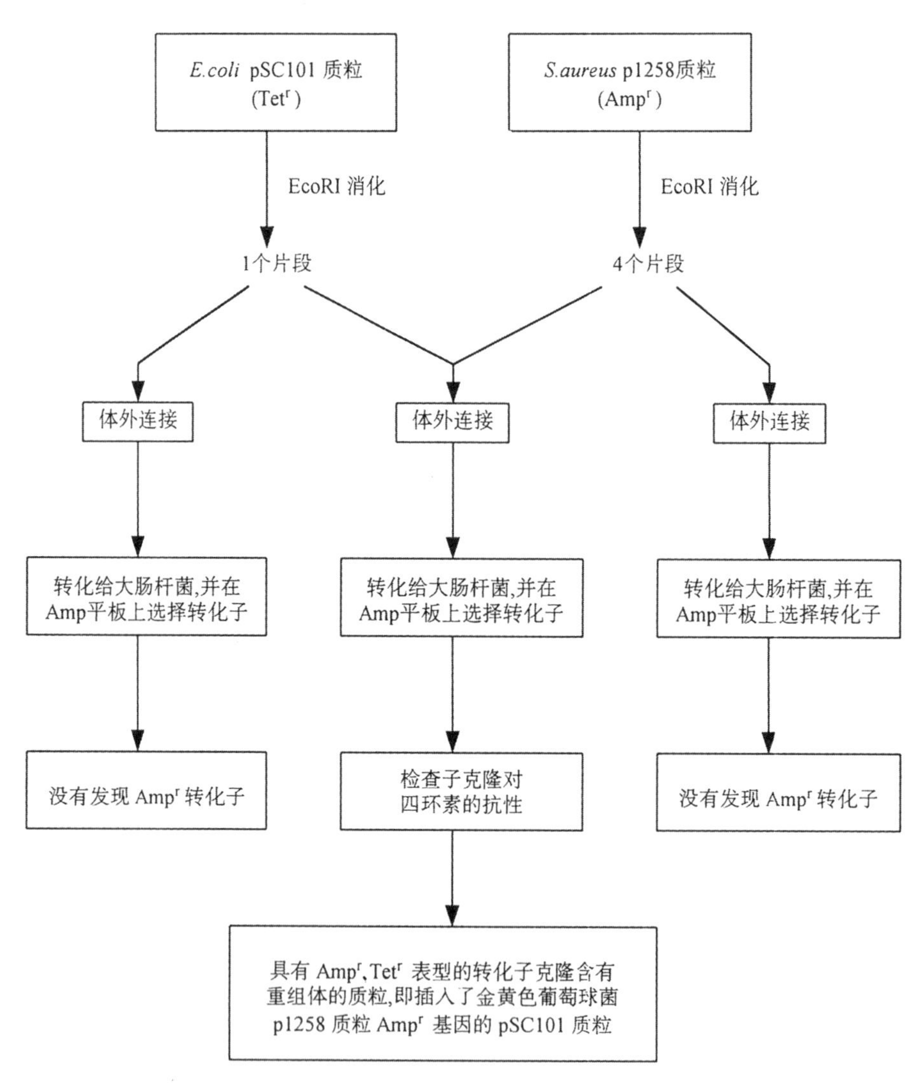

图 4-18　金黄色葡萄球菌的氨苄青霉素抗性基因插入 pSC101 质粒

对一个呈氨苄青霉素和四环素双重抗性的重组体质粒 DNA 分子，所作的氯化铯密度梯度离心分析表明，它的浮力密度恰好介于两个亲本质粒 pSC101 和 p1258 的浮力密度的中间。用核酸内切限制酶 EcoRI 处理这种重组体 DNA，产生出两个不同的片段，其中一个是同 EcoRI 切割 pSC101 所形成的 DNA 片段大小相等，另一个是同 EcoRI 切割 p1258 后所出现的 4 个片段中的一个片段大小相等。其它实验还进一步证明，这个来源于 p1258 质粒的 EcoRI 片段，带有氨苄青霉素的抗性基因。因此可以认为，这个重组质粒是由 pSC101 质粒和 p1258 质粒的含青霉素抗性基因的 EcoRI 片段重组而成的。

(2) 应用 pSC101 质粒作基因克隆载体的实例二——在大肠杆菌中克隆非洲爪蟾 DNA

J. F. Morrow 等人在 1974 年发表了应用 pSC101 质粒作载体，在大肠杆菌中克隆非洲爪蟾 DNA 的实验。他们首先应用 DNA 重组技术，在体外构建成了由原核的 DNA(pSC101 DNA)和真核的 DNA(非洲爪蟾 DNA)组成的重组质粒，然后直接从转化的大肠杆菌中回收重组体 DNA 分子。在这些实验中所使用的真核 DNA，是取自非洲爪蟾卵母细胞中已扩增的核糖体 DNA(rDNA)。因为这种 DNA 容易纯化，而且已经作了详尽的研究。此外，非洲爪蟾 rDNA 的重复单位容易被 EcoRI 切割成分离的片段，而且可以同 pSC101 载体相连接。

在实验中(图 4-19)，经 EcoRI 切割的 pSC101 DNA 和非洲爪蟾 rDNA，经混合和连接之后，用来转化大肠杆菌成四环素抗性菌株。从中挑选出 55 个独立的转化子，分别提取它们的质粒 DNA 进行分析，结果如下：经 EcoRI 酶切消化之后，来自 55 个转化子的所有的质粒 DNA，都产生出一个分子量为 5.8×10^6dal 的 DNA 片段，其中有 13 个转化子的质粒，还产生出分子量相当于非洲爪蟾 rDNA 的 EcoRI 片段的另外的 DNA 片段。有如此高比例(23.6%)的转化子克隆含有重组体分子，这样的结果的确令人感到相当的惊奇。

2. ColE1 质粒载体

ColE1 质粒是属于大肠杆菌 Col 类质粒中的一种。由于携带着 Col 质粒的许多种细菌，都能产生一类叫做细菌素的物质，所以 Col 质粒又被称做细菌素质粒。

细菌素是一类特殊的蛋白质，它通过同敏感细菌细胞壁的结合作用，而抑制一种或数种在细胞内进行的生命过程，诸如 DNA 的复制、转录、转译以及能量代谢等，从而使这些细胞停止生长。

研究得最为详尽的 Col 类质粒是ColE1，它的分子量为 4.2×10^6dal，在重组 DNA 的研究中有着广泛的用途。ColE1 质粒同 pSC101 质粒一样，在其 DNA 分子结构上对核酸内切限制酶 EcoRI 也只存在有一个识别位点。这个质粒除了编码有大肠菌素 E1 基因之外，为了其自身存活的需要，还编码有使寄主细胞具有对大肠杆菌素 E1 免疫性的基因。在 EcoRI 位点上插入外源 DNA，虽然使它失去了产生大肠杆菌素 E1 的能力，但却不影响其 DNA 的复制活性以及对大肠杆菌素 E1 的免疫性能。

ColE1 质粒是属于松弛型复制控制的多拷贝的质粒，用它作基因克隆的载体，可以克服 pSC101 质粒载体的低拷贝、低产量的缺点，因而是十分有用的。在正常的生长条件下，当培养基中的氨基酸已经耗尽，或是在对数生长末期的细胞培养物中加入氯霉素以抑制蛋白质的合成。这样，寄主染色体 DNA 的复制便被抑制，细胞的生长也随之停止，而质粒 DNA 却仍然可以继续进行复制达数小时之久。最后每个寄主细胞中所累积的 ColE1 质粒拷贝数可增加到 1000～3000 个之多，此时质粒 DNA 大约可占细胞总 DNA 的 50%左右。由此可见，由于质粒拷贝数高，基因剂量也就大，插入的外源 DNA 片段的产量也就得到相应的提高。

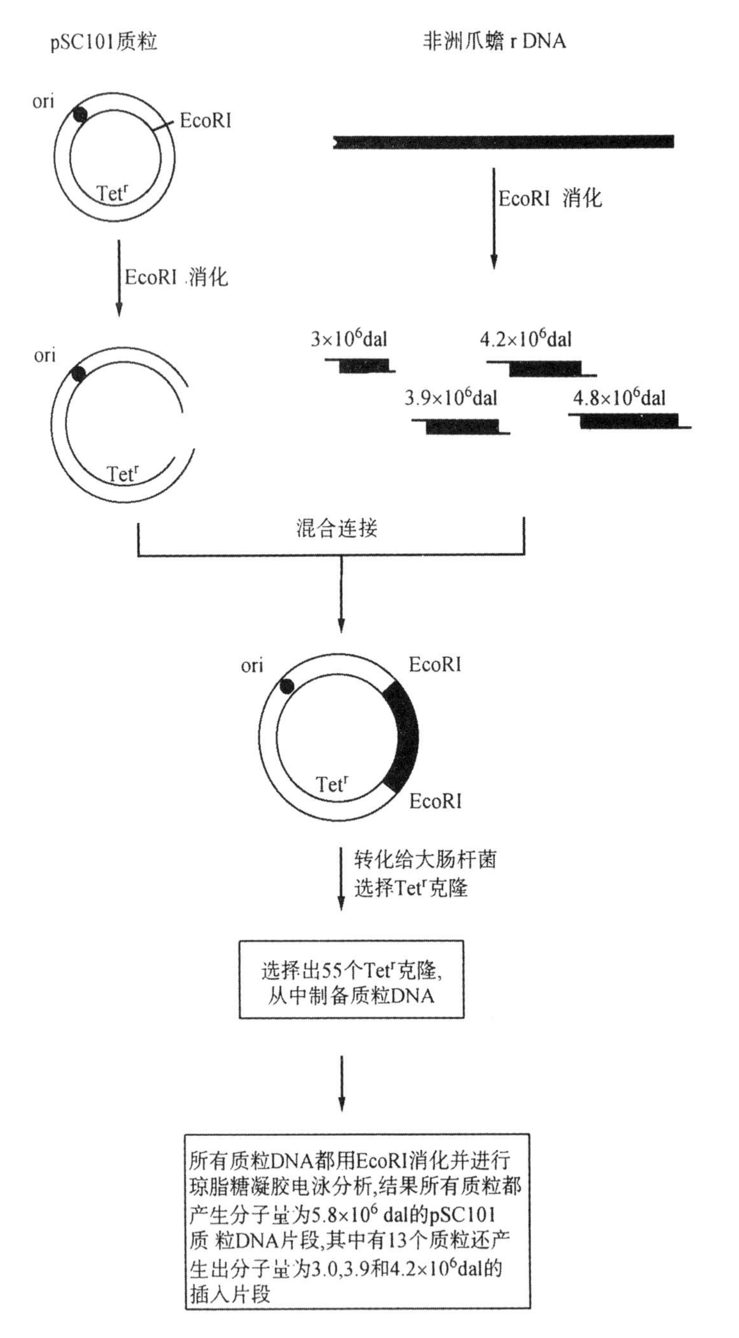

图 4-19 应用 pSC101 质粒作载体在大肠杆菌细胞中克隆非洲爪蟾的基因

有许多种不同类型的大肠杆菌素(colicin),它们均以英文字母命名,例如大肠杆菌素 K 和大肠杆菌素 B 等。而且每种大肠杆菌素,都各有自己独特的抑制敏感细胞的作用方式(表 4-9),所有这些大肠杆菌素对于不带有相应 Col 质粒的敏感细胞作用的结果,都将导致这些细胞的死亡。而带有 Col 质粒的细胞对于质粒编码产生的相应的大肠杆菌素的作用则是免疫的。

表 4-9 若干大肠杆菌素的特性

大肠杆菌素类别	作用方式
大肠杆菌素 B 大肠杆菌素 16	破坏细胞质膜
大肠杆菌素 E1 大肠杆菌素 K	通过对细胞膜施加一种未知的效应,使依赖于能量相互偶联的反应过程彼此解离,抑制活跃的物质运输
大肠杆菌素 E2	降解 DNA
大肠杆菌素 E3	切割 16Sr RNA,抑制蛋白质合成

对大肠杆菌素的免疫性特征可作为一种选择标记。以大肠杆菌素 E1 为例,这种蛋白质是由 ColE1 质粒控制合成的,它对于不含有 ColE1 质粒的敏感细胞有致死效应,而对于带有 ColE1 质粒的细胞则无此反应。我们可以应用类似于检测噬菌体的方法,检测大肠杆菌素 E1 合成状况;将产生大肠杆菌素 E1 的寄主细胞,涂布在由敏感细菌长成的菌苔上,由于寄主细胞分泌出来的大肠杆菌素 E1,会抑制周围敏感细胞的生长并使之致死,于是便会在看起来显得混浊不透明的菌苔背景上出现空斑的清亮区。但如果在 ColE1 质粒的 EcoRI 位点上插入一段外源 DNA,而这个位点又恰好是位于大肠杆菌素 E1 基因的编码序列内部,因此这种插入作用便导致了该基因的失活。带有这种重组质粒的寄主细胞就不能够合成大肠杆菌素 E1($ColE1^-$),但它的大肠杆菌素 E1 免疫基因仍有活性,照样表现了 E1 免疫性的表型($ImmE1^+$)。所以 ColE1 质粒编码的大肠杆菌免疫基因 immE1,可以作为此质粒的选择记号,而 $ColE1^-$ 的表型则为在 EcoRI 位点带有插入序列的 ColE1 重组质粒,提供了有效的选择标记。

上述这种以 ColE1 质粒特征为基础建立的转化细胞选择体系,存在有一定的缺陷性。这一方面是由于应用大肠杆菌素免疫作为选择标记,在实验操作上不甚方便;另一方面是由于在细菌群体中,能够以相当高的频率自发地产生出抗大肠杆菌素的突变细胞,因此使用起来要特别小心谨慎。

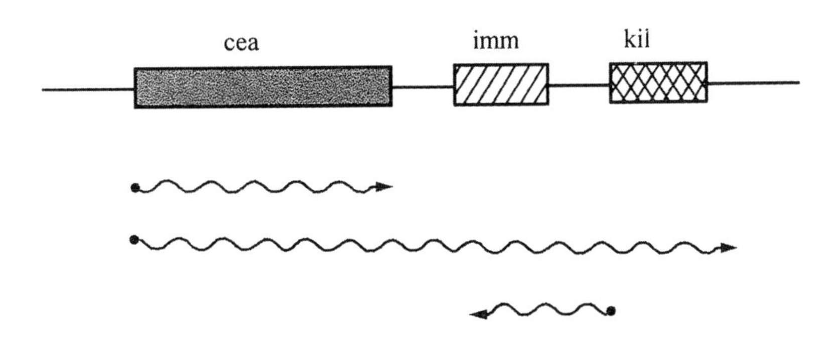

图 4-20 ColE1 质粒合成大肠杆菌素的序列的结构
该序列含有大肠杆菌素的结构基因 cea,免疫基因 imm 和溶菌基因 kil
箭头表示转录本的大小范围与方向

ColE1 质粒编码产物大肠杆菌素的合成,需要其结构基因(cea)和另一种控制溶菌作用的 kil 基因同时表达(图 4-20)。在绝大多数细胞中,cea 和 kil 基因的转录是受 LexA 蛋白质抑制的。但是,由 DNA 损伤引发的细胞应急反应(SOS response)所产生的 RecA 蛋白酶活性,会导致抑制蛋白质 LexA 失效。在每一个世代中,都只有千分之一到万分之一细胞中的 ColE1 质粒的 cea 和 kil 基因被诱导合成大肠杆菌素,并造成自身及周围无 ColE1 质粒的细胞的死亡。但是,合成大肠杆菌素的细胞自身的死亡是由于 kil 基因控制的溶菌效应所致,而与大肠杆菌素的合成无关。因为实验表明,从 $kil^{-}imm^{+}cea^{+}$的 ColE1 质粒诱导产生的大肠杆菌素,并不会使自身细胞致死。带有 ColE1 质粒的大肠杆菌细胞,所具备的抗御外源大肠杆菌素致死的能力,是由该质粒编码的免疫基因(imm)提供的。

3. pBR322 质粒载体

为改进转化子筛选技术,有必要用人工的方法构建一种既带有多种抗药性的强选择记号、又具有低分子量、高拷贝、以及外源 DNA 插入不影响复制功能的多种核酸内切限制酶单切割位点等优点的新的质粒载体。目前,在基因克隆中广泛使用的 pBR322 质粒,就是按这种设想构建的一种大肠杆菌质粒载体。

pBR322 质粒是按照标准的质粒载体命名法则命名的。“p”表示它是一种质粒;而“BR”则是分别取自该质粒的两位主要构建者 F. Bolivar 和 R. L. Rodriguez 姓氏的头一个字母,“322”系指实验编号,以与其它质粒载体如 pBR325、pBR327 及 pBR328 等相区别。当然,“BR”恰好与“细菌抗药性”(bacterial resistance)两个词的第一个英语字母等同,所以有不少作者认为 pBR322 中的“pBR”是“细菌抗药性质粒”的英语缩写。这显然是一种容易使人信以为真的猜测,而事实上只是一种有趣的巧合。

(1) pBR322 质粒载体的构建

pBR322 质粒的亲本之一是 pMB1 质粒。当初之所以对这种质粒感兴趣,是因为它的分子量较小,分子长度仅为 8.3kb,并携带着决定对氨苄青霉素抗性的基因,以及控制 EcoRI 限制-修饰体系的基因,而且同另一种天然质粒 ColE1 又十分相似。

pBR322 质粒上的氨苄青霉素抗性基因(amp^{r})是取自于 pSP2124 质粒。关于这个质粒的来源可追溯到 1963 年,那时在英国的伦敦从沙门氏菌中分离出了一种叫做 R7268 的质粒,这个质粒后来又重新命名为 R1 质粒,它带有一个 amp^{r} 基因。R1 质粒的一种变异体 R1drd19,带有五种抗药性基因:amp^{r}、cml^{r}、str^{r}、sul^{r}、kan^{r}。位于 R1drd19 质粒上的易位子 Tn3,编码有对氨苄青霉素抗性的 β-内酰胺酶基因,即氨苄青霉素抗性基因 amp^{r}。在一次独立进行的实验中,将 R1drd19 质粒同 ColE1 质粒共培养在同样的细菌细胞中,致使在这 2 个质粒之间发生了体内易位作用,易位子 Tn3 便从 R1drd19 质粒易位到 ColE1 质粒。由此产生的新质粒 pSF2124 也是 pBR322 质粒的亲本之一,它同时带有控制大肠杆菌素 E1 合成的基因和氨苄青霉素抗性基因,对 BamHI 和 EcoRI 两种限制酶都只有一个识别位点,而且在这 2 个位点上插入外源 DNA 都不会影响氨苄青霉素抗生记号的活性。

在 pBR322 质粒载体的构建过程中(图 4-21)的一个重要目标是缩小基因组的体积,这就需要从质粒 DNA 上移去一些对基因克隆载体无关紧要的 DNA 片段,同时也伴随着消除掉若干个对 DNA 克隆无用的限制酶识别位点。得到了其基因组体积变小的质粒之后,我们还要设法使质粒内存在的任何易位子统统失去功能。易位子的转移(即易位)经常伴随发生缺失作用,这种缺失可以从易位子内部开始一直延伸到它外部的两边侧翼序列。在克隆载体内发生任何这类事件,都是十分讨厌的。因为易位作用的结果有可能导致选择记号的丧失,甚至也有可能使克隆的 DNA 片段丧失或重排。DNA 片段从一个复制子转移到另一个复制子,这种现象同样也是不希望发生的,因为这有可能为潜在的危险性基因从实验室内部逃逸到周围环境提供一条途径。但围绕在易位子两侧的重复序列内部的缺失,则会使这种序列失去易位的能力。

现在普遍使用的大多数质粒载体的复制子,都是来源于 pMB1 质粒。构建 pBR322 质粒的第一步是,在体内将 R1drd19 质粒的易位子 Tn3 易位到 pMB1 质粒上,形成大小为 13.3kb 的质粒 pMB3。这种体积对作为克隆载体来说仍然是大了一些。为了缩小 pMB3 质粒的体积,又要保留它的复制起点、选择记号以及对大肠杆菌素 E1 的免疫性,可在 EcoRI* 活性条件下消化 pMB3 质粒。所谓 EcoRI* 活性,是指在一些特定的体外环境中,比如高盐或含锰离子的溶液中,EcoRI 的正常动力学特性受到了干扰,此时它不需要 5′-GAATTC-3′这段完整的识别序列,而只需要其中的 4 个核苷酸即 5′-AATT-3′核心序列,就能进行切割。由这种切割所产生的 EcoRI AATT 粘性末端能够重新连接起来形成环状分子。然后把这些分子导入大肠杆菌,其中只有具质粒复制起点的分子才能成功地转化大肠杆菌细胞。因此这样便可能挑选到失去了 EcoRI* 片段的重组体。这样的重组体之一命名为 pMB8 质粒,分子大小为 2.6kb,它仅带有对大肠杆菌素 E1 免疫性基因及 EcoRI 单一识别位点,但失去了对氨苄青霉素的抗性。

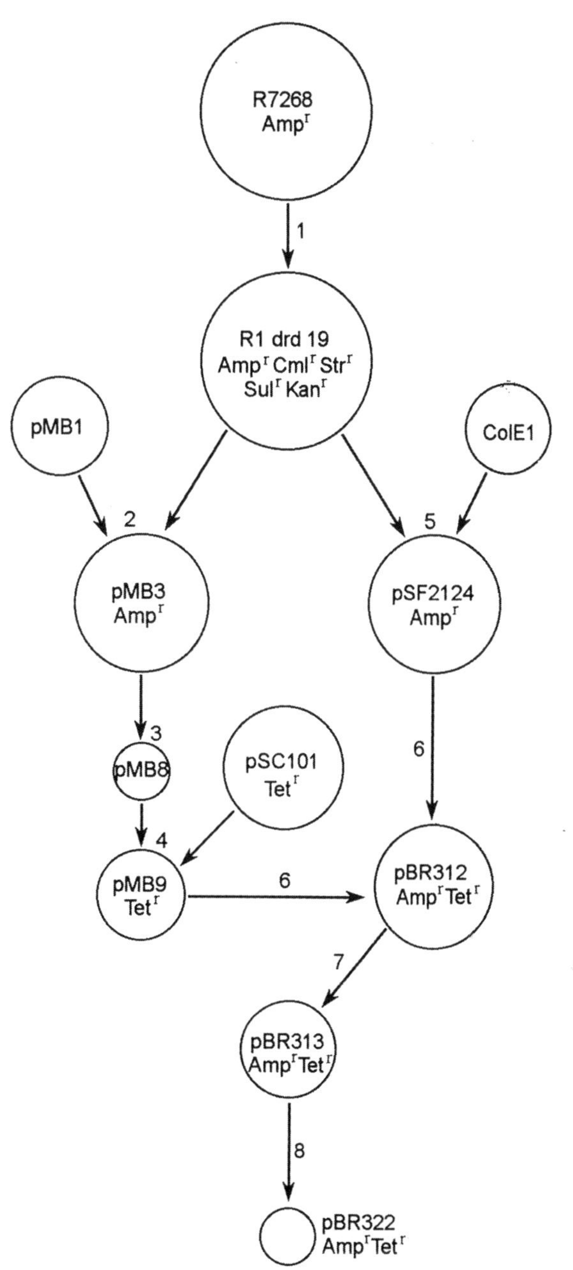

图 4-21 pBR322 质粒载体的构建过程

Amp^r=氨苄青霉素抗性;Cml^r=氯霉素抗性;Str^r=链霉素抗性;Sul^r=磺胺抗性;Kan^r=卡那霉素抗性;Tet^r=四环素抗性

接着,设法将带有抗药性的 DNA 片段导入 pMB8 质粒。在 EcoRI* 活性条件下切割

pSC101 DNA，然后同已经加入 EcoRI 的 pMB8 DNA 连接，结果便首次实现了将来自 pSC101 质粒的含四环素抗性基因（tet^r）的 DNA 片段导入 pMB8 质粒。在这样的实验中分离出了一个 5.3kb 的重组质粒 pMB9，它获得了 ColE1 质粒的复制特性，并含有对大肠杆菌素 E1 免疫性基因和四环素抗性基因（tet^r），又具有 EcoRI 限制酶的单一识别位点，因此已被广泛地用作基因克隆载体。

pMB9 质粒还具有 HindIII、BamHI 和 SalI 等三种限制酶的单切点，不过在这 3 个位点插入外源 DNA 都会导致 tet^r 记号的失活，而对大肠杆菌素 E1 的免疫性又不是一种特别好的选择记号。为了能够利用位于四环素抗性基因中的这 3 个单一识别位点来克隆外源的 DNA，同时又能利用 有抗菌素抗性的强选择记号，人们便设法将氨苄青霉素抗性基因（amp^r）导入 pMB9 质粒。其办法是将 pMB9 和 pSF2124 两种质粒共培养在同一种细菌细胞中，使 Tn3 易位子从 pSF2124 质粒易位到 pMB9 质粒。易位的结果形成了既抗氨苄青霉素（amp^r）又抗四环素（tet^r）的双重抗性的重组质粒 pBR312，其分子大小为 10.2kb。由于 Tn3 易位子也有一个 BamHI 限制酶的识别位点，因此所形成的这种双重抗药性的 pBR312 质粒就不再具 BamHI 限制酶单一识别位点的结构。为了除去这个多余的位于 Tn3 易位子上的 BamHI 识别位点，将 pBR312 质粒作 EcoRI* 消化，然后将消化的片段再连接起来，产生出一种分子大小为 8.8kb 的质粒 pBR313。这个质粒只剩下一个 BamHI 识别位点，它是位于tet^r基因中。外源的DNA插入这个BamHI位点或HindIII及SalI位点，都会造成tet^r

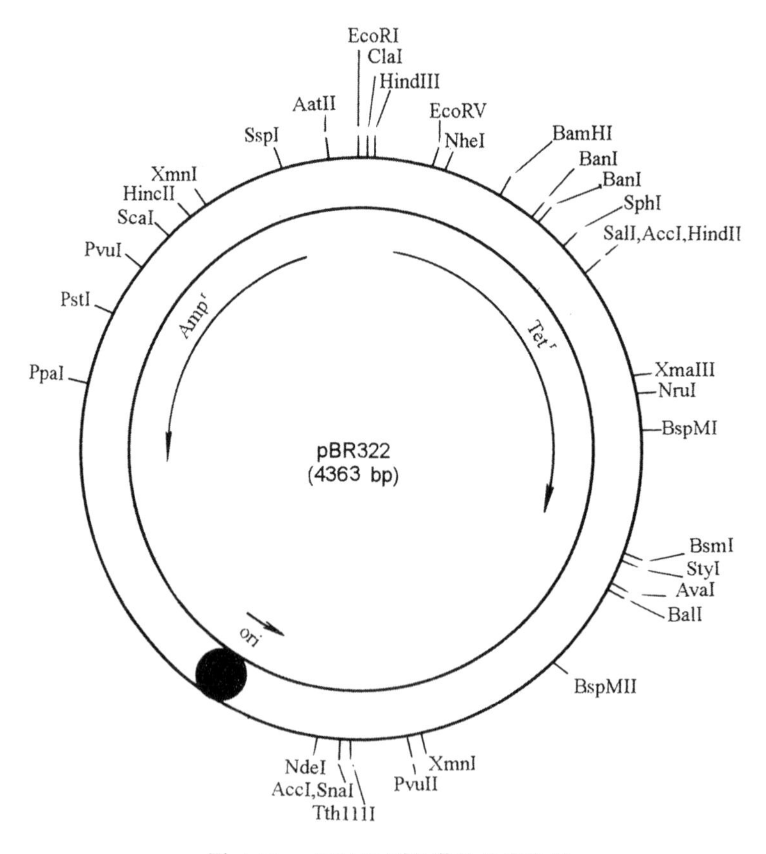

图 4-22　pBR322 质粒载体的形体图

基因失活，而 amp^r 基因则仍然保留着功能活性。由于易位子 Tn3 上的 BamHI 位点的序列片段已经缺失，所以 amp^r 基因就不再能够易位到别的附加体上。

构建 pBR322 质粒的最后阶段，是从 pBR313 质粒上除去两个 PstI 位点，形成具 Amp^{s}Tet^r 表型的质粒 pBR318；同时将 pBR313 质粒的 EcoRII 片段去掉，形成具 Amp^{r}Tet^s 表型的质粒 pBR320。然后再将这 2 个都是来源于 pBR313 的派生质粒的酶切消化片段在体外重组，便产生出了分子量进一步缩小的 pBR322 质粒(图 4-22)。

由此可见，构建 pBR322 质粒的关键性的步骤是，通过体内易位或体外重组加入可选择的抗药性记号，同时设法除去非必要的区段以降低分子量。

(2) pBR322 质粒载体的优点

从上节关于 pBR322 质粒详细构建过程，可以知道它是由三个不同来源的部分组成的：第一部分来源于 pSF2124 质粒易位子 Tn3 的氨苄青霉素抗性基因(amp^r)；第二部分来源于 pSC101 质粒的四环素抗性基因(tet^r)；第三部分则来源于 ColE1 的派生质粒 pMB1 的 DNA 复制起点(ori)(图 4-23)。

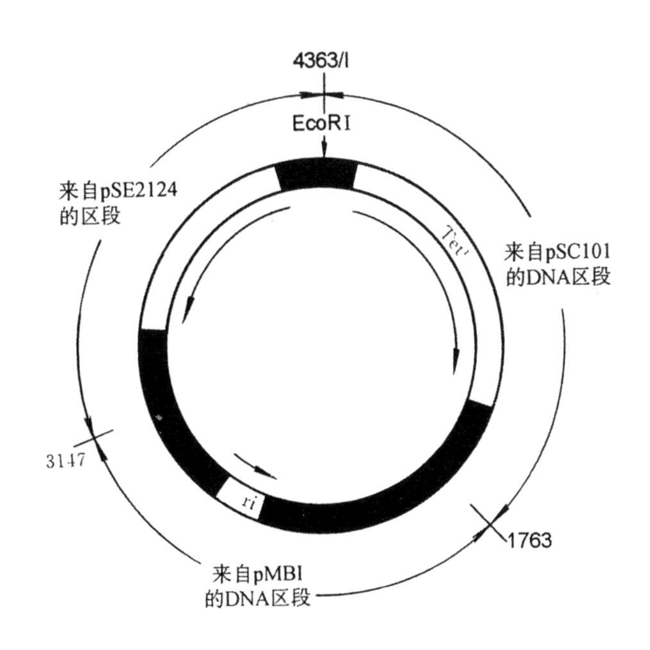

图 4-23 pBR322 质粒载体的结构来源

pBR322 质粒载体的第一个优点是具有较小的分子量。为了方便起见，大家统一规定 pBR322 质粒 DNA 分子核苷酸的计数从 EcoRI 限制酶的识别位点开始，并公认该序列…GAA<u>T</u>TC…中的第一个 T 为核苷酸 1(图 4-23)，然后沿着从 tet^r 基因到 amp^r 基因按顺时针方向顺序计数。最初认为 pBR322 质粒 DNA 分子长度为 4 362bp，但后来的工作证明，原来的序列分析工作中，于四环素抗性基因内的第 526 碱基对的位置上少统计了一个 CG 碱基对，因此 pBR322 质粒 DNA 分子的正确长度应是 4 363bp。经验表明，为了避免在 DNA 的纯化过程中发生链的断裂，克隆载体的分子大小最好不要超过 10kb。pBR322 质粒这种小分子量的特点，不仅易于自身 DNA 的纯化，而且即便克隆了一段大小达 6kb 的外源 DNA

之后，其重组体分子的大小也仍然在符合要求的范围之内。根据 pBR322 质粒 DNA 的碱基序列结构图，可以详尽地标定出有关的核酸内切限制酶识别位点的分布情况。据此，任何 2 个识别位点之间的距离的长度都可以准确地计算出来，这样便可以为其它未知的 DNA 片段长度的测定提供相应的标准分子量。

pBR322 质粒载体的第二个优点是，具有两种抗菌素抗性基因可供作转化子的选择记号。现在已知总共有 24 种核酸内切限制酶对 pBR322 DNA 分子都只具有单一的识别位点。其中有 7 种限制酶，即 EcoRV、NheI、BamHI、SphI、SalI、XmaIII 和 NruI，它们的识别位点是位于四环素抗性基因内部，另外有 2 种限制酶即 ClaI 和 HindIII 的识别位点是存在于这个基因的启动区内，在这 9 个限制位点上插入外源 DNA 都会导致 tet^r 基因的失活；还有 3 种限制酶(ScaI、PvuI 和 PstI)在氨苄青霉素抗性基因(amp^r)内具有单一的识别位点，在这个位点插入外源 DNA 则会导致 amp^r 基因的失活。这种因 DNA 插入而导致基因失活的现象，称之为插入失活效应(图 4-24)。

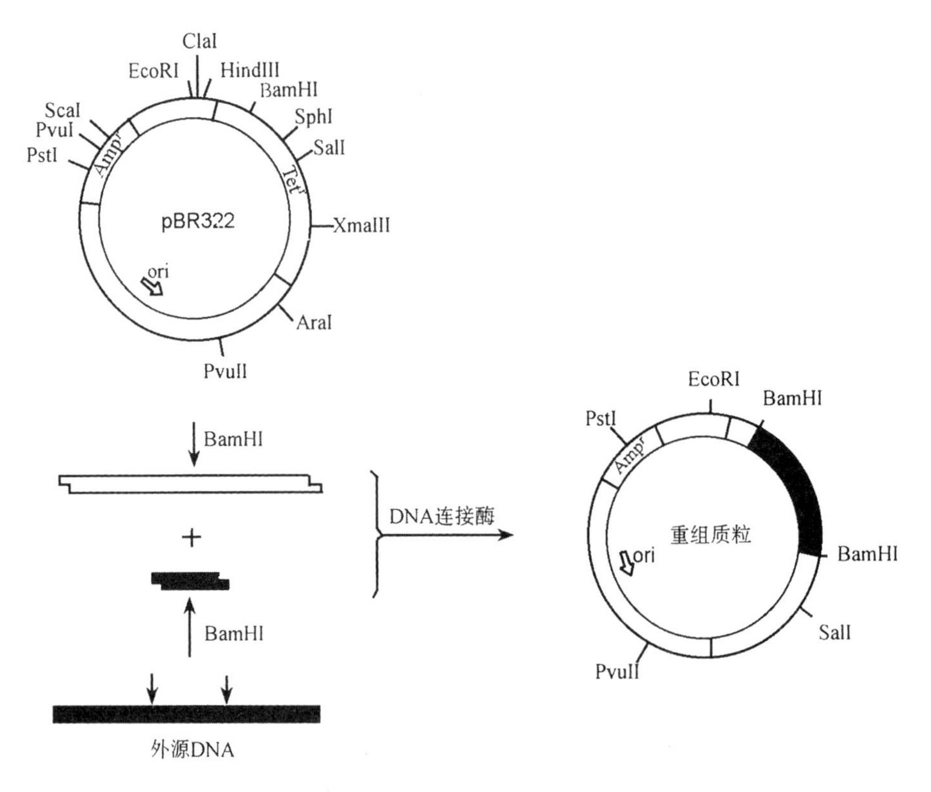

图 4-24 pBR322 质粒载体 tet^r 基因的插入失活效应

质粒 DNA 编码的抗菌素抗性基因的插入失活效应，是检测重组体质粒的一种十分有用的方法。例如，将外源 DNA 片段克隆在 pBR322 质粒的 BamHI 或 SalI 位点上，由于阻断了 tet^r 基因编码序列的连续性，而使其失去活性，结果便产生出了具有 Amp^rTet^s 表型的重组的 pBR322 质粒。将这样的重组质粒转化给野生型的(Amp^sTet^s)的大肠杆菌细胞，并涂布在含有氨苄青霉素的选择性培养基平板上。那么存活下来的菌落都将具有 Amp^r 的表型，因此它们也必定是获得了编码有这种抗性基因的质粒的转化子克隆。但在这些 Amp^r 表型的转化子克隆中，有一部分具有 Tet^r 表型，另一部分具有 Tet^s 的表型。只要将它们涂布在含四环素的选择性培养基平板上，就可以迅速地辨别出它们到底属于什么表型。因为在 tet^r 基因内没有插入外源 DNA 片段的 pBR322 质粒，其 tet^r 基因是有活性的，由它转化来的 Amp^r 转化子菌落就应该是 Tet^r 的表型，所以 Amp^rTet^s 表型的细胞所携带的 pBR322，必定是在其 tet^r 基因上插入了外源 DNA 的 pBR322 派生的重组质粒。

再如，在 PstI 或 ScaI 位点插入外源 DNA 会导致 amp^r 基因的失活，产生 Amp^sTet^r 表型的质粒。用这种 pBR322 派生质粒转化大肠杆菌细胞，获得了 Amp^sTet^r 重组质粒的转化子，可以比较快地鉴定出来。其依据是 Amp^r 表型的细胞合成的 β-内酰胺酶，使青霉素转变成青霉酮酸，而这种青霉酮酸可以同碘结合。在含有可溶性淀粉和四环素的富裕培养基中选择转化子，经 37℃培养过夜之后，在此培养基平板中加入少量的指示剂碘溶液，那么产生青霉素 β-内酰胺酶的 Amp^r 菌落，其周围的碘指示剂溶液显得清亮，而那些 Amp^s 菌落则无此反应。

pBR322 质粒载体的第三个优点是，具较高的拷贝数，而且经过氯霉素扩增之后，每个细胞中可累积 1000～3000 个拷贝。这就为重组体 DNA 的制备提供了极大的方便。

(3) pBR322 质粒载体的改良

从生物防护的安全角度考虑，我们不但要使克隆载体内的易位子失去易位的能力，而且也不希望克隆载体具有接合转移的功能。因此，如果克隆的载体能够通过接合作用从一个细菌寄主转移到另一细菌寄主，那么在这种情况下，万一发生寄主细胞从实验室逃逸出去的事故，有害的基因就有可能随着质粒的转移而传播开来。pBR322 质粒基因组的 mob 基因已经缺失，不可能被可转移的质粒所迁移，因此它是安全载体。然而，如果有第三种质粒例如 ColK 质粒的参与，pBR322 质粒同样也能够被迁移。这是因为 pBR322 质粒虽然失去了迁移蛋白质(mob)基因，却仍保留着这种蛋白质的作用位点。因此，在 F、ColK 和 pBR322 三种质粒共存的情况下，由 ColK 质粒编码产生的迁移蛋白质可作用于 pBR322 质粒的 bom 位点，并通过 F 质粒提供的转移装置而迁移。现在已构建了若干种缺失了 bom 位点(有时也称 nic 位点)的 pBR322 的派生质粒，例如 pBR327 和 pAT153。这些派生质粒依然具有 amp^r 和 tet^r 基因，但已不能发生迁移作用，比 pBR322 质粒具有更高的安全防护保障。

我们前面已经讲过的，插入失活作用是检测形成重组质粒分子的一种常用而有效的手段。然而令人遗憾的是，应用 pBR322 的 EcoRI 位点克隆外源的 DNA 却不会发生插入失活的现象。众所周知，EcoRI 是基因克隆中最常用的最有效的限制酶之一。针对这一缺陷，已经构建了两种在其选择记号上具有 EcoRI 限制酶单一识别位点的 pBR322 派生质粒。第一个这种派生质粒是分子大小为 9.1kb 的 pBR324，它是由带有大肠杆菌素 E1 的结构基因(cea)和免疫基因(imm)的 pMB9 质粒的 HindII 片段，克隆在 pBR322 质粒的 EcoRI 位点上形成的。在片段的连接过程中，pBR322 质粒 EcoRI 位点被破坏了，只留下 ColE1 结构基因上的唯一的 EcoRI 位点；同时通过突变作用消除掉 ColE1 上的一个 SmaI 识别位点，只留下另一个 SmaI 识别位点。因此，pBR324 质粒对于克隆由 EcoRI 和 SmaI 限制酶所产生的 DNA 片段是十分有用的，并使我们可以十分容易地选择出由这两种限制酶所产生的 DNA 片段。第二个是 pBR325 质粒，它带有一个可用作选择记号的氯霉素抗性基因(cml^r)，这个基因是位于转导噬菌体 PICm 的 HaeII 片段上。将这个片段同已经用 S1 酶处理而移去了粘性末端的 pBR322 质粒的 EcoRI 片段连接，结果便破坏了这个核酸内切限制酶识别序列的结构，从而在重组质粒 pBR325 分子上只留下一个位于 cml^r 基因中的 EcoRI 单一识别位点。因此，pBR325 质粒 cml^r 基因 EcoRI 位点的插入失活作用，可以用来鉴定在该位点具有外源 DNA 插入的重组体质粒。含有这种质粒的寄主细胞应具有 $Amp^rTet^rCml^s$ 的表型。

现在广泛使用的另一种克隆载体 pAT153，也是由 pBR322 派生来的。实验发现，从 ColE1 质粒上移去一个 HaeII 片段之后，所形成的派生质粒在大肠杆菌细胞中的拷贝数便会增加 5～7 倍。根据这种事实，从 pBR322 质粒上移去了相应的 HaeII 片段产生的派生质粒 pAT153，其拷贝数也比亲本质粒 pBR322 的增加 1.5～3 倍。这虽然同缺失 HaeII 片段的 ColE1 派生质粒的情况相距甚远，其拷贝数增加有限，但 pAT153 仍然是一种十分有用的质粒载体。仅就生物防护能力而言，pAT153 就要比 pBR322 优越得多。我们知道 pBR322 虽是不能够自我转移的非接合型质粒，然而在有 F 质粒和 ColK 质粒存在的条件下，仍可以 10^{-1}的频率发生迁移。而 pAT153 质粒则不同，由于在构建过程中失去了包含 bom 位点在内的 HaeII 片段，故此它是不能被迁移的，从而为我们提供了具备生物防护保障的安全载体。

(4) 应用 pBR322 质粒作为基因克隆载体的实例——水稻叶绿体光诱导基因 psbA 的结构分析

光诱导的水稻叶绿体 psbA 基因，编码一种分子量 32×10^3dal 的类囊体膜蛋白。这种蛋白质起初叫做 D1 蛋白质，现在定名为 Q_β 蛋白质。它是光合作用系统 II(PSII)的次级稳定的电子受体(second stable electron acceptor)，而且是处于 PSII 的反应中心。

除了参与 PSII 电子转运的调节作用之外，Q_β 蛋白质还是除草剂阿特拉津(atrazine)的体内结合受体。研究发现，在高等植物的 Q_β 蛋白质的氨基酸序列中，若其第 264 位的氨基酸发生了取代反应，由丝氨酸变成甘氨酸(Ser→Gly)，就会阻断除草剂阿特拉津的结合作用。据推测，这很可能是由于该蛋白质的三维结构发生变化的缘故。同样也已发现，在原生生物衣藻和蓝色细菌(cyanobacteria)中，Q_β 蛋白质氨基酸序列的同一个位置上发生由丝氨酸变为丙氨酸(Ser→Ala)的取代反应，也会使它们获得对除草剂阿特拉津的抗性功能。

同时也有实验表明，在非竞争性的条件下，对除草剂阿特拉津抗性的千里光属(*Senecio*)和苋属(*Amaranthus*)植物，其干物质产量比敏感植物的分别下降了 25%和 40%。这种低产性究竟是由于在 psbA 基因的第 264 位氨基酸密码子发生了变化造成的，还是由其它因素引起的，无疑是十分有趣的问题。

显然，通过对野生型 psbA 基因体外操作，有可能创造出抗除草剂的或高光效的转基因的植株。为此我们应用 pBR322 质粒作载体，首先成功地克隆到了水稻(*Oryza sativa* L.)叶绿体的 psbA 基因，并进行了有关其 DNA 序列结构方面的分析研究。

取水稻叶绿体 DNA，用 EcoRI 核酸内切限制酶消化之后，加在含有溴化乙锭的低熔点(LMP)的 1%琼脂糖凝胶中作电泳分部分离。从 LMP 胶中分离出分子大小范围为 1.8～2.5kb之间的 DNA 片段，与同样经过了 EcoRI 核酸内切限制酶切割并用碱性磷酸酶作了脱磷酸处理的 pBR322 DNA 连接。然后将混合物转化给大肠杆菌 5346 菌株，并生长在氨苄青霉素选择平板上，形成 Amp^r 转化子菌落群体。这样便构成了由 EcoRI 核酸内切限制酶切割的水稻叶绿体 DNA 基因组基因文库。

Amp^r 转化子菌落同^{32}P 放射性标记的玉米 psbA DNA 探针作菌落杂交。结果从 1000 多个菌落中筛选出 8 个阳性克隆。由它们当中分离出来的重组体质粒 DNA，经进一步的 Southern 杂交分析表明，有 6 个带有长度为 2.2kb 的编码着水稻叶绿体 psbA 基因的插入片段。并且将从菌落 No.1 分离出来的这种 pBR322 重组质粒命名为 pOSpsba1(图 4-25)。

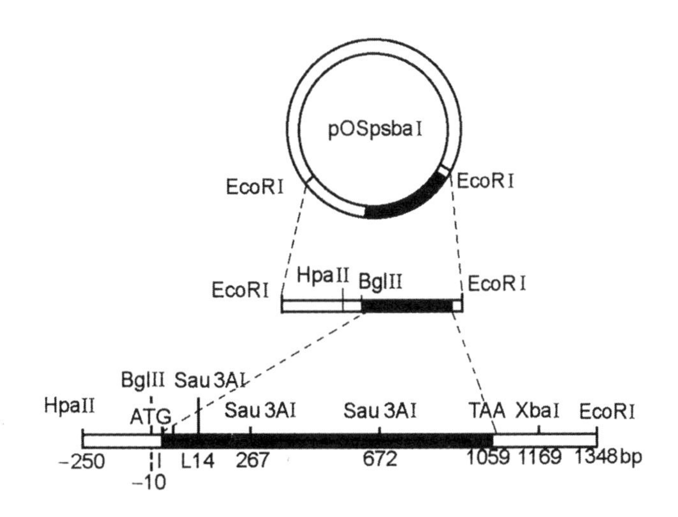

图 4-25　pOSpsba1 质粒的形体图及水稻 psbA 基因的限制图

从上图所示的重组质 pOSpsba1 的形体图可以看出，长度为 1.2kb 的 BglII-EcoRI 片段，实际上编码着水稻叶绿体基因 psbA 的全序列。根据 DNA 序列分析表明，这个光诱导基因编码区的核苷酸序列同其它高等植物之间的同源性约为 92%，而同蓝色细菌的同源性则为 75%左右。

4. pUC 质粒载体

在早期，有关 pBR322 质粒载体的改良工作主要集中于降低分子量、增加核酸内切限制酶的单识别位点和抗菌素抗性选择记号，以及克服接合转移能力等方面。例如，pBR325 质粒增加了其内部具有 EcoRI 单识别位点的氯霉素抗性基因，pBR327 质粒不仅体积缩小了 1089bp，拷贝数也增加到 30～35 个，而且还失去了被迁移的功能，因此具有更高的安全性。从原则上讲，每一种这样质粒载体的构建过程都与 pBR322 的十分类似，故不再赘述。

不久以前，由于使用了多克隆位点(multiple cloning sites, MCS)技术，从而极大地简化了 pBR322 质粒载体的改造过程。常用的 pUC 载体就是一种有代表性的例子，它们是在 pBR322 质粒载体的基础上，组入了一个在其 5′-端带有一段多克隆位点的 lacZ′ 基因，而发展成为具有双功能检测特性的新型质粒载体系列。

(1) pUC 质粒载体的结构

此类质粒载体之所以取名为 pUC，是因为它是由美国加利福尼亚大学(University of California)的科学家 J. Messing 和 J. Vieria 于 1987 年首先构建的。一种典型的 pUC 系列的质粒载体，包括如下四个组成部分：(i)来自 pBR322 质粒的复制起点(ori)；(ii)氨苄青霉素抗性基因(amp^r)，但它的 DNA 核苷酸序列已经发生了变化，不再含有原来的核酸内切限制酶的单识别位点；(iii)大肠杆菌β-半乳糖酶基因(lacZ)的启动子及其编码α-肽链的DNA序列，此结构特称为lacZ′基因；(iv)位于lacZ′基因中的靠近5′-端的一段多克隆位点(MCS)区段，但它并不破坏该基因的功能(图4-26)。

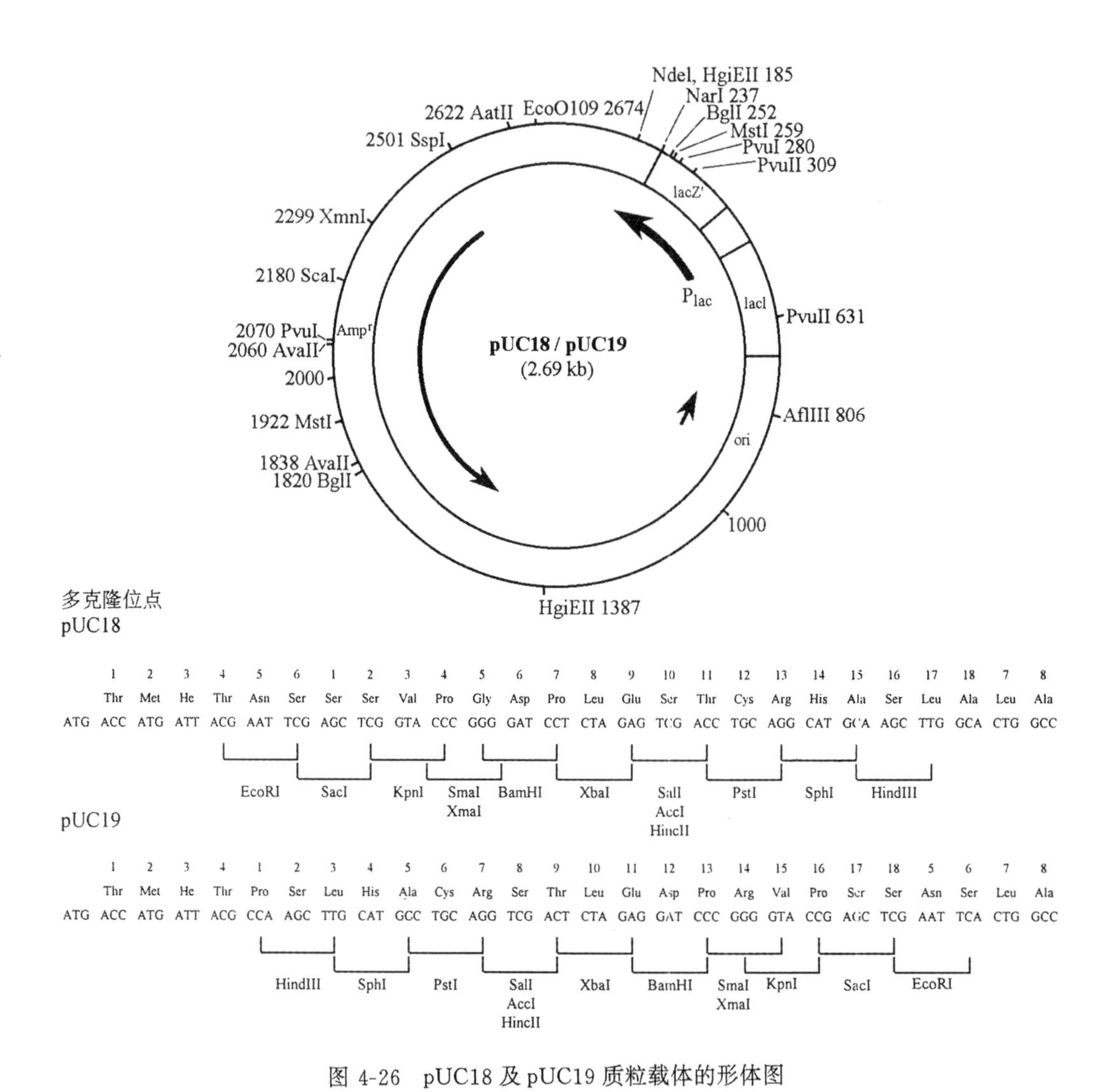

图4-26　pUC18及pUC19质粒载体的形体图

这是一种小分子量高拷贝的大肠杆菌质粒载体。多克隆位点MCS序列中含有EcoRI、SacI、KpnI、SmaI、XmaI、BamHI、XbaI、SalI、AccI、HincII、PstI、SphI、HindIII等单一识别位点。pUC18与pUC19相比，两者的差别仅仅在于多克隆位点的插入方向彼此相反。在pUC18中，EcoRI位点紧挨于P_{lac}下游；在pUC19中，HindIII位点紧挨于P_{lac}下游

pUC7是最早构建的一种pUC质粒载体。它是由编码有amp^r基因的pBR322质粒的EcoRI-PvuII片段，和包括大肠杆菌lacZ基因α序列在内的lac操纵子的HaeII片段构成的。为了使在lacZ基因的α序列中能有几个完全有用的克隆位点，首先必须对pBR322质粒的这个片段进行改建，以便除去一些限制酶的识别位点。这些改建步骤包括按照在M13

载体改建中使用过的类似的方法，用乙基甲磺酸(ethyl methane sulfonate)和羟胺(hydroxylamine)引发体内突变，除去 PstI 和 HincII 两个限制酶的识别位点，然后再用体外缺失突变技术，除去 AccI 限制酶识别位点。结果使 pUC7 质粒载体对限制酶 PstI、HincII 和 AccI 都只具有一个唯一的克隆位点，而且都是位于 lacZ 基因的 α 序列内。

后来，在 pUC7 质粒载体的基础上又进一步构建了 pUC8 和 pUC9 两种质粒载体。在它们的 lacZ α 序列内，具有一段相反取向的多克隆位点序列(MCS)，而且分别同 M13mp8 和 M13mp9 噬菌体载体的相应部分完全相同。由于具有这样的特点，我们便能够把双酶消化产生的限制片段，以两种相反的取向分别克隆在 pUC8 和 pUC9 质粒载体上。此外，pUC12、pUC13、pUC18 及 pUC19 等质粒载体，除了在 lacZ α 序列上含有其它的克隆位点之外，它们也都具有与 pUC7 质粒类似的特性。这些质粒载体分别与相应的 M13mp 噬菌体载体具有相同的 lacZα 序列。这两种载体系列之间在分子结构上存在的这种相互对应的关系，为在它们两者之间转移插入的外源 DNA 片段提供了很大的方便。

pUC 质粒载体中的 MCS 区段，与 M13mp 噬菌体载体的相同(见第五章)，是一段特殊设计的具有许多种不同的核酸内切限制酶单识别位点的 DNA 短序列。lacZ′基因编码的 α-肽链是 β-半乳糖苷酶的氨基末端的短片段，它同失去了正常氨基末端的 β-半乳糖苷酶突变体互补时，便会产出有功能活性的 β-半乳糖苷酶分子。因此，当 pUC 质粒载体转化了染色体基因组存在着此种 β-半乳糖苷酶突变的大肠杆菌细胞之后，便会出现具有功能活性的 β-半乳糖苷酶的累积。于是，便可以应用 Xgal-IPTG 显色技术(见第五章)检测转化子。由于在正常情况下，任何插入到 MCS 的外源 DNA 片段，都会阻断 α-肽链的合成，因此含有重组质粒载体的克隆是无色的，它可以与含有非重组质粒载体的克隆形成的蓝色“背景”明显地区别开来。

(2) pUC 质粒载体的优点

与 pBR322 质粒载体相比，pUC 质粒载体系列具有许多方面的优越性，是目前基因工程研究中最通用的大肠杆菌克隆载体之一。下面以 pUC8 质粒载体为例，其优点概括起来有如下三个方面：

第一，具有更小的分子量和更高的拷贝数　在 pBR322 基础上构建 pUC 质粒载体时，仅保留下其中的氨苄青霉素抗性基因及复制起点，使其分子大小相应地缩小了许多，如 pUC8 为 2 750bp，pUC18 为 2 686bp。同时，由于偶然的原因，在操作过程中使 pBR322 质粒的复制起点内部发生了自发的突变，导致 rop 基因的缺失。由于该基因编码的共 63 个氨基酸组成的 Rop 蛋白质，是控制质粒复制的特殊因子，因此它的缺失使得 pUC8 质粒的拷贝数比带有 pMB1 或 ColE1 复制起点的质粒载体都要高得多，不经氯霉素扩增，平均每个细胞即可达 500～700 个拷贝。所以由 pUC8 质粒重组体转化的大肠杆菌细胞，可获得高产量的克隆 DNA 分子。

第二，适用于组织化学方法检测重组体　pUC8 质粒结构中具有来自大肠杆菌 lac 操纵子的 lacZ′基因，所编码的 α-肽链可参与 α-互补作用。因此，在应用 pUC8 质粒为载体的重组实验中，可用 Xgal 显色的组织化学方法一步实现对重组体转化子克隆的鉴定。而应用 pBR322 质粒作克隆载体，其重组体转化子克隆的选择则需经过两个步骤，即还需从头一种抗性平板转移到另一种抗性平板。由此可见，使用 pUC8 质粒载体进行基因克隆要比

pBR322 节省时间。

第三，具有多克隆位点 MCS 区段　pUC8 质粒载体具有与 M13mp8 噬菌体载体相同的多克隆位点 MCS 区段，它可以在这两类载体系列之间来回“穿梭”。因此，克隆在 MCS 当中的外源 DNA 片段，可以方便地从 pUC8 质粒载体转移到 M13mp8 载体上，进行克隆序列的核苷酸测序工作。同时，也正是由于具有 MCS 序列，可以使具两种不同粘性末端(如 EcoRI 和 BamHI)的外源 DNA 片段，无需借助其它操作而直接克隆到 pUC8 质粒载体上。

5. 其它重要的质粒载体

(1) 丧失迁移功能的质粒载体

前面已提到 pBR327 是一种从 pBR322 改建而来的丧失了迁移能力的高拷贝数的大肠杆菌质粒载体，其分子大小为 3 273bp，比 pBR322 缺失了一条 1 090bp 的 DNA 片段。这种缺失导致了此质粒在复制和接合性能方面发生了改变，但编码氨苄青霉素抗性和四环素抗性的两种基因的序列仍保持完整(图 4-27)。pBR327 质粒载体具有如下主要特点：

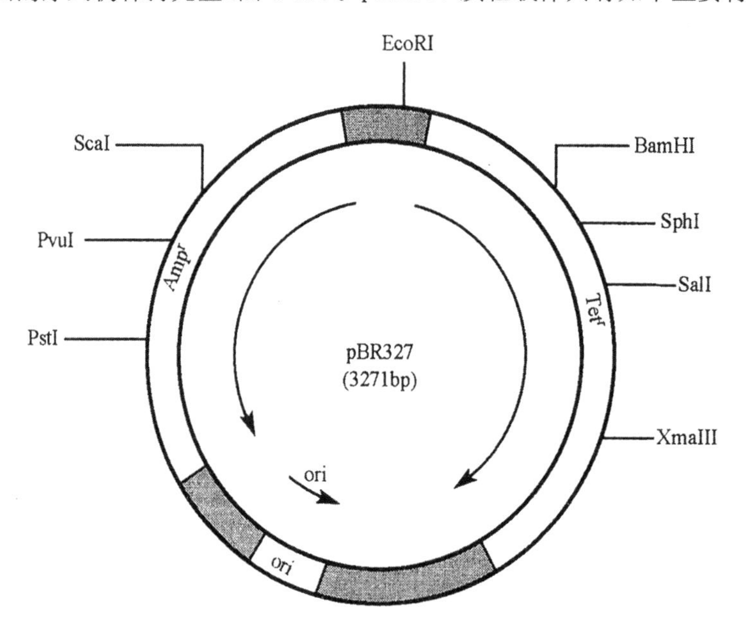

图 4-27　丧失迁移功能的 pBR327 质粒载体的形体图
图中仅示出了两个抗性记号、复制起点及少数几个限制位点的位置

第一，拥有较高水平的拷贝数，平均每个大肠杆菌寄主细胞可达 30～45 份。虽然这个特点与制备质粒 DNA 的终产量并没有多大的关系，众所周知这两种质粒都可通过氯霉素扩增技术，使其拷贝数上升到 1000 份以上，然而在未经扩增处理的正常的大肠杆菌寄主细胞中，具有高拷贝数的 pBR327 质粒载体，则显然更加适合于用作有关克隆基因功能方面的研究。因为在这类的研究工作中，基因的剂量是十分重要的条件。毫无疑问，实验选用的质粒载体的拷贝数越高，克隆其中的目的基因的 DNA 剂量也就相应地增多，于是也就易于检测到它对寄主细胞的生物学效应。因此，在有关克隆基因的功能研究方面，像 pBR327 这样的高拷贝的质粒载体应是更佳的选择。

第二，失去了 bom 位点，即便在共存的 F 质粒提供转移装置的条件下，也不可能发生迁移作用。这样，就可以避免重组的 pBR327 质粒载体分子，从实验室试管中或是偶尔不慎而被感染的实验操作者的肠道定居细菌(colonizing bacteria)中，逃逸到周围环境中去。而 pBR322 则不然，从理论上讲它仍有可能通过接合作用进入到天然的大肠杆菌群体中去。尽管由于采取了严格的防范措施，使发生机会的可能性降低到了最低限度。但从基因工程的安全防范角度考虑，尤其是在克隆有害基因的实验中，pBR327 克隆载体显然具有更高的安全防范系数。

(2) 能在体外转录克隆基因的质粒载体

pGEM-3Z 是一种与 pUC 系列十分类似的小分子的质粒载体。在其总长度为 2 743bp 的基因组 DNA 中，编码有一个氨苄青霉素抗性基因和一个 lacZ′ 基因。在后者还插入了一段含有 EcoRI、SacI、KpnI、AvaI、SmaI、BamHI、XbaI、SalI、AccI、HincII、PstI、 SphI 和 HindIII

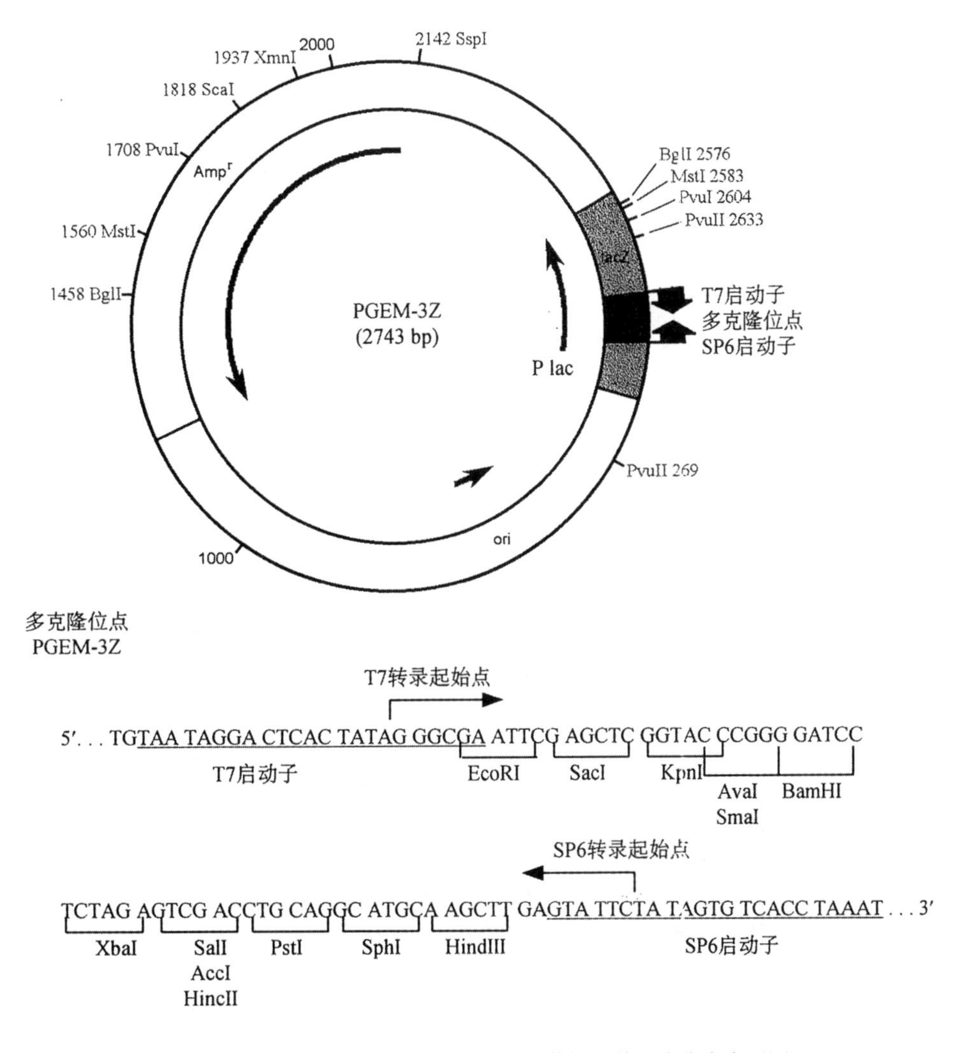

图 4-28 pGEM-3Z 和 pGEM-4Z 质粒载体及其克隆位点序列图

等识别序列的多克隆位点(MCS)。此序列结构几乎与 pUC18 克隆载体的完全一样。

pGEM-3Z 与 pUC 质粒载体之间的主要差别是,它具有两个来自噬菌体的启动子,即 T7 启动子和 SP6 启动子,它们为 RNA 聚合酶的附着作用提供了特异性的识别位点。由于这两个启动子分别位于 lacZ′基因中多克隆位点区的两侧(图 4-28),故若在反应试管中加入纯化的 T7 或 SP6 RNA 聚合酶,那么克隆的外源基因便会转录出相应的 mRNA。质粒载体 pGEM-3Z 和 pGEM-4Z 在结构上基本相似,两者之间的差别仅仅在于 SP6 和 T7 这两个启动子的位置互换、取向相反而已。

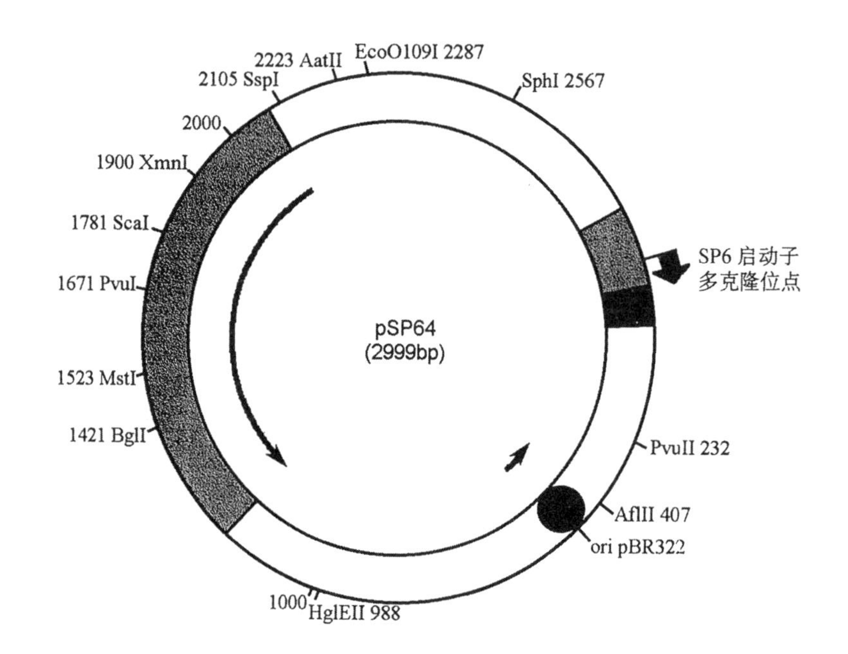

多克隆位点

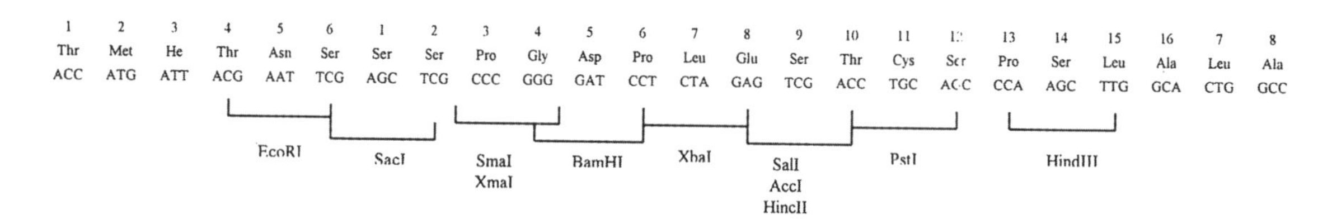

图 4-29 pSP64 质粒载体的形体图

它具有一段来自 M13 噬菌体的多克隆位点序列,用以克隆外源的 DNA 片段。在其上游与之相邻的是噬菌体 SP6 的 RNA 聚合酶启动子。此外,该载体还带有 pBR322 质粒的复制起点(ori)及氨苄青霉素抗性基因(amp^r)。在 pSP64 质粒载体中,多克隆位点序列中的 HindIII 位点紧接于 SP6 启动子下游;在 pSP65 中,多克隆位点序列的方向相反,EcoRI 位点紧接于 SP6 启动子下游

现在已经发展出了一大批在多克隆位点区附近参入有噬菌体 RNA 聚合酶启动子的简单的质粒载体,例如 pSP64 和 pSP65,pGEM3 和 pGEM4 等,它们都是由 pUC 系列质粒载体派生而来的。其中,pSP64 和 pSP65 这对质粒载体用的是噬菌体 SP6 的 RNA 聚合

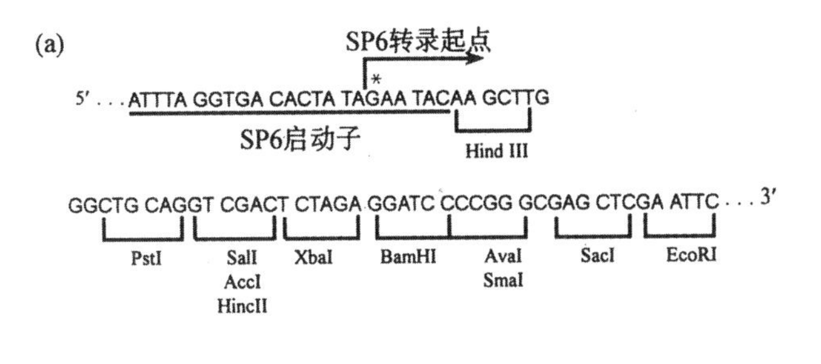

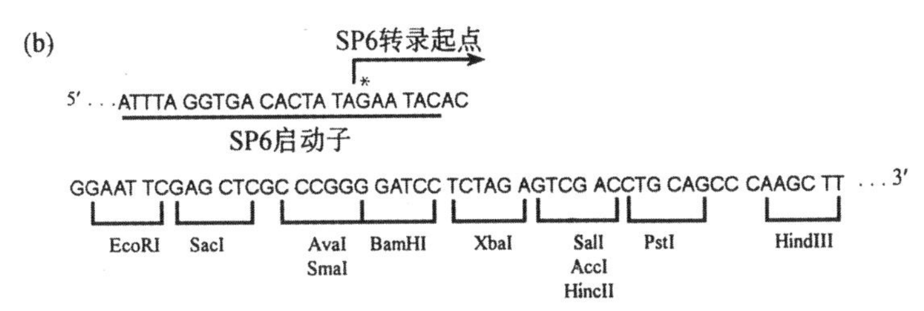

图 4-30　pSP64 与 pSP65 质粒载体的多克隆位点区的核苷酸序列结构

(a) pSP64 质粒载体的启动子-多克隆位点区的核苷酸序列结构。转录作用是从带星号(*)的+1G 碱基开始的；(b)pSP65 质粒载体的分子大小为 3005bp，其结构与 pSP64 的完全一样，只是其多克隆位点序列的取向彼此相反

酶启动子(图 4-29)，两者之间的差别只是 MCS 多克隆位点区的取向彼此相反(图 4-30)。这些载体表明，噬菌体的 RNA 聚合酶是很有用的，它所合成的 RNA 转录本除了可作为杂交探针之外，亦可如同合成的 mRNA 分子一样，可以在兔网织红细胞裂解物(rabbit reticulocyte lysate)转译体系、或在麦胚无细胞(wheatgerm cell-free)转译体系中进行体外蛋白质合成。当然，为了能够在这些体外转译体系中进行有效的蛋白质合成，转录的 mRNA 分子必须在其 5′-末端存在帽的结构。十分幸运的是，如果在 RNA 聚合酶反应混合物中含有帽的 m7GpppG 分子，那么在 RNA 聚合酶启动链的合成时，帽的结构就会比较容易地参入到 mRNA 分子中去。如此合成的带帽的 mRNA，注射到爪蟾卵细胞质中能够进行转译，而注射到爪蟾的卵母细胞核中则可发生加工现象。

(3) 穿梭质粒载体

所谓穿梭质粒载体(shuttle plasmid vector)，是指一类由人工构建的具有两种不同复制起点和选择记号，因而可在两种不同的寄主细胞中存活和复制的质粒载体。由于这类质粒载体可以携带着外源 DNA 序列在不同物种的细胞之间，特别是在原核和真核细胞之间往返穿梭，因此在基因工程的研究工作中是十分有用的。

以大肠杆菌细胞为寄主进行基因操作具有极大的实用性，它不仅适用于重组质粒的增殖和目的基因的亚克隆，而且也适用于基因的定点突变和测序用的单链模板 DNA 的制备，以及其它多方面的优点。实践表明，与大肠杆菌相比，在其它的原核生物或真核生物细胞中进行直接的基因克隆总是有许多麻烦的问题有待克服。为此，借助重组 DNA 技术，已经构建出了一系列不同类型的穿梭质粒载体，常见的有大肠杆菌-枯草芽孢杆菌穿梭质粒载体，以及大肠杆菌-酿酒酵母穿梭质粒载体。从而能够如同应用其它质粒一样，也

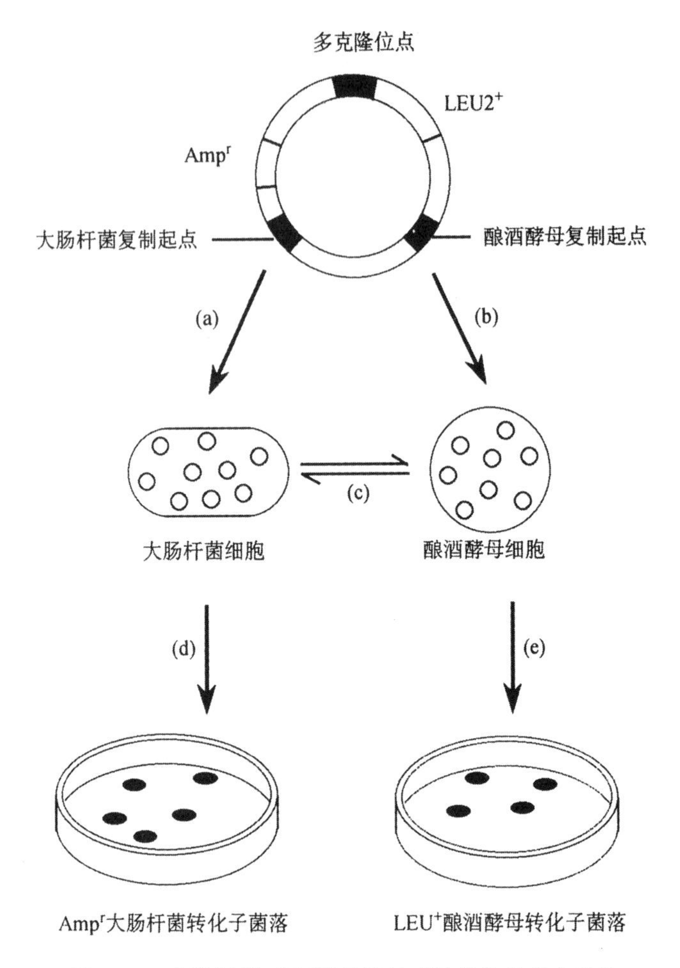

图 4-31 大肠杆菌-酿酒酵母穿梭质粒载体的基本结构

(a) 转化 Amp^s 大肠杆菌细胞；(b) 转化 LEU^- 酿酒酵母细胞；(c) 质粒可以在两种不同类型细胞之间来回穿梭；(d) 涂布在含氨苄青霉素的平板上选择 Amp^r 转化子；(e) 涂布在无亮氨酸的(Leu^-)的平板上选择 Leu^+ 的转化子

能够方便地在大肠杆菌细胞中进行重组 DNA 操作和增殖，然后再返回到枯草芽孢杆菌(*Bacillus subtilis*)或酿酒酵母(*Saccharomyces cervisiae*)中进行研究。

早期发展的大肠杆菌-枯草芽孢杆菌穿梭质粒载体，大多是由这两种杆菌的质粒载体融合构建的。例如，pHV14 是由 pBR322 和 pC194 融合而成，pEB10 是由 pBR322 和 pUB110 融合而成等等。大肠杆菌可作为此类质粒载体的中间寄主，从中提取的穿梭质粒 DNA，能有效地转化感受态的枯草芽孢杆菌细胞。尤其是在大肠杆菌和枯草芽孢杆菌之间进行比较研究时，穿梭质粒载体是相当有用的。当然，应用大肠杆菌作为中间寄主也有一定的问题，最主要的是有许多格兰氏阳性细菌的基因(如编码孢子形成的基因及感受态的基因)难以在大肠杆菌中克隆，而且实验过程也比较费时。大肠杆菌-酿酒酵母穿梭质粒载体，含有两种分别来自大肠杆菌和酿酒酵母的复制起点与选择记号，另有一个多克隆位点区(图 4-31)。由于这种类型的质粒载体既可在大肠杆菌细胞中复制，也可在酵母细胞中复制，因此在遗传学的研究中倍受欢迎。它使研究工作者可以自如地在这两种不同的寄主细胞之间来回转移基因，并单独或同时在两种寄主细胞中研究目的基因的表达活性及其它的调节功能。例如,可将酵母的某种基因亚克隆到穿梭质粒载体上,置于大肠杆菌中进行定点突变处理后,再把突变体基因返回到酵母细胞,以便在其天然的寄主中观察研究此种突变的功能效应。根据复制模式,可将酵母的质粒分成五种不同的类型,即 YIp、YRp、YCp、YEp 和 YLp。其中,除了线性质粒 YLp 之外,全能与大肠杆菌质粒构成穿梭载体。但究竟选用其中的哪一种,则完全取决于研究工作者的特定要求。

在动物体系中也已经发展出了类似的穿梭质粒载体,最早是由大肠杆菌质粒载体和牛乳头瘤病毒(bovine papilloma virus, BPV)构建而成的。例如,pBPV-BV1 就是一种典型的动物细胞系统的穿梭质粒载体,它既可在大肠杆菌细胞中复制,亦可在动物细胞中复制,每个细胞平均拥有 10~30 个拷贝。有人利用这个穿梭载体克隆人 β-干扰素基因,先在大肠杆菌细胞中操作,然后转染到多种不同的动物细胞系,结果均表达出相似水平的干扰素。若加入聚肌胞苷酸[poly(I)-poly(C)],则可诱导其表达水平上升 400 倍。

令人遗憾的是,迄今还没有发展出适用的大肠杆菌-植物细胞穿梭质粒载体。

第六节　质粒载体的稳定性问题

1. 质粒载体不稳定性的类型

克隆有外源基因的质粒载体转化到大肠杆菌受体细胞之后,会产生一系列的生理效应,影响到自身的稳定性。现已知道,克隆质粒载体上外源基因表达水平的提高,不仅可导致寄主细胞生长速率的下降,而且还有可能引起某些形态学特征方面的变化,诸如出现丝化现象(filamantation)和脆性增加等等。在大肠杆菌细胞培养物中,还会因种种偶然因素诱发产生无质粒的突变体、或拷贝数减少的突变体,以及因结构重排而造成克隆基因无法表达的突变体。诸如此类的突变体细胞,由于具有较快的生长速度,经过持续的增殖之后,其数量便会迅速地超过、甚至取代具正常质粒拷贝数的寄主细胞,成为培养物中的优势群体。克隆质粒载体的这种不稳定性现象,在基因克隆的实验中,尤其是关于基因的表达与调控的研究中,是十分不利的因素。而对于企图利用质粒载体在大型发酵罐中高效表达某种特殊蛋白质产物的生物技术学家来说,质粒载体的丢失则意味着产量的下降,会给生产带来严重的后果。因此,质粒载体的不稳定性现象,是一个亟须解决的既有理论意义又有实际应用价值的重要问题。

通常所说的质粒的不稳定性(plasmid instability),包括分离的不稳定性(segregational instability)和结构的不稳定性(structural instability)两个方面。前者是指,在细胞分裂过程中,有一个子细胞没有获得质粒 DNA 拷贝,并最终增殖成为无质粒的优势群体;而后者则主要是指,由转位作用和重组作用所引起的质粒 DNA 的重排与缺失。下面分别予以讨论,但重点是关于质粒分离的不稳定性问题。

(1) 结构的不稳定性

DNA 的缺失、插入和重排都是造成质粒载体结构不稳定性的原因。现已在许多的质粒载体 DNA 分子中观察到了自发缺失的现象。它们的一个共同特征是涉及到同向重复短序列(short direct repeat)之间的同源重组。人工构建的具有多个串联启动子的质粒载体特别容易发生缺失作用。除了质粒载体位点之间的同源重组之外,寄主染色体及质粒载体上的IS因子或转位因子，同样也会引起结构的不稳定性。通过IS因子和转位因子的插入作用、邻位缺失或DNA倒位，都有可能使质粒载体产生自发突变。目前，已发表了许多篇关于来自染色体的IS因子的插入作用，导致质粒载体不稳定性的研究报道。例如，用含有酪氨酸操纵子的多拷贝的质粒载体转化大肠杆菌 tyrR 菌株时，由于IS1因子的插入效应，结果便产生出具插入或缺失的修饰型的质粒载体。

(2) 分离的不稳定性

在细胞分裂过程中发生的质粒不平均的分配，也是导致质粒不稳定性的重要原因。我们将这种起因于质粒的缺陷性分配(defective partitioning)所造成的质粒的丢失现象，叫做质粒分离的不稳定性。

众所周知，要使质粒能够保持稳定的遗传，至少得满足如下两个方面的条件：首先，平均而言每个世代每个质粒都必须至少发生一次复制；其次，当细胞分裂时，复制产生的质粒拷贝必须分配到两个子细胞中去。在细胞分裂过程中，质粒拷贝分配到子细胞的途径可分成主动分配(active partition)和随机分配(random distribution)两种不同的方式。已经提出了两种关于主动分配的机理：其一是平均分配(equipartition)机理，它使每个子细胞刚好获得一半数目的质粒拷贝[图4-32(a)]；其二是配对位点分配(pair-site partition)机理，它认为只有一对质粒呈主动分配，其余的是随机分配。由于主动分配存在着有效的质粒拷贝数控制系统，从而保证了质粒的高度稳定性。

随机分配与主动分配截然相反。顾名思义，它是指在细胞分裂过程中质粒拷贝数在两个子细胞之间是随机分配的[图4-32(b)]。由此产生的分离频率(segregation frequency)，即形成无质粒细胞的频率相当低，因此在一般情况下通过随机分配质粒亦能够得到稳定的遗传。

天然产生的质粒如pMB1、p15A和ColE1等，之所以能够在寄主细胞中稳定地维持下去，是因为在它们的基因组中存在着一个控制质粒拷贝分配的功能区(par)。在细胞分裂过程中，par区能够确保质粒拷贝被正确地分配到子细胞中去。而像pBR322这样人工构建的质粒载体则已经缺失了par区，因此它在细胞分裂过程中是被随机分配的。尽管在大肠杆菌培养物中出现无pBR322质粒载体的细胞的可能性是很低的，但在一定的条件下，包括培养基营养耗尽或是寄主细胞快速生长分裂的过程中，仍有可能产生出无质粒载体的细胞。当然，这个问题可以通过保持抗菌素选择压力的培养办法予以克服，然而在工业化生产的大规模培养工作中，从成本核算和污染物处理两个方面考虑，显然这不能认为是一种理想的解决方法。

2. 影响质粒载体稳定性的主要因素

(1) 新陈代谢负荷对质粒载体稳定性的效应

实验观察表明，质粒载体不仅会加重寄主细胞的新陈代谢负荷，而且有的还会使其世代时间延长15%左右。寄主细胞的这种生长减缓(growth retardation)的程度，是同质粒载体的分子量大小成正比，克隆的外源DNA的片段越大，寄主细胞生长减缓的时间也就越长。因此，这种相关性实质上是代表着由质粒载体增加给寄主细胞的DNA复制负荷的

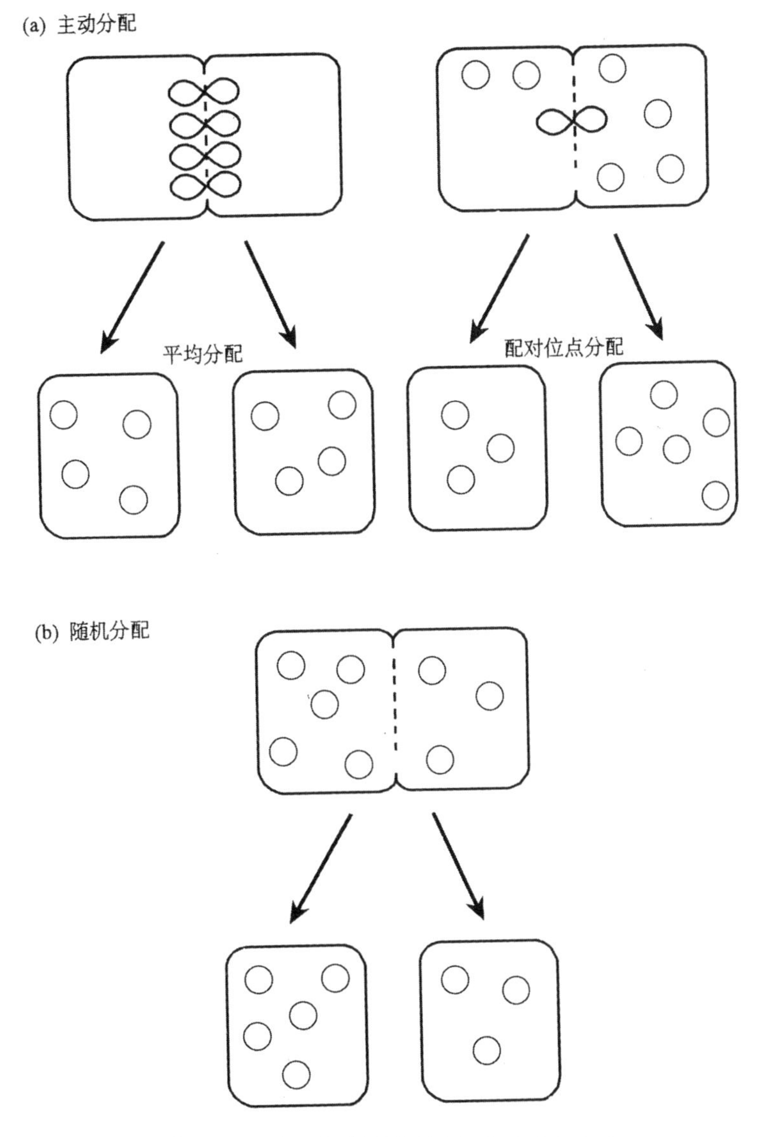

图 4-32　在细胞分裂过程中质粒的分配方式

效应曲线。

从细胞生理学角度考虑，为维持质粒载体基因的表达活性，包括 RNA 的转录与蛋白质的合成，寄主细胞必须承受许多额外的负担。显然，这同样也会对其自身的生长速度产生副作用。此外，在大肠杆菌细胞中，外源克隆基因的超表达产物，以及因多拷贝质粒载体引起的染色体基因的超表达产物，都有可能对寄主细胞产生毒害作用，严重的还会导致细胞死亡。正是由于这些原因，使得含有质粒载体的寄主细胞加重了代谢的负荷，降低了生长的速度。因此，尽管在细胞分裂过程中，因随机分配而产生无质粒载体细胞的机率相当低，但由于这些细胞生长速度快，经过初始的缓慢累积之后，最终便会取代具质粒载体的细胞，成为培养物中的优势群体。

(2) 拷贝数差度对质粒载体稳定性的影响

毫无疑问，静止期细胞存活力的加强以及对数期细胞生长速度的加快，都会明显地影响大肠杆菌培养物中无质粒载体细胞的累积速率。但它们只是扩大了质粒载体不稳定性的程度，而不是决定产生无质粒载体细胞的首要因素。现已清楚，在大肠杆菌培养物当中，产生无质粒载体细胞的速率是由分裂细胞中的质粒载体拷贝数决定的。不过，这里有必要指出，文献上所说的质粒载体拷贝数，是实验测定的大量细胞的平均值，它并不反映细胞群体中质粒载体拷贝数分布的客观动态。事实上，在同样的大肠杆菌培养物中，每个细胞所拥有的质粒载体拷贝数是不尽相同的。这种不同细胞个体之间的质粒载体拷贝数的差异程度，简称差度(variance)，可影响质粒载体丢失的速率，也是造成质粒载体不稳定性的原因之一。

图 4-33 表示平均拷贝数均为 80 但其拷贝数差度不同的两种质粒载体，在大肠杆菌培养物群体中拷贝数的分布情况。从中可以看到，具低差度分布(low variance distribution)特性的质粒载体相当稳定，而具有高差度分布(high variance distribution)特性的质粒载体，稳定性则较差。这是因为位于后者这种分布的低拷贝数的一端，产生无质粒载体细胞的频率相当高。当培养物中质粒拷贝数少于 20 的分裂细胞达到相当高的比例时，尤其到了无质粒载体细胞的增长数量超过含质粒载体的细胞时，便可以检测到质粒载体的不稳定性现象。

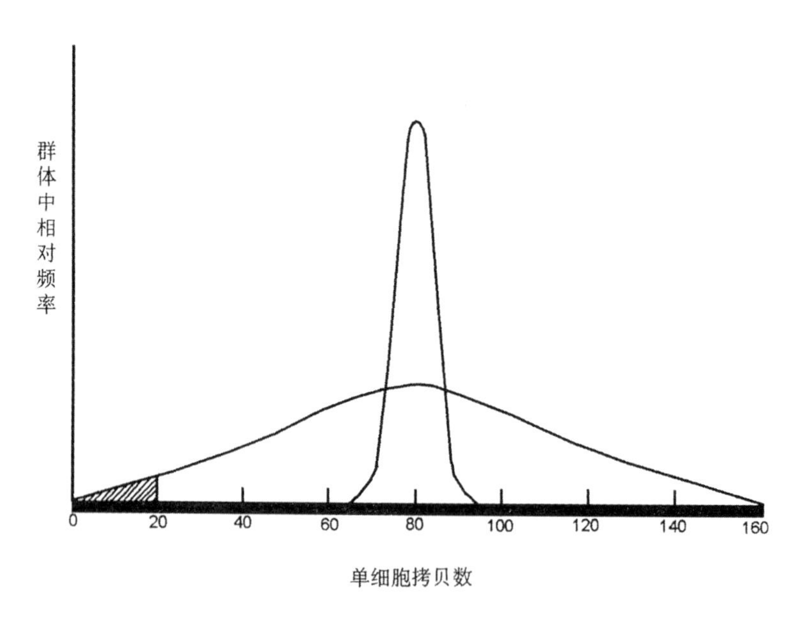

图 4-33 具有相同平均拷贝数和不同差度的两种质粒载体的拷贝数分布图
黑影区代表具低拷贝质粒载体的细胞亚群体，它能够高频率地产生出无质粒载体的细胞

(3) 寄主重组体系对质粒载体稳定性的效应

在野生型的大肠杆菌细胞中，质粒重组的重要结果是形成质粒寡聚体(plasmid

oligomer)，它同样是造成质粒载体不稳定性的原因之一。事实表明，对于那些含有大分子量插入片段的克隆载体来说，寡聚化作用是共同存在的普遍问题。有实验报道指出，在pBR322派生载体中，寡聚化的程度与插入片段大小之间存在着相关性。不过，这种相关性究竟是由插入片段引起质粒载体分子量增加所致，还是因插入片段当中含有可促进重组的DNA序列造成的，目前尚不清楚。

决定大肠杆菌培养物中含质粒寡聚体细胞的比例有两种主要的因素：其一是质粒DNA分子间的重组频率，其二是含质粒寡聚体细胞的生长速率。重组的质粒二聚体一旦形成，便会以高出质粒单体分子两倍的速度进行复制，从而导致出现质粒寡聚体的克隆增殖，即所谓的二聚体灾难(dimer catastrophe)。但是，这种失控的质粒多聚化现象是可以避免的，这是由于大肠杆菌细胞中存在着某种目前我们还不知道的机理，使含有质粒二聚体的细胞生长速度下降，并最终使细胞群体中含质粒二聚体细胞的比例达到平衡的状态。

这种含质粒二聚体细胞的平衡比例因质粒的类型而异。例如，隐蔽质粒p15A的寡聚体比例不超过15%，而pACYC184质粒载体的寡聚体比例可高达95%左右。一般认为，pACYC184及其它一些质粒载体之所以能够迅速地形成寡聚体，是因为它们含有若干个可以激活RecF重组途径的DNA序列。除此之外，还有另一种与recA基因无关的过程同样也会形成质粒寡聚体。例如，把RecE途径导入大肠杆菌sbcA突变体，可使质粒重组频率提高20倍，形成高水平的质粒寡聚体。

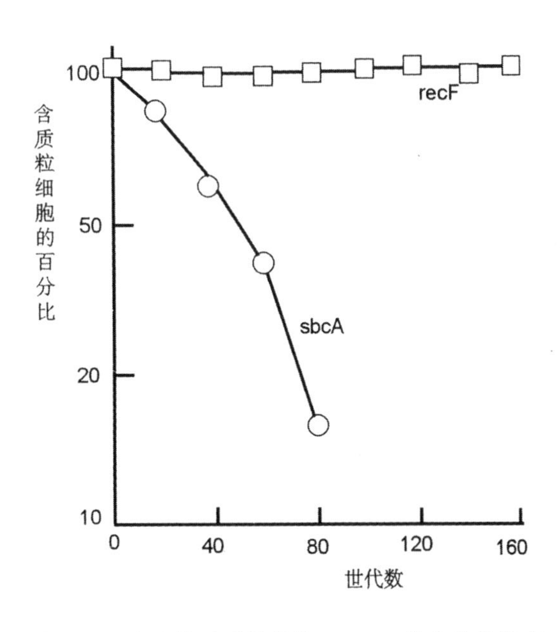

图 4-34　寡聚体对质粒载体pBR322稳定性的效应

影响质粒重组的突变同样也会影响质粒的稳定性。实验观察表明，在重组缺陷(rec^-)的大肠杆菌寄主细胞中，基因工程常用的质粒载体pBR322和pUC，当其以单体形式存在时表现得最为稳定，而随着质粒寡聚体比例的逐渐上升，其稳定性也就相应地下降。正如图4-34所示，在不同的寄主菌株recF和sbcA中，质粒载体pBR322的稳定性相差悬殊，其原因也是由于寡聚化水平不同造成的。因为琼脂糖凝胶电泳表明，在recF寄主细胞中，pBR322以单体形式存在，因此十分稳定；而在sbcA寄主细胞中，pBR322则发生了广泛的寡聚化效应，出现了大量的二聚体、三聚体甚至四聚体形式的质粒分子，因此很不稳定。经过约80个世代的增殖之后，含质粒细胞的比例便下降到16%左右。

3. 随机分配的分子机理

与人工构建的质粒载体相反，天然产生的高拷贝数的质粒如pMB1和ColE1等都相当的稳定。而且一般认为，这类质粒在细胞分裂过程中都是随机分配的。根据现有的研究结果知道，维持随机分配的天然质粒稳定性的分子机理包括如下几个主要的方式：

(1) 通过精巧的控制环路使质粒拷贝数的差度限制在最低的水平

天然质粒 pMB1 的拷贝数控制系统与前面叙述过的 ColE1 质粒的十分相似，其 DNA 合成的启动是受质粒编码的 RNA I 分子负调控的。RNA I 又叫做初级阻遏物(primary repressor)，它通过与 RNA II 分子的杂交配对作用改变了后者的二级结构，使其无法加工成为功能的复制引物。而由质粒 rom 基因编码的另一种 DNA 复制阻遏物 Rom 蛋白质(在过去的文献中曾误称之为 Rop 蛋白质)，则提供了第二层次的控制作用。该蛋白质促使 RNA I 同其靶分子 RNA II 结合得更加稳定，以此加强了它作为阻遏物的效力。由于这种控制环路的作用，尤其是其中的 Rom 蛋白质所具有的降低质粒拷贝数差度的功能，确保了 pMB1 质粒在细胞世代的分裂过程中能够维持其稳定性。在人工构建的 pBR322 质粒载体中，具有完整的 pMB1 的控制环路，故较稳定。但其高拷贝数的派生载体如 pAT153 和 pUC8 的分子结构中，由于缺失了 rom 基因，扩大了拷贝数的差度，结果它们的稳定性反而要比拷贝数相对较低的亲本质粒 pBR322 差得多。

(2) 通过位点特异的重组作用消除天然质粒的寡聚体

已经在天然质粒 ColE1 中发现有一个长度为 240bp 的寡聚体解离位点 cer，其功能作用是参与位点特异的分子内重组，使质粒寡聚体转变为单体分子(图 4-35)。在许多种高拷贝数的质粒中都已经鉴定出了寡聚体解离位点 cer。有趣的是，在 cer 及其相关的寡聚体解离系统中，参与重组作用的蛋白质重组酶(recombinase)是由寄主染色体基因编码的。其中，由 xerC 和 xerD 基因编码的两种产物所形成的一种异源二聚体重组酶(heterodimeric recombinase)XerCD，通过与 cer 位点的结合作用，参与重组过程中 DNA 链的断裂与重接。在能够形成质粒寡聚体的大肠杆菌 sbcA 菌株中，无 cer 位点的 ColE1 突变体(cer^-)经过近 100 个世代的增殖之后，无质粒细胞的比例几乎高达 40%，而具有 cer 位点的 ColE1 质粒(cer^+)则仍然保持稳定。这个实验清楚地告诉我们，寡聚体的解离可明显地增强质粒的稳定性。质粒分子中的寡聚体解离位点的存在，自然地解决了质粒二聚体灾难的问题。

(3) 通过调节细胞的分裂活动阻止无质粒细胞的产生

最近 M. E. Patient 和 D. K. Summers(1993)在研究 ColE1 质粒时发现，存在于 cer 位点中间的一个启动子失活时，便会使质粒的稳定性下降，但并不影响其寡聚体的解离。这个启动子指导合成的一种短小的 Rcd 转录本，当其超量表达时就会抑制大肠杆菌寄主细胞的分裂。有证据表明，在含有质粒寡聚体的细胞中，因转录活性加强而提高的 Rcd 转录本的水平，会导致这些细胞分裂活动的阻断，从而避免了无质粒细胞的产生，维持了质粒的稳定性。

(4) 大肠杆菌素的合成增进了质粒的稳定性

除了 ColE1 之外，还有许多天然的高拷贝数质粒，也都编码着大肠杆菌素或类似的化合物。它们是一类小分子量的多肽，释放到细胞周围环境中之后，便会杀死不能产生免

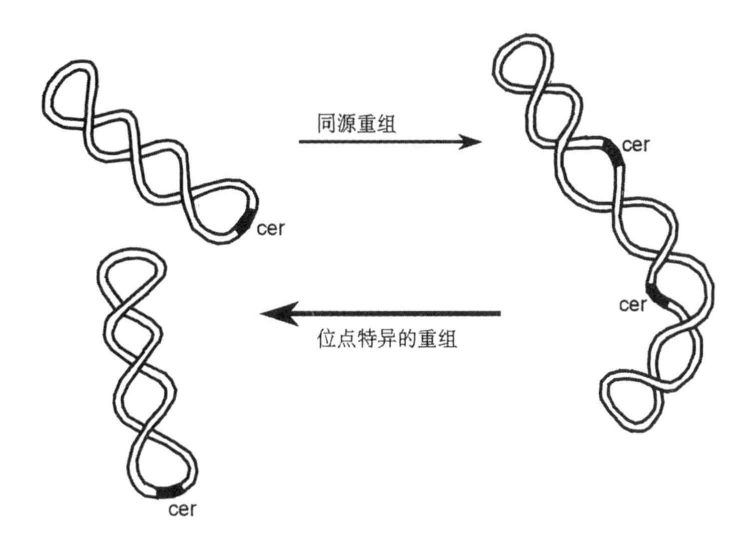

图 4-35 质粒寡聚体解离位点 cer 的功能作用

由同源重组形成的 ColE1 质粒寡聚体，通过 cer 位点特异的分子内重组转变成单体

疫物质的无相应质粒的细胞。虽然大肠杆菌素的作用并不能够改变产生无质粒细胞的频率，但它可以显著地增加此类细胞的表观稳定性(apparent stability)，是在大肠杆菌自然群体中维持质粒稳定性的重要手段。

根据上述的分析可以清楚地看到，像 ColE1 这样的高拷贝数的天然质粒，拥有一套完整的维持自身稳定性的调节功能。在含有 ColE1 质粒的大肠杆菌细胞群体中，即使只出现一个质粒二聚体，也会对其稳定性造成威胁。因为这个质粒二聚体如果不被及时消除掉的话，由于它具有快速的复制特性，只要经过少数几个世代的增殖，就会出现仅含二聚体质粒的细胞，于是便加大了质粒丢失的可能性。我们知道，ColE1 质粒具有多种的机理可以消除二聚体的危险性。当细胞中累积了一定数量的二聚体质粒时，位于 cer 位点中的一个启动子便被激活合成 Rcd 转录本，用以关闭细胞的分裂活动。接着，通过位点特异的重组作用使二聚体解离成单体，与此同时启动子也就重新失去活性。尔后随着 Rcd 转录本水平的下降，细胞便恢复了正常的生长和分裂的状态。即便在极少数的情况下，由于这个系统丧失了功能作用产生的无质粒的细胞，也会被其邻近的姊妹细胞分泌的大肠杆菌素所杀死。

4. 主动分配的分子机理

(1) 分配区的结构与功能

低拷贝质粒的稳定性表明，它们在细胞分裂过程中是主动分配的。迄今已对 pSC101 质粒、F 因子、P1 原噬菌体(其行为与质粒十分相像)以及若干种抗药性因子诸如 R1 和 NR1(即 R100)的主动分配机理作了十分透彻的研究。

仅由一个复制起点和一个选择记号构成的质粒，通常都是很不稳定的，它们如同随机分配的质粒一样，在细胞分裂过程中也会迅速地丢失掉。这是因为质粒要能够稳定地保持,还需在分子结构中存在有一个编码主动分配体系的 par 区段。

par 区段,又叫做分配区(partition regions)或分配座位(partition locus),是指能够在细胞分裂过程中直接影响质粒拷贝分配行为的特定的质粒 DNA 序列区。在 F 因子中 par 区是同复制起点紧密相邻的,而在 R1 质粒中则是远离其复制起点。质粒的复制与分配是分开独立进行的,而且还观察到了 par 区还会使无亲缘关系的其它质粒保持稳定。

不同质粒的 par 区结构不尽相同。在 pSC101 质粒中,par 区序列长 375bp,似乎不编码任何蛋白质,但含有促旋酶的结合位点。大多数质粒 par 区与 pSC101 的相比,不仅长度长而且结构也要复杂得多。最典型的是 F 因子和 P1 原噬菌体的 par 区。两者的遗传结构极为相似,都编码有两个反式作用的蛋白质,和一个顺式作用的位点(图 4-36)。编码这两种分配蛋白质(partition proteins)的基因是以单一复制子的形式表达,而且其转录作用是在这两种蛋白质产物的协力作用下自动调节的。P1 原噬菌体 par 区的任何一种分配蛋白质的超量表达都会造成质粒的极大不稳定性。

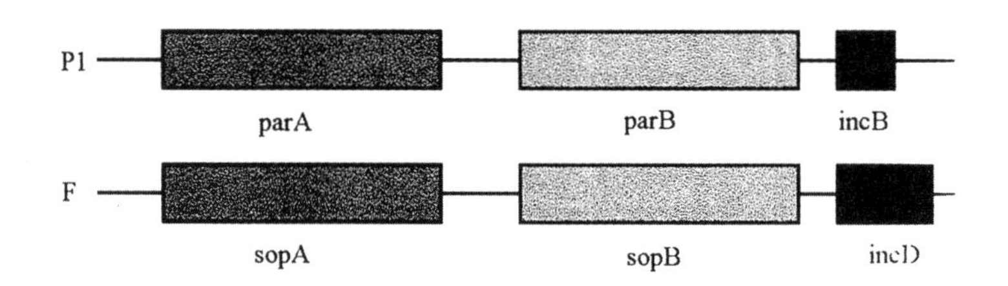

图 4-36　P1 原噬菌体及 F 因子分配区的遗传结构图

parA、parB 及 sopA、sopB 分别为 P1 和 F 分配区的两种分配蛋白的编码基因;
incB 为 P1 分配区的顺式作用位点;incD 为 F 分配区的顺式作用位点

近期的研究工作观察到,质粒的主动分配机理与 DNA 的超盘旋结构之间有一定的关系。缺失 par 区的 pSC101 派生质粒与其野生型的 DNA 相比,其整体超盘旋密度下降了。实验发现,par 区局部缺失的某些质粒,由于负超盘旋密度的下降而变得极不稳定。分配缺陷的 pSC101 派生质粒,以及与它没有亲缘关系的其它质粒的分配缺陷突变体,都会因 DNA 负超盘旋密度的增加,而能够在其大肠杆菌寄主细胞中稳定生存。相反地,DNA 促旋酶抑制剂以及 DNA 促旋酶的突变,都会使 par 区缺失的 pSC101 派生质粒的丢失频率上升。

(2) 预配对模型

在细胞的分裂过程中,质粒的分配区(par)到底是如何控制质粒的分配行为?一般认为,预配对模型(pre-pairing model)可以比较合理地解释分配区的功能效应。这个模型假定,单体形式的 Par 蛋白质可与质粒的特定位点结合,结果 Par 蛋白质的二聚化作用,便带动了两个质粒进行配对。如此产生的二聚体形式的 Par 蛋白质-质粒 DNA 的复合物,结合在细胞分裂面上的某个位点上,于是随着细胞隔膜的形成,配对的质粒便自然地彼此分开。随后经过 DNA 的复制反应,促使 Par 蛋白质-质粒 DNA 复合物从细胞膜上脱落下来(图 4-37)。

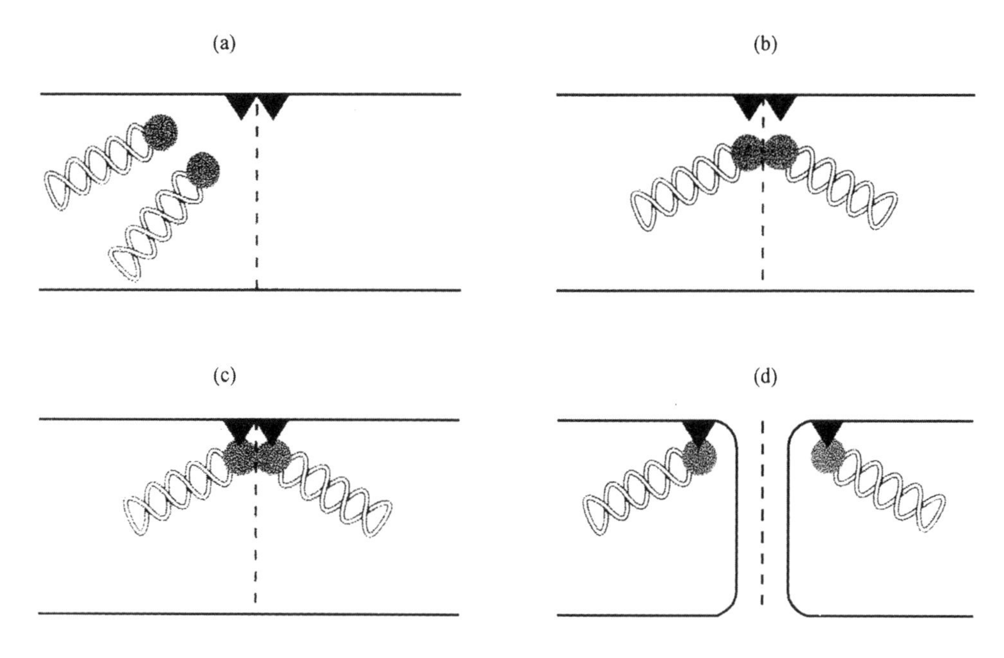

图 4-37　质粒分配的预配对模型

(a) 质粒与单体的 Par 蛋白质结合；(b) 随着 Par 蛋白质的二聚化形成质粒对；(c) 二聚体的 Par 蛋白质与细胞分裂面上的膜结合；(d) 隔膜的形成使配对的质粒彼此分开

要使预分配模型得到人们的普遍承认，一个重要的问题是，必须回答 par 区编码的分配蛋白质能否起到定位的作用。已知在 P1 原噬菌体质粒的分配活动中，有三个分子的分配蛋白质 ParB 与顺式作用位点 incB 相结合。其中的两个 ParB 分子与一段完整的回文区结合，第三个 ParB 分子则是结合在远离回文区的部位，中间被一个整合寄主因子(integration host factor，IHF)的识别位点间隔开。如果预配对模型是符合实际情况的话，那么 ParB 蛋白质就应该是质粒分配蛋白质(plasmidpairing protein)，而 incB 就必定是它的识别位点。有趣的是最近有人发现，F 质粒编码的分配蛋白质 SopB(ParB 的类似物)，在一定的条件下是与细胞膜一起沉淀的。这个事实暗示，这些分配蛋白质的确有可能将配对的质粒锚定在细胞膜上。显然，这是有利于预分配模型的实验资料。

另一种分配蛋白质 ParA，它只同 parA-parB 操纵子结合而不同 incB 结合，因此不太可能参与质粒的分配活动。

(3) 二聚体的解离有助于质粒的主动分配

在正常的条件下，P1 原噬菌体质粒是相当稳定的，平均每发生 10^4 次的细胞分裂，才会有一个细胞失去质粒。然而，在高频重组的细胞中，某些具 Par^+表型的 P1 微型质粒(P1 mini-plasmid)则显得很不稳定，平均每百次细胞分裂就会出现一个无质粒的细胞。这种不稳定性原因在于，复制后 P1 单体分子之间发生了同源重组。我们知道，由 cre 基因编码的 Cre 重组酶(recombinase)，能够使质粒二聚体中的正向重复的 lox 位点发生重组，使之恢复成单体的形式，从而可以进行成功的分配。但是，不稳定的 P1 微型质粒则已经缺失了 lox -cre 区，不能合成作用位点特异的 Cre 重组酶。于是，P1 重组形成的二聚体就不会被切割成单体形式，故此无法进行成功的分配。根据上述这些基本原理的分析，可以知道在 rec^- 的大肠杆菌寄主细胞中，P1 微型质粒的不稳定性现象便可以被大部消除。

除了 P1 原噬菌体质粒中存在的 lox-cre 位点特异的重组系统之外，目前在其它的多种质粒当中，诸如大肠杆菌的 F 质粒以及 R46 质粒，也都已找到了此种位点特异的重组体系。

(4) 寄主致死功能对质粒稳定性的效应

含有条件复制缺陷的 F 派生质粒之寄主细胞培养物，当其被转移到非允许条件(non-permissive conditions)下培养时，质粒便无法复制，细胞仅能生长 1～2 个世代也就停止了分裂活动，并形成纤丝。这种寄主细胞分裂活动与质粒复制作用之间的相关性现象，称之为偶联细胞分裂(coupled cell division, CCD)。起初人们猜想，F^+细胞的分裂必须是在完成了质粒复制之后方能发生，而任何即将开始分裂但尚未完成质粒复制的大肠杆菌寄主细胞，都会暂停生长以使其质粒拷贝数上升到应有的水平，以避免出现无质粒的子细胞。

后来发现，只含有单拷贝 F 质粒的大肠杆菌，同样也能够发生细胞分裂，从而否认了偶联细胞分裂模型的正确性。这种含单拷贝 F 质粒细胞分裂的结果是，形成一个能存活的含质粒的细胞和另一个无质粒的细胞。后者经过若干次分裂之后就会形成纤丝并最终死亡。可见寄主致死功能(host-killing function)是通过杀死分裂后出现的无质粒子细胞的方式，提高了质粒的表观稳定性。在低拷贝的质粒中广泛地存在着寄主致死体系，其中研究得较为详尽的有 F 质粒的 ccd 体系和 R1 质粒的 parB(hok-sok)体系。

F 质粒基因组中控制寄主致死功能的基因 ccdA 和 ccdB，属于同一个自我调节的操纵子，分别编码分子量为 8.3kdal 和 11.7kdal 的两种蛋白质多肽。在含质粒的细胞中，CcdA 蛋白质作为解毒剂专门与毒剂 CcdB 蛋白质结合，并使之失效。在没有 CcdA 蛋白质的情况下，CcdB 通过抑制 DNA 促旋酶的活性，或是通过引发促旋酶诱导寄主染色体 DNA 发生双链断裂，从而使染色体在细胞分裂过程中无法进行正确的分配。

在新产生的无质粒的子细胞中，开始的时候是含有 CcdA 和 CcdB 这两种蛋白质的。但由于无 ccd 操纵子可发生进一步的转录作用，因此随后这两种蛋白质的浓度便逐渐下降稀释。毒剂 CcdB 和解毒剂 CcdA 具有不同的稳定性，是导致分裂后细胞致死的关键因素。也就是说，CcdA 蛋白质不稳定，易被蛋白水解酶(protease)降解，于是较稳定的 CcdB 蛋白质便可行使其对寄主细胞的致死作用。

与 F 质粒寄主致死体系相比，R1 质粒的 parB 区编码着功能相似但作用机理截然不同的另一种寄主致死体系。位于 parB 区中的 hok 和 sok 两个基因，分别由 5′-端存在着 128bp 重叠的两条相反链编码。Hok 蛋白质具有使寄主致死的功能，而 sok 基因编码的一种反式作用 RNA，可通过阻断 hok mRNA 的转译反应，保护含质粒的细胞免受 Hok 蛋白质的致死效应。Hok 蛋白质是一种长度为 50 个氨基酸的细胞膜结合多肽，它的表达会导致细胞发生一系列的变化，包括膜电位的消失、出现呼吸障碍和形态变化，并最终死亡。

在 parB 区还存在着第三个基因 mok，它位于 hok 基因上游约 150bp 处。这两个基因是共转录的，而且 hok 基因的转译则是完全依赖于 mok 基因的转译。sok 反义 RNA 与

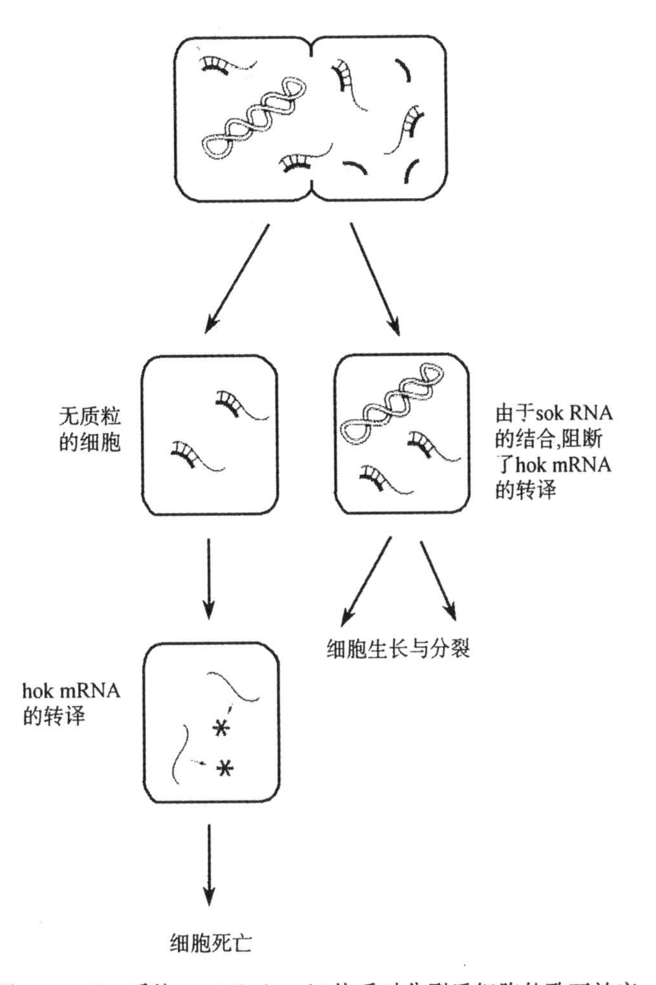

图 4-38 R1 质粒 parB(hok-sok)体系对分裂后细胞的致死效应

具质粒的细胞含有 hok mRNA,其转译被 sok 反义 RNA 阻断。在无质粒细胞中,不稳定的 sok RNA 被降解掉,结果 hok mRNA 转译导致细胞死亡。本图略去 parB 区中第三个基因 mok 的作用

mok-hok mRNA 5′-端形成的一种特殊的双链结构,使 mok 核糖体结合位点无法靠近核糖体,同时促进 RNaseIII 剪切并降解此 mRNA 分子。当此 mok 基因无法进行转译的情况下,hok 基因同样也无法从完整的 mRNA 进行表达,尽管它的核糖体结合位点并没有被 sok RNA 所掩盖。在无质粒的细胞中,不稳定的 sok RNA 的衰变速率要比稳定的 mok-hok mRNA 快得多,这样便失去了 Sok 的保护作用,于是形成 Mok 和 Hok 蛋白质转译产物使细胞致死。

第五章　噬菌体载体和柯斯载体

噬菌体是一类细菌病毒的总称*，英文名叫做 Bacteriophage（简称 phage），来源于希腊文“*phagos*”，系指吞噬之意。噬菌体的结构与细菌或真核细胞相比，显然是十分简单的，但与上一章讨论过的质粒分子相比，则要复杂得多。就其实质而言，质粒仅仅是一种含有复制起点的裸露的 DNA 分子，而噬菌体则不然，它的 DNA 分子除了复制起点之外，还有编码外壳蛋白质的基因。如同质粒分子一样，噬菌体也可以用于克隆和扩增特定的 DNA 片段，是一种良好的基因克隆载体。此外，现在已经拥有大量的噬菌体突变体可供研究者使用。显然，噬菌体不仅对于分子生物学的研究是十分有用的，而且对于基因克隆的研究也是不可缺少的实验材料。

第一节　噬菌体的一般生物学特性

作为细菌寄生物的噬菌体，它可以在脱离寄主细胞的状态下保持自己的生命，但一旦脱离了寄主细胞，就既不能生长也不能复制。尽管大多数的噬菌体都具有编码多种蛋白质的基因，可实际上所有已知的噬菌体都是在寄主细胞内，利用寄主细胞的核糖体、合成蛋白质的因子、各种氨基酸及产能体系，进行生长和增殖的。这种对于寄主细胞的依赖性，是噬菌体最具特色的一种重要的生物学特性。当然，为了自身持续的存活，除了对寄主功能的依赖性之外，每 一种噬菌体都还具备有一些其它的基本功能：

(i) 保护自己的核酸分子（DNA 或 RNA）免遭环境化学物质的破坏；

(ii) 将其核酸分子注入到被感染的细菌细胞；

(iii) 将被感染的细菌细胞转变成制造噬菌体的体系，从而能产生出大量的子代噬菌体颗粒；

(iv) 使感染的细菌细胞释放出子代噬菌体颗粒。

本节只讨论与本书内容有关的一些噬菌体的基本生物学特性。读者若要进一步了解这方面的详细内容，可参阅 R. Calender（1988）编写的“The Bacteriophage”以及司穉东和何晓清（1996）编写的《噬菌体学》等书的有关章节。

1. 噬菌体的结构及其核酸类型

不同种类的噬菌体颗粒，在结构上有很大的差别。一般说来，可归纳为三种不同的基本类型，即无尾部结构的二十面体型、具尾部结构的二十面体型和线状体型。迄今已知的大多数噬菌体，都是属于第二种结构类型，在它们的二十面体型的头部下端，连接着一条尾部结构，看起来像是一种小型的皮下注射器（图 5-1）。

---

* 有报道在真菌和藻类中也发现有噬菌体，但在一般文献中所说的噬菌体均指细菌的病毒。

噬菌体的核酸，最常见的是双链线性DNA。除此之外，还发现有双链环形DNA、单链环形DNA、单链线性DNA以及单链RNA等多种形式的噬菌体。不同种噬菌体之间，其核酸的分子量相差可达上百倍。情况往往是，具有大分子量核酸的噬菌体，其生命周期就比较复杂，而且在它们的复制过程中，对于寄主细胞酶分子的依赖性也较低。有些噬菌体的DNA碱基并不是由标准的A、T、G、C四种碱基组成。例如，T4噬菌体DNA中就没有C碱基，取代的是5-羟甲基胞嘧啶(HMC)；SP01噬菌体DNA中没有T碱基，代之以5-羟甲基尿嘧啶(HMU)。

2. 噬菌体的感染性

噬菌体的感染效率高到令人生畏的地步。一个噬菌体颗粒感染了一个细菌细胞之后，便可迅速地形成数百个子代噬菌体颗粒，而每一个子代颗粒又各能够感染一个新的细菌细胞，再产生出数百个子代颗粒，如此只要重复四次感染周期，一个噬菌体颗粒便能够使数十亿个的细菌细胞致死。如果将少量的噬菌体颗粒加入到高浓度的细菌培养物中，并在新形成的子代噬菌体导致寄主细胞发生第一次裂解之前，将此培养物涂布在琼脂糖平板上，20～30分钟之内，头一批感染的细菌细胞便会发生裂解，释放出子代噬菌体颗粒。由于在琼脂平板上长有许多细菌，所以释放出来的噬菌体，便可迅速地吸附到邻近的细菌细胞上，重复发生感染周期。此种细菌的裂解反应，是以最初被感染的细胞所在的位置为中心，慢慢地向四周扩展，最后在琼脂平板上形成大量的噬菌斑，即感染的细菌细胞被噬菌体裂解之后留下的空斑。

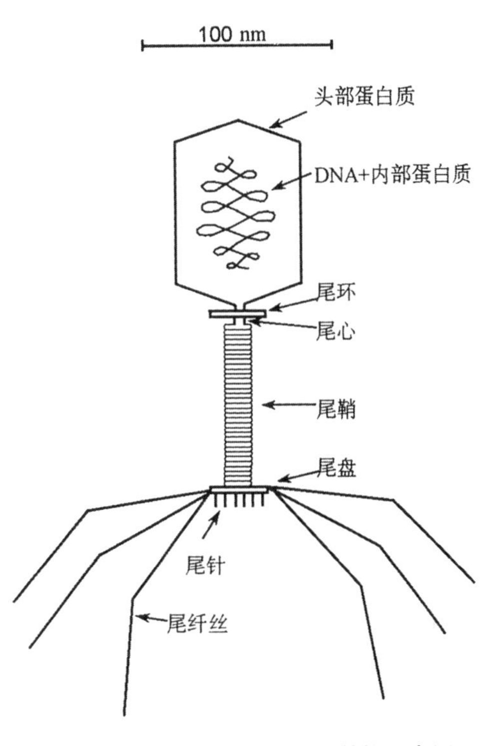

图 5-1　T2噬菌体颗粒的结构示意图

噬菌体对寄主细胞的感染作用，是一种相当复杂的生理生化过程。通常，噬菌体的DNA盘旋成团，被紧密地包裹在由蛋白质外壳组成的头部结构内。而当噬菌体同敏感的细菌细胞接触时，首先是它的尾部便会粘着到细胞壁上，与此同时，尾部蛋白质发生收缩作用，迫使头部中的DNA注入到被感染的细菌细胞中去。一旦噬菌体的DNA注入到细胞内之后，便马上失去了控制，于是在细菌RNA聚合酶的作用下，它们所编码的噬菌体特有的基因便被转录形成相应的RNA分子，后者又利用细菌核糖体转译成噬菌体蛋白质。在噬菌体感染的早期阶段，某些由噬菌体编码合成的蛋白质，会使细菌的DNA降解成单核苷酸。这样，细菌赖以进行增殖所必须的全部遗传信息，便将丧失殆尽，而最终导致死亡。有些噬菌体带有编码RNA聚合酶的基因，因此，这样的噬菌体不必依赖于寄主细菌的聚合酶，就能使自身编码的基因合成出信使RNA。

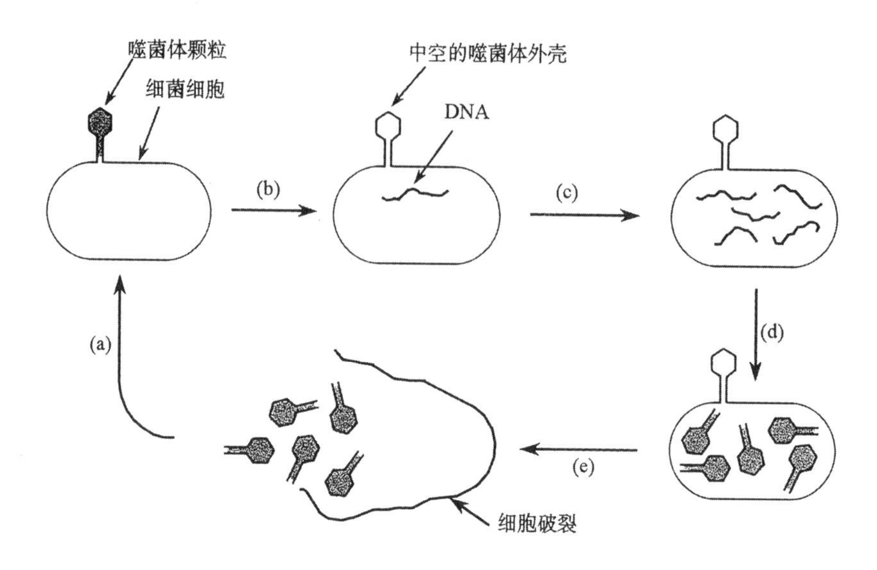

图 5-2 一种典型的烈性噬菌体的生命周期

(a)噬菌体颗粒吸附到寄主细胞表面;(b)噬菌体 DNA 注入寄主细胞;(c)噬菌体 DNA 复制及头部蛋白质合成;(d)子代噬菌体颗粒的组装;(e)寄主细胞溶菌释放出子代噬菌体颗粒

还有许多噬菌体,编码有控制自身 DNA 复制的基因,而且还能利用由细菌 DNA 降解释放出来的游离的单核苷酸作原料,合成自己的 DNA。当噬菌体的拷贝数高达上百个之后,几分钟内,噬菌体的其它基因也就开动起来,合成出新的头部及尾部蛋白质。头部蛋白质组装成头部,并把噬菌体的 DNA 包裹在其内,继而再同尾部蛋白质连接起来,形成子代噬菌体颗粒。最后,噬菌体产生出一种特异性的酶,破坏寄主细胞壁并伴随发生溶菌作用,使子代噬菌体颗粒释放出来(图 5-2)。

3. 噬菌体的溶菌生命周期

噬菌体的生命周期分为溶菌周期和溶源周期两种不同的类型。正如上节所述,在溶菌周期噬菌体将其感染的寄主细胞转变成为噬菌体的"制造厂",能产生出大量的子代噬菌体颗粒。我们将只具有溶菌生长周期的噬菌体叫做烈性噬菌体。而溶源生长周期,是指在感染过程中没有产生出子代噬菌体颗粒,噬菌体 DNA 是整合到寄主细胞染色体 DNA 上,成为它的一个组成部分。具有这种溶源周期的噬菌体,叫做温和噬菌体。现已知道,只有双链 DNA 的噬菌体才具有溶源周期。

尽管各种不同的烈性噬菌体的溶菌生长周期之间,存在有许多差异,然而仍有一些基本的过程是普遍具有的共同特征。这些共有的基本过程是:

① 吸附:噬菌体颗粒吸附到位于感染细胞表面的特殊接受器上。

② 注入:噬菌体 DNA 穿过细胞壁注入寄主细胞。

③ 转变:被感染的细菌细胞的功能发生变化,成为制造噬菌体颗粒的场所。

④ 合成:功能发生了转变的寄主细胞大量合成噬菌体特有的核酸和蛋白质。

⑤ 组装:包装了 DNA 的头部和尾部组装成噬菌体的颗粒,这个过程也叫做噬菌体的形态建成。

⑥ 释放：新合成的子代噬菌体颗粒从寄主细胞内释放出来。

上述这些步骤是连续地按顺序发生的。以大肠杆菌 T4 噬菌体的生命周期为例，在 37℃的培养条件下，每一步的时间分配(以分钟为单位)大致如下：

$t=0$　噬菌体吸附到寄主菌的细胞壁上，大约在吸附的 2 秒钟内就会发生噬菌体 DNA 的注入。

$t=1$　寄主 DNA、RNA 和蛋白质的合成反应被全部关闭。

$t=2$　第一个噬菌体 mRNA 开始合成。

$t=3$　细菌 DNA 开始降解。

$t=5$　噬菌体 DNA 合成开始启动。

$t=9$　“晚期”噬菌体 mRNA 开始合成。

$t=12$　出现完整的噬菌体头部和尾部结构。

$t=15$　出现头一个完整的噬菌体颗粒。

$t=22$　细菌发生溶菌作用，释放出约 300 个左右的子代噬菌体颗粒。

这个周期的持续时间是一种典型的例子。大多数噬菌体的生命周期为 20～60 分钟，这是同大多数细菌的世代时间相适应的；动物病毒的生命周期可长达 24～48 小时，这同样也是同动物细胞的生命周期相适应的。

4. 噬菌体的溶源生命周期

(1) 若干有关的基本概念

为了便于叙述，在讨论溶源性周期之前，我们先简单地解释一下与此有关的一些基本概念：

① 温和噬菌体(temperate phage)：既能进入溶菌生命周期又能进入溶源生命周期的噬菌体，叫做温和噬菌体。

② 溶源性细菌(lysogen)：具有一套完整的噬菌体基因组的细菌叫做溶源性细菌。如果有某些噬菌体基因缺失了，那么这样的噬菌体就不能够完成其溶菌周期，故含有这种噬菌体的细菌叫做缺陷性的溶源性细菌。

③ 溶源化(lysogenization)：用温和的噬菌体感染细菌培养物使之形成溶源性细菌的过程，叫做溶源化。

④ 整合(integration)：如果噬菌体的 DNA 是被包容在寄主细菌染色体 DNA 之中，便叫做已整合的噬菌体 DNA。这种噬菌体 DNA 组入细菌染色体 DNA 的过程，称为噬菌体 DNA 的整合或插入。以游离 DNA 分子形式存在的噬菌体 DNA，叫做非整合的噬菌体 DNA。

⑤ 原噬菌体(prophage)：在溶源性细菌内存在的整合的或非整合的噬菌体 DNA，叫做原噬菌体。原噬菌体中如有某些基因缺失了，便称之为缺陷性的原噬菌体。

与溶菌周期相反，在温和噬菌体感染寄主细胞之后出现的溶源周期中，不会产生出子代噬菌体颗粒，寄主的细菌细胞仍然存活着并持续地进行细胞分裂。然而经过了许多世代之后，如果环境条件是正常的话，溶源周期便会终止，并重新开始溶菌生命周期。当发生这种情况时，寄主细菌同样会因裂解而致死，释放出许多子代噬菌体颗粒。

(2) 溶源周期的主要特征

已知存在两种不同类型的溶源周期,其中最普遍的一种是以 λ 噬菌体为原型,它具有如下一些主要特性:

① 噬菌体的 DNA 分子注入细菌细胞。

② 经过短暂的转录期之后,需要合成一种整合酶,于是转录活性便被一种阻遏物所关闭。

③ 噬菌体的 DNA 分子插入到细菌染色体基因组 DNA 上,变成原噬菌体。

④ 细菌继续生长、增殖,噬菌体的基因作为细菌染色体的一部分进行复制。

另一种类型的溶源周期是以噬菌体 P1 为原型。不过,这种类型的溶源周期较为少见,其基本特征是不存在噬菌体 DNA 分子的整合作用体系,而是变成了一种进行独立复制的环形的质粒 DNA 分子。根据本书内容的要求,下面我们主要讨论以 λ 噬菌体为原型的溶源周期(图 5-3)。

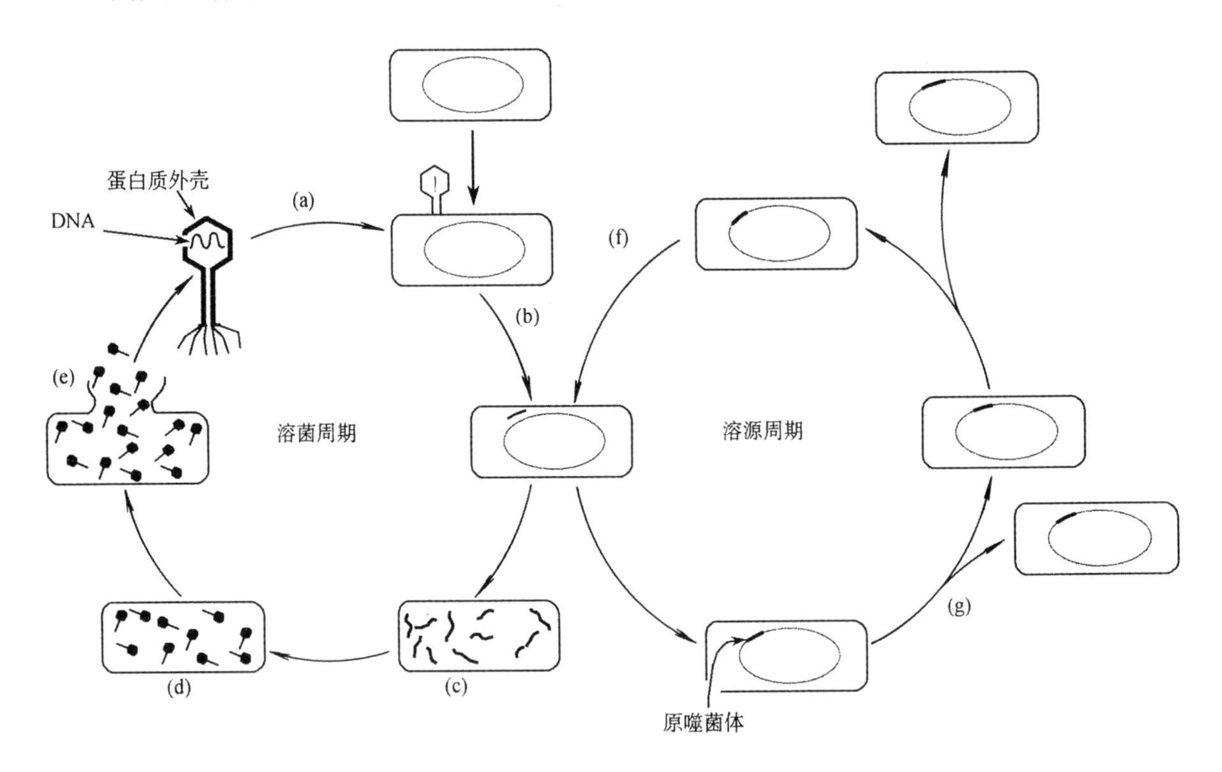

图 5-3 溶源性噬菌体的生命周期

当温和噬菌体的 DNA 注入到感染的寄主细胞之后,有时会如同烈性噬菌体一样马上进行增殖,有时又会整合到寄主染色体上,转变成原噬菌体;(a)噬菌体增殖的第一步是吸附到寄主细胞上,同一个细胞可以同时吸附一个以上的噬菌体颗粒;(b)噬菌体的 DNA 注入到感染的寄主细胞内;(c)噬菌体 DNA 大量增殖;(d)子代噬菌体颗粒的组装;(e)寄主细胞溶菌,释放出大量的新的噬菌体颗粒;(f)噬菌体的 DNA 从寄主染色体 DNA 上删除下来。发生这种情况很少有,平均每 10 000 次溶源性细胞染色体的分裂周期,才有一次的几率;(g)溶源性细胞通常按照正常细胞的速率进行分裂

(3) 超感染免疫性

溶源性细菌有两个重要特点：第一，溶源性细菌不能够被头一次感染并使之溶源化的同种噬菌体再感染。溶源性细菌所具有的这种抗御同种噬菌体再感染的特性，叫做超感染免疫性。第二，经过许多世代之后，溶源性的细菌便能够开始进入溶菌周期，这个过程叫做溶源性细菌的诱发。在诱发过程中，噬菌体基因组以单一 DNA 片段的形式从寄主染色体 DNA 上删除下来。

现在对于 λ 噬菌体的超感染免疫性现象已有相当深刻的了解，它具有一种阻遏-操纵体系。阻遏基因 cI 编码的阻遏蛋白，与两个分别同启动基因 P_L 和 P_R 相邻的操纵基因 O_L 和 O_R 结合。在遗传图是按标准取向绘制的前提下，字母 L 和 R 表示向左和向右，并表示两个早期 mRNA 分子的合成方向(图 5-4)。

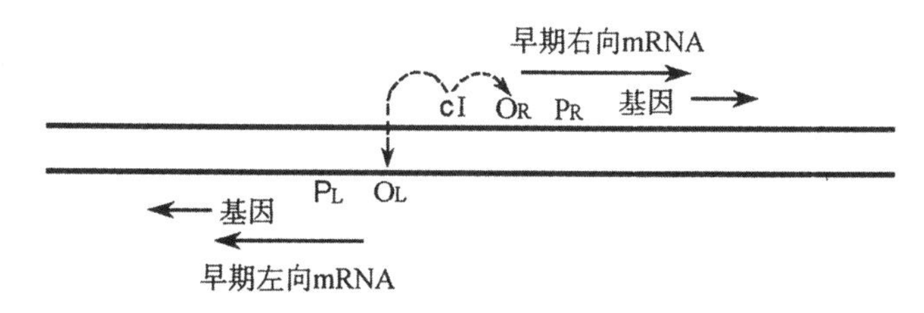

图 5-4　λ 噬菌体的阻遏-操纵基因系统

图中示出了两个早期的 mRNA 分子。cI＝阻遏基因；P＝启动子；O＝操纵基因；L＝左向；R＝右向

在溶源性细菌中，cI 阻遏基因编码的阻遏物能够持续地合成，而且它的产量就其操纵基因而言是略为超量的。由于阻遏物分子同 O_L 和 O_R 这两个操纵基因位点相结合，这样 RNA 聚合酶便无法使用 P_L 和 P_R 这两个启动子进行转录，因此在溶源性的细菌中，从这两个早期启动子开始的转录是被抑制的。下面我们将会看到，这种状态有充分的能力使原噬菌体保持“关闭”的形式，这就是溶源性细菌能够不停地生长而不发生溶菌裂解的原因所在。如果 λ 噬菌体感染了正常的细菌细胞，那么加入进来的 λ DNA 分子的这两个操纵基因将是空闲的，即没有结合上阻遏物分子，因为此时噬菌体的阻遏物尚未合成出来，所以将会发生转录作用。但是，如果一个噬菌体尝试感染一个溶源性细菌，由于在溶源性细菌中早已存在的超量的阻遏物分子，在 RNA 聚合酶同 P_L 和 P_R 位点结合之前，便会同感染进来的 λ DNA 分子的这两个操纵基因相结合。这种被阻遏物分子结合着的操纵基因，阻止 λ 噬菌体发育成溶菌状态，我们称这种抑制作用为对同源免疫超感染的抗性。

超感染的 λ 噬菌体 DNA 将会发生什么样的变化呢？这种 DNA 可形成超盘旋的结构，由于处在超盘旋结构状态的 λ DNA 复制基因很难进行复制，而细菌细胞却没有受到影响，仍能正常地生长和分裂，结果经过若干世代之后，在细菌细胞群体中，感染的 DNA 分子便逐渐地被稀释掉了。

除了 λ 噬菌体之外，大肠杆菌还有许多种其它的温和噬菌体，其中有两种，即噬菌体 21 和 434，同 λ 噬菌体很亲近。这些噬菌体，各自具有自身的免疫体系，也就是说它们具有自身的阻遏基因和阻遏物特异的操纵基因。因此，434 噬菌体的阻遏物，不能够同 λ 噬菌体的操纵基因结合；反过来，λ 噬菌体的阻遏物，也不能够同 434 噬菌体的操纵基因结合。

这样的一对噬菌体，互称为异源免疫性。温和的噬菌体，可以在异源免疫性的溶源性细菌的菌苔上形成噬菌斑。因为在这种溶源性细菌中制造的阻遏物，不能够同超感染噬菌体的操纵基因结合。噬菌体 DNA 的免疫性区段（包括 cI 基因、操纵基因和启动基因），以 imm 表示，如 immλ、imm21 和 imm434 等。

(4) 溶源噬菌体的诱发

溶源噬菌体的诱发，同样也是依赖于阻遏基因与操纵基因的相互作用。不管什么原因，只要在溶源性细菌中的阻遏基因是处于失活状态，那么 λ 噬菌体的操纵基因就将是自由的，转录作用就会正常启动。除了在溶菌周期制造的全部基因产物之外，还需要合成一种叫做删除酶(excisionase)的噬菌体产物。这种酶的功能是，将原噬菌体 DNA 从细菌染色体 DNA 上删除下来，而后环化成环形的 DNA 分子。这样一来，λ 噬菌体 DNA 便处于同溶源周期开始时同样的状态。关于噬菌体诱发之分子机理，目前尚未了解得十分详尽，我们只是知道阻遏物是被一种蛋白酶切割了，而导致噬菌体诱发的许多有关变化至今仍不清楚。

λ DNA 是整合在大肠杆菌染色体上位于 gal 操纵子和 bio 操纵子之间的一个特定的位点，这个位点叫做 λ 附着位点 att。对于大多数的温和噬菌体来说，它们的整合作用也都是发生在染色体的一个特定位置上。不过，也有少数的一些噬菌体，它们可整合在数个位点上，甚至有的噬菌体可以整合在大肠杆菌染色体的任何一个位点上。图 5-5 展示的是一

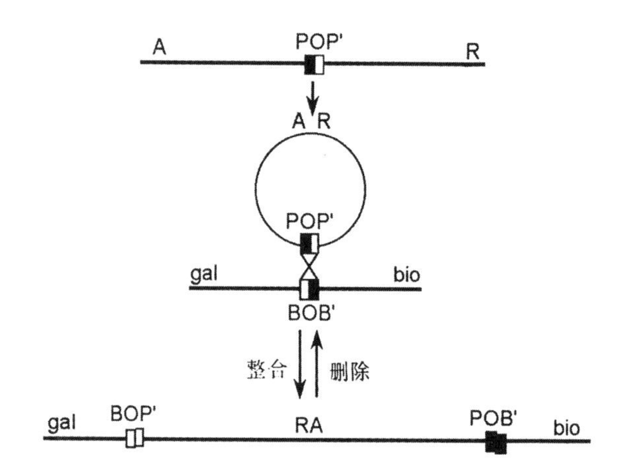

图 5-5 解释 λ 噬菌体 DNA 对大肠杆菌寄主细胞染色体 DNA 整合作用的 Campbell 模型
BOB′＝细菌 DNA 的附着位点；POP′＝噬菌体 DNA 的附着位点

种解释插入作用机理的 Campbell 模型。按照这个模型，λ 噬菌体 DNA 首先环化成环形分子，然后通过在细菌 DNA 附着位点和噬菌体 DNA 附着位点发生物理性的破裂，并在这两个附着位点之间进行准确的噬菌体 DNA 和寄主 DNA 的再接合，从而发生整合作用。噬菌体上的附着位点，几乎是位于噬菌体 DNA 分子的中央位置上。已发现，λ 噬菌体有一种由基因 int 编码的蛋白质整合酶(integrase)，能够识别噬菌体 DNA 和细菌 DNA 的附着位点，并能催化这两种 DNA 之间发生链的交换，结果最后导致 λ DNA 分子整合到细菌 DNA 分子上。在 Campbell 模型提出之后，人们产生了一些疑问。比如，插入之后的原

噬菌体是由两个附着位点包围着的，那为什么不会在插入之后迅速地出现原噬菌体的删除现象呢？而且看来删除应该比插入更容易发生，因为此时两个附着位点都是存在于同一染色体 DNA 分子上，这比起整合时分别位于两个不同的 DNA 分子(噬菌体和寄主染色体)上的状况，它们之间理应更容易发生相互作用。为什么没有发生这种现象？其原因很清楚，因为已发现，既然 DNA 的附着位点在噬菌体和细菌染色体上是不相同的，因此由它们重组而成的原噬菌体的附着位点，同结合噬菌体和细菌 DNA 的附着位点也是有差别的。

所有的 λ 噬菌体 DNA 的附着位点，都具有三种不同的成份，其中有一种成份是各种附着位点所共有的，以字母 O 表示，噬菌体附着位点写成 POP′(P 表示噬菌体)，细菌的附着位点写成 BOB′(B 表示细菌)。因此，在整合反应中所形成的两个新的附着位点就应是 BOP′和 POB′。这两个附着位点通常又写成 attL 和 attR，分别表示左边和右边的原噬菌体附着位点。整合酶不能够催化 BOP′和 POB′之间的反应，所以当只存在整合酶的情况下，下述反应是不可逆的：

$$\underset{\text{细菌}}{BOB'} + \underset{\text{噬菌体}}{POP'} \xrightarrow{\text{整合酶}} \underset{\text{原噬菌体}}{BOP' + POB'}$$

5. 重组噬菌体的分离

以噬菌体 DNA 分子作载体，克隆含有目的基因的外源 DNA 片段，如果没有导致重要的噬菌体基因的失活，那么当这种重组的噬菌体 DNA 分子感染了寄主细胞之后，插入的外源 DNA 片段便会随着噬菌体 DNA 分子一道增殖。应用放射性同位素^{32}P标记的特异性探针，作噬菌斑放射自显影杂交，可以十分敏感地检测出含有这种重组体 DNA 分子的噬菌斑(即阳性斑点)。获得了阳性噬菌斑之后，我们就可按照如同制备质粒 DNA 类似的方法，分离到大量的重组体噬菌体 DNA，实现克隆基因的扩增(图 5-6)。

分离重组体噬菌体的具体实验程序并不很复杂。首先是使用无菌消毒的金属接种针，刺入到含有克隆基因的噬菌斑内，以粘着少量的噬菌体颗粒，然后将它们转移到新鲜的细菌培养基中，于是附着在金属接种针上的噬菌体颗粒就会迅速地脱落下来，并吸附到附近培养基中的细菌细胞表面上，进而在感染的细胞内大量地增殖。因为克隆的基因是噬菌体 DNA 的一个活跃的组成部分，所以经过增殖之后其产量将是十分丰富的。但由于克隆的基因是连同噬菌体 DNA 一道被包装在噬菌体的头部当中，故应用与纯化质粒 DNA 类似的技术程序——密度梯度离心法，便可非常容易地纯化出噬菌体的颗粒。所依据的基本原理是，DNA 和蛋白质具有不同的密度，因而由 DNA 和蛋白质结合组成的噬菌体的漂浮密度，自然是介于纯 DNA 和纯蛋白质两种漂浮密度之间。所以应用密度梯度离心技术不需要补加任何染料，就可以将噬菌体颗粒同细胞的其它成份(包括细胞的 DNA 分子)分离开来。将含有噬菌体的上清液加到装有重金属盐(例如氯化铯)溶液的离心管中，高速离心直至建立起密度梯度，噬菌体就会沉降到自己相应的密度位置上。一般用 Beckman SW40 转子，以 35 000rpm 转速在 4℃下离心 40 小时即达到平衡。然后取出离心管仔细观察，可以看到噬菌体带显乳白色位于梯度的中央部位。用适当的方法收集噬菌体带，并转移到透析袋中透析。将透析后获得的重组体噬菌体制剂，用于纯化重组体噬菌体的 DNA。

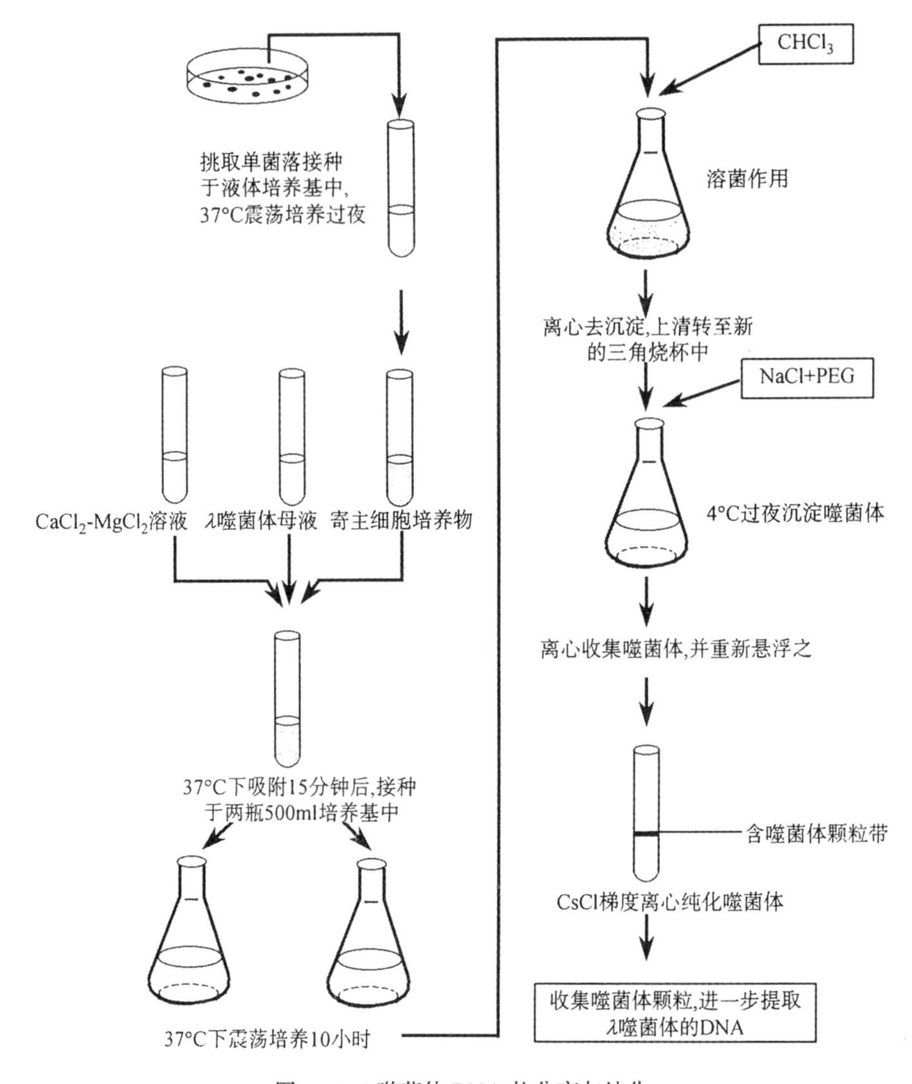

图 5-6 λ噬菌体 DNA 的分离与纯化

第二节 λ噬菌体载体

λ噬菌体,可能是迄今为止研究得最为详尽的一种大肠杆菌双链DNA 噬菌体。有关λ噬菌体的研究历史,是同现代分子生物学及分子遗传学的创立与发展的过程密切相关的。大家所熟悉的 DNA 双向复制机理的揭示、转录的终止作用和抗终止作用蛋白质的分离、DNA 连接酶和促旋酶的发现,以及位点特异的重组作用和 SOS 复制修复机理的阐明等等,都是以λ噬菌体为材料作出的重要的研究成果。

λ噬菌体的分子量为 31×10^6dal,是一种中等大小的温和噬菌体。迄今已经定位的λ噬菌体的基因至少有 61 个,其中有一半左右参与了噬菌体生命周期的活动,我们称这类基因为λ噬菌体的必要基因;另一部分基因,当它们被外源基因取代之后,并不影响噬菌体的生命功能,我们称这类基因为λ噬菌体的非必要的基因。由外源基因取代非必要基因所形成的重组噬菌体DNA，可以随着寄主大肠杆菌细胞一道复制和增殖，而且在其溶源周期中，它们的DNA是整合在大肠杆菌的染色体DNA上，成为后者的一个组成部分。这是λ噬菌体赖以发展作为基因克隆载体的一种重要特性。除此而外，λ噬菌体还具有其它一些优点：例如，它的研究历史比较悠久，无论是对其生物学特性还是遗传学背景，都有了深刻的了解，以至于我们在设计λ噬菌体载体时，能够有把握判断λ基因组中什么区段是可以删去的，又有哪些特点是可以利用的；在寄主范围方面，λ噬菌体较质粒载体要狭窄得多，因此作为基因克隆载体自然也就更加安全；λ DNA两端具有由12个核苷酸组成的粘性末端，可用来构建柯斯质粒(cosmid)，这种质粒能容纳大片段的外源DNA插入，对构建真核基因组片段的基因文库是特别有用的载体。基因工程学家们正是利用λ噬菌体具有的这些特性，将它发展成为一种有效的基因克隆载体系统，在重组DNA的研究中有着相当广泛的用途。

1. λ噬菌体的分子生物学概述

(1) λ噬菌体基因组的结构

上面已经提到，在λ噬菌体线性双链DNA分子的两端，各有一条由12个核苷酸组成的彼此完全互补的5′单链突出序列，即通常所说的粘性末端。注入到感染寄主细胞内的λ噬菌体的线性DNA分子，会迅速地通过粘性末端之间的互补作用，形成环形双链DNA分子。随后在DNA连接酶的作用下，将相邻的5′-P和3′-OH基团封闭起来，并进一步超盘旋化。这种由粘性末端结合形成的双链区段称为cos位点(略语cos，系英语cohesive-end site的缩写，即粘性末端位点之意)(图5-7)。

根据核酸序列分析表明，在环化的状态下，λ噬菌体DNA分子的长度为48 502碱基对。核苷酸顺序的计数是从左边的单链末端<u>G</u>GGCGGCGACCT的头一个碱基<u>G</u>开始，沿着L链按从晚期基因到早期基因的方向依序进行，终止在L链3′-末端的第48 502核苷酸位置上。

编码在λ噬菌体DNA分子上的基因，除了两个正调节基因N和Q之外，其余的是按功能的相近性聚集成簇的。例如，头部、尾部、复制及重组四大功能的基因，各自聚集成四个特殊的基因簇。不过，在文献中为了叙述的方便，往往将λ噬菌体基因组人为地划分为三个区域：(i)左侧区，自基因A到基因J，包括参与噬菌体头部蛋白质和尾部蛋白质合成所需要的全部基因。(ii)中间区，介于基因J与基因N之间，这个区又称为非必要区。本区编码的基因与保持噬菌斑形成能力无关，但包括了一些与重组有关的基因(例如redA和redB)，以及使噬菌体整合到大肠杆菌染色体中去的int基因，和把原噬菌体从寄主染色体上删除下来的xis基因。(iii)右侧区，位于N基因的右侧，包括全部主要的调控成份，噬菌体的复制基因(O和P)以及溶菌基因(S和R)。图5-8中示出了λ噬菌体的一部分基因：(i)其中参与噬菌体头部蛋白质合成的有W、B、C、D、E、F等多种基因，参与尾部蛋白质合成的有Z、U、V、G、H和M、L、K、I、J等十余种基因。(ii)λ噬菌体的复制基因O和P编码的蛋白质分子，参加λ噬菌体DNA的合成作用。DNA复制的起点就是位于O基因的编码序列之内，该基因编码的是一种DNA复制启动蛋白质。(iii)red和gam这两个基因控制DNA的重组作用，其中gam基因编码的蛋白质的主要作用是，在感染的早期使寄

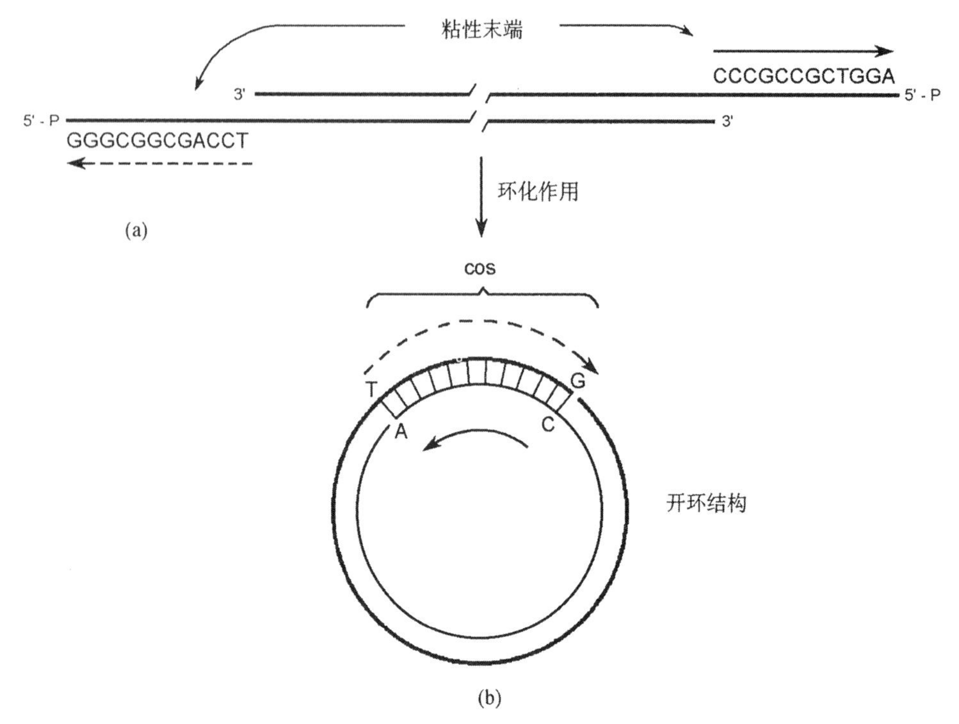

图 5-7 λ噬菌体线性 DNA 分子的粘性末端及其环化作用

(a)具有互补单链末端(粘性末端)的λDNA 分子。注意在 12 个碱基中,有 10 个是 G 或 C,仅有 2 个是 A 或 T;(b)通过粘性末端之间的碱基配对作用实现的线性分子的环化作用,由此形成的双链区叫做 cos 位点

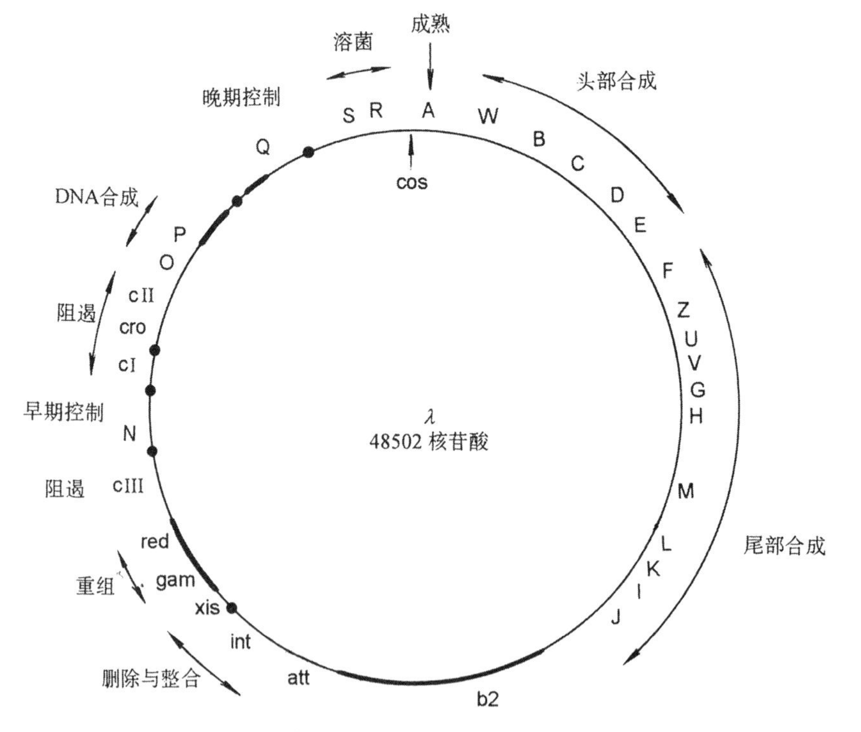

图 5-8 细胞内环化形式的野生型λ噬菌体基因图

只示出主要的基因。在包装进蛋白质外壳之前,λDNA 在 cos 位点切开,这样的基因图便是线性的,其中一端靠近 A 基因,另一端位于 R 基因附近

主 RecBC 蛋白质失去功能(RecBC 蛋白质是一种多功能的核酸酶,它具有核酸内切酶的活性和活跃的核酸外切酶活性,因此又称核酸外切酶 V)。(iv)xis 和 int 这两个基因负责外源 DNA 删除和整合作用。xis 基因控制一种蛋白质删除酶的合成,而 int 基因则是控制整合酶的合成,这种酶识别噬菌体 DNA 和细菌 DNA 上的 att 位点(附着位点),并催化两者进行交换。无疑这些基因参与溶源化作用的过程,在这个过程中环化的 λ DNA 插入到寄主染色体上,以原噬菌体的形式随之一道稳定地复制。(v)调节基因除了 N 和 Q 之外,还有 cII、cro、cI、cIII 四个基因,其中 N 和 Q 都是编码抗终止因子(antiterminator)的基因,分别控制早期功能和晚期功能的调节;cI 基因编码的蛋白质是一种阻遏物;cro 基因编码的蛋白质同样也是一种阻遏物,能同操纵基因 O_L 和 O_R 结合而抑制转录;同时 N、cro、cI 三个基因还同超感染免疫性功能有关;cII 基因编码一种调节成份,当缺乏这种蛋白质时,int 和 cI 基因的启动子就无法利用 RNA 聚合酶,因而无法进行转录。(vi)S 和 R 是控制寄主细菌发生溶菌作用的两个基因,故称溶菌基因。(vii)b2 区段的功能目前尚不了解。

(2) λ 噬菌体 DNA 的复制

在 λ 噬菌体感染的早期,环形的 λ DNA 分子按 θ 形式从双向进行复制,其复制的起点是位于 cII 基因和 O 基因之间,并且需要 O 和 P 这两个基因编码的蛋白质分子的积极参与。到了感染的晚期,控制滚环复制机理的开关被启动了,合成出了由一系列线性排列的 λ 基因组 DNA 组成的长多连体分子。滚环复制机理的开关是受 λ 噬菌体 gam 基因产物控制的,它可以抑制大肠杆菌核酸外切酶 V 对复制中的 DNA 分子的作用(这种酶是由大肠杆菌 recB 和 recC 基因编码的,所以又叫做 RecBC 酶)。因此,在 $RecBC^-$ 的寄主细胞中,gam^+ 的噬菌体只能产生出多连体的 DNA 分子。因为在噬菌体颗粒的包装成熟过程中,需要由 λ 噬菌体基因组 DNA 组成的多体分子参加;而在 $RecBC^-$ 寄主细胞中,gam^- 噬菌体只能产生出 λ 噬菌体基因组 DNA 的单体分子。因此在这种情况下,噬菌体颗粒成熟之前就要发生单体分子之间的重组作用。这种重组作用,是由噬菌体的 red 基因产物,或是寄主细胞的 recA 基因产物的作用所引起的。但无论是重组作用形成的,还是由滚环复制产生的 λ 噬菌体基因组 DNA 的多连体分子,都必须经过核酸酶的切割作用,从 cos 位点处将它分离成单位长度的单体分子之后,才能够被包装起来。已知有四种头部蛋白质参与了这种切割过程。

(3) λ 噬菌体 DNA 的整合与删除

λ 噬菌体基因组还有另外一种的复制形式,即稳定地整合到寄主染色体上并随之一道复制。在进行这种复制时,只有 cI 基因得以表达,合成出一种可以使参与溶菌周期活动的所有基因失去活性的蛋白质。λ 噬菌体基因组的整合作用,是通过它的附着位点 att,同大肠杆菌染色体 DNA 的局部同源位点之间的重组反应实现的。整合作用需要 int 基因的表达,它是一种可逆的过程。一方面,噬菌体基因组可以整合到大肠杆菌染色体 DNA 上,成为原噬菌体;另一方面,在适当条件下,原噬菌体又可以脱离寄主染色体,重新变成独立的复制子,这种过程叫做原噬菌体的删除作用。λ 噬菌体的删除,需要噬菌体 xis 基因和 int 基因的协同作用才能实现。正常的 att 位点,是位于利用半乳糖基因 gal 和合成生物素基因 bio 之间。因此，原噬菌体的异常删除，会使 gal 操纵子或 bio 操纵子上的某些基因参入到噬菌体基因组上，并伴随着发生若干噬菌体 DNA 的缺失。依照这种缺失的程度而定，异常删除所形成的转导噬菌体，在营养生长和溶源化作用方面，可能是缺陷性的也可能不是。如果在大肠杆菌染色体上缺失了正常的附着位点，那么噬菌体便可以在其它的附着位点上发生整合作用。而这种整合作用形成的原噬菌体，如果发生异常的删除作用，便会产生出带有许多其它的大肠杆菌基因的转导噬菌体。

(4) λ噬菌体 DNA 的转录与转译

λ噬菌体感染了寄主细胞之后，究竟是发生溶菌反应还是溶源反应，这要由 cI 基因和 cro 基因编码的蛋白质，同 λ噬菌体的两个操纵基因(O_L，O_R)之间的相互作用来决定的。如果这两个操纵基因都已摆脱了阻遏状态，那么噬菌体便可以进入溶菌周期。在溶菌周期，λ噬菌体 DNA 的转录是在三个时期，即早期、中期和晚期发生的。大体的情况是，早期基因转录确立起溶菌周期；中期基因转录的结果导致 DNA 进行复制和重组；晚期基因的转录最终使 DNA 被包装为成熟的噬菌体颗粒。λ噬菌体感染了敏感寄主之后，能够在相反的两条链上，从紧挨着阻遏物基因 cI 左边的 P_L 启动子和右边的 P_R 启动子开始，进行左向和右向的早期转录。左向的转录终止在 t_L 位点，产生出编码 N 基因产物的 12S mRNA。多数右向转录终止在 t_{R1}位点，形成编码 cro 基因产物的 7S mRNA，但有一部分右向转录可以通读到 t_{L2}位点，从而产生出编码 cII，O 和 P 三个基因的转录本(图 5-9)。λ噬菌体从早期转录转向中期转录，是由一种抗终止作用实现的。N 基因产物可以同 RNA 聚合酶相互作用，拮抗寄主编码的终止蛋白 ρ 的活性，从而克服了终止信号的效应。所以 N 基因的产物，对于通读到这三个终止区(t_L、t_{R1}和 t_{R2})的转录作用都有增强效应，从而使从 P_L 和 P_R 开始的转录继续进行到中期阶段，涉及到 DNA 复制基因 red 及重组基因 O 和 P 等，并导致 cIII 基因产物的合成。N 基因产物存在时，向右转录可以继续进行，并越过 O 和 P 基因，使噬菌体 DNA 有效地复制，接着越过 t_{R2}和 Q 基因，使 Q 基因产物水平得到提高。在这个阶段，cro 基因产物的浓度，已经达到足以同操纵基因 O_L 和 O_R 相结合，从而关闭了从 P_L 和 P_R 启动子开始的转录作用。同时，中期转录的结果合成出 Q 基因的产物，担负着从中期转录转向晚期转录的开关作用。这同样也是受抗终止作用操纵的。θ 基因产物特异地抗终止，从而激活从 P_R 启动子开始的十分有效的晚期转录作用，以确保合成出大量的头部及尾部蛋白质，最终产生出许多成熟的噬菌体颗粒。

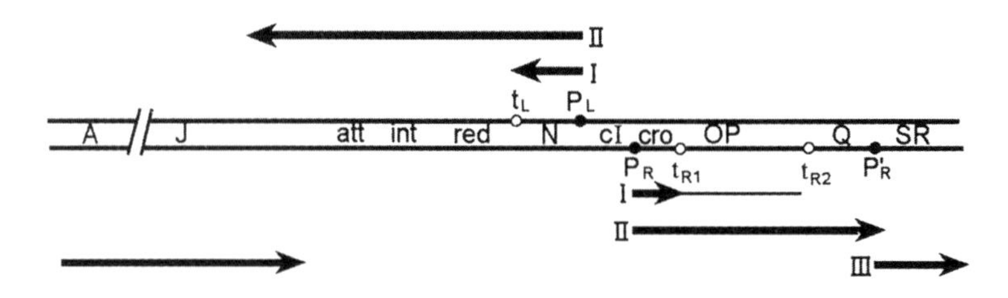

图 5-9　λ噬菌体的主要启动子及转录终止位点

I. 早期转录本；II. 中期转录本；III. 晚期转录本。箭头表示转录的方向

cII 和 cIII 基因产物可以激活从 Pre 启动子(即确立溶源性的启动子)开始的转录作

用，合成出cI基因编码的阻遏蛋白。这种阻遏物同P_L和P_R启动子紧密结合。如果能够在晚期转录确定之前，就已合成出足够数量的阻遏物的话，那么噬菌体的全部基因都将被抑制，而且通过int基因产物整合酶的作用，λ噬菌体基因组将整合到染色体上，从而进入了溶源周期。cII和cIII基因的抑制，又反过来导致从Pre开始的转录作用的停止。左向和右向的操纵基因，各具有三个cI阻遏物的结合位点，而且当这种阻遏物达到高浓度的情况下，所有这些结合位点都会被阻遏物所占据，从而终止了转录活动。随着溶源性细菌细胞分裂的结果，这些位点依其结合亲合力高低的顺序，又被逐渐地空闲出来。到了这些位点只剩下一个仍然同阻遏物结合时，维持抑制的启动区Prm(repression maintenance)便被激活，于是又会合成出更多数量的新的cI阻遏物。若在cI基因中参入一个温度敏感突变，该基因所合成的多肽在高温下(一般是42～45℃)便会失去活性。根据这个原理，我们有可能构建出一种只要通过改变培养温度，就可以被方便地诱发的溶源性细菌。在自然的环境中，溶源性的诱发一般是同诱变剂紫外线(UV)的作用有关。UV很可能是通过诱导寄主的recA蛋白质而发生作用的，因为这种蛋白质能够使cI阻遏物发生水解切割而失活，于是使得从P_L和P_R启动区开始的左向和右向转录得以启动。

λ噬菌体是λ噬菌体族的成员之一。所有的λ噬菌体族的成员，在大肠杆菌寄主细胞中都有活性，但所呈现的免疫性则各不相同。对超感染的免疫性，是溶源性细菌的一种特性，这是由于在它们的细胞质中存在着cI阻遏物的缘故。然而，λ的cI基因产物并不能够抑制噬菌体434或噬菌体21，因为这些噬菌体的操纵基因不能够同λ噬菌体的cI阻遏物相结合。但是，这些噬菌体的基因组之间，有相当数量的区段存在着序列同源性，因此有可能构建出带有噬菌体434免疫区段(操纵基因、cI及cro基因)的λ噬菌体的重组体。这样的一种重组体噬菌体叫做λimm434。我们将会看到，这类杂种噬菌体对于改变λ噬菌体上的限制酶位点的数量，是一种十分有用的工具。

2. λ噬菌体载体的构建及其主要类型

(1) 构建λ噬菌体载体的基本原理

野生型的λ噬菌体DNA，对大多数目前在基因克隆中常用的核酸内切限制酶都具有过多的限制位点，例如有5个EcoRI的限制位点和7个HindIII的限制位点。显然，它本身并不适于用作基因克隆的载体。首先我们要想办法从野生型的λ噬菌体的基因组DNA上，消去一些多余的限制位点和切除掉非必要的区段，这样才有可能将它改造成适用的克隆载体。所以说，构建λ噬菌体载体的基本原理是多余限制位点的删除。

已经构建成若干种减少了EcoRI限制位点的λ噬菌体的派生载体。改建之后仍然保留下来的EcoRI限制位点，是位于λ噬菌体基因组的非必要区段内。这样，经EcoRI切割的λ噬菌体DNA便能够与经同样限制酶消化的外源DNA片段结合，使之插入在这个位点上，而并不导致噬菌体功能的丧失。这种改建的基本步骤是，先将所有的EcoRI位点移去，然后应用体内遗传重组技术取代上一个期望的DNA片段。

筛选失去了固有的EcoRI限制位点的λ突变体的办法是，将噬菌体感染到具有EcoRI限制-修饰体系的、和不具有EcoRI限制-修饰体系的两种寄主细胞中循环生长。用未经修饰的λ噬菌体感染具有EcoRI限制-修饰体系的寄主细胞，那么其子代噬菌体颗粒

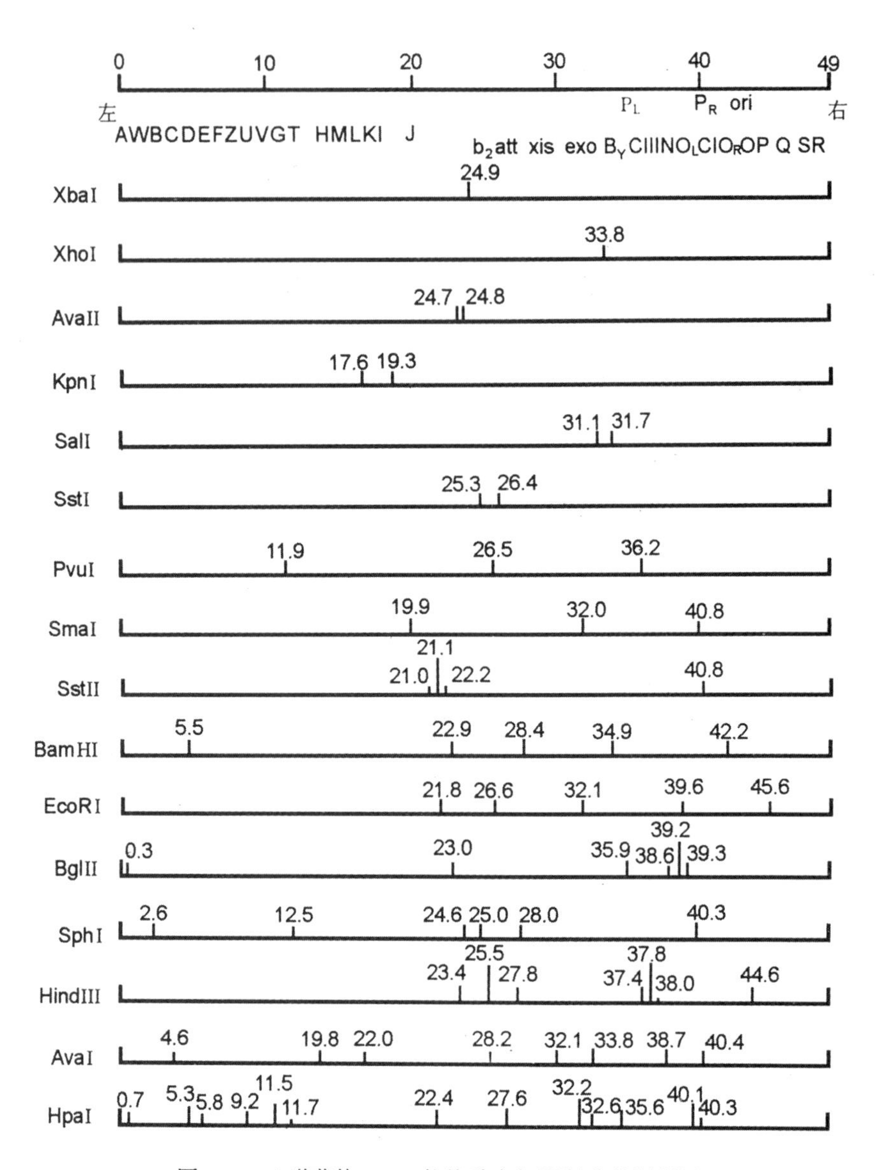

图 5-10 λ噬菌体 DNA 的核酸内切限制酶的限制图

图中的数字表示从λ基因组左端算起的千碱基对距离坐标

的产量便会激烈地减少，所产生的这些为数不多的子代噬菌体，是来源于在感染早期已经发生了修饰作用的λDNA，所以它们可以抗御 EcoRI 限制-修饰体系的作用。此外，它们也可能是在 EcoRI 位点发生了突变，于是就不能够被 EcoRI 限制酶所切割。经过在不同寄主之间反复地循环生长之后选择出来的噬菌体，已经获得了若干个这类的突变。这种循环生长要一直持续到根据成斑率判断，λ噬菌体 DNA 已不再被限制为止。将这样得到的完全失去了 EcoRI 限制位点的λ噬菌体，同具有全部 EcoRI 限制位点的λ噬菌体在体内进行杂交，然后选择仅具有限制位点 1 和 2 或具有限制位点 1、2 和 3 的重组体噬菌体。这些重组体噬菌体可以被 EcoRI 限制酶所切割。因此，外源的 DNA 片段便可以通过这样的位点，插入到噬菌体的左臂和右臂之间。

在野生型的 λ 噬菌体 DNA 上有 7 个 HindIII 限制位点,因此要用 λ 噬菌体克隆 HindIII 限制片段也必须移去多余的 HindIII 位点。目前,也已经构建出了减少 HindIII 限制位点的 λ 噬菌体的派生载体。从图 5-10 中可以看出,EcoRI 位点 1 和 2 之间的限制片段缺失的结果,移去了两个 HindIII 位点 1 和 2。同样的带有 b538 缺失的 λ 噬菌体,伴随着丧失了三个 HindIII 位点 1,2 和 3。噬菌体 21 的免疫区段(imm^{21})取代 λ 噬菌体的免疫区段(immλ)的结果,移去了两个 HindIII 位点 4 和 5。用 φ80 DNA 取代 λ 噬菌体 HindIII 位点 6 的区段,结果也使该位点丧失掉。

按照上面所述的这些基本原理构建的 λ 噬菌体的派生载体,可以归纳成两种不同的类型:一种只具有一个可供外源 DNA 插入的克隆位点,我们称这样的派生载体为插入型载体(insertion vectors)。例如,λgt10、λgt11、λBV2、λNM 540、λNM 1590、λNM 607 等都是属于这种类型的载体。也有一些插入型载体具有两个克隆位点,常见的 λNM 1149 即是,它的两个克隆位点 HindIII 和 EcoRI 识别位点都是位于 imm^{434} 区段内,而且彼此靠近。另一种具有成对的克隆位点,在这两个位点之间的 λ DNA 区段可以被外源插入的 DNA 片段所取代。所以,我们称这样的 λ 派生载体为替换型载体(replacement vectors)。如表5-2 的 Charon 4、Charon 10、Charon 35,以及 λgtWES、λEMBL3 等,都是很有用的替换型载体。

这两种不同的 λ 噬菌体派生载体具有不同的特点,因此在基因克隆中的用途也不尽相同。插入型载体只能承受较小分子量(一般在 10kb 以内)的外源 DNA 片段的插入,广泛应用于 cDNA 及小片段 DNA 的克隆。而替换型载体则可承受较大分子量的外源 DNA 片段的插入,所以适用于克隆高等真核生物的染色体 DNA。

应用 λ 载体在体外构建的重组体分子,当其感染了寄主细胞之后,究竟能否形成正常大小的噬菌斑,这完全取决于重组体 DNA 分子本身的大小。因为根据包装限度这一特性知道,只有当重组体 DNA 分子的长度是局限在包装范围之内时,才能够形成成熟的噬菌体颗粒,反之则不能形成有活性的噬菌体颗粒。

(2) λ 噬菌体载体的主要类型

(i)插入型载体

外源的 DNA 克隆到插入型的 λ 载体分子上,会使噬菌体的某种生物功能丧失效力,即所谓的插入失活效应。根据插入失活效应的特异性,插入型的 λ 载体又可以进一步区分为免疫功能失活的(inactivation of immunity function)和大肠杆菌 β-半乳糖苷酶失活的(inactivation of *E. coli* β-galactosidase)两种亚型。

① 免疫功能失活的插入型载体:在这类插入型载体的基因组中有一段免疫区,其中带有一两种核酸内切限制酶的单切割位点。当外源 DNA 片段插入到这种位点上时,就会使载体所具有的合成活性阻遏物的功能遭受破坏,而不能进入溶源周期。因此,凡带有外源 DNA 插入的 λ 重组体都只能形成清晰的噬菌斑,而没有外源 DNA 插入的亲本噬菌体就会形成混浊的噬菌斑。这种形态学上的差异,为分离重组体分子提供了方便的标志。

噬菌体 434 是 λ 噬菌体家族的成员之一,它的免疫区段(imm^{434}具有 EcoRI 和HindIII 两种限制酶的单切割位点。为了给外源 DNA 提供理想的克隆位点,科学工作者通过噬菌体杂交的办法,已经将 imm^{434} 免疫区段导入 λ 噬菌体基因组,构成了插入型的派生载体。

λNM1149载体便是属于其中的一个例子。这种载体的一个突出的优点是，它的两个克隆位点（EcoRI 及 HindIII 位点）都是位于 cI 基因内部，这为重组体的选择提供了许多方便。在应用具有 imm^{434}免疫区段的 EcoRI 插入型载体克隆外源基因的实验中，先将外源 DNA 和载体 DNA 分别用 EcoRI 限制酶切割，然后再将它们混合起来，加连接酶进行连接。只有两种连接反应的产物可以被包装成噬菌体颗粒，一种是分子量没有超过包装极限的重组体 DNA 分子，另一种是由切割形成的左臂和右臂重新连接形成的亲本噬菌体 DNA 分子。由于在 EcoRI 位点上发生的外源 DNA 插入，会导致 cI 基因失活，结果产生出清晰的噬菌斑，而亲本噬菌体可以变成溶源状态，形成混浊的噬菌斑。根据这种噬菌斑形态学特征上的差别，我们便可以将体外重组的噬菌体同亲本噬菌体区别开来。

除了上述这些属于 λimm^{434}杂种噬菌体载体系列的插入型载体外，由 F. R. Blattner 等人（1977）发展的"Charon"载体系列中，也有类似的插入型载体。Charon 6 和 Charon 7 同样也具有 imm^{434}区段，但 Charon 7 可以作为 HindIII 和 EcoRI 两种限制片段的插入载体，而 Charon 6 则只能做为 EcoRI 一种限制片段的插入载体，因为它还具有另一个 HindIII 位点（位点 6）。

② β-半乳糖苷酶失活的插入型载体：许多种 λ 载体，例如 Charon 2、λgtll 以及其它的一些载体，它们的基因组中含有一个大肠杆菌的 lac5 区段，其中编码着 β-半乳糖苷酶基因 lacZ。由这种载体感染的大肠杆菌 lac^-指示菌，涂布在补加有 IPTG 和 Xgal 的培养基平板上，会形成蓝色的噬菌斑，但在克隆过程中，如果外源 DNA 插入到 lac5 区段上，阻断了 β-半乳糖苷酶基因 lacZ 的编码序列，那么由这种 λ 重组体感染的 lac^-指示菌，由于不能合成 β-半乳糖苷酶，只能形成无色的噬菌斑。不过，实验中若是使用大肠杆菌 lac^+菌株作指示菌，那么在不发生外源 DNA 插入的情况下，λ 载体 lac5 区段保持完整，感染的结果会形成深蓝色的噬菌斑；就是 lac5 区段被插入阻断，也会形成浅蓝色的噬菌斑，而不是无色的噬菌斑。Charon2 载体基因组的 lacZ 基因中，含有一个 EcoRI 的识别位点。λgtll 载体的基因组所携带的 lacZ 基因序列中，也有一个 EcoRI 的识别位点，因此，在这两个载体的 EcoRI 位点克隆外源 DNA 都会导致 β-半乳糖苷酶基因的失活，并产生出无色的噬菌斑。λgtll 载体适用于 cDNA 克隆，它的 EcoRI 位点可容纳 8.3kb 大小的外源 DNA 片段的插入，是专门设计用来按抗体筛选技术分离特定基因的一种表达载体。

（ii）替换型载体

自从 λ 噬菌体被用作基因克隆载体以来，就一直有许多的实验室在潜心地研究改良 λ 噬菌体的新途径、新方法，其主要的目标是集中在提高载体容纳外源 DNA 片段的能力，以期发展出可以接受任何一种限制片段的载体系列。从目前的情况看，插入型载体的克隆能力相对有限，而替换型的 λ 载体有可能满足这样的要求。

替换型载体又叫做取代型载体（substitution vector），是一类在 λ 噬菌体基础上改建的、在其中央部分有一个可以被外源插入的 DNA 分子所取代的 DNA 片段的克隆载体。这是由于在构建此类载体时，安排在中央可取代片段两侧的多克隆位点是反向重复序列，因此当外源 DNA 插入时，一对克隆位点之间的 DNA 片段便会被置换掉，从而有效地提高了克隆外源 DNA 片段的能力。

M. Thomas 等人（1974）发展的替换型载体 λgtλc，它的可取代片段是位于 EcoRI 位点 2 和 3 之间（即片段 C），同时这个片段还含有 att、int 及 xis 三个位点或基因，因而这个

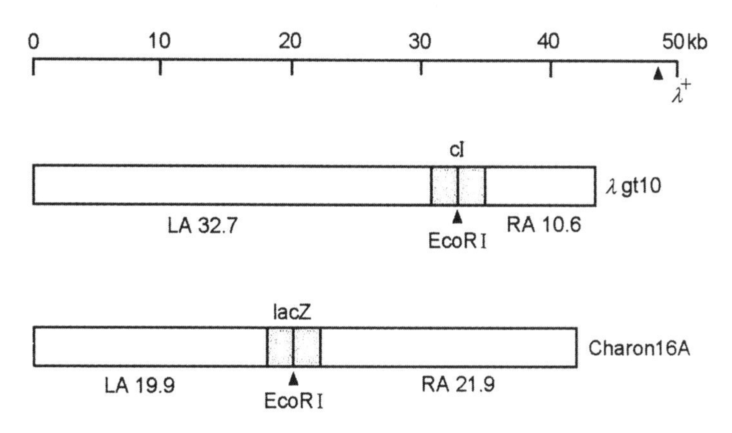

图 5-11 λ噬菌体的插入型载体 λgt10 和 Charon 16A 的形体图

这两个载体分别具有一个 cI 基因(λ阻遏蛋白基因)和 lacZ 基因(β-半乳糖苷酶基因),它们编码序列中都有一个 EcoRI 限制位点供外源 DNA 片段插入。左臂(LA)和右臂(RA)的长度均以 kb 为单位

噬菌体可以处于稳定的溶源状态,并能产生出混浊型的噬菌斑。当片段 C 被外源 DNA 取代之后,所形成的重组体噬菌体便失去了整合作用的功能,于是也就不能进入溶源状态,因此只能产生出清晰型的噬菌斑。1977 年 N. E. Murray 等人发展出了一系列具有 EcoRI 或 HindIII 限制片段的替换型载体。λNM781 便是其中的一个代表。在这个替换型载体中,可取代的 EcoRI 片段,编码有一个 supE 基因(大肠杆菌突变体 tRNA 基因),而且不论 EcoRI 片段在染色体上的取向如何,这个基因总是有活性的。由于这种 λNM781 噬菌体的感染,寄主细胞 lacZ 基因的琥珀突变更被抑制了,因此能在乳糖麦康基氏(MacConkey)琼脂培养基上产生出红色的噬菌斑,或是在 Xgal 琼脂培养基上产生出蓝色的噬菌斑。但是,如果这个具有 supE 基因的 EcoRI 片段被外源 DNA 取代了,那么所形成的重组体噬菌体,在上述这两种指示培养基上都只能产生出无色的噬菌斑。由于能够应用指示性培养基,因此选择 Murray 的替换型载体作基因克隆实验,可以极大地简便了对重组体的检测程序。除了 EcoRI 替换型载体而外,在 Murray 设计的载体中还有一类是 HindIII 替换型载体。λNM762 就是属于这种类型的替换型载体之一,在它的 HindIII 片段中带有一个 supF 基因。

另一种替换型载体 λNM791,它可取代的 EcoRI 片段包含着 lacZ 基因的大部分序列,故可以根据一种适用的 lac^- 指示菌菌株的等位基因互补作用予以检测。M13 噬菌体载体也是应用与此相同的检测方法,因此有关这一方面的详细内容,将留待 M13 载体一节一并讨论。

在图 5-12 所示的 λEMBL4 和 Charon 40,是另外两种设计独特的 λ 噬菌体的替换型载体。λEMBL4 中,长度为 13.2kb 的中间可取代片段有两个 SalI 位点,包围其两侧的一对反向重复的多聚衔接物中存在着 EcoRI、BamHI 及 SalI 三种限制酶的单识别位点。外源 DNA 可从其中的任一位点插入载体分子,但究竟选用哪一种限制位点则是取决于克隆片段的制备方法。若是用 Sau3A 局部消化所得的片段,则可插入到其同尾酶 BamHI 位点上,如此形成的重组体分子经 EcoRI 限制酶的消化作用,便可将插入片段删除下来。当应用 BamHI 限制酶处理 λEMBL4 克隆载体时,往往还要用 SalI 限制酶从两个位点切割

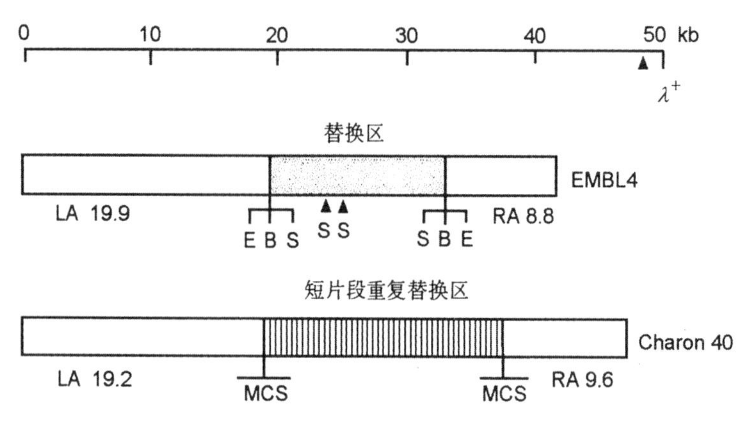

图 5-12 λ噬菌体替换型载体 λEMBL4 和 Charon 40 的形体图

λEMBL4 载体中的可替换区段长 13.2kb，其两侧由反向的多聚衔接物包围(E=EcoRI, B=BamHI, S=SalI)。Charon 40 载体中的可替换区段是由短片段重复而成，两短片段之间的连接点可被限制酶 NaeI 识别。替换区两侧由多克隆位点(MCS)包围。LA=左臂，RA=右臂，其长度均以 kb 为单位

中间的可取代区段，从而使两臂之间释放出 BamHI-SalI 短片段。这样的结果，便阻止了中间的可转移区段与两臂重新退火形成非重组体分子的存活噬菌体(viable phage)的可能性。

替换型载体 Charon 40 的中间可取代区段，是由一种 DNA 短片段多次重复而成的，我们称这种重复序列结构为多节段区(polystuffer)。在多节段区中的两个短片段之间的连接点可被 NaeI 识别。因此，在应用 Charon 40 作克隆载体时，我们便能够有效地将其中间的多节段区清除掉，从而使存活噬菌体大部分都是重组体分子。在 Charon 40 载体的中间多节段区的两侧，是由一对反向重复的多克隆位点包围着，从而增加了可选用的限制酶的种类。与 λEMBL4 载体一样，Charon 40 的克隆能力也可达 9～22kb 之间。

用替换型载体克隆外源 DNA 包括三个步骤：

第一，应用适当的核酸内切限制酶消化 λ 载体，除去基因组中可取代的 DNA 区段。

第二，将上述所得的 λ DNA 臂同外源 DNA 片段连接。

第三，对重组体的 λ DNA 分子进行包装和增殖，以得到有感染性的 λ 重组噬菌体。

(3) 凯伦噬菌体载体

凯伦噬菌体(Charon bacteriophage)，是 F. R. Blattner 等人于 1977 年在 λ 噬菌体基础上发展出来的一种特殊的噬菌体载体。凯伦(Charon)是古希腊神话中的一位老摆渡工，专司在斯蒂克斯河(River Styx)上运送亡灵到阴间。所以 Blattner 形象地称自己所构建的噬菌体为凯伦载体。这类载体有插入型的，如凯伦 2；也有替换型的，如凯伦 30。它们在基因工程实验中的用途十分广泛。

许多 Charon 噬菌体载体，都带有编码着 β-半乳糖苷酶基因以及它的操纵基因和启动子的 lac5 取代区段。例如，替换型载体 Charon 4，在它的可以被外源 DNA 取代的 EcoRI 片段中，包含有 lac DNA 的大部分序列(lac5 取代片段)，和一个 bio 取代片段。所以，Charon 4 噬菌体可以在含有 Xgal 琼脂培养基上产生出深蓝色的噬菌斑。而当含有 lac5 的 EcoRI 片段被外源 DNA 取代之后，所形成的重组噬菌体就只能产生出无色的噬

菌斑。如果 Charon4 中的这个含有 lac5 的 EcoRI 片段，因体外重组而发生重排，或是如同在 Charon16 中的情况一样，外源 DNA 插入到 lac 基因中，那么用 lac^- 作指示菌将产生出无色的噬菌斑，而用 lac^+ 作指示菌则将产生出蓝色的噬菌斑。在后面这种情况下，可能是由于随着噬菌体生长而增加的 lac 操纵基因的剂量，滴定掉了（结合掉了）细胞中的 lac 阻遏物，因而使得细菌的 lac 操纵子发生某种程度的去抑制作用，于是便能够产生出蓝色的噬菌斑。

W. A. M. Loenen 和 F. R. Blattner 在 1983 年发展出了两种新的 λ 载体 Charon35 和 Charon34，专门设计用来克隆大片段的 DNA，而且所形成的重组体分子可以在 $recA^-$ 的大肠杆菌寄主菌株中繁殖。在这两个 λ 载体基因组中，插入了一段具有多种核酸内切限制酶识别位点的多聚衔接物序列：

$\underbrace{\text{GAATTC}}_{\text{EcoRI}}\ \underbrace{\text{GAGCTC}}_{\text{SacI}}\text{G}\ \underbrace{\text{CCCGGG}}_{\text{SmaI}}\text{GATCGATCC}\ \underbrace{\text{TCTAGA}}_{\text{XbaI}}\ \underbrace{\text{GTCGAC}}_{\text{SalI}}\ \underbrace{\text{CTGCAG}}_{\text{PstI}}\text{CCC}\ \underbrace{\text{AAGCTT}}_{\text{HindIII}}\ \underbrace{\text{GGATCC}}_{\text{BamHI}}$

它是彼此以相反的取向连接在 λ DNA 中央可取代区段的两侧。这段多聚衔接物序列，编码着 EcoRI、SacI、SmaI、XbaI、SalI、PstI、HindIII 和 BamHI 等 8 种在基因克隆中常用的核酸内切限制酶的单切割位点。其中，只有 PstI 位点用处不大，因为在 λ DNA 序列中还存在着好几个同样的位点。在 Charon 34 载体基因组中，中央可取代区段是长度为 16.4kb 的大肠杆菌 DNA 之 BamHI 片段，而在 Charon 35 载体基因组中，中央可取代区段则是来自大肠杆菌的长度为 15.6kb 的 BamHI 片段。在这段 DNA 内部还有两个 BamHI 位点，所以这种载体 DNA 经过 BamHI 消化之后，中央的可取代区段很容易同噬菌体的两臂分开。

使用凯伦噬菌体作载体进行基因克隆的一般程序包括，分离线性的凯伦噬菌体载体 DNA，然后选用适当的核酸内切限制酶作酶切消化，产生出两条噬菌体臂段和一条中央区段。这三种 DNA 片段可以根据其分子量大小的差别予以分离。将分离所得的噬菌体的两条臂段，与经同样核酸内切限制酶切割消化过的外源 DNA 片段混合退火，并加入 DNA 连接酶连接。为了能够有效地导入寄主细胞，把这些体外重组的 DNA 分子同包装蛋白质混合温育，使之包装成具感染性能的噬菌体颗粒。最后再把由此所得的包装产物涂布在敏感细菌平板上。由于检测培养基中含有 Xgal，因此有外源 DNA 片段插入的重组体噬菌体形成无色的噬菌斑，而没有插入的噬菌体则形成蓝色的噬菌斑（图 5-13）。

由于包装限制的缘故，凯伦噬菌体载体承受外源 DNA 的能力也有一定的约束，一般说是局限在几个 kb 到 23kb 的范围之内。因此，凯伦噬菌体载体对于研究大范围内的染色体结构很有用处。与此相反，质粒载体则只能承受小至几个 bp 大至几个 kb 之间的小片段 DNA 插入。这些小片段的插入对于诸如 DNA 序列分析方面是很有用的。λ 噬菌体及其派生载体的一个突出优点是感染效率高，几乎每个颗粒都具有 100％的感染率，而质粒 DNA 分子则只有大约 0.1％的转化率。这是我们在选用克隆载体时要考虑的一个因素。

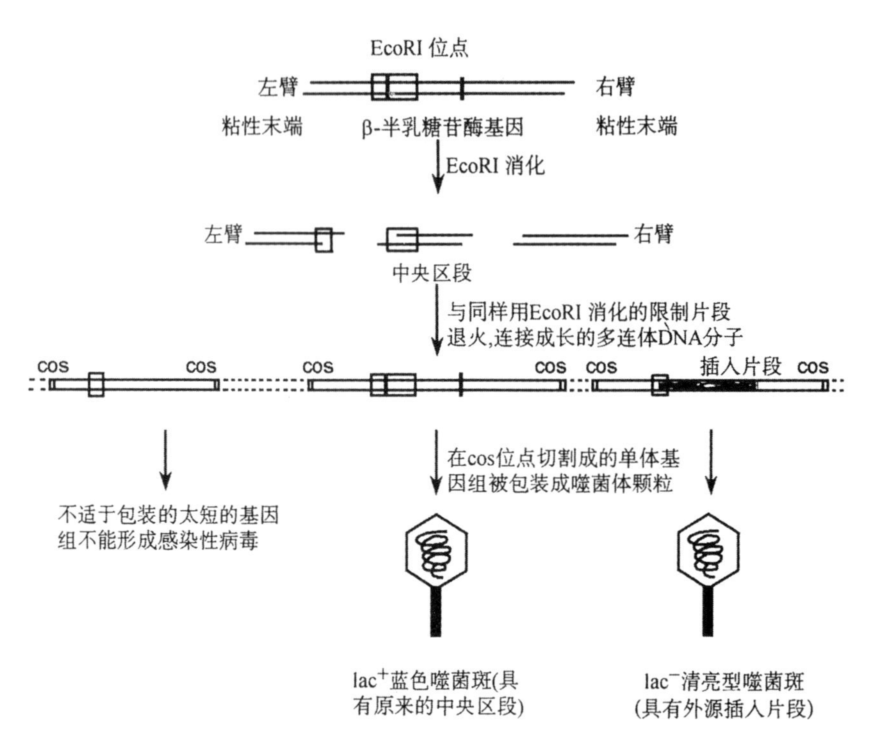

图 5-13　带有外源 DNA 插入的重组凯伦噬菌体的形成与选择

经核酸内切限制酶 EcoRI 消化之后得到的载体两臂分子,在连接反应之前,一般要同其大部分的中央区段分开。这样才能使它们之间重新连接的可能性下降。重新连接的不含外源 DNA 插入的分子,若其中央区段的取向保持与原来的一致就会形成 lac^+ 噬菌斑(蓝色),而与原来相反的,则形成 lac^- 噬菌斑(无色)

3. λ 噬菌体载体的改良

在上述插入型和替换型 λ 噬菌体载体的基础上,根据不同的实验目的与要求,人们又发展出了一系列具有不同特点的改良型的 λ 噬菌体载体。改良 λ 噬菌体载体的首要目的在于增加容纳外源 DNA 片段的克隆能力。有关这方面的内容将在柯斯质粒载体一节叙述。除此之外,λ 噬菌体载体的改良工作还围绕着如下三个主要目的进行:设计可对重组体分子作正选择的克隆载体,构建可方便地通过转录作用制备外源 DNA 插入序列之 RNA 探针的克隆载体,发展可使插入的真核 cDNA 与 β-半乳糖苷酶形成融合蛋白质的克隆载体。本节仅就这三个方面作简要的叙述。

(1) Spi^- 正选择的 λ 噬菌体载体

一批经过改良的 λ 噬菌体载体的一个共同特点是,在它们的中心限制片段上具有 λ 噬菌体的两个基因:red 和 gam。野生型的 λ 噬菌体,不能够在 P2 噬菌体溶源性细菌中生长,其表型为 Spi^+(sensitive to P2 inhibition),即对 P2 噬菌体的抑制作用呈敏感性反应。已经证明,这种生长抑制作用,是受 λ 噬菌体 red 和 gam 这两个基因编码的产物控制的。如果噬菌体丧失掉了 red 和 gam 基因,例如被外源 DNA 所取代,这样的噬菌体突变体则获得了 Spi^- 的表型,能够在噬菌体 P2 溶源性的大肠杆菌细胞中生长并形成噬菌斑。在应用具有 red 和 gam 基因的替换型载体作基因克隆的实验中，可以按照 Spi 特性来选择重组体，因此 Spi^-表型为我们提供了一种正选择标记。

$red^-gam^-\lambda$ 噬菌体不能够在 $redA^-$的寄主细胞中增殖，但在这种噬菌体确实是具有一个 chi 位点的情况下，它们则可以在 red^+的寄主细胞中增殖。所谓 chi 位点(crossover hot spot instigator site)，意即交换热点激活区，是一段与重组事件有关连的 DNA 序列，它激活以 rec 为媒介的交换反应。

gam 基因还具有其它方面的功能，例如控制 λ DNA 复制从双向模型转向滚环模型的开关，就是受 gam 基因编码产物操纵的。gam^-噬菌体不能够产生出作为头部包装底物的多连体的线性 DNA 分子，然而它却能够形成噬菌斑。其原因在于 rec 和 red 重组体系能对环形 λ DNA 分子发生作用，使之形成为头部包装底物的多体分子。red^- gam^-噬菌体具有在 rec^+细菌中形成噬菌斑的能力，完全是依赖于以 rec 为媒介的交换反应。但就这种交换反应而言，λ DNA 是一种拙劣的底物，如果不含有一个或数个 chi 位点的话，这样的噬菌体则只能形成极其微小的噬菌斑。因此许多新设计的具有较大容纳能力的替换型载体，例如 λL47 和 λ1059 等，在其不能被取代的 DNA 部分都含有 chi 位点(表 5-1)。

表 5-1　野生型的以及 red^-gam^-的 λ 噬菌体之噬菌斑表型

噬菌体	寄主菌			
	rec^+	$recA^-$	$recA^-recBC^-$	P2 溶源性细菌
$\lambda red^-,gam^-$	非常小	−	+	微小
$\lambda red^-,gam^-,x$	小	−	+	小
λ^+	+	+	+	−

改良的 λ 噬菌体的替换型载体 λL47 和 λ1059，它们都具有编码 red 和 gam 两个基因的区段。当这个区段被外源 DNA 取代时，噬菌体便获得了 Spi^-表型。因此，可以通过涂布在噬菌体 P2 溶源性的大肠杆菌上进行正选择。λL47 噬菌体载体可用作 BamHI、EcoRI 和 HindIII 三种限制片段的替换型载体，而且在其左臂上还有一个 chi 位点，从而有益于重组体的增殖。λ1059 噬菌体载体又称为"质粒"载体，其根据在于它是一种 λ 噬菌体和 ColE1 质粒(带有克隆的 λatt 位点)的重组体。这样的重组体，既能作为典型的噬菌体生长，又能在具有 λ 阻遏物的情况下作为典型的质粒生长，因此具有明显的优越性。

应用 λ1059 载体克隆外源 DNA 有一个麻烦的地方，就是经 Spi^-正选择之后，仍然有一部分未发生外源 DNA 取代的亲本噬菌体 λ1059，会逃脱选择作用而得以继续存活下去。这些存活下来的少量 λ1059 噬菌体，是应用核酸杂交法筛选重组体的实验过程中产生的。因为这类杂交筛选中所用的 DNA 探针，几乎无一例外地都是由质粒重组体中分离的 DNA 制备的，而这种重组体中的质粒 DNA 部分，同 ColE1 质粒 DNA 具有相当的同源性。所以，用这样的 DNA 筛选具外源 DNA 的噬菌体，也就难免会有少量的亲本噬菌体 λ1059 被同时筛选出来。为了解决这个问题，有人用带有大肠杆菌 trp 基因的片段，取代 λ1059 中含有 ColE1 质粒序列的 HindIII 片段，派生出 λEMBL1 噬菌体载体，从而避免了 λ1059 载体的这种缺陷性。其后又设计出了两种新型的 λ 载体 λEMBL3 和 λEMBL4，它们容纳外源 DNA 的能力，几乎接近于理论极限值(23kb)。它们不仅也可以用作 Spi^-正选择，同时还具有chi位点，是十分有用的克隆载体。λEMBL3和λEMBL4都是由λEMBL1派生出来的，与λEMBL1相比，它们失去了EcoRI位点，而且其BamHI位点已被具有EcoRI-BamHI-SalI识别序列的一段多聚衔接物(polylinker)序列所取代：

GGATCTGG GTCGAC GGATCCGGG GAATTCCCAGATCC

SalI　　BamHI　　EcoRI

这种多聚衔接物序列是位于可取代区段的两侧，不过它们在λEMBL3和λEMBL4两种载体中的取向是彼此相反的。这两个噬菌体载体可以用来克隆由EcoRI、BamHI和SalI三种限制酶所产生的任何一种限制片段，而且还可以用来克隆从复杂染色体基因组产生的随机片段。染色体DNA经Sau3A限制酶局部消化之后，产生的粘性末端同BamHI的完全一样，都是GATC。如此局部消化所产生的染色体DNA片段，可以通过凝胶电泳作大小分部分离，并克隆到λEMBL3和λEMBL4噬菌体载体上。虽然在克隆过程中载体上的BamHI位点被破坏了，但依据所用的载体，选用EcoRI酶或SalI酶作消化作用，便可以回收到克隆的外源DNA片段。

(2) 具有体内删除特性的λ噬菌体载体

应用λ噬菌体作基因克隆的载体，在获得了阳性噬菌斑之后，必须对克隆的基因进行鉴定，而且大分子量的λ噬菌体载体在限制图的构建及基因的序列测定方面都是相当麻烦的。因此，人们往往是在分离到了含有目的基因的λ噬菌体载体之后，先把插入其中的外源DNA片段亚克隆到质粒载体上，再进行各项有关的分析。这无疑是一种相当烦琐的过程。那么我们能否发展出一种可将插入的DNA片段直接从λ载体转移到质粒载体的快速简便的体内系统呢？λZAP载体就是具有这种特性的一种典型代表。

(i) λZAP载体的结构

λZAP载体的基因组结构如图5-14所示，它本质上是一种插入型的λ噬菌体载体。在它的基因组当中，含有一个可以在体内发生删除作用的pBluescript噬菌粒(见本章第五节)的DNA片段，其两侧是由两个单链DNA噬菌体f1的复制信号，即f1起始子和f1终止子包围着。在pBluescript DNA序列的内部，有一段其两端分别带有T3及T7噬菌体启动子的多克隆位点(MCS)区。外源DNA片段在此插入，会导致lacZ基因失活，为重组体分子的筛选提供了组织化学手段。如若插入的方向及读码结构都是正确的话，则可合成出融合的蛋白质。

当含有外源DNA插入序列的重组的λZAP载体，感染了大肠杆菌F^+菌株或者更经常的是F'菌株之后，再用辅助噬菌体M13(或f1)超感染。于是，在细胞内由此辅助噬菌体基因II提供的反式作用蛋白质，便会首先识别位于λZAP载体臂上的f1 DNA合成起始子，并在其(＋)DNA链上切成一个缺口。接着从此缺口处开始沿着pBluescript序列按滚环模型进行单向性的(＋)DNA链合成，当其到达f1终止子(它与起始子具有相同的切割位点序列)时，便会被基因II蛋白质再次切割。结果此(＋)DNA链的两端便会连接形成一个环形的单链的pBluescript噬菌粒基因组。这样便完成了λZAP载体上pBluescript DNA序列的体内删除作用，它最终被辅助噬菌体M13的蛋白质包装成单链DNA噬菌体颗粒，并被挤压出寄主细胞。

将此感染培养物的上清液置70℃下加热20分钟，以杀死大肠杆菌细胞及λ噬菌体，

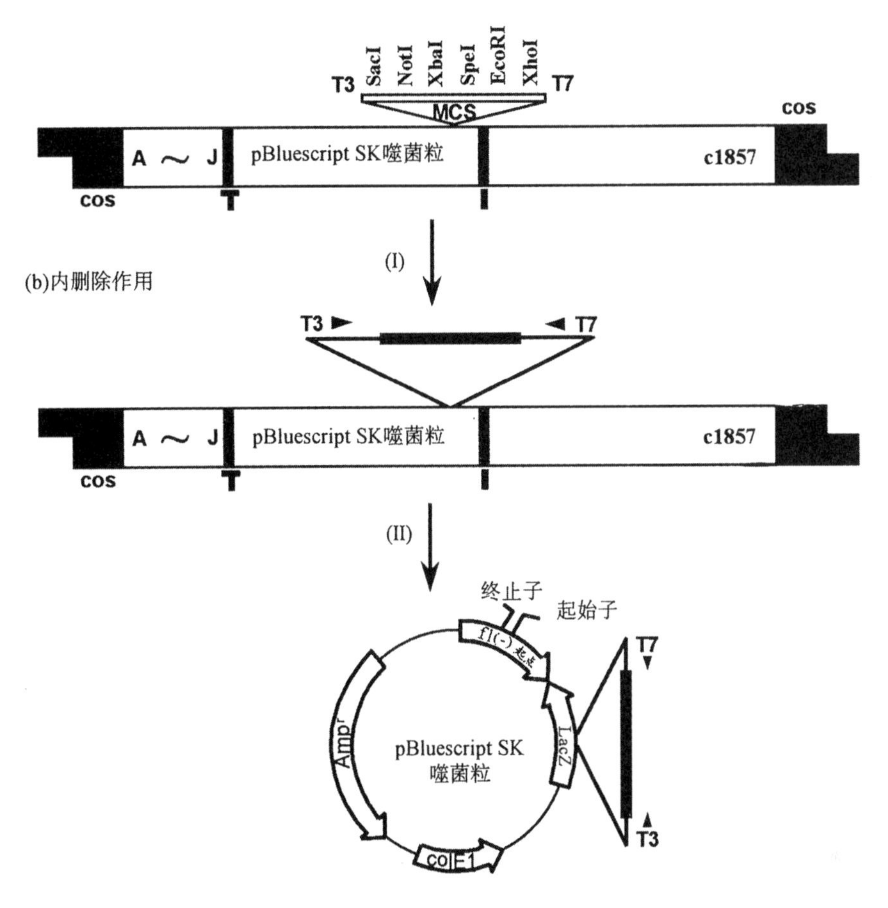

图 5-14 λZAP 载体的结构及其体内删除作用

(a)以 λZAP 为载体构建 DNA 文库,并用核酸或抗体探针筛选阳性克隆;(b)用 M13 或 f1 辅助噬菌体超感染业经重组体 λZAP 感染的 F′大肠杆菌。在寄主细胞内,由辅助噬菌体产生的反式作用蛋白质(即 M13 或 f1 的基因 II 蛋白质)识别位于 λZAP 载体臂中的 f1 起始子和终止子,并最终导致含有克隆 DNA 插入序列的 pBluescript 噬菌粒从 λZAP 载体上删除下来。图中,T=终止信号(终止子);I=起始信号(起始子);T3=T3 噬菌体启动子;T7=T7 噬菌体启动子; A~J=λ 噬菌体基因; c1857=温度敏感的阻遏蛋白基因;MCS=多克隆位点

而包装着噬菌粒 pBluescript DNA 的 M13 颗粒,由于是热抗性的便得以存活下来。再用它感染 F′大肠杆菌细胞,并涂布在含有氨苄青霉素的平板上,选择抗性克隆,这样便得到了 pBluescript 噬菌粒。因为感染进入 F′大肠杆菌细胞内的 pBluescript(+) DNA 链,通过环形 DNA 合成被转变成双链的噬菌粒 DNA 之后,便能如同质粒一样从 ColE1 复制起点进行正常的 DNA 复制。

(ii) λZAP 载体的主要特点

λZAP 是一种特别适于 cDNA 克隆的并具有体内删除特性的插入型的 λ 噬菌体载体,其主要特点是:

① 具有多种不同的核酸内切限制酶的单识别位点,可以克隆 10kb 大小的外源 DNA

片段；

② 与 λgt11 载体一样，如果插入的外源 DNA 序列取向及读码结构均保持正确，就能从 lacZ 启动子表达杂种的或融合的蛋白质，并可用抗体筛选；

③ 在其 lacZ 基因的 NH_2 部位有 6 个单克隆位点，能发生 β-半乳糖苷酶的插入失活效应，故可以在 Xgal 显色反应平板上筛选重组体分子；

表 5-2 λ 噬菌体载体的克隆能力[1]

载体名称	载体类型	克隆位点	克隆能力[2](kb)	重组体的识别
λBV2	IN[3]	BamHI	0～10.1	NO[5]
λNM540	IN	HindIII	0～9.3	NO
λNM590	IN	HindIII	0～11.3	清亮噬菌斑
λNM607	IN	EcoRI	0～8.5	清亮噬菌斑
λNM641	IN	EcoRI	0～9.7	清亮噬菌斑
		XbaI	0～11.6	NO
λNM1149	IN	EcoRI	0～8.5	清亮噬菌斑
		HindIII	0～8.5	清亮噬菌斑
Charon4	RE[4]	EcoRI	7.9～18.8	Lac^{-}[6], Bio^{-}[7]
Charon10	RE	EcoRI	8.8～19.7	Lac^{-},Bio^{-}
		SacI	0.8～12.3	Lac^{-},Bio^{-}
	IN	HindIII	0～7.7	Lac^{-}, Bio^{-}
λEMBL3	RE	BamHI	10.4～20.1	Spi^{-}[8]
		EcoRI	10.4～20.1	Spi^{-}
		SalI	10.4～20.1	Spi^{-}
λgtWES. λB′	RE	EcoRI	2.4～13.3	NO
		SacI	2.4～13.3	NO
λgtWES. T5-622	RE	EcoRI	2.4～13.3	对 ColIb 不敏感
λL47	RE	EcoRI	9.4～18.9	Spi^{-}
		HindIII	7.8～17.3	Spi^{-}
		BamHI	5.2～14.7	Spi^{-}
λ1059	RE	BamHI	8.0～21.0	Spi^{-}
λ1127	RE	BamHI	3.3～12.0	NO
		HindIII	3.3～12.0	NO
λ1129	RE	EcoRI	3.0～12.7	NO
		BamHI	5.7～15.4	NO
λ1130	RE	EcoRI	3.6～13.3	NO
		BamHI	5.7～15.4	NO
		SalI	3.6～13.3	NO
λ2001	RE	BamHI	10.4～20.0	Spi^{-}
		EcoRI	10.4～20.0	Spi^{-}
		HindIII	10.4～20.0	Spi^{-}
		SacI	10.4～20.0	Spi^{-}
		XbaI	10.4～20.0	Spi^{-}
		XhoI	10.4～20.0	Spi^{-}

续表 5-2

载体名称	载体类型	克隆位点	克隆能力[2](kb)	重组体的识别
Charon27	IN	BamHI	0～6.7	NO
		EcoRI	0～6.7	NO
		HindIII	0～6.7	NO
		SalI	0～6.7	NO
		XhoI	0～6.7	NO
Charon30	RE	BamHI	6.9～16.6	Spi⁻
		EcoRI	5.3～15.0	NO
		HindIII	0～9.1	NO
		SalI	0～9.7	NO
		XhoI	0～9.1	NO
Charon35	RE	BamHI	9～18.6	NO
		EcoRI	9～18.6	NO
		HindIII	9～18.6	NO
		SacI	9～18.6	NO
		SalI	9～18.6	NO
		XbaI	9～18.6	NO

(1) 本表仅收集一部分有代表性的不同类型的 λ 噬菌体载体。

(2) 克隆能力是指载体分子所能承受的外源 DNA 插入片段的大小范围。

(3) IN 代表插入型的载体。

(4) RE 代表替换型的载体。

(5) NO 表示没有可识别的表型特征。

(6) Lac^-表示不能合成 β-半乳糖苷酶,所以在 Xgal-IPTG 检测平板上显无色噬菌斑。

(7) Bio^-表示不能合成生物素。

(8) Spi^-表示对 P2 噬菌体的抑制作用呈抗性反应(不敏感)。

④ 克隆的外源 DNA 片段,可以在体内自动地从噬菌体载体上随 pBluescript SK(—)一道删除下来,置于较小型的噬菌粒载体上,从而便于进行限制图的构建和 DNA 核苷酸序列的测定。这个过程比把插入的外源 DNA 片段从噬菌体载体转移到质粒载体的常规的亚克隆程序,省去了 DNA 的切除与连接两个步骤;

⑤ 利用 T3 或 T7 噬菌体的 RNA 聚合酶,λZAP 载体能够转录出任何一条链的 mRNA分子,因此通过该载体可方便地制备外源 DNA 插入序列的 RNA 转录本。

(iii) RNA 探针的制备

由于多克隆位点(MCS)区的两端有一对 T3 和 T7 噬菌体的 RNA 聚合酶启动子,因此我们可以利用 λZAP 载体在体外制备插入的外源 DNA 序列之 RNA 拷贝。例如,首先从唯一的 NotI 位点使重组的 pBluescript SK(—)噬菌粒 DNA 线性化,然后加入到含有 T7 RNA 聚合酶和四种核苷三磷酸(NTPs)的适宜的反应混合物中,就会从 T7 启动子开始单链 RNA 分子的合成,并在 NotI 切割位点处终止。这种情况在许多方面都是十分有用的。如果在反应混合物中加入一种 α-^{32}P-核苷三磷酸,就可合成出具高比活性的标记的 RNA 分子,它可有效地用作 Northern 印迹杂交的探针。由于 RNA-RNA 杂交分子的解链温度要比 RNA-DNA 杂交分子的高约 15℃,因此可以获得清晰的 Northern 印迹杂交的结果。

很显然，在应用 λZAP 载体制备 RNA 探针的实验工作中，一个十分重要的条件是，被转录成 RNA 的必须是插入 DNA 序列中的正确的一条链。由于 T3 和 T7 启动子是分处于插入 DNA 序列的两端，因此通过选用适当的 RNA 聚合酶，并选用一种适当的核酸内切限制酶以便在远侧位点使之线性化，就能使插入的 DNA 序列中的任何一条链（正链或负链）转录成 RNA 分子。

有一些噬菌体，例如大肠杆菌的 T3 和 T7 以及鼠伤寒沙门氏菌（*Salmonella typhimurium*）的 SP6，都具有自己编码的 RNA 聚合酶，而且现在已经有了商品供应。这些噬菌体的 RNA 聚合酶都是单亚基酶，比大肠杆菌的 RNA 聚合酶要简单得多，它们只转录具有唯一的噬菌体特异的启动子序列的基因，而不会转录任何寄主细胞的基因。而且每种噬菌体 RNA 聚合酶都对自己的启动子序列表现出高度的特异性。例如，T3 RNA 聚合酶对一种 23bp 的启动子序列是高度特异的，它同 T7 聚合酶识别的启动子序列之间仅有三个碱基的差异。

4. λ 重组体 DNA 分子的体外包装

(1) λ 重组体 DNA 分子的转染作用

应用 DNA 重组技术，把带有目的基因的外源 DNA 片段插入到 λ 载体之后，还要设法将这些重组体分子导入寄主细胞。最简单的一种方法是用 λ 重组体 DNA 分子直接感染大肠杆菌，使之侵入寄主细胞内。这种由寄主细胞捕获裸露的噬菌体 DNA 的过程叫做转染（transfection），它有别于以噬菌体颗粒为媒介的转导（transduction）。

从本质上讲，λ DNA 的转染作用，同质粒 DNA 的转化作用并无原则上的差别。但前者是一种低效的过程。即便是使用未经任何基因操作处理的新鲜制备的 λ DNA，其典型的转染效率（即每微克 λ DNA 转染产生的噬菌斑数目），也仅为 10^5～10^6 之间。而实际上在基因操作的过程中，λ DNA 总是要经过一定的处理，包括用核酸内切限制酶作消化反应之后，再同外源 DNA 片段进行的连接作用。实验观察表明，这种体外连接的结果，转染效率便下降到了 10^4～10^3 左右。而且就是使用生化上完全有效的 λ 重组体 DNA，这种下降现象也往往是难以避免的。

造成这种转染效率下降的主要原因是，在 DNA 的体外连接反应中，载体分子同外源 DNA 片段之间的结合，完全是按一种随机的方式进行的。由此所形成的各种重组体分子中，有相当的比例是没有活性的。这样的分子不能够转染寄主细胞，因而致使转染效率明显下降。

λ 重组体 DNA 转染作用的低效性，显然是难以满足一般的实验要求，特别是应用 λ 载体构建基因文库的操作中，至少要达到 10^6 左右的转染效率，甚至更高一些。当然，如果采用辅助噬菌体对被感染的寄主细胞作预感染处理，便可以明显地提高噬菌斑的形成率和转染频率。但这种方法有一个突出的缺点，它需要依赖于我们在实验中并不希望出现的辅助噬菌体，而正是由于它的存在，会给基因克隆实验带来许多不必要的麻烦。所以这种方法在实际当中并不常用，而主要是应用体外包装技术，把重组 DNA 分子包装成成熟的噬菌体颗粒，从而能够按照正常的噬菌体感染过程导入寄主细胞。结果明显地提高了 λ 重组体 DNA 的转染效率，可达 10^7 左右。

(2) λ DNA 的体外包装

在正常的 λ 噬菌体的生长期间，寄主细胞内要进行特殊的包装反应，它涉及到一连串的变化事件(图 5-15)。首先是作为包装反应的底物，即按照滚环复制机理合成的多连体形式(concatemeric form)的 DNA，在具备噬菌体头部前体和 A 基因产物的条件下，会从 cos 位点处被切割成 λ DNA 单体分子。这种线性的分子适于包装，很快就被装填到头部外壳里边，而且由于它具有 12bp 长的粘性末端，所以又会重新环化起来(见图 5-7)。随后基因 D 的产物便掺入到完整的头部，接着通过基因 W 和FII 产物的作用，把头部和分别组装的尾部结构连成一体，最终形成成熟的 λ 噬菌体颗粒。

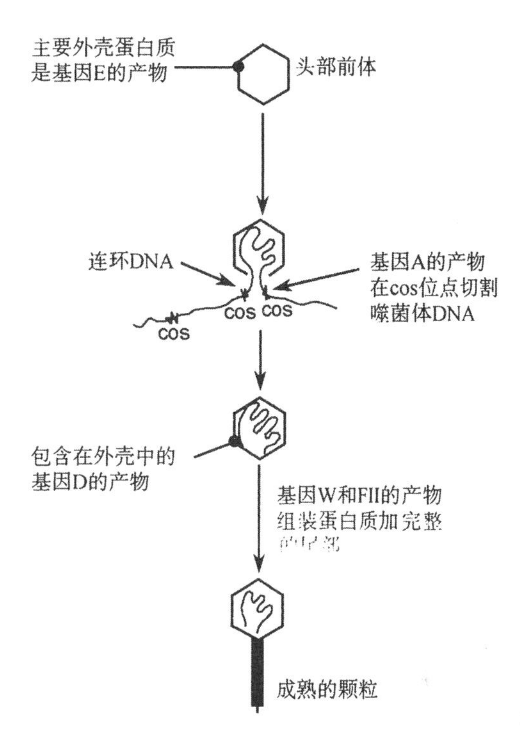

图 5-15 在寄主细胞内进行的 λ DNA 的包装过程

所谓 λ DNA 的体外包装作用，就是要在体外试管中，完成上述发生于寄主细胞内的全部包装过程。根据体外互补作用研究发现，λ 噬菌体的头部和尾部的装配是分开进行的。头部基因发生了突变的噬菌体只能形成尾部，而尾部基因发生了突变的噬菌体则只能形成头部。将这两种不同突变型的噬菌体的提取物混合起来，便能够在体外装配成有生物活性的噬菌体颗粒。这就是噬菌体体外包装所依据的基本原理。D 基因突变的和 E 基因突变的 λ 噬菌体，是一对互补的头部突变型噬菌体。这两个基因的产物都是重要的外壳蛋白质，其中 E 基因的产物 E 蛋白是 λ 噬菌体头部的主要成份，占头部总蛋白的 72%。D 基因的产物 D 蛋白占总蛋白的 20%，它位于 λ 噬菌体头部的外侧，同 λ DNA 进入头部前体以及头部的成熟有关。E 基因发生了琥珀突变(Eam)的 λ 噬菌体不能形成任何头部结构，所以在它所感染的寄主菌中可以积累大量的尾部蛋白质；而 D 基因发生琥珀突变(Dam)的 λ 噬菌体，λ DNA 不能进入头部，成熟作用便在头部前体阶段被阻断，因此它所感染的寄主菌中可以累积大量的头部前体蛋白质。由于这种细菌的溶菌物在体外是彼此互补的，因此 λ DNA 分子能够被包装成为成熟的噬菌体颗粒(图 5-16)。

在实际的实验工作中，我们所使用的包装蛋白质是从具有 cI857 突变基因的 λ 噬菌体之溶源性的大肠杆菌，例如 BHB2690(Dam)和 BHB2685 (Eam)菌株培养物中制备的。cI857 是一种对温度敏感的阻遏蛋白基因。具有这个突变基因的 λ 噬菌体，当其寄主菌在 32℃下培养时，便能够保持溶源性状态，而当培养温度上升到 44～45℃ 时，cI 基因编码的阻遏蛋白的活性丧失。通过改变培养温度，可以使这两种溶源性细菌的原噬菌体得到诱

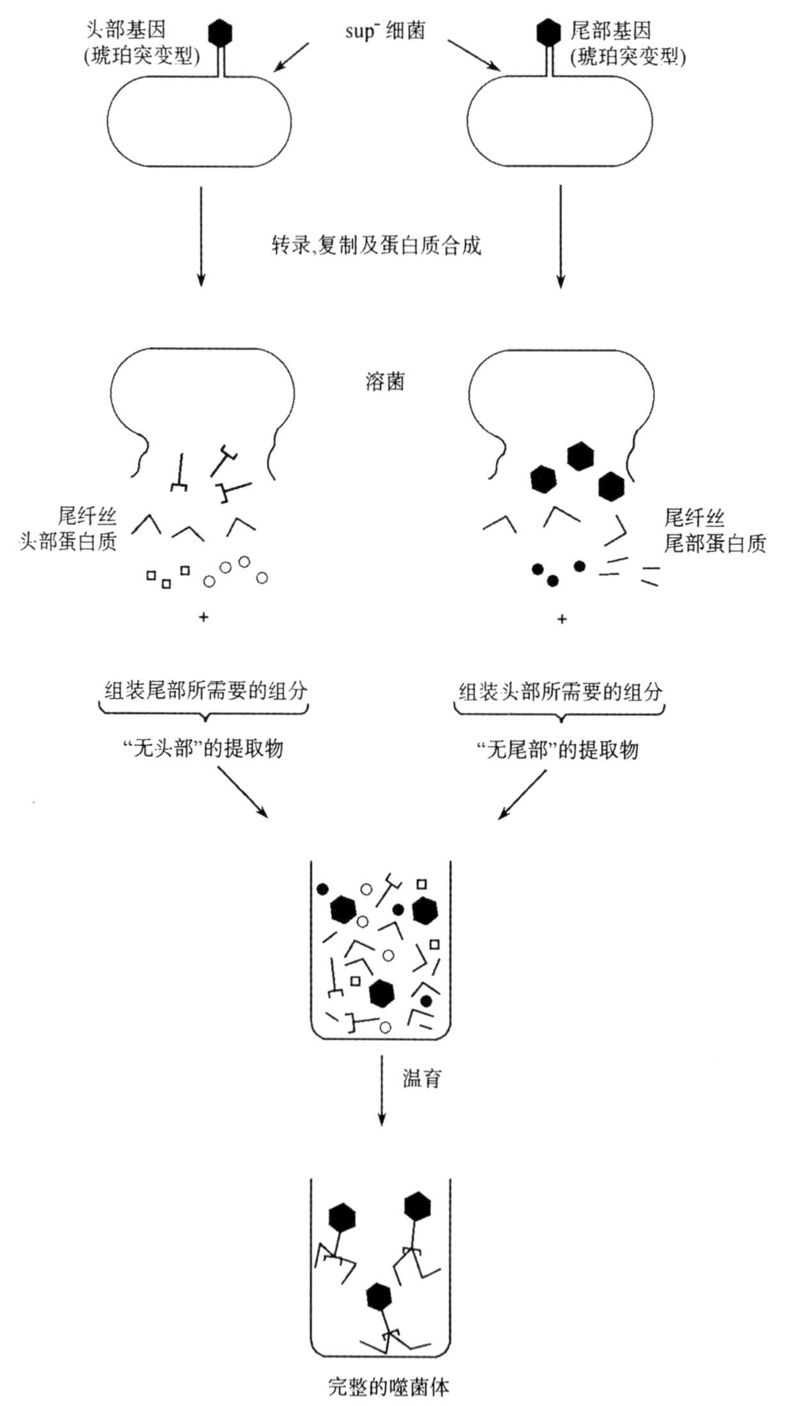

图 5-16　T4 噬菌体的体外包装

发。但由于在其S基因上有一个琥珀突变,所以细菌培养物不会发生溶菌反应。应用离心浓缩法收集这些含有未装配的头部蛋白质的细胞,然后用超声波处理或是反复冻结-融化法使细胞裂解获得包装蛋白质提取物。再用这两种细胞提取物,在体外将重组的λ DNA

包装成为具有生物活性的噬菌体。

关于 λDNA 体外包装反应尚有两个问题有待克服：头一个问题是，包装蛋白质提取物，既能包装外源的DNA，也能包装内源的DNA。因此，那些用于制备包装蛋白质的溶源性细菌，它们的原噬菌体被诱发产生的内源 DNA 同样也会被包装起来，从而就会影响到包装噬菌体的纯度。这个问题可以由选择适当的原噬菌体基因型加以克服。比如，通过 b2 区缺失高效地删去了 att 位点，以抑制在诱发过程中发生原噬菌体 DNA 的删除作用。这样带 b2 突变的原噬菌体之溶源性细菌的提取物中，就不会出现内源 λDNA 的包装问题。如果将复杂的包装反应复合物涂布在 imm^{434}溶源性细菌上，那么 imm^{434}免疫性就能够阻止噬菌斑的形成。再有，假若载体不具有任何琥珀突变，我们就可以利用 Su^-菌株作指示菌，于是内源 DNA 也就不能形成噬菌斑。通过上述种种办法便可达到纯化包装噬菌体之目的。另一个问题是，外源DNA 和诱发的原噬菌体 DNA 在菌液中发生重组。为防止发生这种情况，我们可选用重组缺陷(即 red^-，rec^-)的溶源性细菌，并用紫外线照射诱导法制备溶菌液。这样便消除了内源 DNA 的生物学活性，从而克服了这个令人担忧的内外源 DNA 间的重组问题。

(3) λ噬菌体 DNA 的包装限制问题

λ噬菌体头部外壳蛋白质容纳DNA 的能力是有一定限度的。上限不得超过其正常野生型 DNA 总量的 5%左右，而低限又不得少于正常野生型 DNA 总量的 75%，也就是说，λ噬菌体的包装能力，控制在野生型 λDNA 长度 75%～105%之间。在这个范围之内的 DNA，可以被包装成有活性的噬菌体颗粒，而超出了这个范围的就不能形成正常大小的噬菌斑。这就是我们通常所说的 λ噬菌体的包装限制。

包装限制说明，λ载体克隆外源DNA 的能力不是无限的，它有一个极限值。按野生型 λDNA 分子长度为 48kb 计算，λ噬菌体的包装上限是 51kb。由于野生型的 λDNA 基因组中，编码必要基因的 DNA 区段占 28kb，因此 λ载体克隆外源 DNA 的理论极限值应是 23kb。

λ噬菌体包装限制这种特性，对于研究工作是十分有用的。它告诉我们，最好是采用能增加基因组空间位置的缺失方法构建克隆载体。我们知道，如果 λ基因组缺失了超过其 DNA 总量 25%的非必要区段，它就不能被有效地包装。因此，当替换型载体中的可取代片段，通过物理方法或核酸内切限制酶的处理而被消除掉的话，这种缺失的载体基因组，只有新 DNA 片段插入的情况下，才能形成噬菌斑。由此可见，包装限制这一特性，保证了体外重组所形成的有活性的 λ重组体分子，一般都应带有外源 DNA 的插入片段，或是具有重新插入的非必要区段。这等于是对 λ重组体的一种正选择。

此外，根据包装限制原理，我们在设计 λ载体时，采用了一种可移动的“填充片段”(stuffer fragment)取代 λDNA 的非必要区段。这样的克隆载体便能够被有效地包装并进行增殖。而且通过仔细地选用特殊性的填充片段，便能发展出可依据其特殊表型分离 λ重组体的选择方法。例如，前面讨论的 Spi^-表型选择法，就是用具有 red 和 gam 基因的填充片段构建替换型 λ载体的一个成功的例子。

5. λ重组噬菌体的成熟

在本章的前面部分，我们已经讲过，λDNA 的复制从 θ形式向滚环形式的转变，是受它自己的 gam 基因控制的。其基本的原理是，该基因的蛋白质产物能够同寄主细胞的外切核酸酶 V 结合成复合物，而使后者失去了对复制中的 λ DNA 的作用活性。于是，λ 噬菌体便能够合成出成熟的多连体 DNA，供作包装的底物。

然而，由于 gam 基因是位于 λ 基因组的非必要的中央区段上，因此通过在替换型载体上的克隆所形成的重组体，都将失去这个基因。这样的重组体是无法使用滚环复制形式合成多连体的 DNA。当然，通过单体环形 λ DNA 间的重组作用，同样有可能产生出成熟的多连体的 λ DNA 分子，而且从中切割下来的线性的单体 DNA 分子，也可以被包装为成熟的噬菌体颗粒。这些重组事件可以由大肠杆菌重组酶或是 λ 噬菌体编码的普遍重组体系(generalized recombination system)催化进行。可是，由于控制这种普遍性重组的 red 基因在 λ 基因组上的位置是同 gam 基因相邻的，因此在许多由替换型载体而来的重组体中，red 基因同样也丧失掉了。由此可见，失去了 red 和 gam 基因的 λ 重组体噬菌体，只有依靠大肠杆菌的重组体系，才能够复制出成熟形式的多连体的 λ DNA 分子。遗憾的是，λ 载体 DNA 并不能很好地使用大肠杆菌这种正常的依赖于 recA 基因的重组途径。但如果在 λ 载体上引入一个 chi 位点，这种状况就可得到很大的改善。此外，失去 red 和 gam 基因的噬菌体，照样还可以在不能产生核酸外切酶 V 的大肠杆菌 recB 或 recC 突变体菌株上增殖。

6. λ 重组体分子的选择方法

与质粒载体不同，λ 噬菌体载体不具有抗菌素抗性选择记号。因此，对 λ 重组体分子的选择，除了采用 Spi^- 正选择方法之外，主要是依据噬菌斑的形态学特征和 Xgal-IPTG 显色反应作出判断的。鉴于这方面的内容在本章的前面部分已经有了不同程度的涉及，为避免发生不必要的重复，这里仅就如下三种主要的选择方法作扼要的叙述。

(1) cI 基因功能选择法

cI 基因编码的阻遏蛋白质，是促使感染了 λ 噬菌体的大肠杆菌寄主细胞进入溶源化状态的必要条件。cI 基因失活或缺失的 λ 噬菌体是无法使其寄主细胞发生溶源化效应的，因此在培养基菌苔上形成的是清亮型的噬菌斑，而不是混浊型的噬菌斑。如果在插入型的 λ 噬菌体载体的克隆位点，或是在替换型的 λ 噬菌体的可取代区段中，编码有一个 cI 基因，那么插入了外源 DNA 片段的 λ 重组体分子的表型将是 cI^-，形成清亮型的噬菌斑；而非重组体分子的则是 cI^+表型，形成混浊型的噬菌斑。所以，根据噬菌斑形态学特征的差异，便可以选择出 λ 重组体分子。

(2) lacZ 基因功能选择法

根据 lacZ 基因编码产物 β-半乳糖苷酶在 Xgal-IPTG 培养基平板上显色反应的原理，已经在某些插入型的 λ 噬菌体载体的 lacZ 基因中，引入了若干常用的核酸内切限制酶识别位点。当外源的 DNA 片段插入到这些克隆位点时，形成的是无功能活性的 β-半乳糖苷酶。于是被感染的大肠杆菌寄主细胞，就将在含 Xgal-IPTG 的培养基平板上形成无色的噬菌斑；而相反的，没有外源插入序列的 λ 噬菌体载体则将会形成蓝色的噬菌斑。同样的方法也可适用于替换型载体的重组体分子的选择，当然其先决条件是在可取代的区段中应带有 lacZ 基因的相应序列。由此可见，我们可以利用 lacZ 基因编码的 β-半乳糖苷酶的功能活性，作为选择 λ 重组体分子的一种简便有效的生化指标。

(3) Spi^-选择法

有关此法在本章的《Spi^-正选择的 λ 噬菌体载体》一节中，已经作了比较详细的叙述。其基本原理是，λ 噬菌体的 red 和 gam 基因的编码产物(即一种参与重组反应的核酸外切酶，和一种可抑制大肠杆菌 recBCD 核酸酶活性的蛋白质)，会抑制噬菌体使之无法在 P2 噬菌体溶源性的大肠杆菌细胞中正常生长。而 red^-gam^-突变型的 λ 噬菌体，却可以在 P2 溶源性的细菌中正常生长。在使用替换型载体进行克隆的过程中，位于可取代区段上的 red 和 gam 基因随之被移走。因此，具有插入序列的 λ 重组体分子便可以在 P2 溶源性的细菌中生长；反之，没有插入序列的则不能够正常生长。所以根据在 P2 溶源性细菌中的生长状况，便可以选择出 λ 重组体分子。

7. 克隆在 λ 噬菌体载体上的外源基因的表达

迄今为止，我们关于克隆在 λ 噬菌体载体上的外源基因表达方面的大部分资料，都是来源于 N. E. Marry 和 N. J. Brammer 两个研究小组的出色工作。他们的研究结果表明，λ 噬菌体载体可以成功地用来作为扩增外源基因拷贝数的克隆载体，使外源基因得到最大限度的表达。到目前为止，已应用 λ 噬菌体实现基因克隆和表达的有 DNA 连接酶、DNA 聚合酶 I 和 DNA 聚合酶 III γ 亚基等。这些酶都是核酸生物化学研究本身和基因克隆实验常用的反应剂，因此是十分有意义的。

S. M. Panasenko 等人(1977)报道过一种在体外构建的携带有大肠杆菌 DNA 连接酶基因的 λ 重组噬菌体，由它感染的大肠杆菌溶源性被诱发之后，连接酶的产量便提高到 500 倍以上，可占大肠杆菌细胞蛋白质总量的 5%。如此大幅度的增值，主要取决于基因剂量的增加和可靠有效的转录作用。要达到这个目的，一般是通过诱发 λ 噬菌体基因组中的 Q 基因或 N 基因的突变来实现的。在发生了 Q^-突变的 λ 基因组，全部晚期基因的表达连同复制 DNA 的包装作用都被阻断了，这样便使 DNA 复制的时间得到了延长，从而提高了克隆基因的表达效果。引入 N^-突变的 λ 噬菌体，其晚期功能也是有缺陷的，因此尽管它的 DNA 复制速度比 N^+Q^-λ 噬菌体的要慢一些，但最终得到的克隆基因的产物数量还是比较高的。为了方便起见，通常都在这类重组体的 cI 基因内带上一个温度敏感突变，以使它的基因组在常温培养条件下能够保持原噬菌体状态，而一旦需要，只要改变培养条件便可以使其溶源性得以诱导。

大多数的 λ 噬菌体都是在其 P_L 启动子或 P_R 启动子能够进行有效转录的区段上接受外源 DNA 的插入的。Marry 等人(1977)关于从 λ-T4lig 噬菌体获得高产量的 T4 连接酶的研究，堪称为克隆在 λ 噬菌体上外源基因表达方面的一个理想的研究范例。他们首先在体外构建成了一种重组体噬菌体 λ-T4lig。这个噬菌体的转录，既可以从 T4 噬菌体的启动子开始，也可以从 λ 噬菌体的 P_L 启动子或 P_R 启动子开始。当主要的 λ 启动子处于抑制状态时，在 λNM873 以及 λNM875 和 λNM993 等噬菌体中，T4 连接酶基因的表达是从 T4 启动子开始的(图 5-17)。T4 DNA 连接酶的产量取决于 T4lig 基因(连接酶基因)剂量的大幅度提高。由于 cI 基因内有一个热敏感突变，因此溶源性细菌热诱发的结果便是溶菌周期的启动。在Q基因和S基因中参入突变，使晚期转录功能急剧地下降，从而阻止了寄主细胞发生溶菌作用，于是获得了高产量的噬菌体DNA，并在细胞内出现全部由噬菌体基因组决定的蛋白质多肽产物。然而，由这样的噬菌体所产生的T4 DNA连接酶在性能上并不是特别有效的。

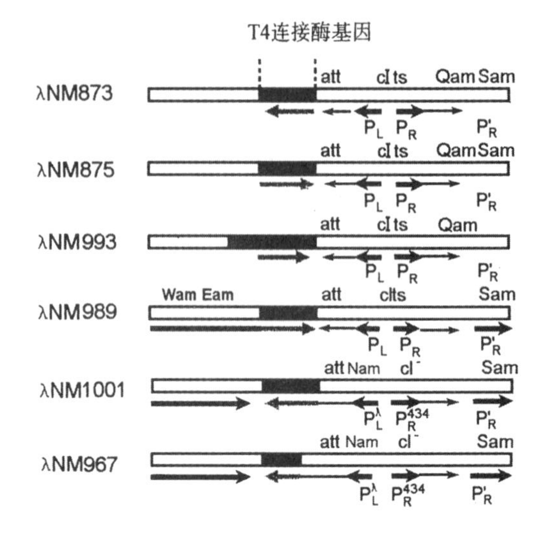

图 5-17 λ噬菌体启动子引发的T4连接酶基因的表达

在λNM1001和λNM967噬菌体中，T4lig基因的转录是从P_L启动子开始。在理想的情况下，这种噬菌体应该是cro^-型的，以解除cro基因产物对于P_L启动子和P_R启动子转录作用的抑制效应。但由于cro^-型的噬菌体很难构建，而且即使构建出来了也不能够很好地复制它们自己的DNA，即不能进行有效的增殖。因此要采取另外一种办法，使用具有“杂种免疫区”的噬菌体代替cro^-突变。由于cro基因是位于λ噬菌体DNA的免疫区段内，故此它的产物具有免疫的特异性。现在已经构建成了由λ噬菌体的P_L启动子、434噬菌体的P_R启动子及cro基因组成杂种免疫区的重组噬菌体。我们称这种含有杂种免疫区的重组噬菌体为杂种免疫性噬菌体。异源免疫的434噬菌体的cro基因产物，不能够同λ噬菌体的P_L启动子相互作用。因此，就左边转录而言，这种杂种免疫性噬菌体的表型应是cro^-的，所以克隆在P_L启动子转录范围内的外源基因能够得到有效的表达。显而易见，杂种免疫性噬菌体的构建，为克隆在λ噬菌体上的外源DNA的有效表达，提供了一种相当有效的手段。

第三节　柯斯质粒载体

1. 柯斯质粒载体的构建

λ噬菌体克隆外源DNA的能力，虽说其理论上的极限值可达23kb，但事实上较为有效的克隆范围仅为15kb左右。当然，在一般的情况下，这样大小的DNA片段已足够容纳一个完整的基因及其两端的侧翼序列(flanking sequence)。然而，大量的研究资料表明，许多基因的分子大小比正常预期的要大得多，有的可达35～40kb甚至更大。同时，应用λ噬菌体作载体，还往往不能够同时克隆两个连锁的基因。不言而喻，在实际的研究工作中，特别是有关真核基因的结构与功能的研究，需要比λ噬菌体载体具有更大克隆能力的新型的载体。1978年，J. Collins及B. Hohn等人发展出的柯斯质粒载体(cosmid vectors)满足了这样的需要。

“cosmid”一词是由英文“cos site-carrying plasmid”缩写而成的，其原意是指带有粘性末端位点(cos)的质粒。因此我们说，所谓柯斯质粒，乃是一类由人工构建的含有λDNA的cos序列和质粒复制子的特殊类型的质粒载体。诸如图5-18所示的柯斯质粒载体

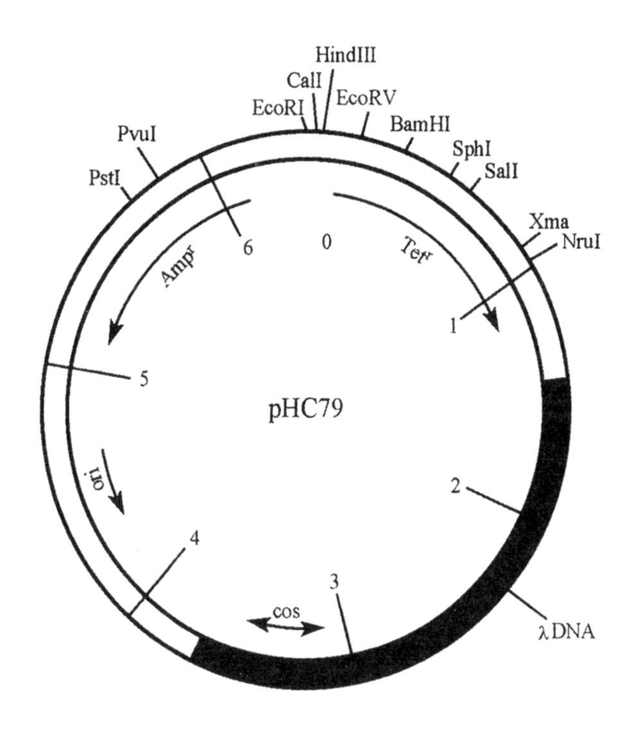

图 5-18　柯斯质粒载体 pHC79 的形体图

它是由 pBR322 质粒 DNA 与 λ 噬菌体 DNA 的 cos 位点及其控制包装作用的序列构成的

pHC79，就是由 λ DNA 片段和 pBR322 质粒 DNA 联合组成的。首先它是用 λ 噬菌体基因组之 cro-rII 的 BglII 限制片段，取代 pBR322 质粒 DNA 的位于 1 459～1 666bp 之间的 Sau3A 片段，产生出具有 BglII 单切割位点的重组体分子。然后通过这个位点，将带有 cos 序列、长度为 1.78kb 的 λ DNA 之 BglII 片段插入进去，于是得到了 pHC79 柯斯质粒。

在这个柯斯质粒中，λ DNA 片段除了 cos 位点之外，在其两侧还具有与噬菌体包装有关的 DNA 短序列；而质粒 DNA 部分则是一个完整的复制子，编码着一个复制起点和两个抗菌素抗性基因 amp^r 和 tet^r。很明显，pHC79 柯斯质粒兼具了 λ 噬菌体载体和 pBR322 质粒载体两方面的优点。其克隆能力为 31～45kb，而且能够被包装成为具有感染性能的噬菌体颗粒。

2. 柯斯质粒载体的特点

目前已经在基因克隆通用的质粒载体的基础上，发展出了许多不同类型的柯斯质粒载体，表 5-3 列举出了其中一部分。这些柯斯质粒载体大多具有 pMB1 和 ColE1 复制子。例如，c2XB、pHC79 和 pTL5 等，都具有 pMB1 复制子；pJC74、pJC720 和 pJB8 等，则具有 ColE1 复制子。根据表 5-3 所摘录的，柯斯载体的特点大体上可归纳成如下四个方面：

第一，具有 λ 噬菌体的特性。柯斯质粒载体在克隆了合适长度的外源 DNA，并在体外被包装成噬菌体颗粒之后，可以高效地转导对 λ 噬菌体敏感的大肠杆菌寄主细胞。进入寄主细胞之后的柯斯质粒 DNA 分子，便按照 λ 噬菌体 DNA 同样的方式环化起来。但由于柯斯质粒载体并不含有 λ 噬菌体的全部必要基因，因此它不能够通过溶菌周期，无法形成子代噬菌体颗粒。

第二，具有质粒载体的特性。柯斯质粒载体具有质粒复制子，因此在寄主细胞内能够像质粒DNA一样进行复制，并且在氯霉素作用下，同样也会获得进一步的扩增。此外，柯斯质粒载体通常也都具有抗菌素抗性基因，可供作重组体分子表型选择标记，其中有一些还带上基因插入失活的克隆位点。例如，在pHC79柯斯质粒基因组的PstI限制位点克隆，会导致amp^r基因的失活；在BamHI和SalI限制位点克隆，又会造成tet^r基因的失活。

第三，具有高容量的克隆能力。正如上面所述，柯斯质粒载体的分子仅具有一个复制起点，一两个选择记号和cos位点等三个组成部分，其分子量较小，一般只有5～7kb左右。因此，可以插入到柯斯质粒载体上并能被包装成λ噬菌体颗粒的最大外源DNA片段，即柯斯质粒载体的克隆极限可达45kb左右。这个数字比λ噬菌体载体及质粒载体的最大克隆能力都要大得多。同时，由于包装限制的缘故，柯斯质粒载体的克隆能力还存在着一个最低极限值。如果用作克隆载体的柯斯质粒的分子为5kb，那么插入的外源DNA片段至少得有30kb长，才能包装形成具感染性的λ噬菌体颗粒。由此可见，柯斯质粒克隆体系用于克隆大片段的DNA分子特别有效。

表5-3 部分柯斯质粒载体的基本特性

柯斯载体	复制子	分子大小(kb)	选择记号	克隆位点	克隆能力(kb)
c2XB	pMBI	6.8	Amp^r,Kan^r	BamHI,ClaI,EcoRI,HindIII,PstI,SmaI	32～45
pHC79	pMBI	6.4	Amp^r,Tet^r	EcoRI,HindIII,SalI,BamHI,PstI,CalI	29～46
pHS262	ColE1	2.8	Kan^r	BamHI,EcoRI,HincII	34～50
pJC74	ColE1	15.8	Amp^r	EcoRI,BamHI,BglII,SalI	21～37
pJC75-58	ColE1	11.4	Amp^r	EcoRI,BamHI,BglII	16～42
pJC74km	ColE1	21	Amp^r,Kan^r	BamHI	16～32
pJC720	ColE1	24	Elimm,Rif^r	HindIII,XmaI	11～28
pJC81	pMBI	7.1	Amp^r,Tet^r	KpnI,BamHI,HindIII,SalI	30～46
pJB8	ColE1	5.4	Amp^r	BamHI,HindIII,SalI	31～47
MuA-3	pMBI	4.8	Tet^r	PstI,EcoRI,BalI,PvuI,PvuII	32～48
MuA-10	pMBI	4.8	Tet^r	EcoRI,BalI,PvuI,PvuII	32～48
pTL5	pMBI	5.6	Tet^r	BglII,BalI,HpaI	31～47
pMF7	pMBI	5.4	Amp^r	EcoRI,SalI	32～48

Amp^r＝氨苄青霉素抗性；Kan^r＝卡那霉素抗性；Ter^r＝四环素抗性；EIimm＝产生大肠杆菌素；Rif^r＝利福平抗性。

第四，具有与同源序列的质粒进行重组的能力。实验发现，一旦柯斯质粒与一种带有同源序列的质粒共存在同一个寄主细胞当中时，它们之间便会形成共合体。因此，假若柯斯质粒与质粒各自具有一个互不相同的抗药性记号及相容性的复制起点，那么当它们转化到同一寄主细胞之后，便可容易地筛选出含有两个不同选择记号的共合体分子。

3. 柯斯克隆

应用柯斯质粒载体，在大肠杆菌细胞中克隆大片段的真核基因组DNA技术，叫做“柯斯克隆”(cosmid cloning)。这种技术的理论依据是，在线性λ噬菌体DNA分子的每一端，都具有一段彼此互补的单链突出序列，即所谓的粘性末端(cos位点)。在λ噬菌体的正常生命周期中，会产生出由数百个 λDNA 拷贝组成的多连体分子。在此种分子中，前后两个 λDNA 基因组之间都是通过 cos 位点连接起来的。λ噬菌体具有的一种位点特异的切割体系(site-specific cutting system)，叫做末端酶(terminase)或 Ter 体系，能识别两个相距适宜的 cos 位点，将多连体分子切割成 λ 单位长度的片段，并将它们包装到 λ 噬菌体头部中去。因此，对于 λ 噬菌体 DNA 的包装作用，cos 位点和 Ter 体系是两项必须具备的条件。

现在已经知道，只有在被作用的 λDNA 分子具有两个 cos 位点，而且它们之间的距离保持在 38～54kb 的条件下，Ter 体系才能对它们发生作用。据此可以断定，柯斯质粒是不能作为体外包装的底物，因为它的基因组 DNA 只具有一个 cos 位点。如果用适当的核酸内切限制酶如 HindIII 处理柯斯质粒，所形成的 DNA HindIII 片段仍不能被包装。因为尽管经过退火的 HindIII 片段可互相连接成具有两个 cos 位点的二聚体(或分子量更高的多聚体)，但由于它们之间相距太近，只有几个 kb，因此 Ter 体系还是不能对它发生作用。若将经 HindIII 限制酶切割的柯斯质粒线性 DNA 分子同外源真核生物基因组 HindIII 片

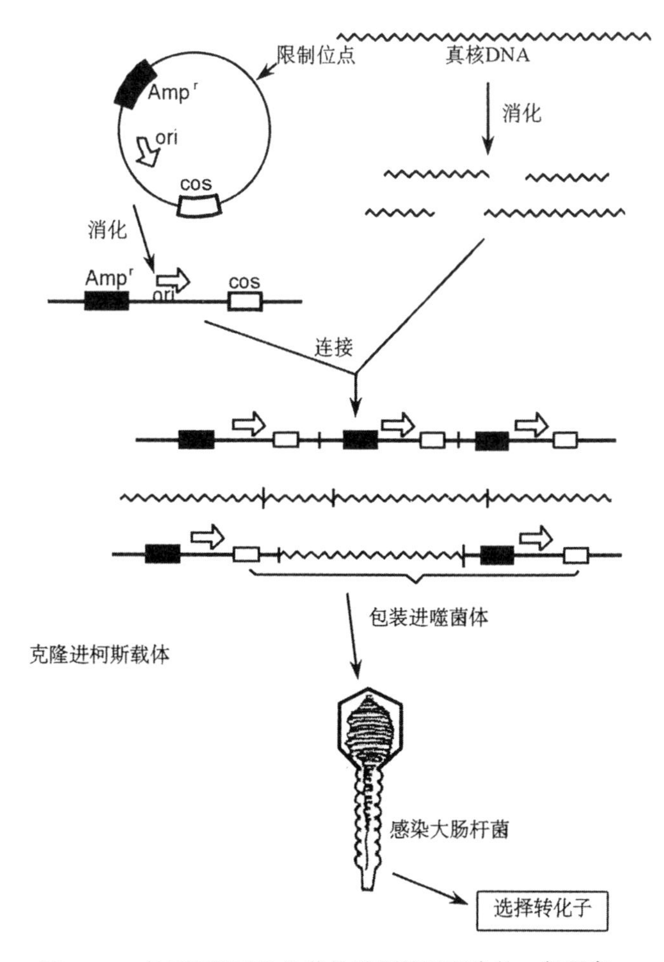

图 5-19 应用柯斯质粒作载体进行基因克隆的一般程序

段混合，并使之退火，那么由此形成的重组体 DNA 分子群体中，便会有一部分是具有两个 cos 位点的线性二聚体。在这两个 cos 位点之间，由于插入了足够长度的外源 DNA，它

们的距离已符合于 Ter 体系的要求。因此由体外包装完成的转导颗粒中,重组体柯斯质粒线性 DNA 的每个末端,都是 λDNA 的正常的粘性末端。必须指出,由于包装限制的关系,只有当柯斯质粒含有适当数量的外源 DNA 插入的情况下才会发生包装作用。

根据上面所述,我们知道应用柯斯质粒作载体进行基因克隆的一般程序是,先用特定的核酸内切限制酶局部消化真核生物的 DNA,产生出来的高分子量的外源 DNA 片段,与经同样的限制酶切割过的柯斯质粒线性 DNA 分子进行体外连接反应。由此形成的连接产物群体中,有一定比例的分子是两端各有一个 cos 位点的长度为 40kb 左右的真核 DNA 片段,而且这两个 cos 位点在取向上是一样的。这种分子同在 λ 噬菌体感染晚期所产生的分子是类似的,可作为 λ 噬菌体 Ter 功能的一种适用底物。因此,当加入 λ 噬菌体的包装连接物时,它将能识别并切割这种两端由 cos 位点包围着的 35～45kb 长的真核 DNA 片段,并把这些分子包装进 λ 噬菌体的头部。当然,由包装形成的含有这种 DNA 片段的 λ 噬菌体头部则不能够作为噬菌体生存的,但它们可以用来感染大肠杆菌。感染之后,注入细胞内的这种真核 DNA-cos 杂种分子便通过 cos 位点环化起来,并按质粒分子的方式进行复制和表达其抗药性记号(图 5-19)。

4. 柯斯克隆的改良

柯斯克隆技术的优点主要有两方面:首先,由于柯斯载体兼具了质粒和 λ 噬菌体两方面的特性,提高了克隆外源 DNA 片段的能力,可达 45kb 左右,因此对于构建真核生物基因文库是一种特别有用的克隆载体;其次,应用柯斯质粒作克隆载体,所形成的非重组体的克隆本底比较低,即便不使用插入失活或碱性磷酸酶对线性化的柯斯质粒 DNA 作预处理,其结果亦是如此,从而提高了筛选具外源 DNA 的重组体质粒的几率。

不过,应用柯斯质粒载体进行基因克隆,在技术上也存在着一些问题有待解决。这一方面是,由于经核酸内切限制酶切割作用产生的线性的柯斯质粒载体,彼此间会通过分子内的重组作用形成多聚体分子。另一方面是,由于经核酸内切限制酶作局部消化的真核基因组产生出来的 DNA 片段,在随后的连接反应中,往往会出现由两个或数个片段随机再连接的情况。而它们的结合顺序并不符合在真核基因中的固有排列顺序。显而易见,使用含有这种插入片段的克隆作 DNA 序列分析,所得出的染色体结构将是错误的。

为了避免出现这种情况,一般都是在连接反应之前,先用碱性磷酸酶对线性的柯斯质粒载体 DNA 作预处理,使之脱磷酸,以阻止它们之间发生自我连接作用。另一个比较有效的办法是,在进行连接反应之前,先将局部消化产物通过凝胶电泳作大小分级分离,然后将长度为 31～45kb 范围的 DNA 片段再同线性化的柯斯质粒 DNA 进行连接。然而,即使经过了这样的处理,在实际的柯斯克隆中,也依然会出现一些由原非彼此相邻的两条 DNA 片段连接形成的单插入。与前者相同,用这样的克隆进行序列分析,也不可能获得正确的结果。

(1) Ish-Horowicz-Burke 柯斯克隆方案

1981 年 D. Ish-Horowicz 和 J. F. Burke 设计出了一种使用特殊柯斯质粒的克隆方案,较好地解决了上面提过的在柯斯克隆中存在的技术难点。他们所用的柯斯质粒 pJB8,是由高拷贝数的质粒 pAT153 派生而来的,能够克隆大片段的外源 DNA,适用于构建真核基因组的基因文库。这个柯斯质粒载体的一个突出的特点是，在其 BamHI 识别位点的两侧，各有一个 EcoRI 识别位点包围着(图 5-20)。这一点在基因克隆中十分有用，因为它使克隆在 BamHI 位点上的 Sau3A 或 MboI DNA 片段，通过 EcoRI 的切割作用，便可被重新删除下来。

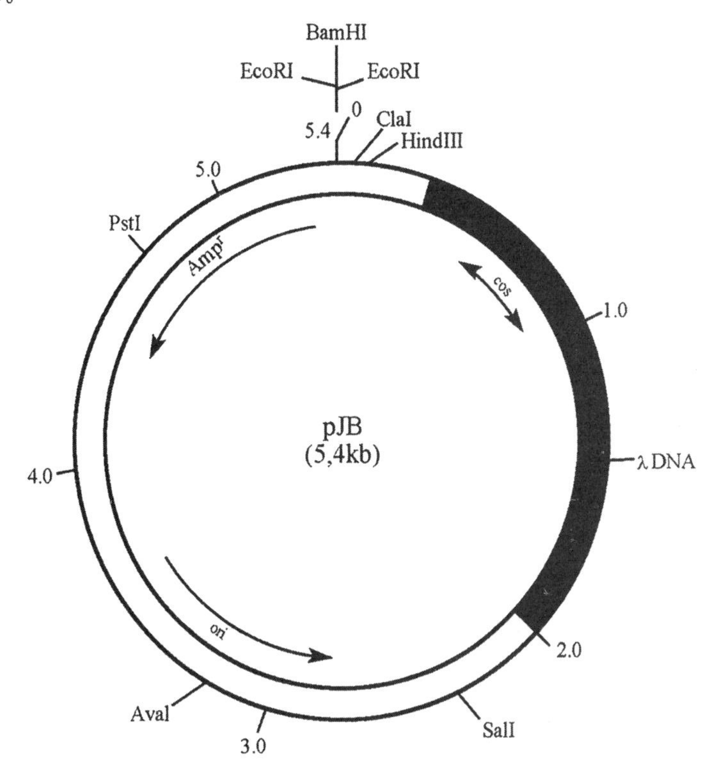

图 5-20　柯斯质粒载体 pJB8 的形体图
注意，在 BamHI 位点的两侧各有一个 EcoRI 识别位点

Ish-Horowicz 和 Burke 柯斯克隆方案的具体步骤(图 5-21)如下：

(i) 取两个等分的柯斯质粒载体 pJB8 DNA，分别用核酸内切限制酶 HindIII 和 SalI 作局部消化。从图 5-21 中可以看出，这两个限制酶识别位点分别位于 cos 序列的两侧，所以切割形成"右边"cos 片段和"左边"cos 片段。

(ii) 加入适当的碱性磷酸酶，除去 cos 片段的 5′-末端磷酸，以防止发生载体分子内或分子间的重组。

(iii) 在经脱磷酸处理的上述反应物中，加入 BamHI 核酸内切限制酶进行切割反应，结果产生出具有 BamHI 粘性末端的 cos 片段。

(iv) 将这两种 cos 片段，同经过 Sau3A 或 MboI 核酸内切限制酶局部消化并作了脱磷酸处理的真核 DNA 片段混合连接。结果只能形成一种由"左边"cos 片段、一条长度为 32～47kb 的插入片段和"右边"cos 片段组成的可包装的重组体分子。

Ish-Horowicz 和 Burke 柯斯克隆方案具有克隆效率高的优点，例如在黑腹果蝇基因组基因文库的构建中，每 μg 外源 DNA 可形成 5×10^5 以上的克隆；而且经过一些修改之后，这个方案对于其它的柯斯质粒载体也同样是适用的；再者只要用 EcoRI 限制酶消化

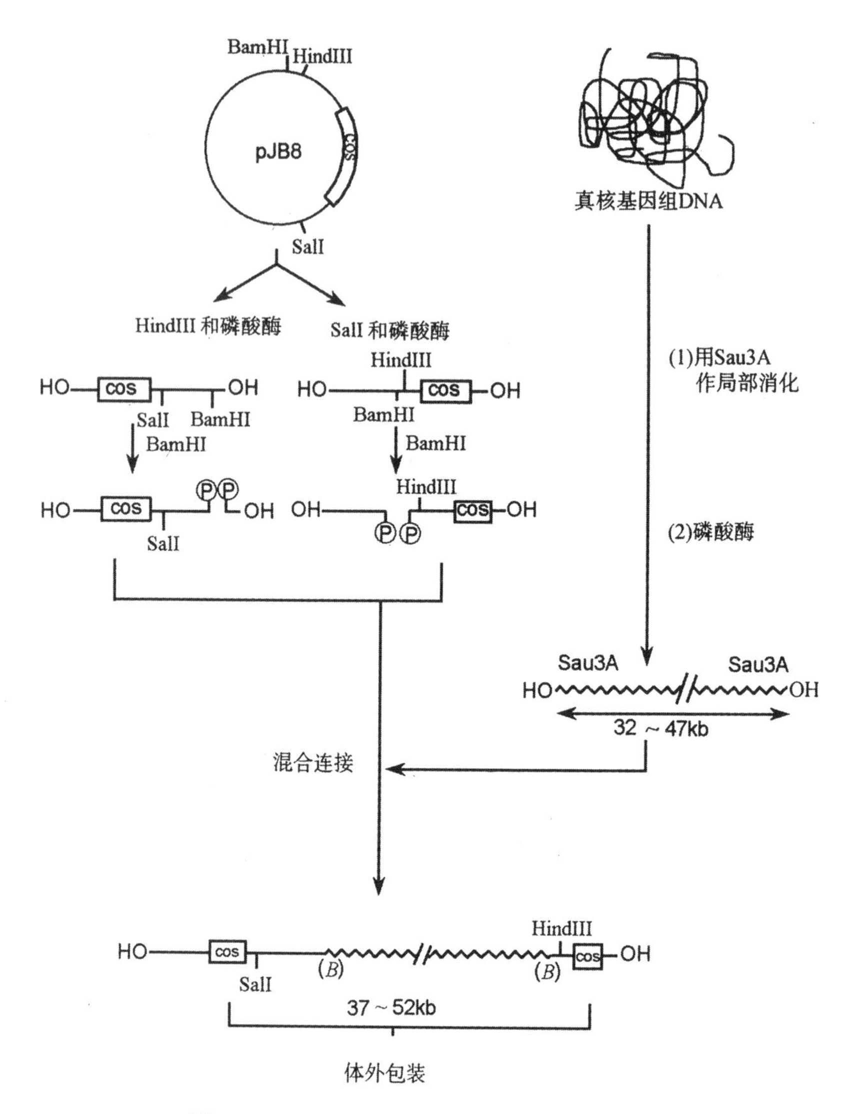

图 5-21　Ish-Horowicz 和 Burke 柯斯克隆方案

切割，就可以从重组体分子中重新获得插入 DNA 片段。

(2) Bates-Swift 柯斯克隆方案

使用仅含有一个 cos 位点的柯斯质粒载体进行克隆实验，需经核酸内切限制酶消化、碱性磷酸酶的脱磷酸处理和凝胶电泳纯化等烦琐的操作程序，其结果使得载体双臂 DNA 的最终得率往往少得可怜。为此，P. F. Bates 和 R. A. Swift 于 1983 年构建了一种具有两个 cos 位点的柯斯质粒载体，并以此为基础设计出了克服柯斯克隆难点的另一种克隆方案(图 5-22)。

他们所使用的柯斯质粒载体 c2XB，具有核酸内切限制酶 BamHI 的单克隆位点，和两个被平末端的核酸内切限制酶 SmaI 分隔开来的 cos 位点。因此，使用这两种核酸内切限制酶对该质粒载体作双酶消化切割，便可得到中间具有一个 cos 位点、两端分别为平末端

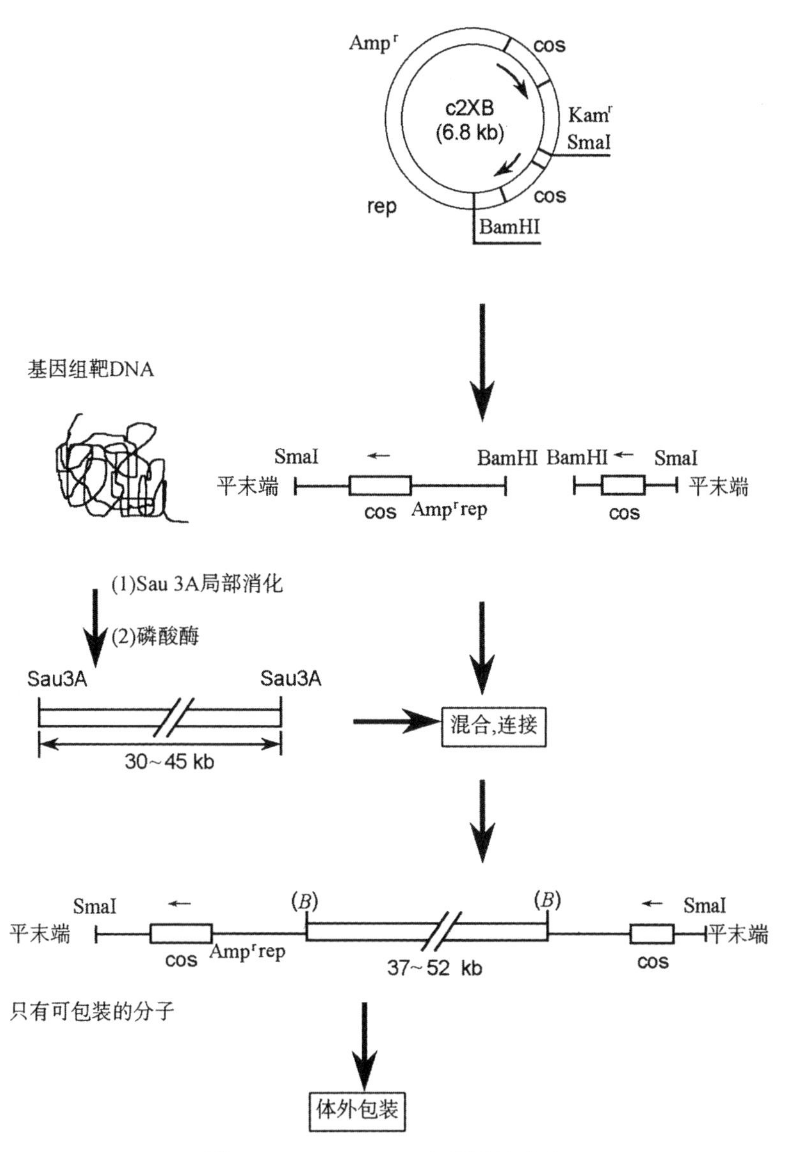

图 5-22 Bates-Swift 柯斯克隆方案

柯斯质粒 c2XB DNA 用 BamHI 和 SmaI 消化后，同经 Sau3A 局部消化并用碱性磷酸酶处理的真核 DNA 片段(30～45kb)进行重组，由此形成的重组体分子可作为体外包装的底物。包装的噬菌体颗粒导入大肠杆菌 rec^{-}A 细胞后，可按质粒形式复制，并为寄主细胞提供氨苄青霉素抗性

(SmaI)和粘性末端(BamHI)的载体双臂 DNA 分子。在含有高浓度 ATP(5mmol/L)的反应体系中，把 c2XB 载体的双臂 DNA，与经过核酸内切限制酶 Sau3A(与 BamHI 为一对同尾酶)局部消化并经碱性磷酸酶作了脱磷酸处理的真核基因组 DNA 片段混合，由于平末端的两臂 DNA 分子之间重新连接的效率相当低，从而便有效地阻止了载体分子间的自我连接反应。所以，在这种体外连接反应条件下，主要的产物便是两端分别为 c2XB 双臂 DNA 之一、中间为真核 DNA 片段的重组体分子。它们可以在体外被包装成具感染能力的噬菌体颗粒，从而提高了克隆的效率，降低了假阳性的比例。

(3) 其它的柯斯克隆方案

柯斯克隆方案的基础是使用特殊设计的柯斯质粒载体。除了上述两种之外，人们还在其它方面对柯斯质粒载体作了诸多方面的改良：

(i)在柯斯质粒载体的多克隆位点两侧引入一对T3和T7噬菌体的RNA聚合酶启动子。外源的DNA片段是被克隆在这两个启动子之间的多克隆位点上。因此，通过T3 RNA聚合酶或T7 RNA聚合酶，便能够选择性地合成出克隆DNA片段的任何一条链的RNA转录本(图5-23)。

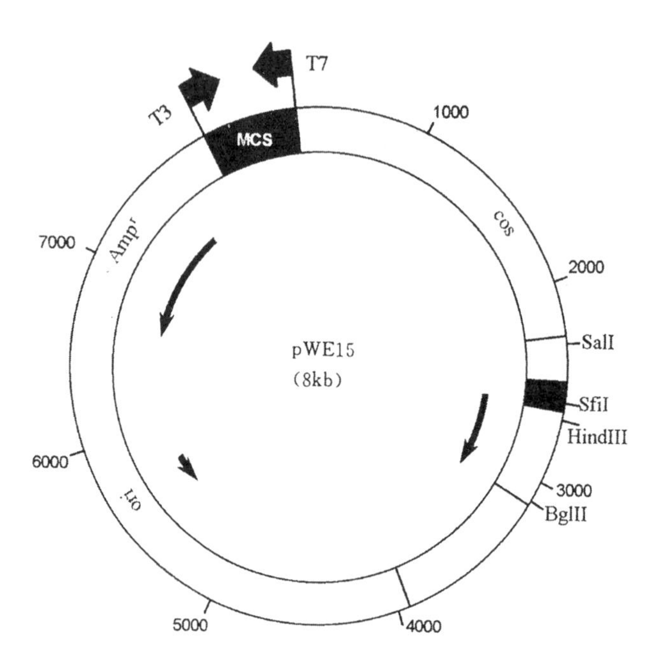

图5-23　柯斯质粒载体pWE15的形体图
在其多克隆位点两侧分别连接着T3和T7噬菌体的RNA聚合酶启动子

(ii)构建与常用的大肠杆菌质粒载体没有同源性序列的柯斯载体。这样的两种质粒载体在同一寄主细胞中是不会发生重组的；而当它们被插入了具有同源序列的外源DNA片段时，便会通过同源重组而形成共合体，从而为目的基因的筛选提供了方便的手段。

(iii)在柯斯质粒载体中导入真核生物的选择性记号，这样便可作为穿梭载体使用。换句话说，克隆在这种改良型的柯斯质粒载体上的外源DNA片段，既可以在大肠杆菌细胞中增殖，又可以在哺乳动物细胞中增殖。当然，还有不少其它改良型的柯斯质粒载体，在此不再赘述。

第四节　单链DNA噬菌体载体

M13、f1和fd，是一类亲缘关系十分密切的丝状大肠杆菌噬菌体，它们都含有长度为6.4kb、彼此具有很高同源性的单链环状的DNA分子。这些单链DNA噬菌体对于基因克隆所涉及的许多种实验，例如异源双链DNA分析、互补RNA的分离以及DNA序列分析等，都具有相当重要的用途。同时，作为单链的DNA载体，这些丝状噬菌体表现出一系列其它载体所不具备的优越性：

第一，单链DNA噬菌体的复制，是以双链环形DNA为中间媒介的。这种复制形式的DNA(replication form DNA，简称RF DNA)，可以如同质粒DNA一样，在体外进行纯化和操作。

第二，不论是RF DNA还是ssDNA，它们都能够转染感受态的大肠杆菌寄主细胞，并依据所采用的实验方法而定，或产生出噬菌斑，或形成浸染的菌落。

第三，单链DNA噬菌体颗粒的大小，是受其DNA多寡制约的。因此对它们来说，并不存在包装限制的问题。事实上，已有关于成功地包装了总长度为M13 DNA 6倍的DNA分子的实验报道。

第四，应用这类单链DNA噬菌体，可以容易地测定出外源DNA片段的插入取向。

第五，可产生大量纯化的含外源DNA片段插入的单链DNA分子。这种重组体单链DNA分子可按双脱氧链终止法作核苷酸序列测定，也可用于制备具放射性同位素标记的DNA探针，还可进行寡核苷酸定点突变。

总而言之，单链DNA噬菌体具有质粒载体的全部优越性，而且这类噬菌体颗粒在实验上也是容易获得的。因此，单链DNA噬菌体在研究工作中的应用，也就理所当然地越来越受到人们的重视。然而，为了能够正确评价并在实验中利用这些优越性，我们有必要首先弄清楚单链DNA噬菌体的基本的生物学特性。下面以M13噬菌体为例子加以说明。

1. M13噬菌体的生物学特性

M13噬菌体颗粒的外形呈丝状，其大小范围为900nm×9nm，如同其它单链DNA噬菌体的情况一样，在颗粒中包装的仅是(+)链的DNA，有时亦称为感染性的单链(图

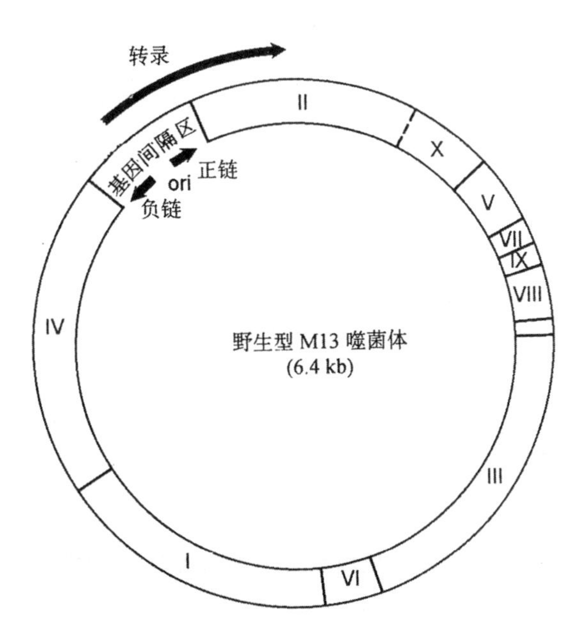

图5-24 野生型M13单链DNA噬菌体的基因图

图中标出了基因的大体位置。M13噬菌体基因组(+)DNA按基因II→基因IV的方向转录形成(—)DNA，此即是M13噬菌体基因组的编码链

5-24)。由于M13是一种雄性大肠杆菌特有的噬菌体，因此它们只能感染带有F性须的大肠杆菌菌株。不过M13噬菌体DNA，亦可以通过转染作用导入雌性大肠杆菌细胞。在感染的过程中，M13噬菌体首先吸附在F性须上，其吸附的位点看来是在性须的末端(图5-25)。但噬菌体的基因组，究竟是怎样从性须末端进入到细胞的内部，其确切的机理迄今

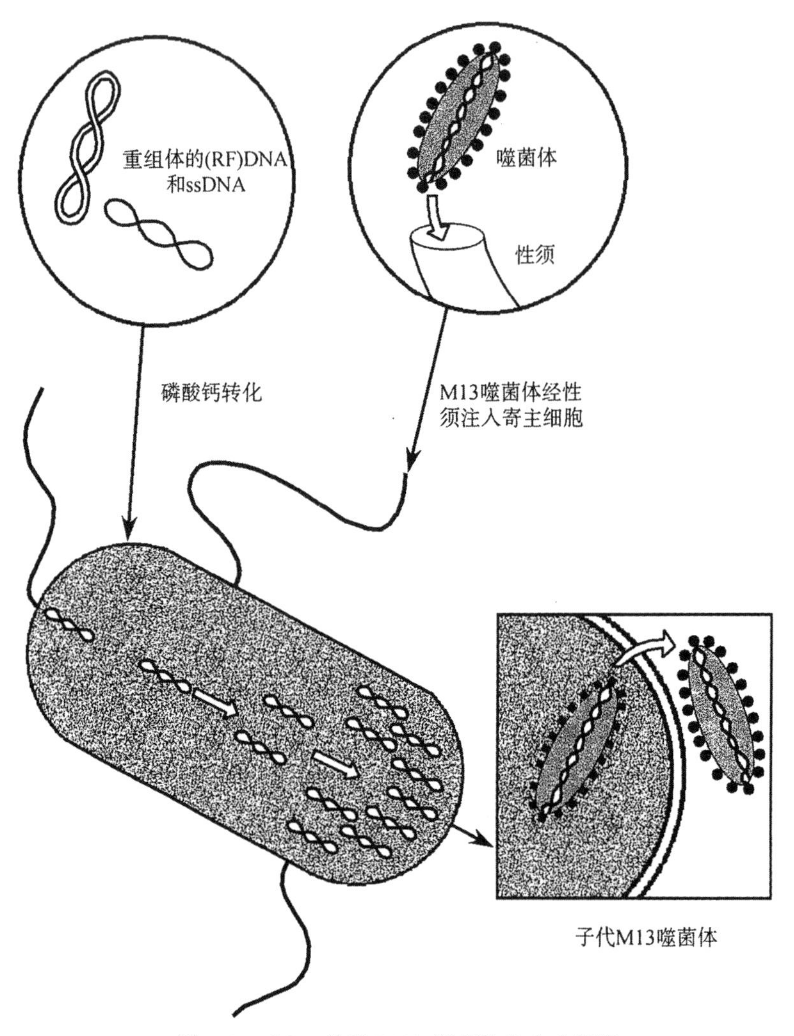

图 5-25　M13单链DNA噬菌体的生命周期

M13噬菌体颗粒在基因III编码的向导蛋白质的作用下，通过寄主细胞表面的性须进入细胞内。之后，释放出来的单链基因组便在基因II编码的蛋白质的作用下，形成双链的RF DNA。此种DNA指导合成子代M13单链基因组。这些单链的M13 DNA随之被包装成噬菌体颗粒，并被挤压出寄主细胞。图中■→●表示在噬菌体颗粒挤出过程中，其外膜蛋白质(outer membrane protein)的变化。ssDNA＝单链DNA；RF DNA＝复制型DNA

仍无定论。一般认为，当感染的M13噬菌体颗粒穿过性须时，其外层主要外壳蛋白质便会脱落，而余下的M13(＋)链DNA，在附着其上的基因III编码蛋白质的引导下，进入到大肠杆菌寄主细胞内。进入细胞内部的M13(＋)链DNA，便起到一种模板的作用，在大肠杆菌胞内酶的作用下，合成出互补的(－)链DNA。由此形成的双链形式的M13 DNA，称为复制型DNA。它按θ形式进行几轮复制之后，基因II的产物便在RF DNA的正链特定

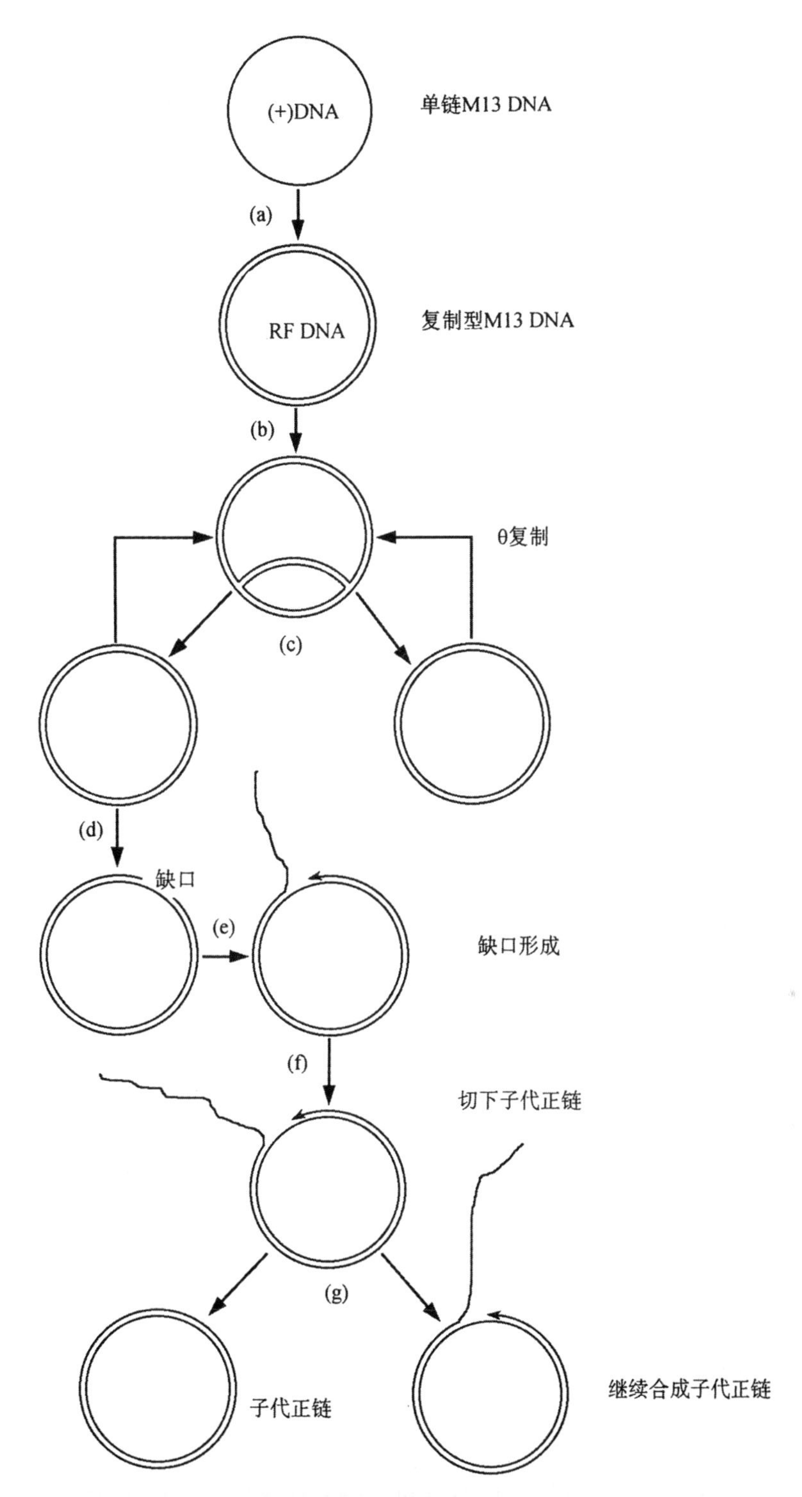

图 5-26　M13 噬菌体颗粒在感染的大肠杆菌细胞中的复制过程

(a) 感染性单链环形(+)DNA 在寄主酶的作用下转变成双链的 RF DNA；(b) RF DNA 按 θ 形式进行若干复制循环；(c) RF DNA 的负链转录成 M13 的 mRNA；(d) M13 基因 II 编码的蛋白质作用于 RF DNA 正链的特定位点，切割形成切口；(e) 复制叉沿负链模板移动，不断合成子代(+)DNA；(f) M13 基因 II 蛋白质切下完整的子代(+)DNA，并进行环化；(g) 继续合成子代(+)DNA

位点上作切割反应，形成一个缺口。这样，M13 基因组的扩增活动便正式开始启动。其基本特点是利用大肠杆菌的 DNA 聚合酶 I，以环形的 M13(－) DNA 为模板合成 M13(＋) DNA。当 DNA 复制叉沿着模板 DNA 分子转移到复制终点时，在基因 II 编码产物的作用下，新合成的(＋)DNA 便会被切除下去，并进一步环化形成单位长度的 M13 基因组 DNA(图 5-26)。

RF DNA 快速地增殖，直到每个细胞含量达 200 个拷贝为止。此时，由于在细胞内累积了足够数量的由噬菌体基因 V 编码的单链特异的 DNA 结合蛋白质，RF DNA 的复制就变成了不对称的形式。这种蛋白质同(＋)链 DNA 结合，从而阻断了其互补链，即(－)链 DNA 的合成，同时它还能够抑制基因 II mRNA 的转译活性。正是由于这方面的原因，在野生型 M13 噬菌体感染的大肠杆菌寄主细胞中，只能合成(＋)链的 DNA 并保持一定的生成速率。随着新的(＋)DNA 的合成，它们便不断地取代原先的(＋)DNA。这些游离出来的(＋)DNA 按照一种异常的途径被包装成 M13 噬菌体颗粒。与其它丝状噬菌体一样，M13 也不是在细胞内组装成噬菌体颗粒的。它先与基因 V 的编码产物结合形成特异的 DNA-蛋白质复合物，然后转移到寄主的细胞膜，同时基因 V 的蛋白质从(＋)DNA 链上脱落下来，余下的 M13(＋)DNA 则是在从其感染的寄主细胞的细胞膜上溢出的过程中，被外壳蛋白质包裹成病毒颗粒的。正是由于这种特殊的形态建成方式，M13(＋) DNA 并不需要导入一种预先形成的固定结构中，因此被包装的单链 DNA 的分子量大小并无严格的限制。这就是为什么 M13 克隆载体具有较大克隆能力的原因所在。

根据上述分析可以看到，M13 噬菌体 DNA 复制的结果并不会导致寄主细胞发生溶菌效应，因此感染的细胞能够继续生长和分裂，但其速度大约仅为正常细胞的 1/2～3/4。在培养基中，每个细胞每个世代可释放出 1000 个左右的子代噬菌体颗粒。因此，培养基内可以聚集大量的 M13 噬菌体颗粒，其效价可高达 10^{12}pfu/mL。然而，这里有必要指出，由于 M13 是一种非溶菌的噬菌体，故在它们生长的细菌菌苔上，并不会形成真正的噬菌斑。我们在实验中所观察到的所谓混浊型的“噬菌斑”，其实皆起因于感染的细菌在生长速度上比未感染的细菌明显下降的缘故。

M13 噬菌体现已被发展为一种通用的克隆载体，在 Sanger 设计的双脱氧 DNA 序列分析法中有特殊的用处。它的 RF DNA，在寄主细胞中是以高拷贝数的形式存在的，所以很容易纯化出来供作基因克隆载体使用。而且感染的细菌培养物，经离心处理除去大肠杆菌细胞及其碎片之后，存留的上清液中可以有效地制备到 M13 噬菌体颗粒，从而有利于制备大量的单链模板 DNA。

2. M13 克隆体系

(1) β-半乳糖苷酶显色反应原理

M13 克隆体系，包括 M13 噬菌体本身和寄主菌株两个组成部分，常用的这类大肠杆菌株有 JM101、JM105、JM107、JM109、JM110、TG1、TG2、XL1-Blue、XS127、XS101 以及 KK2186、MV1184 等。但无论是 M13 载体，还是其大肠杆菌寄主菌株，例如 JM101 细胞，单独都不能产生有功能活性的 β-半乳糖苷酶。只有将两者结合在一起时，才能形成有功能的 β-半乳糖苷酶，而且这种酶的活性还可以用 Xgal 显色反应法测定出来。

β-半乳糖苷酶 Xgal 显色反应检测法，实质上是一种组织化学测试技术，它可以在琼脂糖平板上完成。具有功能活性的 β-半乳糖苷酶，是以四聚体形式存在的。它能将无色的化合物 Xgal (5-bromo-4-chloro-3-indolyl-β-D-galactoside)，切割成半乳糖和深蓝色的底物 5-溴- 4 -氯靛蓝(5-bromo-4-chloroindigo)。因此，Xgal 可作为检测 β-半乳糖苷酶的一种指示剂(Xgal 通用的写法是 X-gal，但现在也有不少人将它写成 Xgal，以便印刷)。

在 M13 克隆体系中，应用 Xgal 显色反应检测法之最简单的办法是，使 M13 载体上带有一个完整的 lac 操纵子。但这样的载体分子将过于庞大，后来应用 DNA 重组技术，已构建出只含有 β-半乳糖苷酶基因一小部分序列的 M13 派生载体。这段序列编码 β-半乳糖苷酶的氨基末端，即 α-肽链，通过顺反子内互补测验(intracistronic complementation test)，便可检测出这种 α-肽的功能活性。

所谓顺反子内互补作用，是指编码同样的多肽链序列但又各具有一个突变的两个基因，联合产生出一种有功能活性的蛋白质多肽的生化过程。比方说，有两个 lac 操纵子突变体，其中一个位于大肠杆菌染色体上，另一个位于 F 质粒上，编码两种缺陷性的 β-半乳糖苷酶分子。在单倍体的状态下，含有其中任何一种缺陷性酶分子的细胞，其表型都是 lac^-的；而在部分二倍体细胞中，由于这两种缺陷性酶分子能够彼此直接互补，故能形成一种有功能活性的酶分子。但情况并非总是如此，原因是有些突变体的蛋白质并不能够相互补充，于是也就不能够产生出有活性的蛋白质分子。

顺反子互补作用偶然也能够以多肽片段的形式出现。M13 克隆体系就是一个典型的例子。lac 缺失突变 lacZ(ΔM15)，简称 M15 基因(不要同 M13 噬菌体混淆)，合成的是一种缺失了 11～41 氨基酸的缺陷性的 β-半乳糖苷酶(又称 M15 多肽)。这段缺失虽然不是位于酶分子的活性部位，但却使它失去了四聚化作用的功能。在体外加入野生型的 β-半乳糖苷酶的溴化氰片段(cyanogen bromide fragment)(2～92 氨基酸)，就可以使多肽的活性得以恢复，并重新获得形成四聚体的能力。因此，我们说溴化氰片段补偿了 lacZ 基因的 M15 突变。这种现象叫做 α 互补作用(alpha complementation)，其中 M15 蛋白质多肽叫 α 受体(alpha acceptor)，溴化氰片段叫做 α 给体(alpha donor)。若用一种特定的 β-半乳糖苷酶的 HindII 片段代替溴化氰片段，同样也可发生 α 互补作用。在 M13 克隆体系中，lacHindII 片段是位于 M13 噬菌体载体分子上，而大肠杆菌寄主细胞的 F 质粒则带有 M15 突变基因。

尽管说这样的体系对于基因克隆来说已是足够的，然而人们总是希望能够调节克隆基因的活性。由于 M13 载体所携带的 HindII 片段上具有 lac 操纵基因和启动子，因此这种希望是有可能实现的。但问题在于这个片段不具有功能性的阻遏基因，所以在被感染的细胞中，β-半乳糖苷酶的合成将是组成型的。当 M13 噬菌体颗粒感染了大肠杆菌寄主细胞之后，很快就会在每个细胞中累积约 200 个拷贝的 M13RF DNA 分子。假若 M13 载体带有 HindII 片段，那么普通的 lac^+细胞的阻遏状态，将随着 M13-HindII 片段的复制而得以消除，这是因为每个细胞都仅存有 10 个左右的阻遏物分子的缘故。结果在感染的细胞中，lac 结构基因的转录活动便是属于组成型的。为了克服这种组成性，已将 lac 阻遏基因的 I^q 突变引入寄主细胞。这个 I^q 突变基因可以产生出十余倍超量的阻遏物。由于这种突变的存在，寄主细胞就能合成出充足的阻遏物，去补偿大量的 M13RF DNA 分子。在具有 $lacI^q$ 突变基因的寄主细胞中，给 lac 操纵子加入一种诱导物，典型的是 IPTG，就可以激活

HindII 片段的复制。

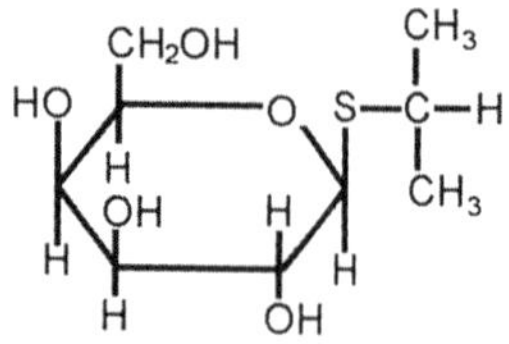

IPTG 是一种含硫的乳糖类似物(图 5-27)。在不存在底物乳糖的条件下,它可以诱导细胞合成 β-半乳糖苷酶。所以,我们称 IPTG 为 β-半乳糖苷酶的安慰诱导物(gratuitous inducer),亦即是一种不发生代谢变化的诱导物(nonmetabolizable inducer)。在用作检测 α-互补作用的 Xgal 显色反应中,lac 操纵子同样也必须被诱导。但由于 Xgal 并不是一种诱导物,因此在琼脂平板上还需要加入 IPTG。

图 5-27 IPTG 分子结构式

在 M13 克隆体系中,通常使用大肠杆菌 JM101 菌株作寄主。该菌株染色体基因组上的 lacZ 基因已经缺失掉了,但在它的 F 质粒上有一个 M15 基因和 lacI^{q} 突变,可以产生出超量的 lac 阻遏物,这就使得 lac 操纵子的表达置于从培养基中渗入的 IPTG 的调节控制之下。当 M13mp1 载体感染了 JM101 菌株,通过 α-互补作用,这些细胞便会产生出有活性的 β-半乳糖苷酶,于是在补加有指示剂 Xgal 和诱导物 IPTG 的培养基中,就会出现蓝色的噬菌斑。相反地,未感染的寄主细胞就只能形成失活的 β-半乳糖苷酶。一旦外源 DNA 插入到 M13mp1 噬菌体载体的 lac 区段上时,所产生的 α-肽就失去了 α-互补作用的能力,结果便只能形成白色的噬菌斑。这就为重组体噬菌体的筛选提供了方便的标记。

(2) M13 载体系列的发展

为了将 M13 噬菌体发展成为一种有用的基因克隆载体,首先必须鉴定出可以用来插入外源 DNA 的非必要区段。然而与 λ 噬菌体不同,在丝状的大肠杆菌噬菌体基因组中,似乎并不存在任何这样的区域。只是在测定了 M13 噬菌体的 DNA 全序列结构之后,人们才发现了一种例外的情况,即在其基因 II 和 IV 之间(从第 5 498 个核苷酸起到第 6 005 个核苷酸止),有一个长度为 507 个核苷酸的基因间区段(intergenic region, IG 区段)。J. Messing 博士领导的研究小组证明,虽然在这个唯一的基因间区段上存在着 M13 DNA 的复制起点,但就噬菌体的发育功能而言,并不要求保持该区段的完整性。后来,人们就是通过在这个基因间区段内插入外源 DNA 片段,对 M13 噬菌体进行改建,并因此成功地发展出了 M13 克隆载体系列。

M13 载体系列命名为 M13mpn,其中 n 代表整数,例如 M13mp8、M13mp9 以及 M13mp10、M13mp11 等等。在 M13 噬菌体基因组所含有的全部 10 个 BsuI 限制位点中,只有一个是位于这段特定的基因区段内。乳糖操纵子 HindII 限制片段,就是插入在这个唯 一的 BsuI 位点上(图 5-28)。乳糖操纵子的 HindII 片段是由 lacI 基因的一部分(lacI′)、lac 启动子(P)、lac 操纵基因(O)以及 β-半乳糖苷酶基因的头 145 个氨基酸密码子即 α-肽链(lacZ′)组成的。具体的克隆实验是这样进行的:先用 BusI 限制酶局部消化 M13 RF DNA,并通过凝胶电泳分离出线性全长的单体分子,然后再同大肠杆菌的 lac HindII 片段作平末端连接。由此所形成的重组 DNA 分子中,只有 lac DNA 是插入在基因间非必要区段内的才具有存活的能力。用这种完成了体外连接反应的混合物,转化缺失了 β-半乳糖苷酶 α-肽链的大肠杆菌寄主菌株 JM101。由于插到 M13 基因组非必要区段上的 lac HindII 限制片段,编码着 β-半乳糖苷酶的 α-肽链,它可以补充大肠杆菌转化寄主所缺失

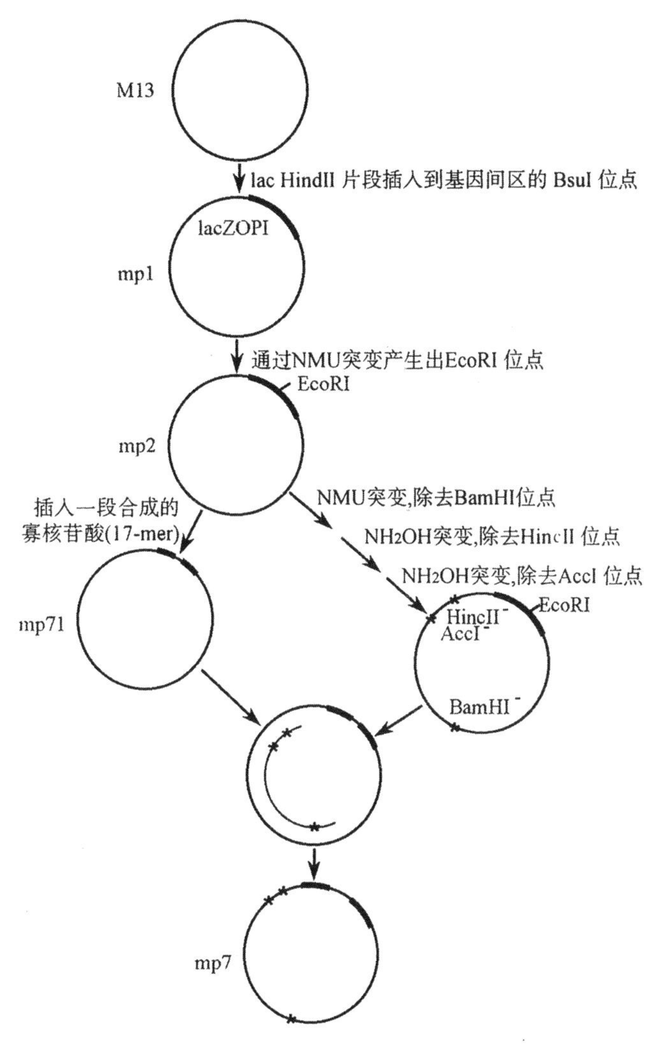

图 5-28　M13 载体系列的系谱图

lac HindII 片段包括 lacI′、lac 启动子(P)、lac 操纵基因(O),以及 lacZ′等四个组成部分;lac HindII 片段＝lac ZOPI 片段;NMU＝亚硝基-N-甲基尿烷(nitroso-N-methylurethane)

的相应的功能。因此,由具有 lac HindII 限制片段的 M13 重组体所转化的寄主细胞,能够在补加有 IPTG 和 Xgal 的转化培养基上形成蓝色的噬菌斑。M13mp1 噬菌体载体就是从一个这种蓝色的噬菌斑中分离出来的。

当外源 DNA 片段插入到 M13mp1 载体的 lac HindII 区段时,便破坏了该载体形成蓝色噬菌斑的能力而易于重组体的选择。这个 M13mp1 载体的获得,在发展 M13 载体系列的研究工作中,占有十分重要的地位。随后出现的一系列 M13 载体都是在它的基础上经改建派生出来的。但是,在 lac HindII 区段中,只有 AvaII、BglII、PvuI 三种限制酶存在着唯一的限制位点;另外,PvuII 限制酶则有三个限制位点;而对于基因克隆常用的一些酶,例如 EcoRI 或 HindIII 等,在整个基因组中都不存在相应的限制位点。为了弥补这一不足,B. Gronenborn 和 J. Messing(1978)将一个 EcoRI 限制位点导入 M13mp1 载体的

lac 区段上,结果得到了新型的 M13mp2 载体。他们所采用的导入方法是十分有趣的。

根据 M13mp1 的 DNA 序列资料和限制图知道,在 β-半乳糖苷酶 α-肽链的第五个氨基酸密码子及其附近,有一段 GGATTC 序列。由此可见,只要在该序列上引发一个从鸟嘌呤到腺嘌呤(G13→A)的碱基转换突变,就会在这个序列上产生出一个 EcoRI 限制酶的识别位点 GAATTC。虽然这种碱基转换的结果,会导致所编码的天冬氨酸被天冬酰胺所取代,但幸运的是这种取代对于 α-肽的互补特性并没有造成实质性的影响。

一般是用甲基化试剂 N-甲基-N-亚硝基胍处理 DNA,使鸟嘌呤残基发生甲基化作用,以引发 G→A 碱基转换突变。这个实验的基本过程(图 5-29)如下:

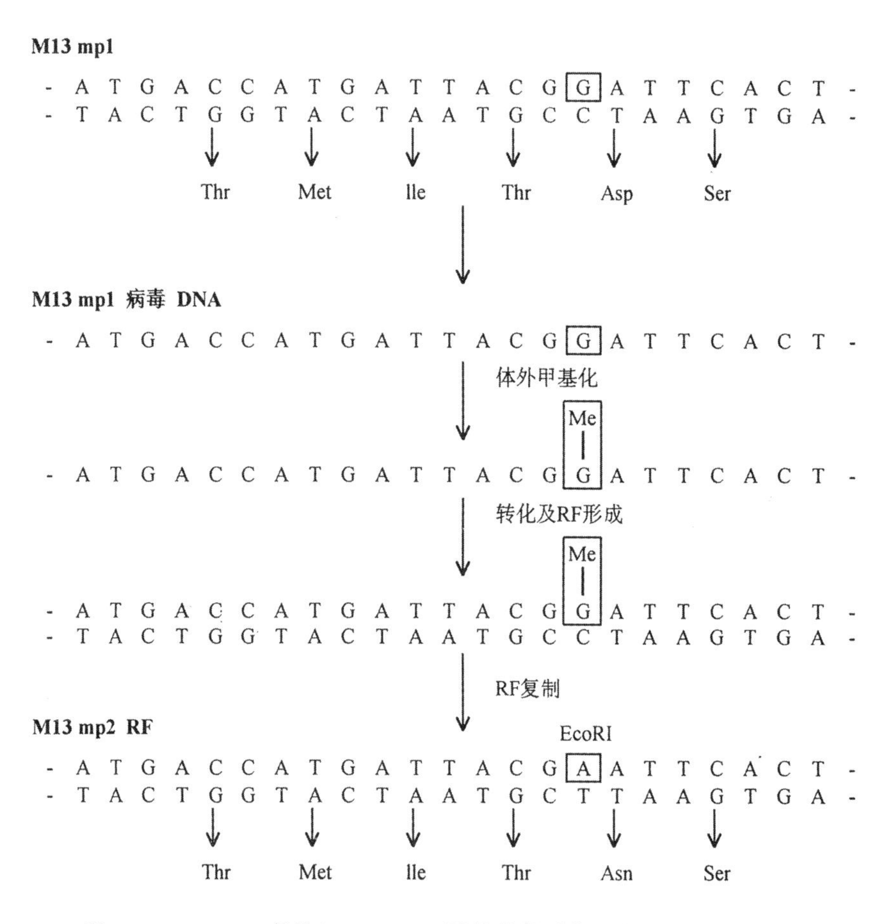

图 5-29 M13mp1 载体 lac HindII 区段的体外诱变形成 M13mp2 的过程
甲基化的鸟嘌呤(Me-G)同胸腺嘧啶(T)配对,但在 DNA 复制过程中,胸腺嘧啶则是同腺嘌呤配对的,结果导致 G-C 碱基对被 A-T 碱基对取代

(i) 将从 M13mp1 颗粒提取的单链 DNA 分子用甲基化试剂处理后,转染给大肠杆菌寄主细胞。

(ii) 经过了几个复制周期,再从这些感染细胞培养物中回收噬菌体的 cccRF DNA。

(iii) 加入适量的 EcoRI 限制酶消化 cccRF DNA,并通过琼脂糖凝胶电泳,分离基因组长度的线性 DNA 分子,在体外重新环化之后再转化到大肠杆菌寄主细胞内。

从这些被感染的细胞培养物中,可分离出成熟的噬菌体颗粒。M13mp2 和 M13mp3

噬菌体载体就是应用这种方法分离出来的。这两个突变体噬菌体,分别在 β-半乳糖苷酶氨基酸 5 和 119 的相应密码子位置上,各有一个 EcoRI 的限制位点。因此它们比起 M13mp1 已有了很大的改进。

M13mp2 是一种最简单的 M13 克隆载体,被它感染的相应的大肠杆菌寄主细胞,仍会产生出有功能活性的 β-半乳糖苷酶。具有 EcoRI 粘性末端的外源 DNA 片段,克隆在其唯一的 EcoRI 位点上,所形成的重组体分子可以通过 Xgal 显色反应方法予以辨别。实验表明,在 M13mp2 载体的 lacHindII 区段上这个唯一的 EcoRI 位点插入外源的 EcoRI 限制片段,会使 β-半乳糖苷酶的活性下降甚至失活。而且插入 DNA 所编码的功能是置于 lac 调节区的控制之下。

M13 噬菌体载体的进一步重要的改良工作,是将一种化学合成的具多克隆位点的衔接物加入到 M13mp2 的 EcoRI 位点上,以使其克隆位点的组成范围得以扩展,成为适用于多种核酸内切限制酶的克隆载体。

M13mp7 噬菌体载体的实际构建过程相当复杂,图 5-30 只是简要地描述了其中的主

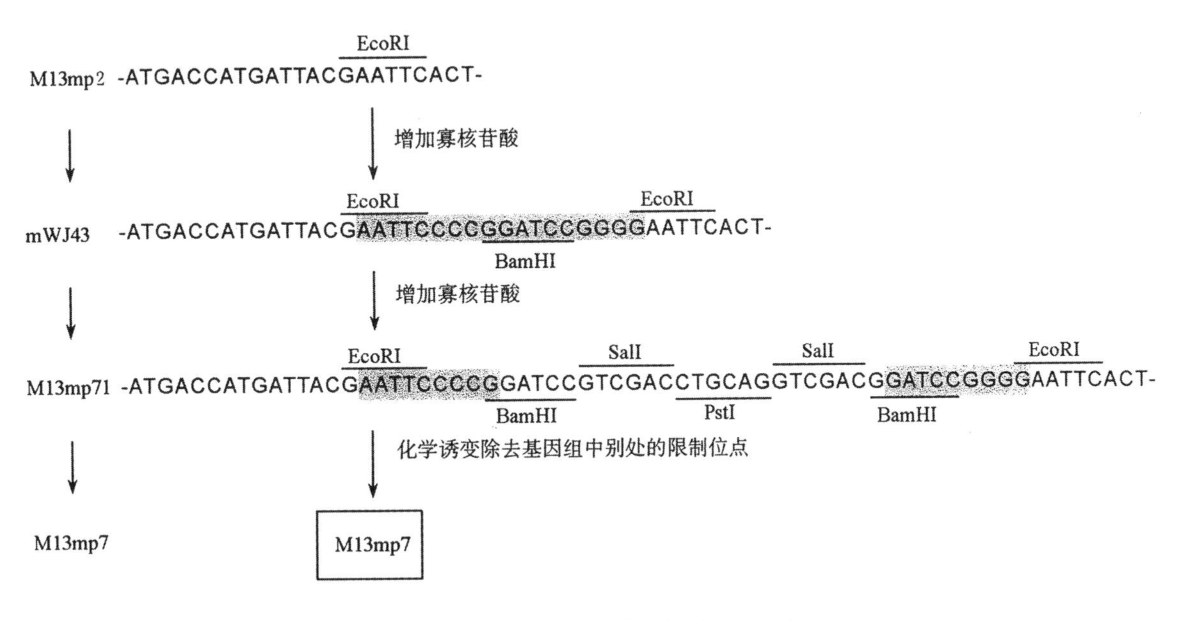

图 5-30 M13mp7 噬菌体载体的构建过程
图中仅示出了 lac HindII 区的起始部分序列

要步骤。先从 M13mp2 载体的基因 III 序列中移去 BamHI 单切割位点,再将一段人工合成的含有一个 BamHI 识别序列的衔接物插入在 EcoRI 位点上,由此得到的 mWJ43 噬菌体载体,在含有 Xgal-IPTG 培养基平板上仍可呈现蓝色的噬菌斑。此后,又有人在 mWJ43 噬菌体载体的 BamHI 位点处,引入了另一段含有 PstI 和 SalI 位点的多聚衔接物,产生出了 M13mp71 噬菌体载体。由于这个载体的核苷酸序列的编码结构并没有发生改变,故仍可合成出有功能活性的 β-半乳糖苷酶的 α-多肽。虽然在 M13mp71 噬菌体载体中,只有 PstI 是唯一的单克隆位点,但其余的 EcoRI、BamHI 和 SalI 三个位点同样也可进行有效的克隆。

上述这段人工合成的插入在 EcoRI 位点的寡核苷酸序列,总共为 β-半乳糖苷酶基因

增加了 14 个额外的密码子，但并不影响这个多肽进行互补作用的能力。然而，由于在 M13mp2 载体分子的基因 III 序列中，还编码有另外的一个 BamHI 限制位点，同时在其基因 II 序列中也还编码有另外的 HincII 限制位点和 AccI 位点，致使这个载体对于这三种核酸内切限制酶均具有双切割位点，故此不适于克隆外源 DNA。但在某种意义上讲，这三个位点也可以按照与导入 EcoRI 限制位点相类似的单碱基突变法予以消除。其中，BamHI 限制位点是用甲基-N-亚硝基脲诱发突变的，而 HincII 和 AccI 限制位点则是用羟胺诱发突变的。随后将这些突变转移到一种特殊的 M13 噬菌体基因组上，它带有一段由 17 个核苷酸组成的克隆位点。其具体的做法是，从 RF DNA 中分离出含有已发生了突变的基因 I 和基因 III 的限制片段，让这些片段作了变性处理之后再同 M13 噬菌体的(+)链 DNA 退火。形成的局部异源双链 DNA 分子，当它们被导入大肠杆菌之后，异源双链的结构被消除掉，结果所形成的 M13mp7 噬菌体仍然可以感染大肠杆菌细胞，并指导具有功能性的 β-半乳糖苷酶 α-肽的生物合成。

从图 5-31 可以看出，这个 M13mp7 载体带有一段由对称排列的多种限制位点所组成的多聚衔接物区(polylinker region)。这种结构有一种明显的缺点，因为当用两种限制酶(例如 SalI 和 EcoRI)对该区段作双酶消化时，将会产生出一种具有由远端限制酶(EcoRI)所形成的相同限制末端的载体。这样的载体，是不能够克隆由同一对限制酶所产生的具不同限制末端的外源 DNA 片段。为了克服 M13mp7 载体的这种局限性，J. Messing 及合作者又构建出了一些新的 M13 派生载体，包括 M13mp8、M13mp10、M13mp11 (J. Messing 和 J. Vieira，1982)、M13mp18、M13mp19 等(J. Norrander et al.，1983)。这些载体区别于 M13mp7 的一个共同特点是，它们都有一段其限制位点是非对称排列的多聚衔接物区。因此，可用来克隆带不同限制末端的外源 DNA 片段，而且克隆片段的插入方向也是固定的。在 M13mp8 和 M13mp9 这对噬菌体载体中，有一段结构相同但取向相反的多聚衔接物区。此外，在 M13mp10 和 M13mp11，以及 M13mp18 和 M13mp19 这两对载体中，也具有与此类似的结构特点。这意味着，应用这种成对的 M13mp 载体，任何可以插入在它们所携带的限制位点上的外源 DNA 限制片段，都能够按两种彼此相反的取向进行克隆。这一特性对于 DNA 序列分析是特别有用的。因为如此便可以从两个相反的方向，同时测定同一个克隆的 DNA 双链的核苷酸顺序，获得彼此重叠而又相互印证的 DNA 序列结构资料。

(3) M13 载体系列的优点

M13 载体系列特别适用于克隆单链的 DNA 分子。与其它载体相比，它具有两个十分有用的优点：第一个优点是，在这类载体的基因组中有一条饰变的 β-半乳糖苷酶基因片段(HindII 片段)，其中插入了一段具有密集的多克隆位点(polycloning site)的序列(图 5-32)；第二个优点是，M13 载体系列是应用基因工程技术成对地构建的，可以有效地克隆双链 DNA 分子中的每一条链。关于第一个优点，我们在上面的有关章节中已经作了详细的叙述。本节只集中讨论第二个优点。

克隆在 M13RF DNA 分子上的外源 DNA 片段，到了子代噬菌体便成了单链的形式。所以应用 M13 克隆载体，研究者就可以十分方便地分离到任何特定 DNA 的单链序列。但要同时分离双链 DNA 分子中的两条单链，则需要进行两种独立的克隆。根据 M13 噬

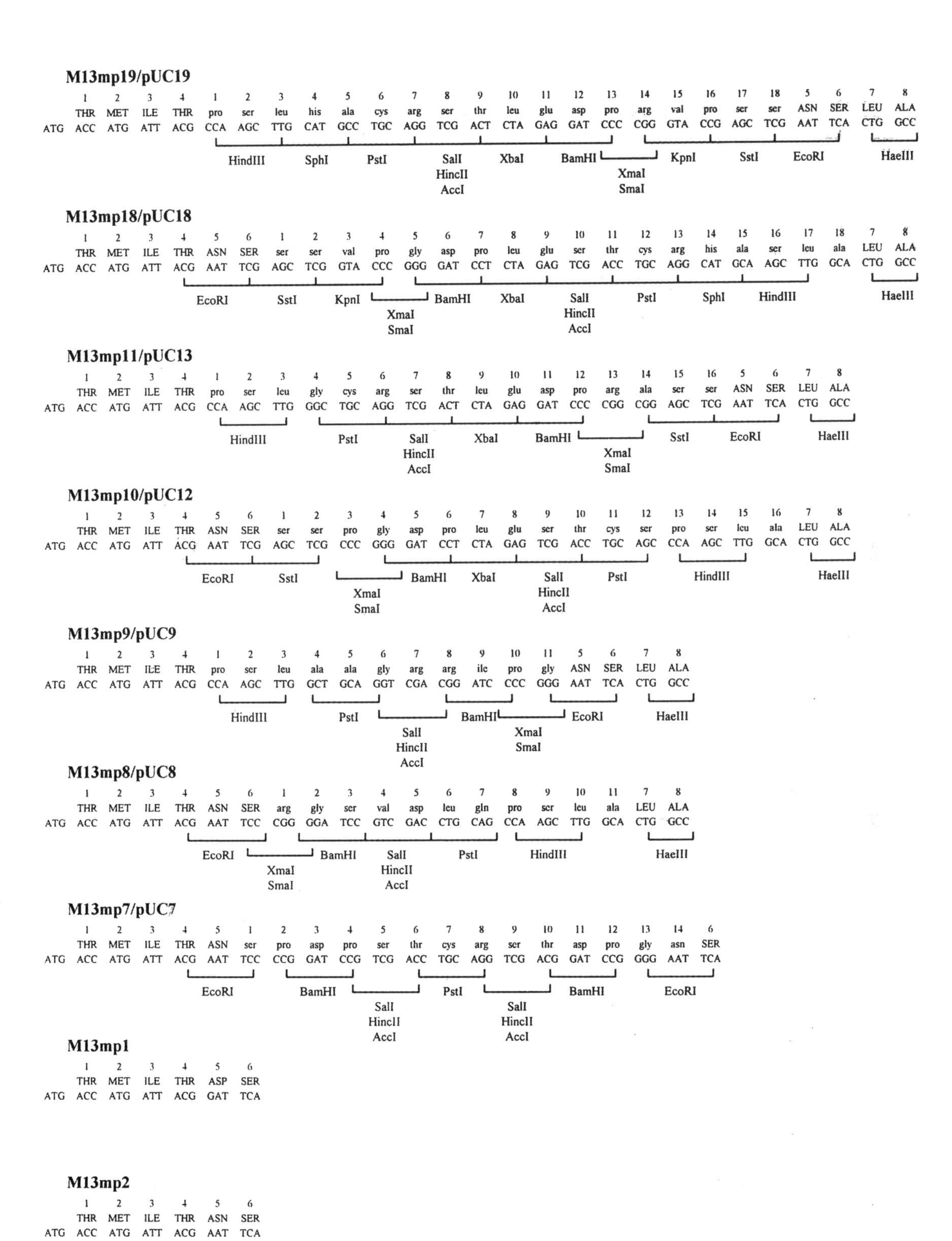

图 5-31　若干种 M13mp 噬菌体载体的多克隆位点

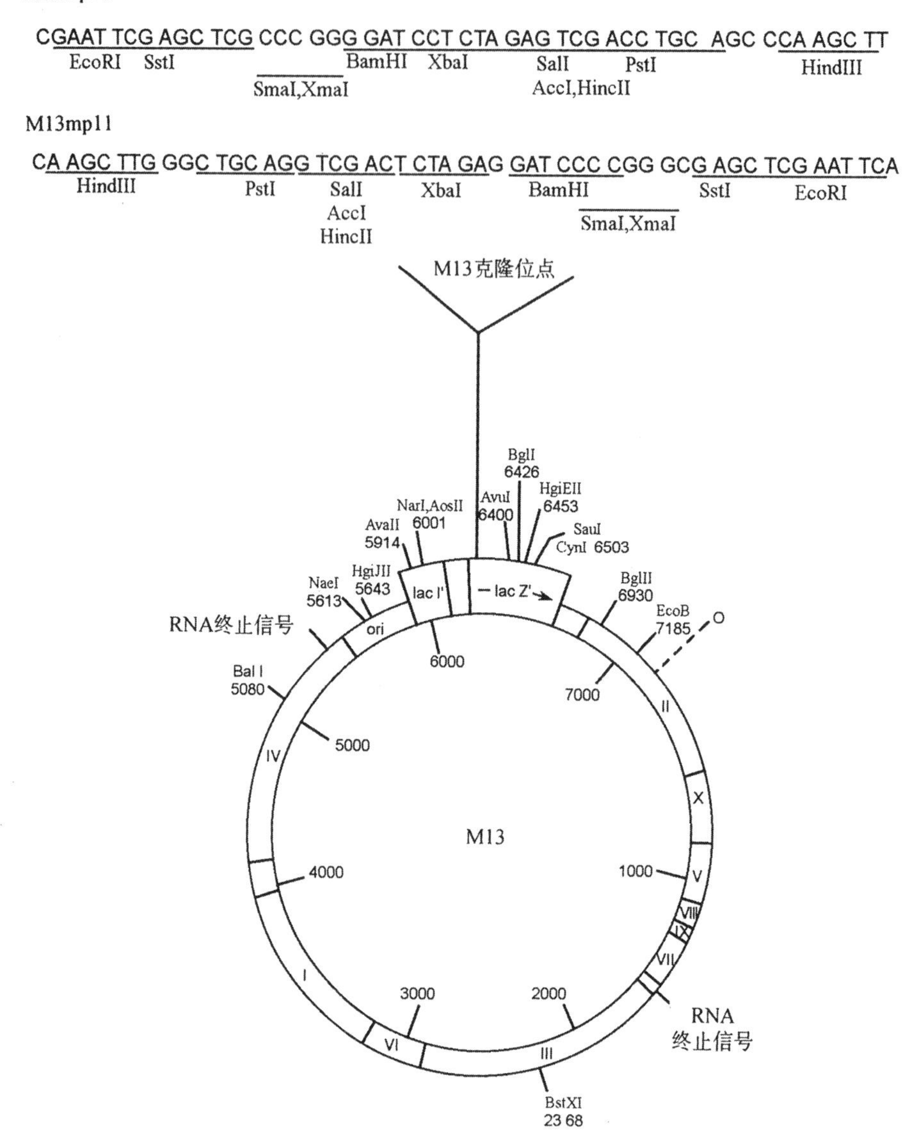

图 5-32　一对 M13 克隆载体(M13mp10 和 M13mp11)分子结构图

它们都带有一段限制位点相同而取向相反的多克隆位点序列。这一对 M13 载体，对于 EcoRI、SstI、SmaI/XmaI、BamHI、XbaI、SalI/AccI/HincII、PstI 及 HindIII 等核酸内切限制酶，都只具有单一的限制位点。图中的罗马数字代表 M13 噬菌体的基因

菌体的生物学特性知道，一种由 M13 重组体分子所产生的克隆的 DNA 片段，究竟是属于 H 链还是 L 链，是由克隆在 RF DNA 分子上的外源 DNA 片段的插入取向决定的。其原因在于，任何 M13 噬菌体颗粒中，都只含有一条(+)链 DNA。然而，在具有外源 DNA 插入片段的 M13RF DNA 分子群体中，两种不同取向的插入 DNA 片段，并不可能按同等的比例出现。这就为分离单链 DNA 分子带来一定的麻烦。解决这个问题的一个行之有效的办法是定向克隆技术。

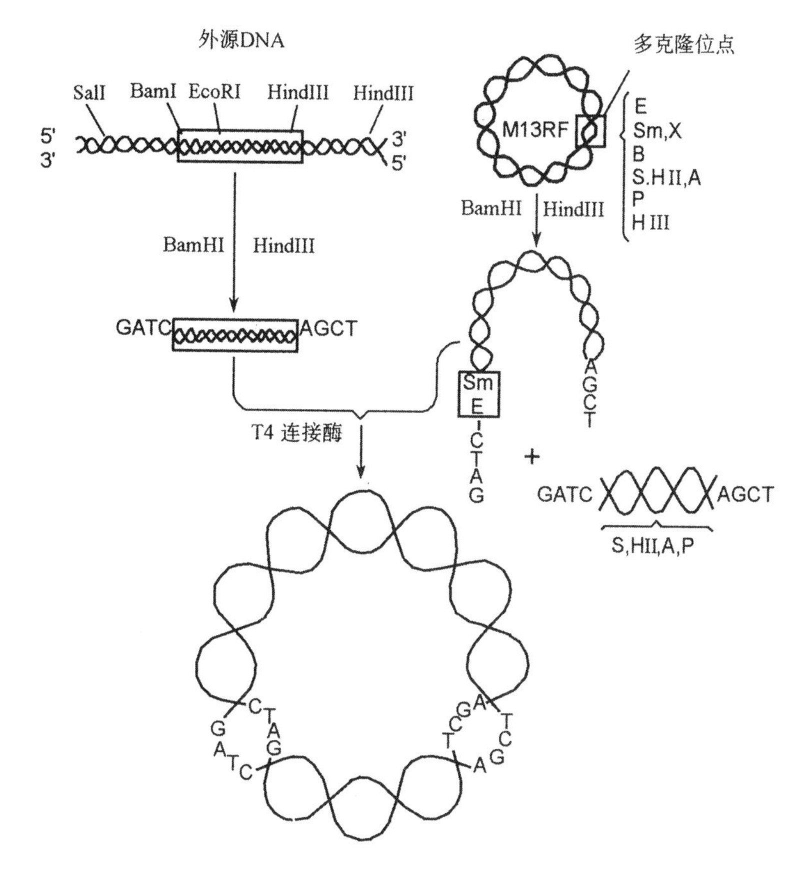

图 5-33 外源 DNA 片段在 M13 噬菌体上的定向克隆
应用 BamHI 和 HindIII 双酶消化法,使外源 DNA 定向克隆到 M13 载体的多克隆位点上
图中用一个字母代表一种核酸内切限制酶:A=AccI、B=BamHI、E=EcoRI、
HII=HindII、HIII=HindIII、P=PstI、Sm=SmaI、S=SslI、X=XmaI

用两种不同的核酸内切限制酶(例如 BamHI 和 HindIII)消化外源 DNA,可产生出带有两种不同的粘性末端的 DNA 片段。同样,用这两种限制酶切割的载体分子,只有在加入了一种具有与此相同的两种粘性末端的外源 DNA 片段,才能够重新环化起来。由此可知,由这种双酶切割的 M13RF DNA 转化而来的任何 M13 子代噬菌体,都必定是由 M13 噬菌体分子本身和插入 DNA 片段组成的重组体。为了产生出这类重组体分子,M13 载体分子的 HindIII 末端必须同插入 DNA 的 HindIII 连接,而它们两者的 BamHI 末端也同样必须连接起来。这样处理的结果便实现了外源 DNA 片段的定向插入(图 5-33)。由于在 M13 载体基因组中,BamHI 和 HindIII 限制位点的位置是已知的,因此插入的 DNA 片段的取向也就可以被确定出来。

3. 噬菌体展示载体

在丝状噬菌体,例如 M13 和 fd 颗粒一端的表面,存在 3 到 5 个拷贝的基因 III 编码蛋白质。这类蛋白质对于噬菌体颗粒的正确组装,及其对大肠杆菌雄性细胞 F 性须的吸附过程,均具有重要的功能作用。根据这种事实,G. P. Smith 于 1985 年建立了一种专门在丝状噬菌体表面表达蛋白质或多肽的所谓噬菌体表面展示技术，简称噬菌体展示技术(phage display)。随后科学工作者又应用此种技术，在丝状噬菌体的基础上构建了一类特殊用途的噬菌体展示载体(phage display vectors)。当外源DNA片段被插入在噬菌体展示载体的基因III编码序列中，在两者读码结构保持一致的情况下，就会产生出由克隆基因与基因III联合编码的融合蛋白质。

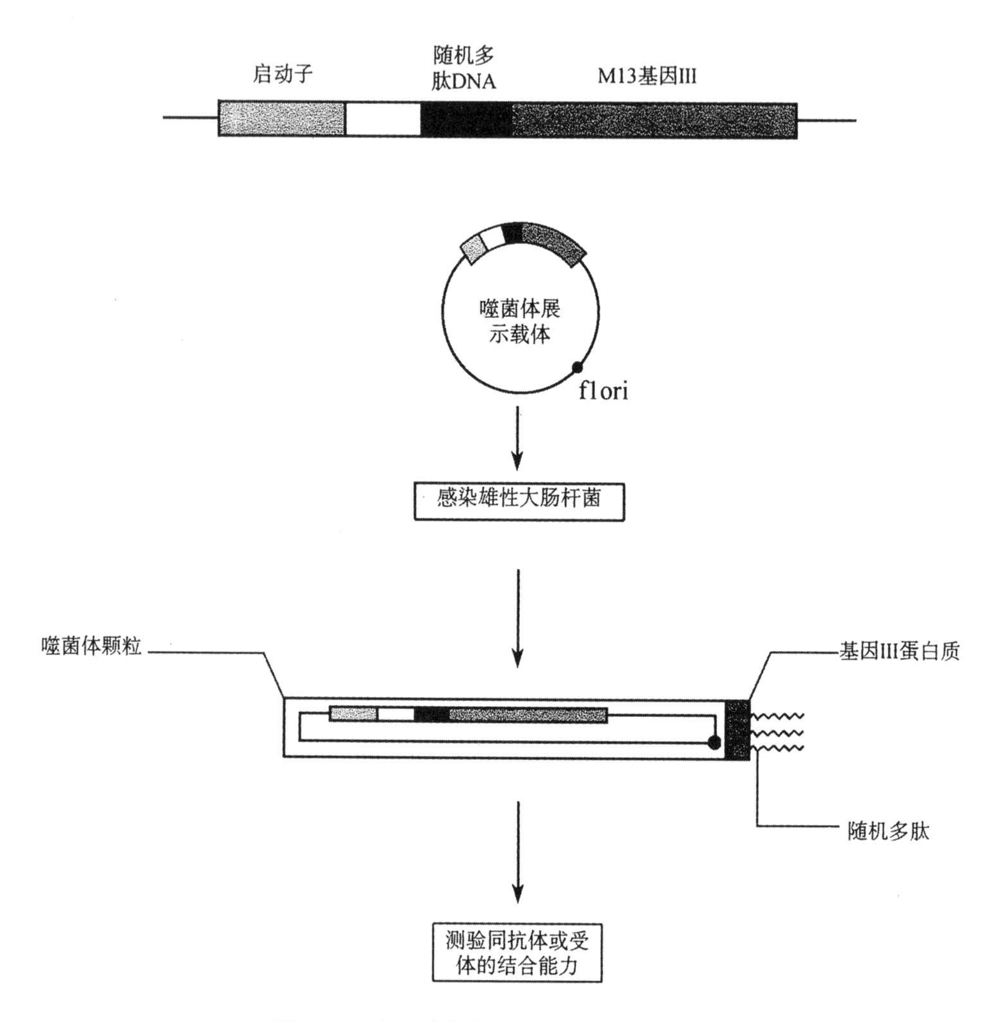

图5-34　应用噬菌体展示随机多肽的基本原理

噬菌体表面展示技术，在许多基础研究和应用研究中都具有广泛的用途，噬菌体表面展示文库就是一个突出的例子。构建此种噬菌体展示文库的办法是，将随机的多肽DNA弹夹(random peptide DNA cassette)插入在基因III的编码序列中，使在噬菌体颗粒的表面展现出各种不同的蛋白质或多肽，此即是通常所说的随机多肽文库。然后通过亲和层析(affinity chromatography)处理，将所要分离的某种特定的目标噬菌体，例如展示具有抗体结合特性的多肽的噬菌体颗粒(图5-34)分离出来。经过如此多次的层析和增殖之后，所得的噬菌体制剂便可用来作进一步富集具有期望结合特性的目标噬菌体。应用这种方法，根据它们能够同一种抗多肽抗体(anti-peptide antibody)或链霉抗生物素蛋白质

(streptavidin)结合的能力，已经筛选出了大量的随机多肽，而且也分离到了多种具有改良亲和性和受体特异性的人生长激素变体(hGH variants)。现已发展出了每个噬菌体表面只展示一个拷贝新蛋白质分子的噬菌体展示载体，和可展示数个拷贝融合蛋白质分子的噬菌体展示载体。

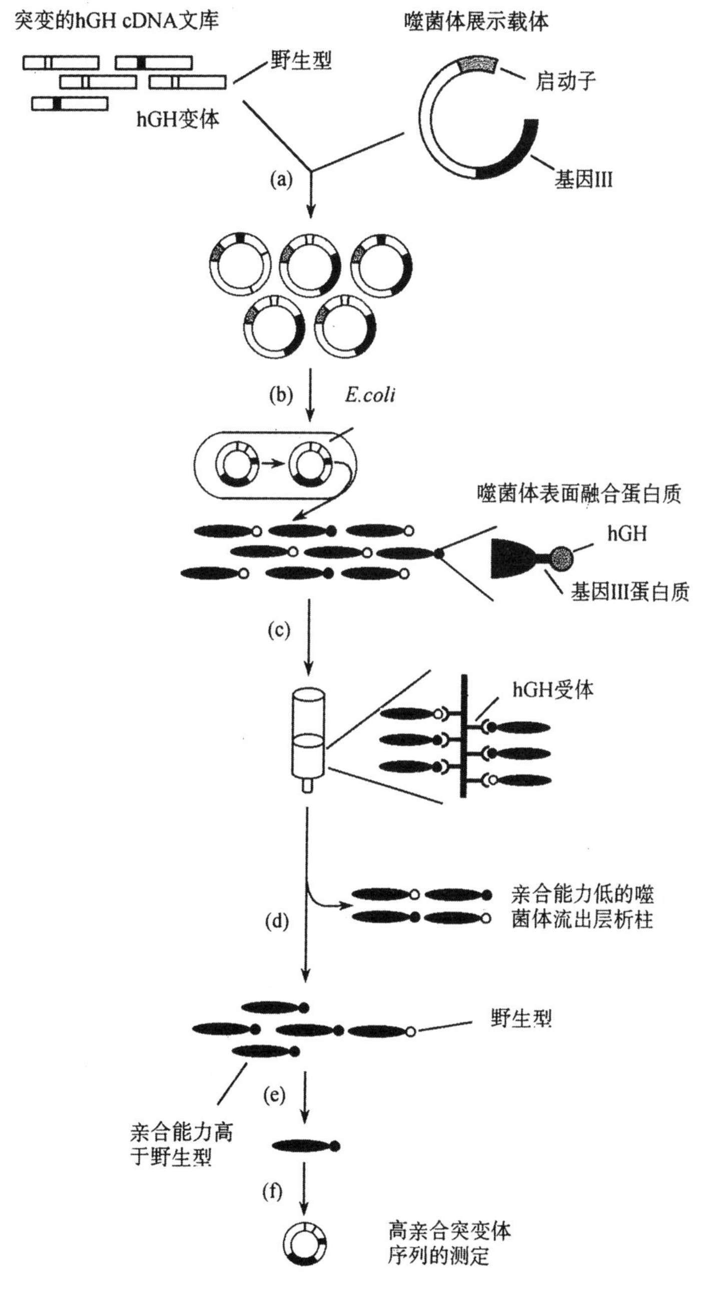

图 5-35　应用噬菌体展示载体分离 hGH 变体的示意图

(a)随机突变的 hGH cDNA 文库与噬菌体展示载体作体外连接；(b)转化大肠杆菌细胞；(c)制备的噬菌体过 hGH 受体层析柱；(d)洗脱结合的 hGH-噬菌体；(e)克隆个别的噬菌体；(f)分离噬菌体 DNA

应用噬菌体展示载体分离 hGH 变体的具体程序是这样进行的(图 5-35):先将随机突变的 hGH cDNA 库,同一种以 M13 为基础的噬菌体载体连接。于是,hGH 便与 M13 基因 III 蛋白质的氨基末端结构域融合。基因 III 蛋白质的羧基末端同噬菌体颗粒结合,而带有 hGH 变体的氨基末端则被展示在噬菌体的外表面上。然后把噬菌体文库导入大肠杆菌细胞,并涂布在氨苄青霉素培养基平板上,筛选抗性菌落。接着用辅助噬菌体感染这些抗性菌落的大肠杆菌,以诱导产生噬菌体颗粒。其中仅 1%~10%的颗粒含有 hGH-基因 III 融合蛋白质,而且每个噬菌体表面都只展示一个这样的蛋白质分子。这就确保了在噬菌体头部结构中有足够的基因 III 蛋白质,以保持其正常的感染性能。

用同 hGH 受体共价结合的塑料小珠装填层析柱,在 hGH-噬菌粒过柱时,只有展示 hGH 的被结合在柱中,而没有展示 hGH 的则过柱流出。洗脱层析柱,分离结合的 hGH-噬菌体,并用来再次感染大肠杆菌细胞,再次过层析柱。如此循环数次,最终得到了特定的与受体具有高度亲和性的 hGH 变体。

第五节　噬菌粒载体

1. 噬菌粒载体的概念

M13 噬菌体载体的一个突出的优点是,可方便地用来制备克隆基因的单链 DNA,因此在基因工程研究中是有十分广泛的用途。然而,实践发现 M13 载体也存在着一些明显的不足之处。例如,插入了外源 DNA 片段之后,它的遗传稳定性便会显著地下降,而且插入的 DNA 片段分子量越大,其稳定性下降的程度也就越严重。再如,在实验中我们还经常可以观察到,尽管理论上外源 DNA 片段可以按正、反两种取向插入到 M13 载体上,但实际上特定的外源 DNA 片段总是按一种主要的取向插入的。而最严重的一个缺点则是,M13 载体克隆外源 DNA 的实际能力十分有限,一般情况下其有效的最大克隆能力仅 1 500bp。这就局限了这类载体在基因克隆特别是真核基因克隆中的实用价值。为了解决这个问题,科学工作者已经发展出了一类由质粒载体和单链噬菌体载体结合而成的新型的载体系列,称为噬菌粒(phagemid 或 phasmid)。

表 5-4　若干常用的噬菌粒载体的一般特征

噬菌粒	质粒	单链噬菌体	辅助噬菌体	大肠杆菌寄主菌株
pEMBL8	pUC8	f1	IR1①	71/18
pRSA101	πVX	M13	M13 变异株②	XS127, XS101
pUC118/pUC119	pUC18/pUC19	M13	M13K07③	MV1184
pBS	pUC	f1	M13K07	XL1-Blue

① IR1 辅助噬菌体是丝状单链噬菌体 f1 的一种抗干扰的变异株。
② 这种 M13 噬菌体变异株具有抵抗那些含 M13 间隔区之质粒的干扰效应。
③ M13K07 变异株是一种常用的辅助噬菌体,它的基因 II 发生了突变,结果所产生的编码产物主要是作用于噬菌粒载体 pUC118/pUC119 的间隔区。

噬菌粒载体的分子量一般都比 M13 载体的小,约为 3 000bp,易于体外操作,可得到长达 10kb 的外源 DNA 的单链序列;由于它们既具有质粒的复制起点,又具有噬菌体的复制起点,因此在大肠杆菌寄主细胞内,可以按正常的双链质粒 DNA 分子形式复制,形成的双链 DNA 既稳定又高产，具有常规的质粒特性；而当存在着辅助噬菌体的情况时，在噬菌体基因 II 蛋白质的影响下，噬菌粒的复制方式发生改变，又可如同 M13 载体一样按滚环模型复制产生单链的 DNA，并在包装成噬菌体颗粒之后被挤压出寄主细胞；此外，应用噬菌粒可直接进行克隆 DNA 片段的序列测定，免去了从质粒载体到噬菌体这一既烦琐又费时的亚克隆步骤。

总之，与 M13 载体相比，噬菌粒载体具有分子量小、克隆能力大、能稳定遗传以及可以用来制备单链或双链 DNA 等诸多方面的优点。因此，近年来此类载体在基因工程研究中的应用已越来越广泛。

2. pUC118 和 pUC119 噬菌粒载体

pUC118 和 pUC119 是一对分别由 pUC18 和 pUC19 质粒与野生型 M13 噬菌体的基

(a)pUC118/pUC119噬菌粒载体

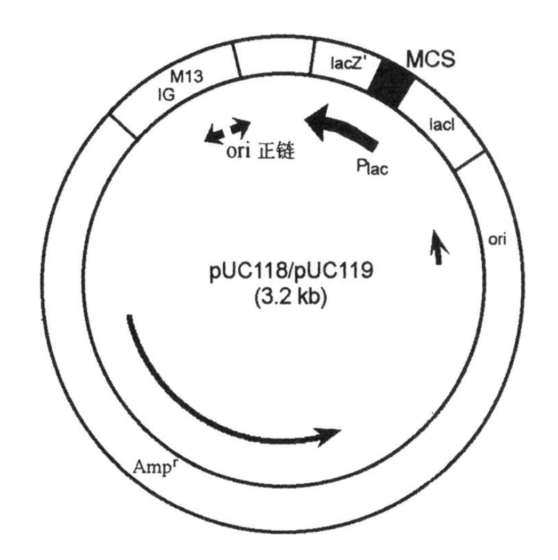

(b)pUC118多克隆位点

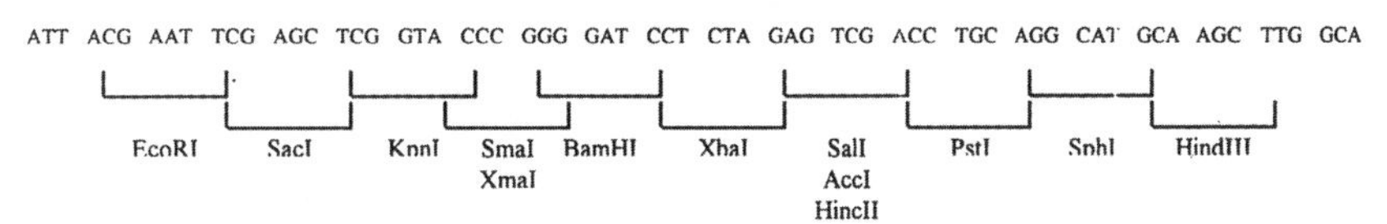

(c)pUC119多克隆位点

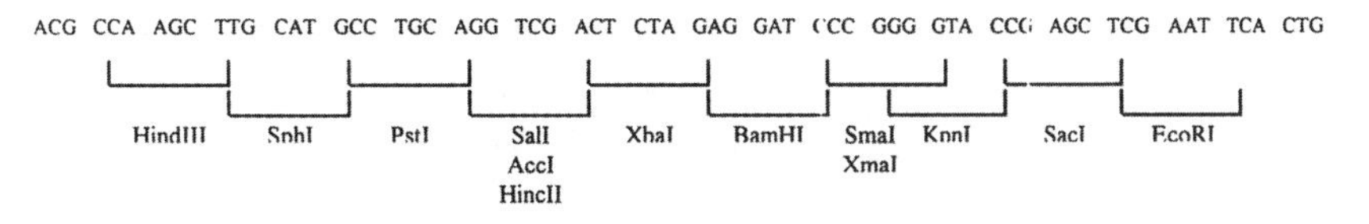

图 5-36 pUC118 和 pUC119 噬菌粒载体的分子结构

因间隔区(IG)重组而成的噬菌粒载体。IG 的长度为 476bp，含有 M13 噬菌体的复制起点，是插入在 pUC18 和 pUC19 质粒的 NdeI 位点上。除了多克隆位点区的序列取向彼此相反而外，两者的分子结构完全一样(图 5-36)。如果有某一种特定的外源基因被插入在这一对噬菌体载体多克隆位点区的同一种限制位点上，那么所形成的重组载体中的一个将转录克隆基因的正链 DNA，而另一重组载体则转录克隆基因的负链 DNA。所以，应用 pUC118 和 pUC119 噬菌粒作载体，克隆基因的两条链都将能够被有效地合成出来，供作 DNA 的核苷酸序列测定以及体外定点诱变等研究使用。

(1) pUC118 和 pUC119 噬菌粒载体的复制模式

pUC118 和 pUC119 这一对载体与早期发展的 pUC 系列的质粒载体相比，在结构上多出了一段来自 M13 噬菌体的复制起点，故又称之为噬菌粒载体。它们具有两种不同的复制模型(图 5-37)。在寄主细胞没有感染上辅助噬菌体 M13 的情况下，pUC118 和 pUC119 噬菌粒载体的复制就如同双链质粒载体 DNA 一样，是受起源于 ColE1 质粒的复

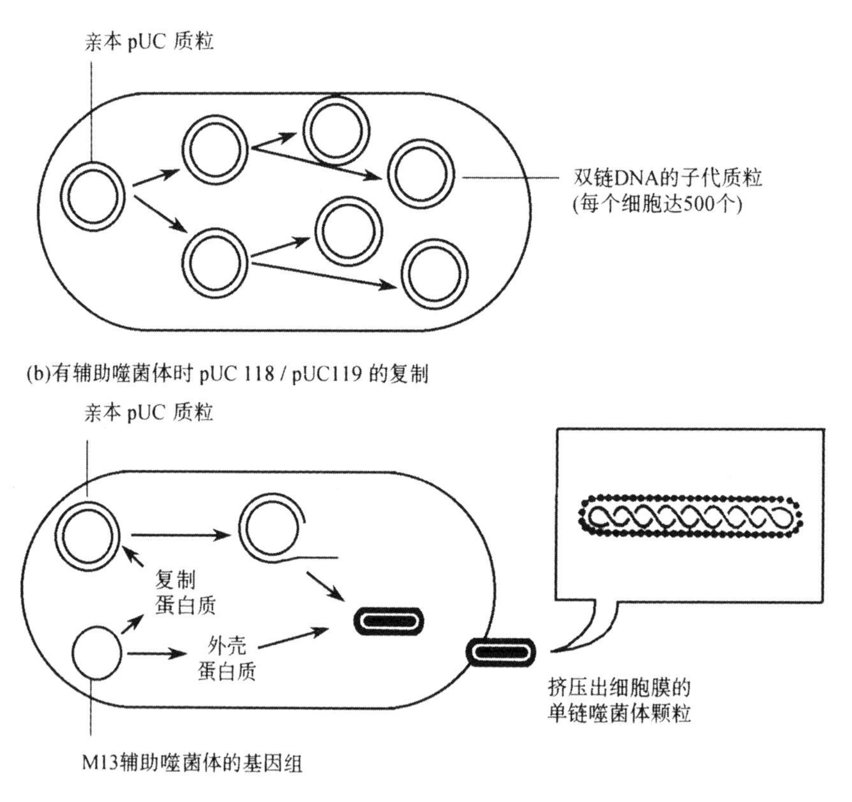

图 5-37　pUC118 和 pUC119 噬菌粒载体的两种复制模型
(a) 在无辅助噬菌体的条件下，按双链质粒 DNA 的复制模型复制；
(b) 在有辅助噬菌体的条件下，按单链噬菌体 DNA 的滚环复制模型复制

制起点控制的。按这种复制模式产生的双链载体 DNA 分子仍然保留在寄主细胞内[图 5-37(a)]。当寄主细胞被辅助噬菌体 M13 感染之后，pUC118 和 pUC119 载体便转向按照 M13 噬菌体的滚环模型进行复制。它是受存在于这两个 pUC 载体上的 M13 噬菌体复制起点控制的。所产生的单链载体 DNA 分子可以被包装进由辅助噬菌体提供的外壳蛋白

质中，形成的噬菌体颗粒随后被挤压出寄主细胞，分布在周围的培养基中[图5-37(b)]。

辅助噬菌体是一类自身DNA复制效率极低的突变体，但它们可以为寄主细胞中的相关载体的复制与包装提供所需的蛋白酶和外壳蛋白质。最常见的辅助噬菌体是M13的一种派生菌株，叫做M13K07(图5-38)。它是通过在野生型的M13噬菌体的基因间隔区(IG)(图5-24)的唯一识别位点AvaI上，插入了一个已经发生了突变的来自M13mp1的噬菌体复制起点、一个来自p15A的质粒复制起点，和一个来自Tn903的卡那霉素抗性基因等三个组份发展而成的。如果在大肠杆菌寄主细胞中已经存在着pUC118或pUC119噬菌粒，那么感染进来的辅助噬菌体M13K07的单链DNA，便会在胞内酶的作用下转变成双链DNA，继而在p15A质粒复制起点的控制下进行复制。由此产生的M13K07噬菌体的双链基因组DNA表达的结果，可以为寄主细胞中共存的噬菌体单链DNA的复制与包装提供所需的蛋白质。但是，由于单链噬菌体M13K07的复制起点已经发生了突变，从而使其自身的基因组DNA无法进行有效的复制。于是寄主细胞中由噬菌粒载体复制产生的单链DNA便占了压倒的优势。因此，被寄主细胞挤压到培养基中的噬菌体颗粒绝大部分都是含有pUC118或pUC119噬菌粒载体的单链DNA分子。

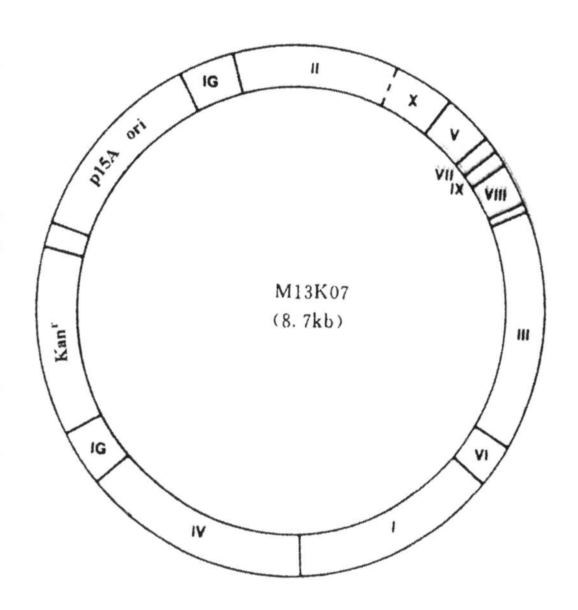

图5-38 辅助噬菌体M13K07的形体图
IG＝M13噬菌体的基因间隔区；Kan^r＝卡那霉素抗性基因

也许读者会问，既然辅助噬菌体(例如M13K07)自身的复制能力都很差，那么它们又是如何遗传的呢？这是因为当寄主细胞不存在pUC118或pUC119噬菌粒载体的情况下，双链形式的辅助噬菌体所表达的复制蛋白质，可以同其突变的复制起点结合，尽管复制效率有限，但仍可产生出足够数量的M13K07噬菌体，保证了遗传的稳定性。

(2) pUC118和pUC119噬菌粒载体的优点

pUC118和pUC119噬菌粒是一对目前常用的基因克隆载体，它们与大肠杆菌其它的克隆载体相比，具有诸多方面的优点。其中主要的有如下几个方面：

(i) 具有小分子量的共价、闭合、环形的基因组DNA，可克隆高达10kb的外源DNA片段，并易于进行体外分离与操作；

(ii) 编码有一个amp^r基因作为选择记号，因此只有携带着pUC118或pUC119噬菌粒载体的大肠杆菌转化子细胞，才能够在含有氨苄青霉素的培养基中生长，便于转化子的选择；

(iii) 拷贝数含量高，每个寄主细胞可高达500个，所以只要用少量的大肠杆菌细胞培养物，便可制备出大量的载体DNA；

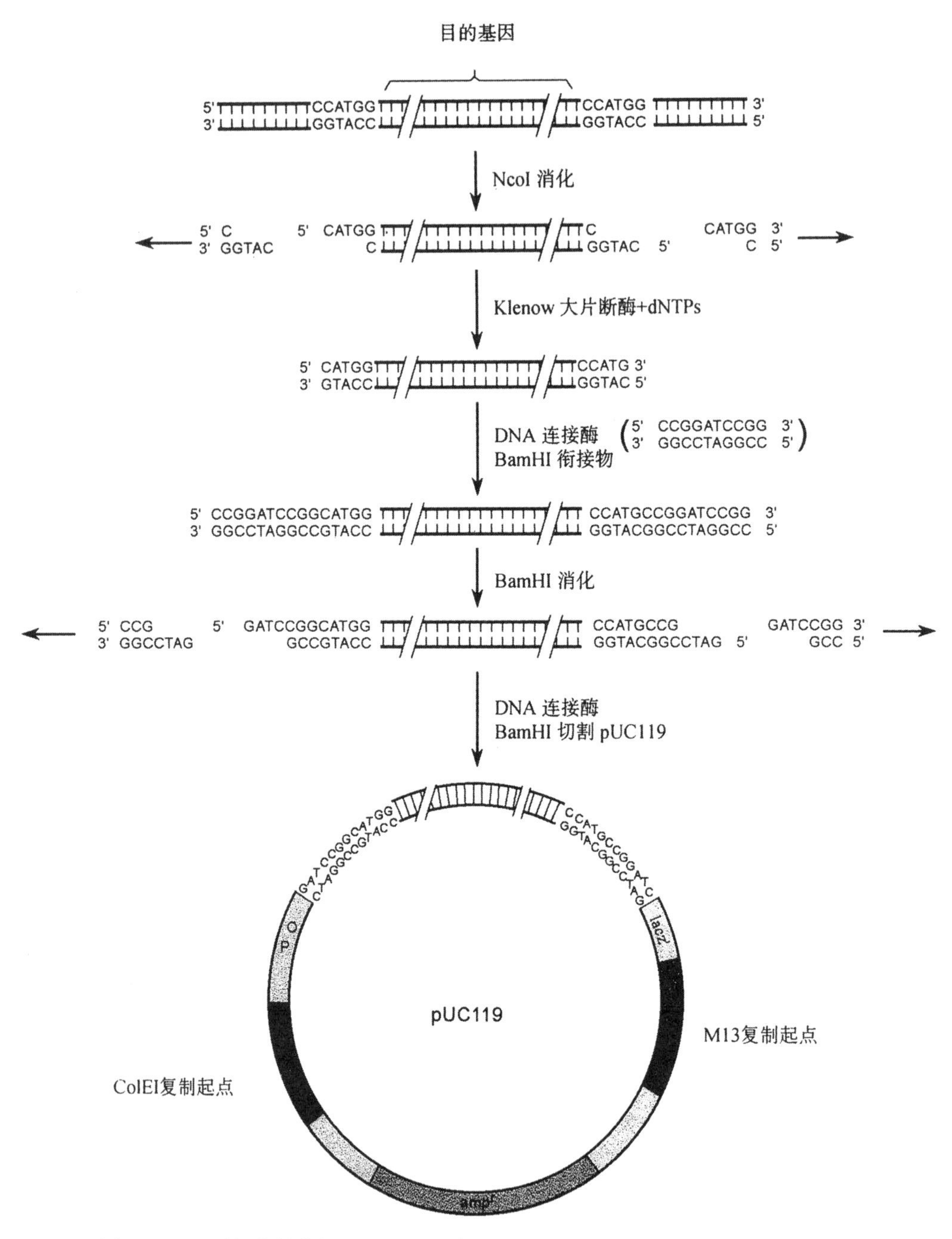

图 5-39　通过加衔接物的方法在 pUC119 噬菌粒载体上克隆目的基因的基本程序

(iv) 存在着一个多克隆位点区，因此许多种不同类型的外源 DNA 限制片段，不经修饰便可直接插入到载体分子上；

(v) 由于多克隆位点区阻断了大肠杆菌 lacZ 基因的 5′-端编码区，故可按照 Xgal-IPTG 组织化学显色反应试验，筛选重组体分子；

(vi) lacZ 基因是置于 lac 启动子的控制之下，这样插入的外源基因(当其读码结构没

有发生改变的情况下)便会以融合蛋白质形式表达,即产生出 β-半乳糖苷酶与外源蛋白质的融合产物;

(vii) 含有一个质粒的复制起点,因此在没有辅助噬菌体的情况下,克隆的外源基因可以像质粒一样按常规方法,复制形成大量的双链 DNA 分子;

(viii) 带有一个 M13 噬菌体的复制起点,所以在有辅助噬菌体感染的寄主细胞中,可以合成出单链 DNA 拷贝,并包装成噬菌体颗粒分泌到培养基中;

(ix) 在 pUC118 和 pUC119 这两个载体中,多克隆位点区的核苷酸序列取向是彼此相反的,于是它们当中的一个可转录克隆基因的正链 DNA,另一个则可转录负链 DNA。

(x) 可以直接对克隆的 DNA 片段进行核苷酸序列测定,免去了从质粒载体到噬菌体的这一烦琐的亚克隆步骤。

(3) pUC118 和 pUC119 噬菌粒载体的克隆程序

应用 pUC118 或 pUC119 噬菌粒作载体克隆外源 DNA 的标准程序,包括连接、转化和筛选三个基本的步骤。首先选用适当的核酸内切限制酶,分别对克隆的外源 DNA 及载体分子作酶切消化,并用 DNA 连接酶进行体外连接。然后将 DNA 连接混合物转化给具有 lacZ △15 的大肠杆菌之 Amp^s 表型菌株,涂布在含有 Xgal-IPTG 和氨苄青霉素的营养培养基平板上。只有获得了噬菌粒载体的转化子细胞才能生长成菌落,其中多克隆位点上插入了外源 DNA 片段的呈白色,反之则呈蓝色。

当然,也经常会遇到特殊的情况,比如多克隆位点中没有适合的核酸内切限制酶位点可供使用。此时我们亦可采取加 DNA 接头或衔接物的办法,将待克隆的外源 DNA 重组到噬菌粒载体上。图 5-39 展示了通过加 BamHI 衔接物的办法,将目的基因克隆到 pUC119 噬菌粒载体的基本过程。

3. pBluescript 噬菌粒载体

(1) 体外转录载体

在前面有关于 λZAP 载体一节中,我们已经提到有不少的噬菌体,例如大肠杆菌的 T3、T7 以及沙门氏菌的 SP6 等,都编码有它们自己的 RNA 聚合酶。专门编码这类 RNA 聚合酶的噬菌体基因,它们的转录活性是由寄主细胞的 RNA 聚合酶控制的。但噬菌体本身的“晚期蛋白质”或是子代噬菌体的结构组份,则是由噬菌体基因编码的,并由噬菌体 RNA 聚合酶进行转录。这些噬菌体 RNA 聚合酶的活性效应具有高度的专一性,它们只能转录具有噬菌体特定启动子序列的基因,而不能转录任何寄主细胞的基因。再者,每一种噬菌体 RNA 聚合酶所识别的自身启动子的序列也都是严格特异的,尤其是紧挨在 5′ 转录起点上游的 12～22 个核苷酸序列,则更加保守。

将 T3、T7 或 SP6 噬菌体的启动子序列,组入到噬菌粒载体的多克隆位点区(MCS)的两侧,便构成了一类新型的噬菌粒载体,特称为体外转录载体(in vitro transcription vectors)。在体外系统中,加入适当的噬菌体 RNA 聚合酶,就可使插入在此类载体多克隆位点中的外源 DNA 发生转录作用。由于噬菌体 RNA 聚合酶只能识别噬菌体自己启动子的特定序列,因此在体外系统中,只有插入的外源 DNA 或克隆的目的基因能够被正常地转录。同时,鉴于没有其它的质粒基因与这些特定的噬菌体启动子相邻,所以也不会发生质粒基因被转录的现象。

(2) pBluescript 噬菌粒载体的结构特征

"pBluescript"是专用的商品名称,系指由 Stratagene 公司发展的一类从 pUC 载体派生而来的噬菌粒载体。起初,人们正式命名此类载体为 pBluescript M13(+/−),以后被

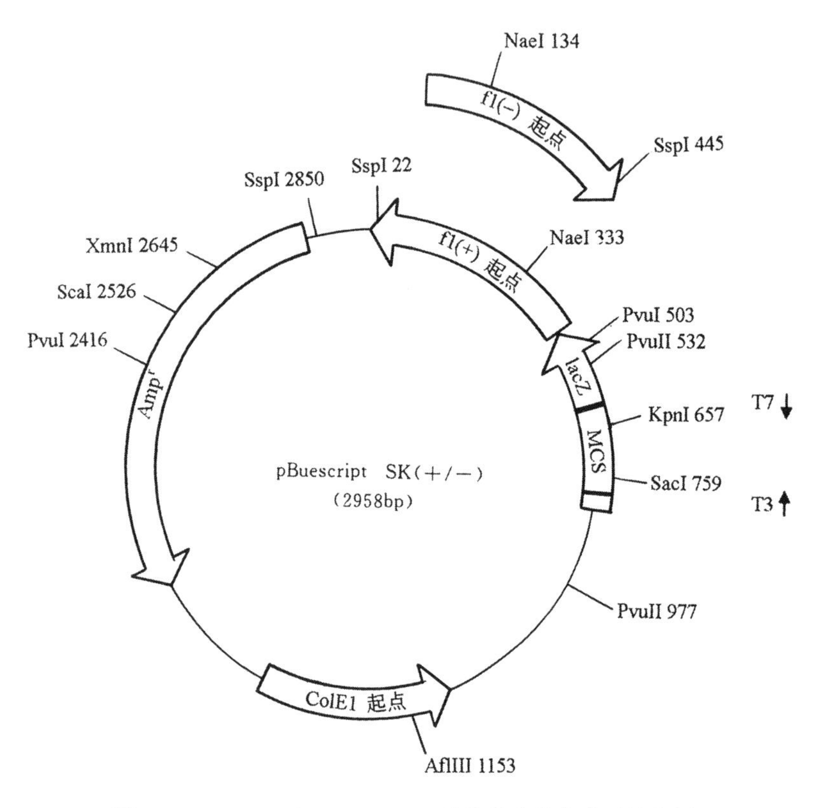

图 5-40 pBluescript SK(+/−)噬菌粒载体的分子结构图

它是从 pUC19 质粒载体派生而来的。SK 表示多克隆位点区的一种取向,即 lacZ 基因是按照 SacI→KpnI 的方向转录的;反之,KS 则表示多克隆位点区的另一种取向,即 lacZ 基因是按照 KpnI→SacI 方向转录的。(+/−)表示单链噬菌体 f1 复制起点的两种相反的取向。其中,f1(+)起点表示,当 pBluescript 噬菌粒载体和辅助噬菌体共感染寄主细胞时,能够回收到 lacZ 基因的有意义链 DNA,即 β-半乳糖苷酶基因的编码链 DNA;而 f1(−)起点则表示,当 pBluesript 噬菌粒载体与辅助噬菌体共感染寄主细胞时,可回收到 lacZ 基因的无意义链 DNA,即 β-半乳糖苷酶基因的非编码链 DNA

简称为 pBS(+/−),如今则更多地叫做 pBluescript KS(+/−)或 pBluescript SK(+/−)。目前已经构建出了许多种 pBluescript 噬菌粒载体。它们的基本结构特征如图 5-40 所示:

(i) 在多克隆位点区(MCS)的两侧,存在一对 T3 和 T7 噬菌体的启动子,用以定向地指导插入在多克隆位点上的外源 DNA 或(基因)的转录活动;

(ii) 同时具有一个单链噬菌体 M13 或 f1 的复制起点和一个来自 ColE1 质粒的复制起点,于是 pBluescript 噬菌粒载体在有或无辅助噬菌体共感染的不同的情况下,便可按照不同的复制形式分别合成出单链或双链的 DNA;

(iii) 编码有一个氨苄青霉素抗性基因，供作转化子克隆的选择记号；

(iv) 含有一个 lacZ 基因，可以按照 Xgal-IPTG 组织化学显色反应法筛选噬菌粒载体的重组子。

(3) pBluescript 噬菌粒载体的体外转录

pBS(+)噬菌粒载体是由 pUC19 质粒载体派生出来的，两者的结构基本相似。pBS(+)载体具有一段由 9 种核酸内切限制酶识别位点组成的多克隆位点序列区，自 T3 启动子至 T7 启动子的顺序为：SphI-PstI-SalI-XbaI-BamHI-SmaI-KpnI-SacI-EcoRI。当某一段特定的外源 DNA 插入在 BamHI 位点(或其它位点)上，便有可能发生两种不同的

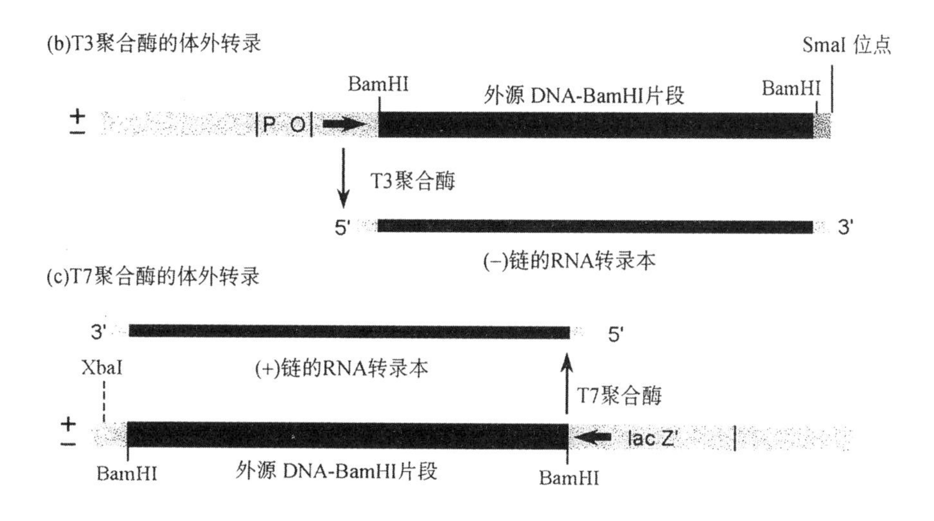

图 5-41 pBS(+)噬菌粒载体的多克隆位点区之插入 DNA 片段的体外转录作用

(a)pBS(+)多克隆位点的结构，示限制性位点顺序；(b)T3 启动子指导的体外转录，合成出(—)链的 RNA 转录本，其重组体分子被 SmaI 切割线性化；(c)T7 启动子指导的体外转录，合成出(+)链的 RNA 转录本，其重组体分子被 XbaI 切割线性化

体外转录反应(图 5-41)。在 pBS(+)噬菌粒载体多克隆位点的两侧，分别具有 T3 和 T7 噬菌体启动子。在体外系统中，T3 RNA 聚合酶通过与 T3 启动子的结合，使插入的外源 DNA 的(—)链转录成 RNA[图 5-41(b)]；而 T7 RNA 聚合酶则通过同 T7 启动子的结合，使外源 DNA 的(+)链转录成 RNA[图 5-41(c)]。由于插入的外源 DNA 片段不太可能具有转录的终止信号，为避免发生通读现象，通常是选用一种适当的核酸内切限制酶，从距转录启动子的另一侧切割多克隆位点区，使重组载体线性化。在本例中，以 T3 启动子开始的转录，使用 SalI 切割；以 T7 启动子开始的转录，则用 XbaI 切割。这样便能有效地阻止转录作用从插入序列延续到载体分子。

pBluescript 噬菌粒载体在重组 DNA 及分子生物学研究工作中，具有十分广泛的用

途。它们一方面可以制备具放射性同位素标记的DNA杂交分子探针，用以筛选基因组文库或cDNA克隆，进行基因组结构的Southern分析以及基因表达的Northern检测。另一方面，用pBluescript载体在体外制备的克隆基因的转录本，同样也可以用来在体外转译体系中合成克隆基因编码的蛋白质产物。这些蛋白质往往是融合蛋白质，也就是说在克隆基因编码蛋白质分子的一端相连着一段β-半乳糖苷酶氨基末端多肽。当然，正确转译的必要条件是，克隆基因的编码序列与lacZ基因融合之后，仍保持原来的正确的读码结构。

第六章　基因的分离与鉴定

在当今生命科学的各个研究领域中，“克隆”(clone)一词都被广泛地使用。它不仅在词义上有名词和动词之分，而且在不同的学科之间和不同的研究层次上亦有不同的含义。在多细胞的高等生物个体水平上，例如植物与动物，人们用克隆表示由具有相同基因型的同一物种的两个个体或数个个体组成的群体。因此说，从同一受精卵分裂而来的单卵双生子(monozygotic twins)便是属于同一克隆。在细胞水平上，涉及胚胎学、免疫学以及细胞生物学等学科，克隆一词是指由同一个祖细胞(progenitor cell)分裂而来的一群遗传上同一的子细胞群体。在分子水平上，诸如分子生物学和分子遗传学等学科，凡带有一段DNA插入序列的、独特的寄主/载体单元(例如，大肠杆菌寄主细胞中的重组质粒载体)亦叫做克隆。

我们通常所说的基因的克隆，实质上包含着待研究的目的基因的分离和鉴定两个主要的内容。而整个基因克隆的过程则包括如下四个基本的步骤：

(i)用于基因克隆的 DNA 材料的选择，及 DNA 分子的片段化；

(ii)外源 DNA 片段与载体分子的体外连接反应；

(iii)将人工重组的 DNA 分子导入它们能够进行正常复制的寄主细胞的程序；

(iv)获得了重组体分子的转化子克隆的选择或筛选(图 6-1)。

由于单个基因仅占染色体 DNA 分子总量的极其微小的比例，必须经过扩增(amplification)，才有可能分离到特定的含有目的基因的 DNA 片段，因此需要先构建基因文库(gene library)，或叫做 DNA 文库(DNA library)。前者这个名称在基因工程诞生的早期就被使用，已经习惯且通俗易懂；后者是近年来才出现的一种更加符合实际情况的称呼，它是由来自染色体基因组 DNA 的全部 DNA 片段组成的。

用于基因克隆的 DNA 材料的来源，主要是从特定组织提取的染色体基因组 DNA 或是 mRNA 反转录成的 cDNA 拷贝。究竟选用何种 DNA 材料，取决于我们所要解决的问题的特殊性。如果研究的目标是要弄清一种蛋白质的氨基酸顺序，这可以根据克隆的 cDNA 分子的核苷酸序列的结构直接推导出来。而另一方面，如果要研究的是控制基因表达活动的调控序列，或是在 mRNA 分子中不存在的某种特定序列，有关这类的信息就只能从染色体基因组 DNA 中获得。由此可见，用于基因克隆的 DNA 材料的选择是一个十分重要的问题，它事实上决定了我们究竟是要采用何种克隆策略，亦即是 cDNA 克隆或是基因组 DNA 克隆。

前面讲过，不同的克隆载体接受外源 DNA 的能力是互不相同的，而且也都有一定的限定范围。因此，大分子量的染色体基因组 DNA 分子，必须先片段化成适于克隆的 DNA 片段群体。这样的 DNA 片段群体，既可以通过机械切割、也可以用核酸内切限制酶消化染色体基因组 DNA 获得。当然，应用反转录酶从 mRNA 制剂出发，同样也可以合成出具有不同分子大小的适于基因克隆的 cDNA 分子群体。这些 DNA 片段群体，在体外同选择好的载体分子重组后，被导入到大肠杆菌感受态细胞群体中，并涂布在含特定抗菌素的培养基平板上生长。由于载体分子具有抗菌素抗性基因，所以只有那些获得了载体分子的转化子细胞才能够生长存活，而且每一个抗性细胞均生长成一个菌落(或噬菌斑)，即克隆。如此在细菌中增殖形成的克隆 DNA 片段之集合体，便叫做基因文库。的确，在理想的情况下，一个完整的基因文库应该含有染色体基因组 DNA 的全部序列，或是来自所有不同的 mRNA 种的每一种 cDNA 分子。

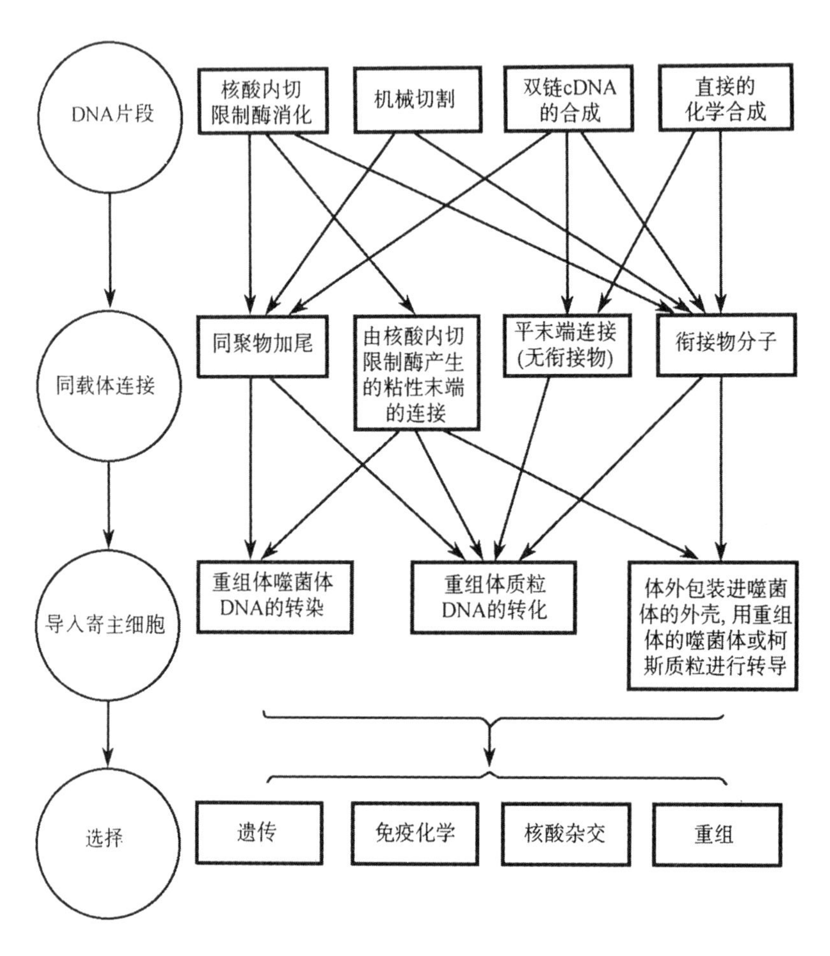

图 6-1 应用大肠杆菌作寄主进行 DNA 克隆的综合实验方案
(箭头表示有利的途径)

构建了基因文库，可以说是实现了基因的克隆，但并不等于完成了目的基因的分离。因为按上述方法构建的基因文库，不论是 cDNA 文库还是基因组 DNA 文库，事实上都是没有目录可查的"基因图书馆"，我们不知道究竟其中哪一个克隆含有我们所要研究的目的基因的序列。因此，克隆一个基因的下一个步骤，便是从基因文库中筛选出含有目的基因的特定克隆。这就是所谓的克隆基因的分离。据此分析可知，基因克隆是基因分离的重要步骤，但实现了基因克隆之后还要运用各种手段才能把目的基因分离出来。对于编码产物是已知的目的基因，我们一方面可以应用互补的核苷酸序列作探针进行直接的分离。这种序列可以从已测序的同源基因获得，或者是根据纯化的蛋白质产物的氨基酸序列推导出来。另一方面,也可以应用特定的蛋白质抗体及蛋白质的功能测定,来筛选克隆基因的蛋白质产物。而对于其编码产物未知的目的基因,则需要用特殊的分离手段,诸如差别显示技术、差减杂交方法等,方能见效。

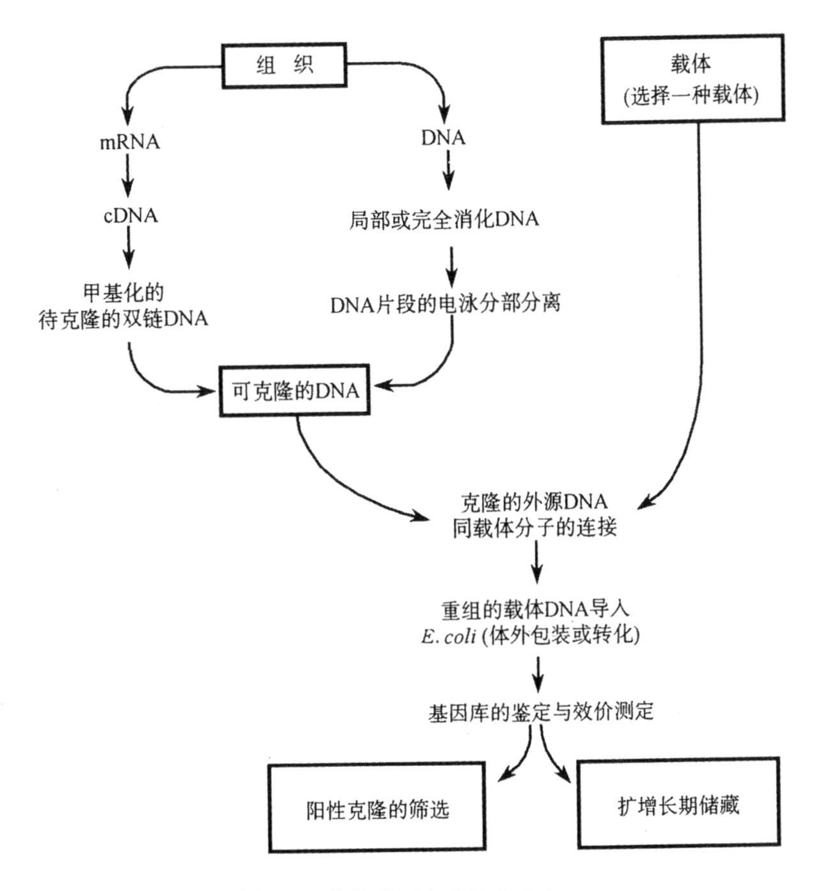

图 6-2 真核基因克隆的基本步骤

在前面的章节中,已经叙述了 DNA 分子的切割与连接的技术,并且也讨论过质粒载体和噬菌体载体的基本特征。DNA 分子的切割与连接的方法各不相同,载体分子的类型又多种多样,那么究竟要选择什么样的切割与连接方法,配合哪一类的载体分子进行基因克隆最为合适呢?这主要取决于我们所要采用的何种类型的克隆策略。众所周知,质粒载体(或噬菌体载体)和大肠杆菌寄主细胞,是使用最广泛最具代表性的基因克隆体系。在本章,我们也采用这一种克隆体系为模式,叙述在大肠杆菌中克隆真核基因的一般程序(图 6-2),并讨论基因克隆的不同实验方案以及重组体克隆的选择与鉴定等内容。

第一节　DNA克隆片段的产生与分离

1. 基因组DNA的片段化

(1) 利用限制酶片段化基因组DNA的一般问题

基因克隆的头一步，需要从实验的生物材料中制备包括“目的基因”在内的DNA片段群体。当然，这样的DNA片段群体必须包容着整个基因组的全部序列，而且还应该是高纯度的，在片段的大小上也要适合于基因操作的要求。

如果待克隆的给体材料是双链的基因组DNA，那么有好几种方法都可用来制备片段化的DNA群体。但其中最简单的一种办法则是利用限制酶消化给体基因组DNA。这种消化产物，不经过凝胶电泳分部分离，就直接用来同载体分子作连接反应的克隆方法，叫做鸟枪法(shotgun approach)。这个方法最明显的缺点是，所形成的重组体分子，实际上是一群带有大小不同的插入片段的重组体的混合群体。我们知道，高等真核生物的基因组是相当庞大的，以人的基因组为例，按一般载体承受外源DNA插入的能力(大约为1000～3000bp)计算，可以被切割成几十万个大小不同的DNA片段。如果每个片段都分别插入到一个载体分子上，这样经过扩增之后，就会形成由几十万个大小不同的重组体分子组成的克隆群体。其中每一个克隆，都是由含有一种重组DNA分子的单一细胞繁殖而来的后代。要想从如此巨大数量的群体中，选出带有目的基因的克隆，显然是十分费事的，而且还会造成不必要的人力和物力上的浪费。

应用限制酶消化法产生DNA的克隆片段，还经常会碰到一些令人麻烦的问题。例如，在目的基因的核苷酸序列中，对所采用的限制酶可能会存在着一个甚至数个识别位点。遇到这种情况，我们就必须同时分离好几个克隆，才有可能获得目的基因的全序列，而且其中每一种克隆都只含有目的基因的一部分序列。当然，我们也可能寻找到对目的基因不具有识别位点的限制酶，不过如果目的基因的序列比较长(假定是35kb以上)，那么可以想象得到，要找到一种对这样长的DNA片段不具有识别位点的限制酶，的确是很不容易的。

此外，应用限制酶消化法片段化的基因组DNA进行克隆，还会因某些限制片段的分子量太大或太小的缘故，而出现不能被克隆的情况。由于这种原因，便不能够获得完全的基因文库。因此，在构建基因文库时，最好是采用随机片段化的办法制备DNA的克隆片段。应用机械切割法，或是限制酶局部消化法处理基因组DNA，都可以产生出随机片段化的DNA克隆片段群体。处在溶液中的双链DNA，是一种细长的线性分子，具有相当的刚性，十分容易受到剪切力的破坏作用而断裂。用超声波强烈作用于DNA溶液，可使其断裂成长约300个核苷酸对的短片段。在搅拌器中高速搅拌，可获得更加严格控制的剪切效应。典型的情况是，在1500转/分的转速下搅拌30分钟，高分子量的DNA分子便可被剪切成平均长度为8kb的分子群体。

选择用于产生DNA克隆片段的限制酶，必须考虑到它对DNA序列应该具有最佳的识别位点分布规律。例如，用λ噬菌体作载体构建基因文库，就不能够承载大于25kb的EcoRI限制片段。为此可选用识别序列为4bp的限制酶代替。因为这类限制酶，与识别序列为 6bp 的限制酶相比，它们切割 DNA 分子的频率要高得多。假定这些识别序列在 DNA 分子上都是等量随机分布的，那么前者平均每隔 256(4^4)bp 就要切割 DNA 分子一次，而后者则平均每隔 4096(4^6)bp 才切割 DNA 分子一次。由此可见，用识别序列为 4bp 的限制酶局部消化基因组 DNA，所产生的限制片段的随机程度比识别序列为 6bp 的限制酶要高些。经常用来构建基因文库的识别序列为 4bp 的限制酶有 HaeIII 和 AluI，以及它们的同裂酶 MboI 和 Sau3A 等。

(2) 基因组 DNA 的双酶消化策略

1978 年，T. Maniatis 等人提出了利用两种限制酶混合消化基因组 DNA 的实验策略。应用这种方法可以获得适于克隆的随机片段化的 DNA 群体。他们所选用的均是具有 4 个核苷酸识别位点的核酸内切限制酶，因此对基因组 DNA 具有较高的切割频率。在极限的双酶消化(limit double-digest)条件下，所产生的 DNA 片段平均大小不会超过 1kb；但若是进行局部的双酶消化反应，所产生的大部分 DNA 片段都比较大，其分子量可达 10～30kb 范围，它们之间存在着有效的随机的序列重叠现象。通过蔗糖梯度离心或是制备凝胶电泳技术，可以把这些片段群体按大小分开，得到分子量大小约为 20kb 的随机的 DNA 片段群体。这样大小的 DNA 片段适于 λ 噬菌体载体的克隆能力，经体外重组、包装和转化之后，我们可以有把握地获得足够多数量的独立的重组体转化子克隆，构成几乎是完全的、代表性的基因文库。

在 Maniatis 倡议的消化策略中，使用的是两种识别序列完全无关的核酸内切限制酶 HaeIII 和 AluI，以满足获得几乎是完全随机片段化的 DNA 群体。然而，由于这两种限制酶都是形成平末端的 DNA 片段，因此需要加入特定的衔接物分子，才能与克隆载体完成体外重组。这显然是一种烦琐的步骤。使用某些识别序列为 4 个核苷酸的单一的核酸内切限制酶，例如 Sau3A 局部消化基因组 DNA，便可以克服上述双酶消化法的缺点。此种 Sau3A 单酶局部消化作用，不仅大体上可以达到 HaeIII-AluI 双酶消化所实现的随机切割的水平，而且所产生的限制片段，还可以容易地插入到业经 BamHI 消化的诸如 λEMBL3 这样具有高克隆能力的 λ 噬菌体载体上。这是因为 Sau3A 和 BamHI 是一对切割产生同样粘性末端的同尾酶。这种核酸内切限制酶的局部消化法，与 λ 噬菌体重组体分子体外包装技术的配合，已被广泛地应用于基因组 DNA 文库的构建。

2. DNA 片段的大小分部

在一般情况下，为构建一种完全的基因文库，并不需要对某种基因作特别的富集处理。因为这样做的同时，也有可能使其它的一些基因从基因文库中消失掉。不过在有些特殊的情况下，比如说我们事先已经测定了含有目的基因的克隆片段的大小范围，那么在克隆之前，先对片段化的给体 DNA 群体进行按大小的分部分离，则会明显地提高克隆基因的分离频率。

在实验室中，通常是使用琼脂糖凝胶电泳或蔗糖梯度离心进行 DNA 片段的分部分离。采用琼脂糖凝胶电泳分部分离技术，可以在很窄的范围内获得高纯度的某种 DNA 片段，或是大小相近的 DNA 片段。蔗糖梯度离心法，虽然在大小片段的分离方面不如琼脂糖凝胶电泳优越，但它仍然不失为一种制备 DNA 片段的良好方法。这里也必须指出，应用琼脂糖凝胶电泳分离 DNA 片段，实际上也会有一些不足之处，这是因为琼脂糖的污染有时会抑制尔后的酶催反应。

3. 编码目的基因的克隆片段的富集

如果克隆实验的目的是为了分离某种特定的基因，而它的序列片段又能够被适当地富集起来，那么克隆这种基因的实验程序就会比较简单而且快速。由于相关的 DNA 片段之间，一般是缺少物理特性上的差别的，因此迄今为止，分部分离 DNA 片段的最主要的方法，仍然是上面已经提到过的凝胶电泳法和蔗糖梯度离心法。

经限制酶消化的基因组 DNA 制剂，通过凝胶电泳或蔗糖梯度离心之后，不同长度的 DNA 片段便会按大小顺序彼此分开。根据事先已测定的编码目的基因的克隆片段的分子量大小，从电泳凝胶的相应谱带上或蔗糖梯度的相应部位中，收集 DNA 片段，于是便达到了富集目的基因 DNA 片段的要求。

此外，应用 RPC-5 逆相层析法(RPC-5 reverse phase chromatography)，也可以富集目的基因克隆片段。此法可以获得高回收率的 DNA，而且可使目的基因克隆片段含量提高 10 倍以上。

当然，这里有必要指出，应用这些方法富集目的基因的克隆片段，有一个基本的前提，那就是被克隆的目的基因的全序列，必须是位于一条 DNA 片段上，而不是分布在彼此交叠的数种片段上。因此，随机片段化的 DNA 是不适用于这种方法的。

我们应用克隆片段富集法，成功地分离出了水稻及高粱叶绿体光合作用系统的数种不同蛋白质的编码基因。这些基因是编码 Q_β 蛋白质的 psbA 基因，编码细胞色素 F 的 cytf 基因以及电子转移系统的基因 pcyb6、P1 和 P2 等。先将按照改良的无水法程序纯化的水稻叶绿体 DNA(ctDNA)，分别用 BamHI、EcoRI 及 HindIII 等数种核酸内切限制酶作局部酶切消化之后，加入在含有溴化乙锭(EtBr)染料的 1%琼指糖凝胶中作电泳分部分离。通过 Southern 转移技术，使凝胶中的 DNA 分子转移到硝化纤维素滤膜上，烤干后同 ^{32}P 放射性标记的目的基因探针进行杂交。由此得到的放射自显影图片结果表明，水稻叶绿体 DNA 的 2.2kb 的 EcoRI 片段、3.8kb 的 BamHI 片段等都含有 psbA 的编码序列。根据这些结果，将再次电泳分部分离的水稻 ctDNA 之 EcoRI 片段(2.2～2.5kb 范围)，从低熔点的琼脂糖凝胶中分离出来，便得到了富集的 psbA 基因克隆片段。在体外同 pBR322 质粒载体 DNA 重组，并转化给大肠杆菌寄主细胞，构成水稻叶绿体基因组 DNA 的 EcoRI 文库。然后从近 2000 个转化子菌落中得到了 8 个阳性克隆，其中有 6 个克隆带有大小为 2.2kb 插入片段。经进一步分析，这些插入片段都含有水稻 psbA 基因的编码序列。

第二节　重组体 DNA 分子的构建及导入受体细胞

有关重组体 DNA 分子的构建，包括载体 DNA 分子的分离，以及 DNA 分子的体外重组等主要内容，在本书前面有关章节中均已作了详细的叙述。这里为了方便起见和内容的系统性，特对构建重组体 DNA 分子所涉及的主要步骤(图 6-3)作简要的叙述。

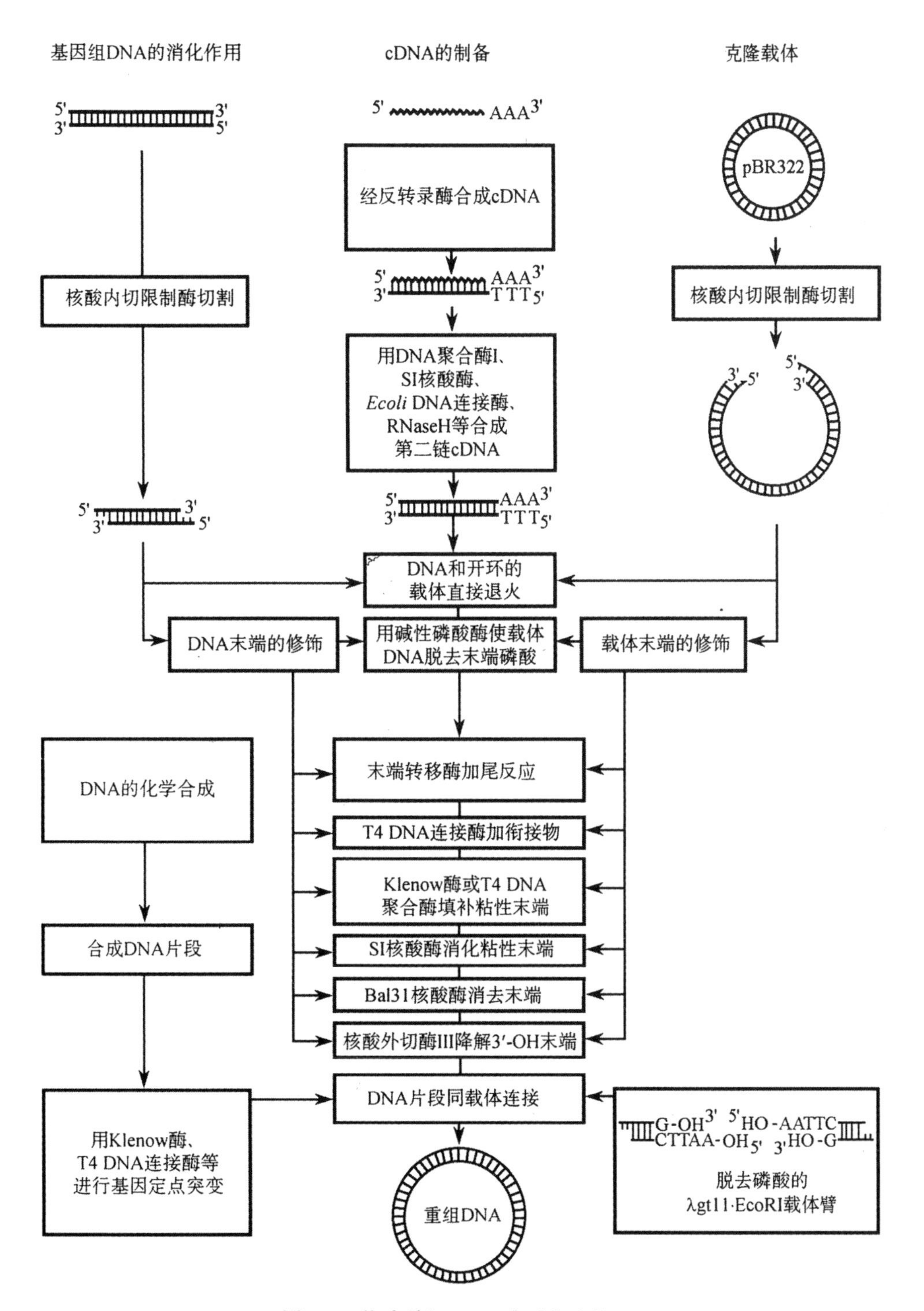

图 6-3 构建重组 DNA 分子的途径

1. 外源DNA片段同载体分子的重组

外源DNA片段同载体分子连接的方法，即DNA分子体外重组技术，主要是依赖于核酸内切限制酶和DNA连接酶的作用。一般说来，在选择外源DNA同载体分子连接反应的程序时，需要考虑到下列三个因素：

①实验步骤要尽可能简单易行；

②连接形成的“接点”序列，应能被一定的核酸内切限制酶重新切割，以便回收插入的外源DNA片段；

③对转录和转译过程中密码结构的阅读不发生干扰。

大多数的核酸内切限制酶都能够切割DNA分子，形成具有1～4个核苷酸的粘性末端。当载体和外源给体DNA用同样的限制酶，或是用能够产生相同的粘性末端的限制酶切割时，所形成的DNA末端就能够彼此退火，并被T4连接酶共价地连接起来，形成重组体分子。当然，所选用的核酸内切限制酶，对克隆载体DNA分子最好只具有一个识别位点，而且还是位于非必要的区段内。但由此引导的外源DNA片段的插入，可以有两种彼此相反的取向，这对于基因克隆是很不方便的。采用所谓的定向克隆(directional cloning)技术，便可以使外源DNA片段按一定的方向插入到载体分子上。

(1) 外源DNA片段定向插入载体分子

根据核酸内切限制酶作用的性质，用两种不同的限制酶同时消化一种特定的DNA分子，将会产生出具有两种不同粘性末端的DNA片段。十分明显，如果载体分子和待克隆的DNA分子，都是用同一对核酸内切限制酶切割，然后混合起来，那么载体分子和外源DNA片段将按一种取向退火形成重组DNA分子(图6-4)。例如，质粒载体pBR322和待克隆的外源DNA分子，都是用HindIII和ClaI作双酶切割，那么载体分子和插入片段分别产生的ClaI(或HindIII)末端将会彼此退火；而载体的ClaI(或HindIII)末端，同插入片段的HindIII(或ClaI)末端则不能够彼此退火，从而实现了外源DNA片段定向插入载体分子的目的。

(2) 非互补粘性末端DNA分子间的连接

载体分子和外源DNA插入片段(或称给体DNA)，并不一定总能产生出互补的粘性末端。实际上有许多情况都是例外的，例如在“基因克隆的酶学基础”一章中我们已经提到，有些限制酶，像AluI、BalI等，它们切割DNA分子之后所形成的都是平末端的片段；有的实验要用两种不同的限制酶分别切割载体分子和给体DNA，形成的也多半是非互补的粘性末端或平末端；再如用机械切割法制备的DNA片段，以及化学合成的或cDNA合成的DNA片段，也不会具有互补的粘性末端。

当然，在一定的反应条件下，用T4 DNA连接酶仍然可以将平末端的DNA片段有效地连接起来。而且具有非互补粘性末端的两种DNA片段之间，经过专门作用于单链DNA的S1核酸酶处理变成平末端之后，一样也可以使用T4 DNA连接酶进行有效的连接。不过，平末端DNA片段间的连接作用，在效率上明显地低于粘性末端间的连接作用，而且重组之后便不能原位删除下来。

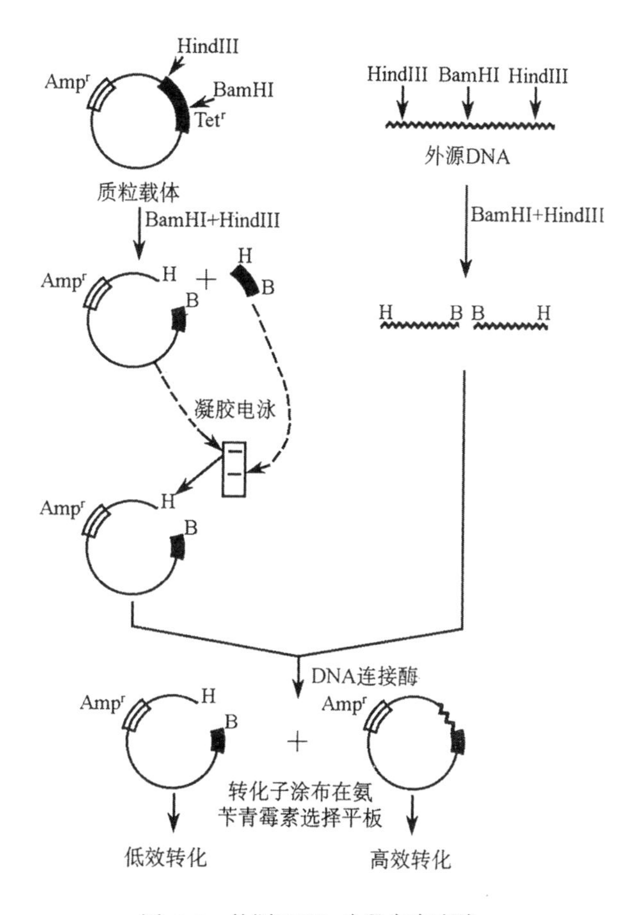

图 6-4　外源 DNA 片段定向克隆

现在,可以使用附加衔接物的办法来提高平末端间的连接作用的效率。衔接物是一种用人工方法合成的 DNA 短片段,它最突出的特点是,具有一个或数个在其要连接的受体 DNA 上并不存在的限制酶识别位点。如果要连接的是具有非互补的粘性末端的载体分子和外源 DNA 片段,可先用 S1 核酸酶除去粘性末端,形成平末端的片段,便可按平末端连接法分别给它们加上相同的一段衔接物。如此带有衔接物的载体分子和外源 DNA 片段,随后再用只在衔接物中具有的唯一识别位点的限制酶切割之,结果就会产生出能够彼此互补的粘性末端。这样就可以按照常规的办法,用 T4 DNA 连接酶将它们连接起来(图 6-5)。

应用附加衔接物的技术连接形成的重组体 DNA 分子,在需要的时候只要用同样的限制酶作酶切消化,插入的外源 DNA 片段就可以容易地被重新删除下来,以供进行序列结构等方面的分析研究。因此,对于基因克隆实验是很方便的。

此外,应用附加接头或同聚物加尾技术也能够有效地连接 DNA 分子,这在第三章中已经作了详细的叙述,这里不再重复。

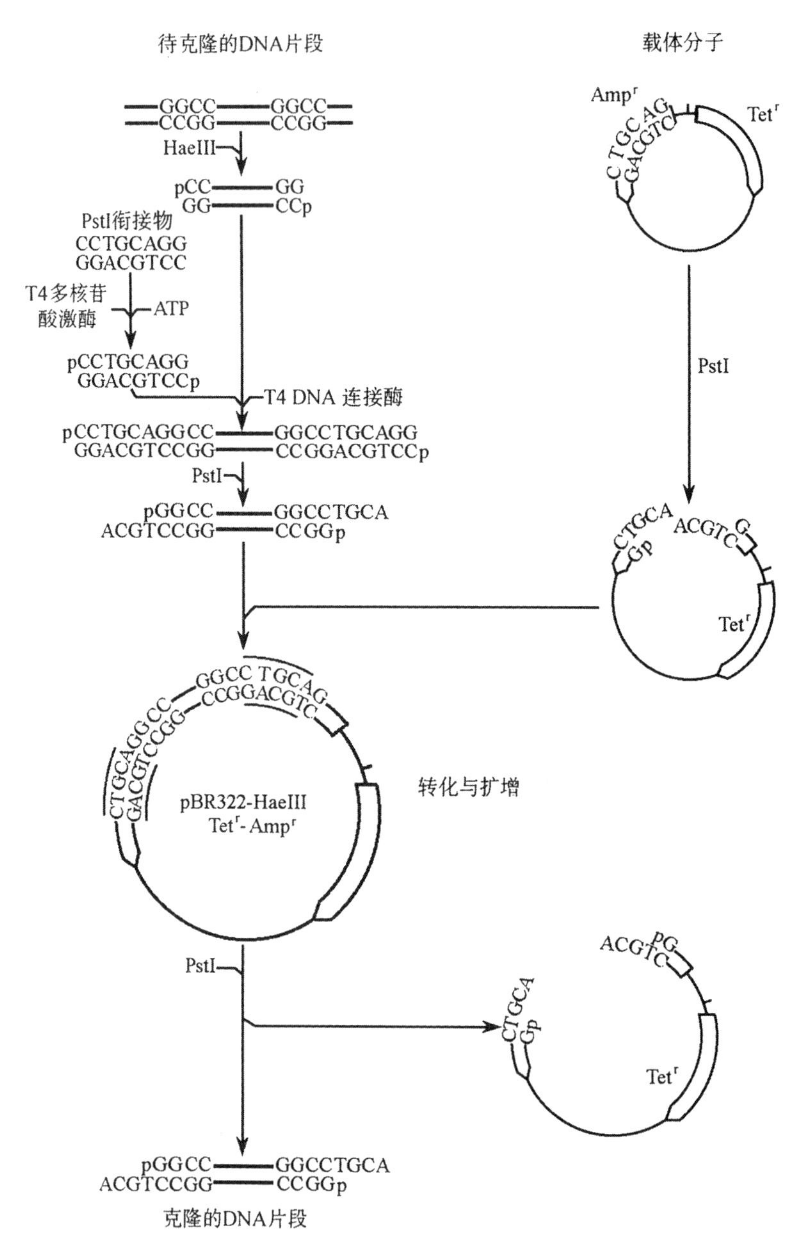

图 6-5　应用化学合成的衔接物构建粘性末端进行基因克隆的程序

(3) 最佳连接反应

为了使连接反应物中有尽可能多的外源 DNA 片段都能插入载体分子形成重组 DNA,就必须设法阻止经限制酶切割后的线性载体分子自身的再环化作用,以提高 DNA 片段的插入效率。目前通用的有三种办法:第一,用碱性磷酸酶处理由限制酶消化产生的线性载体分子。碱性磷酸酶可以除去线性载体 DNA 的 5′-P 末端,而留下 5′-OH 基团。经过碱性磷酸酶处理过的线性载体分子,除非插入了外源 DNA 片段,否则就不再能够重新环化成有功能的载体分子。第二，使用同聚物加尾连接技术，可以自动地防止线性载体 DNA 分子自身再环化作用。这是因为切割后形成的线性 DNA 分子的两个 3′-OH 末端，此时都被加上具有同样碱基结构的同聚物尾巴。第三，应用柯斯质粒，亦可防止质粒 DNA 分子发生自身的再环化作用。

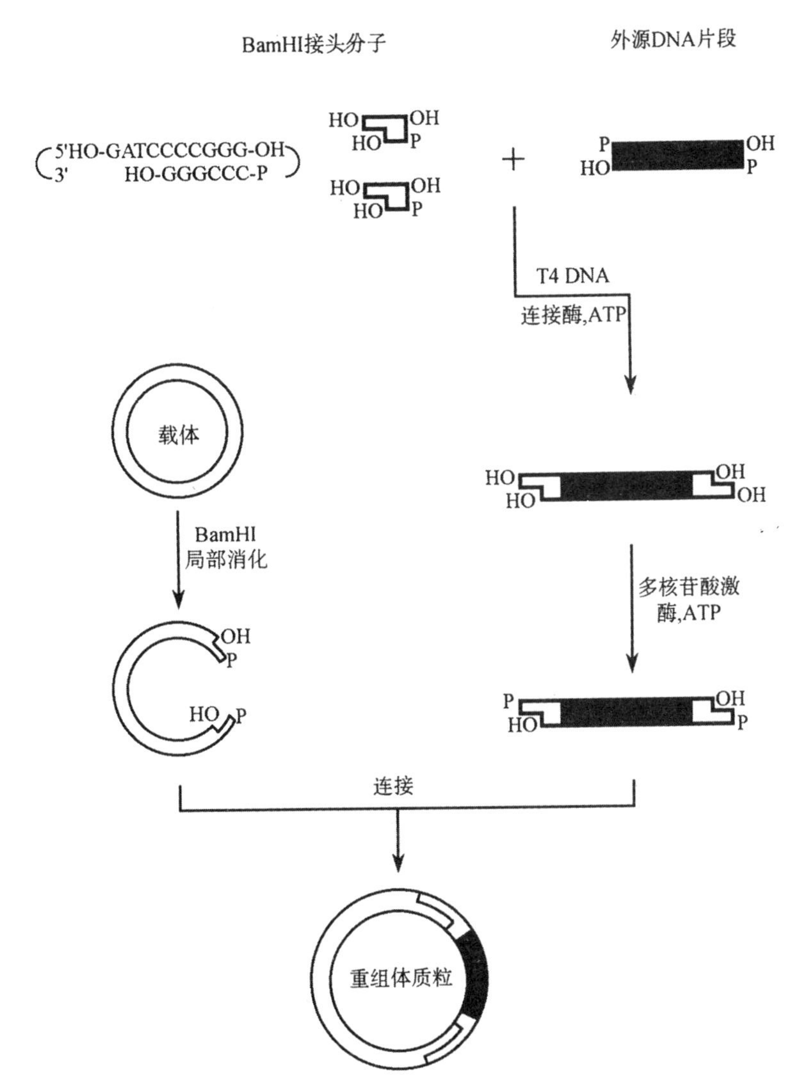

图 6-6　应用 BamHI 接头构建重组体分子的基本程序

合成的接头分子先同外源 DNA 片段连接。由于该接头分子具有一个 5′-OH，故可防止其自身聚合作用。加在外源 DNA 片段上的接头分子，通过多核苷酸激酶的催化作用，重新磷酸化，然后同已用 BamHI 酶切割过的载体分子连接，形成重组分子

在基因克隆实验中，设法防止线性载体分子发生自身再环化作用，是一项十分要紧的工作。因为载体分子的重建，依其所用的载体类型而定，会导致非重组体噬菌斑或抗药性细菌菌落的大量产生，结果使非重组体"克隆"的比例大幅度地上升，从而也就增加了选择或筛选重组体克隆的工作量。

在连接反应中，正确地调整载体 DNA 和外源 DNA 之间的比例，是能否获得高产量的重组体转化子的一个重要因素。如果是应用 λ 噬菌体或柯斯质粒作载体时，配制高比值的载体 DNA/给体 DNA 的连接反应体系，则有利于重组体分子的形成。以柯斯质粒载体为例，因为只有当给体 DNA 片段的两个末端都同柯斯质粒载体结合之后，才能被有效地包装(详见第五章柯斯质粒载体一节)。若是使用质粒分子作为克隆的载体，其重组体分子是由一个载体分子和一个给体 DNA 片段连接环化而成的，所以当载体 DNA 与给体 DNA 的比值为 1 时，便有利于这类重组体分子的形成。

此外，在体外连接反应中，DNA 的总浓度对形成什么样的 DNA 分子类型同样也会有所影响。一般规律是，低浓度的 DNA(低于 20μg DNA/ml)分子间的相互作用机会少，有利于环化作用；而高浓度的 DNA(高于 300～400μg DNA/ml)，则有利于形成长的多连体 DNA 分子。

连接反应的温度也是影响连接效果的另一个重要因素。根据 P. V. King 和 R. W. Blackesley (1986)的研究，在 4℃或 26℃(即室温下)进行标准的体外连接反应，并在规定的不同保温时间内，每次取出 2μl 样品进行转化实验分析。结果表明，在 4℃保温 4 小时，没有出现任何转化子；4 小时之后才有少量的转化子出现。而当连接反应是在室温下进行时，即使是在短短的 1 小时之内，也会产生很多的转化子。而且事实上在 26℃下保温 4 小时的连接反应，所得到的转化子数目大约是 4℃下保温 23 小时的 90%，而且几乎是在 4℃下保温 4 小时的 25 倍以上(图 6-7)。

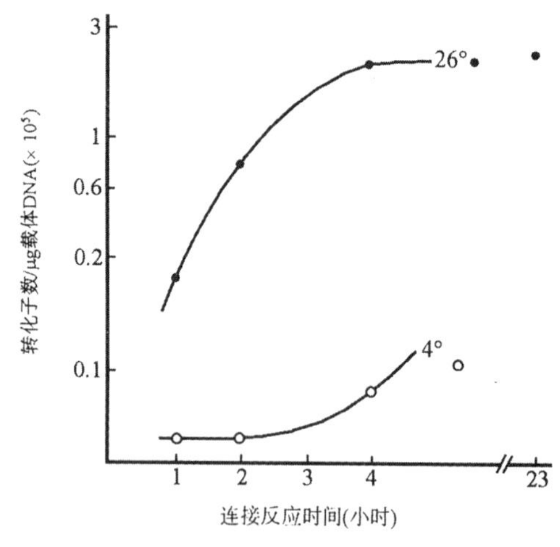

图 6-7 DNA 片段体外连接反应的保温时间及其温度对重组体转化效率的影响

2. 重组体分子导入受体细胞的途径

带有外源 DNA 片段的重组体分子在体外构成之后，需要导入适当的寄主细胞进行繁殖，才能够获得大量的纯一的重组体 DNA 分子。这样一种过程习惯上叫做基因的扩增。由此可知，选定的寄主细胞必须具备使外源 DNA 进行复制的能力，而且还应该能够表达由导入的重组体分子所提供的某种表型特征，这样才有利于转化子细胞的选择与鉴定。

将外源重组体分子导入受体细胞的途径，包括转化(或转染)、转导、显微注射和电穿孔等多种不同的方式。转化和转导主要适用于细菌一类的原核细胞和酵母这样的低等真核细胞，而显微注射和电穿孔则主要应用于高等动植物的真核细胞。在本节所讨论的用于接受重组体 DNA 导入的寄主细胞，只限于大肠杆菌。因为几乎在所有的关于重组 DNA 的研究工作中，都使用了大肠杆菌 K12 突变体菌株。该株由于丧失了限制体系，故不会使导入细胞内的未经修饰的外源 DNA 发生降解作用。对于大肠杆菌寄主细胞，无论是转化还是转导，都是十分有效的导入外源 DNA 的手段。当然，除了大肠杆菌之外，其它的一些细菌，例如枯草芽孢杆菌（*Bacillus subtilis*），也已经发展成为基因克隆的寄主菌株。

（1）重组体DNA分子的转化或转染

在基因操作中，转化（transformation）一词严格地说是指，感受态的大肠杆菌细胞捕获和表达质粒载体DNA分子的生命过程；而转染（transfection）一词，则是专指感受态的大肠杆菌细胞捕获和表达噬菌体DNA分子的生命过程。但从本质上讲，两者并没有什么根本的差别。无论转化还是转染，其关键的因素都是用氯化钙处理大肠杆菌细胞，以提高膜的通透性，从而使外源DNA分子能够容易地进入细胞内部。所以在习惯上，人们往往也通称转染为广义的转化。

细菌转化（或转染）的具体操作程序是：将DNA分子同经过氯化钙处理的大肠杆菌感受态细胞混合，置冰浴中培养一段时间之后，转移到42℃下作短暂的热刺激。如果使用的是噬菌体DNA（即转染过程），那么可以将经过这样处理的细菌直接涂布在琼脂平板上，此时已经捕获了DNA的细胞经过一段时间之后，将会释放出大量的子代噬菌体颗粒。这些颗粒接着继续感染周围的寄主细胞，并重新释放出子代噬菌体颗粒。如此重复下去，最终便会在平板的细菌菌苔上形成噬菌斑。如果用的是质粒的DNA（即转化过程），那么首先应该将细菌放置在非选择性的肉汤培养基中保温一段时间，以促使在转化过程中获得的新的表型（Tet^r 或 Amp^r）得到充分的表达。然后将此细菌培养物涂布在含有四环素或氨苄青霉素的选择性平板上。注意控制转化条件，使每个细胞只接受一个重组体质粒DNA分子的进入。由于质粒DNA上编码着抗菌素抗性基因，因此在加有相应抗菌素的选择性培养基平板上，一个转化子细胞便会生长成一个单菌落。显然，每一个这样的菌落，都只含有一种来源于同一个转化质粒的同源质粒群体。这样的单菌落通常又叫做克隆。

在普通的转化实验中，每微克的pBR322质粒DNA，可以获得 10^6 左右的转化子菌落；每微克λ噬菌体的DNA，可以获得 10^4～10^6 噬菌斑。而如果使用大肠杆菌 χ^{1776} 菌株作为受体菌，那么转化频率则可高达 10^8 左右。然而，当使用重组DNA分子进行转化时，转化的频率一般要下降 10^2～10^4 倍。究其原因，不外乎是由如下两个方面的因素造成的：一方面是由于载体分子同DNA插入片段间的连接作用经常是无效的，结果便大大地降低了有功能的质粒或噬菌体DNA的实际数量；另一方面是由于含有DNA插入片段的载体分子一般都比较大，这样也会导致转化（转染）的频率再度明显下降。

因此，十分清楚，为了提高转化的频率，必须采取必要的措施，抑制那些不带有外源DNA插入片段的噬菌体DNA或质粒DNA分子形成转化子菌落。我们在DNA分子的切割与连接一节中已经讨论过，应用碱性磷酸酶处理法，可以阻止不带有DNA插入片段的载体分子发生自身再环化作用，从而破坏了它们的转化功能。此外，在转化之后，用环丝氨酸富集法（cycloserine enrichment），使那些只带有原来质粒载体的细菌致死，同样也可以达到抑制这些不含有DNA插入片段的载体分子形成转化子（菌落）。这个方法是依据外源DNA片段的插入作用，导致质粒的某种基因失活这一原理建立的。例如，当外源DNA插入在pBR322质粒的四环素抗性基因（tet^r）上，该基因便会立即失去它的功能作用，而另一种抗菌素抗性基因，即氨苄青霉素抗性基因（amp^r），则仍然是完整的。因此，将转化的细菌培养物移置在含有氨苄青霉素的培养基中生长，经过这样的选择作用而得以存活下来的所有细胞，显然都应该是带上了 pBR322 质粒分子。在这些 pBR322 质粒分子当中，有一部分是在其 tet^r 基因序列内具有 DNA 插入片段的重组质粒。把这种富集了的培养物作适当的稀释之后，转接在含有四环素的培养基中生长，于是在其 pBR322 质粒分子的 tet^r 基因序列中带有 DNA 插入片段的所有细胞，都将停止生长。最后加入环丝氨酸，就会促使所有正在生长着的细胞发生溶胞反应，而那些没有发生溶胞反应存活下来的细胞，可通过离心作用收集起来。通过这样的处理之后，大约有 90%～100%的存活细胞所携带的 pBR322 重组质粒，都在其 tet^r 基因上有一个插入的 DNA 片段。

(2) 体外包装的 λ 噬菌体的转导

噬菌体颗粒能够将其 DNA 分子有效地注入到寄主细胞的内部。根据这种特性，已经设计出了另外一种将外源重组 DNA 分子导入寄主细胞的方法，即所谓的体外包装颗粒的转导。这是一种使用体外包装体系的特殊的转导技术。它先将重组的 λ 噬菌体 DNA 或重组的柯斯载体 DNA，包装成具有感染能力的 λ 噬菌体颗粒，然后经由在受体细胞表面上的 λ DNA 接受器位点(receptor sites)，使这些带有目的基因序列的重组体 DNA 注入大肠杆菌寄主细胞。

这项噬菌体的体外包装技术，最早是由 A. Becker 和 M. Gold(1975)以及 B. Hohn(1977)建立的。随后又经过了许多实验室的改良与革新，目前已经发展成为一种能够高效率地转移大分子量重组体 DNA 分子的强有力的实验手段。

在第五章第二节中，我们已经讨论过，将外源重组的 λ DNA 包装成为具感染活性的 λ 噬菌体颗粒，需要从两株对 λ 噬菌体溶源性的大肠杆菌中制备出一对互补的提取物。在这两种溶源性的大肠杆菌中，λ 噬菌体颗粒的形态建成过程，都有一个步骤发生了障碍：它们或者是在 λ 噬菌体外壳蛋白质基因 A 和 E 发生了无义突变的两个溶源性菌株(如 NS1128 和 433)，或者是在 λ 噬菌体基因 D 和 E 发生了无义突变的两个溶源性菌株(如 BHB2690 和 2688)。从突变体 E^- 菌株纯化的蛋白质提取物，失去了 λ 噬菌体颗粒的主要外壳蛋白质 E，但却仍然保留着其它所有的外壳蛋白质；从突变体 D^- 菌株纯化的蛋白质提取物，则含有大量未成熟的 λ 噬菌体头部前体颗粒；从突变体 A^- 菌株中纯化的蛋白质提取物，同样也含有大量中空的头部前体颗粒。因此，E^- 菌株的提取物可同另一种含有中空的头部前体颗粒的 A^- 菌株(或 D^- 菌株)的提取物互补，完成 λ 噬菌体的形态建成。

为了防止在 λ 原噬菌体的诱发过程中寄主菌株发生溶菌作用，克服内源诱导的 λ 原噬菌体 DNA 进行包装，并避免包装的提取物出现重组作用，以及保证使 λ 原噬菌体能够得到有效的诱发等，已经给这些用来制备体外包装互补提取物的原噬菌体及其寄主菌株，引入了另外一些与此有关的突变。这样便有效地提高了体外包装的 λ 噬菌体颗粒的转导效率，并进一步地改善了体外包装体系的使用性能。

在体外包装重组体的 λ DNA，是基因操作的一种重要的技术。它十分有效地提高了 λ 噬菌体载体的克隆效率。在良好的体外包装反应条件下，每微克野生型的 λ DNA 可形成 10^8 以上的 pfu(plaque forming unit，噬菌斑形成单位)。但对于重组的 λ DNA 或柯斯 DNA，包装后的成斑率要比野生型的下降 10^2～10^4 倍。由于构建高等真核生物的基因文库需要大量的重组体分子，也就是说，它需要的噬菌斑形成率的数量级，远远地超过了转染反应所能达到的水平。即使在最佳的实验条件下，用重组体的 λ DNA 分子转染经氯化钙处理的大肠杆菌寄主细胞，每微克 DNA 也仅能产生出 $10^3 \sim 10^4$ 的 pfu。但如果体外连接反应的产物，先被包装成为具有感染功能的 λ 噬菌体颗粒，那么每微克这样的重组 DNA 的成斑率可高达 10^6pfu，这完全可以满足构建真核基因组基因文库的要求。

除此之外，体外包装的 λ 噬菌体混合制剂，还具有效价稳定的特点，在 4℃环境下可以长期保存。而且在这样的噬菌体群体中，重组体所占的比例也比较高。

第三节　基因克隆的实验方案

在基因操作中，通常需要将目的基因分离出来，在体外或体内进行详细的分析研究。这种从生物有机体中克隆某一特定 DNA 片段(或基因)的实验程序，总称为基因克隆的实验方案或策略。目前已经发展出了好几种诸如 cDNA 克隆和基因组 DNA 克隆等不同的基因克隆实验方案。这些方案各有不同的优缺点，适用于不同的实验材料和研究目的。同时，还有若干因素，包括待克隆的 DNA 分子的特性、拟将采用的重组体 DNA 分子的选择与检测方法等，都会影响到基因克隆的效果。因此在正式开始实验之前，正确地选择一种适宜的克隆方案无疑是十分重要的。

我们知道，对于某些材料，尤其是高等真核生物的高分子量的大型基因组 DNA，需要克隆相当大量的不同的限制片段，才能以一种合理的频率获得含有目的基因的克隆。就拿人 *β*-珠蛋白(*β*-globin)基因为例，其大小约为 1.5kb，而人的单倍体基因组总长度达 3×10^6kb 左右。那么究竟需要克隆多少个长度为 1.5kb 的不同限制片段，才能够确保(即达到 99%的必然性)在重组 DNA 转化子克隆群体中，至少有一个是获得了这个基因的分子呢？也就是说一个完全的人基因组 DNA 基因文库，究竟应包含有多少个独立的克隆？这取决于基因组的大小和克隆的 DNA 片段的平均大小两个参数(表 6-1)。

表 6-1　不同生物的完全基因组基因文库应具有的理论克隆数和实际克隆数*

克隆片段的平均大小(bp)	基因组的大小(bp)					
	2×10^6(细菌)		2×10^7(真菌)		3×10^9(动物)	
	理论克隆数	实际克隆数	理论克隆数	实际克隆数	理论克隆数	实际克隆数
5×10^3	400	1 831	4 000	18 418	600 000	2 763 110
10×10^3	200	919	2 000	9 208	300 000	1 381 550
20×10^3	100	458	1 000	4 603	150 000	690 774
40×10^3	50	278	500	2 300	75 000	345 386

* 表中所示的理论克隆数，是用给体生物(如细菌、真菌、动物)的基因组 DNA 总量除去克隆片段的平均大小得出的。实际克隆数是按 Clarke-Carbon 公式计算的。

最常用的克隆载体系统是质粒、λ 噬菌体和柯斯载体，它们克隆外源 DNA 片段的能力分别为 15kb、25kb 和 45kb 左右。在表 6-1 中列出了代表不同生物总基因组 DNA 所需要的理论克隆数。但由于 DNA 片段是随机克隆的，因此这个理论值只是基因组基因文库所需要的最小数值。从统计学上讲，这意味着从一个只含有最低重组体 DNA 克隆数的基因库中，筛选一种特定的单拷贝基因只有 50%的几率。而当被筛选的基因库是含有两倍的最低重组体 DNA 克隆时，那么获得某一特定单拷贝基因的几率则可达 75%。因此，为了达到以一种合理的几率筛选出单拷贝目的基因，一个完全的基因文库就必须含有 3～10 倍于最低重组体克隆数的克隆。1975 年 L. Clarke 和 J. Carbon 提出了一种计算一个完全基因文库需要实际克隆数的公式：

$$N=\frac{\ln(1-P)}{\ln(1-f)}$$

式中，N 为一个完全基因文库所应包含的重组 DNA 的转化子克隆数；P 为在重组体群体中出现目的基因序列的几率（一般期望为 99%）；f 为限制片段的平均大小与基因组 DNA 总量之比。

对于上述提到的人 β-珠蛋白基因的例子，N 的数值应是：

$$N=\frac{\ln(1-0.99)}{\ln[1-(1.5\times10^{0}/3\times10^{6})]}=9.2\times10^{6}$$

这个数字表明，如果使用的载体不具有选择记号，那么就需要分离并鉴定 9×10^{6}（即 9 百万）个独立的菌落或克隆。换句话说，我们必须拥有非常大量的重组体的 DNA 群体，才有可能汇集整个人基因组的全部 DNA 序列。前面已讲过，我们习惯称这种汇集着基因组所有的 DNA 序列的重组体 DNA 群体为基因文库（gene library）或基因库（gene bank），但更确切地应该叫做 DNA 文库（DNA library）。分离鉴定如此大量的克隆，显然是极端乏味而费时的工作。而且再考虑到连接作用和转化的效率，那么要在一次实验中产生出如此大量的重组体的可能性，无疑是微乎其微的。不过，如果改用 λ 噬菌体载体，比如 Charon4A 克隆平均大小为 15kb 的人基因组 DNA 的限制片段，那么一个完全的基因库所需要的重组体数量便可以减少到 9×10^{5}；而要是用柯斯质粒 pHC79 克隆平均大小为 40kb 的片段，所需要的重组体数目又可进一步地下降到 3.5×10^{5} 左右。应用适当的探针和高密度的噬菌斑，以及菌落杂交技术，那么从 $3\sim9\times10^{5}$ 个噬菌斑或菌落中，便可能筛选出一个带有 β-珠蛋白基因的重组体分子的噬菌斑或菌落。这要比使用质粒作载体来得快速方便。作为一般规律，我们是选用 λ 噬菌体和柯斯质粒作载体，克隆大片段的 DNA 并构建基因文库的；用质粒作载体克隆较小片段的 DNA（<15kb），它往往可以提供方便的检测手段。

在决定选择何种克隆方案时，另一个值得考虑的重要因素是待克隆的 DNA 分子的特性。像人 β-珠蛋白基因（珠蛋白是血红蛋白的蛋白质部分），可以按基因组拷贝和 cDNA 拷贝两种形式进行克隆。cDNA 拷贝是由成熟的 β-珠蛋白 mRNA 经反转录酶作用而来的，它与基因组拷贝不同的地方是，已失去了位于珠蛋白基因 5′-非转录区的调节信号序列和间隔子序列。间隔子，即不转译的间隔序列（untranslated intervening sequences），是许多真核基因的共同特征，它们在转译开始之前就已从 mRNA 分子上删除出去。这样加工的结果，使基因的 cDNA 拷贝相对于 λ 噬菌体载体或柯斯质粒载体的最大克隆能力（即承载外源 DNA 片段插入的能力），要小 2～3kb。因此，诸如 pBR322 这类的质粒分子，也常被用来作为克隆 cDNA 片段的载体（图 6-8）。

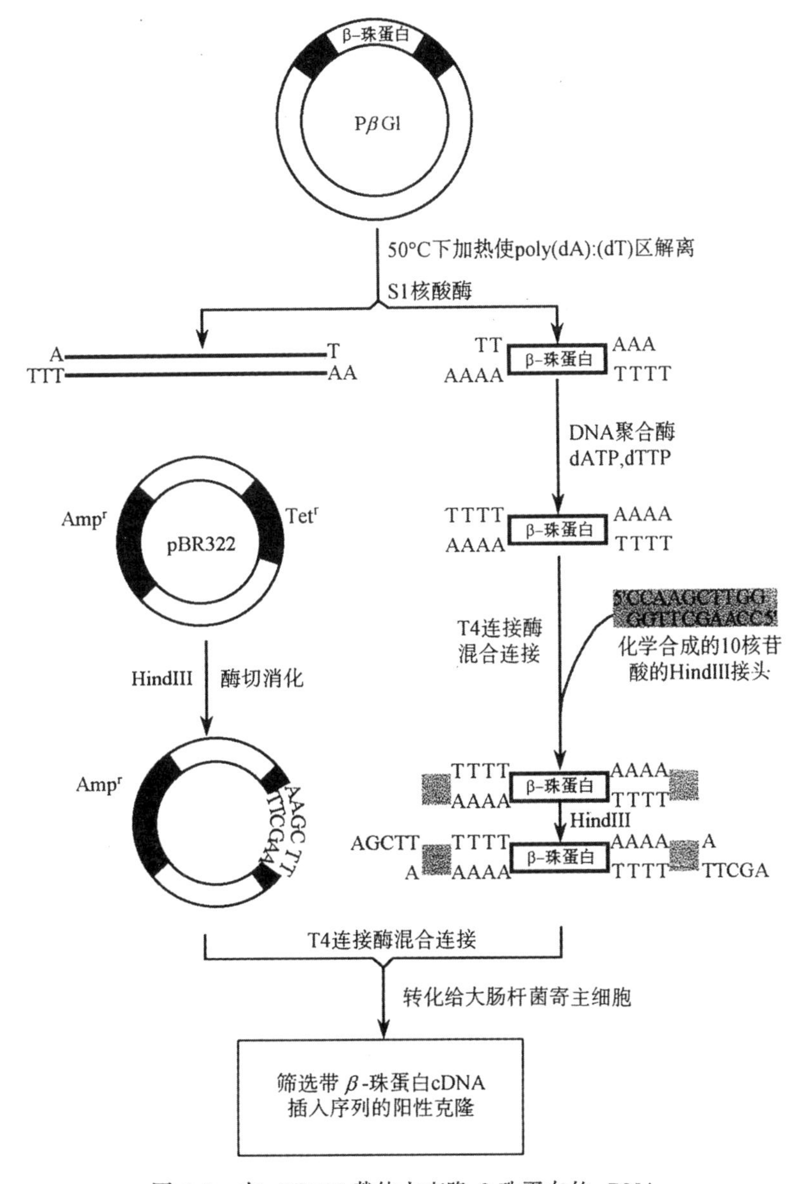

图 6-8　在 pBR322 载体上克隆 β-珠蛋白的 cDNA

加上了 HindIII 接头的 β-珠蛋白 cDNA，重组到 pBR322 载体之后，转化给大肠杆菌寄主细胞。将生长在 Amp 平板上的转化子菌落原位影印在 Tet 平板上，从中便可筛选出 Amp^rTet^s 的菌落，此即含有 β-珠蛋白 cDNA 插入的阳性克隆

1. 互补作用基因克隆

互补作用克隆技术，可以认为是经典的微生物学方法的一种直接的扩展与延伸。如果被克隆的 DNA 片段，同重组体 DNA 分子的寄主细胞的染色体 DNA 是同源的，那么使用互补作用进行基因克隆，将是一种十分有效的方法。它的一种最简单的方式是，将大肠

杆菌 DNA 的克隆片段“库”，即一组含有大肠杆菌基因组全部 DNA 序列结构的重组体 DNA 分子的异源群体，导入一种大肠杆菌营养缺陷型菌株(auxotrophic strain)的受体细胞。然后将此受体细胞涂布在一种缺少该菌株所需要的底物的基本培养基上。因此，只有那些获得了营养缺陷型互补基因的受体细胞才会长成转化子菌落。

1975 年 L. Clarke 和 J. Carbon 应用 dA：dT 加尾技术，将大肠杆菌 DNA 的随机片段克隆到 ColE1 质粒上，构成了基因文库，成功地分离到若干种细菌操纵子。这种直接的选择法，需要有一种可以制备成转化感受态细胞的营养缺陷型菌株。然而，的确有一部分菌株是难以被转化的，所以他们又发展出了另一种方法，即首先用重组质粒群体转化含有 F 质粒的大肠杆菌菌株。这样，转化子中的重组质粒，便能够通过以 F 质粒为媒介的转移作用，导入众多的 F^- 的营养缺陷型菌株细胞。采用这种方法，有可能从同一基因文库中分离出许多种不同的基因。

真核基因和原核基因之间，在结构上存在着很大的差别。只有细菌的染色体基因和少数几种其它基因，如酵母这样的低等真核生物的基因，才能够同大肠杆菌的营养缺陷型互补。K. Struhl 等人(1977)，首次证实了酵母染色体 DNA 同大肠杆菌染色体 DNA 之间的互补作用。他们将酵母 10kb 长的 EcoRI DNA 片段，克隆在一种不能回复的、缺乏咪唑甘油磷酸脱水酶[imidazole glycerol phosphate (IGP) dehydratase]的大肠杆菌组氨酸营养缺陷型的细胞中去。在这个实验中，克隆在 λ 噬菌体上的酵母 DNA，是借助一种整合辅助噬菌体的作用，才被整合到细菌的染色体上。在其中，酵母 DNA 的转录是很有可能被启动的，因为 λ 噬菌体的启动子不是被抑制了就是缺失掉了。现在已经发现，大约有 30％的酵母基因，例如色氨酸、精氨酸和尿嘧啶生物合成途径上的一些基因(trp1、arg8、ura3)，在大肠杆菌中都是有功能的。在酵母中，具有间隔序列的基因所占的比例较小，因此在这一方面酵母是一种十分难得的真核生物研究材料。

2. cDNA 基因克隆

真核生物基因组 DNA 十分庞大，其复杂度是蛋白质和 mRNA 的 100 倍左右，而且含有大量的重复序列。因此无论是采用电泳分离技术还是通过杂交的方法，都是难以直接分离到目的基因片段。这是从染色体 DNA 为出发材料直接克隆目的基因的一个主要困难所在。这个问题可以通过由 mRNA 产生的 cDNA 进行克隆而得以部分解决。因为尽管高等生物一般具有 10^5 种左右不同的基因，但在一定时间阶段的单个细胞或个体中，都仅有 15％左右的基因得以表达，产生出约 15 000 种不同的 mRNA 分子。可见由 mRNA 出发的 cDNA 克隆，其复杂程度要比直接从基因组克隆简单得多。

cDNA 克隆的基本过程是通过一系列的酶催作用，使总 poly(A) mRNA 制剂转变成双链 cDNA 群体，并插入到适当的载体分子上，然后再转化给大肠杆菌寄主菌株的细胞内。如此便构成了包含着所有基因编码序列的 cDNA 基因文库(图 6-9)。此种技术，已成为当今研究真核分子生物学的基本手段。

(1) cDNA 文库的构建

(i)构建 cDNA 文库的第一步是分离细胞总 RNA，然后从中纯化出主要含 mRNA 的分部。我们知道，事实上每一种真核 mRNA 分子的 3′-末端都含有一段 poly(A)尾巴，这

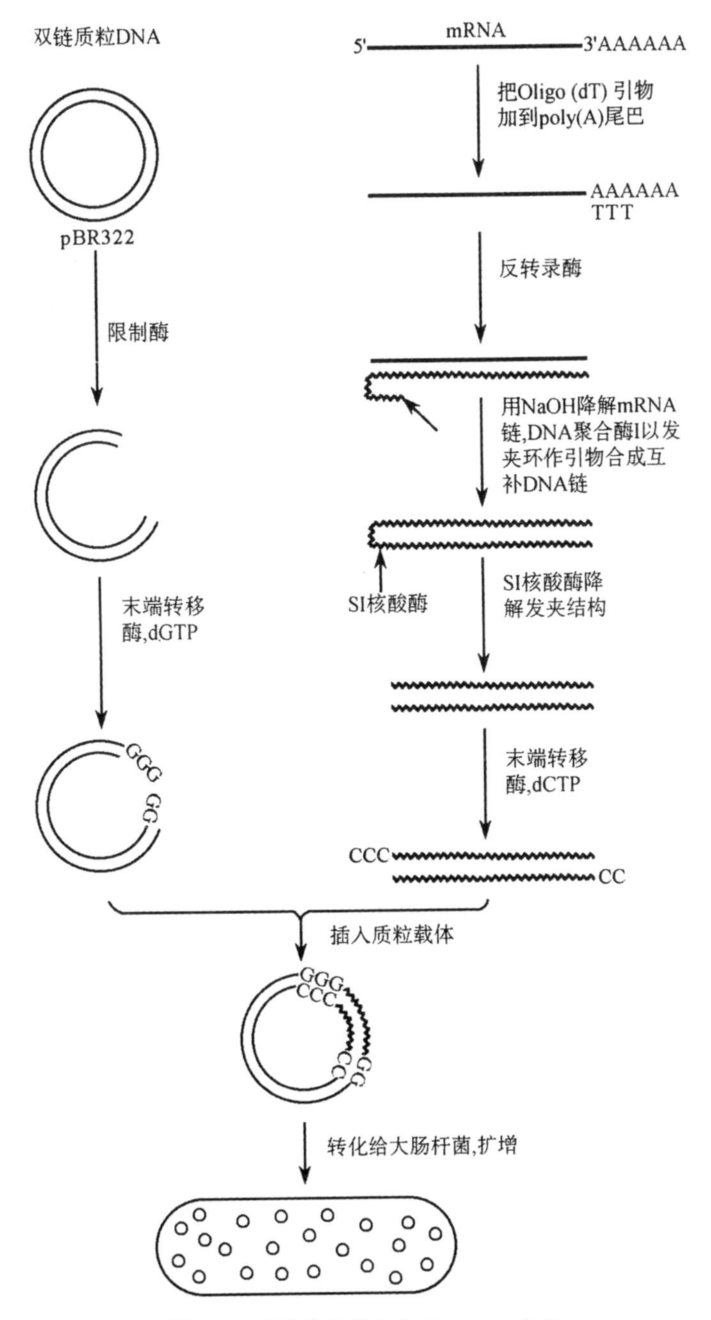

图 6-9 以质粒为载体构建 cDNA 文库

具有 poly(A)的 mRNA 在 oligo(dT)引物和反转录酶的作用下,可合成出双链 cDNA。随后将它与质粒载体构成重组体分子,并转化给大肠杆菌寄主细胞进行扩增。应用这种方法能够分离和扩增我们所期望研究的基因或 DNA 片段

种结构为从细胞总 RNA(其中混杂着大量的 tRNA 和 rRNA 分子)中纯化 mRNA 提供

了十分方便的途径。一段仅由脱氧胸腺嘧啶核苷组成的寡聚核苷酸[oligo(dT)],能够同惰性物质如纤维素(或琼脂糖)结合。当细胞总 RNA 制剂通过已用 oligo(dT)处理过的纤维素柱时,mRNA 分子的 poly(A)尾巴便会同 oligo(dT)序列杂交而粘附到柱子的填充物纤维素上,而其余的 rRNA 及 tRNA 分子则流出柱子。先用 100mM NaCl 缓冲液广泛洗涤纤维素柱,以清除全部污染的 rRNA 和 tRNA 分子,而后再用低离子强度的 10mM Tris-1mM EDTA 缓冲液洗涤。在这样的条件下,poly(A)-oligo(dT)杂交分子便会解离开来,于是便从纤维素柱子中洗脱下了纯净的 mRNA 分子(图 6-10)。其中,具 poly(A)的 mRNA 分部通常占细胞总 RNA 的 1%～2%。

(ii)构建 cDNA 文库第二步是合成第一链 cDNA。其中一种方法叫做 oligo(dT)引导的 cDNA 合成法,它同样也是利用真核 mRNA 分子所具有的 poly(A)尾巴这种特性。实验表明,由 12～20 个脱氧胸腺嘧啶核苷组成的 oligo(dT)短片段,在同纯化的 mRNA 分子混合过程中便会杂交到 poly(A)尾巴上去,并作为引物引导反转录酶按 mRNA 模板合成第一链 cDNA。这种反应的产物是一种 RNA-DNA 杂交分子。但是,应用 oligo(dT)引导 cDNA 合成的不便之处是,它必须从 3′-末端开始,因为反转录酶无法到达 mRNA 分子的 5′-末端。这对于大分子量的较长的 mRNA 分子而言,是一个特别麻烦的问题。为克服这一种困难,已发展出了第二种方法,叫做随机引物引导的 cDNA 合成法(randomly primed cDNA synthesis)。此法的基本原理是,根据许多可能的序列,合成出 6～10 个核苷酸长的寡核苷酸短片段(混合物),作为合成第一链 cDNA 的引物。在应用这种混合引物的情况下,cDNA 的合成可以从 mRNA 模板的许多位点同时发生,而不仅仅从 3′-末端的 oligo(dT)引物一处开始。研究工作证实,对于特长的 mRNA 分子中的靠近 5′-端的序列,应用这种方法是比较容易得到克隆的。

(iii)构建 cDNA 文库第三步是将 mRNA-DNA 杂交分子转变为双链 cDNA 分子。过去通常使用的一种从 mRNA-DNA 杂交分子合成双链 cDNA 分子的方法,叫做自我引导合成法。它是用碱处理使 mRNA 模板水解,从而导致第一链 cDNA 的解离,并在其末端形成一个发夹环(hairpin loop)结构。有关形成此种结构的分子机理目前尚不清楚,一般认为可能是由于反转录酶转弯效应所致。它的出现为第二链 cDNA 的合成提供了十分方便的引物。由此产生的双链 cDNA 分子具有一个完整的发夹环结构,可用 S1 核酸酶切割除去。不过这种单链切割作用也必然会导致许多期望的 cDNA 序列亦被修剪掉。如此得到的 cDNA 克隆就丧失了 mRNA 的 5′-端的许多信息。而且除非使用的 S1 核酸酶具有极高的纯度,否则还会偶尔地破坏所合成的双链 cDNA 分子。正是由于上述这些原因,现在已经很少使用这种自我引导方式合成第二链 cDNA。从 mRNA-DNA 杂交分子转变为双链 cDNA 分子的另一种方法是,使用大肠杆菌 RNaseH 酶降解取代法。这种酶能够识别 mRNA-DNA 杂交分子,并将其中的 mRNA 模板消化成许多短片段。不过这些mRNA短片段仍然同第一链 cDNA 杂交着,故可作为大肠杆菌聚合酶 I 的引物,并利用原来的 cDNA 为模板合成第二链 cDNA。最后,mRNA 分子除了最紧靠其 5′-末端的极小部分之外,便完全被新合成的第二链 cDNA 所取代。然而此时它是处于间断不连续的状态,其间分布着许多缺口,通过 DNA 连接酶的作用之后才被连接形成完整的双链 cDNA 分子。使用 RNaseH 酶合成双链 cDNA,其效果要比用 S1 核酸酶强得多,因为它所合成的cDNA几乎含有从 mRNA 分子 5′-端开始的全部核苷酸序列。

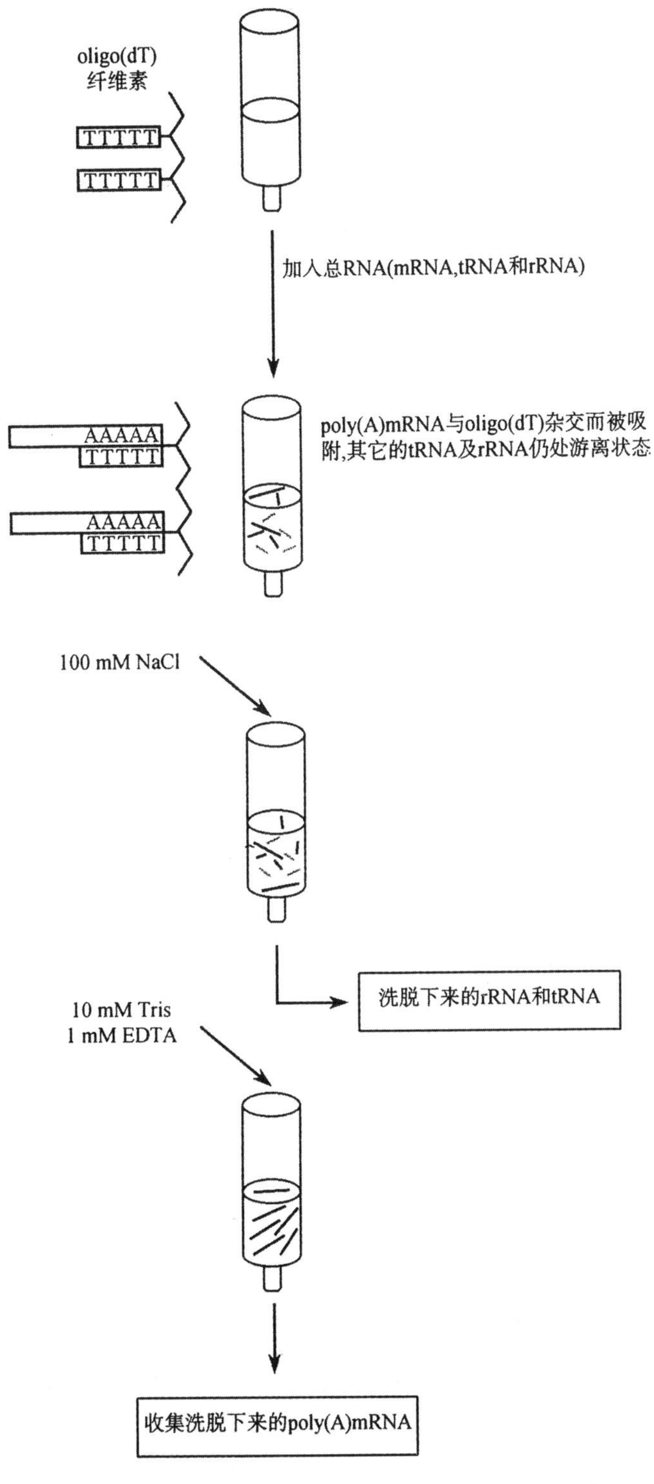

图 6-10 用纤维素柱纯化 poly(A) mRNA 的流程示意图

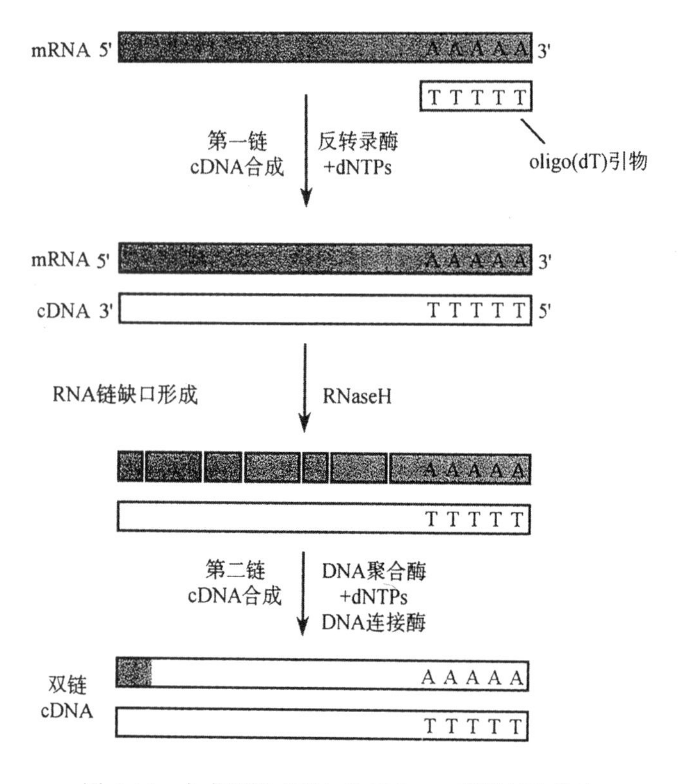

图 6-11　合成双链 cDNA 的 RNaseH 酶降解取代法

具 poly(A)的 mRNA 同 oligo(dT)短序列保温时，两者便会杂交形成带 oligo(dT)引物的模板结构，并在反转录酶的作用下合成出 mRNA-DNA 杂交分子。加入 RNaseH 酶切割 mRNA 使之产生出许多缺口，随后大肠杆菌 DNA 聚合酶 I 便以这些缺口为起点合成 DNA。结果大部分的 mRNA 链都被新合成的 DNA 链取代，经 DNA 连接酶封闭缺口形成双链 cDNA

(iv)构建 cDNA 文库的第四步是将合成的双链 cDNA 重组到质粒载体或噬菌体载体上，导入大肠杆菌寄主细胞增殖。重组的方式是先用末端转移酶给双链 cDNA 分子加尾，或者更常用的是将人工合成的衔接物加到双链 cDNA 分子的两端，尔后再同经适当处理而具有相应末端的载体分子连接。将如此构成的重组体分子导入大肠杆菌寄主细胞进行扩增，于是便得到了所需的 cDNA 文库。下面我们以 λ 噬菌体载体 λgt10 为例，较为详细地叙述双链 cDNA 克隆的具体步骤(图 6-12)。待克隆的双链 cDNA 分子的两端，必须具有能与 λ 噬菌体载体 DNA 限制位点(例如为 EcoRI)互补的粘性末端。为此，先用 EcoRI 甲基化酶处理双链 cDNA，使其中可能存在的 EcoRI 限制位点得到保护，而免受切割；然后使用 DNA 连接酶把 EcoRI 衔接物连接到双链 cDNA 分子的两端(通常每一个 cDNA 分子的末端都会串联地连接上许多个衔接物)，接着加入 EcoRI 限制酶彻底切割衔接物分子，使每个 cDNA 分子末端都只留下单一的 EcoRI 粘性末端。与此同时，亦用 EcoRI 限制酶切割 λgt10 载体 DNA，并纯化所产生的两段噬菌体 DNA 臂，它与待克隆的 cDNA 分子具有互补的 EcoRI 粘性末端。于是，当将两者混合并加入 DNA 连接酶，就会共价连接形成两端具有 cos 位点的串联排列的重组噬菌体分子。此种多连体 DNA 分子是良好的包装底物，它可以被包装蛋白质包装成具有感染能力的噬菌体颗粒。用这些包装的噬菌体感染大肠杆菌培养物后，涂布在琼脂平板上，便会产生出具有数千个独立噬菌斑的平板，而且每一个噬菌斑都是由单一的重组噬菌体分子所形成的。

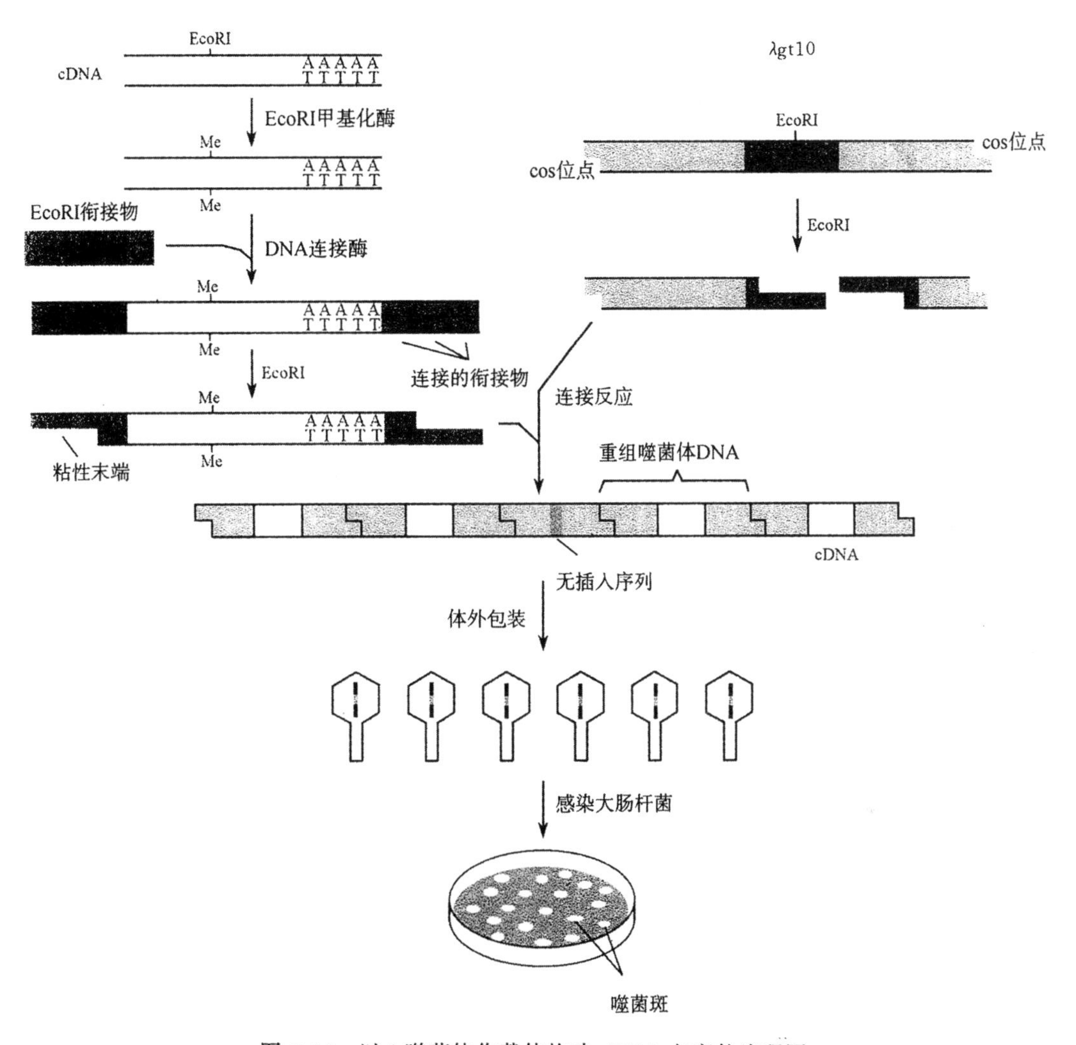

图 6-12　以 λ 噬菌体作载体构建 cDNA 文库的流程图

(2) 不同丰度 mRNA 的 cDNA 克隆

(i)高丰度 mRNA 的 cDNA 克隆

选用 cDNA 克隆这一实验方案，必须考虑到目的基因的 mRNA 在特定的生物体组织中的含量问题。在许多组织和培养的细胞中，各种 mRNA 的含量都是极不相同的。其中，有些类型的 mRNA 含量十分丰富，每个细胞可拥有数千个拷贝，而有些类型的 mRNA 的含量则相反，每个细胞只有少数几个拷贝。根据 mRNA 分子含量的多寡，即我们所说的丰富程度(以下简称丰度)，可以将 mRNA 划分为高丰度、中丰度和低丰度三种不同的类型。表 6-2 列出了一种典型的真核细胞 mRNA 群体的丰度等级及其复杂性。

表 6-2　一种典型的真核细胞 mRNA 群体的丰度等级及其复杂性

丰度等级	相应丰度等级的 mRNA 群体占总 mRNA 的百分数(%)	在相应丰度等级中所含的不同种类 mRNA 序列的数目(个)	每个细胞所含的相应丰度 mRNA 序列的拷贝数(个)
高丰度	22	30	3 500
中丰度	49	1 090	230
低丰度	29	10 670	14

我们在上面已经提到的几种有关的 cDNA 克隆事例中，mRNA 的含量都是相当丰富的。例如胰岛素基因的 mRNA 在胰脏组织中的含量就十分丰富，珠蛋白基因的 mRNA 在血红蛋白细胞中的含量也十分丰富，还有卵清蛋白(ovalbumin)基因的 mRNA 在鸡的输卵管(oviduct)中的含量同样十分丰富。从这些组织或细胞分离出来的细胞质总 mRNA 制剂中，目的基因 mRNA 的比例可高达 50%～90%。这类特殊的 mRNA，甚至不需要进一步纯化就可以直接用来合成双链的 cDNA，并构建 cDNA 基因文库。因此，分离高丰度目的基因的 cDNA 克隆，并不存在什么实际的问题。的确，使用 oligo(dT)纤维素层析法，就可以从富含 poly(A) mRNA 制剂中纯化出珠蛋白 mRNA。如果将这种富含 poly(A) mRNA 的未成熟的细胞 RNA 制剂，通过蔗糖梯度沉降处理，便能以 9S 峰的形式清晰地识别出珠蛋白的 mRNA。而且无论是用蔗糖梯度沉降法，还是用凝胶电泳纯化的 mRNA，都可以作为 cDNA 克隆的出发材料。这样，就大大减少了为筛选含有目的基因的重组体克隆所必须检测的克隆数量。

高丰度 mRNA 的 cDNA 克隆的检测，一般是用菌落杂交技术，从转化的细菌群体中筛选出含有目的基因序列的重组体克隆。所用的杂交探针，可以是^{32}P 标记的特定的 cDNA，它是在体外用富含目的基因 mRNA 序列的 RNA 制剂为模板，经过反转录酶的作用合成的；也可以是特别片段化的带有末端放射性标记的 mRNA 自身制剂。

(ii)低丰度 mRNA 的 cDNA 克隆

对于低丰度的 mRNA 的 cDNA 克隆，通常是构建成 cDNA 基因文库。组成一个合理的完全的 cDNA 基因文库所必须的重组体克隆的数目，可以根据 Clarke-Carbon 的公式算出。在典型的情况下，对于大多数细胞的低丰度 mRNA，建立 10^5 个克隆就已足够了。插入型的 λ 噬菌体载体 λgt10、λNM1149 或 λgt11，尤其适合于作为 cDNA 克隆的载体。经过体外包装之后，便可使所构建的 cDNA 文库的容量进一步提高。大体上说来，在一定的发育阶段，哺乳动物的细胞含有 10 000 到 30 000 种不同的 mRNA 序列，例如人成纤维细胞就大约有 12 000 种不同的 mRNA 序列。从表 6-2 中可以看出，低丰度的 mRNA，每个细胞仅有 14 个拷贝左右，其总量约占总 mRNA 的 30%，其中约有 11 000 个左右的不同种类的 mRNA。因此，为了获得一个能够代表全部低丰度 mRNA 序列的 cDNA 基因文库，所必须的最低克隆数(理论值)应是 11 000/0.30=～37 000。但由于在实验中存在着取样上的差异，以及有些序列容易被克隆而有些序列又不容易克隆等原因，因此为了保证基因文库中能够包含所有的序列，就必须增加克隆的数目。以上提到的人成纤维细胞为例，为了使其中的某些特异的低丰度 mRNA 之 cDNA 克隆达到 99%的期望率，按 Clarke-Carbon 的公式计算则需要 170 000 个克隆数。这个数字是目前采用的实验技术能力所能达到的，因为无论是用同聚物加尾法还是用双衔接物法，每微克的双链 cDNA 都

可以产生出 $1\times10^5 \sim 6\times10^5$ 个的菌落。

(iii) 稀少 mRNA 的 cDNA 克隆

一些含量极低的稀少 mRNA 的 cDNA 克隆，是无法应用菌落原位杂交技术检测的。根据一些作者的计算，使用体外标记的 mRNA 或 cDNA 作探针，可以检测出仅占总 mRNA 0.05%～0.1%的低丰度 mRNA 的 cDNA 克隆。但在实际操作中，纵然是使用了高浓度高比活的杂交探针和合理的杂交及放射自显影时间，要检测出含量不到总 mRNA 0.5%的低丰度 mRNA 之 cDNA 克隆，仍有极大的困难。

这是一个亟需解决的问题。然而遗憾的是，目前尚未发展出一种能够有效地克隆此类分子的通用方法。下面介绍几种特殊的技术，它们可以单独地或配合起来检测含量特别稀少的 mRNA 之 cDNA 克隆，以及那些没有现成探针可用的 cDNA 克隆。

第一种办法是，应用按分子量大小分部分离的技术富集克隆的 mRNA。其最常用而又较简便的方法有蔗糖梯度离心和变性条件下的凝胶电泳。经过如此操作之后，所分离的每一分部的 mRNA，都加在体外无细胞体系中进行转译，并联合使用免疫沉淀和 SDS-聚丙烯酰胺凝胶电泳技术，鉴定出目的基因的蛋白质产物。通过离心和电泳的分部分离，这些含量稀少的 mRNA 便得到了浓缩(或称富集)。但不同的 mRNA，由于它们的分子大小及在 mRNA 群体中所占的比例不同，富集的程度也就会有明显的差别。在最佳的条件下，可以获得富集 10 倍左右的 mRNA，这对于 mRNA 的 cDNA 克隆的要求已经是足够的了。

第二种办法是，使用化学合成的寡聚脱氧核苷酸纯化特定的 mRNA。低浓度的 mRNA的纯化过程是十分费事而且难办的。但如果已经知道了这种 mRNA 转译的蛋白质多肽之局部的或全部的氨基酸顺序，就可以用化学法合成出这种多肽链 mRNA 的寡核苷酸的互补链。合成的寡核苷互补链中的核苷酸顺序，是根据一段最佳的氨基酸序列推导出来的。当这些寡核苷酸序列在仔细控制的退火条件下，同总 poly(A)mRNA 制剂一起温育时，它们就只同与之严格互补的 mRNA 种配对成杂种分子。因此，在未分部的 poly(A)mRNA 的反转录反应中，这些寡核苷酸序列可以作为引物，合成出筛选 cDNA 基因文库的探针。如果合成的寡核苷酸有足够的长度(14～40 核苷酸)，就可直接作为探针，从 cDNA 基因文库中筛选含有目的基因序列的克隆。

此外，也可以使用化学合成的、包含着一小段蛋白质氨基酸序列各种编码结构的、寡聚脱氧核苷酸序列的混合物作探针，筛选 cDNA 基因文库。杂交的结果只有一种寡聚脱氧核苷酸形成碱基完全配对的双链分子，其它的寡聚脱氧核苷酸都形成错配的双链分子。如果选定严格的杂交条件，那么只有正确配对的双链分子才是稳定的。值得指出的是，按杂交法筛选菌落的条件，要比使引物同 mRNA 退火的条件严格得多。因此，寡聚脱氧核苷酸作探针使用时，其特异性要比用作引物以 mRNA 为模板合成 cDNA 的特异性高得多。同 mRNA 编码区互补的寡聚脱氧核苷酸，在反转录反应中不能引发全长 cDNA 分子的合成。因此在克隆过程中，这类寡聚脱氧核苷酸几乎从来不曾用作合成 cDNA 的引物。它们主要是用作高度特异性的探针，或是用来合成高度特异性的探针，使筛选 cDNA 基因文库的敏感性上升到新的水平，即使由极少量 mRNA 合成的克隆也可以被容易地检测出来。

第三种办法是，用差别杂交法筛选特异 mRNA 的 cDNA 克隆。如果在两种 mRNA

制剂中有多种 mRNA 序列是两者共有的，但也有少数我们感兴趣的 mRNA 序列仅为其中某一种 mRNA 制剂所特有。在这种情况下，便可以使用“差别杂交”(differential hybridization)技术，从经热休克或是用药物、激素等处理前后的细胞分别提取的两种不同的 mRNA 制剂中，鉴定出特异的 mRNA 的 cDNA 克隆。最简单的应用实例是，用这两种 poly(A)mRNA 制剂在体外反转录成 ^{32}P 标记的 cDNA。在这些合成的混合的 cDNA 序列中，绝大多数种类是为两种 mRNA 制剂共有的复本。但是，其中用诱导细胞的 mRNA 制剂合成的 cDNA 混合物中，则应含有一些同某一新种 poly(A)mRNA 互补的额外序列。然后用这两组 cDNA 作探针，筛选诱导细胞群体的 cDNA 基因文库。特异地只同诱导细胞的 cDNA 探针杂交的那些菌落，看来是很有可能含有诱导之后新形成的 mRNA 种的拷贝。

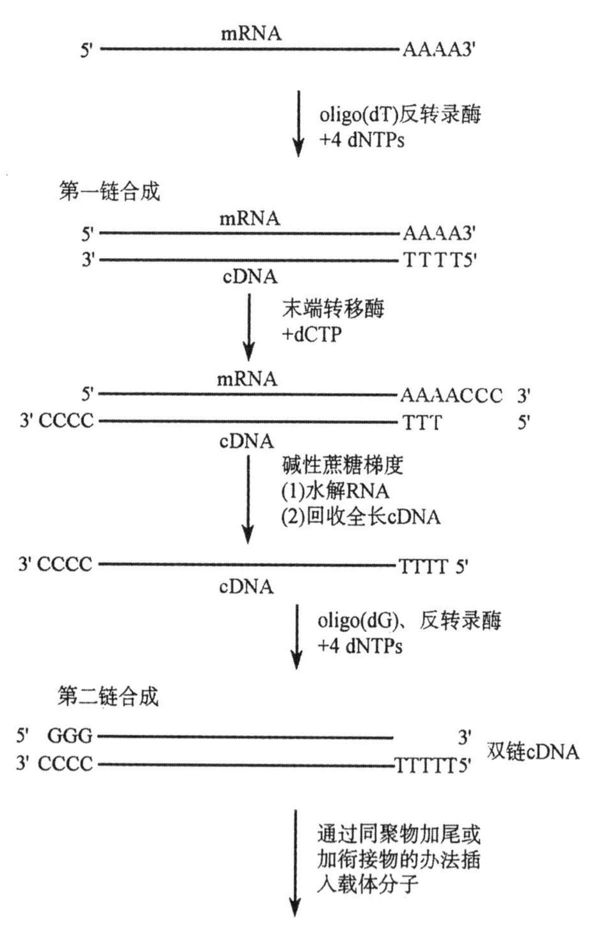

图 6-13 寡聚脱氧胸苷酸[oligo(dG)]引导法合成全长双链 cDNA

在末端转移酶的作用下，于第一链 cDNA 分子的 3′-末端加上一段 oligo(dC)序列，于是便可以由 oligo(dG)引导第二链 cDNA 合成。形成的无发夹环结构的全长双链 cDNA 分子，经过同聚物加尾或是连接上衔接物之后，直接克隆到载体分子上

(3) 全长 cDNA 合成

为了克服自我引导法合成双链 cDNA 的缺点，目前已发展出了若干种不使用 S1 核酸酶的全长双链 cDNA 的合成技术。用全长双链 cDNA 构建 cDNA 文库，分离目的基因，特称为全长 cDNA 克隆(full-length cDNA clone)。下面扼要地介绍三种目前通用的有效的全长 cDNA 合成技术。

(i) oligo(dG)引导合成法

此法比较简单，它是通过 oligo(dG)的直接引导作用合成全长双链 cDNA。其要点是在第一链 cDNA 分子尚未与 mRNA 模板分离之前，先在其 3′-末端加上一段 oligo(dC)序列，然后通过碱性蔗糖梯度(alkaline sucrose gradient)离心处理，使 mRNA 模板分子发生水解作用，回收全长的 cDNA。继之以互补的 oligo(dG)序列作引物引导第二链 cDNA 的合成，这样就不会形成发夹环结构，也就没有必要使用 S1 核酸酶进行切割消除。所以这是一种进行全长 cDNA 克隆的有效方法(图 6-13)。

(ii) 载体引导合成法

在载体引导的 cDNA 合成(vector-primed cDNA synthesis)中，第一链 cDNA 是由参入到载体分子上的 oligo(dT)序列作引物引导合成的。它的基本过程如图 6-14 所示。首先选用适当的核酸内切限制酶(本例为 PstI)消化载体分子并使之线性化，再加上一段 oligo (dT)尾巴。于是通过同聚物尾巴之间的互补作用，mRNA 分子便可退火连接到线性质粒分子上。如此形成的双链体分子，其两端的单链 mRNA 分子在具备 dNTPs 和反转录酶的反应条件下，就会以 oligo(dT)为引物合成出第一链 cDNA。接着在所形成的 cDNA-质粒 DNA 重组分子的 cDNA 末端，加上一段 oligo(dG)尾巴。将这些分子作碱性蔗糖梯度离心处理，以便水解 mRNA，并使原先是连接在同一双链质粒 DNA 分子上的两条cDNA (即 cDNA1 和 cDNA2)彼此分开。加入超量变性的具有 oligo(dC)加尾的质粒 DNA 分子，控制反应条件以保证有利于互补的同聚物尾巴之间发生环化作用。这些超量的 oligo(dC)加尾的质粒 DNA 分子，虽有可能简单地复性，但并不会发生自身环化作用。这一步反应所形成的环形分子中具有一个游离 3′-OH 羟基的 oligo(dC)尾巴，可供作合成第二链 cDNA 的引物，产生出双链的重组质粒分子。用这些质粒转化大肠杆菌寄主细胞之后，可以获得具有不同插入取向的 cDNA 克隆。

(iii) 置换合成法

这是一种十分有效的全长 cDNA 合成法，它分两个步骤进行。第一步是制备质粒引物(plasmid primer)和具有 oligo(dG)尾巴的接头 DNA(adaptor DNA)，第二步是构建质粒-cDNA 重组体分子(图 6-15)。所谓质粒引物，是指经过特别加工修饰而带上一段 oligo (dT)尾巴的质粒载体分子。通过互补的同聚物尾巴之间的配对作用，mRNA 分子便可以连接到载体分子上供作模板，并由质粒提供的 oligo(dT)作引物指导第一链 cDNA 合成。然后在此 cDNA 链的自由端加上一段 oligo(dC)尾巴，以便与具有 oligo(dG)的接头分子退火连接，并经大肠杆菌 DNA 连接酶的封闭作用，构成质粒-cDNA 重组分子。最新的办法是采用化学法合成具 oligo(dG)的接头 DNA，而不是按图 6-15 所示的办法制备。在完成了第一链 cDNA 合成之后，加入大肠杆菌 RNaseH 酶使 mRNA 模板产生缺口，于是，DNA 聚合酶 I 便可以按缺口-平移的方式合成第二链 cDNA。最后，同样也要经过 DNA

连接酶的封闭作用,形成具全长双链 cDNA 的重组质粒分子,用于转化大肠杆菌寄主细胞。

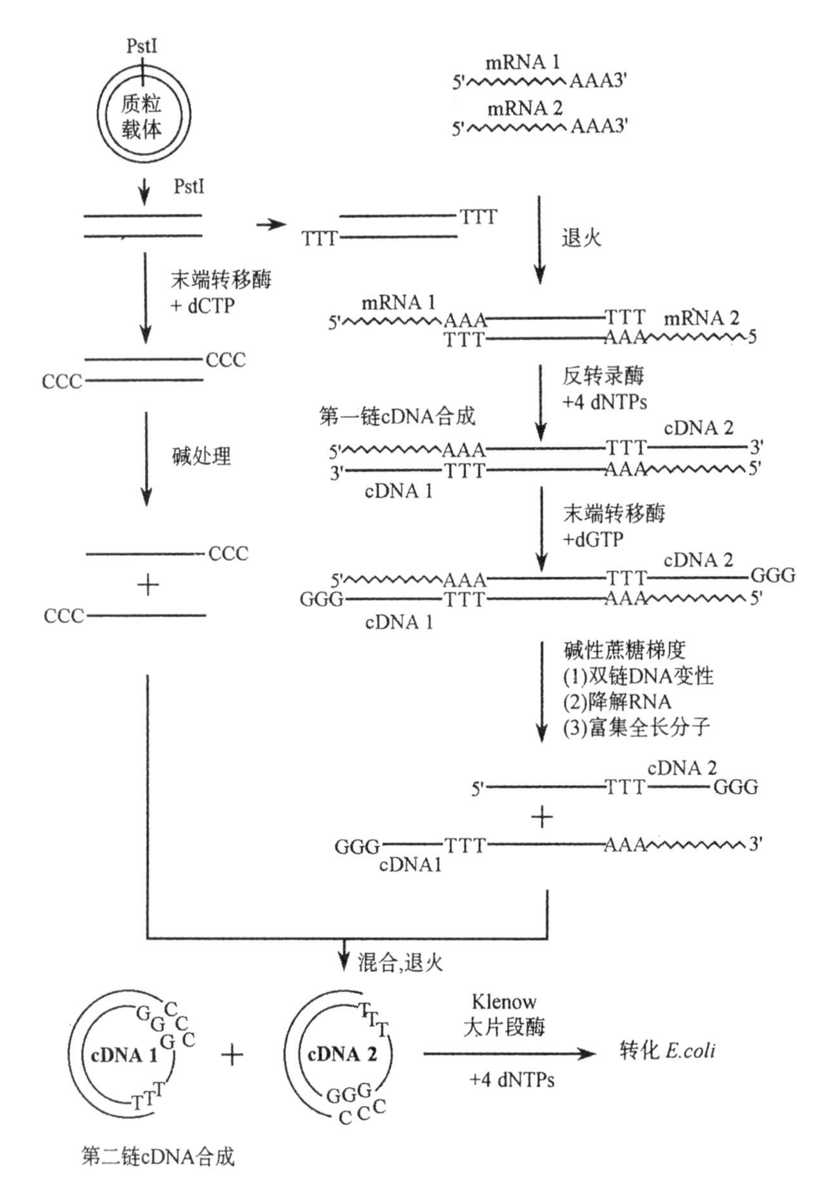

图 6-14 载体引导法合成全长双链 cDNA

根据上面所述可以看到,无论是应用载体引导合成法还是通过置换合成法进行全长 cDNA克隆,其共同的特点都是在反应之前先将 oligo(dT)序列连接到载体分子上,供作合成第二链 cDNA 的引物使用。实践已经表明,用这两种方法作全长 cDNA 克隆的效率相当高。其原因在于随第一链 cDNA 合成而出现的 RNA-DNA 杂交分子,是末端转移酶加尾反应的底物。而没有延伸到 mRNA 末端的非全长的 cDNA,由于具有一个 3′-OH 保护基团,故不是末端转移酶加尾反应的良好底物。因此在所合成的产物中占优势便是全长的 cDNA 分子。

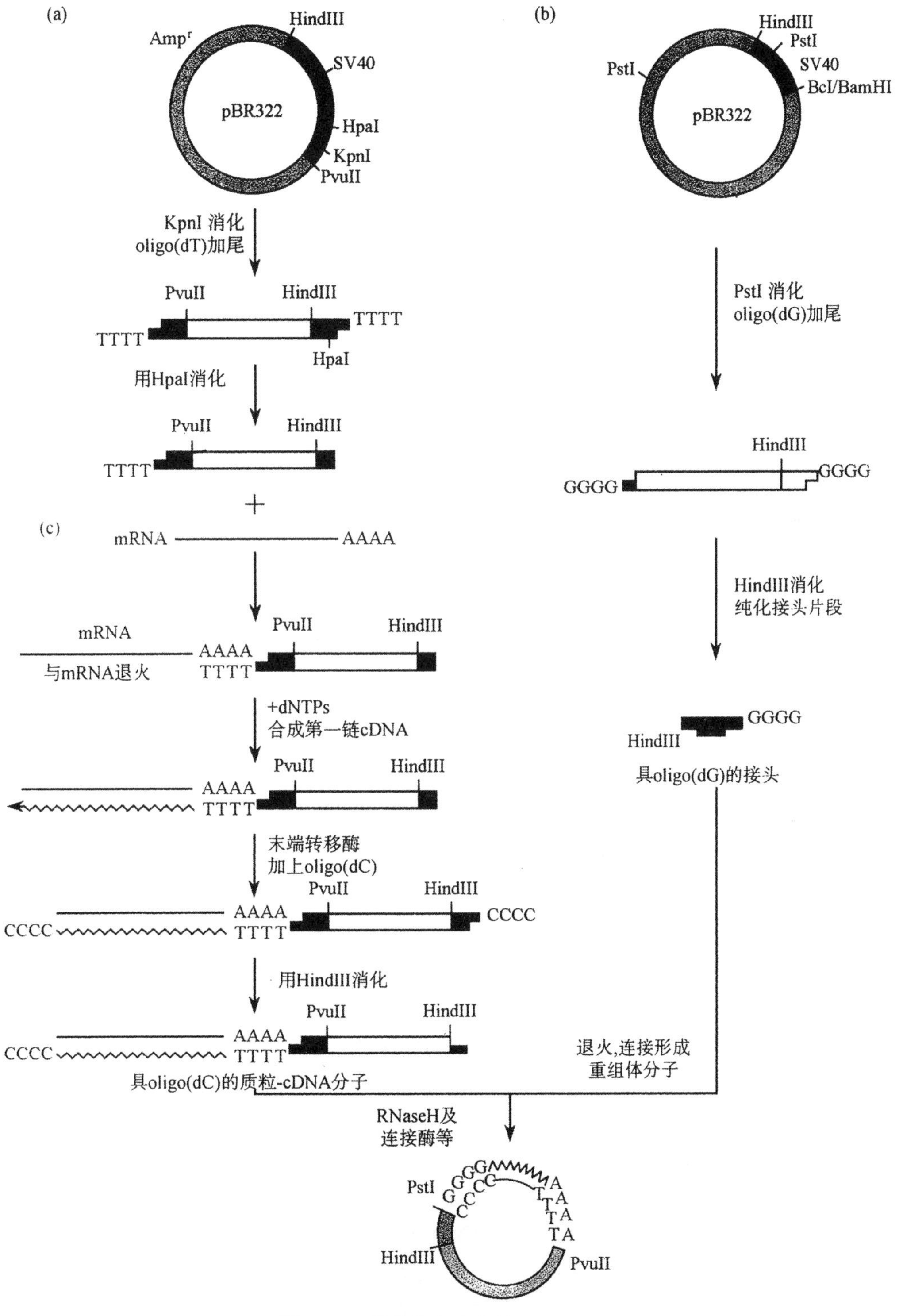

图 6-15 置换法合成全长 cDNA

(a)质粒引物的制备;(b)具有 oligo(dG)尾巴的接头 DNA 的制备;(c)质粒 cDNA 重组体的构建

(4) cDNA 克隆的优越性

由于 cDNA 基因文库的制备要涉及到一连串的酶催反应,其中有些反应在技术上的要求还比较严格,因此整个过程需持续较长时间而且耗费金钱。既然现在我们已经能够从较为经济简便的基因组文库中筛选目的基因,那么在这种情况下制备 cDNA 基因文库是否还有必要呢,或者说 cDAN 基因文库究竟具有哪些优点和特殊的用途呢？对于诸如此类的疑问,实践已经作出了肯定的答复。

第一,cDNA 克隆以 mRNA 为材料,这对于有些 RNA 病毒,例如流感病毒(influenza virus)和呼肠孤病毒(reovirus)来说是特别的适用。因为它们的增殖并不经过 DNA 中间体。所以研究这样的生物有机体,cDNA 克隆就成为一种唯一可行的方法。

第二,cDNA 基因文库的筛选比较简单易行。我们知道,一个完全的 cDNA 基因文库所含的克隆数,要比一个完全的基因组文库所含的克隆数少得多。典型的真核生物细胞在某一特定的发育阶段约有 10 000 到 30 000 个不同种的 mRNA 序列,而标准的真核基因组 DNA,则足以形成 100 000 到 1 000 000 个其大小适于基因组克隆的 DNA 片段。两者相差 10～100 倍。上面提过不同类型的真核生物细胞,其 mRNA 序列在含量的丰度上有显著的差异。而且一般说来,在基因文库中,某种特定克隆的存在频率是与其相应的 mRNA 丰度成正比的。因此,恰当地选择 mRNA 的来源,就有可能使所构建的 cDNA 基因文库中,某一特定序列的克隆达到很高的比例。从一些特殊的组织,如贫血的兔子骨髓或产蛋鸡的输卵管所制备的 cDNA 基因文库,分别在含珠蛋白基因序列的克隆和卵清蛋白基因序列的克隆方面,占明显的优势。这样便极大地简化了筛选特定序列克隆的工作量。这是基因组克隆所不具备的另一种很有用的优点。

第三,由于每一个 cDNA 克隆都含有一种 mRNA 序列,这样在选择中出现假阳性的几率就会比较低。一般的经验是,应用体外标记的 RNA 或 cDNA 筛选基因组克隆,往往会出现假阳性的情况。这是因为大部分的 mRNA 制剂,都含有相当数量的核糖体 RNA (rRNA)。这些 rRNA 可以较低的频率合成 cDNA。因此,即使是用 cDNA 作探针筛选基因组文库,都不可避免地会选择出一些假阳性的克隆,其中有许多是含有核糖体基因的基因组克隆。况且核糖体基因又是多拷贝的,这自然更加剧了这个问题的严重性。除此之外,还存在着其它一些产生人工假阳性克隆的因素。比方说,在哺乳动物中存在着 poly(dT) 短片段,以及在基因组 DNA 中存在着同目的基因同源的序列区段等。但对于 cDNA 基因文库来说,由于每一个 cDNA 克隆都含有一种 mRNA 序列,因此阳性的杂交信号一般都可认为是有意义的,由此选择出来的阳性克隆将会含有目的基因的序列。

第四,cDNA 克隆除了具备前述优点之外,还具有其自身的特殊用途。这包括两个方面,即克隆在细菌中表达的基因和用作基因序列结构的测定。

如果某一特定的克隆实验,其目的在于获得一种特殊的真核蛋白质产物,或者是所采用的筛选含有特定真核 DNA 序列的克隆的方法,涉及到它的蛋白质的检测问题,那么在这样的情况下,细菌表达外源基因的潜力就成为一种先决的条件。研究证明,高等真核生物的大多数基因,都是被称为间隔子的 DNA 序列间断开的,而这种间隔子在与其基因对应的细胞质 mRNA 中是不存在的。目前,尚无证据表明在原核生物的基因中也存在着间隔子的现象。由此推断,在细菌细胞中,是不太可能存在着能够从真核基因转录本上移去间隔子序列的酶蛋白分子。因此，在细菌细胞中表达外源DNA序列的所有成功的例子，都是使用cDNA克隆，更确切地说是具有不间断的mRNA拷贝的cDNA克隆。

cDNA克隆的另一个特殊用途是，基因序列结构的测定。尽管核酸杂交分析能够测定出基因组克隆中基因间隔序列的位置，然而更精确的结果，则要通过比较基因组基因同其mRNA转录本在核苷酸序列结构上的差异才能确定。同样地，mRNA 5′-末端和3′-末端的精确的序列结构，也只有通过核苷酸序列的分析才能获得。一般而论，测定mRNA序列结构的最简单的方法是，测定它的克隆的cDNA拷贝序列。因此，cDNA克隆可以有效地分析间断基因的结构。在已知基因组DNA序列的情况下，通过同cDNA比较，还可以研究出间隔子和表达子间的界线。

cDNA克隆的再一种用途是，关于在发育过程中时间调节基因(temporally regulated genes)的表达特征的分析，以及组织特异的基因的表达特性的分析，都要使用cDNA克隆。应用所谓的"差别杂交筛选法"就能够对cDNA基因文库进行筛选，从而鉴定出在某种类型细胞中存在、而在另一种类型细胞中不存在的特定mRNA分子的cDNA克隆。

3. 基因组DNA克隆

cDNA克隆虽然有许多优点，但在实际运用中也发现其存在着一定的局限性。正如上面已经讲过的，cDNA基因文库是由mRNA合成的互补DNA构建的。而我们知道在这种反转录反应中，是使用由选择分离的poly(A)mRNA作模板，所以如此构建的cDNA克隆只能反映着mRNA的分子结构，而没有包括基因组DNA的间隔序列。同时，在cDNA基因文库中，不同克隆的分布状态总是反映着mRNA的分布状态。也就是说，相应于高丰度mRNA的cDNA克隆，所占的比例就比较高，所以也就比较容易分离；而相应于低丰度mRNA的cDNA克隆，所占的比例则比较低，因此分离也就比较困难。此外，cDNA克隆还有另外一个局限性，那就是它不能够克隆基因组DNA中的非转录区段的序列。因此若要研究基因编码区外侧的调控序列的结构与功能，cDNA克隆是无法满足要求的。

基因组DNA克隆与cDNA克隆不同，它的出发材料是基因组DNA，而不是mRNA，所以它具有cDNA克隆所不具备的一些优点或长处。在有些场合下，例如当实验的目的是为了在真核细胞中表达外源的真核基因，那么使用基因组克隆将要比cDNA克隆更为有效。现在已经有充分的证据表明，真核的基因含有指导其自我表达所必须的全套序列信息。因此，试图以这种失去间隔子序列的cDNA克隆的形式，促使真核基因在真核细胞中实现表达的研究思路，似乎是不可取的。在正常的情况下，细胞核中的RNA是由间断基因(interrupted gene)转录而来，它带有间隔序列。而那些由cDNA克隆转录来的无间隔子序列的mRNA，在核内将会被降解掉。再如，当实验的目的是为了弄清在不同的发育阶段中mRNA的序列结构，或是为了弄清不同来源的组织特异的mRNA的序列结构，那么在这种情况下，同样也是选用基因组文库更为合适。在一个完全的基因组文库中，生物有机体的每一个基因都会有一个克隆。这在cDNA基因文库显然是办不到的，因为mRNA的合成在不同的组织、不同的发育阶段都是有差异的。这就是说，基因组文库避免了单从一个组织或一个发育阶段构建的cDNA基因文库在使用上的局限性。然而这里必须指出，根据杂交分析表明，从不同组织和不同发育阶段分离的mRNA群体，它们当中有许多种(或者说几乎是全部的)mRNA 序列都是共同具有的。因此,这些所谓的“常备序列”(housekeeping sequences)在任何的 cDNA 基因文库中也都可以分离到。

由于 cDNA 分子比较小,可以在质粒载体上克隆。在早期,人们也曾试图使用质粒作载体构建真核基因组文库,但没有获得成功。不久就明白了质粒载体之所以不适于克隆大片段的染色体 DNA,其原因就在于它容纳外源 DNA 插入的能力有限,而且小分子量的质粒载体复制频率要比大分子量的重组质粒载体高得多。后者在复制过程中会再次受到选择,并会发生插入序列的逐渐丢失。所以,高等真核生物染色体基因组 DNA 的基因文库,通常是用 λ 噬菌体作载体构建的。当然,有时也有使用柯斯质粒作载体构建的,因为后者比前者可以承受更大分子量的外源 DNA 片段的插入。

(1) 应用 λ 噬菌体载体构建基因组文库

构建基因组文库的第一步是,从给体生物制备基因组 DNA,并用限制酶消化法产生出适于克隆的 DNA 片段。然后,在体外将这些 DNA 片段同适当的 λ 噬菌体连接成重组体分子,并转化到大肠杆菌的受体细胞中去。最后,从转化子克隆群体中挑选出含有目的基因的克隆。为了要分离到一个确实含有目的基因的克隆,究竟要筛选多少个重组体克隆呢?比如应用 EcoRI 限制酶,它所产生的 DNA 限制片段的平均长度为 4kb 左右,而已知单倍体的人基因组 DNA 的长度为 2.8×10^6kb,因此至少必须制备并筛选 7×10^5 以上的独立的重组体,才有可能分离到一个含有目的基因序列的克隆。

应该指出,应用上述办法分离目的基因,会遇到两个麻烦的问题需待我们予以解决。头一个问题是,一个完整的基因有可能会被 EcoRI 限制酶从其编码区段内切割一次甚至多次。不言而喻,这样一来,我们就不可能以单一片段的形式获得一个完整的基因。对于一种大分子量的基因来说,这种被切割成数个片段的情况是非常可能出现的。同样地,为了获得整组基因簇或一个基因及其两翼延伸序列的大片段,也会出现这种情况。因此,这样看来,平均长度为 4kb 的 EcoRI 限制片段确实是太短了一些。另一个问题是,目的基因可能被包容在一个其大小超出载体分子承载能力的 DNA 片段上。如果出现这样的情况,这个基因就将可能从基因文库中遗漏掉。

当然,上述这两个问题,通过克隆随机的 DNA 大片段(～20kb)就可以得到比较满意的解决。其基本原理是,在随机片段化的 DNA 片段群体中,任何一种的 DNA 序列都不会因此被系统地排斥出去。而且由于在随机的 DNA 片段之间存在着相互交叠的现象,这样便使我们有可能查清不同克隆片段之间,在整个基因组 DNA 分子上的彼此相邻的顺序。考虑到随机片段化的 DNA 群体,每一个被克隆的 DNA 片段都具有较大的分子量,就会理解为什么只需要少量的克隆便可以构成一个完全的、或者几乎是完全的基因文库。

制备大小适宜的 DNA 随机片段的方法有两种,一种是用机械切割法随机断裂 DNA 分子,但最常用的还是核酸内切限制酶切割法。按 T. Maniatis 等人(1982)所叙述的方法,靶子 DNA 是用两种限制酶混合消化的。他们所选用的两种限制酶都是具有 4 个核苷酸的识别序列,故对于 DNA 有较高的切割频率。用双酶消化所产生的 DNA 限制片段的平均长度将小于 1kb。不过由于酶切消化反应被控制在仅仅达到局部的程度,这样断裂的片段相对地就比较大一些,平均可达 10～30kb 范围。这些片段是一组有效的重叠组合片段群体。应用蔗糖梯度离心法,或是制备的凝胶电泳法,便可以使这些片段分部,从中分离到大小为 20kb 左右的随机的片段群体。这样的片段大小是适合于插入在 λ 噬菌体载体上，再经过体外包装，便能回收到足够大数量的独立的重组体，以构成一个完全的基因文库。

选用两种识别序列毫不相关的核酸内切限制酶 HaeIII(5′…GG↓CC…3′)和 AluI(5′…AG↓CT…3′)对真核基因组 DNA 作局部混合酶切消化，经过分部分离便可以收集到大小为 20kb 左右的随机的 DNA 片段群体。然而，由于这两种核酸内切限制酶切割的结果，形成的都是平末端的 DNA 片段分子，所以在与载体分子重组之前需要加用适宜的衔接物，例如本例用的是 EcoRI 衔接物(图 6-16)。为了保护克隆 DNA 片段中可能存在的 EcoRI 序列不被切割，先用甲基化酶作必要的处理，使之发生甲基化作用。然后再与 EcoRI 衔接物作平末端连接。如此形成的重组分子经 EcoRI 限制酶切割之后，便会产生出相应的粘性末端。这样的外源 DNA 片段，与同样经过 EcoRI 核酸内切限制酶消化处理的取代型的 λ 噬菌体载体，(如 λ Charon4A)，就会通过粘性末端间的互补发生有效的重组作用。经 DNA 连接酶连接和体外包装之后，便可有效地导入大肠杆菌寄主细胞，产生出所需的基因组文库(图 6-16)。

如若使用另一种识别序列亦为 4 个核苷酸的核酸内切限制酶 Sau3A，代替 HaeIII-AluI双酶消化法，则能够较为方便地获得随机的 DNA 限制片段。尽管 Sau3A 酶的局部消化产物在随机性方面要稍逊于双酶消化法，然而由于它与 BamHI 是一对同尾酶，都形成 GATC 粘性末端，因此由 Sau3A 酶切消化产生的 DNA 片段可容易地插入到经 BamHI 消化过的具有高承载能力的 λ 噬菌体载体上(诸如 λL47 或 λEMBL3 等)。这类局部消化法与 λ 噬菌体载体的体外包装技术相结合，已成为当今最广泛使用的构建真核基因组文库的实验方案之一。它的基本程序如图 6-17 所示。首先提取真核基因组 DNA，供核酸内切限制酶 Sau3A 作局部消化。然后将消化产物通过琼脂糖凝胶电泳或是蔗糖梯度离心，分部收集分子量为 15～20kb 范围的 DNA 片段。与此同时，选用核酸内切限制酶 BamHI 切割 λ 噬菌体载体 DNA，以使其两臂片段与中央区段分离开来。取纯化的两臂分子，用 T4 DNA 连接酶与分部收集的基因组 DNA 片段连接，所形成的多连体分子，其大小正好适合于 λ 噬菌体的体外包装要求。将包装的重组体的噬菌体感染大肠杆菌细胞，经过生长扩增之后，产生出的溶菌产物，组成了一个重组体克隆库，此即是基因组文库。它们包含有真核生物(如哺乳动物)基因组的绝大部分序列。

(2) 应用柯斯质粒载体构建基因组文库

前面已经讲过，λ 噬菌体载体克隆外源 DNA 能力虽然超过了质粒载体，但仍是相当有限的，其真正有效的范围仅为 15kb 左右。而根据对不同真核基因组的分析表明，许多基因都要比这大得多，甚至有的基因可长达 1000kb！(转引自 J. D. Watson，1992)。当然，对于如此大分子量的基因，只能通过克隆一组彼此重叠的基因片段，方能进行全序列分析。柯斯质粒载体可携带长度约为 45kb 的外源 DNA，这几乎是 λ 噬菌体载体克隆能力的三倍，而且它也可以在体外被高效地包装。因此，柯斯质粒载体十分适合于构建真核基因组文库。为了使真核基因组 DNA 克隆到柯斯质粒载体上，需用核酸内切限制酶 Sau3A 局部消化基因组 DNA。然后分离收集分子量为 35～45kb 的片段群体，并同业已用 Sau3A 的同尾酶，例如 BglII 作了线性化处理的柯斯质粒载体 DNA 连接重组。经体外包装之后，感染给大肠杆菌寄主细胞。在细胞内，柯斯质粒载体按质粒特性进行复制扩增，形成基因

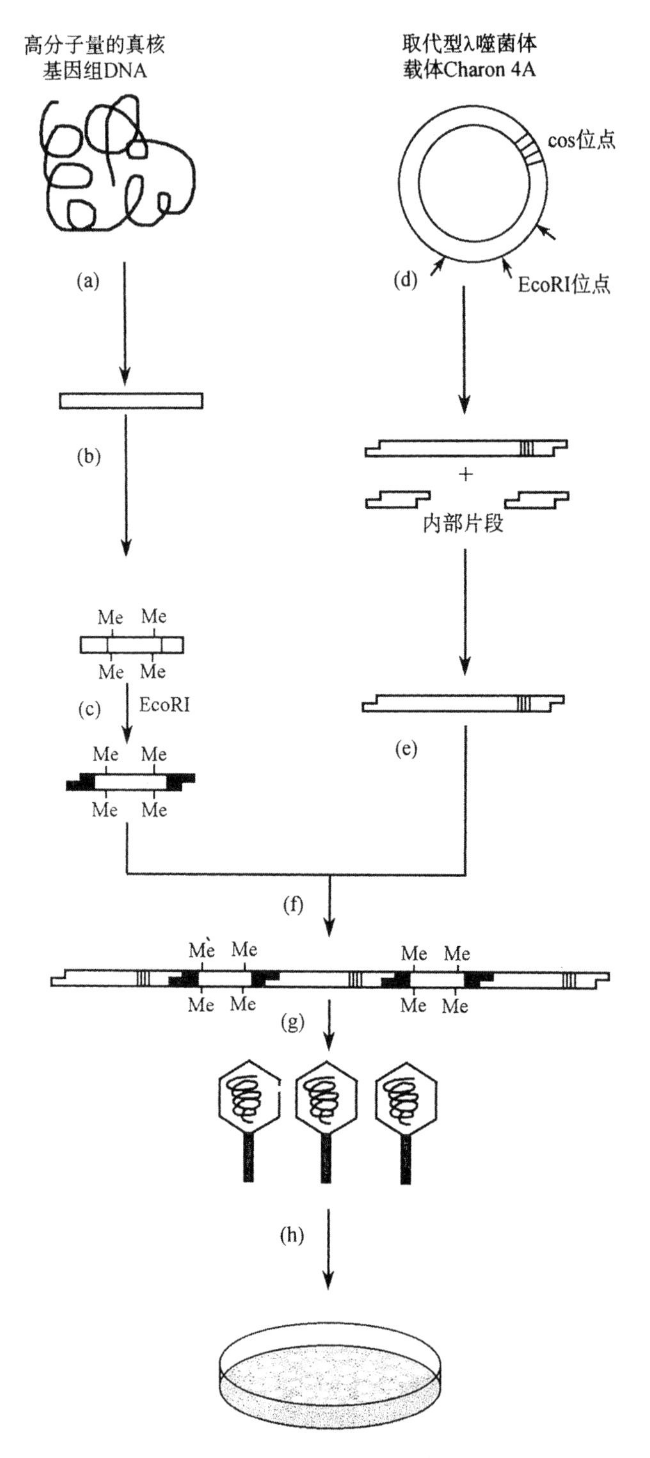

图 6-16 通过衔接物连接法在 λ 噬菌体载体上构建基因组文库

(a)加入 HaeIII-AluI 对真核基因组 DNA 作局部双酶切割后，按大小分部分离收集 20kb 左右的片段；(b)用 EcoRI 甲基化酶处理破坏 EcoRI 位点后，再与 EcoRI 衔接物连接；(c)加入 EcoRI 核酸内切限制酶消化产生粘性末端；(d)同样用 EcoRI 核酸内限制酶消化 Charon4A 载体 DNA；(e)按大小分部，除去中间区段；(f)插入片段与载体分子退火，并加 DNA 连接酶连接；(g)体外包装；(h)感染大肠杆菌寄主细胞，构成基因组文库

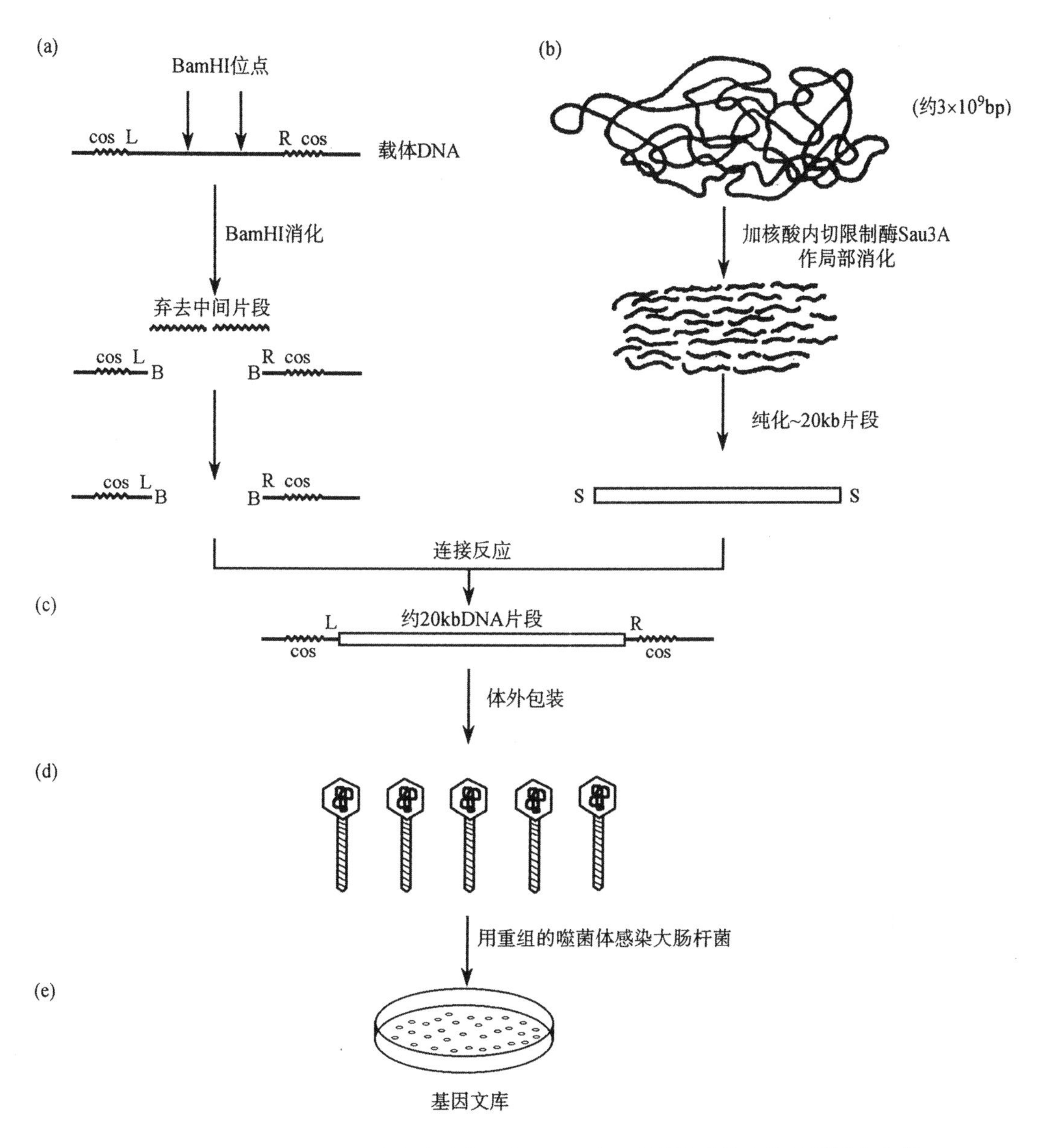

图 6-17 用 Sau3A 限制酶消化真核基因组 DNA 在 λ 噬菌体载体上构建基因组文库

(a)载体 DNA 片段的制备;(b)真核基因组 DNA 片段的制备;(c)体外重组构建多连体分子;(d)体外包装;(e)感染大肠杆菌细胞;B=BamHI 末端;S=Sau3A 末端

组文库。

实验中发现柯斯质粒载体也存在着两个缺点,降低了它的实用效果。首先,大多数的工作者发现,用噬菌斑杂交法筛选 λ 噬菌体重组体的基因文库,与用菌落杂交法筛选柯斯质粒重组体的基因文库相比,其结果要更加清晰。噬菌斑杂交出现的本底,一般总要比菌落杂交产生的本底低得多。其次,用 λ 噬菌体作载体,可以根据实验的特殊要求,用来贮藏扩增的基因文库。λ 噬菌体的重组体 DNA 群体,包装之后就可直接用于感染作用并涂布成平板进行筛选。含有大量噬菌斑的这些平板，经过漂洗处理便得到了扩增的重组体噬菌体的基因文库。这种扩增的基因文库几乎可以无限期地贮藏。虽然说含有柯斯质粒的细菌菌落也是可以贮藏扩增的基因文库，不过细菌群落不如噬菌体群体那样方便有效，其原因就在于经过贮藏之后，细菌的成活率会剧烈地下降。

使用任何一种扩增的基因文库，都必须认识到在同一重组体群体中，并不是所有的成员都是等速增殖的。例如，插入的外源DNA在大小及序列上的差异，将影响到重组的噬菌体、质粒或柯斯质粒的复制速率。这样，当一个基因文库经过了扩增之后，某些特定的重组体的比例就可能增加，而有些重组体的比例则可能下降，甚至于全然丢失。现在，由于新的载体和克隆策略的发展，构建基因文库的程序已大为简化。许多工作者都宁愿在每一次筛选时重新构建，而不喜欢使用经过贮藏的扩增的基因文库。

按照上述这种随机的办法，也就是所谓的鸟枪法构建基因文库，其步骤比较简单，筛选也比较方便，而且有可能包容染色体DNA的全部片段，因此早已被许多实验室广泛地采用。还有一种方法是先使待克隆的目的基因DNA序列富集，来获得局部纯化的DNA分部。用这种DNA构建的基因文库，就可以使筛选目的基因的工作量相应地减少。这种方法现在已经过时，但是在体外包装方法发展出来之前，还是有用的，因为那时还不可能方便地制备出符合完全基因文库要求的数量足够的独立的克隆。

富集目的基因DNA片段的一种十分成功的方法叫RPC-5层析法。它所依据的基本原理是，经限制酶消化所产生的DNA片段，由于A-T的含量、片段大小、具有单链末端以及其它因素，而能被树脂所滞留。然后用特殊的洗脱液将所要分离的DNA片段从树脂中洗脱下来。用此法可使特异DNA片段含量富集2～20倍。还有，使用tRNA高分辨率逆相层析(highresolution reversed phase chromatography)技术，能够分部微克量的DNA限制片段。按照这样的层析技术，将小鼠基因组总DNA的EcoRI酶消化产物加到RPC-5层析柱上，然后用醋酸钠作浓度梯度洗脱，得到一系列的DNA片段，并测定它们同小鼠珠蛋白cDNA的杂交能力。结果鉴定出其中有一个分部是富含β-珠蛋白序列的DNA片段。将RPC-5柱层析同制备的凝胶电泳相配合，便可以获得更加富集的DNA片段(约500倍)。

多拷贝的基因，即使事先没有加以富集，也不需要筛选像单拷贝基因那么多的克隆。事实上成簇的5S DNA拷贝，以及爪蟾属(*Xenopus*)的染色体外rDNA拷贝，两者的拷贝数都高到可以根据它们同大量DNA在氯化铯离心梯度中漂浮密度之间的差别，而被直接地以纯化的形式分离出来。因此，对于这样的基因，不先经过克隆也照样可以进行分离纯化。

4. 基因定位克隆

基因定位克隆(map-based cloning)，是用于分离其编码产物尚不知道的目的基因的一种有效的方法。从理论上讲，任何一种可鉴定出有一个突变的基因，都可以通过基因定位克隆技术予以分离。具体的步骤是先将目的基因，亦即目的基因的突变定位到染色体上，并在目的基因的两侧确定一对紧密连锁的RFLP或RAPD分子标记；接着利用最紧密连锁的一对两侧分子标记作探针，通过染色体步移技术将位于这两个分子标记之间的含目的基因的特定的基因组片段克隆并分离出来；最后是根据其同突变体发生遗传互补的能力从此克隆中鉴定出目的基因。

成功地应用基因定位克隆技术分离目的基因的一个必要条件是，以酵母人工染色体YAC(yeast artificial chromosome)为载体构建含有大片段DNA的YAC库。另一个必要的条件是要有可用的同目的基因紧密连锁的DNA探针，理想的情况是两者之间的遗传图距应在数百kb之间。如果距离太远，就难以克隆两者之间的全长DNA，而且从长度为数百kb的DNA片段中分离目的基因的工作也是相当艰巨的。

正是由于这方面的原因，基因定位克隆对于那些基因组较小并可构建高密度RFLP或RAPD分子标记图谱的植物，诸如拟南芥菜和西红柿等，无疑是有效的。而对于像小麦、玉米等具有大型染色体基因组而又难于构建高密度分子标记图谱的粮食作物，尽管近年来在方法上已有不少改进，也仍然是一项十分艰难而烦琐的工作。因此，应用基因定位克隆技术分离高等植物基因的数量，目前还是比较有限的，也许经过若干年之后会有明显的增加(S. Gibson and C. Somerville, 1993)。

为了方便起见，本节选用基因定位克隆工作开展得较为深入的拟南芥菜(*Arabidopsis thaliana*)作例子进行讨论。

(1) 拟南芥菜简介

长期以来，玉米在遗传学和分子生物学研究中一直占有十分重要的地位，是公认的遗传背景最清楚的模式植物之一。这一方面是因为玉米在农业经济上具有重要的意义，是世界性的最重要的谷类作物之一；另一方面则是由于玉米具有许多有用的生物学特性，为研究工作提供了诸多方便。例如，人们只要用一亩左右的耕地，就可以种植4 000～5 000株玉米，若按每株长1～2个穗子，每穗平均拥有500个上下的子粒计算，那么在一年之内就可分析上百万的遗传杂交后代。而且玉米的雄花和雌花是分别生长在植株的不同部位，这样就可以比较容易地控制授粉的过程。同时玉米还是二倍体植物，易于进行遗传分析，尤其是减数分裂期的染色体是细胞学研究的良好对象，这一点是多倍体的谷类作物如小麦、燕麦等所无法比拟的。此外，已经发现在玉米中有移位单元Ac和Ds，玉米的许多自发突变都是由于它们的插入作用造成的。目前，这两种移位单元都已被克隆并作了详细的序列分析，可以作为探针用来鉴定插入了这些片段的有关基因。

然而尽管如此，作为分子生物学的研究材料，玉米仍然存在着植株高大、基因组庞大复杂、含有大量散在的重复序列、以及世代时间长等缺点。因此，植物分子生物学的发展，显然需要寻找另外一种更加理想的模式植物。

近年来，一种小型的有花植物拟南芥菜引起了植物分子生物学家的极大兴趣，成为植物分子生物学研究的一种热门材料，甚至被誉为植物王国中的果蝇。其实从经济和营养两方面考察，拟南芥菜并不具备什么重要的价值，然而它却拥有其它植物所不具备的许多优点，而特别适合于植物分子生物学的研究。这些优点概括起来有如下几个方面：

① 植株个体小：只需要一间不大的实验温室，便可种植上万株的试验材料，有了如此庞大的研究群体，即使是一些稀少频率的突变也可以被筛选出来；

② 世代时间短：约为5个星期左右，一年之内就可收集到8～9个世代的遗传数据，于是便极大地加速了研究工作的进展；

③ 种子产率高：每个植株可产生4×10^4粒以上的种子，故在一个月的时间内便可获

得大量的遗传杂交后代,这一点对于突变研究尤为重要;

④ 基因组小、结构简单:总长度为 7×10^7bp,比大肠杆菌基因组大 20 倍,但却只有棉花的 10%、烟草的 5%、小麦的 1%,而且基因组中的 DNA 重复序列已基本消除,其单一序列的 DNA(unique sequence of DNA)平均长度为 120 000bp,是玉米的 120 倍,这种结构特点适合于用染色体步移技术克隆目的基因;

⑤ 天然自花授粉:与玉米不同,拟南芥菜是一种天然自花授粉的植物,因此新的突变体都是天然的纯合子,易于研究,同时也可以通过人工杂交授粉,以便给基因定位,并将多种突变引入单株。

(2) RFLP 分子标记

拟南芥菜的一个重要的优点是,一旦在目的基因中鉴定出一个突变,就能够容易地确定此突变体等位基因(mutant allele)的位置,并用作克隆目的基因的工具。这是因为拟南芥菜基因组小,而且也极少存在散在的重复序列(interspersed repeate sequence, IRS),因此,它的基因可以比较方便地应用"染色体步移"(chromosome walking)技术进行克隆。突变体的等位基因,可简单地根据它与先前已经按照标准的遗传杂交定位的分子标记之间的相对位置予以定位。然后从最接近的分子标记开始,通过分离重叠的基因组克隆,沿着染色体逐步向前步移,直到目的基因,从而达到了克隆目的基因的要求。

用于启动染色体步移的分子标记,可以是业已用突变体等位基因定位的基因的cDNA克隆或基因组克隆。然而日常最通用的分子标记却是 RFLP。所谓 RFLP,即 DNA 限制片段长度多态性,它是指应用特定的核酸内切限制酶切割有关的 DNA 分子,所产生出来的 DNA 片段在长度上的简单变化。由于核酸内切限制酶是以一种序列特异的方式切割 DNA 分子,来自一个完整的纯合子个体(所有的基因及 DNA 序列)的每一种同源 DNA 分子,都会在同样的位点被准确地切割。这就是为什么我们能够分离到大量的特定的 DNA 片段,供亚克隆及 DNA 序列测定使用的缘由。但是,从不同的生态型(ecotype)或不同的地理隔离群(geographical isolate)植株分离的总 DNA 中,同源 DNA 分子通常会表现出序列的趋异性(divergence),形成 RFLP。也就是说,它们中间已经发生了碱基对的取代、缺失、插入或重排等变化,其中有些变化导致了限制酶切割位点的更动。在这类变化当中有不少都是属于"沉默突变"(silent mutations),但由于它们是发生在基因间隔区(intergenic regions)、间隔子及表达子等序列中的密码子 3′碱基处(即"简并"或"摇摆"部位),所以不会影响到表型特征的变化。然而这些"沉默突变",偶尔也会移走或增加某些限制酶的切割位点,从而产生出 RFLP(图 6-18)。

毫无疑问,来自同一物种的不同的地理隔离群、不同的生态型或是不同的近交系的 DNA,往往也具有 RFLP。通过琼脂糖凝胶电泳分离 DNA 限制片段,并用溴化乙锭染色之后置于紫外光下观察,就可以使这些 RFLP 转变为肉眼可以观察到的形象而具体的电泳谱带模式。因为这些 RFLP 是由于 DNA 序列中的特定变化(突变)引起的,因此它们也能够像其它任何遗传标记一样进行定位,成为一种十分有用的分子标记。

(3) RFLP 作图的原理与步骤

下面我们以拟南芥菜为例,简述 RFLP 作图的基本原理与步骤(图 6-19)。在实际的

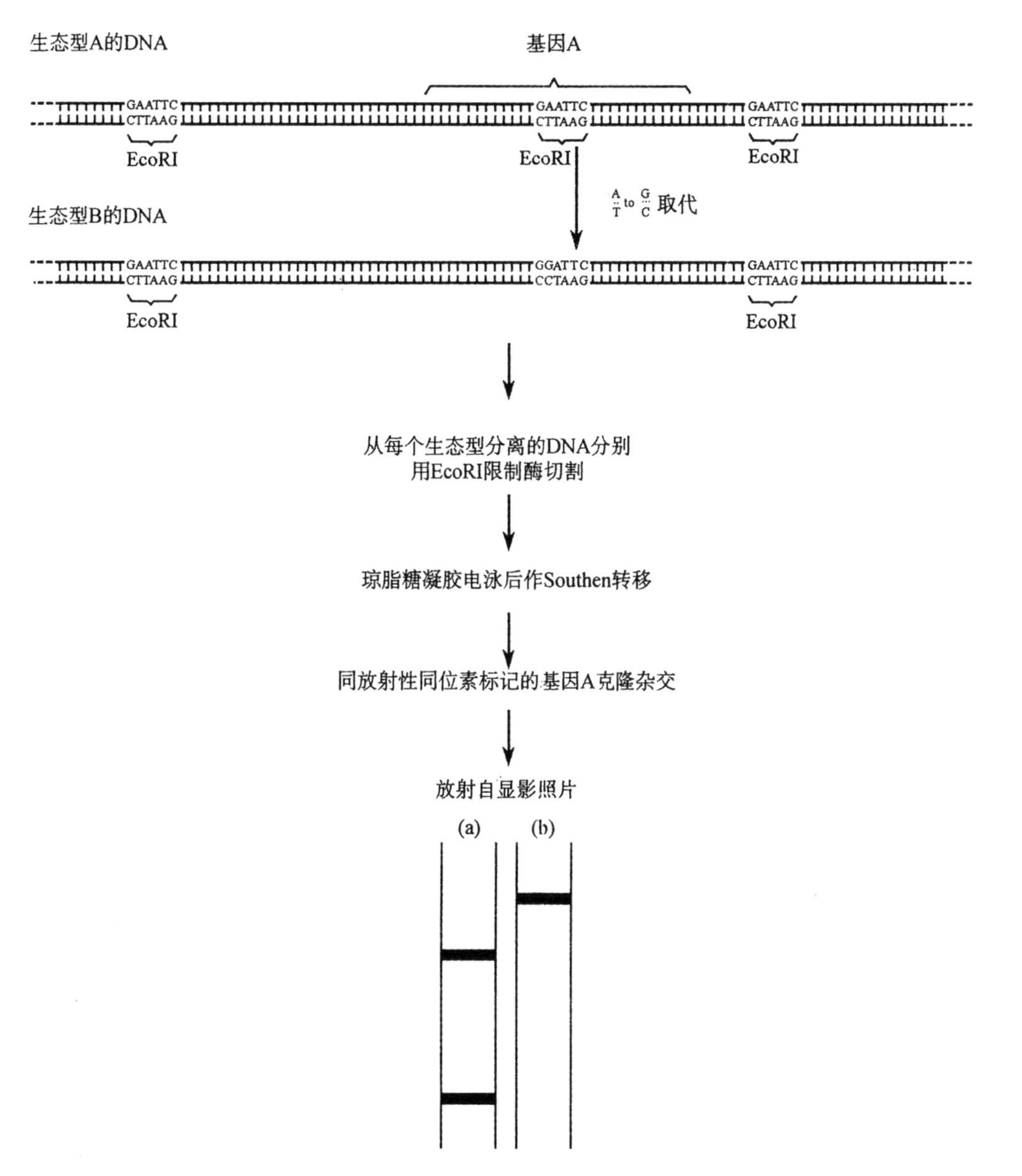

图 6-18 同一物种不同生态型之间 DNA 的趋异性产生的 RFLP

由于 AT→GC 碱基对取代的结果,使生态型 A 之基因 A 序列失去了中间的一个 EcoRI 限制位点。(a)在生态型 A 的个体 DNA 中,两个 EcoRI 限制片段都含有基因 A 的序列;(b)在生态型 B 的个体 DNA 中,基因 A 的全部序列都集中在一个大分子量的 EcoRI 限制片段中。放射自显影照片中呈现的是与放射性标记的基因 A 探针同源的 DNA 限制片段

RFLP 作图中,通常总要涉及许多种不同的生态型,并使用众多的核酸内切限制酶及大量的杂交探针,而且还需要通过计算机进行结果分析。因此是一项相当艰巨而烦琐的工作。这里为了叙述的方便,同时亦为了尽可能地减少问题的复杂性,我们将实验的条件限定为:两个不同的拟南芥菜生态型,即 Columbia 生态型和 Niederzenz 生态型;两个杂交探

针，即基因 A 和基因 B；一种核酸内切限制酶 EcoRI。从这两个不同生态型的拟南芥菜提取的两份总 DNA，经过 EcoRI 限制酶的切割和琼脂糖凝胶电泳分部分离之后，作 Southern 转移，并各自分别同放射性标记的探针基因 A 和基因 B 杂交。在图中可以看到，两亲本生态型的 DNA，同两种探针杂交的结果都呈现出多态性现象，这说明在这两个生态型的不同大小的 DNA 限制片段上，都存在着基因 A 和基因 B 的序列。F_1 代是杂合子，正如我们预期的情况一样，它含有两亲本的限制片段。由这些 F_1 代植株自花授粉所产生的 F_2 代植株中，按预期的比例形成 1/4 Columbia 基因 A 片段的纯合子，1/4 Niederzenz 基因 A 片段的纯合子，有 1/2 像 F_1 植株，是杂合子，含有 Columbia 和 Niederzenz 两个生态型的基因 A 片段。对于基因 B 片段，同样也会出现这种预期的 1∶2∶1 的分离模式。

然而当一起检测这两个基因的分离模式时，取决于两者究竟是独立分配还是连锁分配，便会表现出非常不同的结果。在图 6-19 的例 II 中显示的基因 A 和基因 B 是完合连锁的，这是为了突出说明这两个基因在独立分配与连锁之间的差异，而给出的理想化的结果。其实，在实际上是会出现一些预期的重组体分子，当然其具体数量是由基因 A 和基因 B 之间的连锁距离决定的。因此显而易见，需要分析相当庞大的 F_2 代群体，才能确定可靠的连锁距离。我们知道在 RFLP 作图中，连锁距离是根据重组率计算的，它用厘摩(cM)单位表示，1cM 大致相当于 1%重组率。

(4) 染色体步移

应用染色体步移技术克隆目的基因的主要步骤概括于图 6-20。步移的起点克隆，具有一个与待分离的目的基因尽可能靠近的已经鉴定的分子标记。这种标记可以是 RFLP，也可以是已知的基因克隆，在本例中是一种 RFLP 标记克隆。先构建起点 RFLP 标记克隆的限制图，并把其中最靠近目的基因的限制片段 B—H 亚克隆出来。此限制片段经放射性同位素标记之后，用作分子杂交探针，从基因组文库中筛选与起点克隆具有重叠序列的新克隆(称之为一步克隆)。重复进行上述的各个步骤：构建一步克隆的限制图，亚克隆其中最靠近目的基因的限制片段 H-E，该片段经放射性同位素标记之后，用作分子杂交探针从基因组文库中筛选与一步克隆具有重复序列的新克隆(称之为二步克隆)。如此重复进行多次，每得到一个新的克隆都更接近目的基因一步，直至最后获得了目的基因的克隆。由于这种技术是通过逐一克隆来自染色体基因组 DNA 的彼此重叠的序列，而慢慢靠近目的基因，因此形象地称之为染色体步移(chromosome walking)。

从原理上讲，应用染色体步移法克隆目的基因是一种较为简单的过程，但它需要知道起始克隆与目的基因之间的距离，而且除非我们已经根据其它资料知道了起始克隆在连锁图上的取向，否则就需要按双向开始“步移”。

影响染色体步移顺利进行的主要因素有两种。其一是，在基因组的不同位置上散布着重复的 DNA 序列，它们会扰乱步移的顺序性，使之“步入歧途”。例如，在同一条染色体或另外染色体的其它位点拷贝重复序列。正是由于这个缘故，用作从一个基因组克隆跨步到下一个基因组克隆的分子探针，必须是一种唯一序列(unique sequence)的克隆，或者是已经证明了只含有唯一序列的亚克隆。其二是，在基因组 DNA 中存在着一些无法克隆的序列，因为当它们被插入到所使用的克隆载体上时，会发生致死效应。

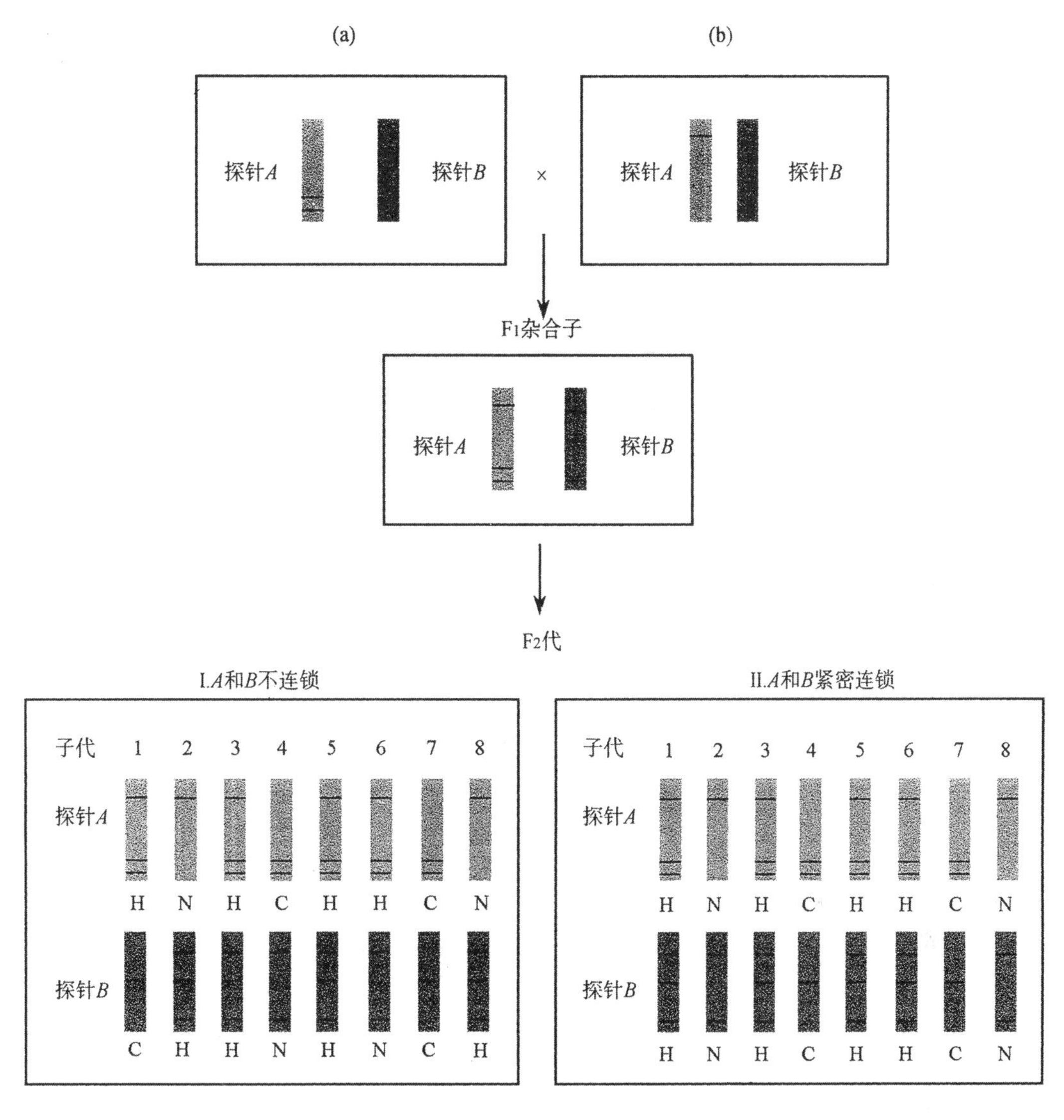

图 6-19 拟南芥菜 RFLP 作图技术示意图

全部基因组 DNA 均用核酸内切限制酶 EcoRI 切割。(a) Columbia 生态型;(b)Niederzenz 生态型
C=Columbia 生态型;N=Niederzenz 生态型;H=杂交生态型

(5) 大尺度基因组物理图谱的构建

根据经验估计,在人类基因组中 1cM 的图距大约相当于 1 000kb 的 DNA 长度。在基因组较小的两种高等植物拟南芥菜和蕃茄中,1cM 的图距分别相当于 290kb 和 750kb 的 DNA 长度,而在小麦中这个数字则高达 3 500kb。考虑到大多数高等植物基因组中都存在着相当大量的散在重复序列这个缘故,如果克隆的基因组 DNA 片段越长,出现此种重复序列的概率也就越高,易使染色步移出现困难。反之,如果克隆的基因组 DNA 片段过短,又会影响探针标记的强度,从而降低检测的灵敏性。现在有关于农作物 RFLP 研究中,普遍选用 400~2 000kb 的 DNA 片段构建随机的基因组文库。显而易见,常规的克隆

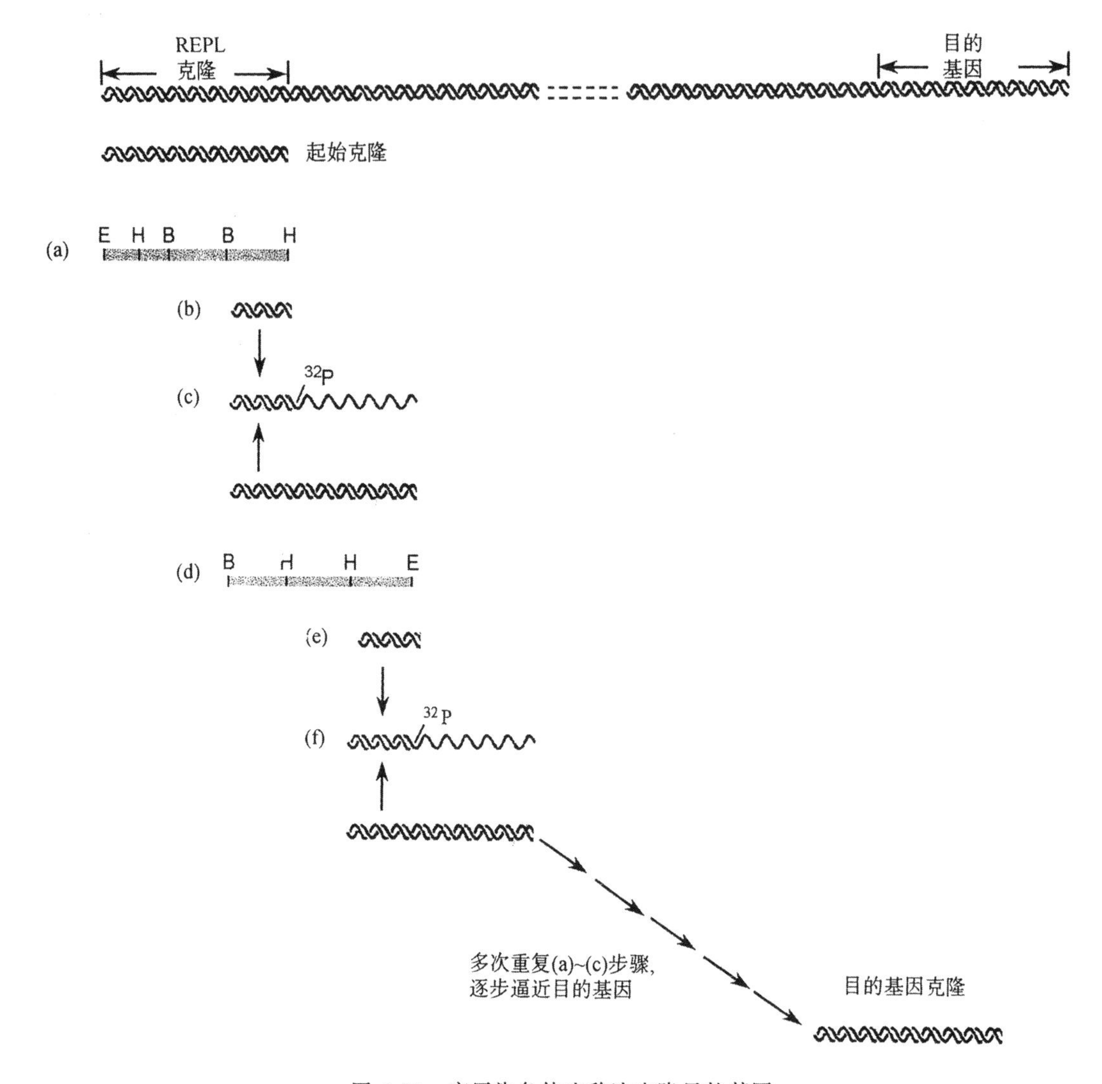

图 6-20　应用染色体步移法克隆目的基因

(a)构建起始克隆的限制图;(b)亚克隆 B-H 限制片段;(c)用放射性标记的亚克隆 B-H 作探针,从基因组文库中筛选具重叠序列的新的一步克隆;(d)构建一步克隆的限制图;(e)亚克隆 H-E 片段;(f)用放射性标记的亚克隆 H-E 作探针,从基因组文库中筛选具重叠序列的新的二步克隆。如此反复多次重复步骤(a)~(c),逐步逼近,直至得到目的基因的克隆。图中的 B、E、H 分别代表核酸内切限制酶 BamHI、EcoRI 和 HindIII 的识别位点

技术是无法承接如此大分子量的 DNA 片段的。对于这种超大型 DNA 序列的作图和超长距离的染色体步移所面临的困难,目前由于如下三个方面技术的进步,已经得到了较好的解决。

(i) DNA 分子大片段切割

第一个切割位点稀少的核酸内切限制酶 SfiI(5′…GGCCNNNN↓NGGCC…3′),是由我国科学家强伯勤院士首先发现的。目前商品化供应的切割位点稀少的限制酶已达数十种之多。这类核酸内切限制酶,常见的有 NotI、SfiI 和 PacI 等,已被广泛地应用于基因

分子生物学的研究，特别是大尺度的基因组物理图谱的构建。

在哺乳动物的基因组 DNA 中，除了 CpG 岛外，CG 二核苷酸对也是十分少见的。因此，一些识别序列较短但却含有 CG 二核苷酸对的核酸内切限制酶，例如 NruI(TCG↓CGA)和 BssHII(G↓CGCGC)等，它们在哺乳动物基因组 DNA 中仅有稀少的识别位点。用这样的限制酶切割哺乳动物基因组 DNA，就会产生出分子量相当大的限制片段。

结合使用一些甲基化酶和核酸内切限制酶的特性，有可能产生若干具有额外特性的靶子位点。例如，核酸内切限制酶 DpnI，它可以在 G$\overset{Me}{\dot{A}}$TC 序列处切割 DNA 分子，形成平末端片段。但这种酶在实际工作中不常用，这是为了进行有效的切割，首先必须使 DNA 分子两条链上的腺嘌呤甲基化。因此，从 dam$^+$ *E. coli* 中分离的 DNA 分子可以被 DpnI 限制酶切割，而从 dam$^-$ *E. coli* 中分离的 DNA 分子则不能被 DpnI 限制酶切割。在 80 年代初期，有人将 DpnI 限制酶的这种特性与修饰甲基化酶 M. TaqI 或 M. ClaI 的特性相结合，发展出了一种新的 DNA 分子大片段切割技术。M. TaqI 甲基化酶，可以使 DNA 分子两条链中的 TaqI 限制酶识别位点 TCGA 都发生甲基化作用，变成 TCG$\overset{Me}{\dot{A}}$ 序列。因此，在这样的 DNA 分子中，DpnI 限制酶只能在 8 核苷酸序列 TCG$\overset{Me}{\dot{A}}$TCGA 处发生切割作用。与此类似，M. ClaI 甲基化酶会使 DNA 分子双链中的 ATCGAT 序列甲基化，形成 ATCG$\overset{Me}{\dot{A}}$T序列。于是 DpnI 限制酶便只能在 10 核苷酸序列 ATCG$\overset{Me}{\dot{A}}$TCGAT 处发生切割作用。上述这两种特异性切割频率都是相当稀少的，故可以产生出大片段的 DNA 分子。

(ii) 大片段 DNA 分子的分离

实验表明，长度超过 50kb 的 DNA 片段，是难以应用常规的琼脂糖凝胶电泳方法分离的。在本书第二章第一节中我们已经讲过，应用脉冲电场凝胶电泳(PFGE)技术，可以分离长度范围为 200～3 000kb 的大片段 DNA 分子，甚至还有人报道，已成功地应用此项技术分离到了完整的酿酒酵母染色体 DNA。由于每一条染色体显然都是由单一的 DNA 大分子构成，因此分离到了完整的染色体 DNA，便可以供作进一步的 Southern 杂交分析。事实表明，脉冲电场凝胶电泳技术，在染色体基因定位克隆中具有重要的实用价值，已被广泛地应用于大片段 DNA 的制备和全基因组物理图谱及克隆库的构建(图 6-22)。

应用 PFGE 分离大片段 DNA 的基本操作步骤是，首先将研究材料的细胞埋藏在低熔点琼脂糖中，然后加入有关酶及反应试剂，从细胞蛋白质和 RNA 混合物中游离出 DNA。与在游离的溶液中的情况相比，在凝胶基质内的 DNA 分子较少发生断裂，而且照样可以使用核酸内切限制酶切割之，但其切割的频率相当的低。例如，在这种特定的反应条件下，用具有 10 个核苷酸识别序列的限制酶 NotI 和 SfiI 切割哺乳动物基因组 DNA，所产生的大片段 DNA 的长度可达 50～900kb。此种含有已经被限制酶消化了的 DNA 的凝胶块，可以直接埋在凝胶槽中进行电泳分离。当然，这种分子长度达百万 bp 的大片段 DNA，需经数天的电泳才能达到满意的分离效果。

脉冲电场凝胶电泳技术在实践过程中也得到了逐步的改良与完善。最早发展的 PFGE 是使用正交电场，它的一个明显的缺点是，DNA 样品不能够按照直线轨迹泳动，致使分离的 DNA 谱带扭曲变形。应用随后发展的一种新型的 PFGE，即倒转电场凝胶电泳(field-inversion gel electrophoresis, FIGE)，便可避免这个缺点。FIGE 是使用常规的电泳装置，通过周期性的180°交变电场，分离大片段DNA。在这种电泳中，DNA分子是按直线轨迹泳动的，可以得到清晰的DNA谱带，因而便于对不同分子量的DNA片段及分子标记之间进行比较和进行Southern分析。

(iii) YAC库的构建

若用柯斯质粒作载体构建基因组文库，则需要相当大量的克隆群体，才能够完全地从头到尾地覆盖整个真核生物的基因组DNA。现已发展出一种新型的克隆载体，叫做酵母人工染色体(yeast artificial chromosome，YAC)。这种YAC载体可以克隆数百kb的大分子量的DNA片段。如图6-21所示，YAC载体包括如下的组成部分：

①一段来自酵母染色体的着丝粒序列；

②一段控制酵母DNA复制的自主复制序列(autonomously replicating sequence，ARS)；

③一对酵母的端粒序列，在有的YAC载体中(例如pYAC4)，这对端粒序列来自四膜虫(*Tetrahymena*)染色体；

④选择记号；

⑤克隆位点。

YAC载体能够如同染色体一样在酵母细胞中正常地复制，并可以克隆大片段的外源DNA，其大小至少可相当于最大的酵母染色体。这种载体已经成功地用来构建小鼠和人的基因组克隆库。其中小鼠的基因组克隆库，YAC载体所携带的插入序列长度可达1000kb。应用酵母人工染色体构建真核基因组YAC库的基本过程示于图6-21。首先选用核酸内切限制酶EcoRI和BamHI对YAC载体pYAC4作双酶消化，结果两个端粒序列之间的片段便被移走，产生出具有EcoRI粘性末端的两条臂分子。在每一条臂分子中都带有一段端粒序列和一个选择记号。同时再选用一种切割位点稀少的核酸内切限制酶，对高分子量的真核基因组DNA作局部消化。反应物通过脉冲电场凝胶电泳或密度离心除去分子量小于200kb的DNA片段，收集剩余部分的大分子量的DNA片段，纯化后与YAC臂连接。或者是直接从电泳胶中切出含有所需分子量范围的DNA片段的胶块，从中提取DNA，并与YAC臂连接。然后再经过一次脉冲电场凝胶电泳，把含有插入序列的YAC载体分离出来，并转化给已经去掉了细胞壁的酵母细胞，即原生质球。应用存在于两臂分子上的选择基因(selectable genes)，筛选含有YAC两臂的酵母克隆。

(iv) 大尺度物理图谱的构建

利用脉冲电场凝胶电泳技术，将连锁标记的遗传图距转变为物理图距，是基因定位克隆的一个重要步骤。在遗传图中，分子标记间的距离，即遗传图距是以厘摩(cM)为单位表示，它是根据重组频率测算的。由于同一基因组中不同区段的重组率是不一样的，因此遗传图距是不能可靠地标示同一染色体DNA上不同基因间的物理距离(physical distance)。正确的物理图谱(physical map)，其分子标记间的物理图距是以核苷酸数目表示的，这种图谱现在可以应用PFGE法进行构建。通过测定携带分子标记的DNA限制片段的大小，便可以计量出两个分子标记间的物理图距。

从原理上讲，构建全基因组物理图谱的过程是十分简单的。只要分离到大量的基因组克隆，并构建它们的详细的限制图，就可以鉴定出重叠的基因组克隆，进而构建出全基因组的物理图。然而在实际上要构建一个全基因组物理图却是非常可怕的工作。尤其是对

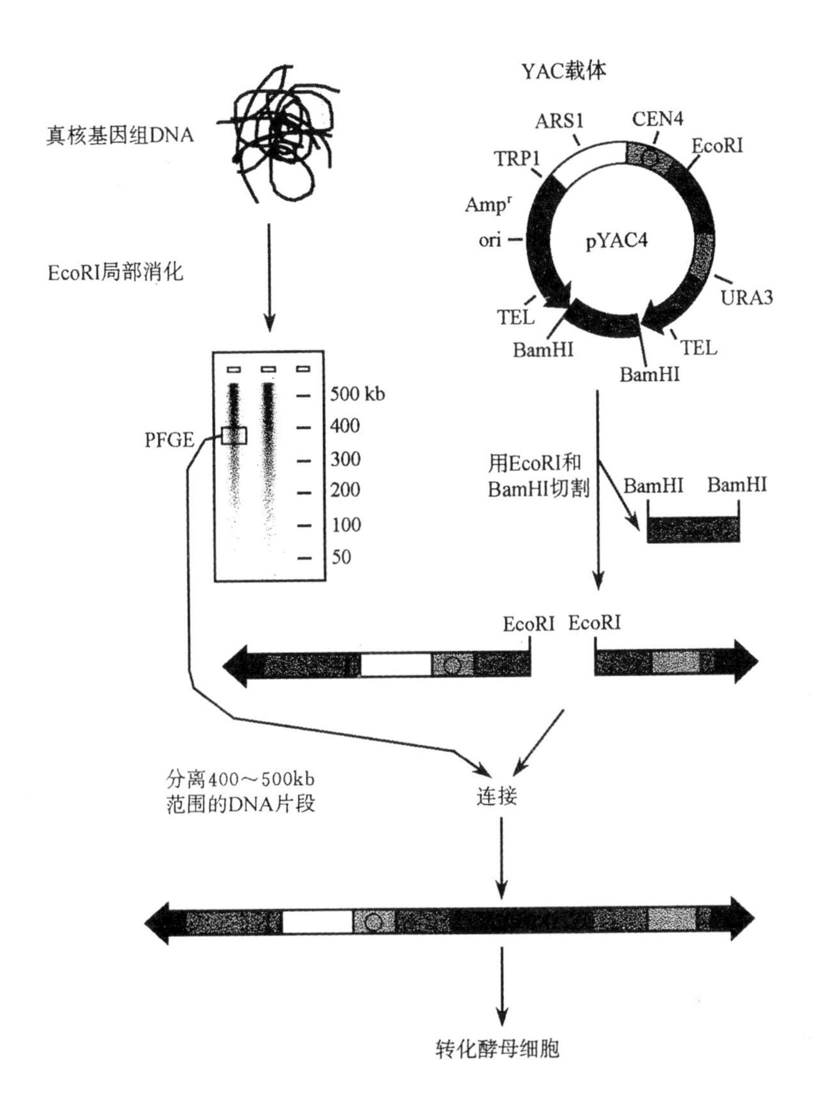

图 6-21 在酵母人工染色体上克隆 DNA

YAC 载体 pYAC4 具有一个着丝粒(CEN4)和两个来自四膜虫(*Tetrahymena*)的端粒(TEL)。ARS1 是一种相当于复制起点的自主复制序列。此外,还有两个转化酵母细胞的选择基因 URA3 和 TRP1。ori 是一个来自细菌的复制起点,供在细菌细胞中生长时使用;和一个供作细菌细胞中选择标记的氨苄青霉素抗性基因(amp^r)

于那些具有大量重复 DNA 序列的非常大型的基因组,例如小麦及玉米的基因组,其工作量简直是不可思议的。

拟南芥菜基因组比较小,是构建全基因组物理图谱的良好对象。为了简化起见,这里选用仅需 14 个重叠的基因组克隆便可以覆盖整条(全部)染色体 DNA 的一条小型染色体为例(图 6-22)。每条竖线均代表一个核酸内切限制酶的限制位点。我们是根据具有共同的限制位点模型对重叠的基因组克隆进行排序的。实际上,为了能够完全覆盖高等真核生物的一条全长的染色体 DNA,需要数百乃至数千个独立的基因组克隆。以拟南芥菜基因组 DNA 长度为 7×10^7bp 计算,如果每个基因组克隆长度为 40 000bp,相邻克隆之间的重叠序列的平均长度为 5 000bp,那么要完全覆盖此整条染色体 DNA,则至少需要 2 000个克隆。由于这些克隆之间并不会以最小的重叠序列长度平均分布的,所以事实上我们得筛选数千个克隆，才能够构成一个完整的拟南芥菜全基因组物理图谱。

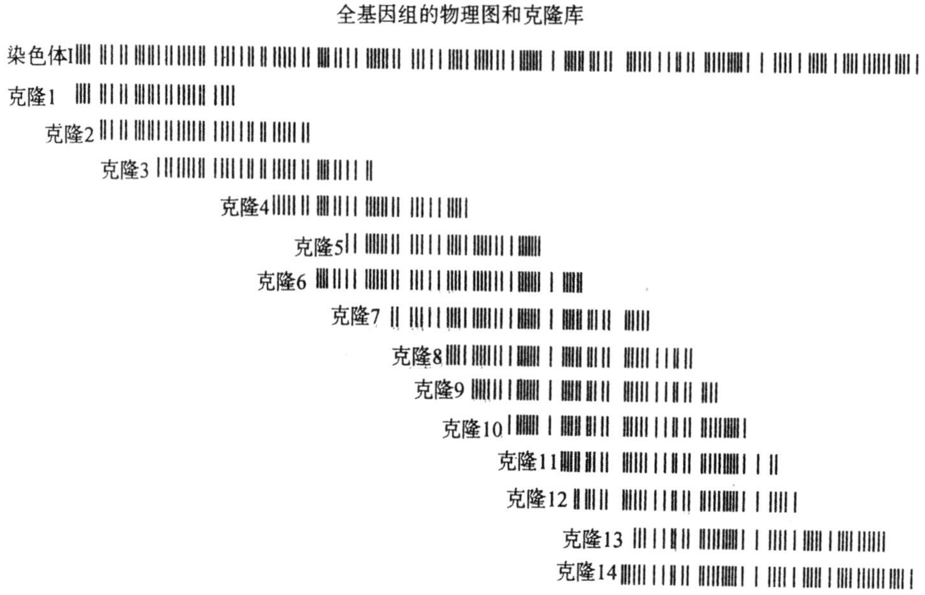

全基因组的物理图和克隆库

染色体I
克隆1
克隆2
克隆3
克隆4
克隆5
克隆6
克隆7
克隆8
克隆9
克隆10
克隆11
克隆12
克隆13
克隆14

图 6-22　构建全基因组物理图谱及克隆库的基本程序

图中的竖线表示限制酶的切割位点

第四节　克隆基因的分离

早在本世纪 70 年代的初期，随着第一个安全的大肠杆菌寄主菌株 χ^{1776}的诞生，和第一批安全的克隆载体 pMB19 和 pBR322 的问世，人们就已经初步具备了通过基因克隆分离目的基因的能力。到了 70 年代末期，研究工作者应用改良的大肠杆菌寄主菌株和克隆载体，发展出了先克隆 cDNA 再分离目的基因的新策略。进入 80 年代之后，由于寡核苷酸合成技术的改良、操作 RNA 与 DNA 的酶学方法的进步，特别是 PCR 技术的发展与应用，人们分离目的基因的能力又得到了进一步的提高。到今天可以说，几乎任何期望分离的目的基因，都是有可能被分离出来的。

近年来，分离目的基因的技术之所以取得了长足的进展，是同如下三个因素有直接的关系。

第一，人类基因专利事件的冲击。令世人瞩目的《人类基因组计划》是 1988 年正式实施的。但到了 1992 年 4 月 10 日，首席科学家 J. D. Watson 便向其华府卫生研究院的顶头上司 B. Healy 提出辞职报告，并立即得到了批准。Watson 辞职的根本原因是由于他与 Healy 在基因专利事件上的冲突。Watson 是一位才华横溢的诺贝尔奖得主，在学术界极负众望；Healy 是一位出身哈佛医学院、专门从事科学行政管理的权倾一时的政府官员。Watson 是一位典型的传统科学家，他主张科学研究应以增进人类福利为目标，《人类基因组计划》的研究成果应该与世人共享；而 Healy 的观点恰恰相反，她最感兴趣的是如何将科研成果转换成技术及经济实力，在未征询 Watson 意见的情况下，径自提出了有关人类基因专利的建议。此举不仅严重地损害了 Watson 的自尊心，而且也引起了各国学术界的强烈反响，出现了国际压力和预算争夺战，并导致 NIH 内部政治因素的复杂化。所有这一切使 Watson 觉得不堪重负，于是提前一年拂袖而去，回归研究天堂——冷泉港实验室。然而更加不幸的是，人类基因专利事件并没有因人事的更迭而得到顺利的解决。人类基因研究计划不仅引起各国政府和众多科学工作者的深切关注，而且高度激发人们去研究开发分离特异基因的新技术。

第二，农业生产实践的压力。全世界范围内的人口膨胀对粮食需求的增加，迫切要求农业育种学家尽快地应用基因工程技术培育高产、抗病、抗逆的农作物新品种。农作物遗传转化技术的建立，为基因工程在农业生产中的应用奠定了良好的基础。在 80 年代末和 90 年代初，随着植物基因工程研究的不断深入，绝大多数具有重要经济意义的农作物品种的遗传转化方法都已建立。例如，1992 年"Nature"杂志上发表了通过基因工程操作，将耐寒植物品种的甘油-3-磷酸酰基转移酶基因转化到低温敏感的品种，结果改变了后者的膜脂组成，明显地增强了低温敏感品种的生存能力。再如，同年"Science"杂志上也发表了将 ADP-葡萄糖焦磷酸化酶基因导入土豆，从而导致块茎中出现超量的淀粉积累。这些事例，使植物遗传育种学家清楚地认识到，经济作物的产量、质量、抗病性以及抗逆能力等许多优良品质特性，都可以通过成熟的遗传转化予以实现。但是，局限于目前已经鉴定并已分离的具有优秀品质特性的基因寥寥无几，因而无法培育出具有重要经济意义更加完善的转基因农作物。由此可见，制约转基因作物培育的主要因素已不是遗传转化技术，而在相当大程度上是取决于植物基因分离技术的进步。

第三，染色体 DNA 全序列测定工作的局限性。在已经测定的染色体 DNA 全序列中寻找目的基因的办法有两种：其一是应用计算机分析法，比较综合数据库中不同物种的序列，其中保守序列则可能是有关基因的编码区；其二是全序列筛查，并作功能鉴定。然而，这些方法都有相当的难度。例如，水稻叶绿体基因组全序列早已测定，但其中仍有一些开放读码结构的编码产物是未知的。再如，在酵母 III 号染色体 DNA 全序列的总共 182 个开放读码结构(open reading frame, ORF)中，已鉴定有 31 个是存在于染色体上的基因，29 个与数据库中已知基因同源，另有 122 个的 ORF(占总数的 2/3 以上)还不了解它们的功能和生物表型。此外，研究已经表明，基因组中的大量 DNA 是所谓的冗余序列(redundant sequence)，也就是说并无重要的生物学功能。因此一些科学家对基因组全序列测定的必要性提出了疑义。其理由可概括为如下几点：

①一些具有理论研究或生产应用价值的基因，例如人类的疾病控制基因，仅占基因组全序列的极少部分，按部就班地测序不可能优先筛选出这类基因；

②基因组中的大部分序列(至少在目前认识水平上看)并无重要的生物学功能，而且 1～2 个个体的基因组全序列并不含有大量的有重要生物功能的正常多态序列和异常突变序列；

③基因组全序列测定工作耗资巨大，一般发展中国家的财力难以承受，而以美国为首的若干发达国家又提出了所谓"基因专利"问题，企图垄断研究成果，直接威胁到其它国家的切身利益；

④农业生产和医疗临床实践都迫切要求尽快分离到有关的重要基因。

正是居于上述这些原因，许多国家的科学家，都把研究的重点转向分离具有理论研究和实际经济价值的重要基因。因此，近年来有关基因尤其是编码产物未知的特异基因的分离技术，得到了迅速的发展。除了上面已经叙述过的基因定位克隆技术之外，本节将对下面若干种有关技术作扼要的介绍。

1. 应用核酸探针分离克隆的目的基因

当把基因文库转移到尼龙膜或硝酸纤维素滤膜之后，就可以同特异性的核酸探针进行菌落或噬菌斑杂交，以便筛选出具有目的基因的阳性克隆。这个过程叫做克隆基因的分离或筛选。

应用核酸探针分离目的基因的方法叫做核酸杂交筛选法。此法的最大优点是应用广泛，而且相当有效，尤其适用于大量群体的筛选。目前，只要有现成可用的核酸探针，我们就有可能从任何生物体的任何组织中分离目的基因，也就能够有效地检测任何一种插入的外源DNA 序列，而不以这种序列能否在大肠杆菌细胞中表达为前提。由此看来，分离目的基因的一个关键因素是如何获得实用性的核酸探针。它可以通过如下的一些办法获得。

(1) 核酸探针的来源

我们知道，在某些特定的细胞类型或组织当中，某种特殊的 mRNA 的含量格外丰富。例如，用苯肼作了贫血处理的兔网织红细胞(reticulocyte)中，血红蛋白(hemoglobin)mRNA 的含量占绝大部分。对由此类总 RNA 反转录构成的 cDNA 文库，只要直接测定少量的重组体分子的核苷酸序列，即可筛选出血红蛋白基因的 cDNA 克隆。尔后就可用这些cDNA 作探针，进一步筛选基因组文库。

自然界中有一些蛋白质的核苷酸编码序列，在其进化的过程中保持着高度的保守性，这样就使核酸的种间杂交成为可能。已知组蛋白基因、肌动蛋白基因及 β-神经生长因子(β-nerve growth factor，NGF)等基因的核苷酸序列，都是有效的同源 DNA 探针，并已成功地用于分离相关的基因。例如，已经使用非洲爪蟾的组蛋白基因探针分离到了海胆(*Stronglyocentrotus purpuratus*)的同源基因，用非洲爪蟾的肌动蛋白基因探针分离到盘基网柄菌(*Dictyostelium*)的同源基因，用人(*Homo sapiens*)的 β-神经生长因子基因探针分离到了小鼠的同源基因，用水稻的 psbA 基因探针分离到了高粱的同源基因等等。这些都说明从某种生物实验体系中分离到的基因序列，可作为从其它生物中分离相关基因的核酸探针。

在重组 DNA 技术得到广泛的实用之前，人们是按照传统的生物化学方法纯化蛋白质，然后进行氨基酸测序，并以此确定蛋白质分子的一级结构。这显然是一种相当缓慢的过程。因此，当时所掌握的有关蛋白质一级结构的数据比较有限。重组 DNA 技术为分子生物学家提供了强有力的手段，能够从基因的核苷酸序列准确地推导出蛋白质的氨基酸序列结构。在短短的数年间就积累了大量的各种蛋白质的氨基酸序列结构资料。于是人们便对所搜集到的丰富的蛋白质基本数据进行深入的分析研究，并按照功能相同或相近的原则，将蛋白质分成不同的家族。结果发现在同一蛋白质家族内，存在着具有共同氨基酸序列的区段，即所谓的保守区。这些保守区往往是由彼此相邻的 6～7 个氨基酸组成，这样的长度显然适合于推导合成寡核苷酸探针库，用来分离编码相关蛋白质的 cDNA。此法已成功地用来分离编码蛋白质激酶(protein kinase)的 cDNA。这种根据蛋白质家族保守序列分离相关基因的方法，在目前也是很有用的。

(2) 寡核苷酸探针的人工合成

有时候我们只知道待分离的目的基因的蛋白质编码产物，而对其核苷酸序列却一无所知，因此也就没有现成的核酸探针可用来筛选克隆的基因。在这种情况下，可以按照测定的蛋白质氨基酸序列资料，设计合成寡核苷酸探针以资使用。但以这种方式合成寡核苷酸探针，也存在着有待克服的两个实际困难。

第一个困难是，所合成的寡核苷酸探针必须严格地只能同目的基因的 cDNA 序列互补，而不会同其它无关的 cDNA 序列互补。据推算，能够满足这种苛刻条件的寡核苷酸探针，其长度至少得有 15～16 个核苷酸。而且实际上为保证有足够的特异性，通常使用的寡核苷酸探针的长度是 17～20 个核苷酸。由此可见，我们起码得掌握一段由 6 个连续排列的氨基酸组成的蛋白质序列的数据。

第二个困难是，遗传密码的简并(degeneracy)问题。我们知道许多氨基酸都是由多种密码子编码的，诸如亮氨酸和精氨酸，则可由 6 种不同的密码子编码。因此，我们总是选择密码简并程度最低的一段由 6 个氨基酸组成的蛋白质序列，作为合成寡核苷酸探针的依据。但尽管如此，这段 6 个氨基酸组成的短肽，仍可由许多种组成不同、但长度相等的寡核苷酸序列编码。例如图 6-23 所示的是一种由 6 个氨基酸组成的肽段，其相应的寡核苷酸编码序列有 8 种不同的组成可能性。正是由于这个原因，根据蛋白质氨基酸组份合成的寡核苷酸探针，通常是混合物的形式。而在这种寡核苷酸探针库中，只有一种探针具有正确的核苷酸序列结构，能同 cDNA 文库中的目的基因完全杂交。

(3) 假阳性克隆的克服

应用混合的寡核苷酸作探针分离克隆的目的基因，虽然取得了良好的效果，但也存在着一个明显的缺点，那就是假阳性的问题。这是由于正确的寡核苷酸探针仅占整个探针分子群体中的一小部分，而余下的大部分的探针分子亦有可能同无关的 cDNA 分子发生杂交作用，产生出相当数量的假阳性克隆，从而干扰了克隆基因的分离效率。下面介绍两种克服假阳性克隆的有效方法。

(i) 猜测体探针

克服假阳性克隆的办法之一是使用猜测体探针。所谓猜测体(guessmer)，乃是一种人工合成的用于分离克隆基因的低简并性的寡核苷酸探针，其核苷酸序列是根据特定物种当中某已知蛋白质的密码子使用频率，同时又采纳了根据猜测最可能在目的基因中出现的密码子资料，选择含有密码子简并程度最低的蛋白质区段进行合成。因此猜测体事实上是一种较长的唯一的寡核苷酸序列，它能够大范围地但却不会完全地同靶序列互补。大量实验表明，猜测体序列中只要有 83%的核苷酸能够同目的基因的 cDNA 序列杂交，那么其结果便是错误的(即无法配对的)核苷酸沿着杂交分子成丛排列，其间被能够同目的基因 cDNA 序列完全配对的长约 10～12 个核苷酸的区段分隔开来[图 6-23(g)]。如果彼此互补的区段较长，达 10～12 个核苷酸，那么猜测体杂交作用的强度便足以鉴定出含目的基因的阳性克隆。而如果错配核苷酸是均匀地散布在探针分子的各个部位，那么这种猜测体就不会同目的基因 cDNA 序列杂交。

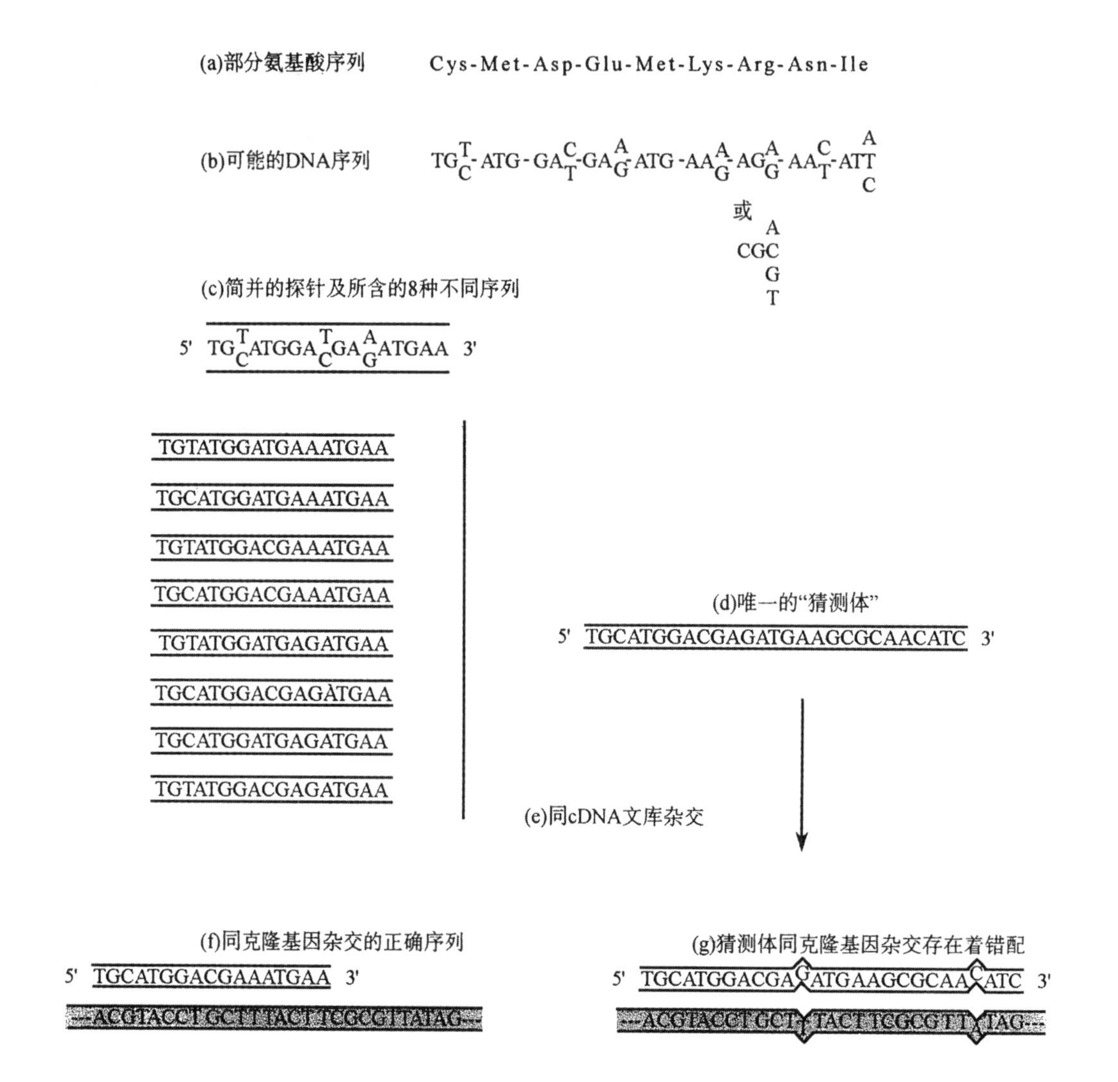

图 6-23 根据蛋白质氨基酸序列合成寡核苷酸探针

用作合成寡核苷酸探针依据的多肽分子，其中半胱氨酸(Cys)、天冬氨酸(Asp)和谷氨酸(Glu)各自都有两个密码子。据此合成的寡核苷酸，实际上是由 8 种不同序列构成的寡核苷酸库。所有这 8 种可能的寡核苷酸序列都能够编码这 6 种氨基酸。这个寡核苷酸库的复杂度(complexity)是根据 17 个而不是 18 个核苷酸推导出来的，因为最后一个密码子的第 3 个位置的核苷酸是简并的故被略去。图中还示出了应用"猜测体"分离目的基因的情况

(ii) PCR 猜测体技术

克服因使用混合的寡核苷酸探针造成的假阳性克隆的另一种有效的办法是，使用

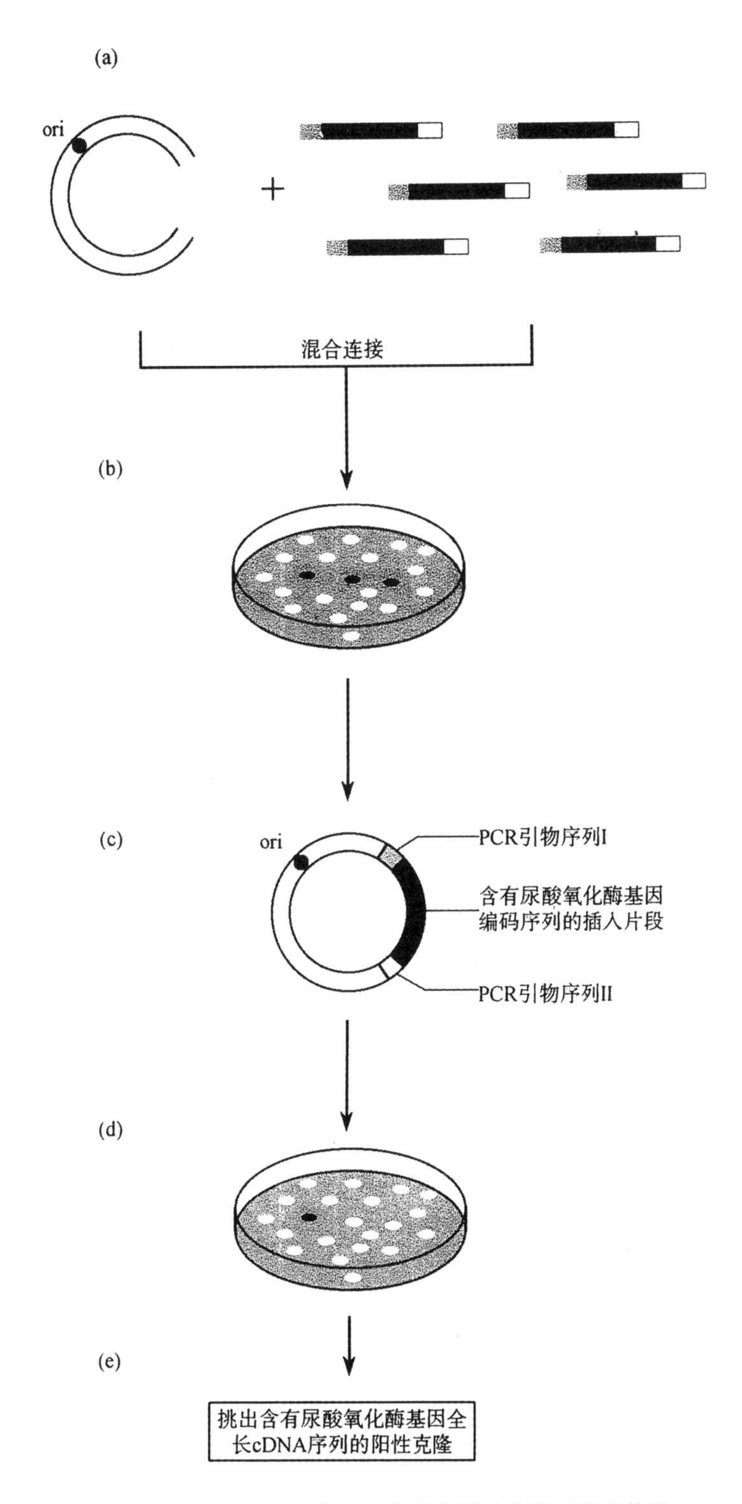

图 6-24 应用 PCR-猜测体技术分离尿酸氧化酶的编码基因

图中略去了有关尿酸氧化酶氨基末端的氨基酸测序、两组简并的寡核苷酸引物库的合成及 PCR 扩增等程序。(a)PCR 扩增产物同质粒载体重组后转化给大肠杆菌菌株；(b)应用中间部位的猜测体探针作菌落杂交；(c)从阳性克隆中分离重组体质粒 DNA；(d)从重组质粒 DNA 中切下插入序列供作杂交探针筛选 cDNA 文库；(e)挑取含全长尿酸氧化酶基因 cDNA 的阳性克隆，供进一步研究使用

PCR 反应和猜测体杂交相结合的筛选技术。例如，尿酸氧化酶(urate oxidase)编码基因就是通过这种方法分离的。其基本过程(图 6-24)如下：

按照常规的蛋白质氨基酸序列分析法，测定了尿酸氧化酶氨基末端的一段 32 个氨基酸的序列结构。

↓

根据此段氨基酸序列的两端推导出来的核苷酸数据，合成两组简并的寡核苷酸引物库。

↓

从猪肝提取总 mRNA，反转录合成 cDNA 供作以简并的两组寡核苷酸引物库为引物的 PCR 反应的模板进行扩增。

↓

以大肠杆菌及质粒载体系统克隆 PCR 扩增产物，并用唯一的猜测体探针进行杂交，筛选阳性克隆。此猜测体探针是根据位于两段引物之间的已知的 32 个氨基酸序列推导加猜测而来的。

↓

经核苷酸序列分析发现，在分离的克隆中有一段编码着全部 32 个氨基酸的核苷酸插入序列。在其两端，即相当于引物位置的每一端，都有一段小的插入序列(PCR 引物)。

↓

用这段含有真正尿酸氧化酶氨基酸的核苷酸插入序列作探针，在严格的条件下筛选噬菌体 cDNA 文库，最终获得了全长为 2.2kb 的 cDNA。经鉴定是含尿酸氧化酶基因的克隆。

2. 应用差别杂交或扣除杂交法分离克隆的目的基因

差别杂交(differential hybridization)又叫差别筛选(differential screening)，适用于分离经特殊处理而被诱发表达的 mRNA 之 cDNA 克隆。为了增加这种方法的有效性，后来又发展出了扣除杂交(subtractive hybridization)技术。扣除杂交又叫扣除 cDNA 克隆(subtractive cDNA cloning)，它是通过构建扣除文库(subtractive library)得以实现的。

(1) *差别杂交*

从本质上讲，差别杂交也是属于核酸杂交的范畴。它特别适用于分离在特定组织中表达的基因、在细胞周期特定阶段表达的基因、受生长因子调节的基因、以及在特定发育阶段表达的或是参与发育调节的基因，同时亦可有效地用来分离经特殊处理而被诱发表达的基因。目前，差别杂交筛选法在克隆基因的分离工作中有着相当广泛的用途。

差别杂交的技术基础十分简单，它不需要任何有关的目的基因的核苷酸序列信息，而重要的是要拥有两种不同的细胞群体：在一个细胞群体中目的基因正常表达，在另一个细胞群体中目的基因不表达。在这种情况下便可制备到两种不同的 mRNA 提取物。其一是含有一定比例的目的基因 mRNA 种的总 mRNA 群体，其二是不含有目的基因 mRNA 种的总 mRNA 群体。因此，可以通过这两种总 mRNA(或是它们的 cDNA 拷贝)为探针的平行杂交，对由表达目的基因的细胞总 mRNA 构建的克隆库进行筛选。当使用存在目的基因的 mRNA 探针时，所有包含着重组体的菌落都呈阳性反应，在 X 光底片上呈现黑色斑点；而使用不存在目的基因的 mRNA 探针时，除了含有目的基因的菌落外，其余的所有菌落都呈阳性反应，在 X 光底片上呈现黑色斑点。比较这两种底片并对照原平板，便可以挑选出含目的基因的菌落，供作进一步研究使用(图 6-25)。

差别杂交筛选技术已被成功地用于分析爪蟾和粘菌(*Dictyostelium*)的发育问题。这

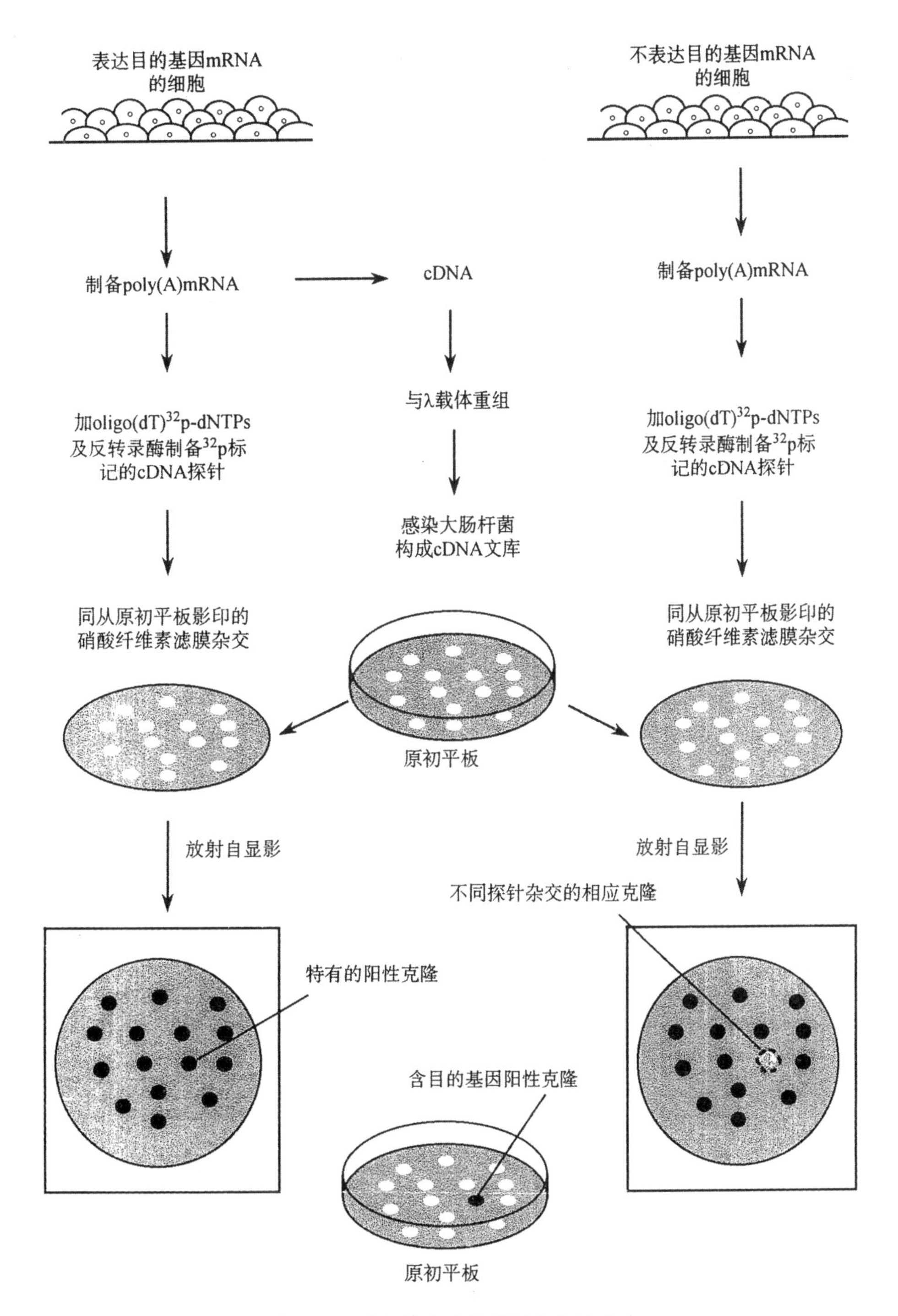

图 6-25　重组体克隆的差别杂交筛选法

(a)从表达和不表达目的基因 mRNA 的两个细胞群体中分别制备总 mRNA;(b)以 oligo(dT)引物或是短的寡核苷酸随机引物,将总 mRNA 反转录成放射性标记的探针;(c)碱水解除去 RNA 链;(d)用每种探针分子分别与 cDNA 文库杂交,该文库是由表达目的基因的细胞总 mRNA 构建的

两个实际例子表明,处于不同发育状态或阶段的丰度相差 5 倍的特异的 mRNA 种是能够

被检测出来的。生长因子调节基因(growth factor-regulated gene)的克隆,是差别杂交成功应用的一个典型例子。我们知道,血清中含有生长因子,因此用血清处理处于静止期的细胞时,便会迅速诱发生长因子调节基因进行表达。所以,分别从静止期细胞培养物和经血清激活 3 小时的细胞培养物中提取的 poly(A) mRNA 制剂,在 mRNA 种类上是有差别的,至少后者比前者多出了一种生长因子调节基因的 mRNA 种。用从激活细胞中分离的 poly(A) mRNA 反转录合成的 cDNA 与 λ 噬菌体载体重组,构成 cDNA 文库,并同时复制两份硝酸纤维素滤膜。*A* 组滤膜同血清激活细胞制备的 cDNA 探针杂交,B 组滤膜同静止期细胞制备的 cDNA 探针杂交。将所得的放射自显影图片进行仔细的比较,从中鉴定出只同激活细胞探针杂交而不能同静止期细胞探针杂交的噬菌斑位置。这些克隆便有可能是带有受血清诱发表达的生长因子调节基因的 DNA 编码序列。

(2) *差别杂交的局限性*

实践表明,应用差别杂交技术分离克隆的目的基因也存在着诸多方面的局限性。首先,差别杂交的灵敏度比较低,特别是对于那些低丰度的 mRNA 而言,这个缺点就显得更加突出。这是因为在差别杂交中所使用的杂交探针是 mRNA 反转录成的 cDNA 群体。在这些同位素标记的探针中,真正能与目的基因核苷酸序列完全互补的仅占很低的比例,以至于那些低丰度的 mRNA 之 cDNA 克隆,是很难用此法检测出来的。其次,差别杂交需要筛选大量的杂交滤膜,鉴定大量的噬菌斑或克隆片段,因此是十分耗费时间和金钱的工作。况且两套平行转移的滤膜之间,DNA 的保有量往往是有差别的,这样所得的杂交信号的强度也就不会一致,需要重新进行点杂交,以作进一步的阳性克隆鉴定工作。所以说重复性差是差别杂交筛选法的又一个缺点。

(3) *扣除杂交*

根据上面所述我们可以看到,差别杂交对于因特殊处理而被诱发产生的 mRNA 之 cDNA 克隆的分离,或是在细胞中具高表达效率的 mRNA 之 cDNA 克隆的分离,无疑是一种有效的方法,但对于低丰度的 mRNA 之 cDNA 克隆的分离则有相当的困难。为了进一步提高差别杂交的筛选效率,一种切实可行的办法是构建富含目的基因序列的 cDNA 文库。应用扣除杂交筛选法便可达到此种目的。

扣除杂交法的本质是除去那些普遍共同存在的、或是非诱发产生的 cDNA 序列,从而使欲分离的目的基因的序列得到有效的富集,提高了分离的敏感性。下面以 T 细胞受体(T-cell receptor, TCR;有时亦称之为 T 细胞抗原受体)编码基因的分离为例子,说明扣除杂交筛选法的基本原理与简要过程。T 细胞和 B 细胞来自共同的前体细胞,两者都能够识别特异的抗原。但与 B 细胞不同,T 细胞不能识别游离的抗原,而只能识别展现在其它细胞表面的抗原。T 细胞的这种抗原识别特异性是由 TCR 基因决定的。

我们知道,TCR 基因只能在 T 细胞中表达,而不能在 B 细胞中表达。那么从 T 细胞 mRNA 制备来的单链 cDNA,同大大超量的 B 细胞的 mRNA 在有利于发生 DNA-RNA 杂交的条件下保温,其结果便会出现这样的情况:所有的能够在 T 和 B 两类细胞中同时表达的 T 细胞基因的 cDNA 分子(约占 98%),都能与 B 细胞的 mRNA 退火形成 DNA-RNA 杂交分子;而不能在 B 细胞中表达的、T 细胞特有的 cDNA(约占 2%),由于 B 细胞中没有相应的 mRNA，故不能形成 DNA-RNA 杂交分子，仍然处于单链的状态。将此种杂交混合物通过羟基磷灰石柱(hydroxylapatite column)，于是 DNA-RNA 杂交分子便结合在柱上，而游离的单链 cDNA 则过柱流出。如此回收到的 T 细胞特异的 cDNA 被转变为双链 cDNA 之后，与适当的 λ 噬菌体载体重组并转染给大肠杆菌寄主细胞，这样便得到了 T 细胞特异 cDNA 高度富集的扣除文库。然后再按照 同样方法制备扣除的 cDNA 探针，即被 B 细胞 mRNA 杂交扣除了的 T 细胞特异的 cDNA 探针，筛选文库，结果成功地分离到了 T 细胞的 TCR 基因。

扣除杂交法同样也可以用来分离缺失突变基因(图 6-26)。从野生型植株制备的染色体总 DNA，用一种适当的核酸内切限制酶(比如 Sau3A)切割成小片段。同时从缺失突变体植株制备的染色体总 DNA，经随机切割之后，用生物素(biotin)进行标记，供作非同位素标记探针使用。取大大超量的此种探针，同 Sau3A 酶切的野生型染色体总 DNA 片段混合，经变性、退火处理，溶液中的无生物素标记的野生型的 DNA 分子便同生物素标记的突变型的 DNA 探针杂交。将杂交反应混合物通过生物素结合蛋白质柱(avidin column)。这种柱是用包裹着生物素结合蛋白质的专用的细小磁珠装填的。大部分野生型植株的 DNA 分子都同突变型植株的生物素标记的 DNA 探针杂交，便被结合到柱上。而野生型植株的 DNA 片段 *B*，由于在突变型 DNA 中缺失了相应的片段，故没有相应的生物素标记的探针与之杂交，经洗脱便过柱流出。随后将洗脱收集的 DNA 同超量的生物素标记探针再杂交，再过柱。如此经过多次重复富集之后，用 PCR 法扩增 DNA 片段 *B*，并予以克隆。最后用 Southern 杂交法进一步鉴定出，只同野生型 DNA 杂交而不能同突变型 DNA 杂交的含有突变基因的阳性克隆。

3. 应用 mRNA 差别显示技术分离克隆的目的基因

根据表达特性的差异可将高等真核生物的基因分为两大类：一类叫做看家基因(house-keeping gene)，以其组成型表达模式维持细胞的基本代谢活动；另一类叫做发育调控基因(developmental regulated gene)，以其时空特异性表达模式完成个体的正常的生长、发育与分化。一般认为，真核基因总数约为 100 000 个，但在一定的发育阶段、在某一类型细胞当中，则只有 15%左右的基因得以表达，产生出大约 15 000 种的不同的 mRNA 分子。在这当中有相当一部分是属于发育调控基因，其表达水平的变化，往往会对生物体的整个发育事件起到左右全局的作用。我们将这种在生物个体发育的不同阶段，或是在不同的组织或细胞中发生的不同基因按时间、空间进行有序的表达方式，叫做基因的差别表达(differential expression)。生物的发育与分化、细胞的周期变化、生物体对外界环境压力的反应，以及个体的衰老与死亡等所有的生命过程，都可归结于基因的差别表达。不仅如此，就连正常的代谢过程的变化或是病理的变化，不管它是由单基因控制的，还是由多基因控制的，本质上也都是由于基因表达的改变造成的。因此说，比较不同细胞或不同基因型在基因表达上的差异，即 mRNA 种类的差别，为我们深入了解生命过程，特别是发育过程的分子本质打开了方便之门。

近年来，关于高等真核生物发育过程中基因的表达与调控的研究，已经引起了人们的高度重视，而且业已分离到了相当数量的参与发育调控的基因。然而过去对此类基因的分离，主要是依赖于差别筛选和扣除杂交这两项技术。尽管这些技术都有过不少成功的记

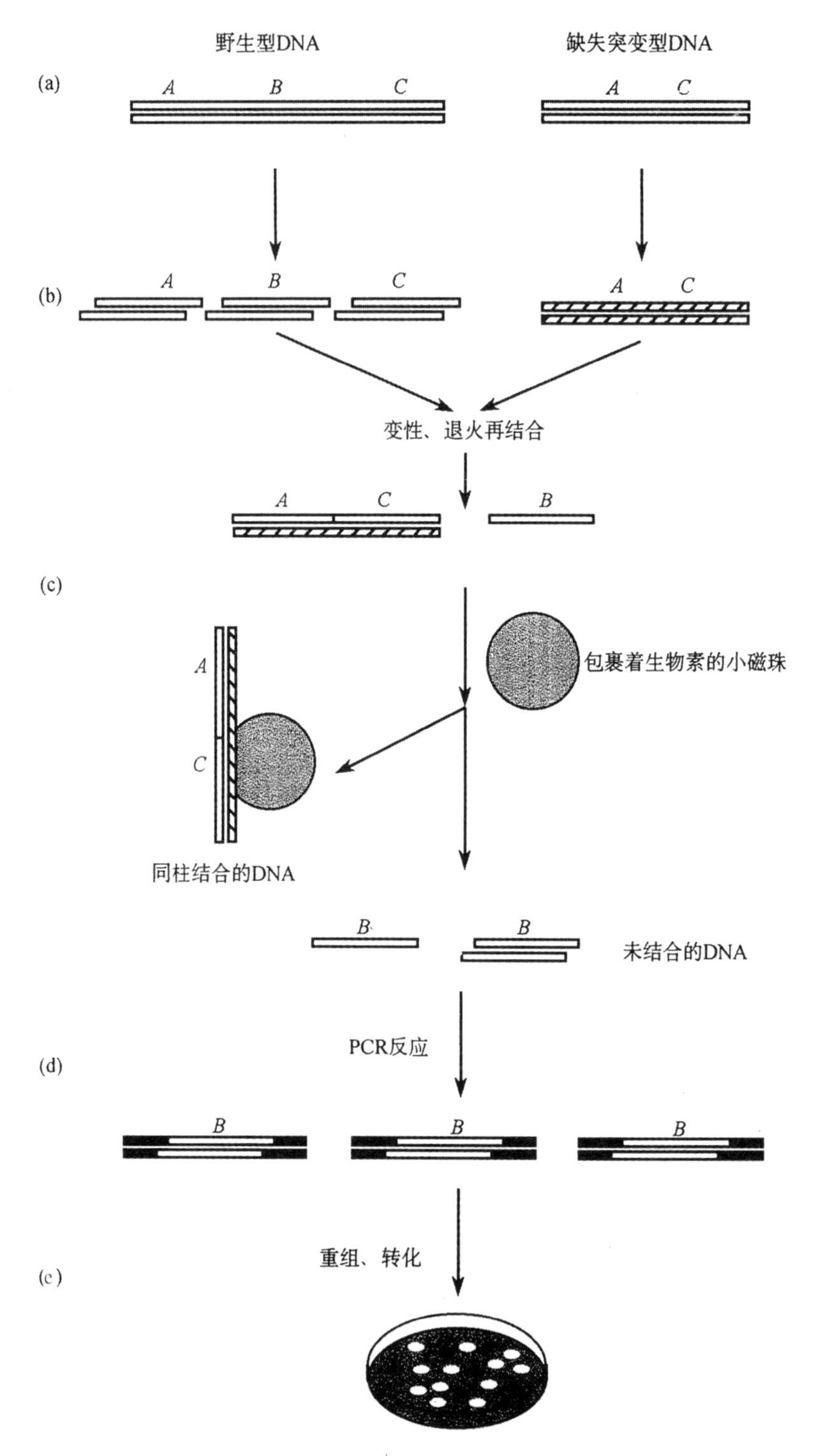

图 6-26　扣除杂交法分离克隆的目的基因

(a)野生型及突变型 DNA 的切割;(b)DNA 变性并与生物素标记探针杂交;(c)过生物素结合蛋白质柱;(d)PCR 扩增;(e)连接转化形成克隆库

录,但同时又都存在着重复性差、敏感度低等缺点。因此,在 PCR 技术的基础上,人们又发展出了若干种分离发育基因的新方法。其中,1992 年美国波斯顿 Dena-Farber 癌症研究所的两位科学家 P. Liang 和 A. D. Pardee 发明的一种叫做 mRNA 差别显示 PCR(mRNA differential display reverse transcription polymerase chain reaction)技术,简称 DDRT-PCR,尤为引人注目。一般认为,它可以从一对细胞群体或一对基因型各自产生的约 15 000 种 mRNA 中,有效地鉴定并分离出差别表达的基因。DDRT-PCR,即 mRNA 差别显示技术,最初是为分离在一对培养的哺乳动物细胞中差别表达的基因而设计的。经过了短短 5 年的实践,现已成功地分离到了数百种基因,成为当前分离编码产物未知的目的基因的一种十分快速而有效的方法。

(1) mRNA *差别显示的原理*

现已知道,除了极少数的特例(如组蛋白基因的 mRNA)之外,几乎所有的真核基因 mRNA 分子的 3′-末端,都带有一段多聚的腺苷酸结构,即通常所说的 poly(A)尾巴。因此,在 RNA 聚合酶的作用下,可按 mRNA 为模板以 oligo(dT)为引物合成出 cDNA 拷贝。根据 mRNA 分子 3′-端序列结构的分析可以看到,在这段 poly(A)序列起点碱基之前(亦即 5′上游)的两个碱基,除了倒二位的碱基为 A 的情况之外,只能有如下 12 种可能的排列组合:

5′-AGAAAAA…AA-3′
5′-CGAAAAA…AA-3′
5′-GGAAAAA…AA-3′
5′-TGAAAAA…AA-3′

5′-ATAAAAA…AA-3′
5′-CTAAAAA…AA-3′
5′-GTAAAAA…AA-3′
5′-TTAAAAA…AA-3′

5′-ACAAAAA…AA-3′
5′-CCAAAAA…AA-3′
5′-GCAAAAA…AA-3′
5′-TCAAAAA…AA-3′

根据这种序列结构特征,P. Liang 等人设计合成了总共 12 种不同的下游引物,用以反转录 mRNA,合成第一链 cDNA。这种引物通常叫做 3′-端锚定引物,它是由 11 个或 12 个连续的脱氧胸苷酸加上两个 3′-端锚定脱氧核苷酸组成,并用 5′-T_{11}MN 或 5′-T_{12}MN 通式表示。其中 M 为除了 T 以外的任何一种核苷酸(即 A、G 或 C),而 N 则为任何一种核苷酸(即 A、G、C 或 T),故 MN 共有 12 种不同的排列组合方式。这样,每一种此类人工合成的寡核苷酸引物,都将能够把总 mRNA 群体的 1/12 分子反转录成mRNA-cDNA杂交分子。由此可知,使用 5′-T_{11}MN 引物(或 5′-T_{12}MN 引物),可以将整个 mRNA 群体在 cDNA 水平上,分成大致相等的但序列结构不同的 12 份亚群体。

由于在这些 cDNA 群体中,代表某一特定细胞类型或发育阶段的 mRNA 种的含量是相当低的,所以要把一种只在某一发育阶段或某种细胞类型中表达、而在另一发育阶段或某种细胞类型中不表达的目的基因分离出来,就需要通过 PCR 扩增。因此,在 DDRT-

PCR 反应中，还需使用另外一种由 10 个核苷酸组成的 5′-端随机引物。从理论上讲，使用长度为 6～7 个核苷酸的 5′-端随机引物，能够更好地同新合成的第一链 cDNA 3′-端序列结合，从而呈现出更多的 mRNA 种。然而实验告诉我们，要产生特异性的 DNA 扩增条带，并能在测序胶上清晰地显现出来，5′-端随机引物的理想长度是 10 个核苷酸。这种 5′-端随机引物，可以同特定细胞类型的总 mRNA 群体中的一部分分子发生杂交作用，而且其杂交的部位是随机地分布在距每条新合成的 cDNA 链 3′-端的不同位置上。

用 3′-端锚定引物和这种 10-mer 的 5′-端随机引物组成的引物对，以第一链 cDNA 为模板进行 PCR 扩增的结果，一般说来在标准的序列胶中电泳 2～3 小时，可以显示出 50～100 条长度在 100～500bp 之间的 DNA 条带。那么显而易见，使用 12 种 3′-端锚定引物和 20 种 5′-端随机引物组成的全部 240 组引物对作 PCR 扩增，就应能产生出 20 000 条左右的 DNA 条带，其中每一条都代表一种特定的 mRNA 种。这个数字大体上涵盖了在一定的发育阶段某种类型细胞中所表达的全部的 mRNA 种。

(2) mRNA *差别显示实验的基本过程*

mRNA 差别显示的基本实验过程如图 6-27 所示。第一步，从一对处于不同发育阶段(或不同基因型)的细胞群体中分离总 mRNA，并以选用的 3′-端锚定引物作反转录合成第一链 cDNA。第二步，用 5′-端随机引物和 3′-端锚定引物组成的引物对，在加入放射性同位素标记的 dNTP 的条件下，以第一步反转录产物作模板进行 PCR 扩增。第三步，将扩增样品加在变性的 DNA 测序胶中进行电泳分离。经 X 光底片曝光之后，就可以观察到在一对处于不同发育阶段的细胞或一对不同基因型的细胞中，差别表达的 mRNA 之 DNA 扩增条带。第四步，将有关的差别表达的 DNA 条带从测序胶上切割下来，回收其中的 DNA 片段。第五步，由于胶块中的 DNA 量非常之少，不能直接用于克隆，所以需要用相同的引物对进行第二次 PCR 扩增，得到一定数量后，再作重组克隆。第六步，将克隆的特定的 DNA 分别同基因组 DNA 及总 mRNA 作 Southern 及 Northern 杂交，甚至直接测序，从中鉴定出可能是目的基因的 DNA 片段。第七步，以此目的 DNA 片段作探针，从 cDNA 文库或基因组文库中筛选全长的 cDNA 克隆或基因组克隆。第八步，对筛选出来的阳性克隆进行基因的核苷酸序列结构分析及功能鉴定，以便最终获得差别表达的目的基因。

(3) mRNA *差别显示法的局限性*

与差别杂交及扣除杂交技术相比，mRNA 差别显示技术具有如下诸方面的优点：

①可以同时比较多个样品间基因表达的差异；

②可以同时检测到“上游”及“下游”基因；

③检测灵敏度高，所需样品少，经过 PCR 扩增一些低丰度的 mRNA 也可以被检测出来；

④结合使用了 PCR 和序列胶电泳分析两项技术，使本法的使用显得更加简单方便。

然而经过数年的实践，人们也发现 mRNA 差别显示技术其实也存在着一些明显的缺点，从而影响了它的实用价值。其中头一个缺点是假阳性的比例甚高。据测算，在差别显示的 DNA 扩增条带中，假阳性的比例通常可高达 50%～75%。另一个缺点则是，扩增的

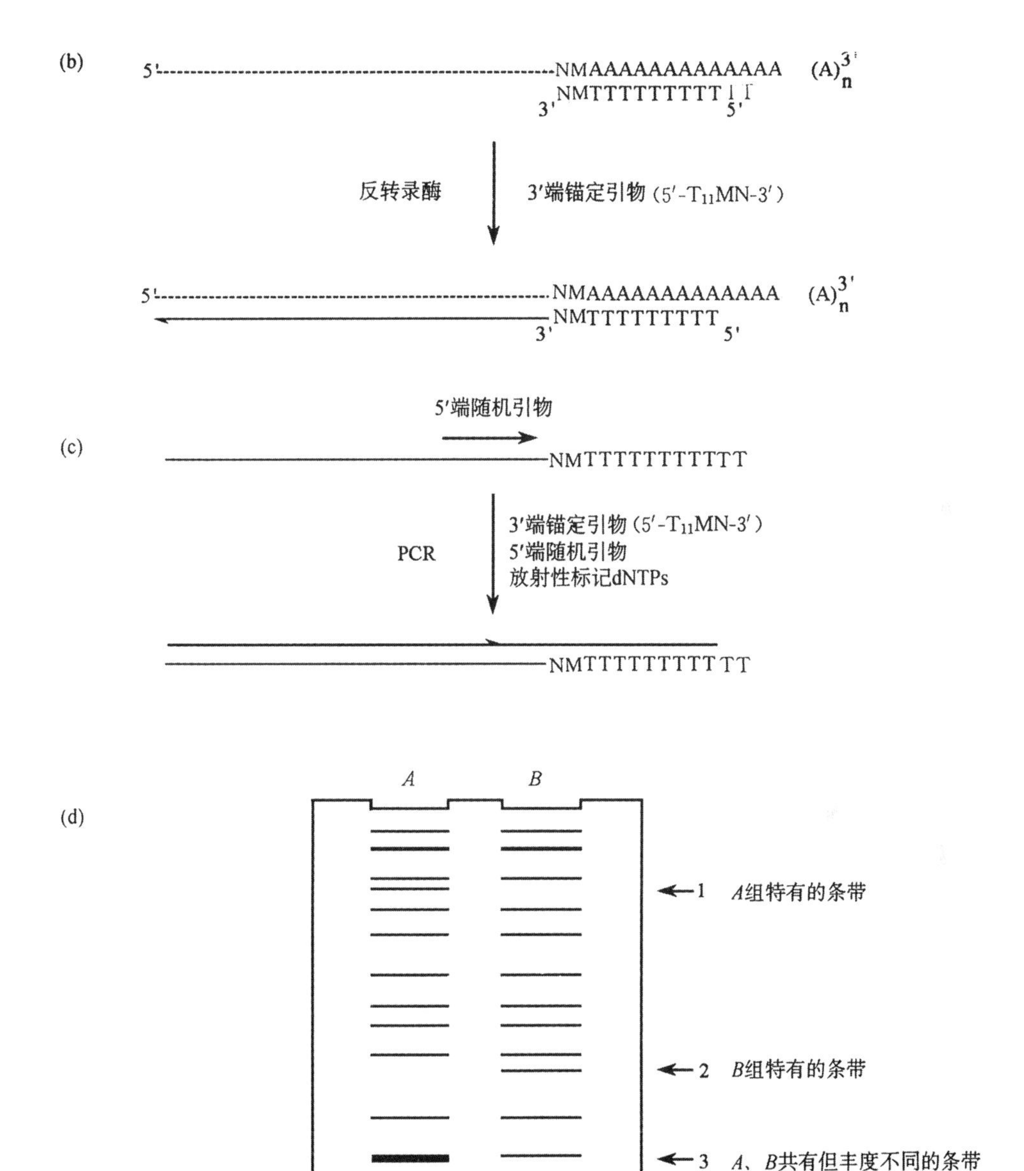

图 6-27 DDRT-PCR 反应的基本程序

(a)分别从 A 组和 B 组提取总 mRNA；(b)加入 3′-端锚定引物(5′-T_{11}MN-3′)进行反转录合成第一链 cDNA；(c)加入一对特定组合的 5′-端随机引物和 3′-端锚定引物(5′-T_{11}MN-3′)，以及 ^{35}S-dNTP 进行 PCR 扩增；(d)将同位标记的(即所谓热的)PCR 产物加样在变性的 DNA 序列胶中作电泳分离，并作放射自显影图片。除了 A 组或 B 组特有的条带之外，大部分条带是两组共有的差别条带的分子长度比较短小，一般均在 110～450bp 之间。

造成高比例假阳性的原因是多方面的。主要是由于长度一样的 PCR 扩增产物，在序列胶中的泳动速率是相同的。因此在同一条差别显示的扩增条带中，就有可能含有多种的 DNA 序列。同时在序列胶中，差别显示的条带与其邻近条带间的位置十分靠近。因此，按照放射性自显影 X 光底片确定的特异条带位置进行凝胶取样时，操作十分困难，容易产生人为的误差。这也是造成假阳性比例高的主要原因之一。

由于 3′-端下游引物是被锚定在 mRNA 分子中与 poly(A)序列相邻的两个碱基处，所以绝大多数差别显示的条带都仅仅含有 3′-UTR 的一短片段的信息。与基因的编码区不同，mRNA3′-端序列结构相对来说是比较保守的，因此拿 3′-端的 cDNA 片段作探针进行 Northern 分析，容易出现假阳性的结果。

4. 应用表达文库分离克隆的目的基因

众所周知，由于真核生物和原核生物基因在启动子的结构上存在着差别，使得原核的 RNA 聚合酶无法对其行使功能，因此真核基因是不能在大肠杆菌中进行表达的(详见第七章)。解决这个问题的一种办法是，将外源的真核基因插入在特殊设计的载体上，使之置于原核表达信号的控制之下，从而能够在大肠杆菌细胞中正确地转录和转译，并表达出外源蛋白质。这样的克隆载体，特称为表达载体(expression vector)。

当没有可用的核苷酸序列供作筛选基因文库的探针时，一种变通的办法是将 cDNA 克隆在表达载体上，再导入大肠杆菌寄主细胞，如此便构成了 cDNA 表达文库。然后通过对蛋白质产物的鉴定，分离克隆的真核目的基因。用于构建表达文库的克隆载体，可以是从质粒载体也可以是从噬菌体载体发展而来的原核表达载体。这些表达载体中的启动子，通常是使用可调节的细菌启动子(regulated bacterial promoter)。表达的蛋白质以融合蛋白质形式合成，其中原核蛋白质的氨基酸序列是整合在真核蛋白质的一个末端。在细菌中，克隆的真核蛋白质以这种融合蛋白质形式表达，就不易被原核细胞中的有关的蛋白酶消化降解，因而显得比较稳定，可以得到较高的表达水平。

在构建表达文库过程中，从 poly(A)mRNA 合成 cDNA，是按照常规的方法进行的。然而与核酸杂交筛选法不同，表达文库的构建不仅需要将外源真核 cDNA 片段插入在载体启动子序列的下游，置于启动子的控制之下，而且还必须是按正确的取向和读码结构插入，以确保产生正确的蛋白质。为此，最简单的办法是在 cDNA 片段的两端都连接上一个寡核苷酸的衔接物，这样便可以任何一种取向插入到表达载体上。由于 cDNA 片段是按两种方向插入的，而每一种方向的插入都有三种可能的读码结构，因此平均在每 6 个含有特定 cDNA 插入片段的克隆中，才有 1 个克隆能产生出正确的蛋白质。

如同核酸杂交筛选一样，在表达文库的筛选中，也是先将平板中的菌落或噬菌斑原位复印到硝酸纤维素滤膜上。如图 6-28 所示，当培养平板上的噬菌体发育成斑之后，每个斑中都含有大量的由噬菌体产生的融合蛋白质，在复印过程中它们便被转移到滤膜上。将这些滤膜作适当的处理，使转移到上面的每一个噬菌斑中的蛋白质都暴露出来，然后使用含有目标蛋白质的抗体(第一抗体)的溶液与滤膜混合保温。经过适当时间之后，抗体便同已经吸附在硝酸纤维素滤膜上的融合蛋白质紧密地结合起来。然后漂洗滤膜除去未结合的抗体，再加入第二抗体或葡萄球菌 A 蛋白(staphylococcal protein A, SPA)，继续与滤膜温育。第二抗体可以是放射性同位素标记的，也可以是同生物素偶合的，或是同某种酶(比如碱性磷酸酶)结合的。通过这些第二抗体同第一抗体间的结合作用，为我们提供了可观察的标记(如放射性标记)，用以确定能够表达可被第一抗体特异性识别的目标蛋白质的阳性克隆的位置。最后，将放射性自显影 X 光底片和原初平板对照，挑取下阳性克隆，并从中分离重组噬菌体 DNA 进行测序鉴定。

筛选 cDNA 表达文库的第二种办法是测定蛋白质的功能。生物化学研究表明，在存在着 Ca^{++} 离子的条件下，钙调蛋白(calmodulin)能够同许多种酶结合形成稳定的复合物。因此，放射性同位素标记的钙调蛋白可以用作一种筛选 cDNA 表达文库的分子探针，从中鉴定出能够表达可在体外同钙调蛋白结合的目标蛋白质的阳性克隆。

筛选 cDNA 表达文库第三种办法是，用放射性同位素标记的、带有特定蛋白质结合位点的 DNA 片段(例如真核启动子中同转录因子结合的 DNA 元件)作探针筛选 cDNA 表达文库，从中鉴定出能够表达出与它发生特异性结合的目标蛋白质的阳性克隆。这种方法在真核基因表达调控的研究工作中十分有用，尤其是用于分离与启动子元件特异性结合的转录因子的编码基因，具有良好的效果。

5. 酵母双杂交体系

酵母双杂交体系简称双杂交体系(two-hybrid system)，也叫做相互作用陷井(interaction trap)，是在纽约州立大学的 S. Fields 及其合作者建立的双杂交测试(two-hybrid assay)技术的基础上，于 90 年代初期发展出来的一种敏感的体内鉴定基因的方法。它可有效地用来分离能与一种已知的靶蛋白质 (target protein) 相互作用的蛋白质的编码基因。本项技术目前已被广泛地应用于真核基因的表达与调控、细胞粘合因子间的相互作用、信号传导通路以及细胞周期与分化、反式因子的鉴定与分离等诸多领域的基础研究。

(1) 酵母双杂交体系的基本原理

研究发现，许多真核生物的转录激活因子(transcriptional activitor)都是由两个结构上可以分开的、功能上相互独立的结构域(domain)组成的。例如，酿酒酵母的半乳糖苷酶基因的转录激活因子 GAL4，在 N 端 1～147 位氨基酸区段有一个 DNA 结合域(DNA-binding domain，简称 DNA-BD)，在 C 端 768～881 位氨基酸区段有一个转录激活域(transcriptional activation domain，简称 AD)。DNA-BD 能够识别位于 GAL4 效应基因(GAL4-responsive gene)上游的一个特定区段，即上游激活序列(upstream activating sequence，UAS)，并与之结合。而 AD 则是通过同转录机(transcription machinery)中的其它成份之间的结合作用，以启动 UAS 下游的基因进行转录。这两个结构域都是激活基因转录的必要条件，而且在正常的情况下它们都是同一种蛋白质的组成部分。但是，如果应用 DNA 重组技术把它们从形体上彼此分开，并放置在同一寄主细胞中表达。那么，由此产生的 GAL4 DNA-BD 和 AD 多肽，彼此之间就不会直接地发生相互作用，故不能激活其相关的效应基因进行转录。实验同样也证明，应用重组 DNA 技术，也可以将来自同一个转录因子的、或是两种不同转录因子的、分开的两种结构域，在体内重新组装成具有功能的转录因子(图 6-29)，从而激活 UAS 下游启动子调节的报告基因的表达。

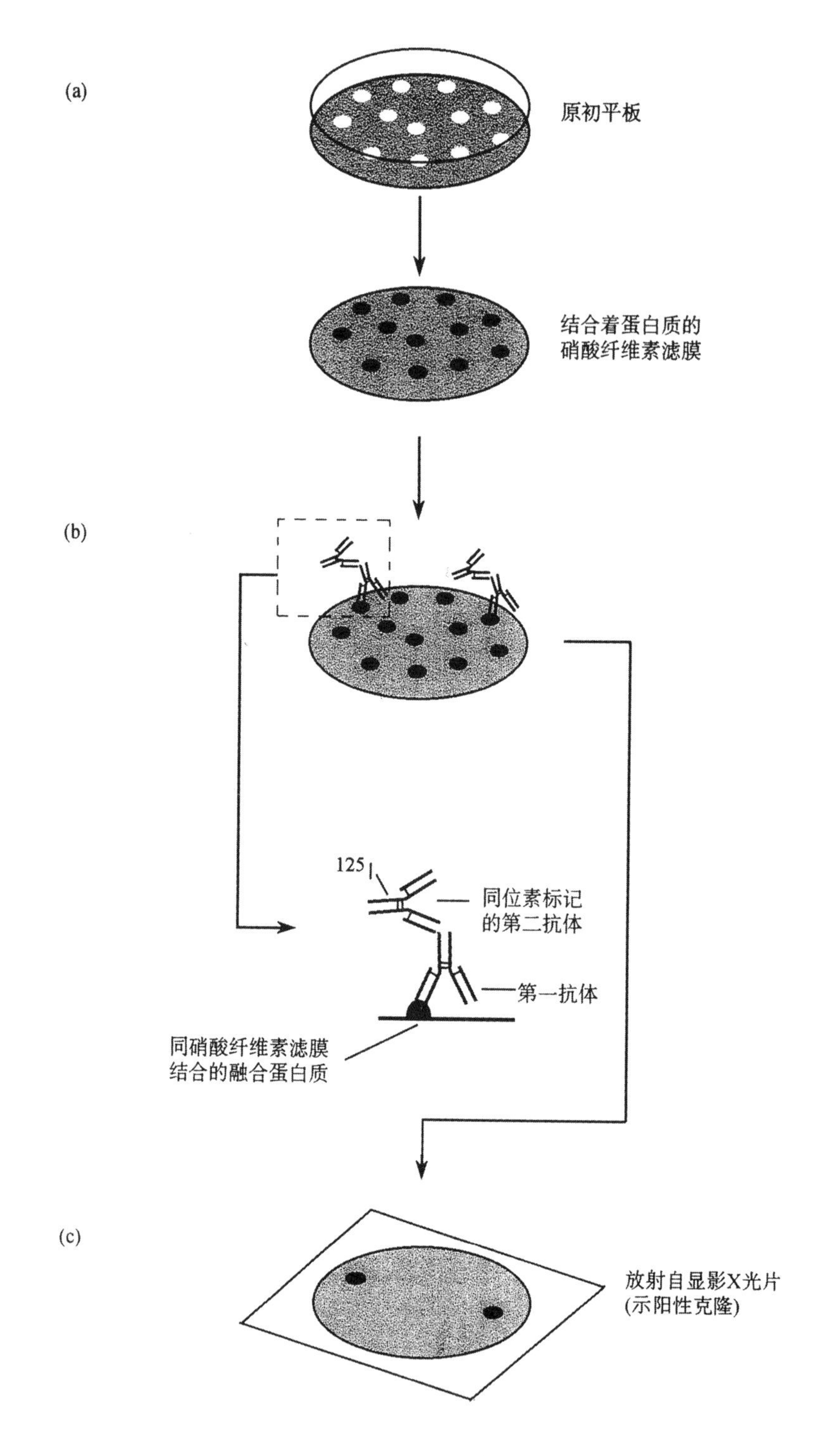

图 6-28　利用抗体筛选表达文库

(a)把原初平板上生长的噬菌斑及其产生的融合蛋白质原位复印转移到硝酸纤维素滤膜上；(b)滤膜与第一抗体溶液一道温育，漂洗后加放射性标记的第二抗体继续温育；(c)放射自显影

(2) 酵母双杂交体系的寄主菌株及质粒载体

为了构建酵母双杂交体系的转化系统，人们首先将酿酒酵母基因组中的 GAL4 的编码基因剔除掉，发展成转化系统的寄主菌株。常用的这种缺陷型的酵母菌株有 SFY526 和 HF7c，它们带有特定的报告基因 lacZ、HIS3 和 LEU2 等，但丧失了表达内源 GAL4 转录激活因子的能力，因此适于用来检测外源 GAL4 转录激活因子的功能活性。

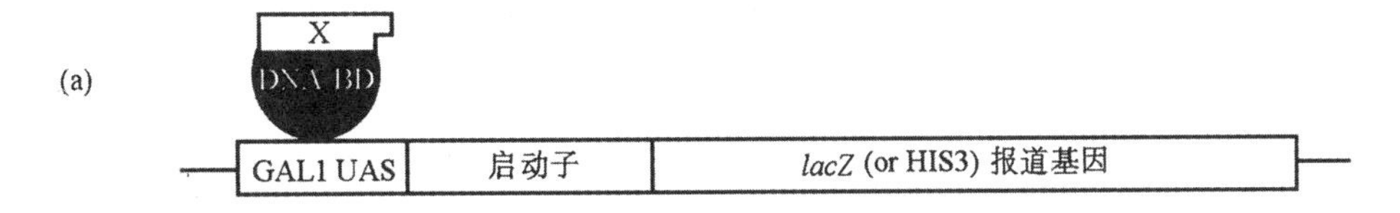

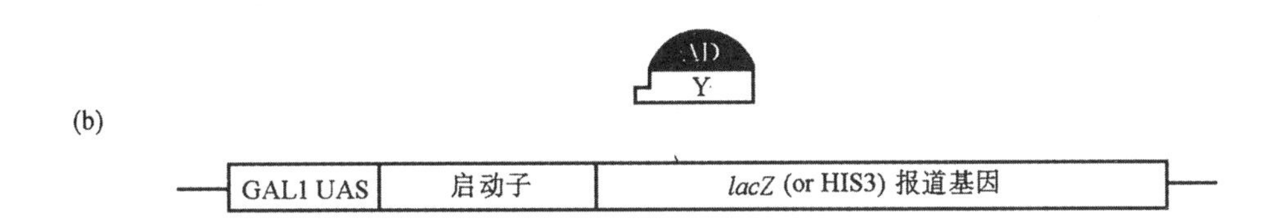

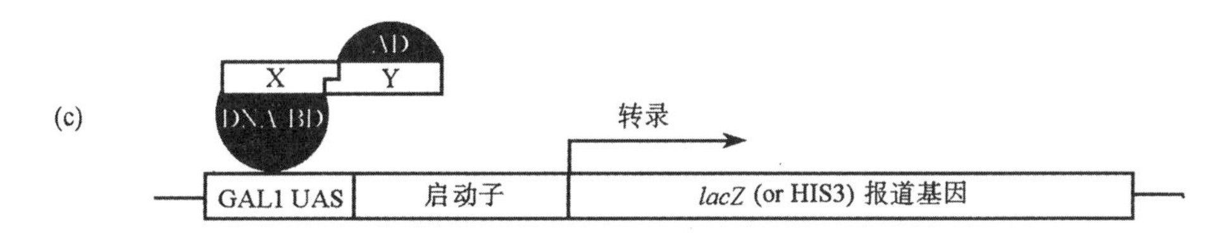

图 6-29　酵母双杂交体系原理示意图

(a)GAL4 的 DNA-BD 和蛋白质 X 结合形成的杂种蛋白，同 GAL1 的 UAS 序列结合，但由于没有同 AD 结合，故不能启动报道基因转录；(b)GAL4 的 AD 同蛋白质 Y 结合形成的杂种蛋白，没有同 UAS 序列结合，故不能启动报道基因转录；(c)通过这两个杂种蛋白中的 X 蛋白和 Y 蛋白之间的相互作用，在细胞内重建了 GAL4 的功能，结果启动报道基因进行表达

此外，还构建了两种可以在大肠杆菌和酿酒酵母两种细胞中自主复制的穿梭质粒载体。第一种质粒载体是 pGBT9，又叫做 DNA－BD 质粒载体。靶基因是按正确的取向和读码结构被克隆在这个载体的多克隆位点区内，于是便在靶蛋白和 GAL4-BD 之间产生融合作用，形成杂种蛋白质 I。第二种质粒载体是 pGAD424，又叫 AD 质粒载体，它是用来构建 cDNA 表达文库的专用载体。克隆的 cDNA 片段是按正确的取向和读码结构插入在载体的多克隆位点区内，因此由 cDNA 编码的蛋白质便会同 GAL4-AD 之间产生融合作用，形成杂种蛋白质 II。

这两种杂种蛋白质都能够在酵母细胞中得到高水平的表达，而且在核定位序列(nuclear localization sequence)的作用下进入到酵母的细胞核内。在 pGBT9 质粒载体中，核定位序列是 GAL4 DNA 结合域序列中间的一部分；而在 pGAD424 质粒载体中，核定位序列则是 SV40 的 T 抗原序列，它被克隆在 ADH1 启动子和 GAL4 激发域序列之间。

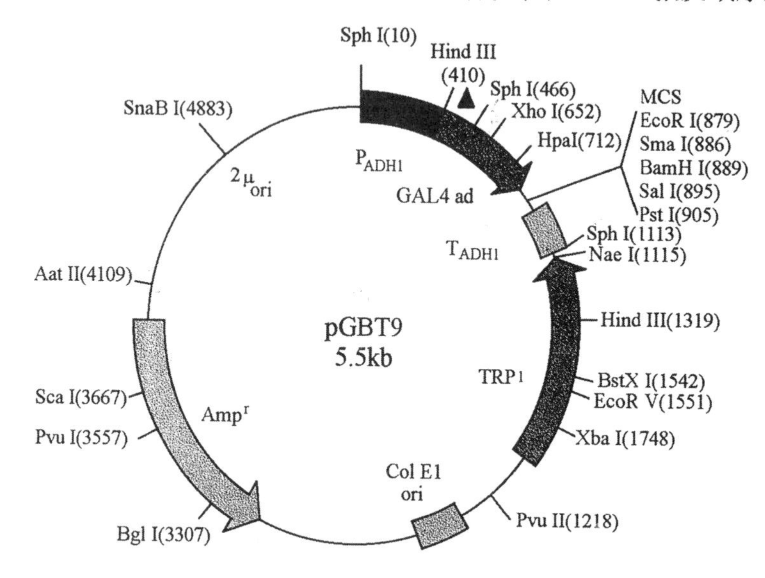

图 6-30　酿酒酵母质粒载体 pGBT9 的形体图

GAL4 bd＝GAL4 结合域序列；P＝启动子；T＝转录终止序列；▲＝GAL4 核定位信号

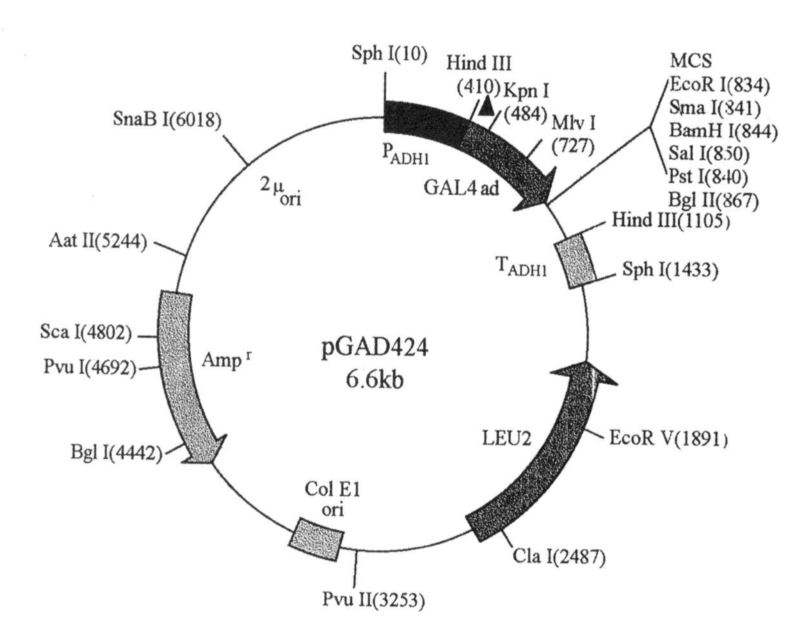

图 6-31　酿酒酵母质粒载体 pGAD424 的形体图

GAL4 ad＝GAL4 激活域序列；P＝启动子；T＝转录终止信号；▲＝SV40 大 T 抗原核定位信号

（3）酵母双杂交体系的实验程序

将已知的靶蛋白质的编码基因插入到 pGBT9 质粒载体的多克隆位点上，同时也把

cDNA 片段克隆在 pGAD424 质粒载体上，构成 cDNA 表达文库。从大肠杆菌中分别提取这两种重组质粒 DNA，并共转化给感受态的酿酒酵母寄主菌株(如 HF7c)。将此种共转化的酵母菌株涂布在缺少亮氨酸和色氨酸的合成的营养缺陷培养基上，以便挑选具有两种杂种质粒的转化子。同时我们也将共转化的酵母菌株涂布在缺少组氨酸、亮氨酸和色氨酸的合成的营养缺陷培养基上，以便筛选那些能表达相互作用的杂种蛋白质之阳性菌落。

第五节　重组体分子的选择与鉴定

DNA 分子的体外连接，从道理上讲是一种比较简单的过程。当载体分子经核酸内切限制酶切割之后，再同一组相应的未分部的 DNA 限制片段群体退火，就将形成多种类型的 DNA 分子。其中包括：不带有任何外源 DNA 插入片段、仅是由线性载体自身再连接形成的环形 DNA 分子；由一个载体 DNA 分子和一个或数个外源 DNA 插入片段构成的重组体 DNA 分子；以及单纯由数个外源 DNA 片段彼此连接形成的多聚 DNA 分子。虽然其中后一种类型的分子，由于不具备复制起点和复制基因，不能够在转化子细胞中稳定地存留下来，而终将被淘汰掉成为无用的分子。但面对由这种混合的 DNA 制剂转化而来的克隆群体，我们需要采用特殊的方法，才能筛选出可能含有目的基因的重组体克隆。同时也需要用某种方法检测从这些克隆中提取的质粒或噬菌体 DNA，看它是否确实具有一段插入的外源 DNA。何况即使在这一问题得到了证实之后，也还不能够肯定这些重组载体所含有的外源 DNA 片段，是否就一定编码有我们所研究的目的基因的序列。因此，为了从为数众多的转化子克隆中，分离出含有真正目的基因的重组体克隆，就必须对重组体 DNA 进行认真的选择与鉴定。

从转化的细菌群体中分离带目的基因的重组体分子，其工作之难易，在很大程度上取决于所采用的基因克隆方案。例如，当使用含量丰富的或纯净的 mRNA 合成的 cDNA 作基因克隆时，整个工作就相对地显得比较简单一些，只要筛选少量的克隆就已经足够了。而如果要从一个完全的哺乳动物基因组文库中，分离一种特定的单拷贝基因，就需要有能够筛选数千个转化子的技术手段，这样工作量就比较大，而且难度也相对地更高一些。为了解决这个难题，已经发展出一系列构思巧妙、可靠性较高的重组体检测法，包括使用特异性探针的核酸杂交法、Southwestern 印迹法、免疫化学法以及遗传检测法和物理检测法等。

在日常的实际使用中，甚至在一些有关的文章和专门的著作里，我们经常会遇到“选择”(selection)和“筛选”(screening)这两个术语被混淆的情况。因此，在叙述重组体 DNA 分子的检测之前，有必要讨论一下两者的基本含义。

我们认为，在分子生物学特别是重组 DNA 研究领域中广泛使用的选择这个词，其基本含义是指通过某种外来附加压力(或因素)的辨别作用，呈现具有重组 DNA 分子的特定克隆类型的一种方法。例如，在细菌的生长培养基中补加诸如抗菌素一类的选择因子，便会对不具抗性的细胞产生致死效应，而具有所需重组 DNA 分子的转化子细胞，由于获得了相应的抗性功能，故可正常生长并存活下来。因此我们说，这些转化子克隆是在抗菌素的压力作用下被选择出来的。选择所涉及的范围较为广泛，包括根据克隆载体提供的表型特征的简单选择(simple selection)，和根据突变的互补作用对克隆基因的直接选择(direct selection)。

筛选则是指通过某种特定的方法,例如核酸杂交以及免疫测定等,从被分析的细胞群体或基因文库中,鉴定出真正具有所需重组 DNA 分子的特定克隆的过程。例如,从根据 Xgal-IPTG 显色反应选择的重组体克隆(菌落或噬菌斑)群体中,鉴定出含目的基因或 DNA 片段的特定克隆。由于被筛选的大量的菌落或噬菌斑当中,仅有很少的比例含有期望的重组 DNA 分子,因此需要使用高度敏感和高度特异的筛选方法。事实上,在基因克隆的许多实验中都要涉及到选择和筛选这两种方法,而且往往同时使用。

1. 遗传检测法

(1) 根据载体表型特征选择重组体分子的直接选择法

根据载体分子所提供的表型特征,直接选择重组体 DNA 分子的遗传选择法,当它同微生物学技术相配合时,便可适用于大量群体的筛选,因此是一种十分有效的方法。在基因工程中使用的所有的载体分子,都带有一个可选择的遗传标记或表型特征。质粒以及柯斯载体具有抗药性记号或营养记号,而对于噬菌体来说,噬菌斑的形成则是它们的自我选择特征。根据载体分子所提供的遗传特性进行选择,是获得重组体 DNA 分子群体的必不可少的条件之一。正如我们已经叙述过的,这种遗传选择法,使我们能够将重组体的 DNA 分子同非重组体的亲本载体分子区别开来。抗药性记号的插入失活作用,或者是诸如 β-半乳糖苷酶基因一类的显色反应,便是属于这种依据载体编码的遗传特性选择重组体分子的典型方法。

(i) 抗药性记号插入失活选择法

pBR322 质粒是 DNA 分子克隆中最常用的一种载体分子。它分子量小,仅为 2.9×10^6dal,而且编码有四环素抗性基因(tet^r)和氨苄青霉素抗性基因(amp^r)。只要将转化的

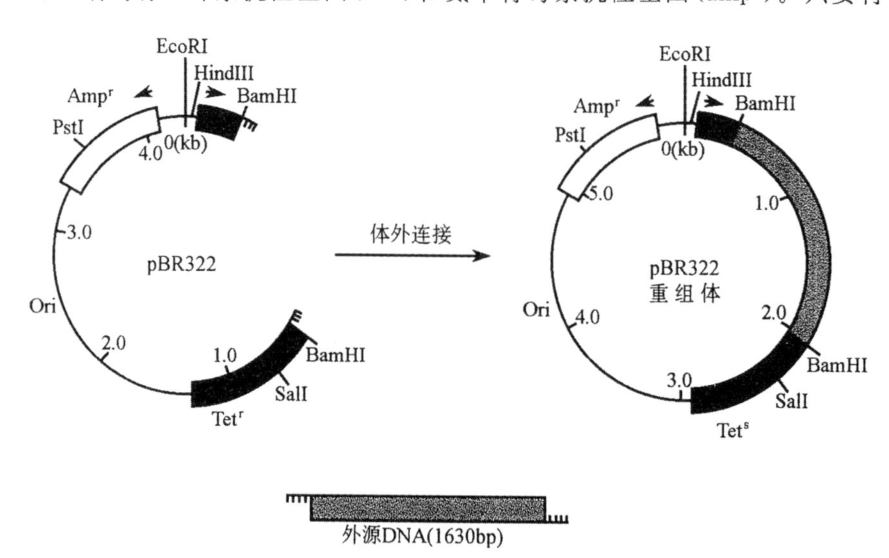

图 6-32 基因的插入失活效应

pBR322 质粒的四环素抗性(tet^r)基因由于插入了一段外源 DNA 片段,而失去了它的功能活性。

Amp^r=氨苄青霉素抗性;Tet^s=四环素敏感

细胞培养在含有四环素或氨苄青霉素的生长培养基中，便可以容易地检测出获得了此种质粒的转化子细胞（图 6-32）。

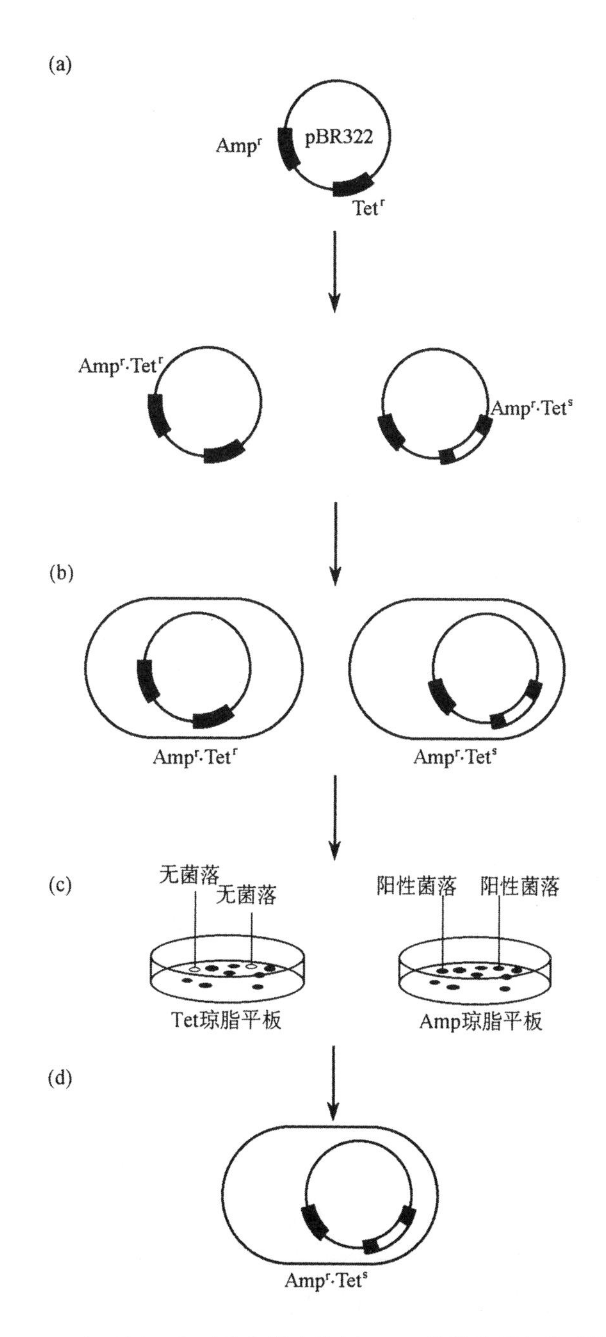

图 6-33 应用插入失活分离带有外源 DNA 片段的重组体质粒

(a)外源 DNA 片段插入在 pBR322 质粒 tet^r 基因的编码序列内，使该基因失活；(b)体外重组反应混合物转化给大肠杆菌 Amp^{s}Tet^s 菌株，并涂布在 Amp 琼脂平板上，凡获得了 pBR322 质粒和重组质粒(Amp^{r}Tet^s)的寄主细胞都可长成菌落；(c)将 Amp 琼脂上的菌落原位影印在 Tet 琼脂平板上生长，对比这两个平板的菌落生长情况，凡在 Amp 平板上能够生长而在 Tet 平板上不能生长的菌落，便是属于带有重组体质粒的转化子克隆；(d)挑出这样的阳性克隆，扩增分离带有外源 DNA 插入片段的重组体质粒

检测外源DNA插入作用的一种通用的方法是插入失活效应(insertional inactivation)。在pBR322质粒的DNA序列上,有许多种不同的核酸内切限制酶的识别位点都可以接受外源DNA的插入。如图6-33所示,由于在tet^r基因内有BamHI和SalI两种限制酶的单一识别位点。在这2个识别位点中的任何插入作用,都会导致tet^r基因出现功能性失活,于是所形成的重组质粒都将具有Amp^rTet^s的表型。如果野生型的细胞(Amp^sTer^s),用已被BamHI或SalI切割过的、并同外源DNA限制片段退火的pBR322 DNA转化,然后涂布在含有氨苄青霉素的琼脂平板上。那么,存活的Amp^r菌落就必定是已经获得了这种重组体质粒的转化子克隆。接着进一步检测这些菌落对四环素的敏感性。由于pBR322质粒还带有tet^r基因,因此Amp^r菌落同时也具有Tet^r的表型,除非这个基因已经被插入的外源DNA片段所失活。由此可以推断,具Amp^rTet^s表型的细胞所携带的pBR322 DNA,在其tet^r基因内必定带有插入的外源DNA片段。

在涂布之前,先将转化的细胞接种在加有环丝氨酸和四环素的培养基中生长,便可简化这种插入失活检测法的程序。环丝氨酸和四环素对细胞的作用效果各不相同,前者会使生长的细胞致死,而后者则仅仅是抑制Tet^s细胞的生长而非致死。因此,培养在这种生长培养基中的Tet^r细胞由于能够生长,所以便被周围培养基环境中的环丝氨酸所杀死;Tet^s细胞由于生长受到抑制,从而避免了环丝氨酸的致死作用,结果便存活下来。将经过如此处理的细胞,涂布在含有氨苄青霉素的琼脂平板上,所形成的具Amp^rTet^s表型的菌落,全都带上了具有外源DNA插入片段的pBR322质粒分子。

此外,在pBR322质粒的amp^r基因序列中,也有一个PstI限制酶的唯一识别位点。因此,插入失活作用检测法对于这个位点同样也是适用的。当然,所挑选的菌落则应该是具Amp^sTet^r的表型。

EcoRI是一种在基因操作中十分有用的核酸内切限制酶。遗憾的是,在pBR322质粒的amp^r和tet^r基因的核苷酸序列中,都不存在它的识别位点。这就限制了此种限制酶在pBR322质粒的插入失活检测法中的实际用处。为此,基因工程学家应用DNA重组技术,已经构建出了一种具有氯霉素抗性基因(chl^r)的新质粒载体pBR325(图6-34)。由于在这种质粒载体的chl^r基因的核苷酸序列内,存在一个EcoRI识别位点,因此,在这个EcoRI识别位点中插入外源DNA片段,就会破坏氯霉素抗性基因的功能活性。按照类似的办法,已经构建出了一系列的其它质粒载体,它们都可以适用于插入失活检测法。

(ii) β-半乳糖苷酶显色反应选择法

根据插入失活原理设计的筛选重组体分子的方法,需要进行菌落平板的影印复制,才能识别出由此而丧失的表型特征。这势必会给重组体的筛选工作增加不少的麻烦。所以,有许多的实验室都曾致力于发展可适用于β-半乳糖苷酶显色反应的高敏感的载体系列。应用这样的载体系列,外源DNA插入到它的lacZ基因上所造成的β-半乳糖苷酶失活效应,可以通过大肠杆菌转化子菌落在Xgal-IPTG培养基中的颜色变化直接观察出来。β-半乳糖苷酶会把乳糖水解成半乳糖和葡萄糖(图6-35)。

将pUC质粒转化的细胞,培养在补加有Xgal和乳糖诱导物IPTG的培养基中时,由于基因内互补作用形成的有功能的半乳糖苷酶,会把培养基中无色的Xgal切割成半乳糖和深蓝色的底物5-溴-4氯-靛蓝(5-bromo-4-chloro-indigo),使菌落呈现出蓝色反应。在pUC质粒载体lacZ α序列中,含有一系列不同限制酶的单一识别位点,其中任何一个位

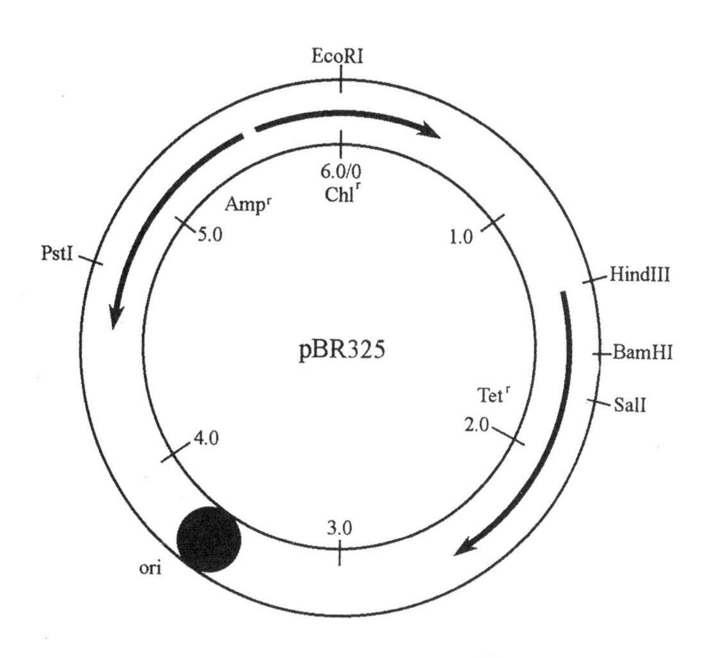

图 6-34 pBR325 质粒的形体图

这个质粒是从 pBR322 质粒派生而来的，它编码有三种抗菌素抗性基因，基因组全长为 5995bp，分子量约为 4×10^{6}dal。pBR325质粒对如下几种核酸内切限制酶具有单切割位点：EcoRI(0/5995)、HindIII(1248)、BamHI(1594)、SalI(1869)、PstI(4831)。箭头指示抗菌素抗性基因的转录方向

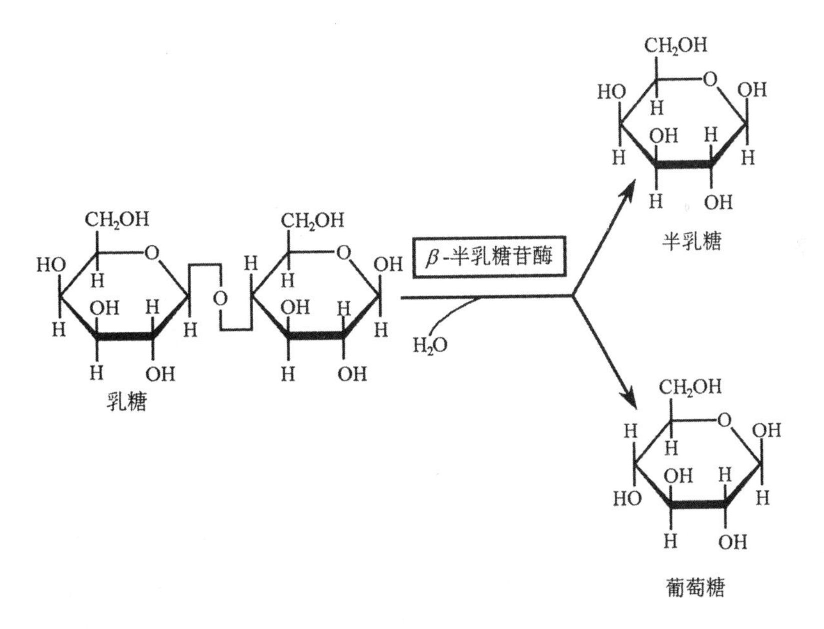

图 6-35 β-半乳糖苷酶对乳糖的消化作用

β-半乳糖苷酶将乳糖水解后形成半乳糖和葡萄糖。不能合成 β-半乳糖苷酶的大肠杆菌突变体，也就不能够利用乳糖作为碳源

点插入了外源克隆 DNA 片段，都会阻断读码结构，使其编码的 α 肽失去活性，结果产生出白色的菌落。因此，根据这种 β-半乳糖苷酶的显色反应，便可以检测出含有外源 DNA 插入序列的重组体克隆。

(2) 根据插入序列的表型特征选择重组体分子的直接选择法

重组体 DNA 分子转化到大肠杆菌寄主细胞之后，如果插入在载体分子上的外源基因能够实现其功能性的表达，那么分离带有此种基因的克隆，最简便的途径便是根据表型特征的直接选择法。这种选择法依据的基本原理是，转化进来的外源 DNA 编码的基因，能够对大肠杆菌寄主菌株所具有的突变发生体内抑制或互补效应，从而使被转化的寄主细胞表现出外源基因编码的表型特征。例如，编码大肠杆菌生物合成基因的克隆的外源 DNA 片段，对于大肠杆菌寄主菌株的不可逆的营养缺陷突变具有互补的功能。根据这种特性，我们便可以分离到获得了这种基因的重组体克隆。目前已拥有相当数量的对其突变作了详尽研究的大肠杆菌实用菌株。而且其中有许多种类型的突变，只要克隆的外源基因产物获得低水平的表达，便会被抑制或发生互补作用。

J. R. Cameron 等人的工作(1975)是一个有代表性的出色的例子。他们将野生型的大肠杆菌 DNA 连接酶基因，克隆到 λgt・λB 噬菌体载体上。由于 C 片段的缺失而造成重组缺陷的 λred^- 噬菌体载体，在容许的温度下，生长在大肠杆菌 lig ts 菌株上并不能形成噬菌斑，但却能够在具有连接酶功能的大肠杆菌 lig^+ 菌株上形成噬菌斑。因此，J. R. Cameron 等人构建的带有连接酶基因的重组体噬菌体 λgt・λB，当被涂布在大肠杆菌 lig ts 平板上时，通过同寄主细胞缺陷性之间的互补作用，便能够形成噬菌斑。于是根据形成噬菌斑这种表型特征，我们就可以十分方便地选择出具有野生型连接酶功能的重组体噬菌体。

研究表明，一些真核的基因能够在大肠杆菌中表达，并且还能够同寄主菌株的营养缺陷突变发生互补作用。例如，将机械切割产生的酵母 DNA 片段，经过同聚物加尾之后插入到 ColEI 质粒载体上。再用这种重组体质粒转化大肠杆菌 hisB 突变体，通过互补作用选择程序，分离到了一种携带着表达酵母 his 基因的克隆。

应用类似的方法也成功地分离了小鼠的二氢叶酸还原酶(dihydrofolate reductase, DHFR)基因。具体的实验步骤是，先将含有 DHFR mRNA 的小鼠总 mRNA 制剂反转录成 cDNA 拷贝，构建 cDNA 文库。根据小鼠 DHFR 对于药物三甲氧苄二氨嘧啶(trimethoprim)呈现抗性这种性状特征，将转化的细菌生长在含有三甲氧苄二氨嘧啶的培养基中(其含量水平为可以抑制大肠杆菌的 DHFR 的活性)，选择转化子。这样分离出来的抗性克隆，显然都是由于具有小鼠 DHFR 基因的克隆片段，赋于寄主细胞新的抗性表型所致。这是关于哺乳动物结构基因在大肠杆菌中实现表达的一个早期例子。当然，影响异源基因表达的因素是多方面的，复杂的。因此，为了从那些含有不表达的 DHFR cDNA 的克隆中间，鉴定出实际上合成小鼠 DHFR 酶的克隆，需要一种有效的选择程序。

根据克隆片段为寄主提供的新的表型特征，选择重组体 DNA 分子的直接选择法，是受一定的条件限制的。它不单要求克隆的 DNA 片段必须大到足以包含一个完整的基因序列，而且还要求所编码的基因应能够在大肠杆菌寄主细胞中实现功能表达。无疑，真核基因是比较难以满足这些要求的，其原因在于有许多真核基因是不能够同大肠杆菌的突变发生抑制作用或互补效应的。此外，大多数的真核基因内部都存在着间隔序列，而大肠杆菌又不存在真核基因转录加工过程中所需要的剪辑机理，这样便阻碍了它们在大肠杆菌寄主细胞中实现基因产物的表达。当然，在有些情况下，我们是可以通过使用 mRNA 的

cDNA 拷贝构建重组体 DNA 的办法，来克服这类问题的。

2. 物理检测法

虽然说在大多数场合下，基因克隆的目的都是要求将某种特定的基因分离出来在体外进行分析。不过也有一些特殊的实验，例如有关真核 DNA 序列结构的研究，则需要将 DNA 序列中的非基因编码区的片段也克隆到质粒载体上。对于这类重组体质粒，只要根据其分子量比野生型大这一特点，就可以检测出来。常用的重组体分子的物理检测法，有凝胶电泳检测法和 R-环检测法两种。

(1) 凝胶电泳检测法

证明重组体质粒在分子量上的增加，一种直接了当的方法是分离质粒的 DNA 并测定其分子长度。对此，电子显微镜测定无疑是有效的方法，但对于以筛选为目的的实验来说，则显得过于烦琐。因此，常用操作程序比较简单的凝胶电泳测定法代替。其办法是将含有质粒的单菌落的溶菌物，通常是一次制备 12 个不同单菌落的溶菌样品，同时进行电泳分析测定。一个单菌落会有大量的质粒 DNA，它足以在染色体 DNA 前面形成一条独立的电泳谱带。质粒 DNA 的电泳迁移率是与其分子量大小成比例的。因此，那些带有外源 DNA 插入序列的分子量较大的重组体 DNA，在凝胶中的迁移速度，就要比不具有外源 DNA 插入序列的分子量较小的质粒 DNA 来得缓慢些。根据这种差别，就可以容易地鉴定出哪些菌落是含有具外源 DNA 插入序列的分子量较大的重组质粒。

(2) R-环检测法

有两种不同的采用 mRNA 作探针的核酸杂交法，可用来检测具有外源 DNA 插入片段的重组体分子。一种是 R-环检测法，另一种则是放射性探针检测法。

我们知道，在临近双链 DNA 变性温度下和高浓度(70%)的甲酰胺溶液中，即所谓的形成 R-环的条件下，双链的 DNA-RNA 分子要比双链的 DNA-DNA 分子更为稳定。因此，将 RNA 及 DNA 的混合物置于这种退火条件下，RNA 便会同它的双链 DNA 分子中的互补序列退火形成稳定的 DNA-RNA 杂交分子，而使被取代的另一链处于单链状态。这种由单链 DNA 分支和双链 DNA-RNA 分支形成的“泡状”体，叫做 R-环结构。R-环结构一旦形成就十分稳定，而且可以在电子显微镜下观察到(图 6-36)。所以，应用 R-环检测法，可以鉴定出双链 DNA 中存在的与特定 RNA 分子同源的区域。

根据这样的原理，在有利于形成 R-环的条件下，使待检测的纯化的质粒 DNA，在含有 mRNA 分子的缓冲液中局部地变性。如果质粒 DNA 分子上存在着与 mRNA 探针互补的序列，那么这种 mRNA 就将取代 DNA 分子中的相应的互补链，形成 R-环结构。然后放置在电子显微镜下观察，这样便可以检测出重组体质粒的 DNA 分子。

3. 菌落或噬菌斑杂交筛选法

从基因文库中筛选带有目的基因插入序列的克隆，最广泛使用的一种方法是，应用放射性标记的特定的 DNA 或 RNA 作探针，进行 DNA/DNA 或 DNA/RNA 杂交的核酸杂交检测法。这种应用放射性标记的探针，原位筛选重组体菌落的方法，最早是由 M. Grun-

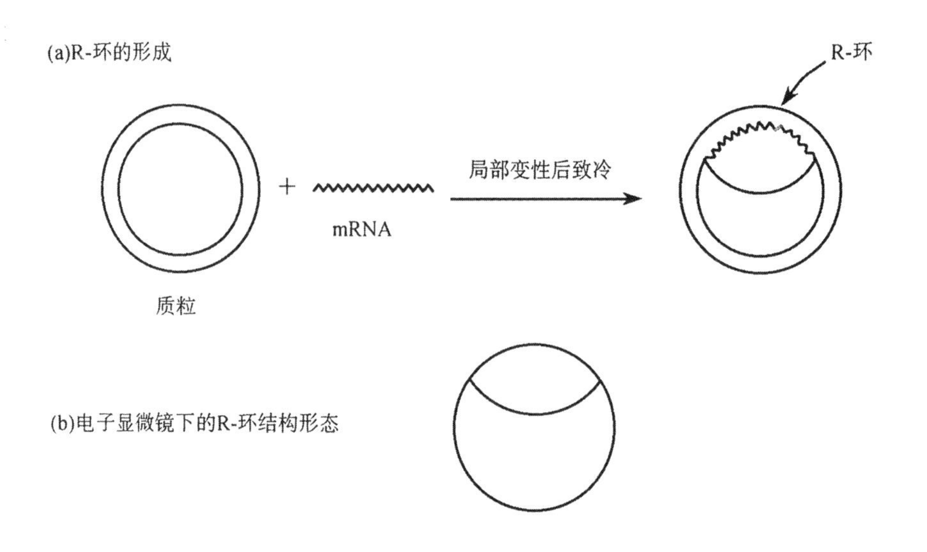

图 6-36 R-环结构的形成

闭合环形双链的质粒 DNA 分子是处于超盘旋的稳定的结构状态。在局部变性之前产生的单链破裂(图中未示出)，会使这样的 DNA 分子变得较为松展，也比较容易观察

stein 和 D. Hogness(1975)发明的。接着经过 D. Hanahan 和 M. Meselson(1980)的改良之后，便可适用于高密度的菌落杂交筛选(见第二章菌落杂交)。将被筛选的大肠杆菌菌落，从其生长的琼脂平板中小心地转移到铺放在琼脂平板表面的硝酸纤维素滤膜上，而后进行适当的温育。同时保藏原来的菌落平板作为参照，以备从中挑取阳性克隆。取出已经长有菌落的硝酸纤维素滤膜，使用碱液处理，于是细菌菌落便被溶解，它们的 DNA 也就随之变性。然后再用适当的办法处理滤膜以除去蛋白质，留下的便是同硝酸纤维素滤膜结合的变性 DNA。因为变性 DNA 同硝酸纤维素滤膜有很强的亲合力，这样便形成了菌落的"DNA 印迹"。在 80℃下烘烤滤膜，以使 DNA 牢固地固定下来。将这些滤膜同放射性标记的 DNA 或 RNA 探针杂交，并通过放射自显影检测杂交的结果。含有同探针互补的 DNA 的菌落，在 X 光底片上呈现黑色的斑点(图 6-37)，通过同原培养基平板上菌落位置的对照，挑选出阳性菌落，便是我们所需要的含有目的基因插入片段的重组体克隆。

此法经过 W. Benton 和 R. Davis(1977)及其他一些学者的改良之后，亦可适用于重组体噬菌斑的筛选。在这种程序中，也是将硝酸纤维素滤膜覆盖在琼脂平板的表面上，使之同噬菌斑直接接触。于是，噬菌斑中大量没有被包装的游离的重组 DNA，以及噬菌体颗粒，便一齐转移到滤膜上。这样就可以采用如同菌落杂交一样的处理，使噬菌体的 DNA 原位固定在硝酸纤维素滤膜上，并同放射性探 针进行杂交。这种方法的优点是，它可容易地从同一个噬菌斑平板连续影印几张同样的硝酸纤维素滤膜，获得数张同样的 DNA 印迹。因此能够进行重复的筛选，提高了实验的可靠性，而且可以使用两种或数种探针筛选同一套重组体 DNA。此外，与菌落杂交相比，噬菌斑杂交一般可获得更强的杂交信号。这很可能是由于在噬菌斑杂交中，有更多的 DNA 被固定在滤膜上的缘故。

4. 免疫化学检测法

直接的免疫化学检测技术，同菌落杂交技术在程序上是十分类似的。但它不是使用放

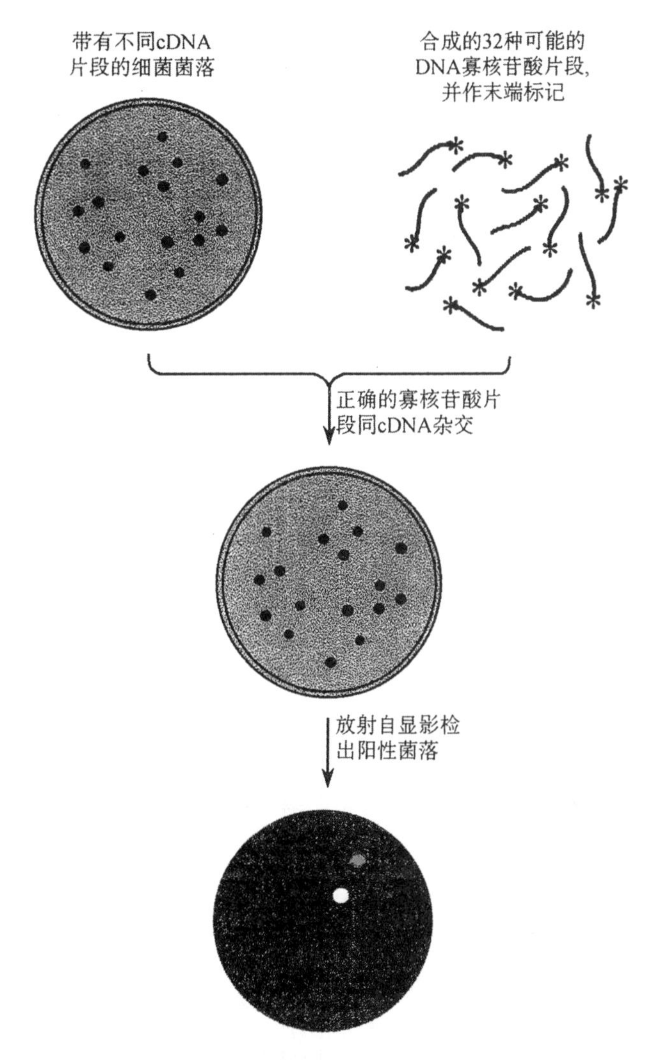

图 6-37 菌落(或噬菌斑)杂交筛选法
根据蛋白质氨基酸顺序设计的寡核苷酸片段,经末端标记后作为核酸杂交探针,
检测带有目的基因插入序列的菌落

射性标记的核酸作探针,而是用抗体鉴定那些产生外源 DNA 编码的抗原的菌落或噬菌斑。只要当一个克隆的目的基因,能够在大肠杆菌寄主细胞中实现表达,合成出外源的蛋白质,就可以采用免疫化学法检测重组体克隆。现在已经发展出一套特异性地适用于这种检测法的载体系统。它们都是专门设计的"表达"载体。因此,由它们所携带的外源基因,能够在大肠杆菌寄主细胞中进行转录和转译。

免疫化学检测法可分为放射性抗体测定法(radioactive antibody test),和免疫沉淀测定法(immunoprecipitation test)。这些方法最突出的优点是,它们能够检测不为寄主提供任何可选择的表型特征的克隆基因。不过，这些方法又需要使用特异性的抗体。

(1) 放射性抗体检测法

现在已被许多实验室广泛采用的放射性抗体测定法，所依据的原理如下：

①一种免疫血清含有好几种 IgG 抗体，它们识别抗原分子上的不同定子，并分别同各自识别的抗原定子相结合；

②抗体分子或抗体的 F(ab)部分，能够十分牢固地吸附在固体基质(例如聚乙烯等塑料制品)上，而不会被洗脱掉；

③通过体外碘化作用，IgG 抗体便会迅速地被放射性同位素^{125}I 标记上。

在实际的测定中，首先把转化的菌落涂布在普通培养皿的琼脂平板上。同时，还必须制备影印的复制平板。因为在尔后的操作过程中，涂布在普通培养平板上的转化菌落是要被杀死的。接着把细菌菌落溶解，所用的方法有：把平板放置在氯仿蒸气中；用烈性噬菌体的气溶胶喷洒；或用带有能被热诱发的原噬菌体的寄主菌处理等。这样便使阳性菌落释放出抗原蛋白质。将连结在固体支持物上的抗体，缓慢地同溶解的细胞接触，以利于抗原吸附到抗体上，并且彼此结合形成抗原-抗体复合物(图 6-38)。然后，将这种吸附着抗原-抗体复合物的固体支持物取出来，与放射性标记的第二种抗体一道温育，以便检出这种复合物。未反应的抗体可以被漂洗掉，而抗原-抗体复合物的位置，则可通过放射自显影技术被测定出来，并据此确定出在原平板中能够合成抗原的细菌菌落的位置。

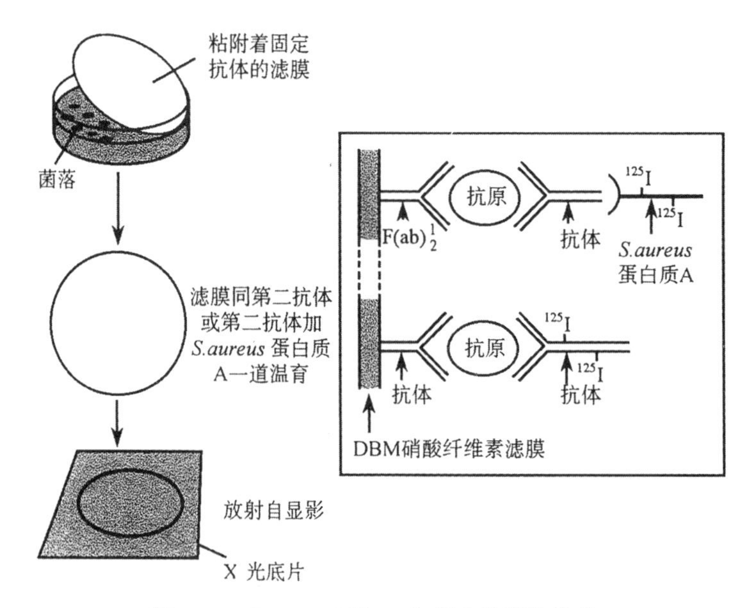

图 6-38　Broome-Gilbert 免疫化学筛选技术

在 S. Broome 和 W. Gilbert 所使用的放射性抗体测定技术中，抗体是同充作固体支持物的聚乙烯薄膜相结合。他们同样也是使用免疫珠蛋白片段，但是用^{125}I 放射性同位素进行标记，作为第二种抗体来检测同固定在聚乙烯薄膜上的与抗体相结合的抗原(图 6-39)。

在讨论放射性抗体测定法的同时，还有必要简单地叙述一下由 Broome 和 Gilbert 发

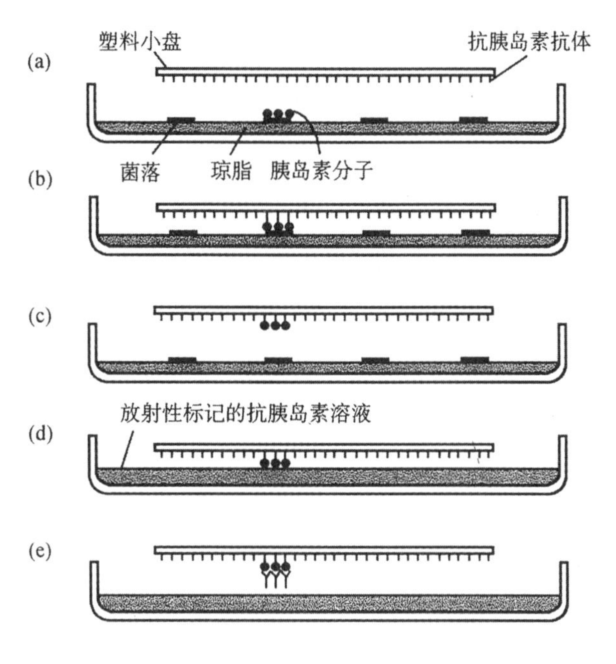

图 6-39 放射性抗体检测法筛选分泌胰岛素的克隆

(a)、(b)涂有抗胰岛素抗体的塑料盘，同培养皿中的菌落作表面接触；(c)分泌胰岛素的菌落所含的抗原分子(胰岛素)同抗体结合；(d)塑料盘随后移放在放射性标记的抗胰岛素抗体的溶液中；(e)放射性抗体粘着到塑料盘中相应于分泌胰岛素的菌落印迹位置上

展的所谓双位点检测法(two site detection method)。这种方法特别适用于含有杂种多肽菌落的分析。例如一种重组体质粒DNA，产生出由蛋白质A和蛋白质B融合形成的杂种多肽(A-B)。为了从转化子菌落群体中检测出合成这种蛋白质多肽的克隆，可把抗(A-B)杂种多肽A蛋白部分的抗体，固定在固体基质上，最简便的方法是直接涂抹在聚乙烯的平皿上。再把抗(A-B)杂种多肽B蛋白质部分的第二种抗体，在体外用放射性同位素^{125}I标记上，作为检测抗体使用。因为第一种抗体只同A部分蛋白结合，^{125}I标记的第二种抗体只同B部分蛋白结合，所以只有含有杂种多肽(A-B)的克隆才能呈现阳性反应，这样便可以十分准确地检测出重组体DNA分子。

有些例子中，一个插入的外源基因，取代了质粒中某种蛋白质编码序列的终止密码子，并同质粒基因连接起来。由此产生的杂种蛋白质，叫做融合蛋白质。对于这类融合蛋白质之检测，上述讨论过的免疫化学方法同样是适用的。而且，所研究的蛋白质若不能够由寄主细胞正常地分泌出来，那么显而易见，这类"融合作用"往往就有着特别的价值。此时，一般是使用pBR322质粒作载体，并将所研究的外源基因插入在编码β-内酰胺酶的amp^r基因中。我们知道，正是由于β-内酰胺酶的功能，细菌才表现出氨苄青霉素抗性的表型特征(Amp^r)。随后根据对四环素抗性这种表型特征选择出Tet^r的细胞，而且还可以根据插入失活作用检测外源DNA的插入，即从Tet^r细胞群体中筛选出Amp^s表型特征的细菌菌落。一旦外源目的基因已经插入，蛋白质产物就同β-内酰胺酶融合。而β-内酰胺酶这种蛋白质，是能够透过细胞壁而分泌到周围的培养基中去。这样，我们便能够按双位点测定法，检测这种融合的杂种蛋白质。

(2) 免疫沉淀检测法

免疫沉淀检测法,同样也可以鉴定产生蛋白质的菌落。其做法是在生长菌落的琼脂培养基中,加入专门抗这种蛋白质分子的特异性抗体。如果有些菌落的细菌会分泌出某种蛋白质,那么在它的周围,就会出现一条由一种叫做沉淀素(preciptin)的抗体-抗原沉淀物所形成的白色的圆圈(图 6-40)。但有报道此法灵敏度低,易受干扰,实用性差。

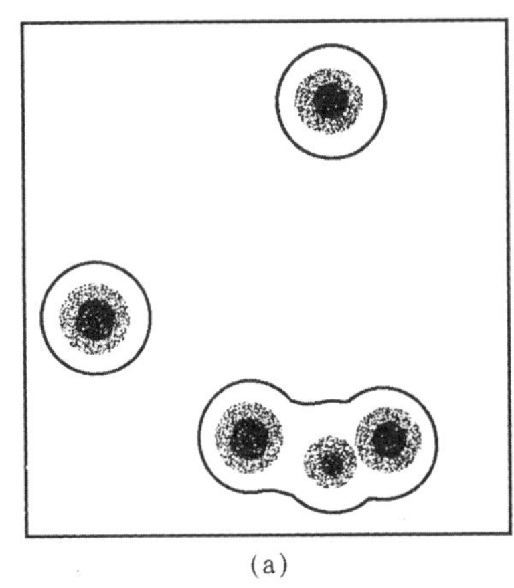
(a)

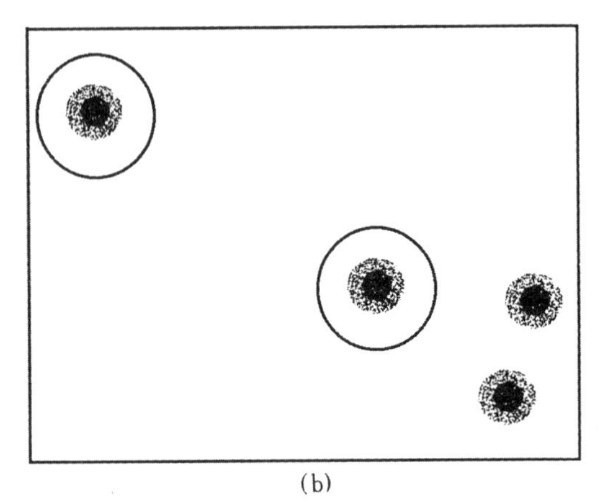
(b)

图 6-40 免疫沉淀检测法示意图

在含有特异性抗 β-半乳糖苷酶抗体的琼脂培养基平板上,生长着分泌 β-半乳糖苷酶的菌落。(a)每个菌落的周围都环绕着一圈沉淀素带;(b)lac^+菌落的周围有一圈沉淀素带,而在 lac^-菌落的周围则没有沉淀素带

这种免疫沉淀检测法,经过两项轻微的改良后,也可以用来检测非分泌的蛋白质。其中的第一种改良法是,使用 λcI 857 噬菌体溶源性的大肠杆菌细胞作寄主。λcI 857 是一种 λ 噬菌体的突变型,含有一种在 42℃下会发生热失活的热敏感阻遏物(heat-sensitive repressor)。把生长着待检测菌落的原培养基平板,影印到加有抗体的琼脂平板上。等到影印平板中的菌落长到肉眼可以辨认的大小时,将培养的温度上升到 42℃。经过大约 1 个小时之后,平板中就会有许多细胞被热诱导发生溶菌作用。于是,细胞的内含物便被释放出来分布在周围的培养基中,其中目的基因编码蛋白质就会同加在培养基中的抗体发生反应,并在菌落的周围形成一圈沉淀素带。

第二种改良法是,将补加有抗体和溶菌酶的琼脂,小心地倾注到菌落的上面,并使之凝固。在溶菌酶的作用下,处于菌落表面的细菌发生溶菌反应,逐步地释放出细胞内部的蛋白质。如果有某些菌落的细胞能够分泌出目的基因编码的蛋白质,它们就会同包含在琼脂培养基中的抗体发生反应,形成沉淀素圈。

(3) 表达载体产物之免疫化学检测法

现在已经发展出一套专门适用于免疫化学检测技术的表达载体系统。由于这些表达载体都是专门设计的,插入到它上面的真核基因所编码的蛋白质,都能够在大肠杆菌寄主细胞中表达。所以最适于用免疫化学技术进行检测。

应用表达载体 pUC8,配合免疫化学检测法,已成功地克隆了编码小鸡的原肌球蛋白

(propomyosin)β-链的 cDNA。我们知道，原肌球蛋白是平滑肌细胞的主要成份，因此作为克隆的第一步，先从平滑肌细胞制备总 mRNA，经反转录合成 cDNA。在双链 cDNA 的发夹结构被 S1 酶切割掉之前，于其 3′-端加上 SalI 衔接物；切割掉之后，再在双链 cDNA 的 5′-端加上 EcoRI 衔接物。这衔接物经过 EcoRI 和 SalI 限制酶的消化作用，全部的双链 cDNA 分子都在其 5′-端形成 EcoRI 粘性末端，在 3′-端形成 SalI 粘性末端。尔后，将这样的双链 cDNA，同业经 EcoRI 和 SalI 处理过的表达载体 pUC8 连接，并转化到大肠杆菌的寄主细胞中去。

前面已经讲过，由于在 pUC8 表达载体分子上，紧挨在 EcoRI 位点的左侧有一个很强的 lac 启动子，克隆在 pUC8 lac 启动子右侧的所有的 cDNA，只要它的取向是同启动子转录方向一致，就能够正常转录和转译，所以凡是在转化中捕获了具有 cDNA 插入的 pUC8 质粒的细胞，都应该能够产生出真核的蛋白质。转化子菌落用氯仿蒸气处理之后，再用^{125}I 标记的抗原肌球蛋白的抗体进行免疫筛选。分泌原肌球蛋白的菌落，会同标记的抗体结合，于是经过放射自显影，便可检测出能够分泌小鸡原肌球蛋白的克隆(图 6-41)。

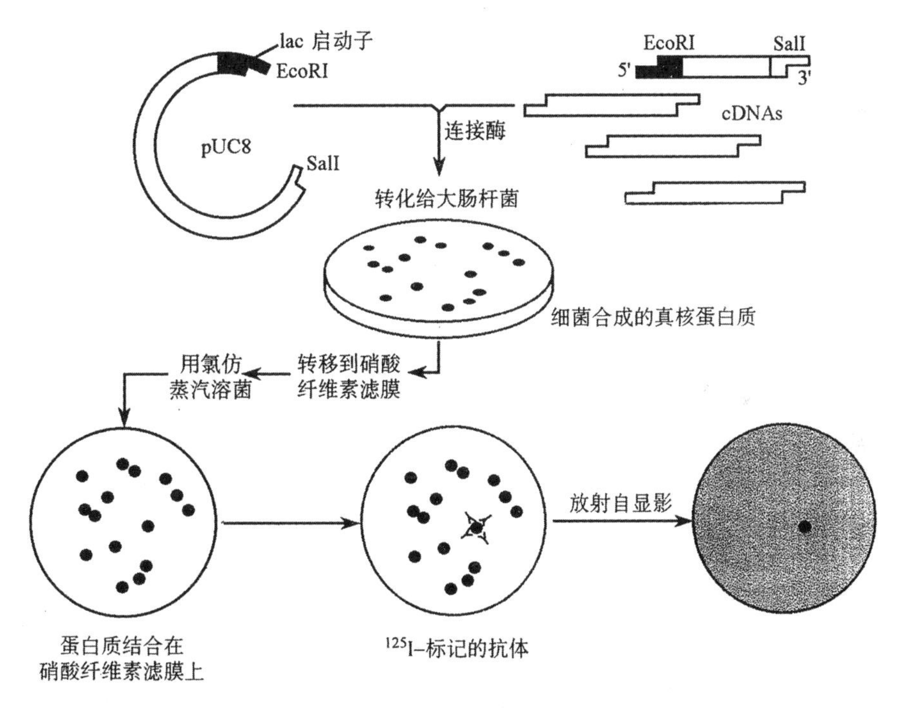

图 6-41 用免疫化学法检测克隆在表达载体 pUC8 上的小鸡原肌球蛋白基因

从小鸡平滑肌 mRNA 制备 cDNA 基因文库(原肌球蛋白 mRNA 约占平滑肌 mRNA 的 0.5%左右)。cDNA 被克隆在 pUC8 的 lac 启动子的紧右侧，以确保所有 cDNA 都与 lac 启动子有相同的转录方向。用^{125}I 标记的抗原肌球蛋白的抗体作探针进行检测。产生原肌球蛋白的菌落同标记抗体结合，可通过放射自显影显示出来

上面讨论的是关于在免疫化学检测中，使用表达载体的一种典型实验的情况。下面再介绍一种应用 λ 噬菌体表达载体的例子。λgt11 是一种很有用的 λ 噬菌体载体。将外源的基因克隆在它的上面，就可以十分有效地使用免疫化学检测法。在这个表达载体基因组中，有一个大肠杆菌的 lacZ 基因，而且唯一的 EcoRI 识别位点就是位于 β-半乳糖苷酶的编码区内。通过附加衔接物的办法，将真核 cDNA 插入在这个 EcoRI 位点中，构成重组体

基因文库。在这类重组体中，β-半乳糖苷酶基因由于外源DNA片段的插入而失活，而且如果融合位点的转译相(translational phase)是正确的，也就是说插入作用并没有影响到转译的读码结构的话，那么就不会合成出杂种的蛋白质。λgt11这种载体，可以承载大小达8.3kb的外源DNA片段的插入。加上有效的体外包装，可以比较容易地构建出由大量独立重组体组成的完全的cDNA文库。将这重组体cDNA群体，转导给大肠杆菌的高效率溶源化突变菌株hflA受体细胞。所产生的溶源性细菌，经诱导便能够分泌出相当数量的适于免疫化学检测的杂种蛋白质(图6-42)。

5. DNA-蛋白质筛选法

DNA-蛋白质筛选法(Southwestern screening)，同上面所述的可以从噬菌斑中检测出由重组体分子表达的融合蛋白质的免疫筛选法十分相似，是专门设计用来检测同DNA特异性结合的蛋白质因子的一种方法。现在这种方法已成功地用于筛选并分离表达融合蛋白质的克隆。合成此种融合蛋白质的重组DNA分子中的外源DNA序列，编码一种能专门同某一特定DNA序列结合的DNA结合蛋白质(DNA-binding protein)。此法的基本操作程序是：用硝酸纤维素滤膜进行“噬菌斑转移”，使其中的蛋白质吸附在滤膜上；再将此滤膜同放射性标记的含有DNA结合蛋白质编码序列的双链DNA寡核苷酸(duplex DNA oligonucleotic)探针杂交；最后根据放射自显影的结果筛选出阳性反应克隆。由于这项技术是使一种放射性标记的DNA探针，检测转移到硝酸纤维素滤膜上的特异性蛋白质多肽分子，因此叫DNA-蛋白质筛选法。

6. 转译筛选法

转译筛选法，可以分为杂交选择的转译(hybrid selected translation)和杂交抑制的转译(hybrid arrested translation)两种不同的筛选策略。虽然在过去，人们曾把体外转译作为鉴定克隆DNA的一种初级筛选法，然而在目前，则主要是用作验证克隆的鉴定工作是否正确的一项技术。它的突出优点在于，可以将克隆的DNA同所编码的蛋白质产物之间的关系对应起来。

(1) 杂交抑制的转译

如果被研究的目的基因编码着丰富的mRNA，就可以采用杂交抑制的转译，筛选重组体的克隆。这种筛选法所依据的原理是，在体外无细胞的转译体系中，mRNA一旦同DNA分子杂交之后，就不再能够指导蛋白质多肽的合成。选择有利于形成DNA-RNA杂种分子，但不利于形成DNA-DNA杂种分子，同时又能阻止线性质粒DNA再环化的反应条件，将从转化的大肠杆菌菌落群体或噬菌体群体中制备来的带有目的基因的重组质粒DNA，变性后同未分部的总mRNA进行杂交。从杂交混合物中回收的核酸，并加入到无细胞转译体系进行体外转译。常用的无细胞转译体系，有麦胚提取物和网织红细胞提取物等。由于其中加有^{35}S标记的甲硫氨酸，因此转译合成的多肽蛋白质，可以通过聚丙烯酰胺凝胶电泳和放射自显影进行分析。并把其结果同未经杂交的mRNA的转译产物和一种变性的对照组作比较。从中便可以找到一种其转录合成被抑制了的mRNA，这就是同目的基因变性DNA互补而彼此杂交的那种mRNA。根据这种目的基因编码的蛋白质转译抑

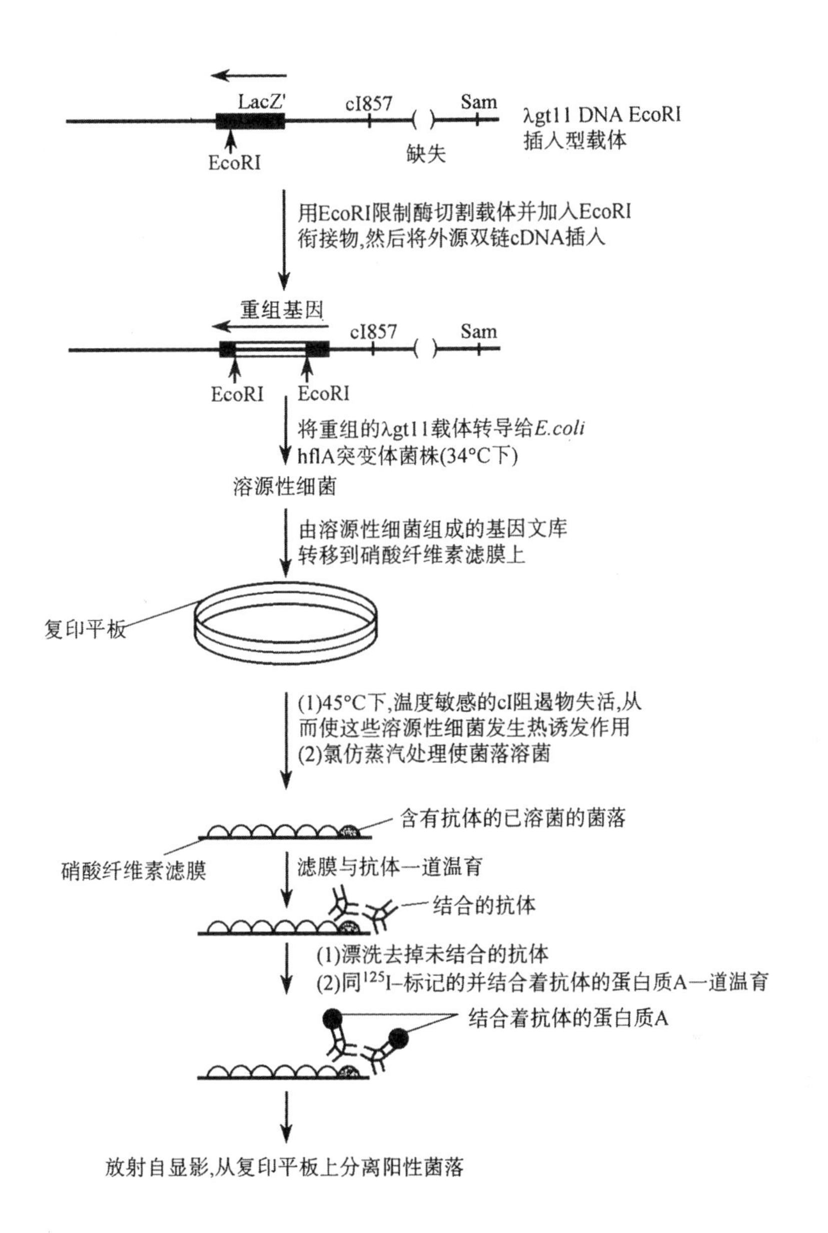

图 6-42 适用于 λgt11 表达载体及其派生载体的免疫化学检测法

双链的 cDNA 插入在 lacZ 基因序列内。在一部分的重组体中,插入的外源 DNA 序列是处于正确的转译读码结构,因此能够指导合成杂种的蛋白质。通过加入特异性的抗体,就可以检测出杂种蛋白质。大肠杆菌 hflA 突变的结果,直接导致该菌株对 λ 噬菌体的溶源化作用达到甚高频率的地步。升高培养温度,使携带着 cI857 突变的、温度敏感的 cI 阻遏物失活,于是这些溶源性细菌便表达出适于检测数量的杂种蛋白质。对 hflA 菌株而言,溶源化频率是很高的,但是在滤膜上也仍会有一些非溶源性的细菌。将抗药性记号(例如,氨苄青霉素抗性记号、卡那霉素抗性记号等)掺入到表达载体 λgt11 上,就可以改良这些筛选程序。掺入抗药性记号之后,便可以在含有这些药物的培养基中筛选溶源的细菌

制作用,就可筛选出含有目的基因的重组体质粒的大肠杆菌菌落群体(或噬菌斑群体)。尔后再将这个群体分成若干较小的群体,并重复上述实验程序,直至最后鉴定出含有目的基因的特定克隆为止。

(2) 杂交选择的转译

杂交选择的转译，有时也称杂交释放的转译(hybrid released translation)，是一种直接的选择法。它比杂交抑制的转译要敏感得多，而且还可适用于低丰度的mRNA(只占总mRNA的0.1%左右)之cDNA重组分子的检测。它所依据的原理同杂交抑制转译筛选法是一样的。但通过转译分析已经观察到，在这种杂交选择的转译中，存在着一种特殊活跃的mRNA。将重组体库中分离出来的克隆的DNA，结合并固定在硝化纤维素的滤膜上，然后用同一种未分部的mRNA(甚至是总的细胞RNA)进行杂交。通过洗脱效应，从结合的DNA上分离出杂交的mRNA。如果用于杂交的克隆DNA，不是固定在固相支持物上，而是处于溶液状态，则是通过柱层析从总mRNA中分离出杂种分子。回收杂交的mRNA，加到无细胞体系中进行体外转译。合成的带放射性标记的多肽产物，通常是通过凝胶电泳分析鉴定，但在有的例子中，则是按生物活性鉴定的。一旦某种阳性反应的重组体库已经确立，那么就可将它分成许多小库，直到用划线培养法获得一个或数个呈阳性反应的单菌落重组体为止。

关于杂交选择的转译筛选法应用方面的一个最突出的例子，大概要算是从白细胞提取的总poly(A)mRNA中分离干扰素基因的实验。在这个筛选中，是用非洲爪蟾(*Xenopus laevis*)的卵母细胞体系，进行mRNA的体外转译。当用微量注射法，将白细胞的poly(A) mRNA注入非洲爪蟾卵母细胞之后，它们就能够进行转译。转译合成的蛋白质成份之一干扰素，被细胞分泌到周围的培养基环境中，因而可以根据其抗病毒活性予以检测。干扰素的mRNA约占总mRNA的10^{-3}～10^{-4}之间，这就是说必须筛选10^4数量级的转化子克隆。但并不逐个地筛选这些菌落，最初用的DNA是从总数为512个菌落的12个菌落群体(或称菌落库)中分离出来的。其中有4个菌落群体呈阳性反应，于是对这些群体进行再分离再检测。这种程序一直重复到鉴定出单克隆为止。检测步骤包括，将DNA固定在固相支持物上，按制备的核酸杂交法，将它同mRNA制剂进行杂交，以分离互补的mRNA。然后从DNA-RNA杂交分子中洗脱出mRNA，再以微量注射法注入非洲爪蟾卵母细胞。最后通过聚丙烯酰胺凝胶电泳分析转译产物，并用免疫沉淀技术作最后鉴定。

索　引

C

D

E

F

G

H

I

J

K

L

M

N

O

P

Q

R

S

T

U

W

X

Y

Z

ISBN 978-7-03-005931-4